Microfauna Marina
Vol. 3

Akademie der Wissenschaften und der Literatur
Mathematisch-naturwissenschaftliche Klasse

Kommission für Zoologie

Akademie der Wissenschaften und der Literatur · Mainz · 1987

Microfauna Marina

Editor: Peter Ax

Vol. 3

Gustav Fischer Verlag · Stuttgart · New York · 1987

Gefördert mit Mitteln des
Bundesministeriums für Forschung und Technologie, Bonn,
und des Niedersächsischen Ministeriums für Wissenschaft
und Kunst, Hannover

Anschrift des Herausgebers
Prof. Dr. *Peter Ax*, II. Zoologisches Institut und Museum
der Universität Göttingen, Berliner Straße 28, D-3400 Göttingen

Abbildung auf dem Einband:
Coronhelmis lutheri Ax (Begattungsorgan) als Beispiel für die
amphiatlantische Verbreitung von Brackwasser-Plathelminthes

CIP-Kurztitelaufnahme der Deutschen Bibliothek

Microfauna marina / Akad. d. Wiss. u. d. Literatur
Math.-Naturwiss. Klasse, Komm. für Zoologie
Akad. d. Wiss. u. d. Literatur, Mainz
Stuttgart – New York: Fischer
ISSN 0176–3296
Erscheint unregelmäßig
Forts. von: Mikrofauna des Meeresbodens
Bd. 1 (1984)

© 1987 by Akademie der Wissenschaften und der Literatur, Mainz
Gesamtherstellung: Röhm KG, Sindelfingen
Printed in Germany

ISBN 3-437-30558-1
Microfauna marina
ISSN 0176-3296

Inhalt / Contents

PETER AX and WERNER ARMONIES: Amphiatlantic Identities in the Composition of the Boreal Brackish Water Community of Plathelminthes. A Comparison between the Canadian and European Atlantic Coast 7

WERNER ARMONIES: Freilebende Plathelminthen in supralitoralen Salzwiesen der Nordsee: Ökologie einer borealen Brackwasser-Lebensgemeinschaft 81

MONIKA HELLWIG: Ökologie freilebender Plathelminthen in Grenzraum Watt-Salzwiese lenitischer Gezeitenküsten 157

WERNER ARMONIES und MONIKA HELLWIG: Neue Plathelminthes aus dem Brackwasser der Insel Sylt (Nordsee) 249

PETER AX und BEATE SOPOTT-EHLERS: Otoplanidae (Plathelminthes, Proseriata) von Bermuda 261

UWE NOLDT: *Carolinorhynchus follybeachensis* gen. et sp. n. (Schizorhynchia, Plathelminthes) from the Coast of South Carolina 283

PAUL M. MARTENS and MARCO C. CURINI-GALLETTI: Karyological Study of three *Monocelis*-Species, and Description of a New Species from the Mediterranean, *Monocelis longistyla* sp. n. (Monocelididae, Plathelminthes) 297

WOLFGANG MIELKE: Interstitielle Copepoda von Nord- und Süd-Chile ... 309

PETRA POTEL and KARSTEN REISE: Gastrotricha Macrodasyida of Intertidal and Subtidal Sandy Sediments in the Northern Wadden Sea 363

ULRICH EHLERS und BEATE SOPOTT-EHLERS: Zum Protonephridialsystem von *Invenusta paracnida* (Plathelminthes, Proseriata) 377

TAMARA KUNERT and ULRICH EHLERS: Ultrastructure of the Photoreceptors of *Macrostomum spirale* (Macrostomida, Plathelminthes) 391

Thomas Bartolomaeus: Ultrastruktur des Photorezeptors der Trochophora von *Anaitides mucosa* Oersted (Phyllodocidae, Annelida) 411

Birger Neuhaus: Ultrastructure of the Protonephridia in *Dactylopodola baltica* and *Mesodasys laticaudatus* (Macrodasyida): Implications for the Ground Pattern of the Gastrotricha........................... 419

Amphiatlantic identities in the composition of the boreal brackish water community of Plathelminthes

A comparison between the Canadian and European Atlantic coast

Peter Ax and **Werner Armonies**

Contents

Abstract	7
A. Introduction	8
B. Sample sites	9
C. Results	10
Macrostomida	10
Prolecithophora	19
Seriata	19
Rhabdocoela	26
D. Discussion	74
Summary	76
Zusammenfassung	77
References	77

Abstract

The brackish water plathelminth fauna of New Brunswick, Canada is compared to European brackish water biotopes. 48 species are identified, 7 new species are described, and 7 species are presented though the material was insufficient for a species description. From 48 brackish water species, 37 (77 %) are amphi-atlantic. Hypotheses for an explanation of such a high similarity are discussed.

A. Introduction

The European coasts of the Atlantic Ocean and its adjoining seas are populated by numerous Plathelminthes which are to be characterized as genuine brackish-water species because of their ecological distribution. Most of these plathelminths are not only to be found in areas with more or less constant low salinity conditions, but also in the direct vicinity of the open coast. Here, above all, the supralittoral salt marshes with highly variable salinity are the habitat of a species-rich brackish-water community. From the 103 plathelminths found in the salt marshes of the island of Sylt (North Sea) 75 are termed brackish-water organisms (ARMONIES 1987).

Up to now, nothing was known about the further geographical distribution of this boreal brackish-water community. Therefore, the senior author conducted a comparative study in salt marshes and local brackish-water habitats (bights, pools, estuaries) of the Canadian Atlantic coast in summer 1984. The result seems to be surprising. Almost two thirds of the 62 species found during a 5 weeks stay at the Huntsman Marine Laboratories in St. Andrews (New Brunswick) and presented here, exist on both sides of the Atlantic Ocean.

This may be exemplified by a few species. It was an experience, indeed, to find *Macrostomum rubrocinctum* Ax from the Bay of Kiel (Baltic Sea) in exactly comparable salt marsh pools of the Canadian coast again, and also to encounter the European brackish-water species *Coronhelmis multispinosus* Luther and *Coronhelmis lutheri* Ax in the low salinity supralittoral zone of a sandy beach (New River Beach), or to ascertain specific salt marsh plathelminths such as *Proxenetes deltoides* Den Hartog, *Ptychopera hartogi* Ax, and *Parautelga bilioi* Karling in the respective habitats of New Brunswick. And the inventory of a small brackish-water bight (Pocologan) even revealed a complete association of specific brackish-water plathelminths. Among others, *Macrostomum hamatum* Luther, *Minona baltica* Karling & Kinnander, *Thalassoplanella collaris* Luther, *Haloplanella curvistyla* Luther, and *Baicalellia brevituba* Luther were found, all of which were described from the Gulf of Finland.

For a causal explanation of the amphi-atlantic identities in the boreal brackish-water community of Plathelminthes we formulate an empirically testable hypothesis in the discussion. This must be based on optimal substantiations of the identity in each of the postulated species of the studied Canadian and European populations. Therefore, we critically analysed the specific characters in every species, and give an extensive documentation by drawings and photographs. For several species, photographs from individuals of the North Sea (framed black) are arranged close to the photographs of Canadian animals.

The senior author thanks the staff of the Huntsman Marine Laboratories for providing research facilities. Friendly thanks are due to Prof. Dr. M. D. Burt (University of New Brunswick, Fredericton) for arranging contact to the Laboratory, and for providing microscopical device.

To Prof. Dr. E. R. Schockaert and P. Martens (Limburgs Universitaire Centrum, Diepenbeek, Belgium) we are thankful for valuable informations on some Kalyptorhynchia and Proseriata.

In our study group, we found helpful support by Dr. K. Reise (Litoralstation List/Sylt of the Biologische Anstalt Helgoland), Dr. B. Sopott-Ehlers, Dr. U. Ehlers, and U. Noldt (Göttingen).

B. Sample sites

Samples were collected between August 13th and September 11th, 1984, in New Brunswick, Canada. Most of the sites sampled belong to the 'Quoddy Region'. As this area is described in detail by THOMAS (1983), we only give some information about the position of the sites. Further details like sediment composition and position of the samples within the tidal zone will be mentioned where the localities of the individual species are given.

The salt marshes studied in New Brunswick are similar to European salt marshes. At the lower salt marsh border, *Spartina* species are dominant *(S. alterniflora* and *S. patens* in the Quoddy Region, and *S. anglica* at the North Sea coast). The adjacent supralittoral (high) marshes are the topic of our investigation. High marsh halophytes characteristic of both sites are *Plantago maritima, Salicornia europaea,* and *Triglochin maritima. Suaeda, Atriplex,* and *Limonium* occur with different species at both sites.

Sample sites of the Quoddy Region (fig. 1):
- St. Andrews (with the locations Indian Point, Pottery Cove, Pagan Point, and salt marshes and beaches north of Pagan Point).
- Sam Orr Pond lies above mean high tide level inside a salt marsh area with further but smaller pools. At low tide, a strong current of water flows out (tasting like fresh water).
- Bocabec River. Mud flats and salt marshes besides the Bocabec River Bridge.
- Pocologan, brackish water bay. A bay about 80 x 150 m with a fresh water inlet ('Lochs River') at the landward side and a roadway at the seaward side. Below the roadway 4 large pipes connect the bay to the sea, and seawater enters the bay at high tide.
- New River Beach and the Carrying Cove are the most eastern sites of the Quoddy Region sampled.
- Deer Island with the locations Northern Harbor (1), Deer Island Point (2), and the western beach (3).
- Campobello Island with the locations Herring Cove (1), estuary of the Lake Glensevern and Upper Duck Pond (2).

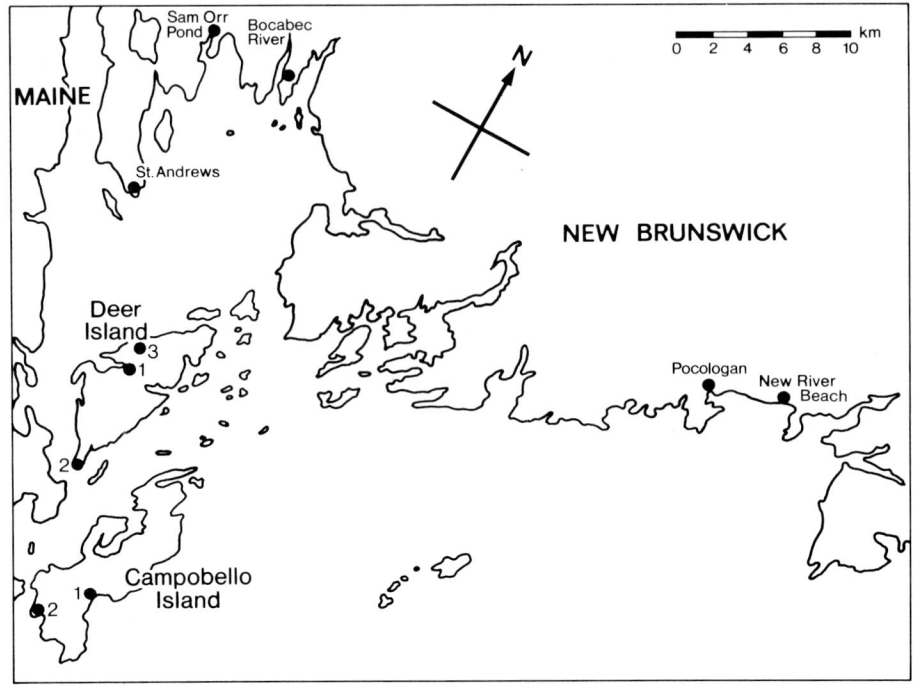

Fig. 1. Sample sites of the Quoddy Region

St. John is situated east of the Quoddy Region. Here the large Manawagonish salt marshes (see THOMAS 1983) were studied.

The Baie des Chaleurs was just sampled once. The estuary of the Elmtree River is positioned at the southern coast, and the Miguasha cliff and Percé (Gaspe Peninsula) are situated at the northern side of the Baie des Chaleurs.

Though plathelminths of brackish water biotopes are the topic of our investigation, species of purely marine habitats that could be identified are also mentioned.

C. Results

Macrostomida

Macrostomum rubrocinctum Ax, 1951

(Fig. 2, 3 A)

Localities: 1) St. Andrews, north of Pagan Point. Detritus layer of a salt marsh pool. 2) Sam Orr Pond. Between algal mats drifting in a salt marsh pool. 3) St. John, Manawagonish salt marsh. Fluffy algal layer of a pool.

Material: Observations on several living animals from every site, including drawings and photographs.

The 2 to 2.5 mm long animals are conspicuously coloured: one headband of red pigment (fine granules and larger graines at different level), two lateral fields, and two medial stripes caudal of the eyes. The latter continue to the dorsal body pigmentation extending to the posterior part of the body. Swimming animals constantly rotate around the longitudinal axis.

The stylet is 48 to 58 μm long with a proximal opening of 36 μm. Animals from the Bay of Kiel (Locus typicus, Ax 1951) have stylets of about 55 μm with a proximal opening of 30 μm. At the Swedish West Coast WESTBLAD (1953) found animals with stylets up to 75 μm long. Thus, in European organisms the length of the stylet varies widely, and the measures from Canadian animals fit into the range measured in Europe.

Macrostomum parthenopeum Beklemischev, 1951 from Naples (amidst aquatic plants at the rubble shore) is presumably identical to *M. rubrocinctum* Ax, 1951 (Beklemischev, in letter).

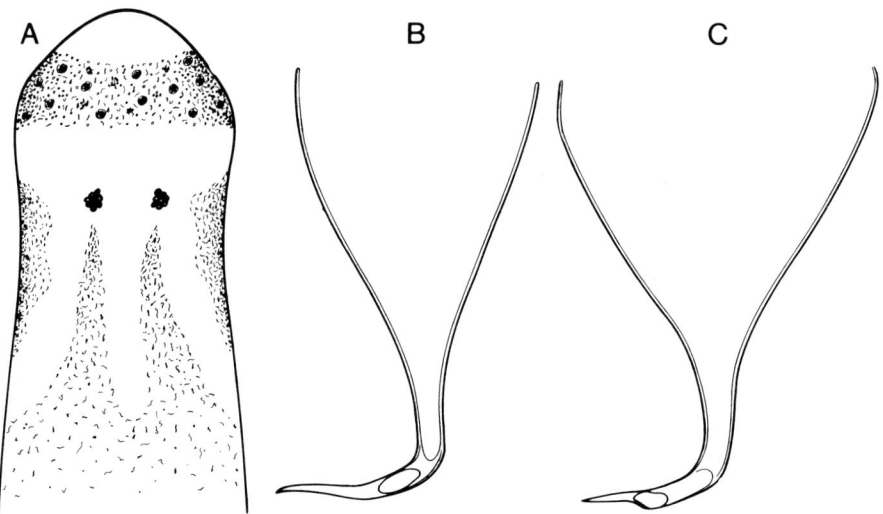

Fig. 2. *Macrostomum rubrocinctum*. A, body pigmentation, B, C stylet (St. Andrews).

Distribution and ecology. Baltic Sea and the Swedish West Coast (Ax 1951; WESTBLAD 1953), Black Sea (MACK-FIRA 1974), Mediterranean (*M. parthenopeum*, BEKLEMISCHEV 1951). *M. rubrocinctum* is presumably a brackish water species, only found in floating algal mats and in muddy low energy zones. The Canadian localities support this characterization.

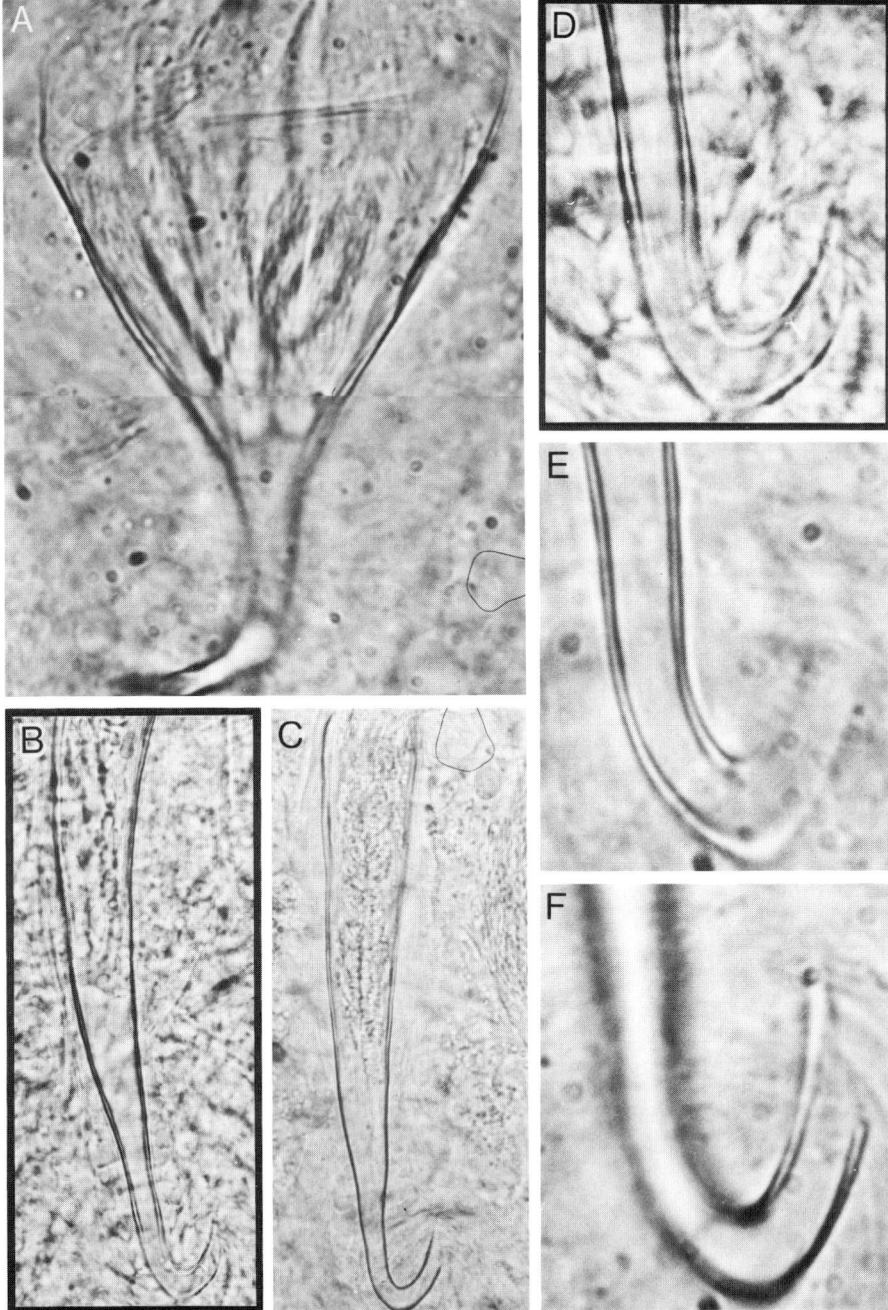

Fig. 3. A. *Macrostomum rubrocinctum*, stylet (St. Andrews) B – F. *Macrostomum hamatum*, stylet and tip of the stylet. B, D island of Sylt (North Sea), C, E, F Campobello Island (Canada).

Macrostomum hamatum Luther, 1947

(Fig. 3 B – F)

Localities: 1) Campobello Island, Upper Duck Pond. High marsh sediment. 2) Pocologan, brackish water bay. Sand of the upper intertidal.
Material: Live observations on several specimens, including drawings and photographs.

Up to 1.5 mm long animals with weakly developed eyes (only about 12 pigment granules). The hind part of the body is closely packed with rhabdites. In 3 animals the stylet was 108, 111 and 126 µm long. The shape and the size of the stylet well conforms with individuals from the island of Sylt (stylet up to 150 µm long, Fig. 3). An average body length of 1.3 ± 0.3 mm is found for sexually mature specimens at the island of Sylt.

Distribution and ecology. Brackish water species of the North Sea and the Baltic Sea (LUTHER 1947, 1960; AX 1954; DEN HARTOG 1977). On the island of Sylt, *M. hamatum* only occurs in high marshes with a salinity of less than 12 ‰ (ARMONIES 1987). The Canadian locations are probably in the same range of salinity.

Macrostomum burti sp. n.

(Fig. 4 A, B, 5 C – F)

The species name is given in honor to Prof. Dr. M. D. Burt, University of New Brunswick, Fredericton, Canada.

Localities: 1) Deer Island, Northern Harbor (locus typicus). a) *Triglochin* on muddy sand, b) salt marsh with cushions of *Vaucheria*, and c) high marsh sediment. 2) Pocologan, brackish water bay. a) Medium to fine sand of the upper intertidal, b) medium to coarse sand with detritus, middle tidal range, c) medium to fine sand and muddy sand next to a fresh water inlet. 3) Sam Orr Pond. Salt marsh sediment. 4) Campobello Island, Upper Duck Pond. a) Salt marsh sediment, b) intertidal coarse to medium sand with halophytes. 5) Baie des Chaleurs, Miguasha cliff. Medium to coarse sand, rich in detritus, located in a marine low energy area. 6) Baie des Chaleurs, inner part of the Elmtree River estuary. a) Medium sand, rich in detritus, and b) lower zone of the salt marsh, with *Spartina* and *Salicornia*.
Material: Live observations on many specimens, including drawings and photographs. 13 sectioned animals, one individual sectioned sagittally = holotype (No. P 1951, 8 paratypes No. P 1952 – 1959, Zoological Museum of the University of Göttingen).

The animals are 1 – 1.2 mm long, without body pigmentation. Paired eyes. The tube-shaped tapering stylet (total length 45 – 53 µm) has a proximal diameter of 9 – 10 µm, and a distal diameter of 2 µm. The distal third of the tube is bent. Distally the stylet is cut off. The walls of the opening are not strengthened.

With regard to the shape of the stylets, *Macrostomum mystrophorum* Meixner, 1926, *M. caprariae* Papi, 1959, and *M. curvituba* Luther, 1947 are the most similar

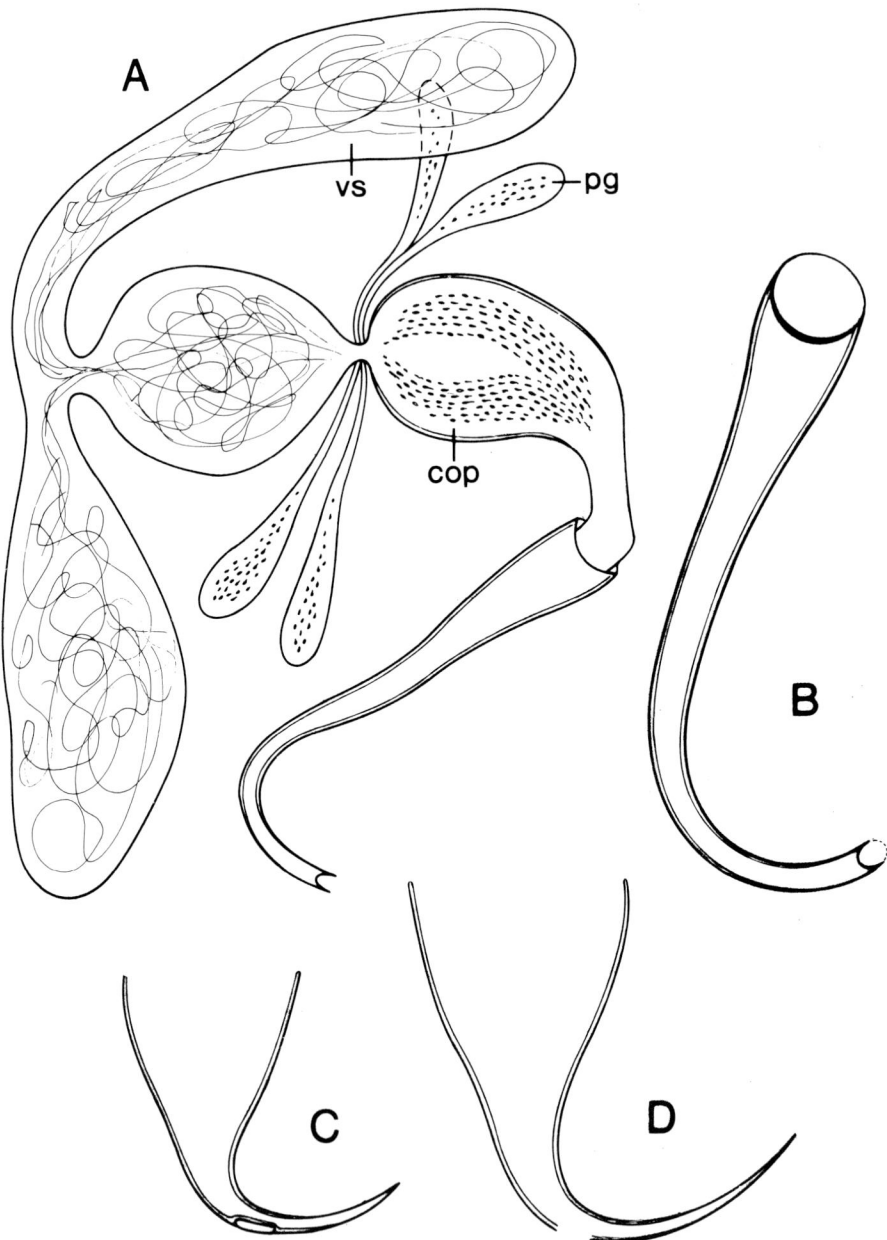

Fig. 4. A, B. *Macrostomum burti*. A male organs, B stylet. C, D. *Macrostomum pusillum*, stylet. cop = copulatory organ, pg = prostatic glands, vs = vesicula seminalis.

species. The stylet of *M. mystrophorum* is longer (up to 134 µm) and is distally bent stronger (according to PAPI 1953). The stylet of *M. caprariae* is longer (106 µm) and also bent outwards more strongly, and its proximal opening is larger (38 µm, PAPI 1953). In addition, the distal part of the stylet is contracted.

Thus, the stylet of *M. curvituba* resembles mostly *M. burti:* length about 80 µm, proximal opening 16 µm, distal opening 5 µm. In *M. burti* the outward bending of the stylet is stronger than in *M. curvituba*, whereas the wall of the distal part of the stylet is only strengthened in *M. curvituba*. Finally, *M. burti* has paired eyes, but *M. curvituba* lacks of eye pigmentation.

M. burti occupies low energy areas, ranging from the intertidal to supralittoral salt marshes. In the North Sea, this zone is occupied by *M. balticum* (HELLWIG 1987), which is not recorded from Canada, up to now. *M. curvituba*, the species most similar to *M. burti*, occurs in the adjacent higher salt marshes of the North Sea (ARMONIES 1987). *M. burti* is a diatom feeder.

Macrostomum spec.

(Fig. 5 A, B)

Locality: St. John, Manawagonish salt marsh. Muddy sand with cyanobacteria between *Spartina* and *Triglochin*.
Material: Live observations on one animal, including drawings and photographs.

The animal is about 1 mm long, with paired eyes. Body pigmentation is lacking. The stylet is similar to *M. burti*, but it is longer (68 µm). In addition, the proximal opening is smaller (16 µm), and the distal flexure is only moderate. The distal opening is cut off straight (3 µm), without any strengthening of the tube wall.

Macrostomum pusillum Ax, 1951

(Fig. 4 C, D, 6 C, D)

Localities: 1) St. Andrews, Indian Point. Detritus rich medium to fine sand. 2) St. Andrews, Pagan Point. Upper intertidal, algal mats on medium sand. 3) St. Andrews, near the Lighthouse Restaurant. Medium to coarse sand of the tidal slope. 4) New River Beach. Medium to coarse sand with freshwater inflow. 5) St. John, Manawagonish salt marsh. a) Mud and b) flocky algal layer in a pool, c) salt marsh sediment between *Spartina* and *Triglochin*, with cyanobacteria.
Material: Live observations on numerous specimens, including drawings and photographs.

Canadian animals have stylets 23 to 25 µm in length with proximal openings of 10 to 15 µm (depending on the degree of coverslip compression). The distally bent part of the stylet is about 21 µm in length (including the distal opening). In

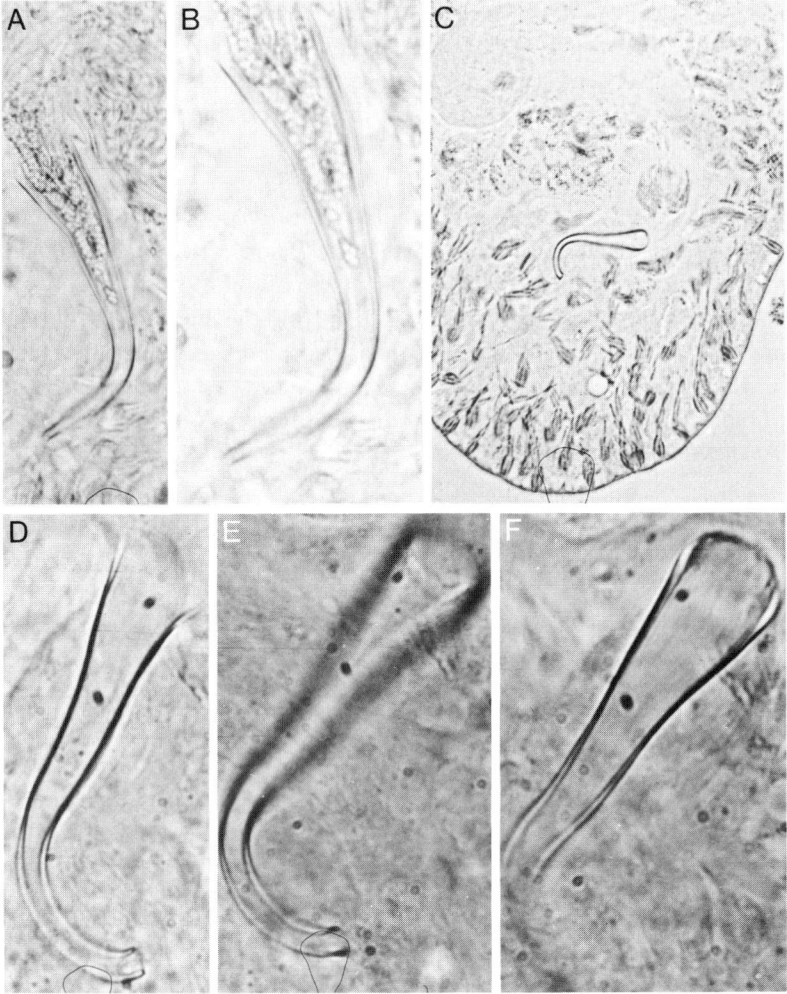

Fig. 5. A, B. *Macrostomum* spec., stylet (St. John). C – F. *Macrostomum burti*. C rear end, D – F stylets, C, D Deer Island, E, F Pocologan.

animals from the Bay of Kiel (Baltic Sea) and from the Mediterranean (French Étanges), stylet lengths of 24 – 25 μm are recorded (Ax 1951, 1956 b). The respective measures of animals from the island of Sylt are: length of the stylet up to 26 μm, proximal opening 14 – 17 μm, distally bent section of the stylet 21 μm. Thus, stylet shape and size of European and Canadian animals conform well (fig. 6 C, D).

Distribution and ecology. Baltic Sea, North Sea, Atlantic coast of Norway

(Ax 1951; STRAARUP 1970; SCHMIDT 1972 b; DEN HARTOG 1977), Mediterranean (Ax 1956 b), and the Black Sea (Ax 1959). *M. pusillum* occupies muddy to sandy low energy zones. The salinity of recent localities ranges from 10 to 35 ‰. Biotopes without vegetation are preferred (diatom feeder).

Macrostomum hystricinum Beklemischev, 1951

(Fig. 6 E – G)

Localities: 1) St. Andrews, salt marsh north of Pagan Point. Floating algal mats in a pool. 2) Pocologan, brackish water bay. Upper intertidal, medium to fine sand. 3) Deer Island, Northern Harbor. Mud of the lower salt marsh border. 4) St. John, Manawagonish salt marsh. Mud between *Spartina* plants. 5) Campobello Island, Upper Duck Pond. Salt marsh sediment.
Material: Live observations on several specimens, including drawings and photographs.

Animals 0.7 to 0.8 mm in length. The stylet is 30 – 41 µm long with a proximal opening of 15 – 19 µm. The distal bent section of the stylet is 14 µm long. The respective measures in animals of the island of Sylt are 40, 23, and 13 µm. RIEGER (1977, p. 200) described the stylet variation of *M. hystricinum* from the US Atlantic Coast. The stylets from Canadian specimens have the same size and shape, however, some of the stylets have smaller proximal openings. This is thought to be a consequence of varying coverslip pressure: there are similar 'variants' at the island of Sylt (fig. 6 E – G).

Distribution and ecology. Brackish waters of the North Sea, Baltic Sea, Mediterranean, Black Sea, and Caspian Sea (LUTHER 1960); US Atlantic coast (RIEGER 1977). *M. hystricinum* occupies eu-, poly-, and mesohaline plant sites as well as isolated brackish water (DEN HARTOG 1977). On the island of Sylt, polyhaline sites of *Spartina anglica*, *Suaeda maritima*, and *Salicornia* species are preferred (HELLWIG 1987). The Canadian animals were found in similar habitats.

Paramyozonaria simplex Rieger & Tyler, 1974

(Fig. 6 A, B)

Locality: New River Beach, Carrying Cove. Pure sand of a beach pool above mean high tide level.
Material: Live observations on two specimens, including drawings and photographs.

The shape of the stylet and its complex distal foldings well conform with the original description. RIEGER & TYLER (1974) give an average stylet length of 55 µm. The stylets of Canadian specimens are 68 µm long. However, a comparison of stylet sizes with the added scale in Fig. A (p. 168) given in RIEGER & TYLER (1974) indicates a stylet length of 66 µm.

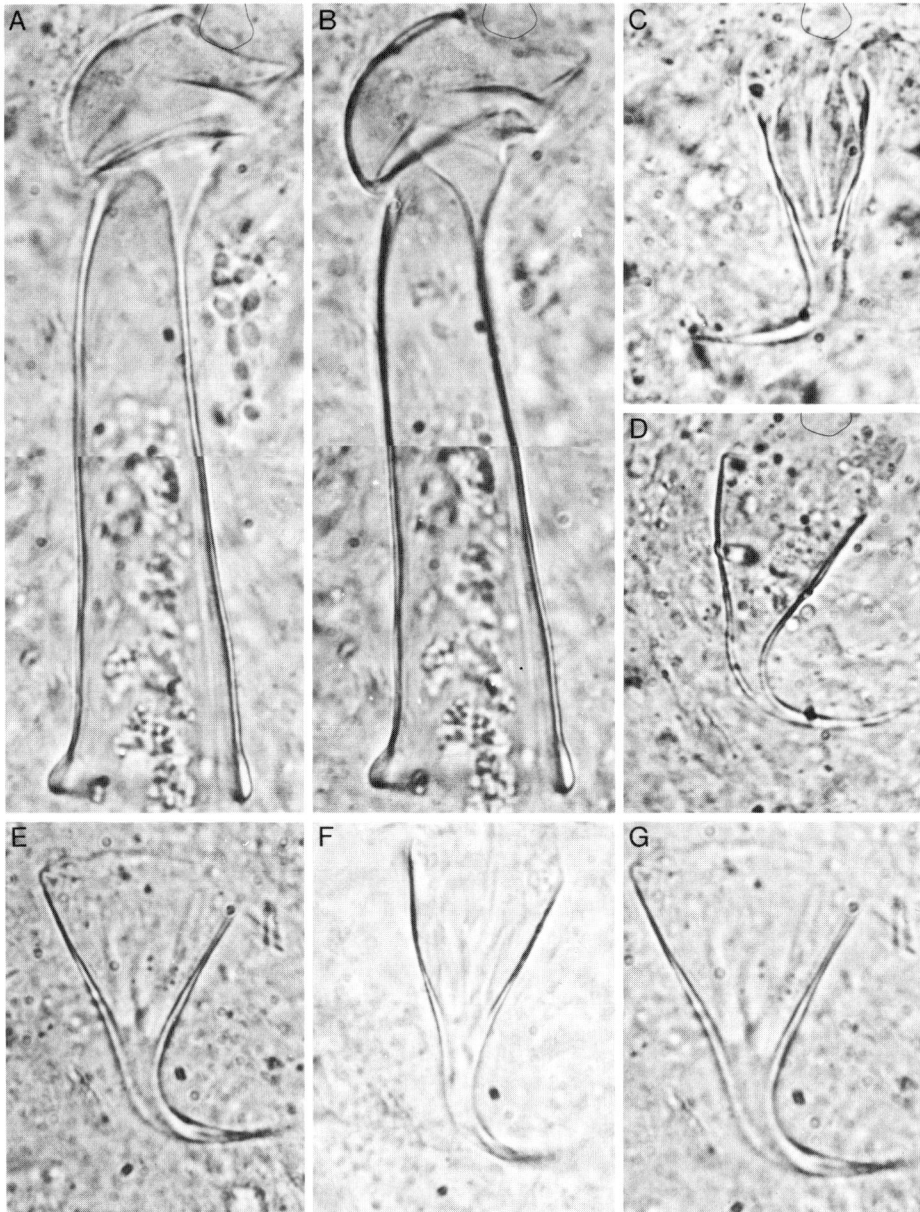

Fig. 6. A, B. *Paramyozonaria simplex*, stylet (New River Beach). C – D. *Macrostomum pusillum*, stylet from Deer Island (C) and St. Andrews (D). E – G. *Macrostomum hystricinum*, stylet. E, G Deer Island, F St. Andrews.

Distribution and ecology. RIEGER & TYLER (1974) found *P. simplex* in medium to fine sand near low tide level of the New River Inlet, North Carolina, USA. Just like the beach pool at New River Beach, this location is thought to be brackish.

Prolecithophora

Pseudostomum quadrioculatum (Leuckart, 1847)

Localities: 1) St. Andrews, Pottery Cove. Green algal mats on reddish muddy sand in the intertidal. 2) New River Beach, Carrying Cove. Pure sand in a beach pool above mean high tide level.
Material: Live observations on several specimens, one series of saggital sections.

With one series of saggital sections of an animal not yet mature, the identity of the species is not certain. The structures that could already be observed conform with *P. quadrioculatum*, *P. klostermanni* (Graff 1874), and *P. californicum* Karling, 1962. The latter two species are yellow coloured. Because of the lack of pigmentation the animal is thought to be identical to *P. quadrioculatum* (cf. WESTBLAD 1955, p. 495; KARLING 1962).

Distribution. From the Arctic Ocean (Greenland, Barents Sea) alongside the European west coast to the Mediterranean and the Black Sea (WESTBLAD 1955).

Seriata

Archilopsis inopinata Martens, Curini-Galletti & Puccinelli n.n.

(Fig. 7 C, D)

Locality: Deer Island, Deer Island Point. Medium to coarse sand between rocks, underneath the lighthouse.
Material: Live observations including drawings and photographs; one animal sectioned.

The specimens were initially attached to *A. unipunctata* (Fabricius, 1826). However, when Paul Martens carefully studied the drawings, photographs, and sections, he found the animals belong to a new species. Since the true *A. unipunctata* also occurs in Canada (P. Martens, pers. comm.) and only the specimens from Deer Island have been drawn, this is the only locality that can be given with certainty. *A. inopinata* also occurs at the North Sea coast (MARTENS, in letter).

Archilopsis arenaria Martens, Curini-Galletti & Puccinelli n. n.

(Fig. 7 E)

Locality: Campobello Island, Upper Duck Pond. Intertidal medium to coarse sand with halophytes.
Material: Live observations on few animals, including drawings.

Animals with a cirrus (about 53 µm long) which proximally contains a tube 30 to 31 µm in length. The species was identified by Paul Martens. *A. arenaria* also occurs at the North Sea coasts (Belgium, island of Sylt; MARTENS, pers. comm.).

Monocelis lineata Müller, 1774

(Fig. 7 A)

Localities: 1) St. Andrews, Indian Point. Algal mats on muddy sand. 2) St. Andrews, Pottery Cove. Salt marsh sediment between *Plantago maritima*. 3) New River Beach, Carrying Cove. Pure sand of a beach pool above mean high tide level. 4) Deer Island, western beach. Coarse sand with *Chondrus crispus*. 5) Baie des Chaleurs, Petit Rocher. Inner side of the Elmtree River estuary. a) Coarse sand, and b) medium to coarse sand.
Material: Live observations on many specimens, 3 series of sagittal sections.

In examination of living animals, no differences to individuals from the European coast were found. Paul Martens examined the saggital sections of the Canadian animals, and he stated the species identity.

Distribution and ecology. North Atlantic coasts, Baltic Sea, Mediterranean and the Black Sea (LUTHER 1960). Detritus rich biotopes of the poly- and mesohalinicum are preferred (AX 1959; ARMONIES 1987).

Monocelis spec.

(Fig. 7 B)

Localities: 1) St. Andrews, salt marsh north of Pagan Point. a) Algal mats, and b) detritus rich sediment of two pools. 2) Sam Orr Pond. a) Algal mats in a pool, b) salt marsh sediment (common). 3) Bocabec River. Mud between *Spartina*. 4) Pocologan, brackish water bay. Intertidal medium to fine sand. 5) Deer Island, Northern Harbor. a) *Triglochin* on muddy sand (common), b) high marsh sediment (common), c) salt marsh sediment with cushions of *Vaucheria* (common). 6) Campobello Island, Upper Duck Pond. a) Salt marsh sediment, b) intertidal medium to coarse sand with halophytes. 7) St. John, Manawagonish salt marsh. a) Floating algal mats of a pool, b) muddy sediment of a pool, c) salt marsh sediment with cyanobacteria (common).
Material: Live observations on numerous specimens, 15 animals sectioned.

The species is regularly and in high abundance found all over the salt marshes, and in intertidal sand with halophytes. The animals constantly have two

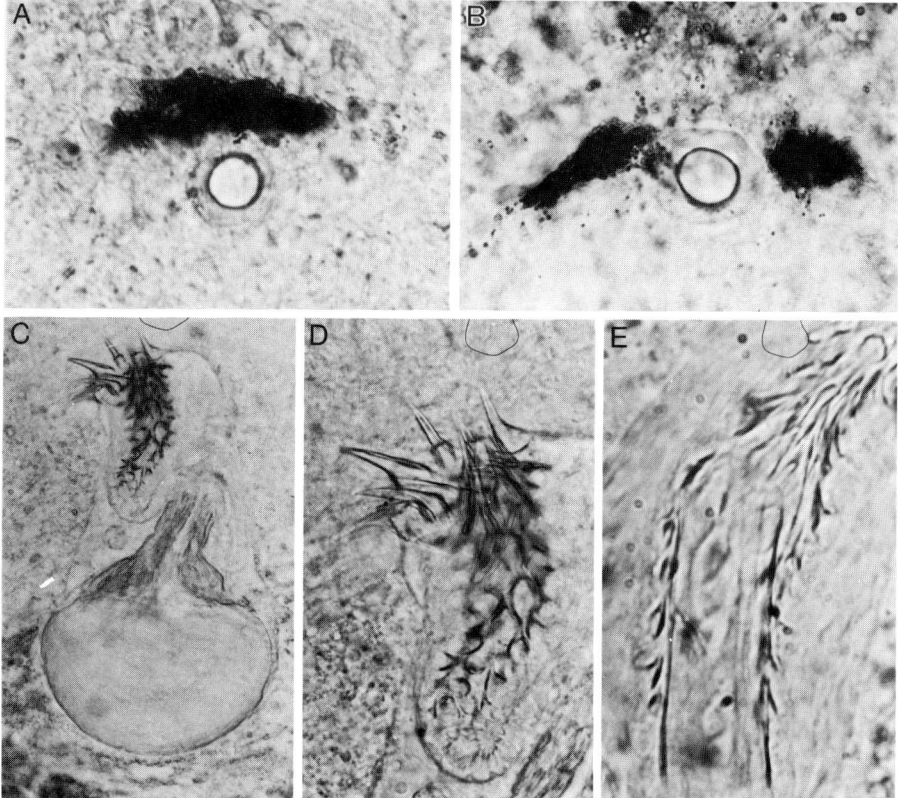

Fig. 7. A. *Monocelis lineata*, B. *Monocelis* spec., pigmentation above the statocyst. C, D. *Archilopsis inopinata*, cirrus (Deer Island). E. *Archilopsis arenaria*, cirrus (Campobello Island).

distinct eye pigmentations besides the statocyst. Structurally they are identical with *M. longiceps* (Ant. Dugès, 1830), but there are differences in the ecology of local populations in Canada, Belgium, and the Black Sea (P. Martens, in letter).

Minona baltica Karling & Kinnander, 1953

(Fig. 8 A, 9 A – D)

Locality: Pocologan, brackish water bay. a) Mud next to a freshwater inlet, and b) sand in the upper intertidal.

Material: Live observations on several specimens, including drawings and photographs. Two animals sectioned.

Animals 5 – 6 mm long, with a ovoid copulatory organ (maximum diameter 145 µm), which contains bundled sperma and granular secretions. Glandular

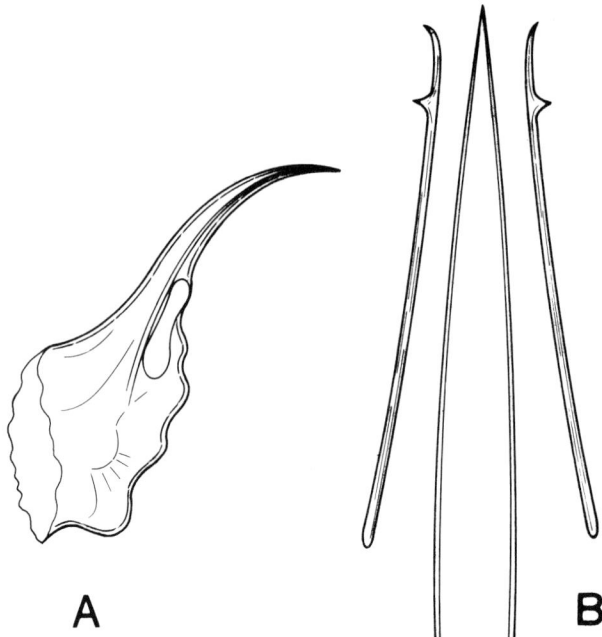

Fig. 8. A. *Minona baltica*, glandular stylet (Pocologan). B. *Itaspiella helgolandica*, central tube and 2 of the 8 penis spines (Baie des Chaleurs).

organ with a glandular stylet 42 µm in length and granular secretions. Examination of a series of saggital sections confirms the species identity. A vaginal pore is not developed (cf. LUTHER 1960, p. 124).

Distribution and ecology. North Sea and Baltic Sea (Ax 1954, 1960; LUTHER 1960; BILIO 1964; DEN HARTOG 1964; KARLING 1974). *M. baltica* is a brackish water species preferentially found in meso- to oligohaline low energy zones (ARMONIES 1987).

Coelogynopora hymanae Riser, 1981

(Fig. 9 E, F)

Locality: Deer Island, Deer Island Point. Medium to coarse sand of a small beach between rocks, near the lighthouse.
Material: Live observations on two specimens, including drawings and photographs.

One of the animals examined well conforms to the description of RISER (1981). The central group of penis spines consists of 4 median needles slightly curved toward the apex (about 100 µm in length), and 2 lateral spines with a triangular appendix. The accessory spines are about 80 µm. In the second animal, 6 median

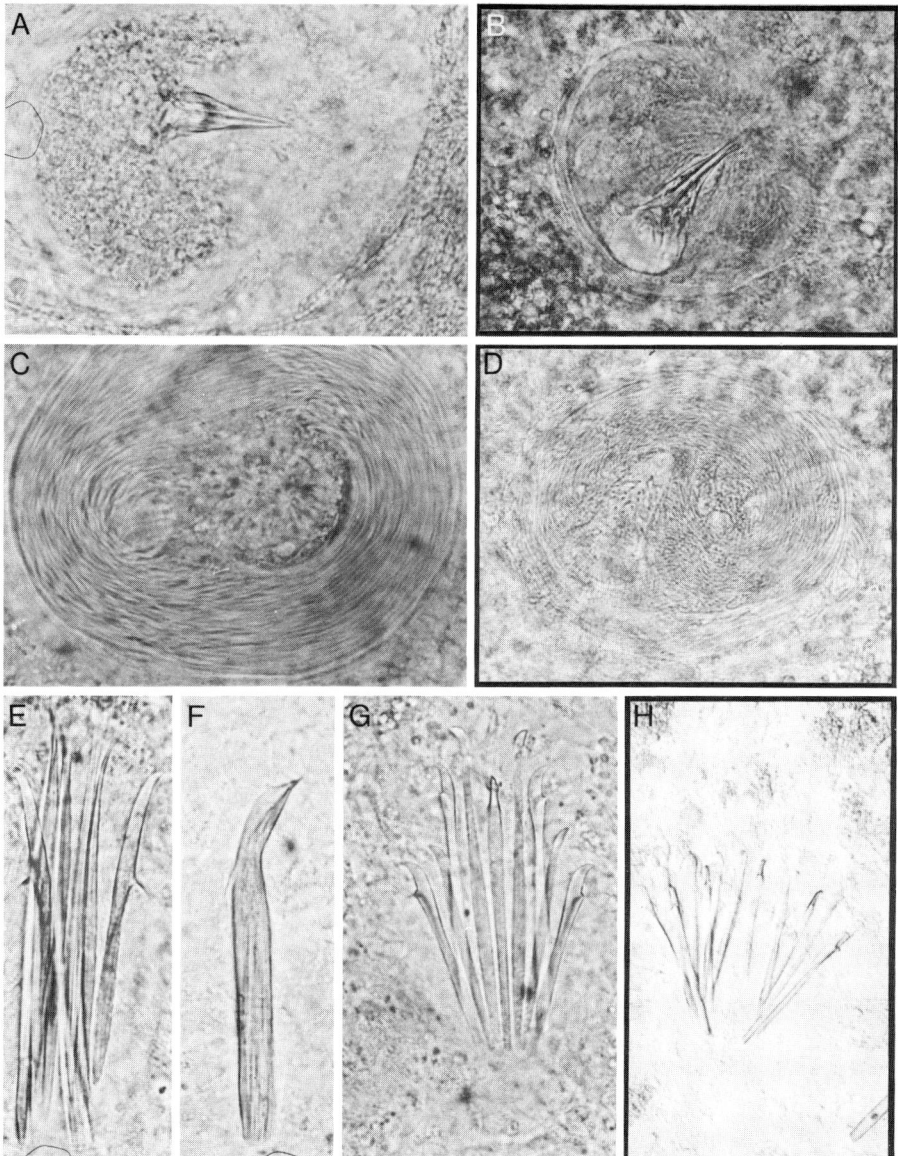

Fig. 9. A – D. *Minona baltica*. A, B glandular organ with the glandular stylet, C, D copulatory organ. A, C Pocologan, B, D island of Sylt. E, F. *Coelogynopora hymanae*. E central group of penis spines, F accessory spine (Deer Island). G, H. *Coelogynopora schulzii*, central group of penis spines. G New River Beach, H island of Sylt.

spines and two lateral ones with a triangular appendix were observed in the central group.

Distribution. Up to now, *C. hymanae* is only known from the type locality nearby (Brandy Cove, St. Andrews, N. B. Canada).

Coelogynopora schulzii Meixner, 1938

(Fig. 9 G, H)

Locality: New River Beach, Carrying Cove. Pure sand of a beach pool above mean high tide level.
Material: Live observations on several specimens, including drawings and photographs.

In all animals examined there were 9 spines in the central group: one unpaired median spine (about 81 µm), and 4 symmetrical spines of decreasing length (90 – 65 µm) on each side. The accessory spines are 76 µm long. In one specimen only one accessory spine was found, and in another both were lacking. In the solar organ 24 spines 25 µm in length were observed. In one individual there were only 18 spines.

In European animals the number of spines in the central group is 9, 11, or 13 (LUTHER 1960).

Distribution and ecology. North Sea, Baltic Sea, Atlantic coast of Norway (cf. ARMONIES 1987). From Nahant, Ma. (USA) to Blacks Harbor, N. B. Canada (RISER 1981). *C. schulzii* prefers meso- to oligohaline sediments with adequate pore size independent of the sediment composition (ARMONIES 1987).

Itaspiella helgolandica (Meixner, 1938)

(Fig. 8 B, 10 C, D)

Localities: 1) New River Beach. Rippled medium to coarse sand of the transition zone to the adjacent coarse grained beach slope. 2) Baie des Chaleurs, Petit Rocher, Elmtree River. Boulders, coarse and medium sand; marine to brackish.
Material: Live observations on several specimens, including drawings and photographs.

The copulatory organ consists of a central tube (38 µm) and 8 spines of 32 – 34 µm. In European animals, the central tube measures 42 to 45 µm, and the spines 34 – 35 µm in length (Ax 1956 a). Specimens from the US Pacific coast have a central tube of 38 – 40 µm and 8 spines 32 – 33 µm in length (Ax & Ax 1967).

Distribution: North Sea, Baltic Sea, Atlantic coast of Norway (MEIXNER 1938; Ax 1956 a; SCHMIDT 1972 a, b; SOPOTT 1972). Pacific coast of the USA (Ax & Ax 1967).

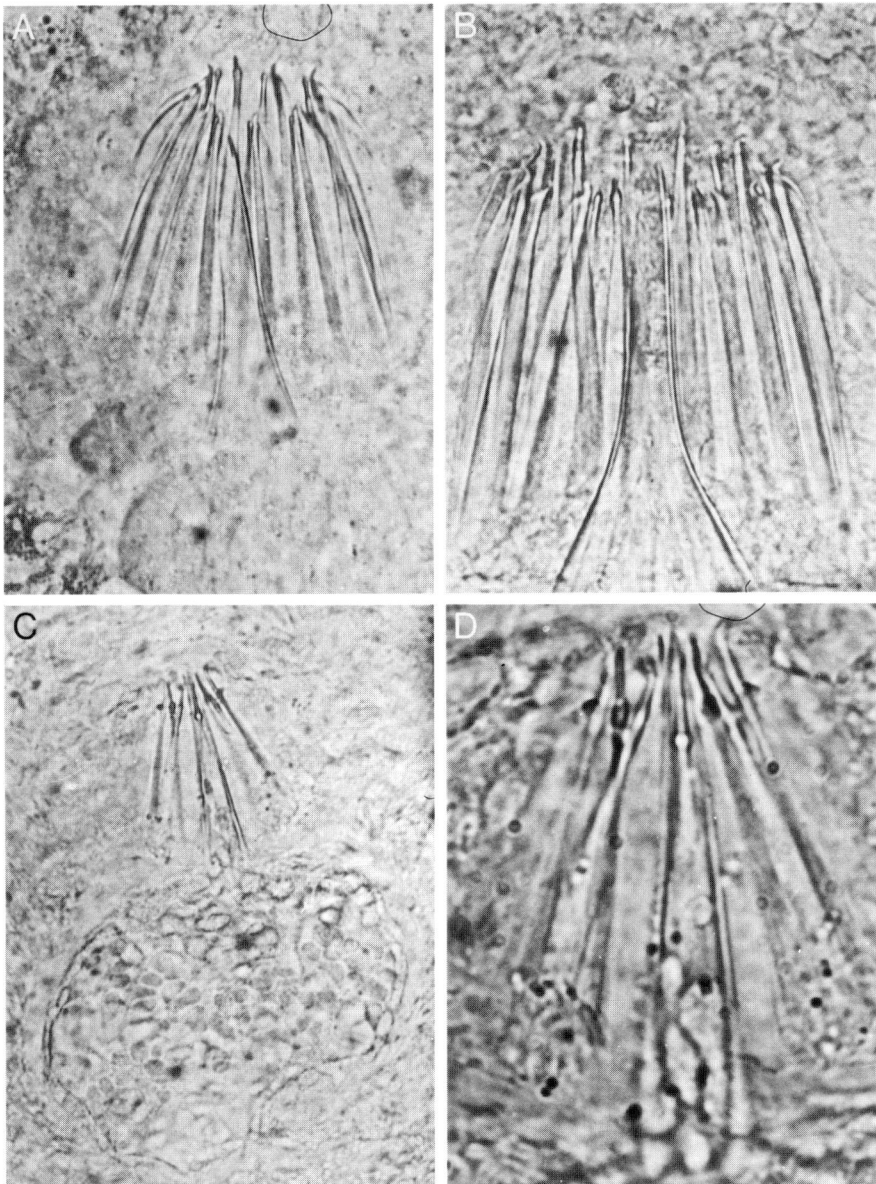

Fig. 10. A, B. *Notocaryoplanella glandulosa*, stylet apparatus (Percé). C, D. *Itaspiella helgolandica*, penis spines (Baie des Chaleurs).

Notocaryoplanella glandulosa (Ax, 1951)

(Fig. 10 A, B)

Localities: 1) Percé (Gaspe Peninsula), Northern Beach. High energy beach with boulders, gravel, and coarse sand. 2) Baie des Chaleurs, Petit Rocher, Elmtree River. Boulders and coarse sand, poor in detritus.
Material: Live observations on several specimens, including drawings and photographs.

The stylet apparatus is composed of 14 – 18 spines 43 – 46 µm in length, and a central tube of 54 – 58 µm. In animals from the US Pacific coast there are 12 to 14 spines of 45 µm and a central tube of 50 µm (Ax & Ax 1967). Individuals from the German North Sea coast were found to bear 12 spines up to 46 µm long and a central tube of 56 µm (Ax 1951).

Distribution: North Sea, Barents Sea, Spitsbergen, the US Pacific coast (cf. Ax & Ax 1967).

Rhabdocoela

Promesostoma rostratum Ax, 1951

(Fig. 11 A – D)

Localities: 1) St. Andrews, Indian Point. Green algal layer on muddy sand. 2) St. Andrews, Pagan Point. Mud and fluffy detritus of an intertidal pool. 3) St. Andrews, Pottery Cove. Green algal mats on intertidal muddy sand. 4) St. Andrews, salt marsh north of Pagan Point. Muddy sand between gravel next to the outlet of a pool. 5) St. Andrews, north of the wharfage. Green algal mats of the intertidal. 6) Deer Island, Northern Harbor. a) Mud with *Corophium*, and b) green algal mats on muddy sand. 7) Campobello Island, Upper Duck Pond. Algal mats on muddy sand. 8) St. John, Manawagonish salt marsh. Fluffy algal layer of a pool.
Material: Live observations on numerous specimens, including drawings and photographs.

The stylets of 2 specimens are 180 and 192 µm long. In animals from the Bay of Kiel (Baltic Sea) a stylet length of 195 – 200 µm was found, and in specimens from the island of Sylt (North Sea) the stylet is 160 to 195 µm (Ax 1951; Ehlers 1974). The proximal and distal sections of the stylet also conform well among European and Canadian animals (fig. 11 A – D).

Distribution and ecology. Baltic Sea, European Atlantic coast from Norway to the south of France (cf. Ehlers 1974). *P. rostratum* prefers muddy to sandy tidal areas, algal mats, and small salt marsh pools (Ehlers 1974). Canadian animals show respective preferences.

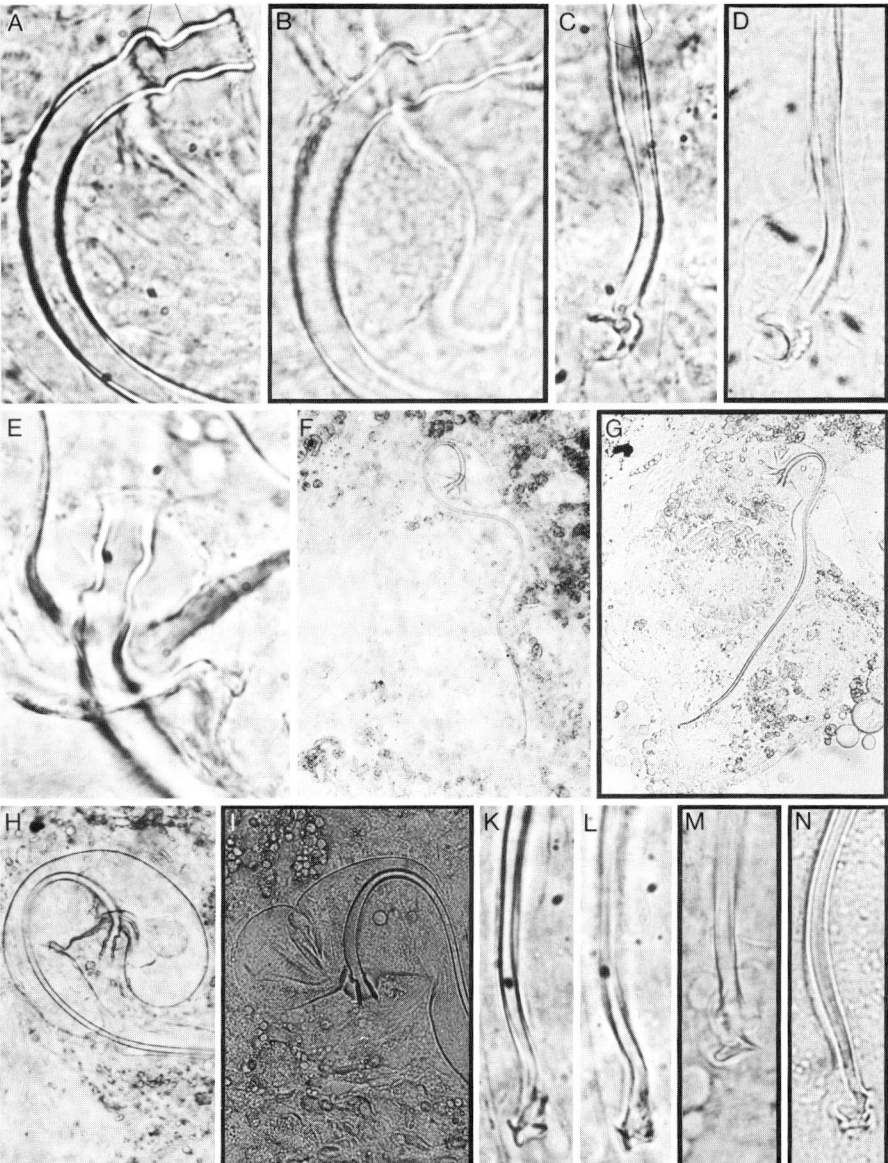

Fig. 11. A – D. *Promesostoma rostratum*, stylet. A, B proximal part, C, D tip. A, C Deer Island, C, D island of Sylt. E – N. *Promestotoma karlingi*. F, G stylet, E, H, I proximal part of the stylet, K – N tip of the stylet. E, F, H, K, L St. Andrews. G, I, M, N island of Sylt.

Promesostoma karlingi Ehlers, 1974

(Fig. 11 E – N)

Localities: 1) St. Andrews, Pagan Point. Cushions of *Chondrus* in a tidal pool. 2) St. Andrews, Pottery Cove. Sandy mud rich in detritus. 3) St. Andrews, salt marsh north of Pagan Point. Muddy sand between gravel and stones next to the outlet of a pool.
Material: Live observations on several animals, including drawings and photographs.

The Canadian animals lack body pigmentation. The stylet is 360 – 400 µm long. For specimens from the German North Sea coast stylets of 350 – 420 µm are recorded (EHLERS 1974). The proximal and distal portion of the stylets agree well in Canadian and European animals.

Distribution: North Sea and the western coast of Sweden (EHLERS 1974)

Promesostoma marmoratum (M. Schultze, 1851)

(Fig. 12 A–C)

Localities: Pocologan, brackish water bay. a) Deposited green algal mats, b) sandy mud next to a freshwater outlet, c) floating algal mats and green algae deposited on the shore.
Material: Live observations on several specimens, including drawings and photographs.

Animals with intensive brown-yellowish pigmentation, which forms two stripes of several anastomising longitudinal rows behind the eyes. The size of the lateral appendage attached to the tip of the stylet varies greatly (cf. LUTHER 1962, p. 60, fig. 24 E, F). In Canadian specimens, the lateral appendage is 32 µm and the tip of the stylet is 14 µm.

Distribution and ecology. Northern Atlantic coasts from America and Greenland to the north of Russia, the European west coast, the Baltic Sea, and the Mediterranean (cf. LUTHER 1962). Low energy zones rich in detritus are preferred.

Promesostoma meixneri Ax, 1951

(Fig. 12 D)

Locality: St. Andrews, Pagan Point. Medium to coarse sand of the upper intertidal.
Material: Live observations on few animals, including drawings and photographs.

EHLERS (1980) described a subspecies *Promesostoma meixneri roscoffense* from Roscoff (Atlantic coast of France). The specimens found in Canada, however, belong to the subspecies *P. meixneri meixneri*. Up to now, positive localities for *P. meixneri meixneri* are only known from the North Sea and the Baltic Sea, where it is found in low to medium energy beaches (cf. EHLERS 1974, p. 55). With

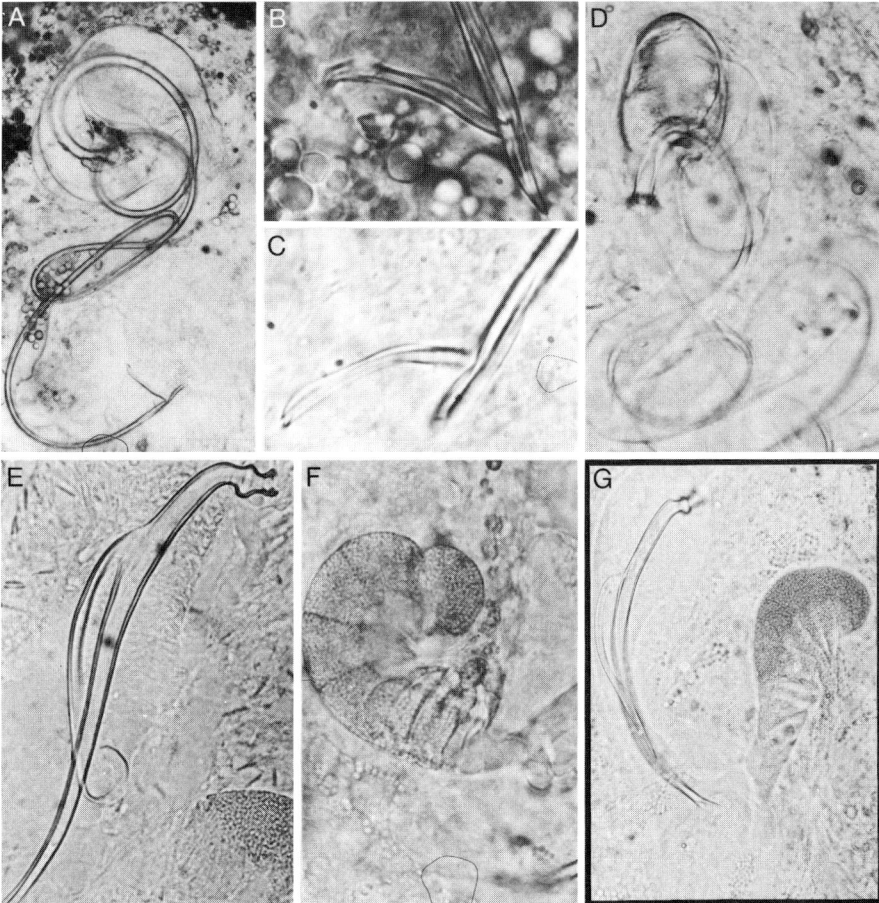

Fig. 12. A – C. *Promesostoma marmoratum*. A stylet, B, C tip of the stylet (Pocologan). D. *Promesostoma meixneri*, stylet (St. Andrews). E – G. *Promesostoma cochleare*. E stylet, F glandular organ of the distal end of the genital canal, G stylet and glandular organ. E, F Petit Rocher, Baie des Chaleurs, G island of Sylt (North Sea).

the new locality from Canada, *P. meixneri meixneri* seems to be a northern Atlantic species.

Promesostoma cochleare Karling, 1935
(Fig. 12 E – G)

Localities: 1) Deer Island, western beach. Coarse sand and gravel, lower intertidal. 2) Baie des Chaleurs, Petit Rocher, inner side of the Elmtree River estuary. Coarse to medium sand, brackish to freshwater.

Material: Live observations on several specimens, including drawings and photographs.

The stylet is 137 to 163 μm long, the secondary lateral tube 85 μm. In animals from the German North Sea coast the stylet is 125 – 130 μm (EHLERS 1974). According to KARLING (1935) the stylet may reach 140 – 155 μm. The lateral secondary tube is pointed. In some Canadian specimens it was slightly bent.

Distribution and ecology. North Sea, Baltic Sea, Atlantic coast of Norway, Mediterranean (AX 1951, 1952, 1956 b; LUTHER 1962; SCHMIDT 1972 b; EHLERS 1974; KARLING 1974). Low to medium energy sandy beaches poor in detritus are preferred (HELLWIG 1987).

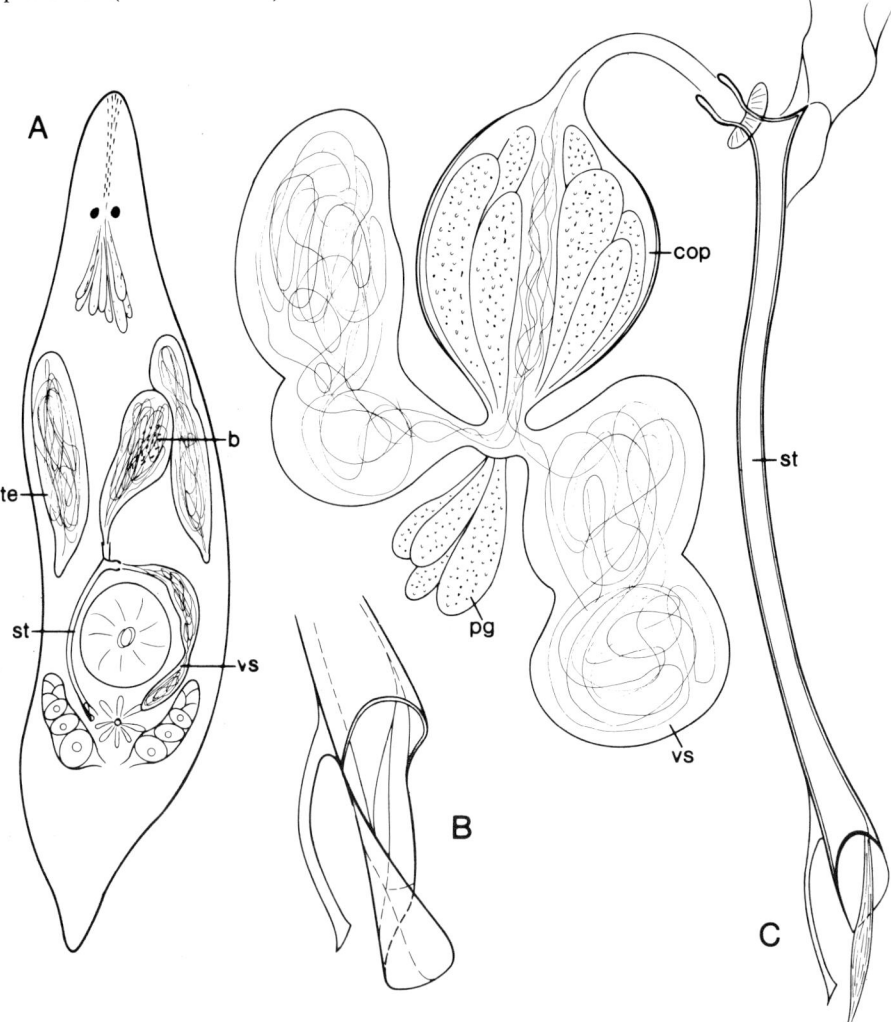

Fig. 13. *Promesostoma fibulata*. A organisation, B tip of the stylet, C male organs. b = bursa, cop = copulatory organ, ge = germary, pg = prostatic glands, st = stylet, te = testes, vs = vesicula seminalis.

Promesostoma fibulata sp. n.

(Fig. 13, 14)

Localities: 1) St. Andrews, Pottery Cove (locus typicus). Sandy mud rich in detritus. 2) St. Andrews, beach north of Pagan Point. Gravel, coarse sand, and medium sand of the upper intertidal. 3) Deer Island, western beach. Gravel and coarse sand, lower tidal range.
Material: Live observations on numerous animals, including drawings and photographs.

The specimens are 1.5 to 2 mm long, with paired eyes. The animals appear dark, however, pigment granules are missing. The pharynx is situated rostrally in the posterior half of the body. The body tapers at both sides. Only the male organs were observed.

The vasa deferentia enter an external vesicula seminalis. Together with prostatic glands the vesicula seminalis enters the ovoid copulatory organ. Centrally the bulb contains sperms, surrounded by prostatic vesicles. Distally the bulb joins the male genital canal with the stylet. A glandular organ is located at the end of the male genital canal.

The stylet (150 – 152 μm) is situated laterally of the pharynx. Proximally it starts with a funnel of about 8 μm in diameter. Near the sphincter, the stylet tapers to 4 μm. Distally of the sphincter there is a pointed indentation of 6 μm length. Here, the stylet tube bends caudally (about 80 °). Between the flexure and the tip, the stylet is about 6 μm in diameter. Distally the stylet is cut off transversely, and it ends in a lamina which is semicircular bent. Near the end the stylet bears a lateral claps slightly curved. A large bursa joins the male genital canal. It was filled with prostatic secretions and sperma.

Promesostoma bilobata sp. n.

(Fig. 15, 16)

Localities: 1) St. Andrews, salt marsh north of Pagan Point. Green algal mats in a pool. 2) Sam Orr Pond. Algal mats of a salt marsh pool. 3) St. John, Manawagonish salt marsh (locus typicus). Floating green algal mats of a pool.
Material: Live observations on several animals, including drawings and photographs. 12 animals sectioned; one specimen sectioned sagittally = holotype (No. P 1961, 9 paratypes No. P 1962 – 1970, Zoological Museum of the University of Göttingen).

Uncoloured animals up to 1.5 mm in length. Though all specimens were found in low energy areas, they distinctly show the ability to adhere with the hind part. The body tapers at both sides. Germaria, vitellaria, and testes paired. The pharynx is situated at the middle of the body with the stylet laterally.

Male organs. The vasa deferentia enter an external vesicula seminalis. Together with secretory glands, the vesicula seminalis joins the ovoid copulatory

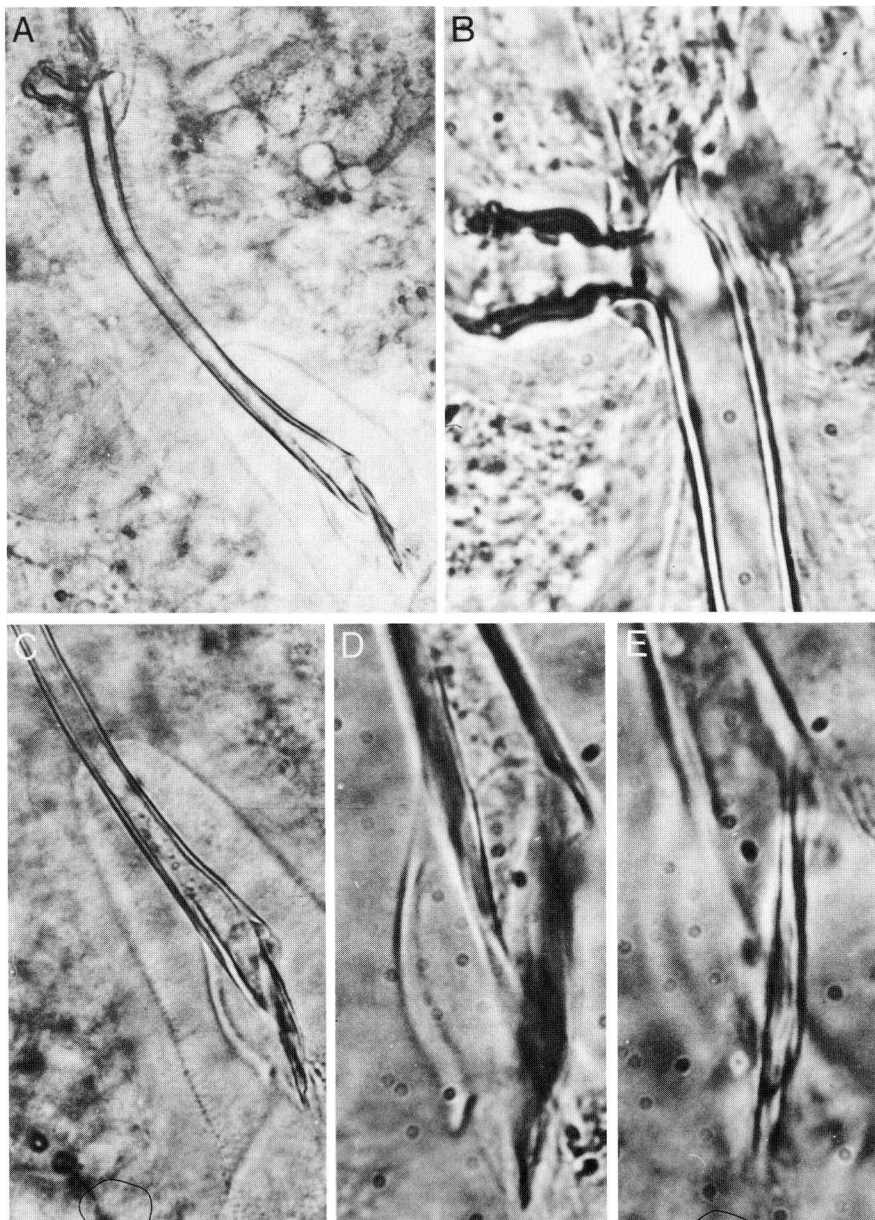

Fig. 14. *Promesostoma fibulata*. A stylet, B proximal, and C distal part of the stylet, D, E tip of the stylet. A, C – E St. Andrews, B Deer Island.

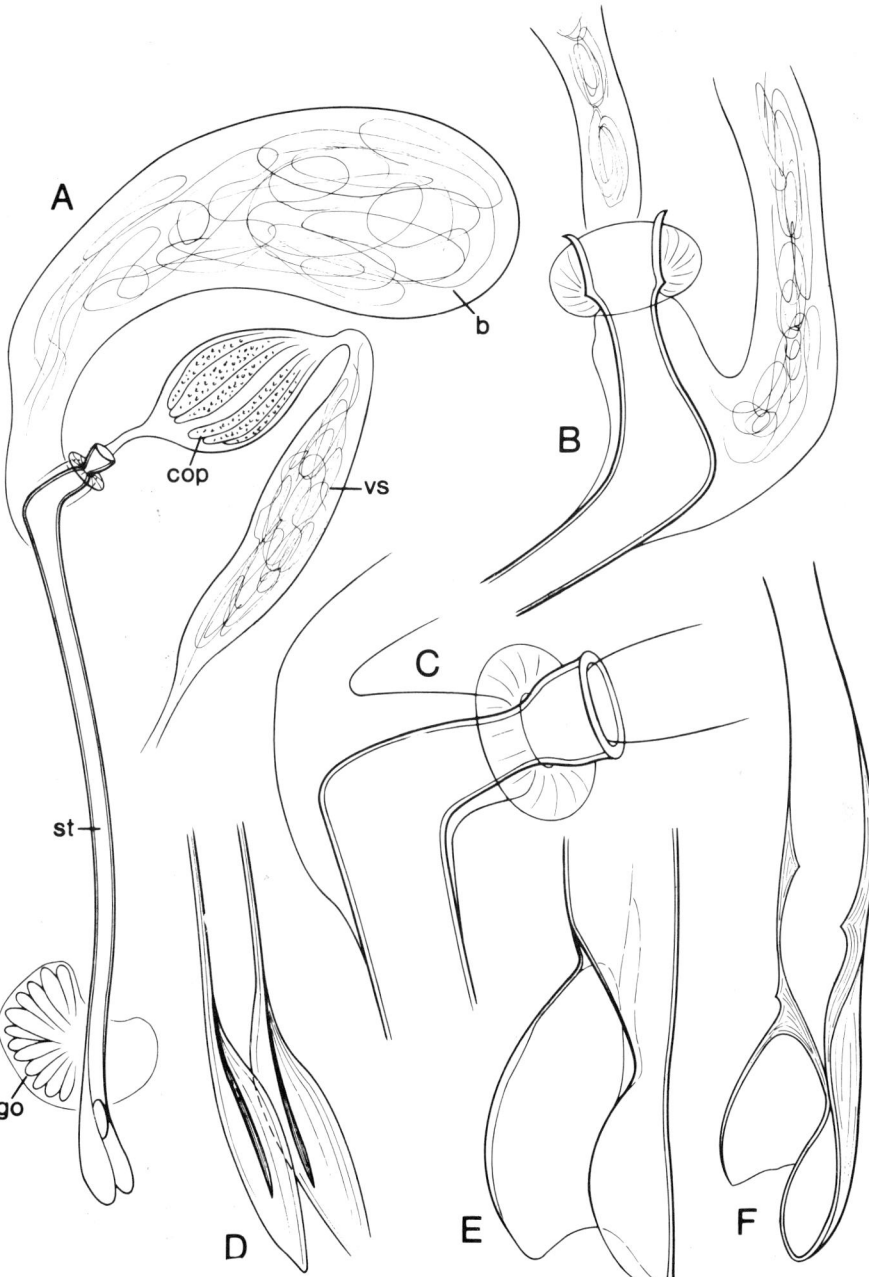

Fig. 15. *Promesostoma bilobata.* A male organs, B, C proximal part of the stylet, D – F tip of the stylet. b = bursa, cop = copulatory organ, go = glandular organ, st = stylet, vs = vesicula seminalis.

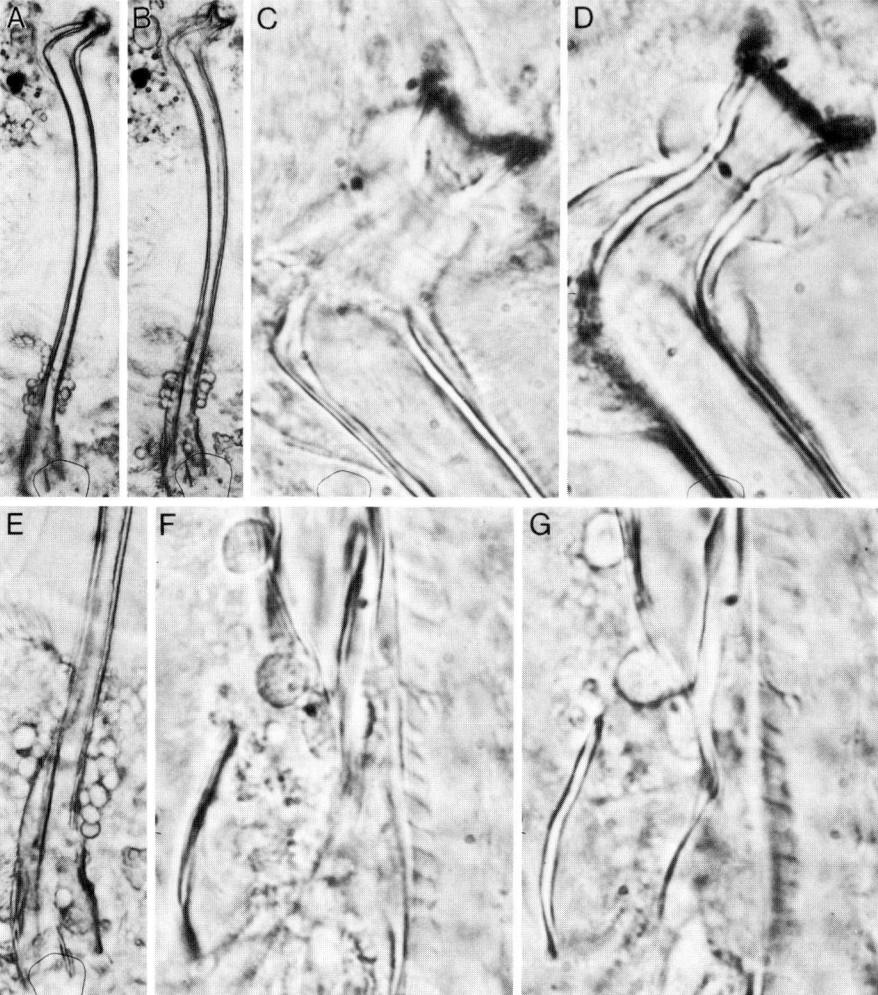

Fig. 16. *Promesostoma bilobata*. A, B stylet, C, D proximal, E distal part of the stylet. F, G tip of the stylet (St. John).

organ. The stylet (total length 210 μm) begins with a funnel of about 9 μm in diameter. Distally the tube tapers to about 6 μm, where it is surrounded by a sphincter. Distad of the sphincter, the tube is turned distally at a right angle. At the flexure the tube is strengthened to a curved hook. Here, the longish bursa enters the genital canal. Distally, the tube is contracted from 12 to about 7 μm. The tip of the stylet is enlarged again, and the stylet tip is spoon-like with an oval opening. A glandular organ is situated at the end of the male genital canal.

Compared to the other species of *Promesostoma*, both, *P. fibulata* and *P. bilo-*

bata have short stylets (150 and 210 μm, respectively). Based on the shape of the stylets, *P. bilineatum* Pereyaslawzewa, 1892, *P. nynaesiensis* Karling, 1957, and *P. sartagine* Ax & Ehlers, 1973 are the most similar species. They all have stylets proximally curved at about a rigth angle. In *P. fibulata* and *P. bilobata* the stylet is clearly strengthened at the flexure, and in both species the bursa is a longish bag beginning at the end of the genital canal (table 1). Possibly the strengthening of the stylets at the flexure common to *P. fibulata* and *P. bilobata* represents a synapomorphy of these species. They might be sister-species in the taxon *Promesostoma*.

Table 1: Comparison of 5 *Promesostoma* species. *: according to Ax (1952), **: according to Karling (1957), ***: according to Ax & Ehlers (1973)

	P. fibulata	*P. bilobata*	*P. bilineatum* **, *	*P. nynaesiensis* **	*P. sartagine* ***
Stylet size	150 – 152	210	240 – 250	363 – 399	150
stylet prox. curved at an angle of	about 80°	about 90°	about 70°	about 90°	> 100°
at the flexure, the stylet is	strengthened, with a pointed indentation	strengthened, with a curved hook	not strengthened no visible hook	not strengthened with an indistinct curved bump	?strengthend with a curved hook
tip of the stylet	cut off oblique, with a bent lamella and a slightly curved lateral clasp	spoon-like, the lateral walls of the spoon forming oval plates	cut off oblique, with a triangular pointed collar and a small longitudinal "Kammleiste"	spoon-like, the bottom of the spoon is strengthened	cut off oblique with a triangular pointed collar
situation and shape of the bursa	a longish bag beginning at the proximal flexure of the stylet		an enlargement of the proximal 1/3 of the genital canal	a pointed enlargement of the prox. 1/4 of the genital canal	an enlargement of the proximal 1/4 of the genital canal

Stygoplanellina ?halophila Ax, 1954

(Fig. 17)

Locality: Campobello Island, Upper Duck Pond. Upper border of the salt marsh, coarse sand of an area with fresh water outflow.

Material: Live observations on several specimens, including drawings and photographs; 18 specimens sectioned.

1.5 to 2.0 mm long animals without eyes. The general organisation is identical to *S. halophila*. In live observation as well as in sections, the male copulatory organ and the bursa copulatrix are the prominent features. Though our sections are not very satisfactory the latter structure seems to be highly identical to *S. halophila* from the Gulf of Finland. However, there are two differences. First,

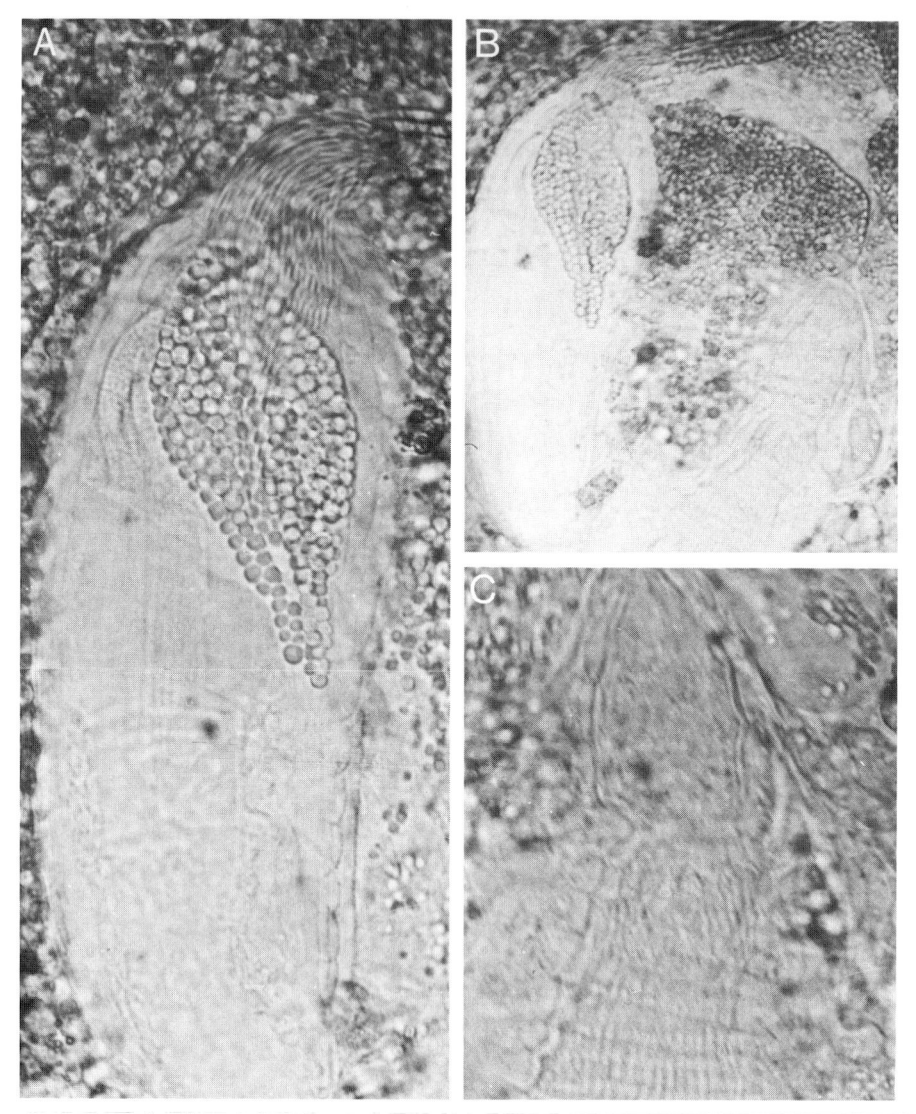

Fig. 17. *Stygoplanellina ?halophila*. A copulatory organ, B copulatory organ and bursa copulatrix, C bursa copulatrix (Campobello Island).

the Canadian animals have external prostatic glands which produce either very coarse or fine secretions. Both types could be seen in live specimens as well as in sagittal sections. *S. halophila* from Finland has very coarse secretions, too, but fine secretions were not found. In addition, external prostatic glands were not positively observed (Ax 1954).

The position and number of the testes is the second difference. *S. halophila* has paired testes behind the pharynx, whereas the Canadian specimens have only 1 testis in front of the pharynx (live animals). In sectioned material the testis is situated dorsally of the pharynx.

Provisionally we attach the Canadian specimen to *S. halophila.* Further investigations are necessary to resolve the question if the populations on both sides of the North Atlantic belong to one species or if they represent separate species.

Brinkmanniella macrostomoides Luther, 1948

(Fig. 18 B)

Locality: Campobello Island, Upper Duck Pond. Intertidal medium to coarse sand with halophytes.
Material: Live observations on one animal, including drawings and photographs.

Only one specimen not yet fully developed. According to LUTHER (1948) the stylet is 58 – 66 μm long. In the individual found in Canada, however, the stylet length was 24 μm. At the German North Sea coast (island of Sylt) EHLERS (1974) found stylets of 43 – 61 μm length in individuals from the intertidal and the lower part of a semi-exposed beach, whereas the stylet length of animals living in upper beach regions was only 25 – 29 μm.

Distribution: North Sea, Baltic Sea, Mediterranean (cf. LUTHER 1962).

Pratoplana ?salsa Ax, 1960

(Fig. 18 A, 19 A)

Locality: Deer Island, Northern Harbor. *Triglochin* on muddy sand.
Material: Live observations on 3 specimens, including drawings and photographs.

0.5 to 0.6 mm long animals with paired eyes. The pharynx is situated rostrally in the posterior half of the body. Paired testes in the middle of the body, only one germary. The unpaired vesicula seminalis is situated closely behind the pharynx. The copulatory organ is a muscular pin 12 μm in diameter with two lateral stripes of secretion granules positioned regularly. The left prostatic gland is enlarged.

Based on life observation of squeezed specimens the organisation is identical with *Pratoplana salsa*. According to the figures given in the original description (Ax 1960, fig. 27), the copulatory organ of *P. salsa* is semicircularly turned. Thus, the tip of the copulatory organ bearing the weak stylet is covered by the dorsal vesicula granulorum and vesicula seminalis. Therefore, the question if there is a stylet similar to the European specimens in Canadian animals remains unanswered.

Distribution and ecology. *P. salsa* occupies polyhaline low energy areas rich in detritus of the North Sea and the Baltic Sea (ARMONIES 1987; HELLWIG 1987).

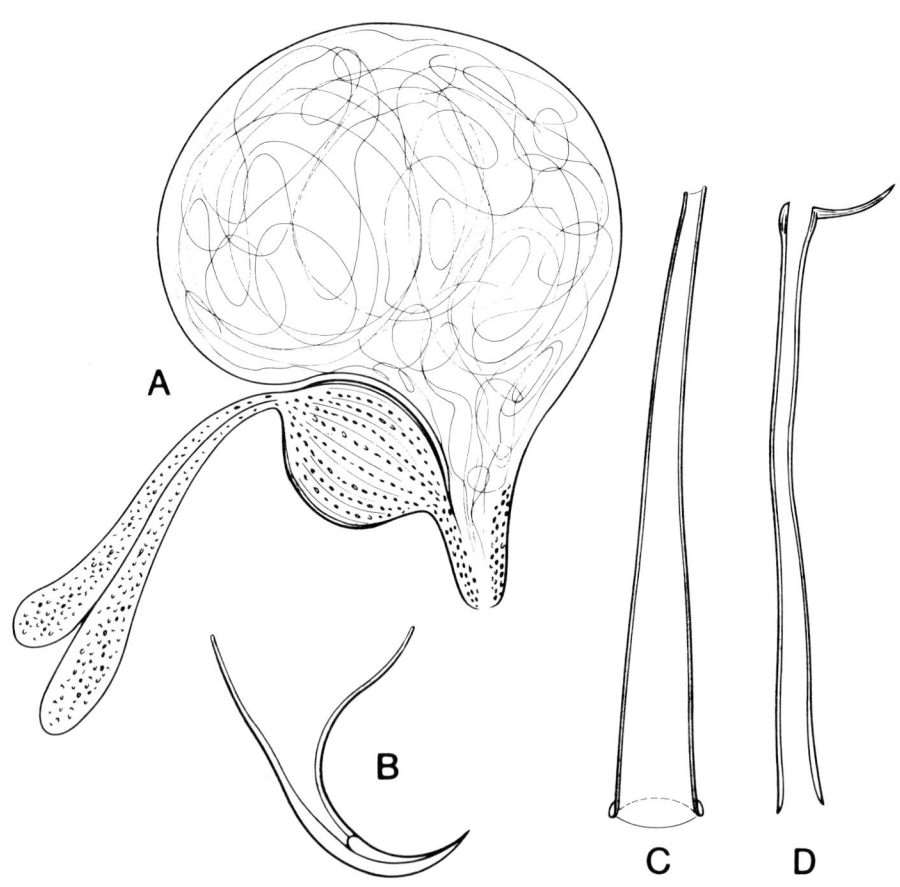

Fig. 18. A. *Pratoplana ?salsa*, copulatory organ (Deer Island). B. *Brinkmanniella macrostomoides*, stylet (Campobello Island). C. Byrsophlebidae spec. 1, stylet. D. Byrsophlebidae spec. 2, stylet (Pocologan).

Byrsophlebidae spec. 1 and 2

In the following two species the tip of the stylet is orientated frontally. This feature suggests the existence of a separate male genital pore in front of the female pore, as is the case in the taxon Byrsophlebidae. The shapes and the sizes of the stylets differ from all species of Byrsophlebidae known up to now (KARLING 1985). We will give some dates and figures of these apparently new species, which might allow a later identification.

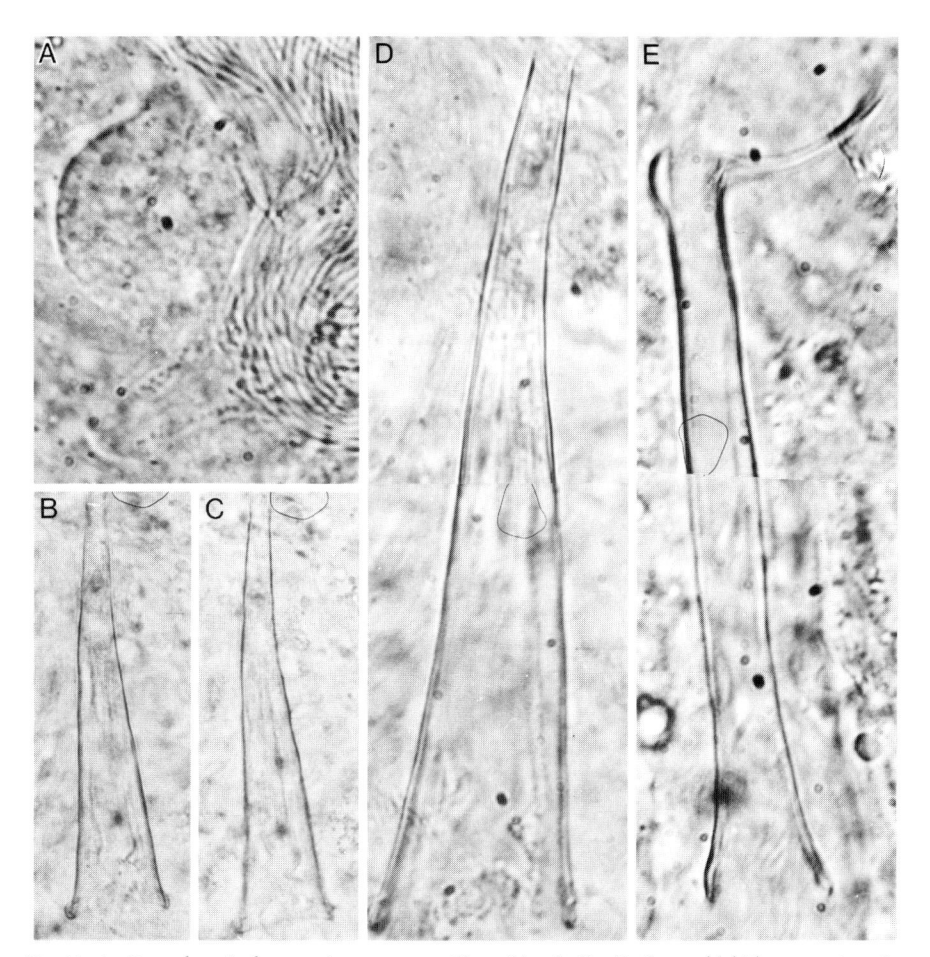

Fig. 19. A. *Pratoplana ?salsa*, copulatory organ (Deer Island). B – D. Byrsophlebidae spec. 1, stylet (Pocologan). E. Byrsophlebidae spec. 2, stylet (Pocologan).

Byrsophlebidae spec. 1

(Fig. 18 C, 19 B – D)

Locality: Pocologan, brackish water bay. Intertidal medium to coarse sand with detritus.
Material: Live observations on 2 specimens, including drawings and photographs.

0.8 mm long animals with paired eyes. The paired testes are situated laterally of the pharynx. One germary. The vasa deferentia enter the muscular copulatory bulb together with the prostatic glands. The stylet is 83 – 98 µm long. In squeezing preparation the tip of the stylet points frontad. The proximal opening of the stylet is 20 µm, and it tapers distally to 3 – 4 µm. The distal opening is cut off oblique, and the walls of the tube are strengthened.

Byrsophlebidae spec. 2

(Fig. 18 D, 19 E)

Locality: Pocologan, brackish water bay. Algal mats on muddy sand.
Material: Live observations on one animal, including drawings and photographs.

In squeezing preparation the stylet (about 121 µm long) points frontad. The proximal diameter is 13 µm and the distal opening is 4 µm wide. Here, the wall of the tube is strengthened, and the outer diameter is about 8 µm. A slightly curved flagellum (19 µm long) is attached to the strengthening. The copulatory organ is about 100 µm long, and it is surrounded by a distinct muscular cover.

Coronhelmis multispinosus Luther, 1948

(Fig. 20 A – C)

Localities: 1) New River Beach. Medium sand next to a freshwater inlet. 2) Campobello Island, Herring Cove. Estuary of the Lake Glensevern behind a beach dam, brackish water. 3) Campobello Island, Upper Duck Pond, High marsh sediment.
Material: Live observations on several specimens, including drawings and photographs.

The stylet is 21 – 23 µm long with a proximal opening of 18 µm. The distal spines are about 13 µm long. The shape of the stylet is identical in Canadian and European animals.

Distribution and ecology. *C. multispinosus* is a brackish water species living in sandy beaches and salt marshes of the European Atlantic coast and the Baltic Sea (EHLERS 1974).

Coronhelmis lutheri Ax, 1951

(Fig. 20 D, E)

Locality: New River Beach, Carrying Cove. Pure sand of a beach pool above mean high tide level.

Material: Live observations on few animals, including drawings and photographs.

The stylet is 24 – 26 μm long with a proximal opening of 23 – 24 μm. In individuals of the western Baltic Sea, the stylet is only 20 μm long and proxi-

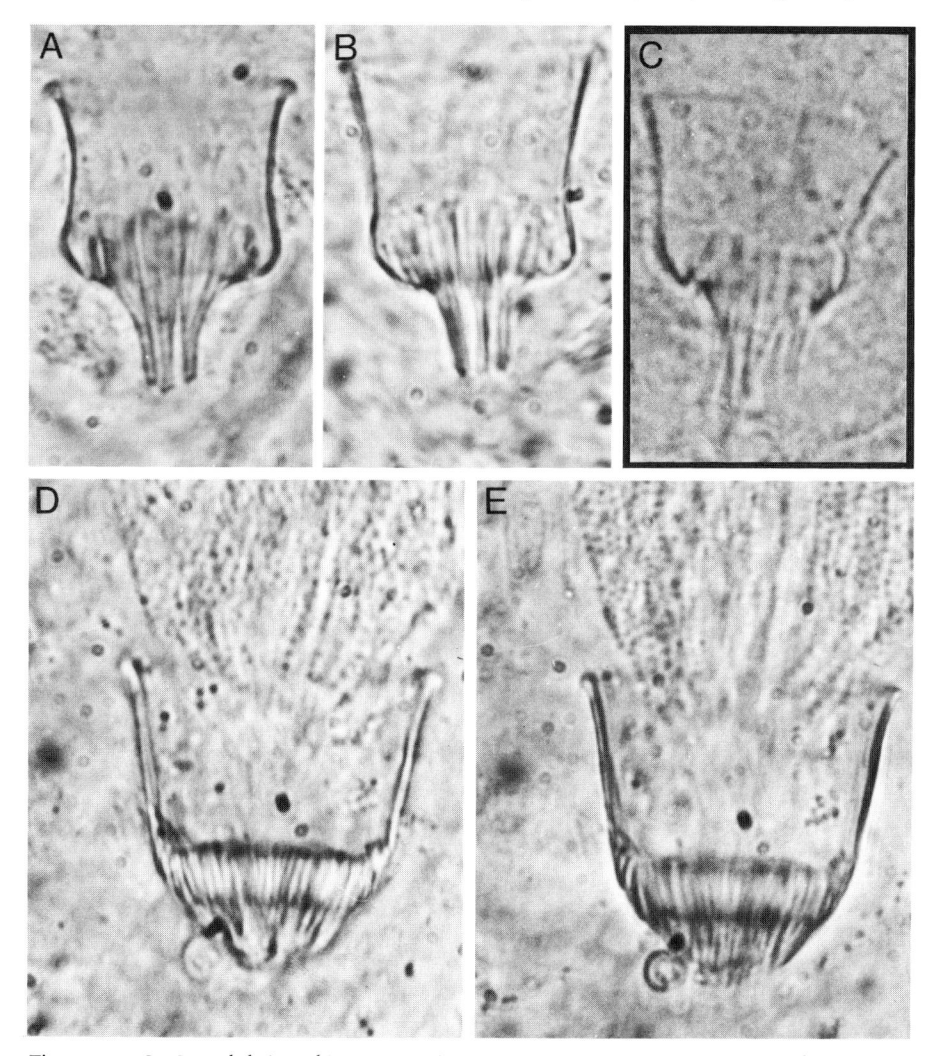

Fig. 20. A – C. *Coronhelmis multispinosus*, stylet. A, B Campobello Island, C island of Sylt. D, E. *Coronhelmis lutheri*, stylet (New River Beach).

mally 12 – 15 μm wide (Ax 1951). Concerning specimens from the North Sea, EHLERS (1974) found stylets of 17 – 20 μm with a proximal opening of 20 – 23 μm. Both, the length of the stylet and the proximal diameter depend on the coverslip pressure. Thus, there are no significant differences in the above measures.

Ptychopera westbladi (Luther, 1943)

(Fig. 21)

Localities: 1) St. Andrews, Pottery Cove. a) Green algae on muddy sand, b) sandy mud, rich in detritus, and c) salt marsh sediment between *Plantago maritima*. 2) St. Andrews, east of the wharfage. Green algae in the littoral zone. 3) Deer Island, Northern Harbor. a) *Triglochin* on muddy sand, and b) salt marsh sediment with cushions of *Vaucheria*. 4) Campobello Island, Upper Duck Pond. a) Salt marsh sediment, b) intertidal, medium to coarser sand with halophytes. 5) St. John, Manawagonish salt marsh. a) muddy sediment between *Spartina* plants, and b) mud of a salt marsh pool.

Material: Live observations on numerous specimens, including photographs.

Distribution and ecology. *P. westbladi* occupies eu- to polyhaline low energy areas alongside the European Atlantic coast from Norway to the Mediterranean (ARMONIES 1987).

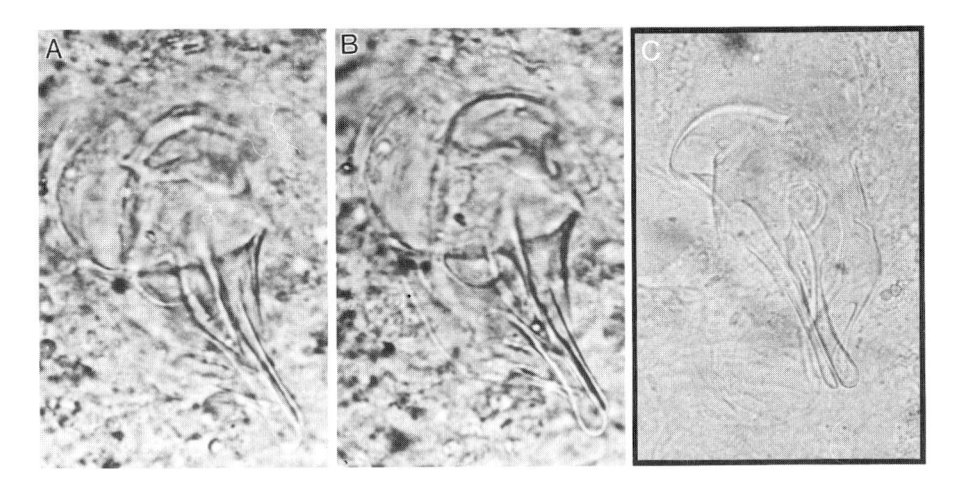

Fig. 21. *Ptychopera westbladi*, stylet. A, B St. Andrews, C island of Sylt.

Ptychopera spinifera Den Hartog, 1966

Locality: Baie des Chaleurs, Petit Rocher, Elmtree River. Salt marsh with *Spartina* and *Salicornia* species.
Material: Live observations on few specimens.

Proximally the stylet has a knob-like strengthening and it is clubshaped distally. The bursal walls are provided with anastomising longitudinal hardened ledges.

Distribution and ecology. *P. spinifera* occupies mesohaline salt marshes of the North Sea and the Baltic Sea (cf. ARMONIES 1987).

Ptychopera hartogi Ax, 1971

(Fig. 22)

Locality: Campobello Island, Upper Duck Pond. High marsh sediment.
Material: Live observations on several animals, including drawings and photographs.

Shape and size (44 – 48 μm) of the stylet of Canadian animals well conform with specimens from the North Sea (43 – 56 μm, Ax 1971).

Distribution and ecology. *P. hartogi* occupies mesohaline low energy areas of the North Sea and the Baltic Sea (cf. ARMONIES 1987).

Proxenetes deltoides Den Hartog, 1965

(Fig. 23)

Localities: 1) St. Andrews, Pottery Cove. Salt marsh sediment between *Plantago maritima*. Very abundant. 2) St. Andrews, salt marsh north of Pagan Point. Erosion edge of the salt marsh sediment at the border of a salt marsh pool. 3) Sam Orr Pond. Salt marsh sediment. 4) Deer Island, Northern Harbor. a) *Triglochin* on muddy sand, and b) salt marsh sediment with cushions of *Vaucheria*. 5) St. John, Manawagonish salt marsh. Muddy sediment with cyanobacteria between *Spartina* and *Triglochin*.
Material: Live observations on numerous specimens, including photographs.

The length of the stylet is equal ranged in Canadian (38 – 41 μm) and European animals (40 – 45 μm, Ax 1971). The bursal cuticular apparatus consists of 6 – 8 spines up to 32 μm long. The plate carrying the spines has a maximum length of 46 μm.

Distribution and ecology. European Atlantic coast from Norway to France, the Baltic Sea. *P. deltoides* is a brackish water species favoring poly- and mesohaline salt marshes (ARMONIES 1987, HELLWIG 1987).

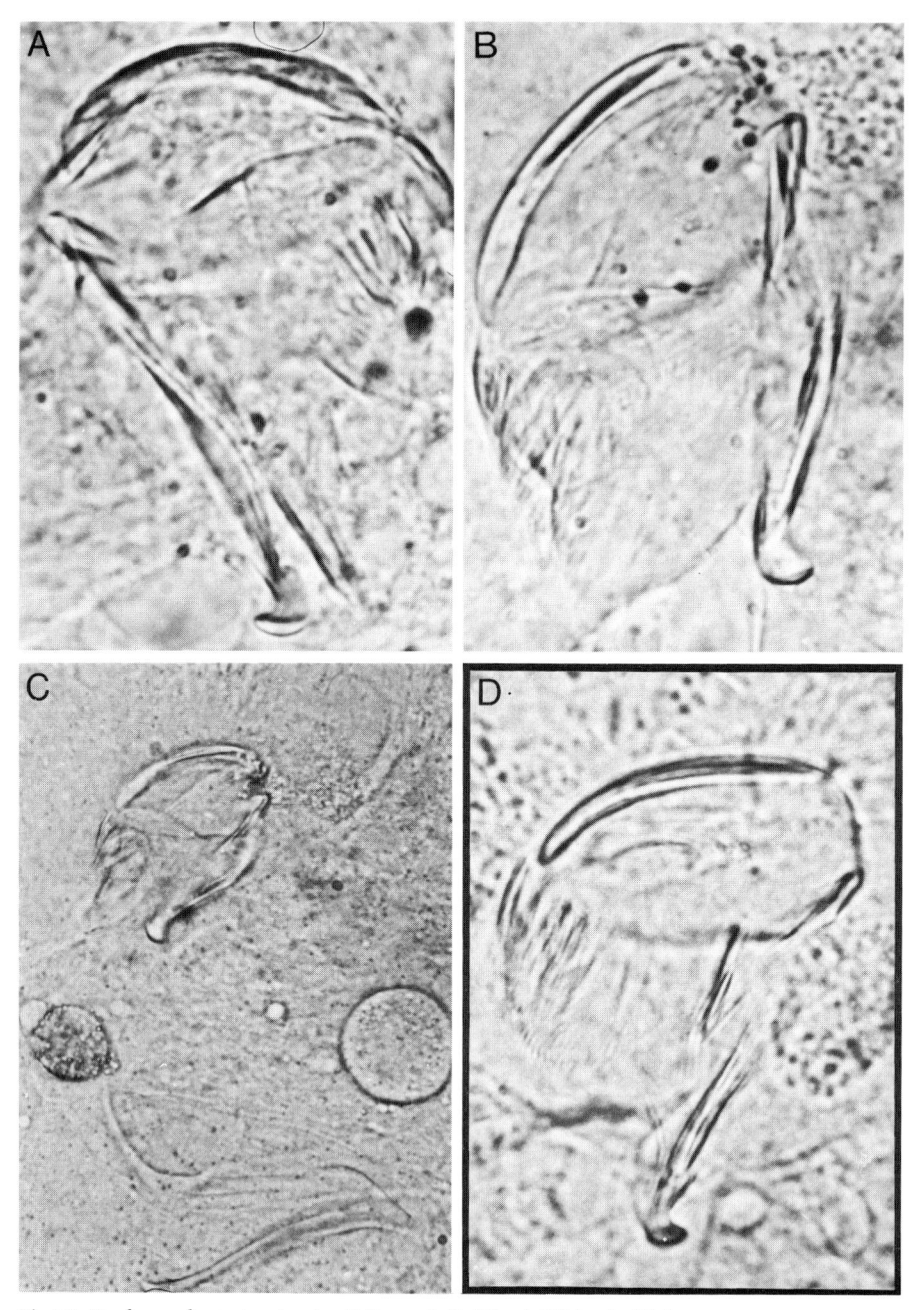

Fig. 22. *Ptychopera hartogi*, stylet. A – C Campobello Island, D island of Sylt.

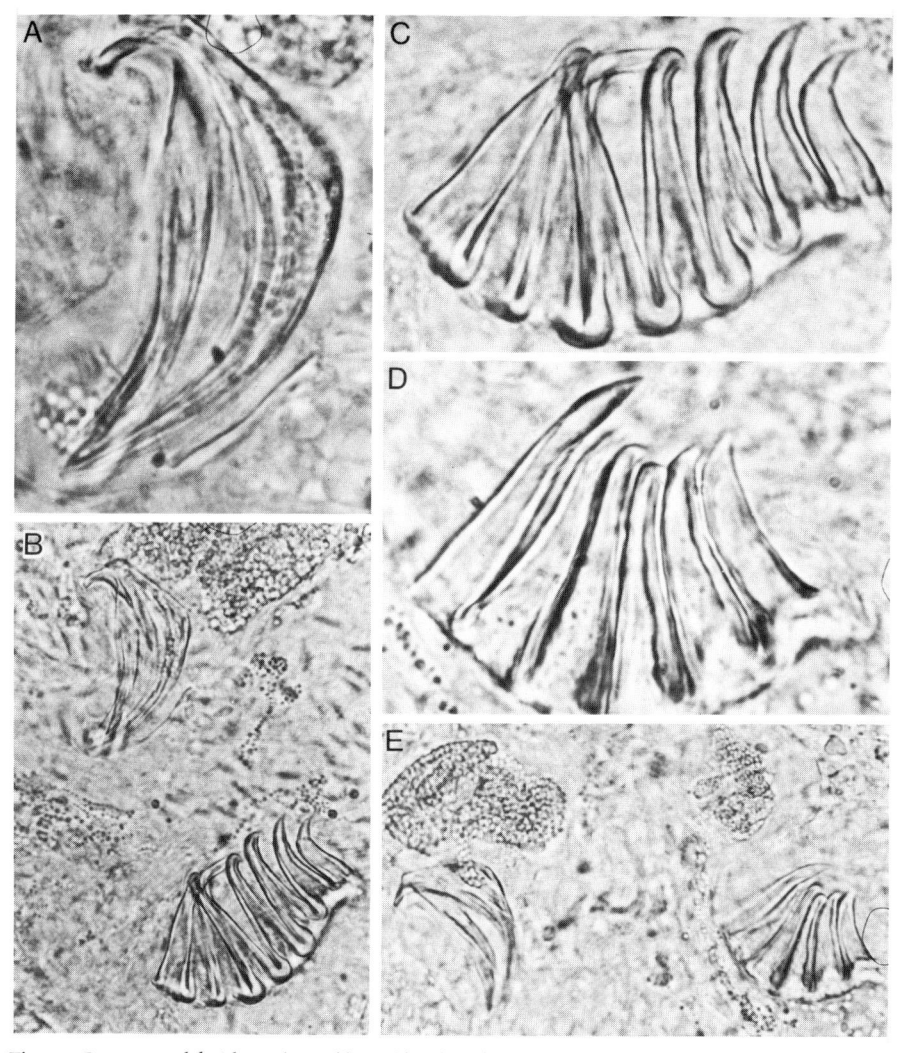

Fig. 23. *Proxenetes deltoides*, stylet and bursal hardened apparatus (Deer Island).

Proxenetes unidentatus Den Hartog, 1965

(Fig. 24)

Locality: Pocologan, brackish water bay. Sand of the shore zone.
Material: Live observations on few specimens, including photographs.

The animals are very slender, filiform. The stylet is up to 39 μm long. In European animals stylets up to 38 μm were found (Ax 1971). The shape and the

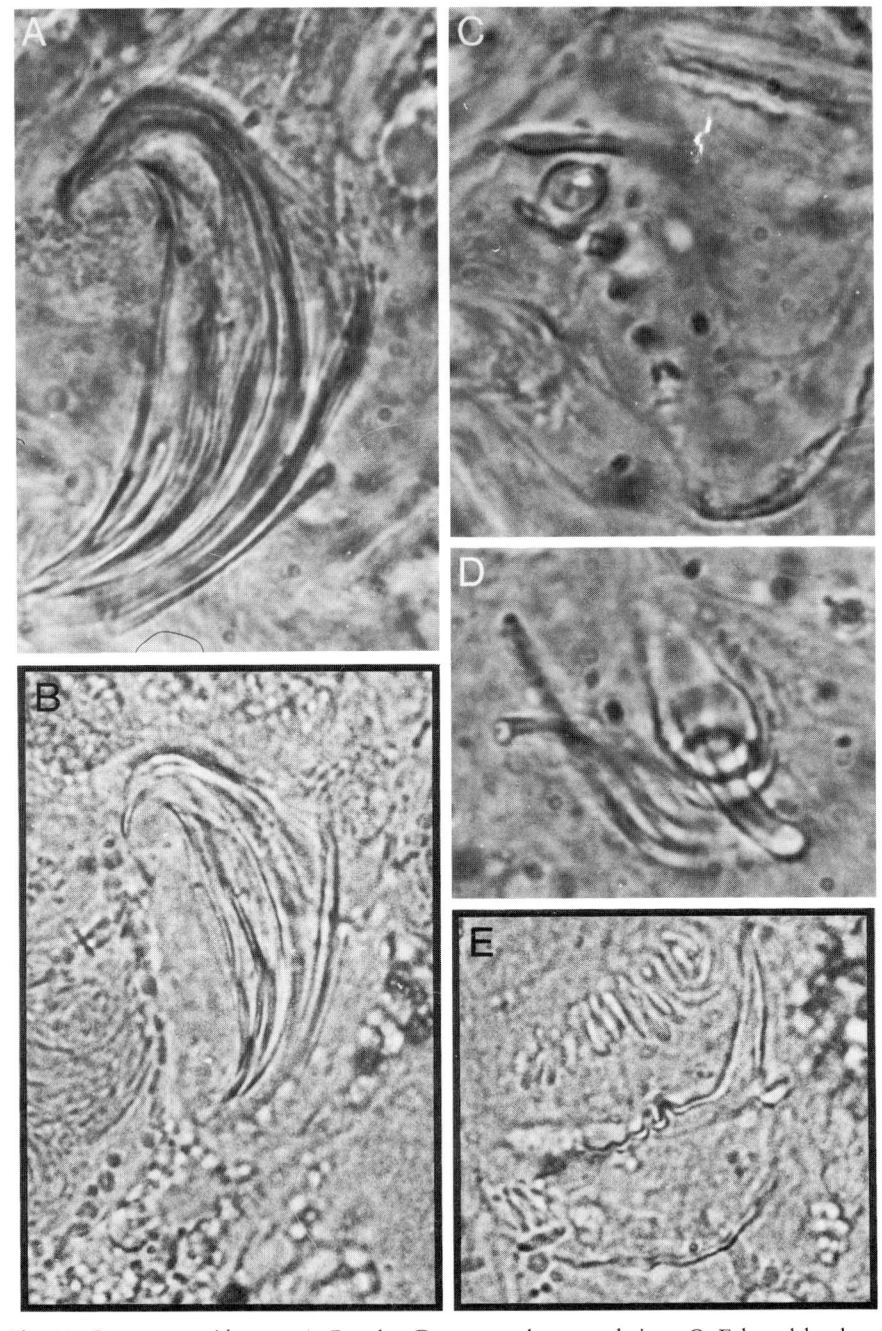

Fig. 24. *Proxenetes unidentatus*. A, B stylet, D receptaculum-mouthpiece, C, E bursal hardened apparatus. A, C, D Pocologan, B, E island of Sylt.

size of the receptaculum-mouthpiece and the bursal hardened apparatus (a ledge bearing 1 spine and 5 – 8 knobs) also show no differences in the specimens of both sides of the Atlantic ocean (fig. 24).

Distribution and ecology. *P. unidentatus* occupies mesohaline low energy habitats (like salt marshes and the upper region of medium energy beaches) of the North Sea and the Baltic Sea (ARMONIES 1987, HELLWIG 1987).

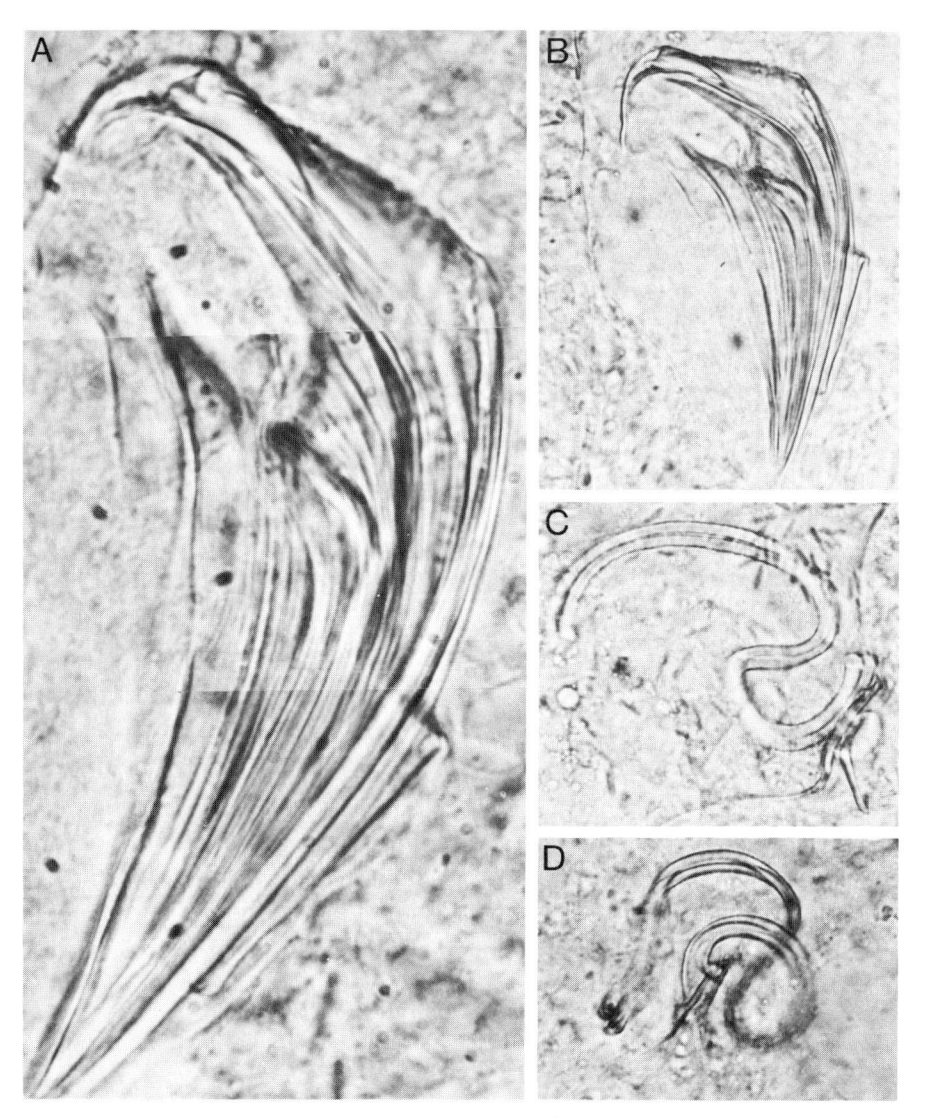

Fig. 25. *Proxenetes* spec. A, B stylet, C, D receptaculum-mouthpiece. A – C Pocologan, D Campobello Island.

Proxenetes spec.

(Fig. 25)

Localities: 1) Pocologan, brackish water bay. Fine to medium sand next to a freshwater outlet. 2) Campobello Island, Upper Duck Pond. Intertidal, medium to coarser sand with halophytes.
Material: Live observations on several specimens, including photographs.

The animals are up to 1.5 mm long. The length of the stylet ranges from 82 to 86 µm. The shape and the size of the stylet resemble those of *P. multidentatus* Ax, 1971. However, the bursal spine apparatus characteristic for the latter species could not be found in the Canadian specimens.

Beklemischeviella angustior Luther, 1943

(Fig. 26 A)

Localities: Pocologan, brackish water bay. a) Green algal mats on sediment, b) intertidal medium to coarse sand with detritus, c) fine to medium sand of the shore zone next to a freshwater inlet, and d) mud next to a freshwater inlet.
Material: Live observations on several specimens, including drawings and photographs.

0.7 – 0.8 mm long animals with paired eyes. The oviform muscular copulatory organ contains a median strip of sperms (presumably the ejaculatory duct), surrounded by internal prostatic glands. The stylet starts with a funnel shaped opening (27 µm) and tapers distally. The distal section of the stylet is turned out like a hook, and a distinct striping is visible. In Canadian specimens, the length of the stylet is 61 µm and it is 57 µm in animals from Europe (the Gulf of Finland, LUTHER 1943).

Distribution. Up to now, *B. angustior* was only known from the Baltic Sea (LUTHER 1962; KARLING 1974).

Haloplanella curvistyla Luther, 1946

(Fig. 26 B, C)

Localities: Pocologan, brackish water bay. a) Algal mats on muddy sand, b) medium sand rich in detritus of the shore zone, c) sandy mud and mud besides a fresh-water inlet, d) floating algal mats and green algae settled on the shore, and e) sand of the upper intertidal.
Material: Live observations on numerous specimens, including drawings and photographs.

Quickly swimming animals of 0.7 to 0.8 mm body length. The pharynx is situated in the middle of the body. The vitellaries and the testes are paired, the germary is unpaired. There is a ciliated vesicle caudally of the pharynx, presumably the bursa copulatrix.

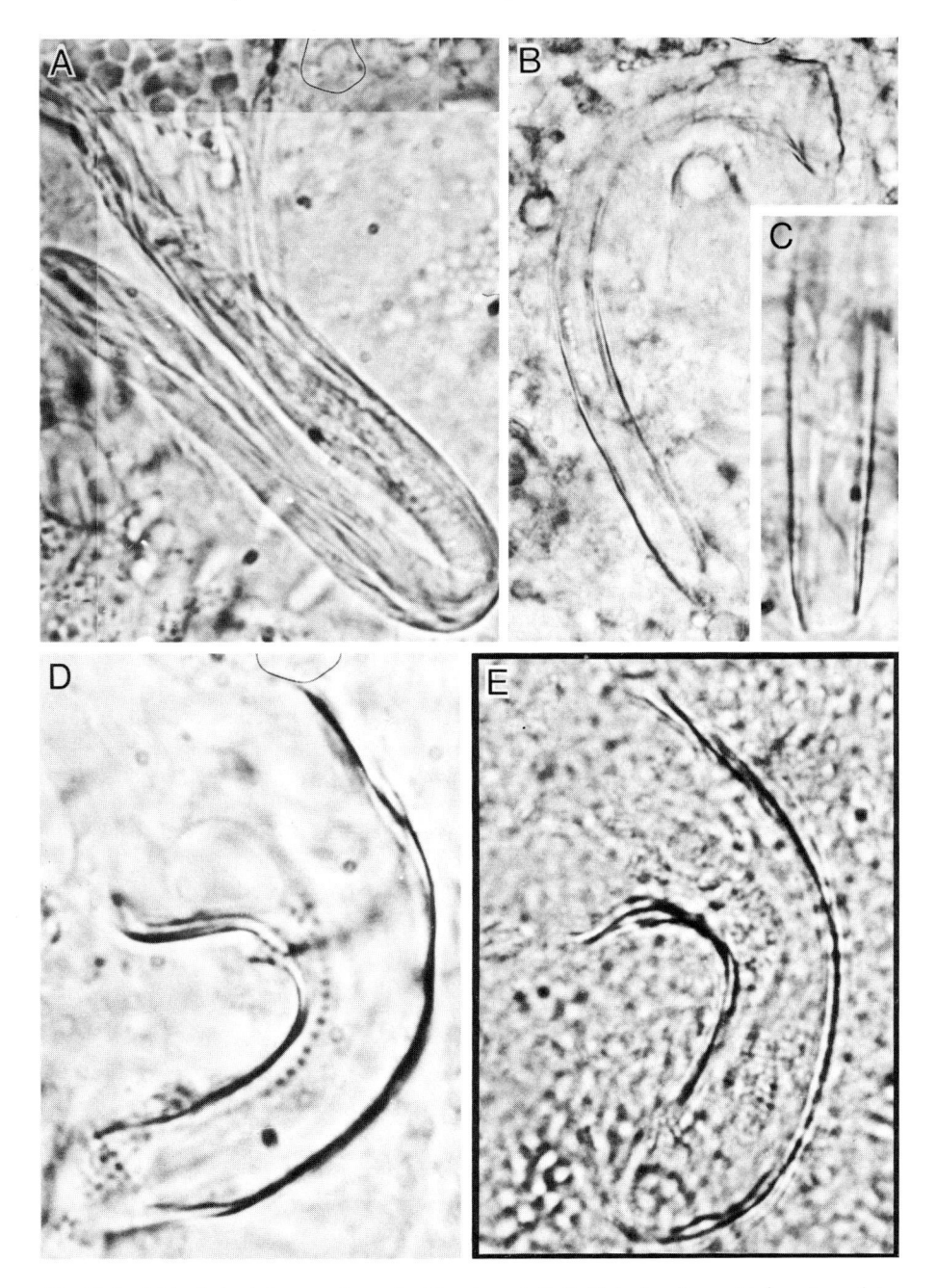

Fig. 26. A. *Beklemischeviella angustior*, stylet (Pocologan). B, C. *Haloplanella curvistyla*, stylet and tip of the stylet (Pocologan). D, E. *Thalassoplanella collaris*, stylet. D pocologan, E island of Sylt.

Two vesiculae seminalis join the piriform muscular copulatory organ. Granular secretions and glands were not found. Distally the semicircular stylet joins the copulatory organ. It starts with a funnel-shaped opening of 11 μm (17 μm in one specimen), which tapers to 6 μm. Distally the tube increases in diameter. The distal opening (4 μ) is cut off oblique. The stylet is 86 – 88 μm long (104 μm in one specimen strongly squeezed).

Distribution: Baltic Sea (LUTHER 1946), and the North Sea (ARMONIES 1987).

Thalassoplanella collaris Luther, 1946

(Fig. 26 D, E)

Localities: Pocologan, brackish water bay. a) Algal mats on muddy sand, b) upper intertidal, fine to medium sand and medium sand rich in detritus, c) intertidal, medium to coarse sand with detritus, d) sandy mud next to a freshwater inlet.
Material: Live observations on about 10 animals, including drawings and photographs.

The stylet is 32 μm long with a proximal opening of 18 μm, and a distal diameter of 7 μm. In individuals of the island of Sylt, the stylet is 41 μm with a proximal opening of 20 μm, and a distal opening of 10 μm. Thus, the Canadian specimens have smaller stylets, and there are slight differences in the shape of the stylet, too (fig. 26 D, E).

Distribution and ecology. *T. collaris* is a brackish water species of the Baltic Sea and the North Sea, which is less dependent on the sediment composition (AX 1951; LUTHER 1963; DEN HARTOG 1977; ARMONIES 1987).

Parautelga bilioi Karling, 1964

(Fig. 27, 28 A)

Locality: Pocologan, brackish water bay. Sand of the upper intertidal.
Material: Live observations on 2 specimens, including drawings and photographs.

2 – 3 mm long slowly moving animals with paired eyes. The proboscis is densely packed with ovoid secretions. Paired germaries. The copulatory organ (230 – 240 μm in length) is surrounded by a distinct muscular cover. Paired vesiculae seminalis enter the copulatory bulb, and they join to form the ejaculatory duct. It is surrounded by tubiform internal prostatic glands with finer and coarser granular secretions. Distally the copulatory bulb ends in several papillae, which bear the opening of the prostatic glands. The distal wall of the bulb is slightly strengthened, presumably hardened. These observations are identical with the description by KARLING (1964). However, a medial penis papilla with sperms could not be found in Canadian specimens.

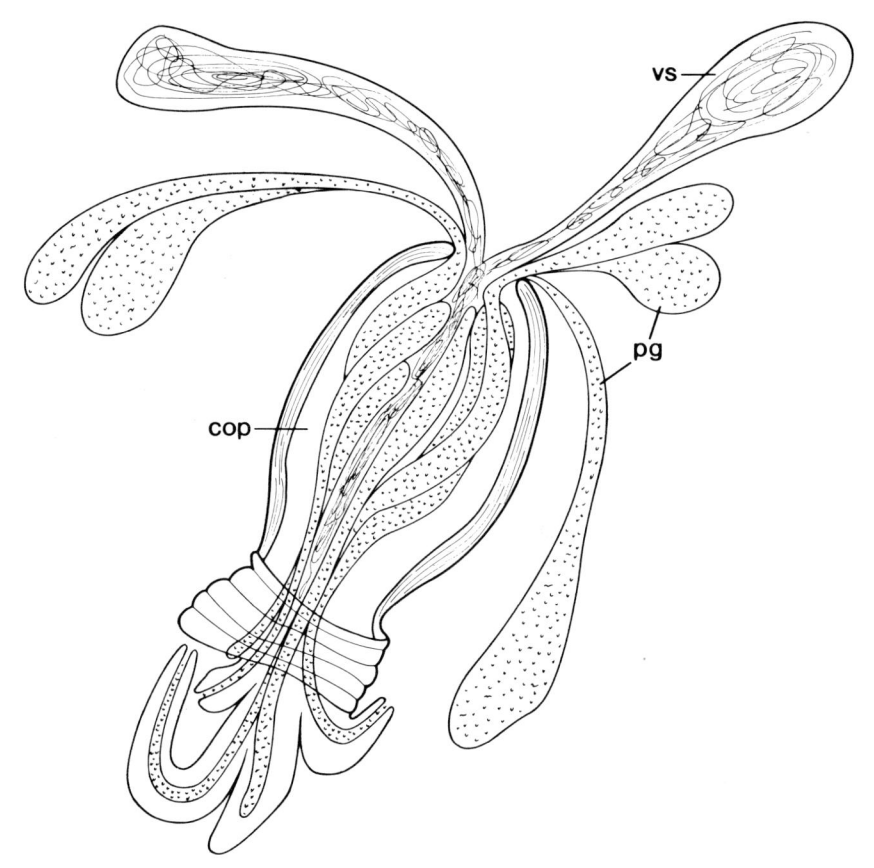

Fig. 27. *Parautelga bilioi*, copulatory organ (Pocologan). cop = copulatory organ, pg = prostatic glands, vs = vesicula seminalis.

Distribution and ecology. *P. bilioi* is a salt marsh inhabitant of the North Sea and the western part of the Baltic Sea (Ax 1960; Bilio 1964; Schilke 1970; Den Hartog 1977; Karling 1980; Armonies 1987; Hellwig 1987).

Acrorhynchides robustus (Karling, 1931)

(Fig. 28 B – D)

Localities: 1) Pocologan, brackish water bay. a) Algal mats on muddy sand, b) upper intertidal, medium to fine sand, c) intertidal, medium to coarse sand with detritus, d) mud, sandy mud, and fine to medium sand next to a freshwater inlet, e) floating algal mats and green algae deposited on the shore, and f) sand of the upper intertidal. 2) St. Andrews, Pagan Point. Intertidal medium sand rich in detritus. 3) St. Andrews, Pottery Cove. Sandy mud rich in detritus. 4) Campobello Island, Upper

Duck Pond. Detritus rich sand in a salt marsh. 5) Baie des Chaleurs, Petit Rocher, Elmtree River. Medium sand rich in detritus.

Material: Live observations on numerous specimens, including photographs.

Based on live observation there are no differences in Canadian and European individuals. KARLING (1963) found cirrus spines 5 to 15 μm in length that are provided with small basal plates. In Canadian specimen the spines are 6 – 13 μm long and the basal plates have a diameter up to 3.5 μm.

Distribution and ecology. *A. robustus* is preferentially found in low energy areas rich in detritus of the poly- and mesohalinicum alongside the European Atlantic coast from Norway to France, the coast of Iceland, and the Baltic Sea (KARLING 1963, 1974; ARMONIES 1987; HELLWIG 1987).

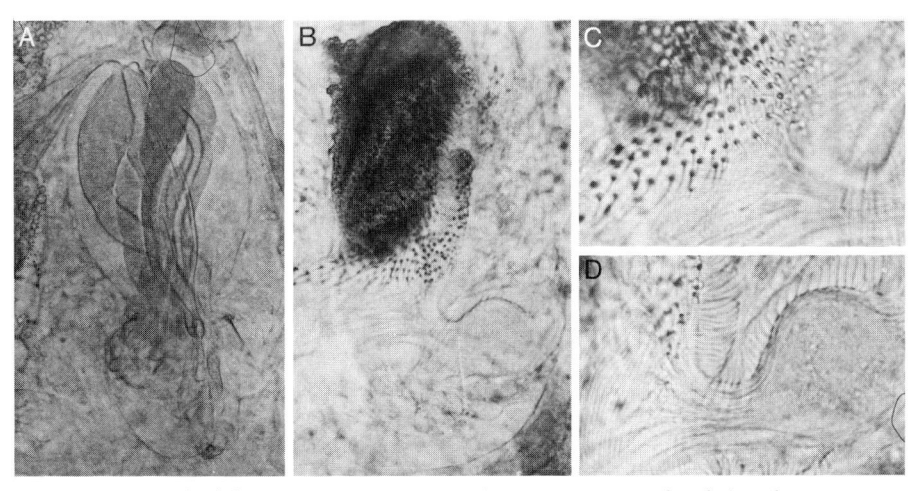

Fig. 28. A. *Parautelga bilioi*, copulatory organ (Pocologan). B – D. *Acrorhynchides robustus* (St. Andrews). B cirrus and bursa, C distal cirrus spines, D bursa.

Polycystididae spec.

(Fig. 29)

Locality: Pocologan, brackish water bay. Upper intertidal sandy sediment.

Material: Live observations on 2 specimens, including drawings and photographs.

The animals are 1.5 mm long, unpigmented, with paired eyes. Paired vesiculae seminalis enter the male copulatory apparatus. In the proximal muscular part the ductus spermaticus and interior prostatic glands spirallike wind around each other. The distal section consists of a spiny cirrus and a solid rod 36 μm in length.

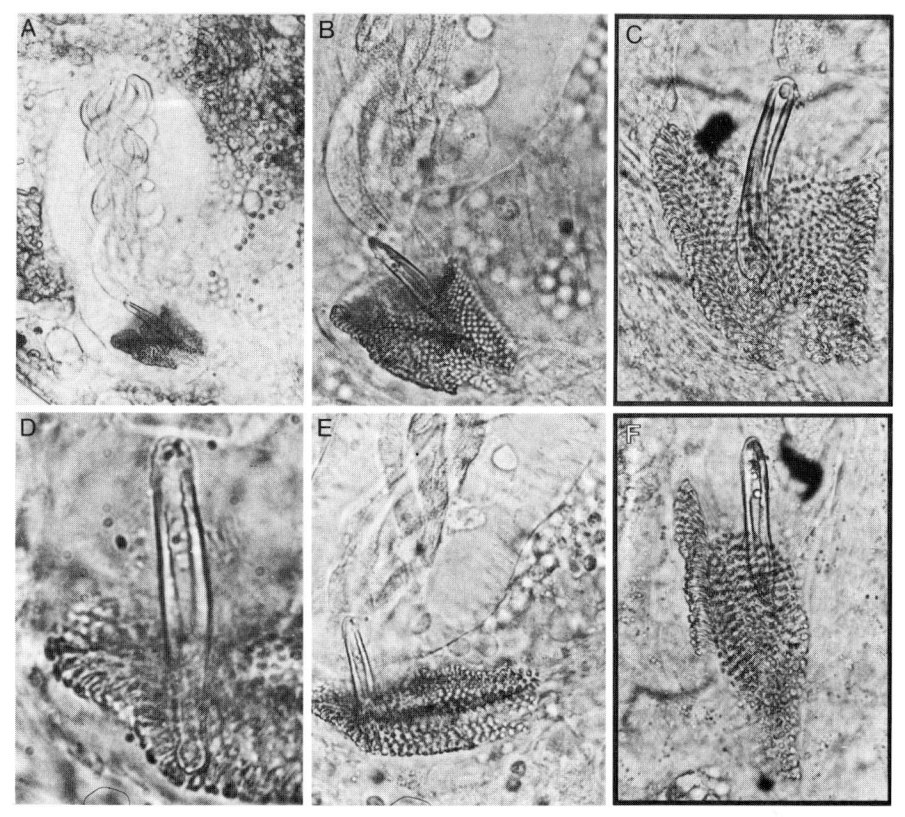

Fig. 29. Polycystididae spec., copulatory organ with spiny cirrus and the solid rod. A, B, D, E Pocologan, C, F island of Sylt (North Sea).

On the island of Sylt, very similar specimens have been found in the polyhaline section of salt marshes (fig. 29). These specimens have paired germaries. The vitellaries extend to the caudal end of the body. The genital pore is surrounded by larger caudal and smaller frontal glands with granular secretions. The male genital canal reaches the genital pore from frontally. Laterally there is a receptaculum with a distinct muscular cover separated from the genital pore by a sphincter. On the opposite side of the genital pore there is a large bursa provided with a strong muscular collar.

Preliminarily we consider the Canadian specimens and those found on the island of Sylt as members of one species. However, the present material is insufficient for a species description. Presumably it is a member of the Polycystididae, but the organisation of the female organs seem to deviate from the organisation mostly found in Polycystididae (E. SCHOCKAERT, in letter).

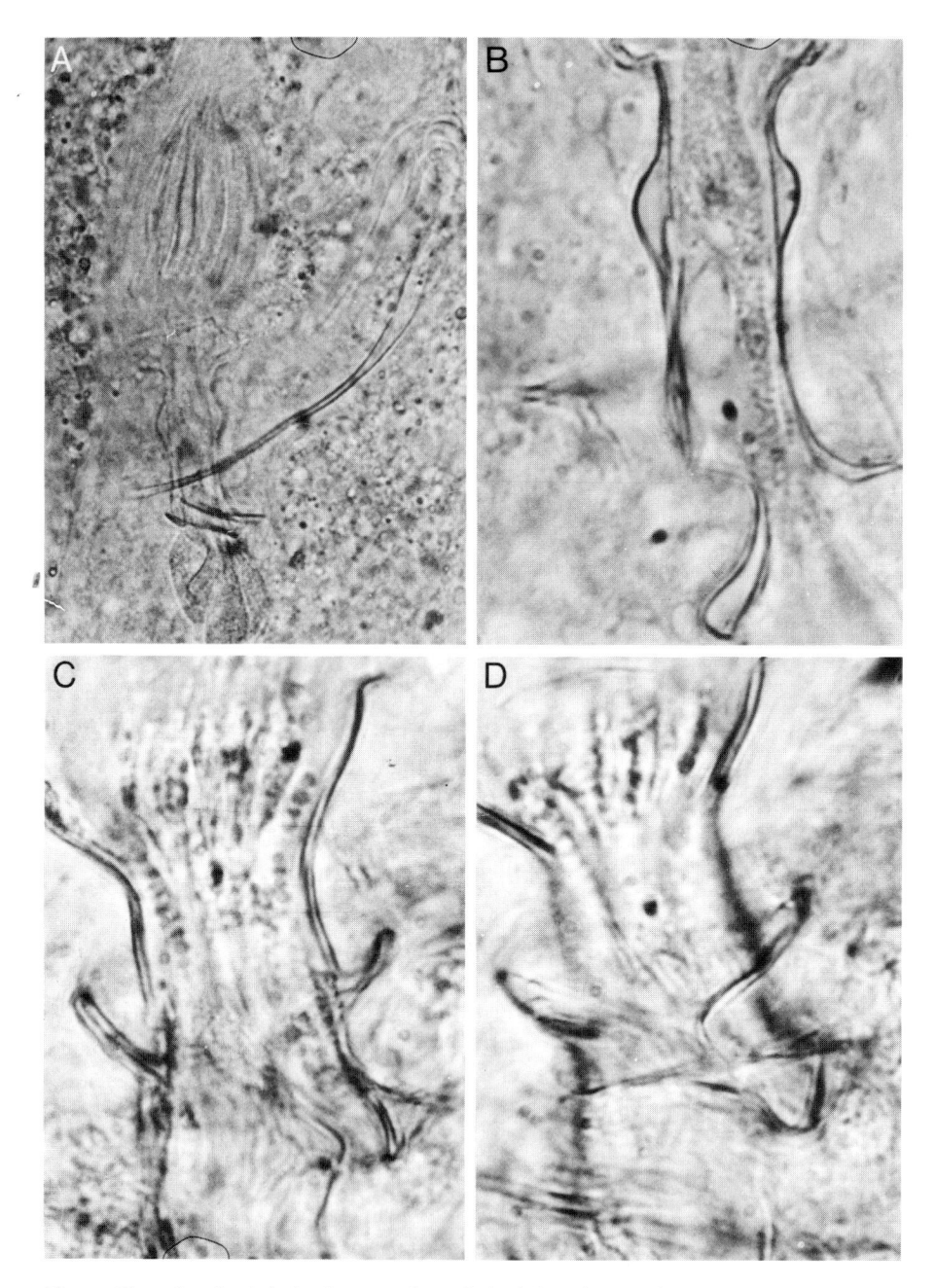

Fig. 30. *Phonorhynchus helgolandicus.* A stylet and glandular tube, B stylet (Pocologan), C, D stylet (St. Andrews).

Phonorhynchus helgolandicus (Mecznikoff, 1865)

(Fig. 30)

Localities: 1) St. Andrews, Pottery Cove. Intertidal, green algal mats on reddish muddy sand. 2) Pocologan, brackish water bay. a) Green algal mats, b) intertidal medium to coarse sand with detritus.
Material: Live observations on 5 specimens, including drawings and photographs.

The stylet of Canadian specimens is 54 – 56 μm long, and the glandular tube is 108 to 110 μm in length. In animals from the island of Sylt stylet lengths of 54 μm (SCHILKE 1970) and 57 μm (ARMONIES, unpubl.) are recorded, and according to MEIXNER (1925) it may reach 70 μm. The respective measures of the glandular tube are 90, 120, and 140 μm. Thus, the sizes of both structures vary widely, and the measures from Canadian animals are in the range measured in Europe.

Distribution: Greenland, US Atlantic coast, the North Sea (GRAFF 1911; MEIXNER 1925, 1938; SCHILKE 1970).

Phonorhynchoides carinostylis sp. n.

(Fig. 31, 32)

Locality: Sam Orr Pond. High marsh sediment (locus typicus).
Material: Live observations on 2 specimens, including drawings and photographs.

Animals about 1 mm long, with a small proboscis inside a long pocket. The brain with the paired eyes is situated behind the proboscis, and it is followed by an extensive glandular complex. Pharynx in the first half of the body. The gonads are paired.

The testes are located caudal of the pharynx. Prostatic glands and the unpaired seminal vesicle enter the copulatory organ (about 28 x 36 μm) at one side. Distally the stylet (210 and 228 μm in two specimens) joins the copulatory organ. It has the shape of a long spiral. A soft lamina surrounds the tube in a spiral line. The proximal end of the stylet is a funnel (diameter of 6 μm), and the distal tip is pointed.

The glandular tube (76 μm in length) has a proximal opening of 4 μm and a distal opening of 3 μm. Proximally it joins a muscular bulb (19 x 27 μm) similar to the copulatory organ, provided with glands.

Because of the shape of the stylet provided with a spiral lamina, *P. carinostylis* distinctly differs from *P. flagellatus* Beklemischev, 1927 (occuring in the Aral Lake and the Black Sea, BEKLEMISCHEV 1927; MACK-FIRA 1974) and from *P. so-*

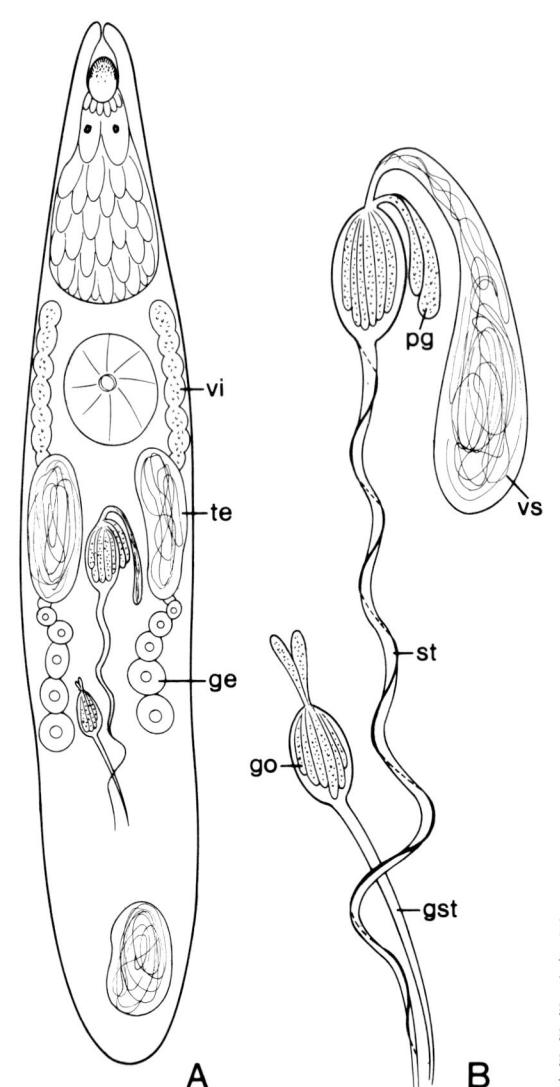

Fig. 31. *Phonorhynchoides carinostylis*. A organisation, B stylet and glandular tube. cop = copulatory organ, ge = germary, go = glandular organ, gst = glandular stylet, pg = prostatic glands, st = stylet, te = testes, vi = vitellary, vs = vesicula seminalis.

maliensis Schockaert, 1971 (from Mogadiscio, Somalia, SCHOCKAERT 1971). In addition, the new species differs from *P. flagellatus* because it has secretory glands outside the copulatory bulbus. It is not clear, however, which two of the three species are closest related.

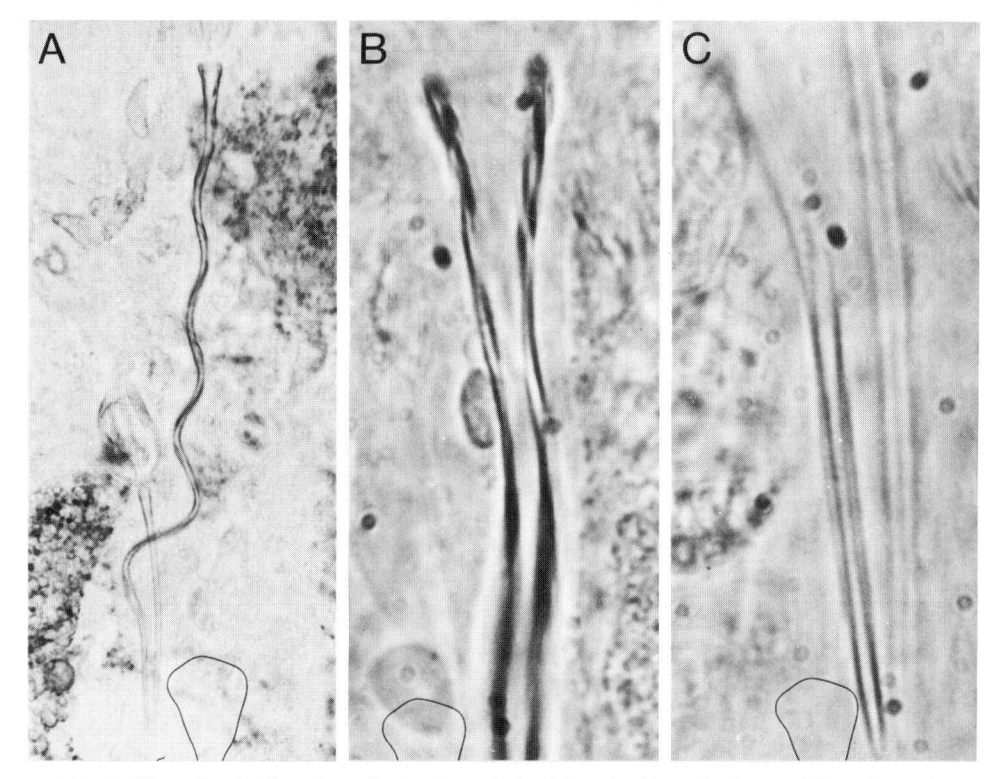

Fig. 32. *Phonorhynchoides carinostylis.* A stylet and glandular tube, B proximal part of the stylet, C tip of the stylet (left) and the glandular tube (Sam Orr Pond).

Gyratrix hermaphroditus Ehrenberg, 1831

Localities: 1) St. Andrews, salt marsh north of Pagan Point. Floating algal mats of a pool. 2) Sam Orr Pond. Algal mats of a salt marsh pool.
Material: Live observations on several specimens, including photographs.

The animals are pale and transparent, and move slowly. *G. hermaphroditus* is a cosmopolitan species (KARLING 1974).

Prognathorhynchus eurytuba sp. n.

(Fig. 33, 34 A, B, E)

Localities: 1) Bocabec River. a) Mud with *Zostera*, b) mud with cyanobacteria between *Spartina*. 2) Sam Orr Pond. High marsh sediment. 3) Deer Island, Northern Harbor (locus typicus). *Triglochin* on muddy sand. 4) St. John, Manawagonish salt marsh. Muddy sand with cyanobacteria between *Triglochin* and *Spartina*.
Material: Live observations on numerous animals, including drawings and photographs.

The animals are about 1 mm long, with paired eyes. The pharynx is situated in the middle of the body. The proboscis hooks consist of a round basal plate (diameter about 17 μm) bearing the hook and two small additional hooks. The vitellary, germary, and testis are unpaired. The vitellary reaches from the brain to the posterior third of the body. Here it turns left and joins the germary, which is situated on the left side. There is a large bursal vesicle filled with sperms in the

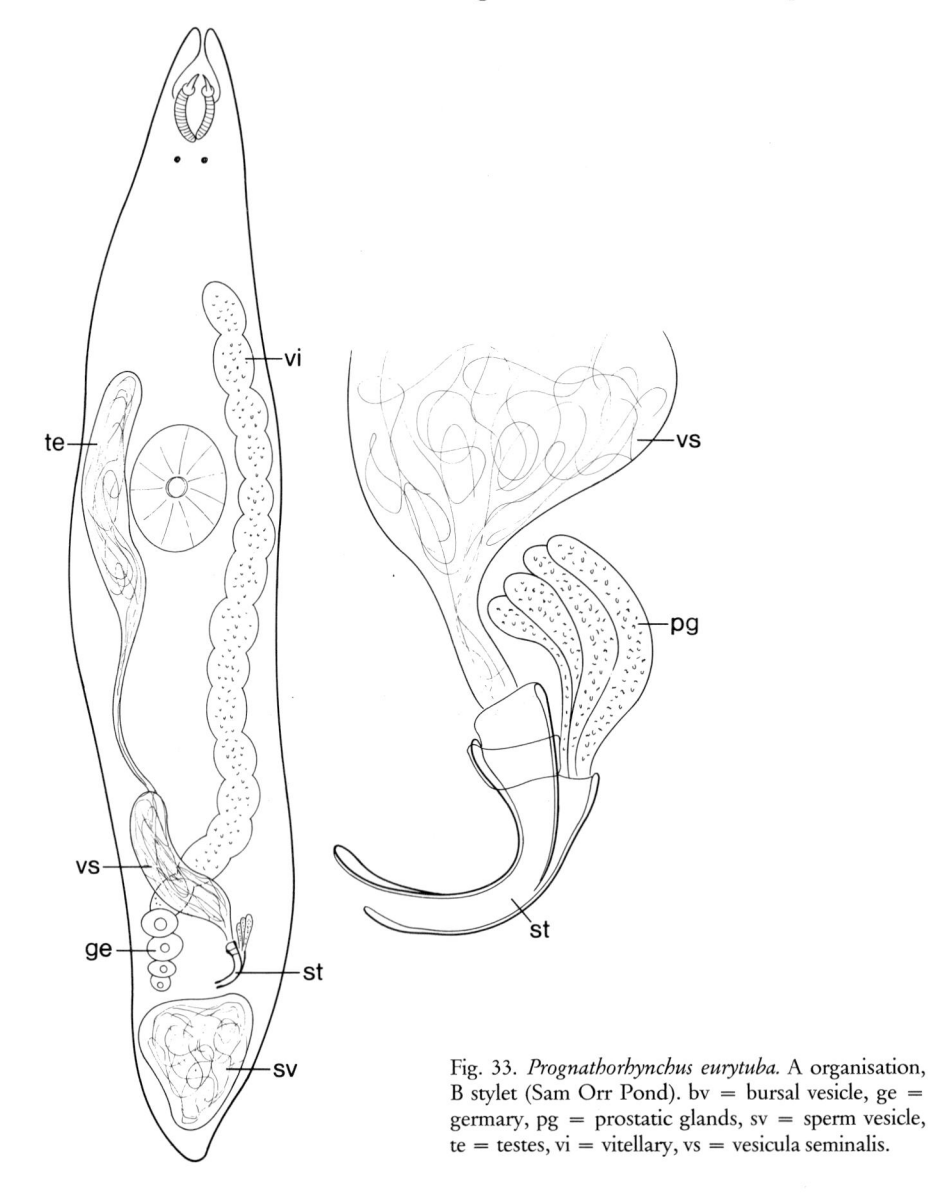

Fig. 33. *Prognathorhynchus eurytuba*. A organisation, B stylet (Sam Orr Pond). bv = bursal vesicle, ge = germary, pg = prostatic glands, sv = sperm vesicle, te = testes, vi = vitellary, vs = vesicula seminalis.

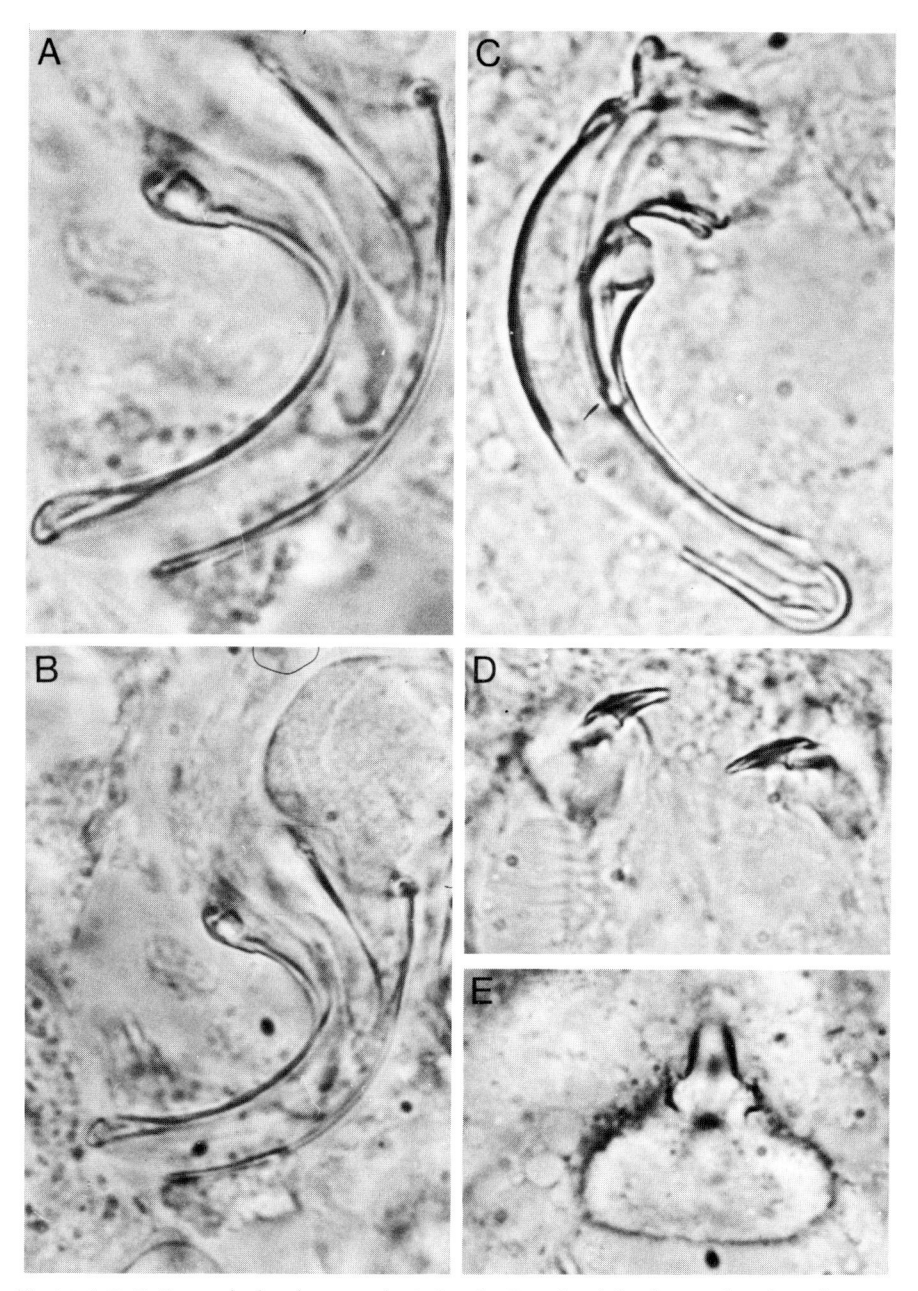

Fig. 34. A, B, E. *Prognathorhynchus eurytuba*. A, B stylet, E proboscis hooks seen from laterally (Deer Island). C, D. *Prognathorhynchus* spec., stylet and proboscis hooks (Deer Island).

most caudal part. The long testis is situated on the left side of the pharynx. The vesicula seminalis begins on the left side and turns to the right. The stylet has two separate openings for the ductus ejaculatorius and granular secretions.

The stylet is a semicircular tube, proximally funnel-shaped (opening about 9 µm) and distally it is cut off obliquely (diameter about 6 µm). The wall of the longer part of the distal opening is strengthened. Laterally there is a second opening for granular secretions (about 8 µm in diameter). In the middle of the stylet both ducts join together. The maximum length of the stylet is 32 µm.

Because of the unpaired male and female organs and a stylet with two distinct openings, the specimens belong to the taxon *Prognathorhynchus*. With respect to the size and shape of the stylet, *Prognathorhynchus karlingi* Ax, 1953 is the most similar species. *P. karlingi*, however, has a stylet with a small distal opening without thickening of the walls, whereas *P. eurytuba* has a wide opening with the wall strengthened at one side.

Prognathorhynchus spec.

(Fig. 34 C, D)

Locality: Deer Island, Northern Harbor. *Triglochin* on muddy sand.
Material: Live observations on few specimens, including photographs.

The specimens have simple proboscis hooks of about 18 µm length. The stylet is a semicircular tube (30 µm) with an additional opening for prostatic secretions at the concave side. Further details of the structure cannot be seen in the material present. However, the shape of the stylet differs from all *Prognathorhynchus* known up to now.

Placorhynchus octaculeatus Karling, 1931

(Fig. 35 C, 36 D)

Locality: Pocologan, brackish water bay. Sand of the upper intertidal.
Material: Live observations on 2 specimens, including drawings and photographs.

The animals are 0.7 to 0.8 mm long. Compared to other species of *Placorhynchus*, the colour of the proboscis is weak. The copulatory organ carries 4 pairs of spines. The size of the spines is 10, 16, 6 (with a large, triangular pointed basal plate), and 9 µm. In specimens found at the island of Sylt (North Sea), all spines were equal in size, or the size of spines increased distally.

Distribution: European Atlantic coast including the North Sea and the Baltic Sea, the Mediterranean, and the Black Sea (cf. KARLING 1974).

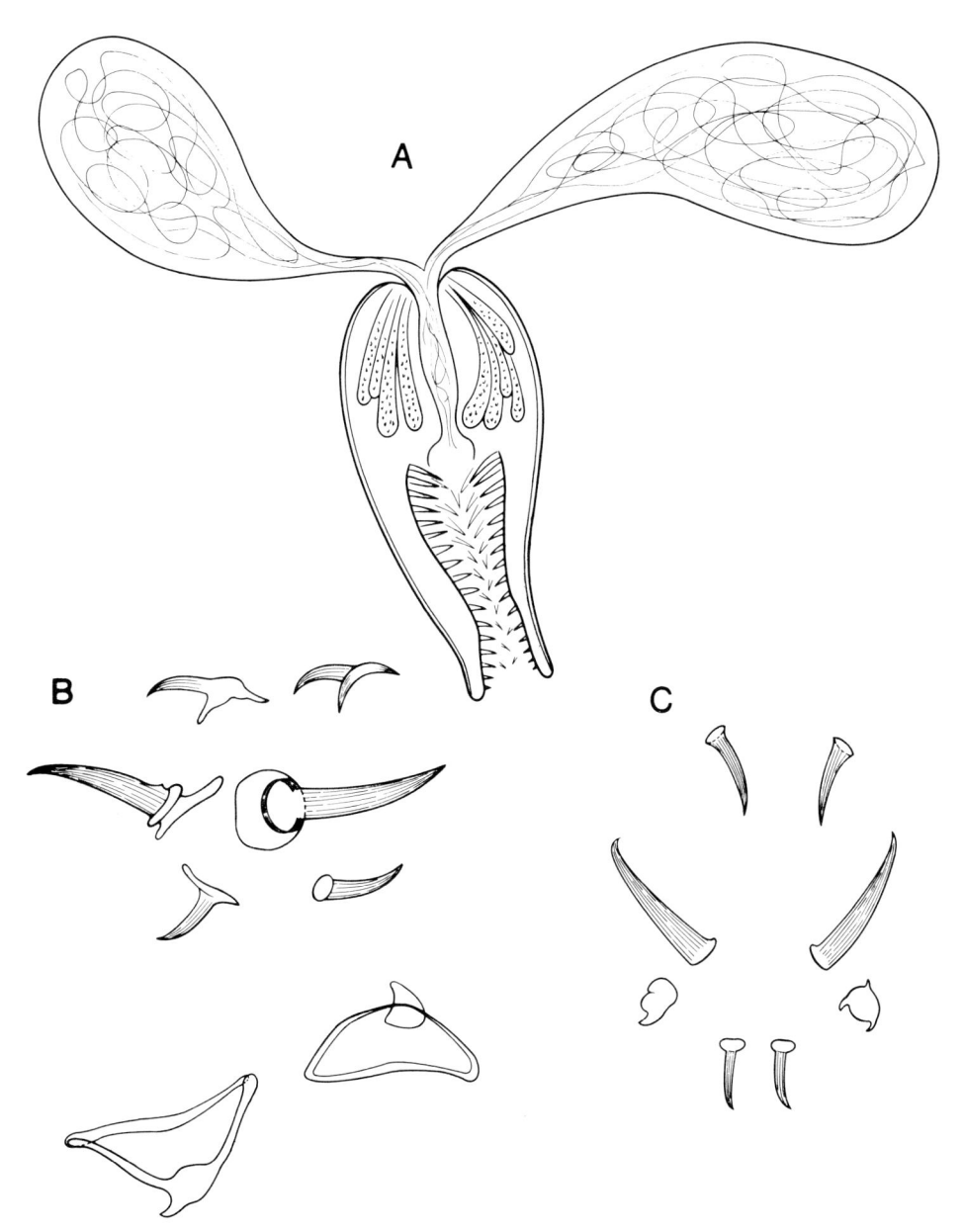

Fig. 35. A. *Placorhynchus ?echinulatus*, copulatory organ (Deer Island). B. *Placorhynchus dimorphis*, penis spines. C. *Placorhynchus octaculeatus*, penis spines. B, C Pocologan.

Placorhynchus dimorphis Karling, 1947

(Fig. 35 B, 36 E – H)

Placorhynchus dimorphis is regarded as an own species separat from *P. octaculeatus*. For the reasons see ARMONIES (1987).

Localities: 1) Pocologan, brackish water bay. a) Mud, b) sandy mud, and c) fine to medium sand next to a freshwater inlet; d) sand of the upper intertidal. 2) Baie des Chaleurs, Miguasha-cliff. Coarse sand rich in detritus of a marine low energy area. 3) Baie des Chaleurs, Petit Rocher, Elmtree River. Salt marsh sediment with *Spartina* and *Salicornia* species.
Material: Live observations on several specimens, including drawings and photographs.

Among the hard structures of the penis, only the 3 proximal pairs are spines with basal plates. In animals from the Baltic Sea the 2 proximal pairs of spines are 9 to 16 µm long (KARLING 1947). The third pair is the longest (20 – 25 µm), and the last pair are triangular plates of 20 – 26 µm. Besides animals conforming this description there were specimens in Canada which changed the order of the medial pair of spines.

KARLING (1963, p. 29, fig. 56) also found animals with this order of spines, and such individuals were also observed in salt marshes of the island of Sylt (North Sea). The length of spines in Canadian individuals (proximal to distal) are 8, 16, 8, and 24 µm with no basal plates.

Distribution: Like *P. octaculeatus* (cf. ARMONIES 1987).

Placorhynchus ? echinulatus Karling, 1947

(Fig. 35 A, 36 A – C)

Localities: 1) Deer Island, Northern Harbor. *Triglochin* on muddy sand. 2) Campobello Island, Upper Duck Pond. Intertidal coarse and medium sand between halophytes. 3) Pocologan, brackish water bay. Sand of the upper intertidal.
Material: Live observations on several specimens, including drawings and photographs.

Animals 0.6 to 0.8 mm long, without eyes. The anterior tip bears some longer tactile cilia. Paired vesiculae seminalis. The muscular copulatory bulbus is piriform (about 40 µm in length). There are several tubes with prostatic secretions in the proximal part, and a cirrus of about 20 µm length. Proximally the spines are 3.6 µm long, and the length decreases distally.

According to KARLING (1947) *P. echinulatus* has an additional pair of larger spines (about 9.5 µm). These were not found in Canadian animals. Thus it is dubious if the studied population is really identical with *P. echinulatus*.

Distribution: North Sea, Baltic Sea, Great Britain (KARLING 1974).

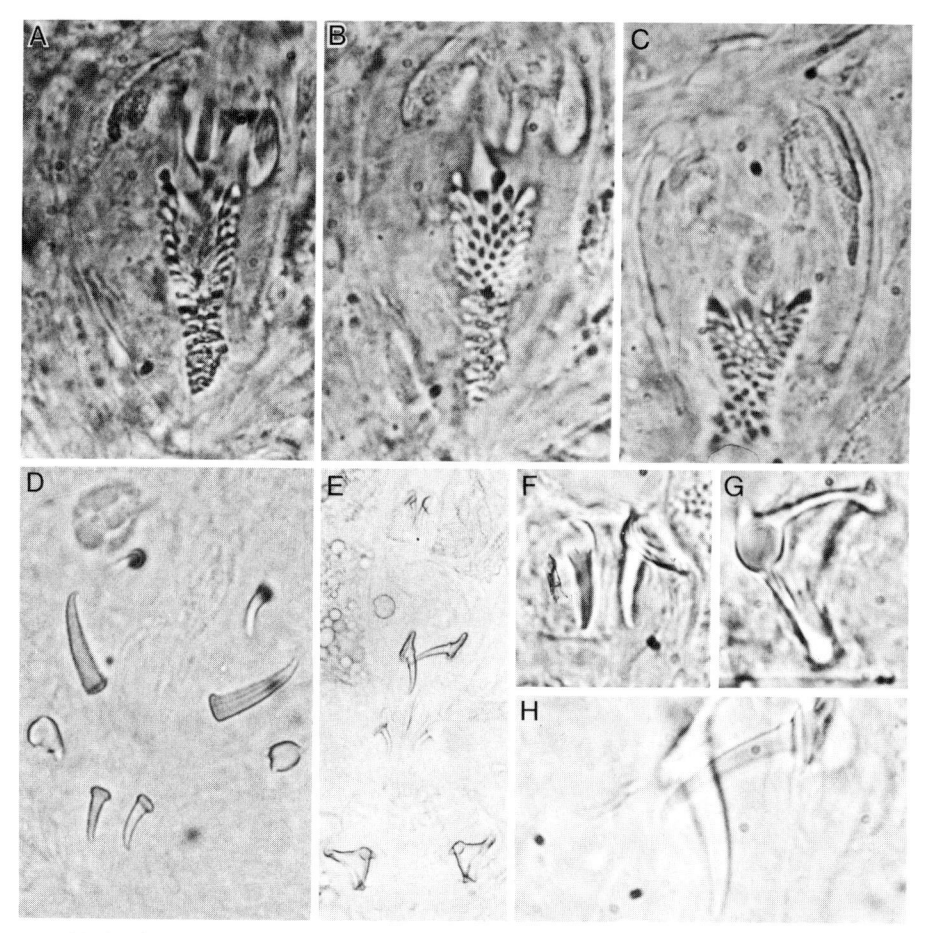

Fig. 36. A – C. *Placorhynchus ? echinulatus,* cirrus (Deer Island). D. *Placorhynchus octaculeatus,* penis spines. E – H. *Placorhynchus dimorphis,* penis spines. F first pair, H second pair, G one of the most distal spines. D – H Pocologan.

Baltoplana magna Karling, 1949

(Fig. 37 A – D)

Locality: Baie des Chaleurs, Petit Rocher, inner part of the Elmtree River. Medium to coarse sand, freshwater to brackish.

Material: Live observations on several specimens, including photographs.

In squeezing preparation, no differences between Canadian and European animals were observed.

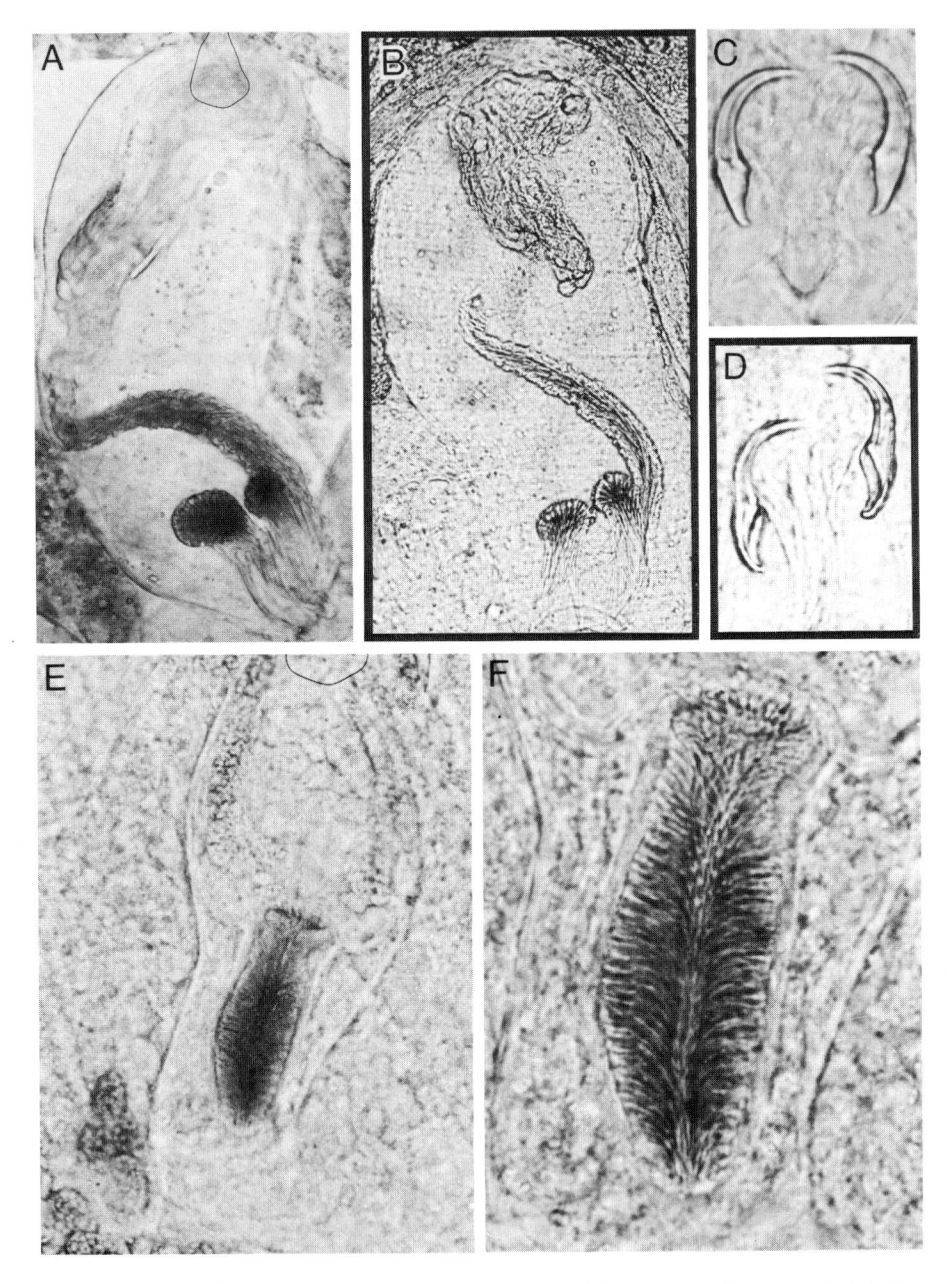

Fig. 37. A–D. *Baltoplana magna*. A, B copulatory organ, C, D proboscis hooks. A, C Baie des Chaleurs, B, D island of Sylt. E, F. *Thylacorhynchus vicarus*. E copulatory organ, F cirrus (Deer Island).

Distribution and ecology. *Baltoplana magna* occupies sandy biotopes of the Baltic Sea, North Sea, Great Britain, the French Atlantic coast, and the Mediterranean (cf. KARLING 1974). The species is fairly euryhaline.

Thylacorhynchus vicarus Boaden, 1963

(Fig. 37 E, F)

Locality: Deer Island, Deer Island Point. Medium to coarse sand between rocks.
Material: Live observations on several specimens, including photographs.

The cirrus of the copulatory bulb is about 80 µm long and 20 – 27 µm wide. From proximal to distally, the spines increase in length to a maximum of 12 – 13 µm. In individuals from North Wales (Great Britain) the cirrus is about 80 µm long and the spines reach a length of 10 – 12 µm (BOADEN 1963).

Distribution and ecology. *T. vicarus* occupies coarse sand and shell gravel with silt of north Wales beaches (BOADEN 1963). The Canadian animals were also found in (medium to) coarse sand. Presumably *T. vicarus* is a marine species.

Provortex spec.

(Fig. 38 B)

Localities: 1) Deer Island, Northern Harbor. a) *Triglochin* on muddy sand, and b) salt marsh sediment with cushions of *Vaucheria*. 2) Deer Island. Muddy sand at the pier to Campobello Island. 3) St. John, Manawagonish salt marsh. Fluffy algal layer of a pool.
Material: Live observations on numerous animals, including drawings and photographs.

The stylet of Canadian specimens is 48 to 63 µm long. The stylet lengths of *P. balticus* (M. SCHULTZE 1851) and *P. karlingi* Ax, 1951 are equal ranged. However, the shape of the stylet of Canadian species is intermediary to both species (fig. 38 B – D). Distally it is not as wide as in *P. karlingi* but it is wider than in *P. balticus*. The distal hook is not as sharp as in *P. karlingi*, whereas the distal lamellular foldings of the stylet of *P. balticus* were not observed. Thus, with the present material the species status of the Canadian population is unresolved.

Baicalellia brevituba (Luther, 1921)

(Fig. 38 A)

Localities: 1) Bocabec River. Detritus rich fine sand of the shore region, below algal mats. 2) Pocologan, brackish water bay. a) Lower border of the salt marsh, b) fine to medium sand of the upper intertidal with freshwater influx.
Material: Live observations on several specimens, including drawings and photographs.

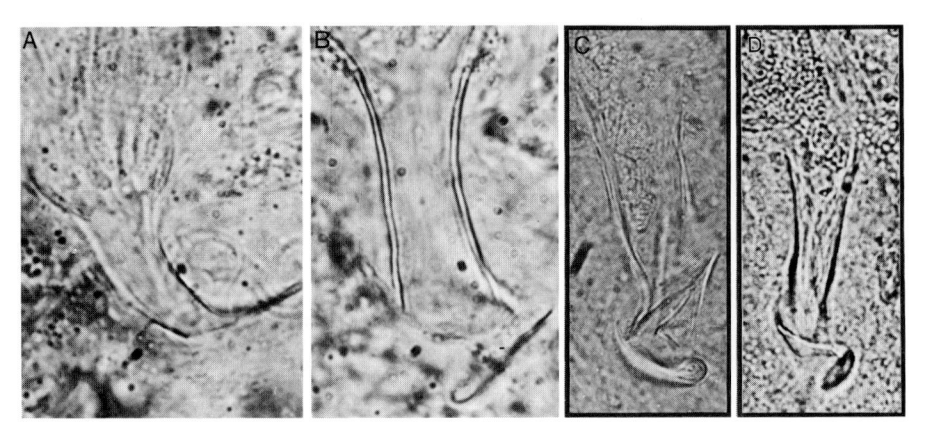

Fig. 38. A. *Baicalellia brevituba*, stylet (Bocabec River). B. *Provortex* spec., stylet (Deer Island). C, D. *Provortex balticus*, stylet (island of Sylt).

The animals are 0.5 to 0.7 mm long. Dorsally there is an intensive dark-brown net-like pigmentation. The stylet is 42 to 47 µm long with a proximal opening of 14 – 16 µm in diameter.

Distribution and ecology. North Sea and Baltic Sea, the western coast of Greenland (LUTHER 1962; KARLING 1974). *B. brevituba* is a diatom feeder. In salt marshes of the island of Sylt, wet places of high insolation (high abundance of diatoms) are preferred (ARMONIES 1987).

Baicalellia canadensis sp. n.

(Fig. 39, 40 A, B)

Localities: 1) Pocologan, brackish water bay (locus typicus). a) Upper intertidal, medium to fine sand, b) intertidal medium to coarse sand with detritus, c) floating algal mats and green algae deposited on the shore. 2) St. John, Manawagonish salt marsh. Mud between *Spartina*.

Material: Live observations on several specimens, including drawings and photographs. 4 animals sectioned; one specimen sectioned sagittally = holotype (No. P 1971, 2 paratypes No. P 1972, 1973, Zoological Museum of the University of Göttingen).

Unpigmented animals 1 – 1.5 mm long, with a large pharynx doliiformis. In swimming animals the paired eyes are positioned in front of the pharynx. The shape of the freely moving animals resembles that of *Pseudograffilla arenicola*. In squeezed specimens the pharynx extends over the first 1/4 of the body.

The long paired testes reach from the pharynx to the posterior third. The roundish vesicula seminalis is unpaired. Together with prostatic glands the vesicula seminalis enters the muscular copulatory bulb. It is provided with a strong muscular collar. The stylet is a 64 – 66 µm long tube with a proximal

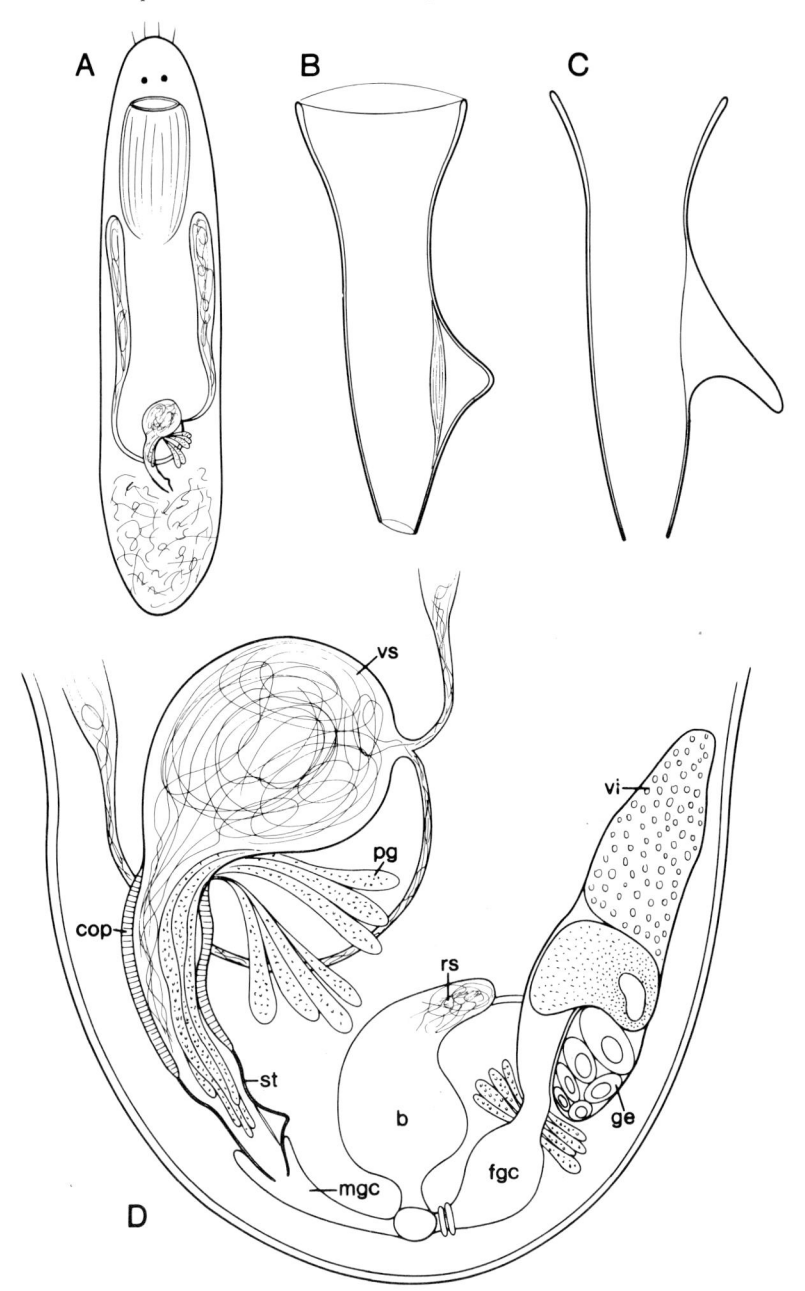

Fig. 39. *Baicalellia canadensis.* A organisation in squeezing preparation, B, C, stylet, D posterior part, reconstructed from sections. b = bursa, cop = copulatory bulb, fgc = female genital canal, ge = germary, mgc = male genital canal, pg = prostatic glands, st = stylet, rs = receptaculum seminis, vi = vitellary, vs = vesicula seminalis.

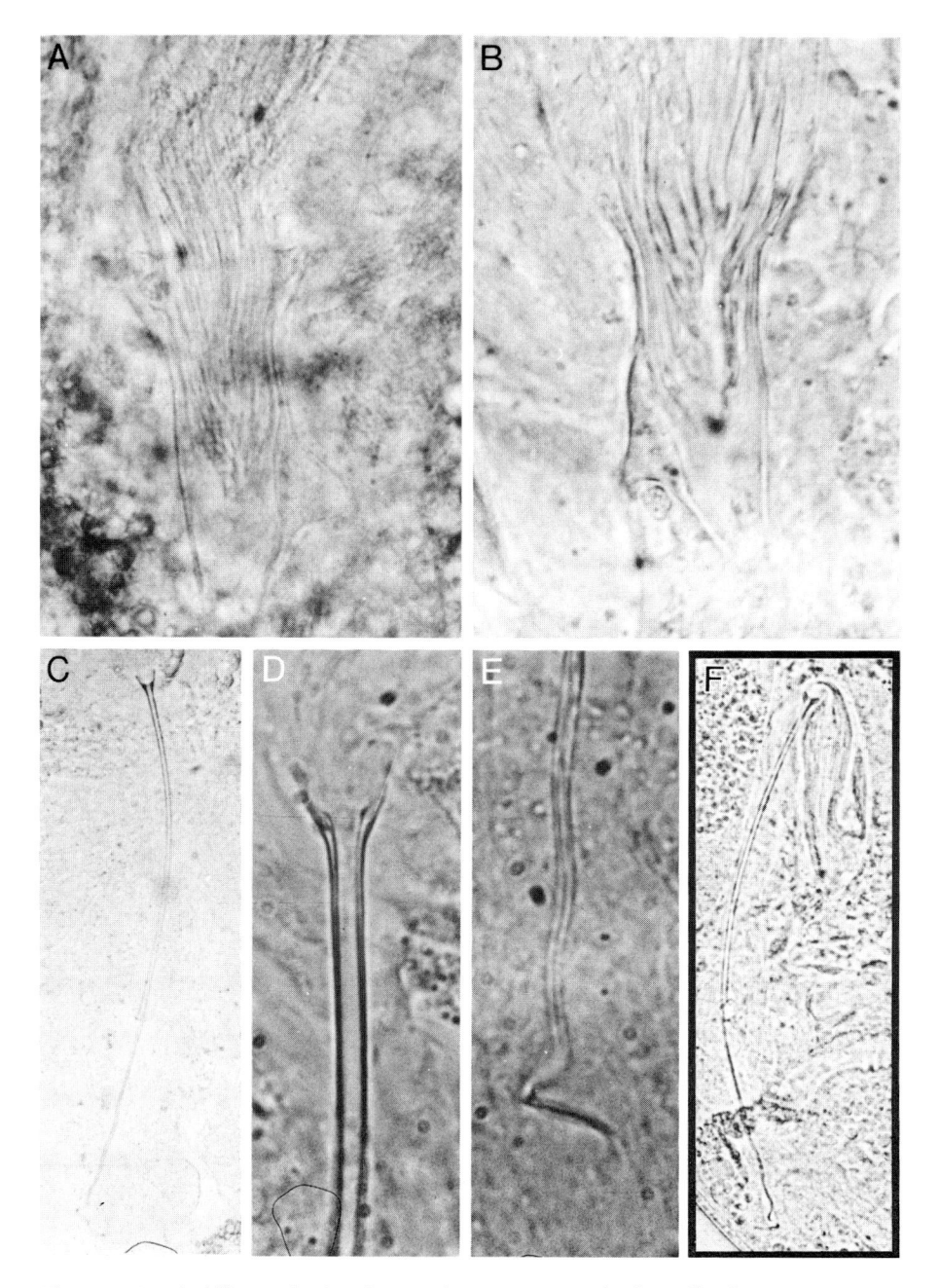

Fig. 40. A, B. *Baicalellia canadensis*, stylet (Pocologan). C – F. *Vejdovskya pellucida*, stylet. C – E Baie des Chaleurs, F island of Sylt.

opening of about 12 μm and a distal opening of 5 μm. In the distal part there is a lateral appendage. It is thin-walled and has the shape of a trouser pocket.

Paired vitellaria with caudally joined germaria. There is only one subterminal genital opening. The male and female genital ducts enter the genital atrium. Only the female duct is separated by a sphincter. A large bag, presumably the bursa copulatrix, is the third element connected with the genital atrium. Frontally it tapers and turns dorsad, forming another smaller bag. The latter was filled with sperma, presumably a receptaculum seminis. The female genital canal is bipartite by a set of glands. The distal part may function as an uterus.

The general organisation resembles the taxon *Baicalellia* Nassonov, 1930. However, there are two differences. First, the testes are frontally fused in *Baicalellia*. In the sectioned specimens it is not clear if the testes are fused. Second, there may be a short duct connecting the receptaculum seminis to the common female genital duct. Unfortunately the quality of the sections is not good enough to state this observation definitely. However, all of the other characteristics of *Baicalellia* listed by NASSONOV (1932) are present in the Canadian animals, and the species is regarded as a valid member of this taxon. The shape of the stylet distinguishes *B. canadensis* from all other species known by now.

Vejdovskya pellucida (M. Schultze, 1851)

(Fig. 40 C – F)

Locality: Baie des Chaleurs, Petit Rocher, inner part of the Elmtree River. Medium to coarse sand, very low salinity.
Material: Live observations on one specimen, photographs.

The stylet is about 220 μm long. The proximal opening is a funnel of about 17 μm diameter. Distally the stylet ends in a spiral. In animals from the Baltic Sea, LUTHER (1962) found stylets of 222 and 230 μm. The shape of the stylets is identical in European and Canadian specimens.

Distribution and ecology. North Sea, Baltic Sea, Mediterranean, Black Sea. *V. pellucida* is preferentially found in mesohaline sandy sediment (cf. ARMONIES 1987).

Pogaina oncostylis sp. n.

(Fig. 41, 42 C, D)

Localities: St. Andrews, boulder beach north of Pagan Point (locus typicus). a) Gravel, coarse sand, detritus of the upper intertidal with freshwater influx (very abundant), b) gravel, coarse sand, and medium sand of the upper intertidal (abundant).
Material: Live observations on numerous specimens, including drawings and photographs.

The robust, fast swimming animals reach a body length of 0.6 to 0.9 mm. Because of the large quantity of yellow-brownish tube-shaped 'zooxanthellae' they appear dark. The large spherical vesicula seminalis and the longish muscular copulatory organ form a unity. There are several prostatic glands in the muscular bulb. Distally the stylet (40 μm) is joined. It is a double-walled tube (30 μm) with a distal hook of 17 μm. The hook is attached to the ending of the tube, and it turns distally in a shallow curve. The proximal opening of the stylet is about 18 μm wide and the distal opening is 8 μm.

Because of the shape of the stylet as well as the general organisation ('zooxanthellae') the specimens belong to *Pogaina*. The details of the stylet differ from the other species of *Pogaina*, including *P. bicornis* and *P. paranygulgus* recently described by KARLING (1986). Presumably *P. oncostylis* is a marine species.

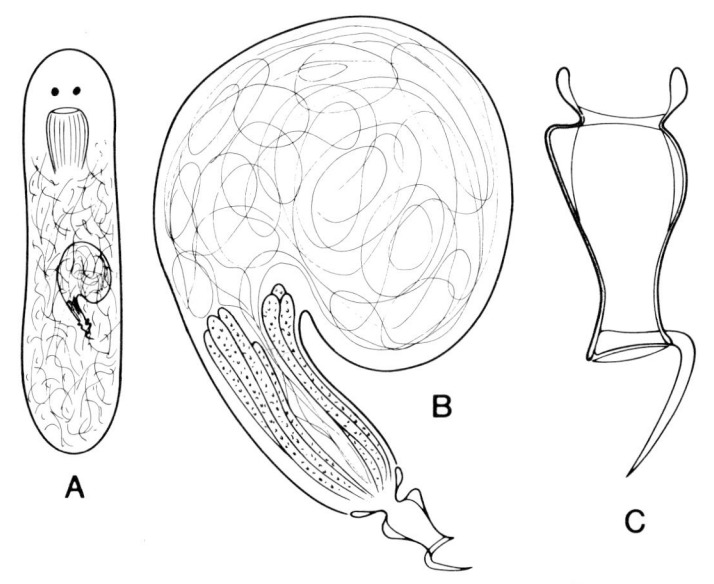

Fig. 41. *Pogaina oncostylis.* A organisation in squeezing preparation, B copulatory organ, C stylet.

Pogaina kinnei Ax, 1970

(Fig. 42 A, B)

Localities: 1) New River Beach. a) Medium to coarse sand next to a freshwater inlet, b) rippled medium to coarse sand of the transition zone tidal flats – slope of the beach (coarse sand). 2) New River Beach, Carrying Cove. Medium sand of the beach slope, with freshwater inflow.

Material: Live observations on numerous specimens, including drawings and photographs.

The animals are about 0.5 mm long. The shape of the stylet corresponds to the original description of specimens from the German North Sea coast. How-

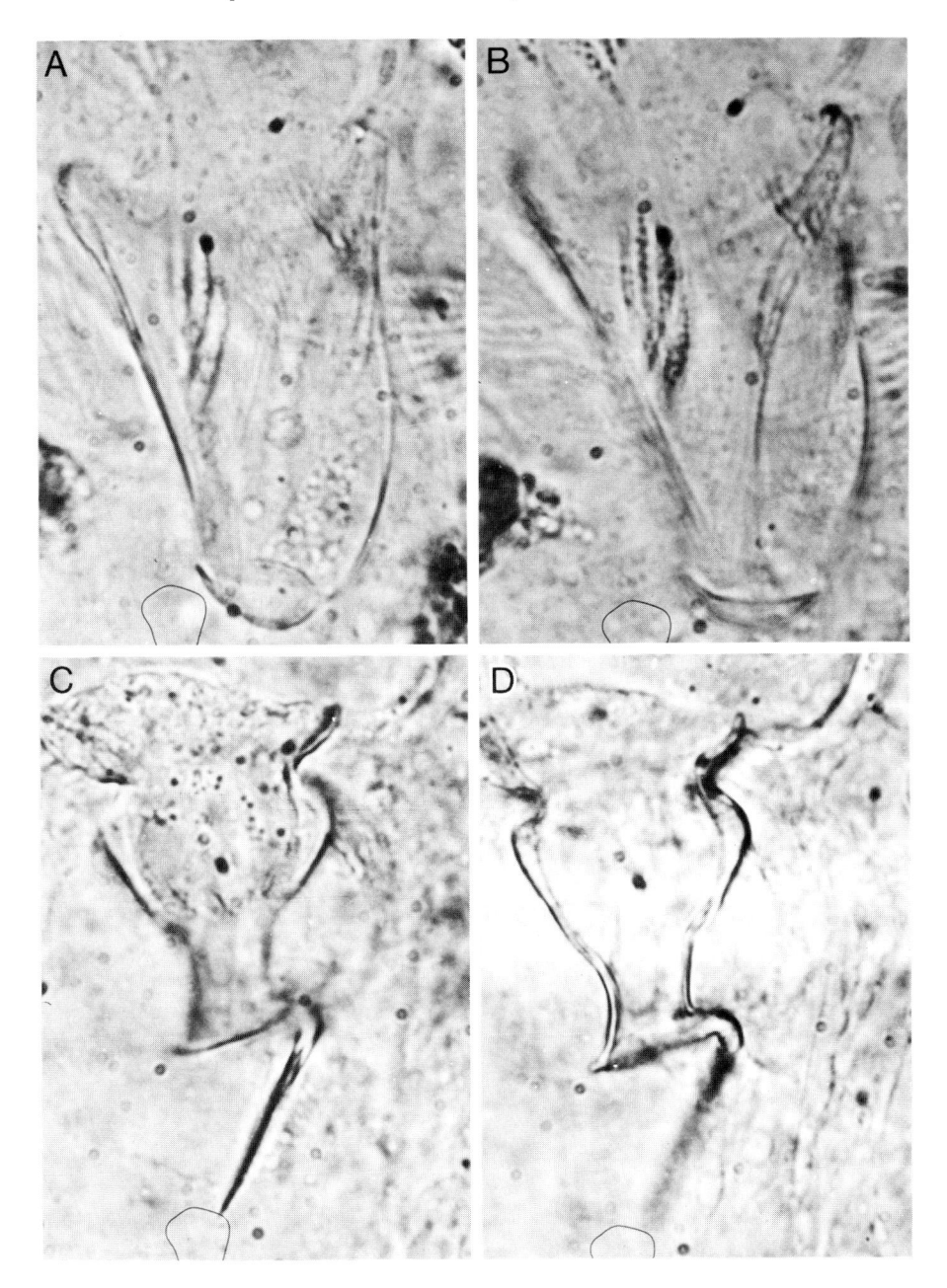

Fig. 42. A, B. *Pogaina kinnei*, stylet (New River Beach). C, D. *Pogaina oncostylis*, stylet (St. Andrews).

ever, there are differences in the size of the stylets. Ax (1970) observed stylets of 24 to 25 μm. In salt marsh pools of the island of Sylt, animals with stylets up to 30 μm are found (ARMONIES, unpubl. data). The stylets of Canadian specimens are still longer (40 – 41 mm).

Distribution: Intertidal sand of the North Sea (Ax 1970; EHLERS 1973; REISE 1984). *P. kinnei* seems to be a purely marine species.

Halammovortex macropharynx (Meixner, 1938)

(Fig. 43 A, B)

Locality: St. Andrews, Pottery Cove. Reddish sandy mud rich in detritus.
Material: Live observations on few specimens, including photographs.

The stylet of Canadian animals is about 56 μm long. The characteristical shape of the stylet shows no differences to European animals.

Distribution: Atlantic coast of Norway, North Sea, Baltic Sea, Mediterranean (cf. HELLWIG 1987).

Halammovortex nigrifrons (Karling, 1935)

(Fig. 43 C – E)

Locality: Pocologan, brackish water bay. a) Algal mats on muddy sand, b) medium sand rich in detritus, c) floating algal mats and green algae deposited on the shore.
Material: Live observations on numerous animals, including photographs.

Both, the shape and the size (56 – 72 μm) of the stylet conform well with the description given by KARLING (1943), and with specimens of the German North Sea coast.

Distribution: North Sea, Baltic Sea (KARLING 1943, 1974; LUTHER 1955; ARMONIES 1987; HELLWIG 1987). *H. nigrifrons* is frequently found in brackish waters, however, it is not clear if it is a truely brackish water species, or a euryhaline marine species.

Bresslauilla relicta Reisinger, 1929

Locality: Pocologan, brackish water bay. Intertidal medium to coarse sand with detritus.
Material: Live observations on few animals, including drawings.

The piriform copulatory organ is situated caudally of the pharynx. The vesicula seminalis takes the proximal part. In the central part secretory granules form a semicircular pattern, and it forms a stripe at both sides of the distal

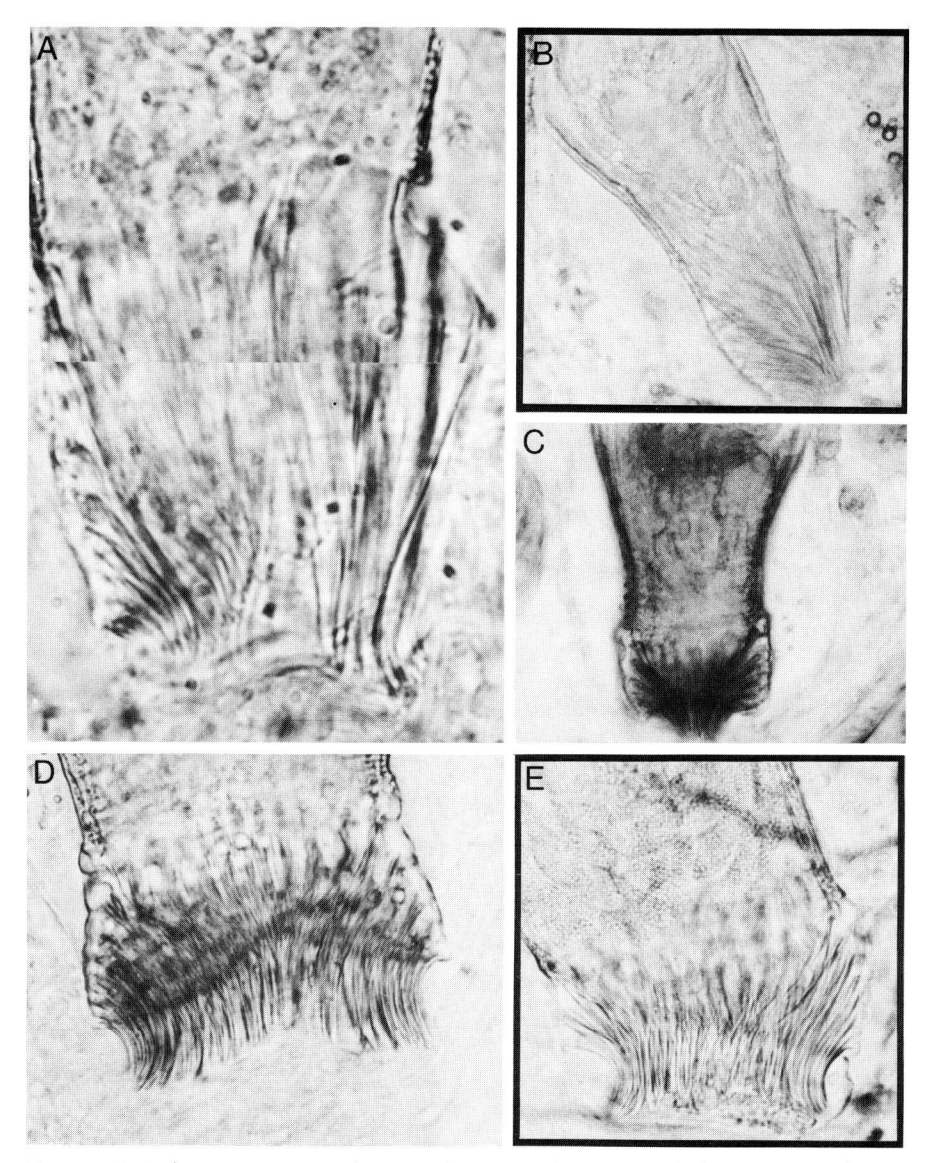

Fig. 43. A, B. *Halammovortex macropharynx*, stylet. A St. Andrews, B island of Sylt. C – E. *Halammovortex nigrifrons*. C stylet, D, E tip of the stylet. C, D Pocologan, E island of Sylt.

hardened part of the copulatory organ. As in European specimens the hardened part (about 20 μm in length) has the shape of a key-hole.

Distribution: North Atlantic, North Sea, Baltic Sea, Mediterranean, Black Sea; also common in limnic habitats (Ax 1956 b; LUTHER 1962; KARLING 1974).

D. Discussion

From the material found during a 5 weeks stay in New Brunswick, Canada 48 plathelminth species could be identified with known species, 7 are described and 7 species are presented for a later identification. Only few samples were taken in the marine area, and the respective marine species are not further mentioned here.

Most samples are from brackish water habitats. Here, a total of 48 species is recorded. The samples were not extracted quantitatively and the sample arrangement was quite random. Thus we are sure only a part of the Canadian brackish water Plathelminthes has been found. However, the samples are widely spread in New Brunswick, and the collection of species recorded here is considered representative.

Out of the 48 brackish water species 37 (77%) also occur in European brackish waters. Thus, the number of species identical to both sides of the Atlantic ocean is high. With the exception of the Acoela which were excluded from this study all major plathelminth taxa have similar percentages of identical species (Table 2).

Table 2: Number of plathelminth species found in Canada and the number (percentage) of amphi-atlantic brackish water species. Ma = Macrostomida, Se = Seriata, Ty = "Typhloplanoida", Ka = Kalyptorhynchia, Da = "Dalyellioida", Pl = Prolecithophora

		Ma	Se	Ty	Ka	Da	Pl	total
No. of species presented		7	9	23	13	9	1	62
	-marine spp.	–	4	4	2	3	1	14
	-brackish spp.	7	5	19	11	6		48
amphi-atlantic	brackish spp.	4	4	16	8	5		37
	%	57%	80%	84%	73%	83%		77%

Species common to both sides of the Atlantic (amphi-atlantic species) show no or only minor morphological differences, in general. That is, the variation between European and Canadian specimens does not exceed the variation found within European populations.

Based on the comparison of localities, the amphi-atlantic species prefer the same range of abiotic factors. 15 species were abundant in Canadian brackish waters, that is they were found at least 3 times in different localities. 11 of these species also occur in Europe, and 4 are new. The latter species have close relatives in Europe.

Thus, instead of single species, a complete assemblage of species is highly similar to both sides. However, this statement is apparently only valid for the brackish water plathelminths. Based on the few samples taken in the marine area, the amphi-atlantic similarity of the marine assemblage of species is low. Thus, a paradox appears: the brackish water plathelminths of Canada and Europe are more similar than the marine plathelminth fauna, though the sea separating the populations is entirely marine.

Several attempts were made to resolve the problem of amphi-atlantic meiofaunal similarity. Concerning the distribution of gnathostomulids, STERRER (1973) argued the movement of the continental plates could be the cause for high identity of "genera", wheras the gnathostomulid species are "transallopatric sister-species" at both sides of the Atlantic. A similar situation is expected in the taxon Gastrotricha (RUPPERT 1977), where only about 10 % of the species are common on both sides of the Atlantic. The amphiatlantic distribution of interstitial Polychaeta is characterized by high identity of the dominant species as well as genera, species, and individual distribution patterns. Therefore, the hypothesis that widely distributed supraspecific taxa and even species of the interstitial fauna are very old and were distributed by the movement of continental plates is supported (WESTHEIDE 1977).

However, the movement of continental plates is not sufficient to explain the greater similarity of the brackish water plathelminth fauna compared to the marine species. Moreover, it will be difficult to empirically confirm or reject the hypothesis of meiofaunal dispersal by continental drift.

The hypothesis of an ancient connection across the northern Atlantic (Thule land-bridge; STRAUCH 1970; FRIEDRICH & SIMONARSON 1981; et al.) is also insufficient to explain the greater similarity of brackish water plathelminths. Such a connection should have increased the similarity of both, marine and brackish water fauna at equal rates. However, the interstital fauna of Iceland and Greenland might have been influenced by such a connection. Our knowledge of the meiofauna of these regions is too scanty, however, for a critical examination.

GERLACH (1977) summarized the means of meiofaunal dispersal, most of which are efficient for small scale dispersal only. However, ARMONIES (1986) recently found encystment in brackish water plathelminths. The animals encysted as soon as environmental conditions became worse, and they hatched when the conditions improved. Thus, encysted specimens can survive periods of unfavorable conditions, and their chance to be dispersed may be higher than in non-encysting specimens. Many coastal birds have amphi-atlantic populations and some Canadian populations even winter in Africa and migrate along the European coast. These birds often rest in the salt marshes and may give plathelminth eggs or cysts a ride across the Atlantic.

The degree of similarity in brackish water plathelminths at both sides of the Atlantic is too high, however, for accidental crossing of the northern Atlantic to be a sufficient cause. From the faunal composition we found in Canada, a more regular connection of boreal American and European brackish water fauna is expected.

More promising, therefore, is a concept of circumpolar distribution of brackish water species during glacial or interglacial periods. This idea can be easily tested by investigating brackish water plathelminths along the northern Pacific and Arctic coasts, particularly in Alaska.

The salt marshes of northern Europe and Canada are quite distinct from the marshes along the US-coast further south (THOMAS 1983). There are species in Canadian brackish waters that could not be identified nor described from live observations for there are no well known related species (e. g., Byrsophlebidae spec. 1 and 2). These species are potential invaders coming from the southern *Spartina* marshes mentioned above. Then, the Canadian brackish water fauna may be a mixture of northern Atlantic and southern (? Caribean) species. Marine species do not encounter such a profound change in habitat. A lower percentage of amphi-atlantic marine plathelminths is potentially a hint for dominance of southern species, in the south of Canada.

With our present knowledge, a circumpolar connection of European and north American brackish water fauna is the favored hypothesis to explain the high degree of plathelminth faunal similarity. Recently meiofauna and small macrofauna has been found living in nearshore seasonal ice of the Arctic Ocean (CAREY & MONTAGNA 1982; KERN & CAREY 1983). Though the ice fauna was sparse in numbers (100 to 1,000 times less than in the sediments) and depauperate in species, the meiofauna appears to be derived from both sediments and water column. Therefore, a circumpolar connection of north America and Europe may even be present today, either via the nearshore circumpolar route, or with drifting ice on the north Atlantic route. Greenland, Iceland, Jan Mayen, and Spitsbergen might serve as intermittent habitats. In any case, with further investigations of the north Atlantic and Arctic Ocean meiofauna, the hypothesis of a possible circumpolar connection can easily be tested.

Summary

From the material studied during a 5 weeks stay in New Brunswick in 1984, 62 species of free-living plathelminths are presented. 14 species were unknown up to now, and 7 of these are described: *Macrostomum burti, Promesostoma fibulata, Promesostoma bilobata, Phonorhynchoides carinostylis, Prognathorhyn-*

chus eurytuba, Baicalellia canadensis, and *Pogaina oncostylis.* Based on comparisons of the male genital apparatus, the closest relatives of the new species live in Europe.

48 plathelminths are presumably brackish water species, 37 (77 %) of these are also known from Europe. Based on the localities, identical species live in identical habitats on both sides of the Atlantic. The number of amphi-atlantic species is too high to be explained by accidental dispersal. We favor the assumption of an ancient or even present circumpolar connection being an empirically testable hypothesis.

Zusammenfassung

Von dem während eines fünfwöchigen Aufenthalts (1984) in New Brunswick, Kanada, studierten Material werden 62 Arten freilebender Plathelminthen behandelt. 14 Arten sind neu, 7 davon werden beschrieben: *Macrostomum burti, Promesostoma fibulata, Promesostoma bilobata, Phonorhynchoides carinostylis, Prognathorhynchus eurytuba, Baicalellia canadensis, Pogaina oncostylis.* Aufgrund der Beurteilung der männlichen Genitalorgane leben die nächsten Verwandten dieser Arten in Europa.

48 Arten sind als spezifische Brackwasserbewohner einzustufen, 37 (77 %) von ihnen sind auch aus europäischen Brackgewässern bekannt. Nach den Fundorten in Kanada und der bisher bekannten Verteilung in Europa bewohnen die identischen (amphi-atlantischen) Arten auch identische Habitate.

Der Anteil amphi-atlantischer Arten erscheint zu hoch, um durch zufällige Verbreitung erklärt werden zu können. Stattdessen müssen regelmäßigere Verbindungen beider Gebiete angenommen werden. Wir favorisieren die Annahme einer circumpolaren Verbindung; sie bildet eine empirisch überprüfbare Hypothese.

References

ARMONIES, W. (1986): Free-living Plathelminthes in North Sea salt marshes: adaptations to environmental instability. An experimental study. J. Exp. Mar. Biol. Ecol. 99, 181–197.
— (1987): Freilebende Plathelminthen in supralitoralen Salzwiesen der Nordsee: Ökologie einer borealen Brackwasser-Lebensgemeinschaft. Microfauna Marina 3, 81–156.
AX P., (1951): Die Turbellarien des Eulitorals der Kieler Bucht. Zool. Jb. Syst. 80, 277–378.
— (1952): Turbellarien der Gattung *Promesostoma* von den deutschen Küsten. Kieler Meeresforsch. 8, 218–226.
— (1954): Die Turbellarienfauna des Küstengrundwassers am Finnischen Meerbusen. Acta Zool. Fennica 81, 1–54.

– (1956 a): Monographie der Otoplanidae (Turbellaria). Morphologie und Systematik. Akad. d. Wiss. u. d. Lit. Mainz, Abhandl. d. Math.-naturw. Kl., Jg. 1955, Nr. **13**, 499 – 796.
– (1956 b): Les Turbellariés des Étangs côtiers du littoral méditerranéen de la France méridionale. Vie et Milieu Suppl. **5**, 1 – 215.
– (1959): Zur Systematik, Ökologie und Tiergeographie der Turbellarienfauna in den ponto-kaspischen Brackwassermeeren. Zool. Jb. Syst. **87**, 43 – 184.
– (1960): Turbellarien aus salzdurchtränkten Wiesenböden der deutschen Meeresküsten. Z. wiss. Zool. **163**, 210 – 235.
– (1970): Neue *Pogaina*-Arten (Turbellaria, Dalyellioida) mit Zooxanthellen aus dem Mesopsammal der Nordsee- und Mittelmeerküste. Mar. Biol. **5**, 337 – 340.
– (1971): Zur Systematik und Phylogenie der Trigonostominae (Turbellaria Neorhabdocoela). Mikrofauna Meeresboden **4**, 1 – 84.
Ax, P. & R. Ax (1967): Turbellaria Proseriata von der Pazifikküste der USA (Washington). I. Otoplanidae. Z. Morph. Tiere **61**, 215 – 254.
Ax, P. & U. Ehlers (1973): Interstitielle Fauna von Galapagos III. Promesostominae (Turbellaria, Typhloplanoida). Mikrofauna Meeresboden **23**, 1 – 16.
Beklemischev, V. N. (1927): Über die Turbellarienfauna des Aralsees. Zool. Jb. Syst. **54**, 87 – 137.
– (1951): The species of the genus *Macrostomum* (Turbellaria Rhabdocoela) SSSR. Bulletin M. Soc. of Nature, 1951: 31 – 40 (in Russian).
Bilio, M. (1964): Die aquatische Bodenfauna von Salzwiesen der Nord- und Ostsee. I. Biotop und ökologische Faunenanalyse: Turbellaria. Int. Revue ges. Hydrobiol. **52**, 487 – 533.
Boaden, P. J. S. (1963): The interstitial Turbellaria Kalyptorhynchia from some North Wales beaches. Proc. Zool. Soc. London **141**, 173 – 205.
Carey, A. G. & P. A. Montagna (1982): Arctic sea ice faunal assemblage: first approach to description and source of the underice meiofauna. Mar. Ecol. Progr. Ser. **8**, 1 – 8.
Ehlers, U. (1973): Zur Populationsstruktur interstitieller Typhloplanoida und Dalyellioida (Turbellaria, Neorhabdocoela). Mikrofauna Meeresboden **19**, 1 – 105.
– (1974): Interstitielle Typhloplanoida (Turbellaria) aus dem Litoral der Nordseeinsel Sylt. Mikrofauna Meeresboden **49**, 1 – 102.
– (1980): Interstitial Typhloplanoida (Turbellaria) from the area of Roscoff. Cah. Biol. Marine **21**, 155 – 167.
Friedrich, W. L. & L. A. Simonarson (1981): Die fossile Flora Islands: Zeugin der Thule-Landbrücke. Spektrum d. Wissenschaft **10**, 22 – 31.
Gerlach, S. A. (1977): Means of meiofauna dispersal. Mikrofauna Meeresboden **61**, 89 – 103.
Graff, L. v. (1911): Acoela, Rhabdocoela und Alloeocoela des Ostens der Vereinigten Staaten von America. Zeitschrift f. wiss. Zool. **99**, 321 – 428.
Hartog, C. Den (1964): Proseriate flatworms from the Deltaic area of the rivers Rhine, Meuse and Scheldt I + II. Proc. Kon. Ned. Akad. Wetensch. C, **67**, 371 – 407.
– (1977): Turbellaria from intertidal flats and salt marshes in the estuaries of the south-western part of the Netherlands. Hydrobiologia **52**, 29 – 32.
Hellwig, M. (1987): Ökologie freilebender Plathelminthen im Grenzraum Watt-Salzwiese lenitischer Gezeitenküsten. Microfauna Marina **3**, 157 – 248.
Karling, T. G. (1935): Mitteilungen über Turbellarien aus dem Finnischen Meerbusen: 1. *Dalyellia nigrifrons* n. sp. 2. *Promesostoma cochlearis* n. sp. Mem. Soc. Fauna Flora fenn. **10**, 388 – 395.
– (1943): Studien an *Halammovortex nigrifrons* (Karling). (Turbellaria Neorhabdocoela). Acta zool. fenn. **37**, 1 – 23.
– (1947): Studien über Kalyptorhynchien (Turbellaria) I. Die Familien Placorhynchidae und Gnathorhynchidae. Acta zool. fenn. **50**, 1 – 65.
– (1957): Drei neue Turbellaria Neorhabdocoela aus dem Grundwasser der schwedischen Ostseeküste. K. fysiogr. Sällsk. Lund Förh. **27**, 25 – 33.
– (1962): Marine Turbellaria from the Pacific coast of North America II. Pseudostomidae and Cylindrostomidae. Ark. Zool. **15**, 181 – 209.

– (1963): Die Turbellarien Ostfennoskandiens. V. Neorhabdocoela 3. Kalyptorphynchia. Fauna Fennica **17**, 1 – 59.
– (1964): Über einige neue und ungenügend bekannte Turbellaria Eukalyptorhynchia. Zool. Anz. **172**, 159 – 183.
– (1974): Turbellarian fauna of the Baltic Proper. Identification, ecology and biogeography. Fauna Fennica **27**, 1 – 101.
– (1980): Revision of Koinocystidae (Turbellaria). Zool. Scr. **9**, 241 – 269.
– (1985): Revision of Byrsophlebidae (Turbellaria Typhloplanoida). Ann. zool. Fennici **22**, 105 – 116.
– (1986): Free-living marine Rhabdocoela (Platyhelminthes) from the N. American Pacific coast. With remarks on species from other areas. Zool. Scr. **15**, 201 – 219.

KERN, J. C. & A. G. CAREY (1983): The faunal assemblage inhabiting seasonal sea ice in the nearshore Arctic Ocean with emphasis on copepods. Mar. Ecol. Progr. Ser. **10**, 159 – 167.

LUTHER, A. (1943): Untersuchungen an rhabdocoelen Turbellarien IV. Ueber einige Repräsentanten der Familie Proxenetidae. Acta Zool. Fennica **38**, 1 – 95.
– (1946): Untersuchungen an rhabdocoelen Turbellarien V. Ueber einige Typhloplanoiden. Acta Zool. Fennica **46**, 1 – 56.
– (1947): Untersuchungen an rhabdocoelen Turbellarien. VI. Macrostomiden aus Finnland. Acta Zool. Fennica **49**, 1 – 40.
– (1948): Untersuchungen an rhabdocoelen Turbellarien VII. Über einige marine Dalyellioida VIII. Beiträge zur Kenntnis der Typhloplanoida. Acta Zool. Fennica **55**, 1 – 122.
– (1955): Die Dalyelliiden (Turbellaria Neorhabdocoela). Eine Monographie. Acta Zool. Fennica **87**, 1 – 337.
– (1960): Die Turbellarien Ostfennoskandiens. I. Acoela, Catenulida, Macrostomida, Lecithoepitheliata, Prolecithophora, und Proseriata. Fauna Fennica **7**, 1 – 155.
– (1962): Die Turbellarien Ostfennoskandiens. III. Neorhabdocoela 1. Dalyellioida, Typhloplanoida: Byrsophlebidae und Trigonostomidae. Fauna Fennica **12**, 1 – 71.
– (1963): Die Turbellarien Ostfennoskandiens IV. Neorhabdocoela 2. Typhloplanoida: Typhloplanidae, Solenopharyngidae und Carcharodopharyngidae. Fauna Fennica **16**, 1 – 163.

MACK-FIRA, V. (1974): The Turbellarian fauna of the Romanian littoral waters of the Black Sea and its annexes. In Riser & Morse (eds.), Biology of the Turbellaria. Mc Graw Hill, 1974, 248 – 290.

MARTENS, M. P., M. C. CURINI-GALLETTI & I. PUCCINELLI (1987): On the morphology and karyology of the genus *Archilopsis* (Meixner). (in prep).

MEIXNER, J. (1925): Beitrag zur Morphologie und zum System der Turbellaria-Rhabdocoela: I. Die Kalyptorhynchia. Zeitschr. Morph. Ökol. Tiere **3**, 255 – 343.
– (1938): Turbellaria (Strudelwürmer). In Grimpe und Wagler, Tierwelt der Nord- und Ostsee, **IV.b**, 1 – 146.

NASSONOV, N. (1932): Zur Morphologie der Turbellaria Rhabdocoelida des japanischen Meeres. Akad. d. Wiss. CCCP 1932, 65 – 113.

PAPI, F. (1953): Beiträge zur Kenntnis der Macrostomiden (Turbellarien). Acta Zool. Fennica **78**, 1 – 32.

REISE, K. (1984): Free-living Platyhelminthes (Turbellaria) of a marine sand flat: an ecological study. Microfauna Marina **1**, 1 – 62.

RIEGER, R. M. (1977): The relationship of character variability and morphological complexity in copulatory structures of Turbellaria-Macrostomida and -Haplopharyngida. Mikrofauna Meeresboden **61**, 197 – 216.

RIEGER, R. M. & S. TYLER (1974): A new glandular sensory organ in interstitial Macrostomida (Turbellaria). I. Ultrastructure. Mikrofauna Meeresboden **42**, 1 – 41.

RISER, N. W. (1981): New England Coelogynoporidae. Hydrobiologia **84**, 139 – 145.

RUPPERT, E. E. (1977): Zoogeography and speciation in marine Gastrotricha. Mikrofauna Meeresboden **61**, 231 – 251.

SCHILKE, K. (1970): Kalyptorhynchia (Turbellaria) aus dem Eulitoral der deutschen Nordseeküste. Helgoländer wiss. Meeresunters. **21**, 143 – 265.

SCHMIDT, P. (1972 a): Zonierung und jahreszeitliche Fluktuationen des Mesopsammons im Sandstrand von Schilksee (Kieler Bucht). Mikrofauna Meeresboden **10**, 1 – 60.
– (1972 b): Zonierung und jahreszeitliche Fluktuation der interstitiellen Fauna in Sandstränden des Gebietes von Tromsø (Norwegen). Mikrofauna Meeresboden **12**, 1 – 86.
SCHOCKAERT, E. R. (1971): Turbellaria from Somalia. I. Kalyptorhynchia. Monitore zool. ital. (N. S.) Suppl. **IV**, 101 – 122.
SOPOTT, B. (1972): Systematik und Ökologie von Proseriaten (Turbellaria) der deutschen Nordseeküste. Mikrofauna Meeresboden **13**, 1 – 72.
STERRER, W. (1973): Plate tectonics as a mechanism for dispersal and speciation in interstitial sand fauna. Netherl. J. Sea Res. **7**, 200 – 222.
STRAARUP, B. J. (1970): On the ecology of Turbellarians in a sheltered brackish shallow-water bay. Ophelia **7**, 185 – 216.
STRAUCH, F. (1970): Die Thule-Landbrücke als Wanderweg und Faunenscheide zwischen Atlantik und Skandik im Tertiär. Geol. Rundschau **60**, 381 – 417.
THOMAS, M. L. H. (ed.) (1983): Marine and coastal systems of the Quoddy Region. New Brunswick. Can. Spec. Publ. Fish. Aquat. Sci. **64**, 306 pp.
WESTBLAD, E. (1953): Marine Macrostomida (Turbellaria) from Scandinavia and England. Arkiv för Zoologi **4**, 391 – 408.
– (1955): Marine "Alloeocoels" (Turbellaria) from North Atlantic and Mediterranean coasts. I. Arkiv för Zoologi **7**, 491 – 526.
WESTHEIDE, W. (1977): The geographical distribution of interstitial Polychaetes. Mikrofauna Meeresboden **61**, 287 – 302.

Prof. Dr. Peter Ax und *Dr. Werner Armonies,*
II. Zoologisches Institut und Museum der Universität Göttingen,
Berliner Straße 28, D-3400 Göttingen

Freilebende Plathelminthen[1] in supralitoralen Salzwiesen der Nordsee: Ökologie einer borealen Brackwasser-Lebensgemeinschaft

Werner Armonies

Inhaltsverzeichnis

Abstract	82
A. Einleitung	82
B. Gebiet und Methoden	83
C. Ergebnisse	96
1 Artenbestand	96
2 Verteilungsmuster biotopeigener Arten	101
3 Lebenszyklen	127
4 Vergleich der Verteilung nahe verwandter Arten	131
5 Gemeinschaften von Arten mit ähnlichen Habitatansprüchen	135
6 Encystierung	137
D. Diskussion	139
1 Verteilung und verteilungsbestimmende Faktoren	139
2 Artenbestand und Artidentität	144
3 Lebenszyklen	148
4 Salzwiesenplathelminthen als Brackwasserlebensgemeinschaft	149
Zusammenfassung	150
Literatur	151

---

[1] Der Name „Turbellaria" erstreckt sich auf eine paraphyletische Gruppierung primär freilebender Plathelminthen (AX 1984; EHLERS 1984, 1985) und findet deshalb in dieser Arbeit keine Anwendung. Im phylogenetischen System der Plathelminthes sind die „Typhoplanoida" und die „Dalyellioida" nicht als Monophyla charakterisierbar (EHLERS 1985); diese Taxa werden provisorisch beibehalten, ihre Namen in Anführungszeichen gesetzt.

Free-living Plathelminthes in Supralittoral Salt Marshes of the North Sea

Abstract

At the island of Sylt, North Sea, the plathelminth fauna of supralittoral salt marshes was investigated. A total of 103 species is recorded, 75 of which were found throughout the year. These species are truely brackish. 78 % of them perform univoltine life-cycles.

Salinity, oxygen, and water availability are less stable in salt marshes than further seaward in the tidal zone. Many plathelminth species are able to encyst when conditions deteriorate. Thus they can withstand intermittent harshness.

It is shown that every common plathelminth species prefers a distinct range of salinity. In species capable of encystment, every change in salinity causes a change in abundance. Regarding all plathelminth species, salinity affects the species composition.

The plathelminth distribution pattern is determined by (1) salinity, (2) oxygen availability, and (3) temperature. Together with differences in ground relief, water content, sediment composition, vegetation density, and insolation these factors form a patchy environment. Sites of similar combination of factors are patchily distributed, and the plathelminth distribution matches these mosaics. Thus, the distribution of species is non-random in salt marshes. A modified index of 'mean crowding' (LLOYD 1967) is proposed to describe the distribution of species in patchy environments.

From the distribution pattern, the combination of the factors preferred is extracted. Closely related species differ in the preferred ranges, and their niches overlap to a small extent only.

A. Einleitung

Entsprechend ihrer Lage zwischen Meer und Land sind Salzwiesen durch extreme Milieuänderungen geprägt. In Abhängigkeit von Witterung und Topographie dominieren terrestrische, limnische oder marine Einflüsse in unregelmäßiger Folge. Die hier lebenden Organismen müssen in hohem Maße an Umweltstreß angepaßt sein.

Polychaeten, dekapode Crustacea und Fische können in den Salzwiesen der Nordsee nicht überleben: die großen Räuber des Eulitorals fehlen. Derart verminderter Feindruck und hohe Netto-Primärproduktion (bis 1000, im Mittel etwa 500 g trockene organische Substanz je m² und Jahr, JOENJE & WOLFF 1979) lassen Salzwiesen als attraktives Habitat erscheinen.

Von der Landseite dringen über 1600 Arten von Invertebraten in Salzwiesen ein (HEYDEMANN 1980). Auch die wassergebundene Meiofauna besiedelt die Salzwiesen (AX 1960; BILIO 1964, 1967; DEN HARTOG 1964 a, b, 1965, 1966, 1968; LORENZEN 1969 a, b). Von besonderer Bedeutung sind die Nematoda, Copepoda, Oligochaeta und freilebenden Plathelminthes.

In dieser Studie werden die Auswirkungen starker Milieuänderungen auf die Plathelminthenfauna in Salzwiesen der Insel Sylt untersucht. Die Salzwiesen erweisen sich dabei als Brackwassergebiete, und 75 von 103 Plathelminthenarten als Brackwasserarten. Aus Analysen der kleinräumigen Verteilung ergibt sich, daß die Salzkonzentration der dominant verteilungsbestimmende Umweltfaktor ist.

Ich danke Prof. Dr. Peter Ax und Dr. Karsten Reise für ihre Einführung in die Morphologie und Ökologie der Plathelminthes, stetes Interesse und anregende Diskussionen. Dr. B. Sopott-Ehlers und Dr. U. Ehlers leisteten hilfreiche Unterstützung bei Artbestimmungen. Allen Kollegen sei für die erfahrene Unterstützung und angenehme Arbeitsatmosphäre gedankt. Im Rahmen der Gastforschung stellte die Biologische Anstalt Helgoland dankenswerterweise einen Arbeitsplatz in der Litoralstation List zur Verfügung.

B. Gebiet und Methoden

Topographie und Klima

Aufgrund ihrer Lage im östlichen Teil der Nordsee (55 °N, 8 °W) hat die Insel Sylt subatlantisches Klima mit kühlen Sommern (mittlere Tagestemperaturen ca. 16 °C) und milden Wintern (Abb. 1, 2). Im Spätsommer und Herbst fallen die höchsten, von Februar bis Juni nur geringe Niederschlagsmengen (Abb. 3).

Vegetation

In den Salzwiesen der Nordseeküste sind drei Pflanzengesellschaften zu unterscheiden (alle Zuordnungen nach ELLENBERG 1978). Die unterhalb der Mittelhochwasserlinie (MHWL) lockeren, landeinwärts dichteren Bestände von *Salicornia dolichostachya* und das stellenweise angepflanzte Schlickgras *Spartina anglica* bilden das Thero-Salicornion (Quellerfluren). Landeinwärts schließt sich das Puccinellion maritimae (Andelrasen) an, das von dem Gras *Puccinellia*

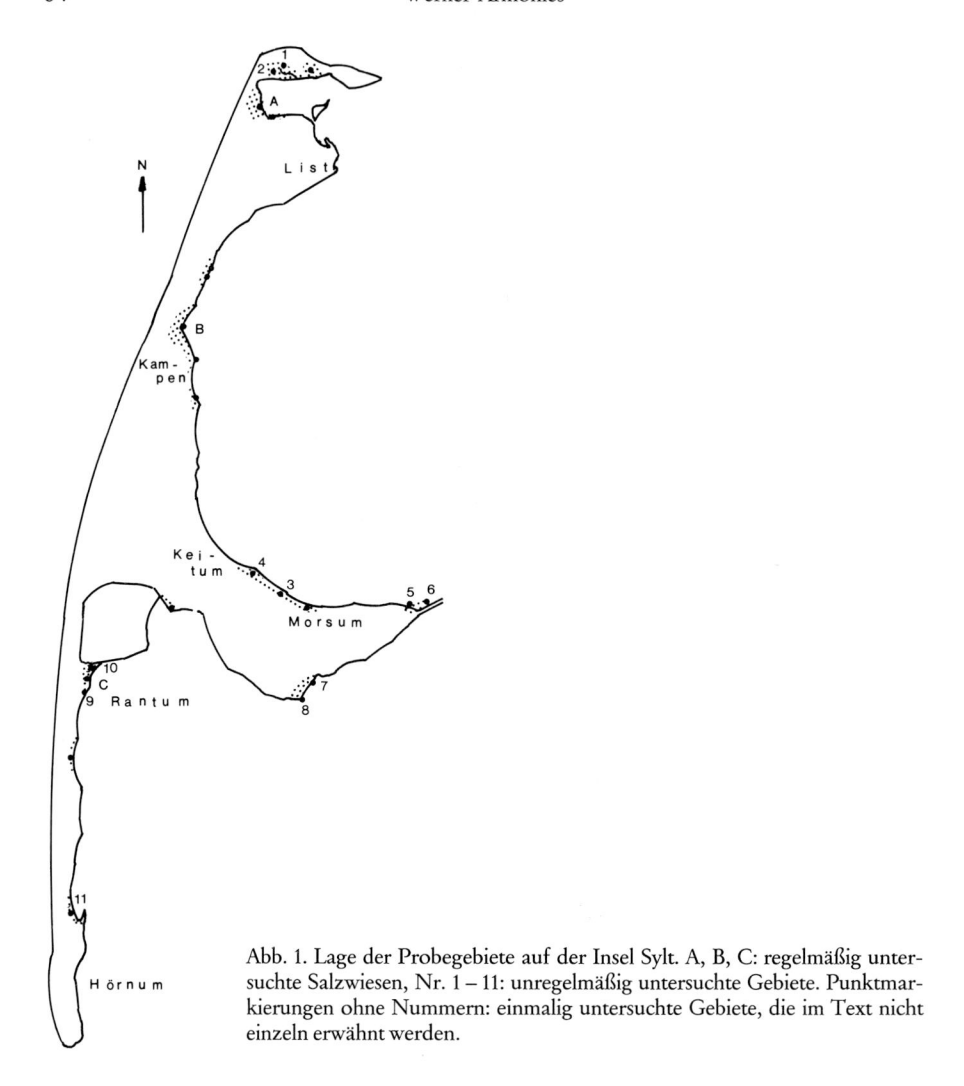

Abb. 1. Lage der Probegebiete auf der Insel Sylt. A, B, C: regelmäßig untersuchte Salzwiesen, Nr. 1 – 11: unregelmäßig untersuchte Gebiete. Punktmarkierungen ohne Nummern: einmalig untersuchte Gebiete, die im Text nicht einzeln erwähnt werden.

maritima und mehreren *Salicornia*-Arten dominiert wird. In die höchste, seltener überflutete Wiesenzone dringen langsam Landpflanzen ein. In ungestörten Gebieten bildet sich ein Armerietum maritimae (Strandnelkenrasen) aus, das bei Beweidung oder regelmäßiger Maht vom Juncetum gerardii (Strandbinsenweide) verdrängt wird; an feuchten Stellen können Brackwasserröhrichte aufkommen. Bei der vorliegenden Untersuchung wurde nur das Puccinellion maritimae (Andelrasen), das Armerietum maritimae (Strandnelkenrasen) und das Juncetum gerardii (Strandbinsenweide) berücksichtigt. Im folgenden Text werden dafür Abkürzungen gebraucht:

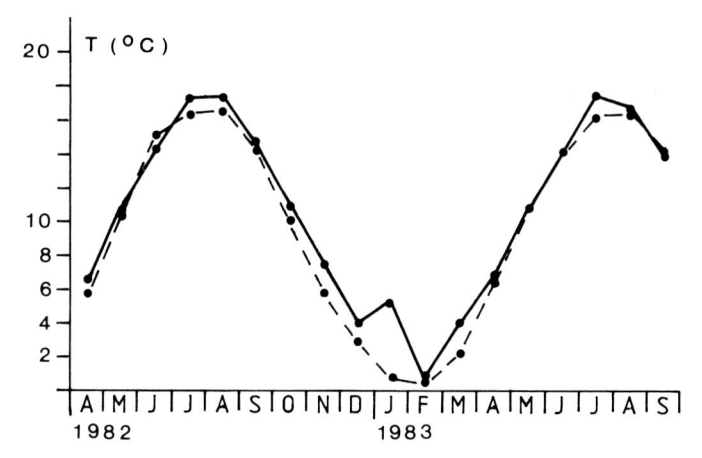

Abb. 2. Mittlere Tagestemperaturen der Insel Sylt im Untersuchungszeitraum (durchgezogene Linie) und im langjährigen Mittel (gestrichelt). Nach Daten der Wetterwarte List.

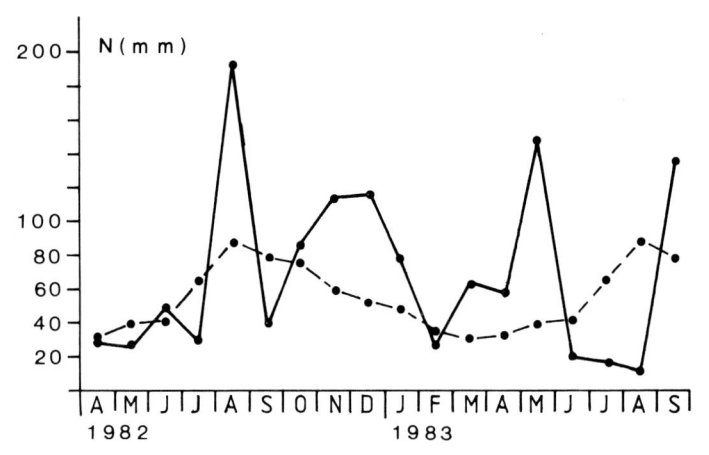

Abb. 3. Mittlere Niederschlagsmengen der Insel Sylt im Untersuchungszeitraum (durchgezogene Linie) und im langjährigen Mittel (gestrichelt). Nach Daten der Wetterwarte List.

AR: Andelrasen (= Puccinellion maritimae)
SNR: Strandnelkenrasen (= Armerietum maritimae)
SBW: Strandbinsenweide (= Juncetum gerardii)

Die Zusätze u, m, o (z. B. mAR) bedeuten untere, mittlere oder obere Zone des jeweils betrachteten Wiesenabschnittes (mAR = mittlerer Andelrasen).

Regelmäßig untersuchte Gebiete

Drei große Salzwiesen wurden regelmäßig untersucht:

A: Der intensiv beweidete „Große Gröning" im Norden der Insel (Abb. 1: A).
B: Ein naturnahes, unbeweidetes Teilgebiet des „Nielönn" nördlich des Ortes Kampen (Abb. 1: B).
C: Die Salzwiese „Raantem Inge" östlich des Ortes Rantum. Einige Jahre vor den Untersuchungen wurde das Gelände noch (extensiv) beweidet, damit bildet es einen Übergang zwischen den beiden Erstgenannten (Abb. 1: C).

Die Salzwiese „Großer Gröning" (A)

Der „Große Gröning" hat eine Ausdehnung von ca. 30 ha und wird intensiv von Schafen beweidet. Eine 5- bis 15 cm hohe Abbruchkante trennt die Wiese vom Watt, landseitig ist sie durch eine Dünenkette und einen Straßendamm begrenzt. Die Höhe des Geländes liegt zwischen 15 cm über MHWL wattseitig und 120 cm dünenseitig. Die Untersuchungen konzentrieren sich auf einen 270 m langen und 20 m breiten Wiesenstreifen in der Mitte des Areals.

Im Andelrasen sind drei Vegetationszonen zu unterscheiden: im tiefstgelegenen Teil (uAR) dominieren Salicornia-Arten, im Höchstgelegenen (oAR) Puccinellia maritima; dazwischen ist ein Mischbestand ausgebildet. Der gesamte Andelrasen ist von Fahrspuren und kleinen Prielen durchzogen. Das landseitig anschließende Juncetum gerardii (SBW) weist noch einige Pflanzenarten des Armerietum maritimae (SNR) unbeweideter Salzwiesen auf. Durch intensive Schafweide ist die Vegetation sehr kurz (1.5 bis 3 cm). An feuchten Stellen kann sich so eine sekundäre Vegetation aus Diatomeen und fädigen Algen (*Chaetomorpha* spec.) ausbilden.

Der Andelrasen ist bei geringem Grobsandanteil sehr schluff- und tonhaltig, in der Strandbinsenweide ist der Tonanteil geringer und der Grobsandanteil durch eingewehten Dünensand erhöht. Pflanzenwurzeln und Detritus nehmen vom uAR zur SBW zunehmend größere Volumenanteile ein, entsprechend steigt der Glühverlust (Tab. 1). Durch den hohen Feinmaterialanteil ist das Bodenporenvolumen des AR sehr gering. In der SBW liefern die festen Wurzeln von *Juncus gerardii* ein stabiles Lückensystem.

Durch Süßwasserzufluß aus den landseitig anschließenden Dünen war die SBW besser mit Wasser versorgt als der AR, der in warmen Sommermonaten bis zur Rißbildung austrocknete. Diese Süßwasserzufuhr wirkt sich auch auf den Salzgehalt des Bodenwassers aus: in der SBW wurden im Sommer Salzkonzentrationen von nur 1 bis 3 ‰ gemessen. Nach Sturmfluten stieg die Salinität auf maximal 12 ‰ an. Im AR wurden dagegen Werte von 30 ‰ und höher gemessen.

Die Salzwiese „Nielönn" (B)

Aus dem „Nielönn" wurde ein 20 m breites und 100 m langes nichtbeweidetes Teilgebiet ausgewählt. Eine 20 bis 25 cm hohe Abbruchkante trennt es vom vorgelagerten Schlickwatt, ein Straßendamm vom Binnenland. Die Höhenausdehnung reicht von 25 bis 100 cm über MHWL.

Die Vegetation ist artenreicher, dichter, und mit 20 bis 50 cm höher als in beweideten Salzwiesen. Auf den Andelrasen (AR) der tiefergelegenen Wiesenzone folgt landeinwärts ein Strandnelkenrasen (SNR), der stellenweise von Brackwasserröhricht durchbrochen wird. Ein Bestand von *Typhla latifolia* an der oberen Grenze des Untersuchungsgebietes zeugt von starker Süßwasserbeeinflussung. Die Bodenoberfläche besteht überwiegend aus Detritus, der Sandanteil des Bodens ist gering (Tab. 1).

Die Bodenoberfläche ist sehr uneben, von zahlreichen Tümpeln und Gräben durchzogen. In der feuchten Jahreszeit waren sie wassergefüllt, auch bei anhaltender Trockenheit blieben sie feucht. Aus der landeinwärts gelegenen Dünen-

Tabelle 1: Sedimentzusammensetzung, Detritusgehalt und Höhe über MHWL der Salzwiesen „Großer Gröning" (A), „Nielönn" (B) und „Raantem Inge" (C). Zur Sedimentanalyse wurden je 2 Bodenproben mit Süßwasser ausgewaschen und naß durch eine Siebserie gespült (Maschenweiten: 1500, 500, 250, 125, 63, 40 µm). Die getrockneten Fraktionen (105 °C, 48 Stunden) wurden gewogen und anschließend geglüht (650 °C, 6 h). Md Median, Q1, Q3 erstes und drittes Quartil (in µm), So Sortierungskoeffizient (vgl. SCHMIDT 1968).

	Zone	Höhe (cm)	Q1	Md	Q3	So	Glühverlust
„Großer Gröning"	u AR	15 – 25	36	61	325	3.00	12.8 %
A	m AR	25 – 42	19	38	106	2.36	17.1 %
	o AR	42 – 60	23	47	113	2.22	28.3 %
	u SBW	60 – 80	25	50	280	3.35	43.1 %
	m SBW	80 – 100	53	165	460	2.95	50.4 %
	o SBW	100 – 120	186	350	570	1.75	34.0 %
„Nielönn"	u AR	20 – 30	26	54	249	3.10	28.2 %
B	m AR	30 – 45	20	42	118	2.43	22.2 %
	o AR	45 – 60	19	38	105	2.35	35.0 %
	SNR	60 – 100	27	59	310	3.39	45.5 %
„Rantem Inge"	I	30 – 40	26	54	205	2.81	32.8 %
C	II	40 – 60	35	86	155	2.10	29.4 %
	III	ca. 80	27	54	432	4.00	15.5 %

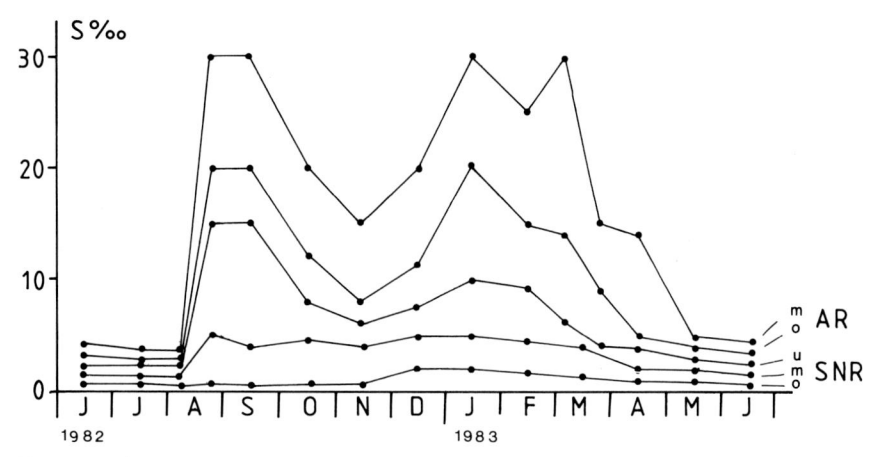

Abb. 4. Bodensalzkonzentration der Salzwiese „Nielönn" (B) im Untersuchungszeitraum. Nach Messungen mit einem Feldrefraktrometer.

landschaft wird die Wiese ständig mit Süßwasser versorgt, das in den oberen Wiesenbereich eindringt. Sturmfluten führen dem Gelände Salzwasser zu. Das so entstehende Salzkonzentrationsgefälle ist ganzjährig ausgebildet (Abb. 4). Die Salinität des Bodenwassers ist im Winter- (sturmflutreichen) Halbjahr höher als im Sommer (Abb. 5, 6). Ihre Schwankungsbreite ist in der wattnahen Wiesenzone am größten und nimmt landeinwärts stetig ab (Abb. 7).

Die Salzwiese „Raantem Inge" (C)

Drei Regionen wurden regelmäßig untersucht:
- **Gebiet I** (30 bis 40 cm über MHWL) ist durch einen Priel mit dem Wattenmeer verbunden; die Wasserversorgung ist auch in den Sommermonaten gut. Die Vegetation entspricht einem infolge früherer Beweidung artenarmen AR.
- **Gebiet II** (40 bis 60 cm über MHWL) wird schlechter mit Wasser versorgt. In den Sommermonaten trocknete die oberste Bodenschicht weitgehend aus. Die Vegetation stellt ein Sukzessionsstadium der SBW zum SNR dar.
- **Gebiet III** (80 cm über MHWL) liegt am Rande eines großen Priels mit steil abfallenden Ufern, damit wird es wirksam entwässert. Die Vegetation besteht aus *Halimione portulacoides* und *Triglochin maritimum*, vereinzelt traten auch *Aster tripolium* und *Artemisia maritima* auf (Artemisietum maritimae = Strand-Wermutgestrüpp, ELLENBERG 1978, p. 481).

Die Gebiete I und II werden durch niedrige Dünen vom Watt und durch einen Graben vom Hinterland getrennt. Der Graben verhindert Süßwasserzufluß, in der Folge liegt die mittlere Salzkonzentration des Bodenwassers höher

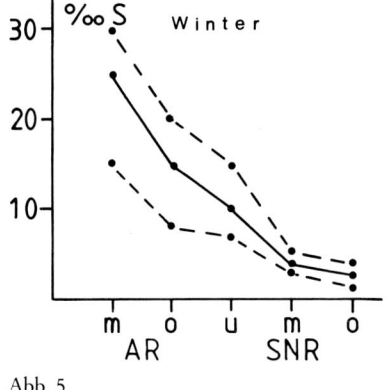

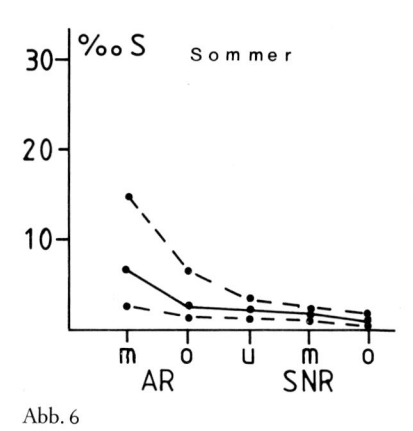

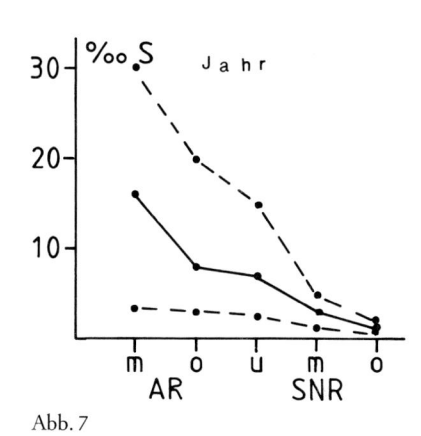

Abb. 5, 6, 7. Bodensalzkonzentrationen (S) der Salzwiese „Nielönn" im Winter- bzw. Sommerhalbjahr und jährliche Schwankungsbreite der Bodensalzkonzentration. Durchgezogene Linien: mittlere Salinität, gestrichelt: Standardabweichung (5, 6) bzw. Extremwerte (7).

als in den Salzwiesen „Nielönn" und „Großer Gröning". Der Boden aller Teilgebiete ist schluff- und tonreich, in II ist der Feinsandanteil, in III der Grobsandanteil erhöht (Tab. 1).

Unregelmäßig untersuchte Probestellen

Mit den Salzwiesen A, B und C wurden die flächenmäßig häufigsten Bodentypen der Insel erfaßt. Einmalig oder in unregelmäßiger Folge wurden auch die anderen größeren Salzwiesen der Insel untersucht; diese Gebiete sind in Abb. 1 mit Punkten markiert. Hier werden nur die Regionen vorgestellt, die über die regelmäßig untersuchten Gebiete A, B, C hinausreichende Informationen lieferten (Abb. 1: 1 bis 11).

(1) Ellenbogen, beweideter AR auf feinsandigem Boden mit geringem Schlickanteil. Einige Probestellen grenzen direkt an das Königshafenwatt, andere an einen Salzwiesenpriel. 10 bis 60 cm über MHWL.
(2) Ellenbogen, beweideter AR. Mittel- bis grobsandiger Boden mit unterschiedlichen Schlick- und Detritusanteilen. 20 bis 50 cm über MHWL.
(3) Anwaks, Keitum. AR auf Mittel- bis Grobsand mit wechselnden Schlick- und Detritusanteilen. 40 bis 60 cm über MHWL.
(4) Tipkenhoog, Keitum. Übergang vom SNR zum grobsandigen Strand; 90 bis 130 cm über MHWL. In der Mitte des Geländes liegt eine Senke, hier wurden Salzkonzentrationen von 8 bis 25 $^0/_{00}$ gemessen.
(5) Nösse, Hindenburgdamm-Nord. AR auf feinsandig-schlickigem Boden, 40 cm über MHWL.
(6) Nösse, Hindenburgdamm-Nord. AR auf feinsandigem Boden, mit wechselnden Schlickanteilen. 10 cm unter bis ca. 40 cm über MHWL.
(7) Morsum-Odde, AR auf Mittelsand, ca. 20 cm über MHWL.
(8) Morsum-Odde, Anlandungsgebiet mit schlickigem Boden. Mischvegetation aus *Puccinellia maritima*, *Spartina anglica* und *Salicornia* spp. Durch eine „Landgewinnungsmaßnahme" im Winter 1981/82 zerstört.
(9) Rantum-Süd. AR auf lockerem, detritusreichen Boden mit variierenden Anteilen an eingewehtem Dünensand. 40 bis 50 cm über MHWL.
(10) Raantem Inge, Rantum. *Suaeda maritima* auf festem Schlick. 40 bis 50 cm über MHWL, steil zum Watt abfallend.
(11) Hörnum-Ost. AR und SNR mit wechselnder Menge an eingewehtem Dünensand; bis 80 cm über MHWL.

Mikroklima und kleinräumiger Wechsel abiotischer Faktoren

In Abhängigkeit von Bodenzusammensetzung, Bodenrelief, Wasserversorgung und Vegetationsdichte bilden sich in Salzwiesen Mikroklimate aus, wie sie auch von binnenländischen Wiesen bekannt sind. Die Vegetationszusammensetzung und -dichte und das Bodenprofil führen zu kleinräumigen Schwankungen der Luftfeuchtigkeit, der Temperaturschwankungsbreite und des Bodenwassergehaltes. Die Sauerstoffversorgung erwies sich als direkt von der Bodenfeuchtigkeit und der Bodenzusammensetzung abhängig.

Von besonderem Interesse ist die Salzkonzentration. Im Boden schwankt sie kleinräumig mit Wasserzufuhr und Verdunstung. Im Untersuchungszeitraum wichen Temperatur, Niederschlagsmenge und Sturmfluthäufigkeit nicht deutlich vom langjährigen Mittel ab. Damit ist die jahreszyklische Verteilung der Bodensalzkonzentrationen (Abb. 4–7) als durchaus typisch anzunehmen. Die Salinität des an Pflanzenteilen haftenden Wassers kann dagegen kurzfristig stark schwanken. Durch kapillaren Aufstieg an Pflanzenteilen wird verdunstetes Haftwasser ersetzt, die Salzkonzentration steigt: Messungen erbrachten Werte bis zu 150 ‰ Salz. Durch kräftige Regenfälle kann die Salzkonzentration des Haftwassers in wenigen Minuten bis zur Unmeßbarkeit verringert werden. Starke Regenfälle treten unregelmäßig, ohne strengen jahreszeitlichen Trend auf. Als Folge sind die Salzkonzentration von Boden- und Haftwasser nicht korreliert; die Meßwerte des Bodens können nicht auf das Haftwasser übertragen werden.

Die abiotischen Faktoren sind somit starken kleinräumigen Schwankungen unterworfen, Stellen ähnlichen Faktorengefüges sind mosaikartig über eine Wiesenregion verteilt. In beweideten Salzwiesen sind die Schwankungsbreiten abiotischer Faktoren geringer, es resultiert ein entsprechend groberes Verteilungsmosaik von Orten mit ähnlichen Faktorenkompositionen.

Orte und Zeiten regelmäßiger Probenahme

Verteilung und Lebenszyklen wurden zwischen Mai 1982 und Juli 1983 in den Gebieten „Nielönn" (B, unbeweidet) und „Großer Gröning" (A, beweidet) untersucht. Im „Nielönn" wurde zu diesem Zweck ein Areal von 25 × 25 m des mittleren und oberen Andelrasens ausgewählt. Durch Landmarken wurden innerhalb dieser Fläche zehn Probegebiete von ca. 5 m^2 Ausdehnung festgelegt. Aus jedem dieser Probegebiete wurde monatlich eine Bodenprobe entnommen (jeweils zwischen dem 10. und 12. Tag eines Monats). Im „Großen Gröning" (A) wurden entsprechende Probegebiete im unteren, mittleren und oberen Andelrasen sowie im Strandnelkenrasen festgelegt. Die Probenahme erfolgte hier jeweils innerhalb der ersten 3 Tage eines Monats.

Untersuchungen zur Verteilung wurden in den Salzwiesen „Nielönn" (B) und „Raantem Inge" (C) durchgeführt. Die Probestellen im „Großen Gröning" sind profilartig ausgerichtet und können damit auch zur Analyse der Verteilungsmuster herangezogen werden. Im „Nielönn" wurden 5 Probeareale im unteren, mittleren und oberen Andelrasen und im unteren und mittleren Strandnelkenrasen eingerichtet. Im Juni, September und Dezember 1982 sowie im März 1983 wurden aus jedem dieser 5 Probeareale 10 Bodenproben entnommen. Der obere SNR wurde mit verringerter Parallelenzahl untersucht. Entsprechend wurden im Mai, August und November 1982 und im Februar 1983 jeweils 10 Bodenproben aus den Gebieten I, II und III bei Rantum gewonnen.

Probenahme und Extraktion

Innerhalb der festgelegten Probegebiete wurden die Probestellen zufällig bestimmt und mit einer Schablone markiert. Mit einem scharfen Messer wurde eine 2 × 2.5 cm (5 cm^2) große Bodenprobe ausgeschnitten und – je nach Höhe der aeroben Bodenschicht – in bis zu 5 Horizonte unterteilt. Die durch Eisensulfide schwarze Schicht wurde bis auf einen schmalen Übergangsbereich verworfen. Anschließend wurden die Teilproben unter Beibehaltung der ursprünglichen Orientierung in zylindrische Behälter (Durchmesser 3.3 cm, Höhe 7.5 cm) gebracht. Die Aufarbeitung der Proben wurde unverzüglich, ohne Zwischenlagerung, gestartet. Zur Extraktion der Mikrofauna wurde das bei ARMONIES & HELLWIG (1986) beschriebene Verfahren benutzt, damit wurden – bis auf die Nematoda – alle häufigen Taxa der Salzwiesen quantitativ erfaßt.

Statistische Auswertung

In einem kleinräumig heterogenen Gebiet wie den Salzwiesen kann nicht vorausgesetzt werden, daß die Individuen einer Art zufällig über die Probepositionen verteilt sind (REISE 1979, 1981 a, b, 1983 a, b, c). Statistische Verfahren, die Normalverteilung der Daten voraussetzen, sind daher ungeeignet, die Verteilung einzelner Arten zu beschreiben. Das Siedlungsmuster geklumpt verteilter Arten kann durch die Indices „patchiness" m^* und „mean crowding" (Häufungsindex) m^*/m (beide LLOYD, 1967) beschrieben werden:

mean crowding: $\quad m^* = m + \sigma^2/m - 1 \quad$ (1)
patchiness: $\quad m^*/m = 1 + (\sigma^2/m - 1)/m \quad$ (2)

wobei m den arithmetischen Mittelwert und σ^2 die Varianz bedeutet. Bei geklumpter Verteilung ist die Varianz σ^2 größer als der arithmetische Mittelwert m:

$$\sigma^2 > m \quad (3)$$
$$\sigma^2/m > 1 \quad (4)$$

Signifikante Klumpung kann durch Vergleich von (4) mit den kritischen Werten der χ^2-Verteilung erkannt werden. Für n = 10 Parallelproben (n – 1 = 9 Freiheitsgrade) und einem Signifikanzniveau von p ≤ 5 % ist χ^2 = 16.92 (KREYSZIG 1977, p. 432). Als Grenzwert gilt $\chi^2/(n-1)$ = 16.92/9 = 1.88, σ^2/m-Raten > 1.88 zeigen signifikante Klumpung an. Analog muß die Annahme zufälliger Verteilung bei σ^2/m-Raten < 0.37 (10 Parallelen, p ≤ 5 %) zugunsten regelmäßiger Verteilung verworfen werden.

Für die mean crowding (1) und die patchiness (2) geklumpt verteilter Arten folgt mit (4):

$$m^* > m \quad (5)$$
$$m^*/m > 1 \quad (6)$$

Kann Normalverteilung ($\sigma^2 = m$) nicht signifikant ausgeschlossen werden, so ergibt sich für die mean crowding (1):

$$m^* = m \quad (7)$$

und für die patchiness (2): $\quad\quad\quad m^*/m = 1 \quad\quad\quad\quad\quad$ (8)

Muß regelmäßige Verteilung angenommen werden, so wird die mean crowding kleiner als das arithmetische Mittel und die patchiness kleiner 1:

$$m^* = m - 1 \quad\quad (9)$$
$$m^*/m = 1 - 1/m \quad\quad (10)$$

Für die mean crowding m^* ergeben sich damit folgende Eigenschaften: bei zufälliger Verteilung (Normalverteilung) ist m^* gleich dem arithmetischen Mittelwert m (7). Bei signifikanter Klumpung (3, 4) beschreibt m^* die mittlere Anzahl gemeinsam auftretender Tiere (IWAO & KUNO 1971). Hier wird m^* stets auf eine Fläche von 10 cm^2 bezogen und als Aggregationsdichte (oder Dichte der Aggregate) einer Art bezeichnet. Eine Aggregationsdichte von 13.8/10 cm^2 bedeutet, daß im Mittel 13.8 Individuen gemeinsam in einer Probe von 10 cm^2 Bodenoberfläche auftraten. Wäre die Art normalverteilt, so entspräche dies der Abundanz. Bei regelmäßiger Verteilung einer Art über die Probepositionen unterschätzt m^* die Abundanz um 1 (Gleichung 9).

Die patchiness m^*/m strebt gegen null, wenn eine Art regelmäßig verteilt ist (10). Bei zufälliger Verteilung ist m^*/m gleich eins (8), und bei Klumpung wird sie größer als eins: die patchiness beschreibt den Grad der Klumpung. Zur Beschreibung der Häufigkeit, mit der Tieraggregate auftraten, bilde ich den Kehrwert der patchiness und prozentualisiere ihn. Dieser Prozentwert wird als Aggregatfrequenz (oder Frequenz oder Häufigkeit der Aggregate) bezeichnet.

Die Aggregatfrequenz signifikant geklumpt verteilter Arten ist kleiner als 1 (kleiner 100 %, vgl. Ungleichung 6), bei zufälliger Verteilung gleich 1 (gleich 100 %, vgl. Gleichung 8). Bei regelmäßiger Verteilung nimmt die Aggregatfrequenz Werte über 1 (über 100 %) ein: sind keine Aggregate vorhanden (weil die Art regelmäßig verteilt ist), so sind auch keine sinnvollen Aggregatfrequenzen zu erwarten. Die Aggregatfrequenz kann als die Häufigkeit interpretiert werden, mit der Tieraggregate mit der Aggregationsdichte m^* bei zufälliger Entnahme kleiner Bodenproben erwartet werden können. Eine Aggregationsdichte von 13.8 Ind./10 cm^2 bei einer Aggregatfrequenz von 39 % besagt, daß in 39 % aller Proben ein Tieraggregat aus im Mittel 13.8 Individuen je 10 cm^2 vorgefunden wurde.

Für geklumpt verteilte Arten wird die Abundanz damit aufgelöst in zwei Verteilungsparameter, die Aggregationsdichte als Abundanz innerhalb eines Tieraggregates und die Aggregatfrequenz als Häufigkeit, mit der Tieraggregate bei zufälliger Probenahme zu erwarten sind. Multiplikation von Aggregationsdichte und Aggregatfrequenz liefert die mittlere Abundanz:

$$m^* \times m/m^* = m$$

Die Anwendung von Aggregationsdichten und Aggregatfrequenzen ist sinnvollerweise auf die Beschreibung geklumpt oder zufällig verteilter Arten zu beschränken (Tab. 2).

Die Aggregationsdichte / mean crowding m* ist eng mit dem „index of dispersion" nach MORISITA (1962) verbunden:

$$I(\delta) = N / (N-1) \times m^* \text{ (PIELOU 1969)}.$$

Tabelle 2: Abundanz (m), mean crowding (Aggregationsdichte, m*), patchiness (m*/m) und Aggregatfrequenzen (m/m*) bei verschiedenen Verteilungsformen.

Verteilung	Individuenzahlen in den Parallelproben	m	m*	m*/m	m/m*
geklumpt	0,0,0,0,0,0,0,0,0,10	1	10.0	10.0	0.1 = 10 %
zufällig	7,3,2,8,4,6,5,5,9,1	5	5.33	1.07	0.94 = 94 %
regelmäßig	1,1,1,1,1,1,1,1,1,1	1	0	0	∞

Test auf Unterschiede der Individuenzahlen zweier Wertereihen

Da die Individuen einzelner Arten im Untersuchungsgebiet in der Regel nicht normal verteilt sind, kommen nur verteilungsfreie Testverfahren in Frage. Ich verwende den U-Test von Wilcoxon, Mann und Whitney (SACHS 1974) bei zweiseitiger Fragestellung. Auch wenn keine signifikanten Abweichungen von zufälliger Verteilung vorliegen, wird dieser Test verwandt. Das Fehlen signifikanter Abweichungen bedeutet nicht, daß tatsächlich Normalverteilung vorliegt. Andererseits weist der U-Test auch bei normal verteilten Daten noch ausreichende Testschärfe auf (SACHS 1974, p. 230). Die Testergebnisse werden wie folgt wiedergegeben:

- –, n. s. : nicht signifikant, $\alpha > 5\%$
- * : signifikant mit $\alpha \leq 5\%$
- ** : signifikant mit $\alpha \leq 1\%$
- *** : signifikant mit $\alpha \leq 0.1\%$

Sollen gepaarte Beobachtungen auf Korrelation untersucht werden, so verwende ich den Vorzeichentest (LIENERT 1973). Signifikanz wird wie beim U-Test wiedergegeben.

Reifeklassen

Zur Analyse der Lebenszyklen wurden die in den monatlich untersuchten Probestellen „Großer Gröning" (A) und „Nielönn" (B) gefundenen Individuen vermessen und in 6 Klassen männlicher bzw. weiblicher Reife eingeteilt:

Reifeklasse 0: keine Organanlagen zu erkennen
Reifeklasse 1: erste Anlagen eines Organs sichtbar
Reifeklasse 2: Anlagen aller Organe eines Geschlechts sichtbar
Reifeklasse 3: alle Organe eines Geschlechts vorhanden, beginnende Produktion von Eizellen bzw. Spermien
Reifeklasse 4: Tier in weiblicher bzw. männlicher Geschlechtsreife
Reifeklasse 5: Abbaustadien

Aus der Kombination beider Reifewerte ergibt sich die Gesamtreife eines Individuums: Jungtiere (J) weisen keine Organanlagen auf. Unter den Bildungsstadien (E) werden die Gruppen E 0, E 1 und E 2 unterschieden. Tiere der Reife E 0 weisen Organanlagen der Reifeklassen 0 – 3 auf, bei Reife E 1 sind die Tiere männlich reif (4), nicht aber weiblich (0 – 3). Umgekehrt markiert E 2 den (seltenen) Fall weiblicher Reife kombiniert mit männlichen Bildungsstadien (0 – 3). Als Adulti (A) werden Tiere in männlicher und gleichzeitig weiblicher Geschlechtsreife (4) bezeichnet. Bei den Abbaustadien (R) sind die Organe wenigstens eines Geschlechtes reduziert.

Habitatzugehörigkeit

In Anlehnung an REMANE (1940) werden die in Salzwiesen angetroffenen Plathelminthenarten in 4 Gruppen unterteilt:

(E) Biotopeigene Arten. Arten, die ihren Bestand im Biotop durch eigene Vermehrung halten, also unabhängig von anderen Biotopen existieren können. Hierzu werden auch alle Arten gezählt, die (bisher) nur aus Salzwiesen bekannt sind.

(V) Biotopverwandte Arten. Arten, die ihren Bestand im Biotop nicht ohne Zufuhr von außen halten können. Arten, die zu allen Jahreszeiten auftreten, sind mindestens biotopverwandt. Als biotopverwandt werden auch Arten mit Verteilungsschwerpunkt in Nachbarbiotopen (Spartina-Queller-Zone, flache Strände, Salzwiesenpriele) angesehen, die von dort aus mit (meist individuenarmen) Populationen in die Salzwiesen eindringen.

(N) Nachbarn. Arten, die nur zeitweise in Salzwiesen existieren können.

(I) Irrgäste. Passiv verschlagene Arten, die nur infolge Sturmfluten in Salzwiesen auftraten. Diese Arten sind gewöhnlich auch in keinem der Nachbarbiotope habitateigen.

C. Ergebnisse

1. Artenbestand

Die Sylter Salzwiesen werden von 103 Plathelminthenarten besiedelt. 75 Arten sind als biotopeigen oder biotopverwandt anzusehen, Nachbarn und Irrgäste stellen 28 Arten (Tab. 3, 4).

Tabelle 3: Artenbestand freilebender Plathelminthen in den Salzwiesen der Insel Sylt. Biotopzugehörigkeit: E: biotopeigene Arten, V: biotopverwandte Arten, N: Nachbarn, I: Irrgäste. Individuenzahl: nur eindeutig bestimmbare Tiere (gesamt: 36 108); 13 809 Jungtiere blieben hier unberücksichtigt.
Fundorte: A „Großer Gröning" (beweidet), B „Nielönn" (unbeweidet), C „Raantem Inge" (nicht mehr beweidet); 1 bis 11 wie Abb. 1
Probestellen A, B, C: + vorkommend, ✷ häufig, # sehr häufig.

	Biotopzugehörigkeit und Individuenzahl		Fundorte			
			A	B	C	1 – 11:
Acoela						
Pseudaphanostoma pelophilum Dörjes, 1968	I	7	+		+	3, 8, 10
Philachoerus johanni Dörjes, 1968	I	1	+			
Mecynostomum auritum (M. S. Schultze, 1851)	V	203	+		+	1, 2, 4, 5, 8, 10, 11
Postmecynostomum pictum Dörjes, 1968	E	3560	#	#	#	1, 2, 3, 6 – 11
Macrostomida						
Macrostomum balticum Luther, 1947	E	1582	+	#	✷	1, 2, 3, 6 – 11
Macrostomum brevituba Armonies & Hellwig, 1987	E	433		✷		
Macrostomum curvituba Luther, 1947	E	442		✷		4
Macrostomum hamatum Luther, 1947	E	434	✷	✷		
Macrostomum hystricinum Beklemischev, 1951	I	1				10
Macrostomum minutum Luther, 1947	V	12	+	+		
Macrostomum pusillum Ax, 1951	N	18	+	+		8
Macrostomum spirale Ax, 1956	E	3727	✷	#		3 – 6, 9
Macrostomum tenuicauda Luther, 1947	E	815	✷	#	✷	4
Microstomum papillosum Graff, 1882	I	1	+			
Microstomum bioculatum Faubel, 1984	N	42	+			
Prolecithophora						
Archimonotresis limophila Meixner, 1938	V	31	+			4
Pseudostomum quadrioculatum Leuckart, 1847	I	2	+			4

[Fortsetzung Tab. 3]	Biotopzugehörigkeit und Individuenzahl		Fundorte			
			A	B	C	1 – 11:
Seriata						
Archilopsis unipunctata (Fabricius, 1826)	N	11	+			2
Minona baltica Karling & Kinnander, 1953	E	1459		#	✷	9
Monocelis fusca Oersted, 1843	I	68	+	+	+	1, 6, 8, 10
Monocelis lineata Müller, 1774	E	2554	+	#	#	1, 2, 6, 8 – 11
Promonotus schultzei Meixner, 1943	I	2	+			
Coelogynopora biarmata Steinböck, 1924	N	6				9
Coelogynopora schulzii Meixner, 1938	E	34		+	✷	3, 5, 11
Nematoplana coelogynoporoides Meixner, 1938	I	1				4
Uteriporus vulgaris Bergendal, 1890	E	216		✷	✷	6, 9
Rhabdocoela: „Typhloplanoida"						
Byrsophlebs dubia (Ax, 1956)	E	20		+		1, 2, 8, 11
Hoplopera pusilla Ehlers, 1974	E	42	+			4
Hoplopera littoralis Karling, 1957	I	4				9
Olisthanellinella rotundula Reisinger, 1924	E	102	+	✷		
Pratoplana salsa Ax, 1960	E	596	+	#	✷	1, 6, 8 – 11
Haloplanella curvistyla Luther, 1946	E	1	+			
Haloplanella hamulata Ehlers, 1974	I	1	+			
Haloplanella minuta Luther, 1946	I	1				5
Haloplanella obtusituba Luther, 1946	E	23	+		+	3, 4
Castrada subsalsa Luther, 1946	E	247	#	✷	+	
Thalassoplanella collaris Luther, 1946	E	65		✷		8
Westbladiella obliquepharynx Luther, 1943	E	762	+	#		8, 11
Coronhelmis inornatus Ehlers, 1974	V	3	+			
Coronhelmis lutheri Ax, 1951	E	4			+	
Coronhelmis multispinosus Luther, 1948	E	32		+	+	9
Moevenbergia una Armonies & Hellwig, 1987	E	12	+			1, 7
Promesostoma marmoratum (M. Schultze, 1851)	N	44	+	+	+	6, 9
Promesostoma meixneri Ax, 1951	I	1	+			
Promesostoma rostratum Ax, 1951	I	8	+	+		
Promesostoma serpentistylum Ax, 1952	E	144		#		
Lutheriella diplostyla Den Hartog, 1966	E	232		#	+	
Ptychopera ehlersi Ax, 1971	E	153		✷	+	
Ptychopera hartogi Ax, 1971	E	2787		#	#	3, 4, 5
Ptychopera spinifera Den Hartog, 1966	E	755		#	✷	4, 9
Ptychopera westbladi (Luther, 1943)	E	532	✷	+	+	1, 3, 6, 8, 10, 11
Brederveldia bidentata Van Der Velde & Van De Winkel, 1975	V	5				2
Proxenetes bilioi Den Hartog, 1966	E	29			+	5, 11
Proxenetes britannicus Den Hartog, 1966	E	1128	#	#	✷	1, 2, 3, 5, 6, 9 – 11
Proxenetes cimbricus Ax, 1971	E	98	+	+		7, 10

[Fortsetzung Tab. 3]	Biotopzugehörigkeit und Individuenzahl		Fundorte		
			A	B C	1 – 11:
Proxenetes cisorius Den Hartog, 1966	E	3316	✶	# #	3 – 6, 9
Proxenetes deltoides Den Hartog, 1965	E	1303	#	# ✶	1, 2, 3, 5, 9, 11
Proxenetes intermedius Den Hartog, 1966	V	3			8
Proxenetes karlingi Luther, 1943	E	108	✶		1, 5
Proxenetes minimus Den Hartog, 1966	E	400	#	# #	1, 6, 9
Proxenetes pratensis Ax, 1960	E	352		# #	6, 9
Proxenetes puccinellicola Ax, 1960	E	491	+	# ✶	1, 5, 6, 10, 11
Proxenetes segmentatus Den Hartog, 1965	N	14	+		1, 5, 8
Proxenetes simplex Luther, 1946	I	2			5
Proxenetes unidentatus Den Hartog, 1965	E	488	#	# #	2 – 5, 9
Adenopharynx mitrabursalis Ehlers, 1972	V/E	128	+	+ +	1, 2, 5, 8
Anthopharynx sacculipenis Ehlers, 1972	E	451	+	# +	1, 8, 11
Doliopharynx geminocirro Ehlers, 1972	I	1			9
Rhabdocoela: Kalyptorhynchia					
Acrorhynchides robustus (Karling, 1931)	E	29	+	+ +	3, 8, 11
Gyratrix hermaphroditus Ehrenberg, 1831	E	27	+		
Itaipusa scotica (Karling, 1954)	?I	8	+		
Parautelga bilioi Karling, 1964	E	339	✶	# ✶	1, 5, 6, 8 – 11
Zonorhynchus pipettiferus Armonies & Hellwig, 1987	E	31	+	+	2, 7 – 9
Zonorhynchus salinus Karling, 1952	E	68	✶		1, 5, 8, 11
Zonorhynchus seminascatus Karling, 1956	N	11		+ +	5, 8
Placorhynchus dimorphis Karling, 1947	E	34	+	+	5
Placorhynchus octaculeatus Karling, 1931	E	173	+	+ +	3, 9
Placorhynchus tetraculeatus Armonies & Hellwig, 1987	E	26	+		
Psittacorhynchus verweyi Den Hartog, 1968	V	11	+	+ +	4, 8, 10
Prognathorhynchus canaliculatus Karling, 1947	E	74	+	+ +	3, 4
Proschizorhynchus gullmarensis Karling, 1950	N	1			9
Diascorhynchus serpens Karling, 1949	N	1			9
Rhabdocoela: „Dalyellioida"					
Provortex balticus (M. Schultze, 1851)	N	13	+		2
Provortex karlingi Ax, 1951	E	303	✶	# #	5
Provortex pallidus Luther, 1948	E	525	#	# #	4, 9
Provortex psammophilus Ax, 1951	I	1	+		
Provortex tubiferus Luther, 1948	V	45	+		2, 5
Vejdovskya halileimonia Ax, 1960	E	715	+	# ✶	1, 8, 10, 11
Vejdovskya ignava Ax, 1951	E	15		+	2, 4
Vejdovskya mesostyla Ax, 1954	E	12		+	4
Vejdovskya pellucida (M. Schultze, 1851)	E	721	#	+ ✶	1 – 3, 6, 9, 11
Vejdovskya simrisiensis Karling, 1957	?V	1			9

[Fortsetzung Tab. 3]	Biotopzu-gehörigkeit und Indivi-duenzahl	Fundorte			
		A	B	C	1 – 11:
Pogaina suecica Luther, 1948	I 12	+		+	4, 11
Balgetia semicirculifera Karling, 1962	I 2				1
Baicalellia brevituba (Luther, 1921)	E 2002	#	+	+	1, 3 – 6, 8, 9, 11
Coronopharynx pusillus Luther, 1962	E 7	+			
Bresslauilla relicta Reisinger, 1929	V 35		+	+	1, 2, 9, 11
Pseudograffilla arenicola Meixner, 1938	E 245	+	✶	✶	1, 4 – 6, 8, 9
Halammovortex nigrifrons (Karling, 1935)	I 1				5
Species indet.					
Coronhelmis spec.	E 3			+	
Tensopharynx spec.	E 3	+	+		
Polycystidae gen. spec.*	E 4	+			
Cicerinidae gen. spec.	E 40	+	+		1, 9

*: vgl. AX & ARMONIES 1987

Tabelle 4: Artenzahlen einzelner Taxa freilebender Plathelminthen in Salzwiesen.
E + V: Biotopeigene und Biotopverwandte, N + I: Nachbarn und Irrgäste.

Taxon	E + V	N + I	Summe
Acoela	2 = 2.6 %	2 = 7.1 %	4 = 3.8 %
Macrostomida	7 = 9.3 %	4 = 14.2 %	11 = 10.6 %
Prolecithophora	1 = 1.3 %	1 = 3.5 %	2 = 1.9 %
Seriata	5 = 6.6 %	4 = 14.2 %	9 = 8.7 %
Rhabdocoela	60 = 80.0 %	17 = 60.7 %	77 = 74.7 %
– „Typhloplanoida"	35 = 46.6 %	9 = 32.1 %	44 = 42.7 %
– Kalyptorhynchia	12 = 16.0 %	4 = 14.2 %	16 = 15.5 %
– „Dalyellioida"	13 = 17.3 %	4 = 14.2 %	17 = 16.5 %
Summe	75	28	103

Mit 80 % der Arten sind die Rhabdocoela besonders stark unter den biotopeigenen und biotopverwandten Arten vertreten, Acoela und Prolecitophora stellen nur wenige Arten (Tab. 4). 30 der biotopeigenen Arten sind im Bereich der deutschen Nordseeküste bisher nur aus Salzwiesen bekannt.

Artenreichtum

Mit zunehmender Bearbeitungsintensität steigt die Artenzahl (Abb. 8). Bei chronologischem Auftrag der Artensummen wurde die Endsumme im „Nie-

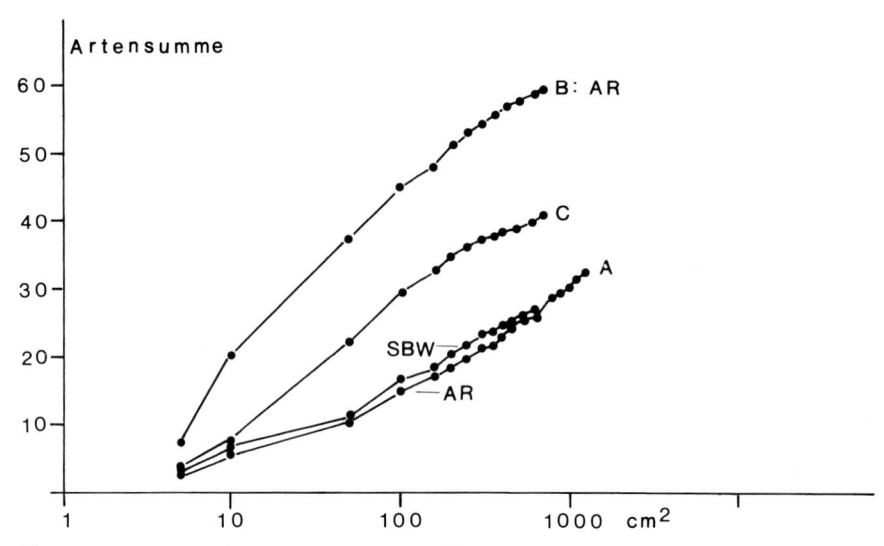

Abb. 8. Artensumme und untersuchte Fläche (cm²). Mittlere Artenzahl je Bezugsfläche, nachdem alle Proben 10 mal in zufälliger Reihenfolge zusammengefaßt worden waren.

lönn" (B) bereits nach 8 von 14 Untersuchungsmonaten, im „Großen Gröning" (A) erst im letzten Untersuchungsmonat erreicht (Abb. 9).

Arten, die in Salzwiesen ihren vollen Entwicklungszyklus durchlaufen, wurden in der Regel in mindestens drei aufeinanderfolgenden Monaten in einem

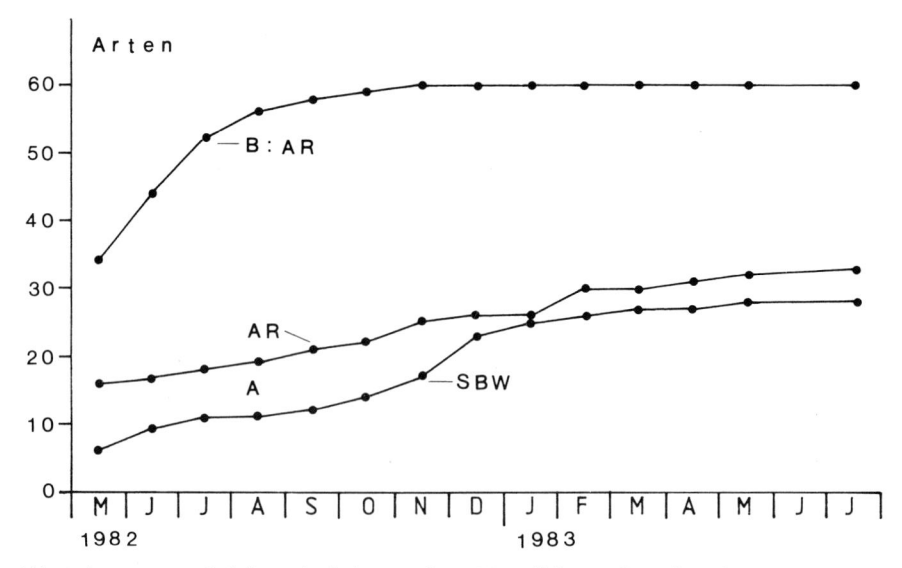

Abb. 9. Artensummen bei chronologischem Auftrag. Monatlicher Probeumfang: im AR (A) 20, sonst 10 * 5 cm².

Reifestadium gefunden, das eine Artidentifizierung ermöglicht. Wird aus den 14 Untersuchungsmonaten der Salzwiese „Nielönn" ein Monat zufällig herausgegriffen, so ist mit 35 der 52 ständig dort siedelnden Arten zu rechnen (67 %). Bei viermaliger Probenahme in dreimonatlichem Abstand können etwa 85 % aller biotopeigenen oder biotopverwandten Arten erwartet werden.

Mit 52 biotopeigenen und biotopverwandten Arten ist die Plathelminthenfauna des unbeweideten „Nielönn" deutlich vielfältiger als die des beweideten „Großen Gröning" (36 ständig dort siedelnde Arten). Beide Wiesen zusammen stellen 59 der 75 biotopeigenen Arten. Die noch fehlenden 16 Arten bevorzugen die auf Sylt seltenen sandigen Böden (in dieser Untersuchung ist dies vor allem die Salzwiese „Raantem Inge" (C)).

2. Verteilungsmuster biotopeigener Arten

Acoela

Mecynostomum auritum konnte nur in Anlandungsgebieten sicher determiniert werden. Jungtiere sind im Quetschpräparat nicht von *Postmecynostomum pictum* zu unterscheiden. Daher ist nicht auszuschließen, daß *M. auritum* auch in höhere Salzwiesen eindringt.

M. auritum besiedelt strömungsarme Watt- und Strandbiotope, Salzwiesen und Salzwiesenpriele der Nordsee; im Ostseeraum siedelt sie in allen Bodentypen (MEIXNER 1938; LUTHER 1960; DÖRJES 1968 a, b; KARLING 1974; FAUBEL 1977; DEN HARTOG 1977). *M. auritum* scheint damit alleine auf strömungsarme Habitate angewiesen zu sein.

Postmecynostomum pictum war die einzige regelmäßig auftretende Acoele. Im unbeweideten „Nielönn" waren Aggregate der Art häufiger als in beweideten Wiesen und die Aggregationsdichten waren höher: hier wurde auch die Vegetationsschicht besiedelt (Tab. 5).

Tabelle 5: *Postmecynostomum pictum*, Schwankungsbreiten und Mittelwerte ( ) von Aggregationsdichten (Ind./10 cm^2) und Aggregatfrequenzen.

	Aggregationsdichten	Aggregatfrequenzen
Andelrasen, beweidet	2.2 – 53.3 (18.4)	13.0 % – 55.1 % (29.5 %)
Strandbinsenweide	3.4 – 100.8 (22.6)	9.6 % – 64.3 % (31.6 %)
Andelrasen, unbeweidet	3.6 – 221.2 (48.6)	18.4 % – 70.4 % (34.5 %)

Bei Salzkonzentrationen unter 10 ‰ fehlte die Art weitgehend, bei höherer Konzentration war keine Bevorzugung einer bestimmten Salinitätsstufe erkennbar. Die Aggregatfrequenzen waren in den feuchtesten Regionen einer Wiese am höchsten, die Aggregationsdichte innerhalb dieser Stellen positiv mit der Dauer anhaltender Feuchtigkeit korreliert.

Der Lebenszyklus ist bivoltin. Im unbeweideten „Nielönn" war die Art ganzjährig nachweisbar, in zeitweise austrocknenden Wiesen (A, C) startete die Populationsentwicklung (Jungtiere) erst nach der jeweils ersten Sturmflut. Maximale Abundanzen traten zeitgleich mit maximalen Anteilen an Jungtieren auf. Mit fortschreitender Populationsentwicklung ändert sich die Verteilung: Jungtiere waren stärker geklumpt als spätere Stadien (Tab. 6).

Tabelle 6: *Postmecynostomum pictum*, Verteilungsmuster bei fortschreitender Populationsentwicklung. m: Abundanz, m*: Aggregationsdichte (Ind./10 cm^2); m*/m: patchiness; m/m*: Aggregatfrequenz; Reife: mittlere Reife aller Individuen. Von September – Dezember steigen die Individuen- und Aggregationsdichten mit abnehmender Reife (Jungtiere!). Zunehmende Reife (Januar – April) führt zu gleichmäßigerer Verteilung und sinkenden m*/m-Raten.

Monat	m	m*	m*/m	m/m*	Reife
Mai	70.8	221.2	3.13	32.0 %	0.53
Juni	2.6	3.7	1.42	70.4 %	0.07
Juli	1.0	5.4	5.44	18.4 %	1.66
August	0.4	0.2	0.44	–	–
September	4.4	11.6	2.65	37.8 %	1.76
Oktober	7.8	36.4	4.67	21.4 %	0.95
November	19.4	59.6	3.07	32.6 %	0.74
Dezember	27.8	177.9	6.40	15.6 %	0.35
Januar	9.4	31.9	3.39	29.5 %	1.05
Februar	11.2	29.0	2.59	38.7 %	1.18
März	8.2	19.7	2.40	41.6 %	1.58
April	7.4	13.0	1.75	57.0 %	1.60
Mai	4.0	16.9	4.22	23.7 %	0.63
Juli	1.8	5.9	3.30	30.3 %	0.95

Die mittlere Reife einer gesamten Population schwankte zwischen 0 (nur Jungtiere) und 1.76 (adulte Tiere = 4). Die mittlere Dauer der Adultphase lag nur wenig über der der Jungtierphase. Für zwei aufeinanderfolgende Generationen ergibt sich ein Verhältnis von 825 Jungtieren zu 140 Adulten: die Verluste während der Populationsentwicklung sind hoch.

Bisher ist *Postmecynostomum pictum* nur aus schlickigen bis sandigen Wattbiotopen bekannt (DÖRJES 1968 a; FAUBEL 1976 a, b, 1977). In einem lenitischen Sandwatt wurde in den Sommermonaten eine Abundanz von 7.5 Ind./10 cm^2 festgestellt (= Jahresmaximum), im November unter 3 Ind./10 cm^2 (FAUBEL 1976 b). In den untersuchten Salzwiesen ergibt sich dagegen ein Abundanzminimum im Sommer und maximale Dichten im Winter.

Im Sandwatt wurde diskontinuierliche Geschlechtsreife mit zwei Reproduktionsphasen im Frühjahr und Herbst festgestellt, die durch die Sommermonate mit Temperaturen über 16 °C getrennt waren (FAUBEL 1976 b). In den Salzwiesen kann dies nicht nachvollzogen werden. Durch schnelle Entwicklung sind für die Sandwattpopulation 6–7 Generationen pro Jahr zu erwarten (FAUBEL 1976 b; AX 1977). Die Entwicklungsgeschwindigkeit ist streng temperaturabhängig (AX 1969). Damit wird die längere Entwicklungsdauer in Salzwiesen (maximale Aktivität im Winter) ebenso erklärt wie die verminderte jährliche Generationenzahl. Die Verteilung in Salzwiesen zeigt eine Bevorzugung höherer Salzkonzentrationen an, diese Bevorzugung liefert eine mögliche Erklärung für die Verschiebung der Reproduktionsphase von Herbst und Frühjahr (Sandwatt) auf die Wintermonate.

Macrostomida

Macrostomum balticum besiedelt Boden und Vegetationsschicht poly- und mesohaliner Salzwiesenzonen. In beweideten Wiesen werden nur die feuchtesten Probestellen besiedelt, stets in geringer Dichte. Die Verteilung wird durch *Macrostomum spirale* als Freßfeind beschränkt: bei Gegenwart von *M. spirale* sind die Individuendichten von *M. balticum* signifikant geringer.

Die kleinräumige Verteilung weist starke Klumpungen der Individuen auf, ohne signifikante jahreszeitliche Änderungen der Aggregationsmuster. Im Mittel wurden 15.4 Ind./10 cm^2 bei Aggregationsdichten von 26.2 Ind./10 cm^2 und einer mittleren Aggregatfrequenz von 59 % festgestellt.

Bisher wurde *Macrostomum balticum* von Grobsand bis Schlick und aus Salzwiesen gemeldet, damit scheint sie wenig substratspezifisch zu sein (LUTHER 1947; WESTBLAD 1953; BILIO 1964; KARLING 1974; FAUBEL 1977; DEN HARTOG 1977). Die Fundorte reichen vom Eu- bis zum Mesohalinicum, nur KARLING (1974) fand sie auch unter (?konstant) oligohalinen Bedingungen.

Im Nordseeraum werden Gebiete über MHWL in signifikant höherer Dichte besiedelt als hinsichtlich Substrat und Exposition vergleichbare eulitorale Biotope (HELLWIG 1987). Aus der Verteilung im Untersuchungsgebiet und Fundstellen der Literatur ergibt sich deutliche Bevorzugung poly- und mesohaliner Regionen. Funde in Grobsand werden nur aus dem Ostseeraum gemeldet. Damit ist *M. balticum* poly- bis mesohalinen Stillwassergebieten zuzuordnen. Eu- bzw. oligohaline Biotope werden nur bei relativer Konzentrationskonstanz besiedelt.

Macrostomum brevituba besiedelt nur ein spezielles Gebiet der naturnahen Salzwiese (B): an einigen Stellen des mAR mit starkem jahreszeitlichen Wasserstandswechsel beginnt das Wurzelwerk des Andel (*Puccinellia maritima*) bereits über dem Boden. Nur diese freiliegenden Wurzeln wurden besiedelt.

Tabelle 7: *Macrostomum brevituba*, Verteilung von November bis Mai. Von Juni bis Oktober wurden nur 1 bis 5 Exemplare gefunden. Abkürzungen wie Tab. 6.

	November	Dezember	Januar	Februar	März	April	Mai
m	2.6	4.0	10.6	16.8	12.2	5.4	10.0
m*	13.3	37.7	38.5	58.6	42.3	26.4	31.6
m*/m	5.10	9.44	3.63	3.49	3.47	4.90	3.16
m/m*	19.6 %	10.6 %	27.6 %	28.7 %	28.8 %	20.4 %	31.6 %

M. brevituba trat von November bis Mai mit einer mittleren Aggregationsdichte von 26.1 Ind./10 cm^2 auf, die mittlere Aggregationsfrequenz von 22.3 % spiegelt die geringe Häufigkeit des Habitats wider (Tab. 7). Die Aggregatfrequenzen der einzelnen Monate liegen jeweils nahe bei 10, 20 oder 30 %; bei zehn Parallelproben wurden entsprechend 1, 2 oder 3 Tieraggregate mehr oder weniger zentral erfaßt. Innerhalb des „oberirdischen Wurzelraums" ist die Art zufällig verteilt.

Macrostomum curvituba ist mit Körperlängen bis zu 1.8 mm (Mittelwert aller adulten Tiere: 1.47 mm) auf grob strukturierte Böden beschränkt. Geeignete Habitate findet sie in Salzwiesen mit grobem pflanzlichen Lückensystem (starke Detritusauflage oder festes Wurzelsystem) und in Grobsand.

Im naturnahen „Nielönn" besiedelt die Art den oAR und den uSNR. Der Boden wurde gegenüber der Vegetationsschicht bevorzugt (**). Höhere Individuendichten wurden nur von Januar bis Mai bei Salzkonzentrationen zwischen 20 und 2 ‰ angetroffen. Im Laborexperiment ergab sich ein maximaler Dichteanstieg bei einer Salzkonzentration von ca. 20 ‰ (ARMONIES 1986 a). Diese Salzkonzentration wurde auch nach der Januarsturmflut im oberen Andelrasen erreicht (Dezember: 10 ‰). Mit dem Anstieg der Salzkonzentration (Dezember – Januar) stieg die Anzahl aktiver Individuen um den Faktor 10 (Aktivierung encystierter Tiere). Nach dem Verlassen der Cysten beeinflußt die Salzkonzentration die Individuendichte (aktiver Tiere) nicht mehr. Auch in stark aussüßenden Mikrohabitaten blieb *M. curvituba* aktiv.

M. curvituba bevorzugt niedrige Temperaturen: infolge einer Sturmflut stieg die Salzkonzentration im Siedlungsgebiet bereits im August 1982 auf 20 ‰ an, ohne daß signifikant mehr Individuen gefunden worden wären. Die Seewassertemperatur betrug im August ca. 19 °C, im Januar ca. 5 °C. Nur im Januar stieg die Dichte aktiver Tiere an. Im Mai wurde die Art zum letzten Mal in höherer Dichte erfaßt (Temperatur im Mai 10 °C, im Juni 14 °C).

Eingeengt durch die Bevorzugung niedriger Temperaturen und relativ hoher Salzkonzentrationen (als Bedingung zum Verlassen der Cysten) vollzieht sich die Populationsentwicklung zwischen Januar und Mai. Die Sommermonate wurden überwiegend im Jungtierstadium überdauert. Im Vergleich zu den kleinsten gefundenen Jungtieren (Körperlänge um 0.4 mm) sind die encystierten Individuen bereits beträchtlich herangewachsen (mittlere Körperlänge nach Verlassen der Cysten im Januar 1.2 mm, letzte aktive Tiere im Mai 1.4 mm).

M. curvituba ist stark geklumpt verteilt: zwischen Januar und Mai wurde eine mittlere Aggregationsdichte von 27.9 Ind./10 cm^2 bei Aggregatfrequenzen zwischen 11 und 22 % festgestellt; dem entsprechen Abundanzen zwischen 2.2 und 20.8 Ind./10 cm^2.

Alle bisherigen Funde kennzeichnen *M. curvituba* als Brackwasserart mit optimalen Entwicklungsmöglichkeiten bei Salzkonzentrationen unter 6 ‰ (Ax 1951, 1954 a, 1956 b; LUTHER 1960; JANSSON 1968; Ax & Ax 1970; SCHMIDT 1972 a; KARLING 1974). Der Körpergröße entsprechend werden oberhalb der Wasserlinie nur hinreichend grobe Böden besiedelt, im Sublitoral der Ostsee dagegen alle Bodentypen (LUTHER 1960; KARLING 1974). Im Experiment werden niedrige Temperaturen bevorzugt, die auch an den bisher bekannten Fundorten gegeben sind. DEN HARTOG (1977) fand die Art trotz intensiver Untersuchungen der niederländischen Salzwiesen nicht. Damit ist eine temperaturbedingte Verbreitungsgrenze im Nordseeraum zu vermuten.

Macrostomum hamatum wurde nur bei Salzkonzentrationen unter 12 ‰ angetroffen, damit ist sie weitgehend auf höhergelegene Salzwiesen beschränkt. Die Individuendichten schwanken stark und unregelmäßig, durch Klumpung alleine (Aggregatdichten 1.6 bis 64.4 Ind./10 cm^2, Frequenzen zwischen 12.6 und 48.4 %) läßt sich dies nicht erklären. Die Möglichkeit der Cystenbildung darf daher nicht ausgeschlossen werden.

M. hamatum ist eine spezifische Brackwasserart, die bis unter 0.5 ‰ Salzkonzentration vordringen kann (Ax 1951; KARLING 1974). Sie ist auf grobe Substrate angewiesen (LUTHER 1947, 1960; Ax 1954 a; DEN HARTOG 1977). Nur im finnischen Meerbusen unterschreitet sie die Wasserlinie (LUTHER 1960). Damit und mit der Verteilung in den Sylter Salzwiesen ergibt sich eine Bevorzugung des Oligohalinicums.

Macrostomum minutum wurde unregelmäßig in geringer Dichte in Salzwiesen mit lockeren, sandigen Böden gefunden. Eine Beziehung zur Salzkonzentration war nicht erkennbar. Auch aus den bisher bekannten Fundstellen ergibt sich keine Bevorzugung einer bestimmten Konzentration: die Fundorte reichen vom Eu- bis ins Oligohalinicum (LUTHER 1960). Die meisten Funde stammen aus Sandböden (LUTHER 1960; SCHMIDT 1972 a), nur KARLING (1974) nennt auch (?sublitorale) Schlickböden.

Macrostomum spirale ist mit durchschnittlich 1.6 mm Körperlänge (adulti) auf grob strukturierte Böden angewiesen. Regionen mit Salzkonzentrationen zwischen 10 und 30 ‰ werden bevorzugt. Maximale Aggregationsdichten (bis 588 Ind./10 cm^2) wurden bei 20 ‰ festgestellt. Bei hinreichender Feuchtigkeit wurden Boden und Vegetationsschicht gleichermaßen besiedelt.

Im unbeweideten „Nielönn" traten Tieraggregate mit 3 bis 43.2 Ind./10 cm^2 mit Frequenzen zwischen 11.3 und 31 % auf. Der Andelrasen von „Raantem Inge" hat im Jahresdurchschnitt höhere Bodensalzkonzentrationen, hier waren im Mittel 35 Ind./10 cm^2 bei Frequenzen zwischen 68 und nahe 100 % aufgetreten. Das Abundanzmaximum trat im Dezember bei maximalen Jungtieranteilen der Population auf. Für Cystenbildung gibt es keine Anhaltspunkte.

Bisher ist *M. spirale* aus treibenden Algen, Salzwiesen, Schlickwatt, Cyanophyceensand und Grobsand des Eu-, Poly- und Mesohalinicums bekannt (AX 1951, 1956 a; DEN HARTOG 1977). Nach der Verteilung im Untersuchungsgebiet bevorzugt *M. spirale* Konzentrationen um 20 ‰, unter 10 ‰ trat sie nicht auf. In Übereinstimmung damit fehlen bisher Fundmeldungen aus der inneren und östlichen Ostsee.

Macrostomum tenuicauda besiedelte Wiesenregionen, deren Salzkonzentration wenigstens 3 Monate lang unter 15 ‰ lagen und die während dieser Zeit nicht austrockneten. Auch bei Konzentrationen unter 1 ‰ war sie noch aktiv. Bei Trockenheit und hoher Salinität wurden keine aktiven Individuen gefunden, die Populationsentwicklung stagniert: Cystenbildung ist wahrscheinlich.

In der SBW und im unbeweideten oberen AR trat *M. tenuicauda* in Aggregaten von 3 bis 163 Individuen je 10 cm^2 mit Frequenzen von 12.5 bis 42 % auf. In den stark aussüßenden Teilen des SNR nahm die mittlere Tierzahl je Aggregat ab und die Frequenz der Aggregate soweit zu, daß Normalverteilung nicht mehr signifikant auszuschließen war. Mit 2.6 Ind./10 cm^2 (Jahresmittel) war die Individuendichte dieser obersten Wiesenzone aber deutlich geringer als die des oberen AR (4.6 Ind./10 cm^2) und der SBW (3.9 Ind./10 cm^2): viele mäßig günstige Kleinräume beherbergen weniger Individuen als wenige sehr günstige Gebiete.

Alle bisherigen Funde zeichnen *M. tenuicauda* als spezifische Salzwiesenart des Meso- und Oligohalinicums aus (LUTHER 1947, 1960; KARLING 1974; DEN HARTOG 1977).

Prolecithophora

Archimonotresis limophila besiedelt feuchte Salzwiesenregionen ganzjährig in geringer Dichte (unter 2/10 cm^2); eine Bevorzugung bestimmter Salzkonzentrationen war nicht erkennbar. Die Vielfalt bisher bekannter Funde weist *A. limophila* als euryök aus (AX 1951). Einschränkend kann dem nur hinzugefügt werden, daß zeitweise austrocknende Salzwiesen nicht besiedelt wurden.

Seriata

Monocelis lineata ist nur in unbeweideten Andelrasen biotopeigen, die untere Zone mit höherer Salinität wird bevorzugt (*). In beweideten Wiesen wurde sie nur direkt nach Sturmfluten gefunden. Mit abnehmender Salinität wurden die Tieraggregate individuenärmer und seltener: im Jahresmittel nahm die Abundanz vom uAR (34.6 Ind./10 cm^2) zum mAR (15.2) und oAR (8.2/10 cm^2) hin ab. Aggregate von Jungtieren waren individuenreicher (bis zu 186, alle anderen Stadien 2.4 bis 11.8 Ind./10 cm^2 im Monatsmittel) aber seltener als aus älteren Stadien bestehende Aggregate (40.7 bis 64.3 % bzw. 9.2 bis 42.6 %): mit zunehmender Reife wird die Verteilung gleichmäßiger.

Monocelis lineata ist an den Küsten des Nordatlantik, des Mittelmeeres, des Schwarzen Meeres und der Ostsee weit verbreitet und häufig; detritusreiche Biotope werden bevorzugt und das Oligohalinicum gemieden (AX 1959; LUTHER 1960; BILIO 1964; DEN HARTOG 1964 a). Im Untersuchungsgebiet wurde das Polyhalinicum bevorzugt, und auch die Verteilungsunterschiede im Verbreitungsareal der Art deuten auf Bevorzugung höherer Salzkonzentrationen hin: im Finnischen Meerbusen besiedelt *M. lineata* nur sublitorale Böden (Salzgehalt 5 – 6 ‰), in der südwestlichen Ostsee ist sie in Sub-, Eu- und Supralitoral anzutreffen, an der Nordseeküste werden vornehmlich das Eulitoral und Salzwiesen besiedelt (AX 1951; LUTHER 1960; BILIO 1964; SCHMIDT 1972 a). Damit werden im Finnischen Meerbusen die potentiell aussüßenden Zonen, an der Nordseeküste die euhaline Sublitoralzone gemieden. Dieses gewöhnlich als Brackwassersubmergenz bezeichnete Verhalten läßt sich durch die Annahme optimaler Existenzbedingungen im Polyhalinicum erklären: *Monocelis lineata* bevorzugt detritusreiche, polyhaline Stillwassergebiete.

Minona baltica besiedelt den Boden unbeweideter Salzwiesen mit Salzkonzentrationen zwischen 1 und 15 ‰, 3 bis 10 ‰ werden bevorzugt. In einem Tieraggregat wurden 4 bis 12 Ind./10 cm^2 angetroffen, die Aggregatfrequenz lag zwischen 13 und 36.5 %. Jungtiere waren stärker geklumpt: bis zu 152.4 Ind./10 cm^2 bei einer Frequenz von 15.9 %. Der Lebenszyklus ist univoltin mit maximalen Anteilen adulter Individuen in Mai/Juni und maximalen Jungtieranteilen in Juni/Juli.

Die Verbreitung reicht vom Finnischen Meerbusen bis in die Nordsee. *Minona baltica* kann Salzkonzentrationen bis 0.3 ‰ tolerieren und zeigt damit deutliche Tendenz zur Besiedlung limnischer Lebensräume (KARLING 1974). Im Finnischen Meerbusen besiedelt sie die Uferzonen weitgehend unabhängig vom Bodentyp, in der südwestlichen Ostsee tritt sie im Andel- und Rotschwingelrasen auf; im Nordseeraum werden mesohaline Salzwiesen besiedelt (AX 1954 a, 1960; LUTHER 1960; BILIO 1964; DEN HARTOG 1964 a). Diese Verlagerung des

Siedlungsgebietes vom Wasserrand des Finnischen Meerbusen zu höheren Salzwiesen der Nordsee ist durch die Annahme optimaler Bedingungen im Mesohalinicum erklärbar. Gebiete mit stärkerer Wasserbewegung werden nicht besiedelt.

Coelogynopora schulzii besiedelt lockere, tiefgründige Salzwiesenböden; die Vegetationsschicht wurde nicht besiedelt. Mit maximal 8 Ind./10 cm^2 war die Dichte gering, in geeigneten Böden wurde sie aber regelmäßig angetroffen.

C. schulzii ist als spezifische Brackwasserart des Nord- und Ostseeraums bekannt, sie zeigt Brackwassersubmergenz. Soweit ein ausreichendes Lückensystem erhalten bleibt, siedelt sie weitgehend substratunspezifisch (Ax 1951, 1954 a, 1956 b, 1960; Bilio 1964; Den Hartog 1964 a; Ax & Ax 1970; Schmidt 1972 a, b; Sopott 1972, 1973). Die bisher bekannte Verteilung läßt auf eine Bevorzugung des Meso- und Oligohalinicums schließen.

Uteriporus vulgaris besiedelt lockere Böden unbeweideter Wiesen bei Salzkonzentration zwischen 2 und 20 ‰; besonders häufig war sie im Andelrasen C bei Salzkonzentrationen zwischen 10 und 20 ‰. Im Jahresmittel wurde hier eine Aggregationsdichte von 3.5 Ind./10 cm^2 bei Frequenzen zwischen 9 und 21 % festgestellt; die maximale Aggregationsdichte lag bei 51 Ind./10 cm^2.

An der europäischen Nordmeer- und Atlantikküste siedelt die Art in steinigem Grund der Litoralzone; in der westlichen Ostsee, an Nordsee und Nordatlantik besiedelt sie Salzwiesen (Ax 1960; Den Hartog 1963; Bilio 1964; Van der Velde 1976). Nach der Verteilung im Untersuchungsgebiet ist *Uteriporus vulgaris* als Brackwasserart anzusehen, die im Mesohalinicum optimale Lebensbedingungen findet. Ihrer Körpergröße entsprechend ist sie auf sehr grob strukturierte Substrate angewiesen.

Rhabdocoela

Typhloplanoida. 35 Arten der „Typhloplanoida" müssen als in Salzwiesen habitateigen oder habitatverwandt angesehen werden. Obwohl selten mehr als 10 Arten gemeinsam in einem Probegebiet auftraten, können Jungtiere und frühe Entwicklungsstadien meist nicht eindeutig zugeordnet werden. Diese Tiere werden hier vernachlässigt, die Aggregations- und Frequenzwerte der betroffenen Arten sind daher als Mindestwerte aufzufassen.

Byrsophlebs dubia trat nur vereinzelt in nicht-austrocknenden polyhalinen Andelrasen auf. Die bisher bekannte Verbreitung reicht vom Finnischen Meerbusen über die westliche Ostsee bis ins Mittelmeer bei Salzkonzentrationen von 1.5 ‰ bis 36 ‰ (Ax 1956 a; Luther 1962; Den Hartog 1965; Karling 1974).

Damit erweist sich *B. dubia* als weitgehend euryhalin, detritusreiche Biotope scheint sie zu bevorzugen.

Hoplopera pusilla wurde in 3 aufeinanderfolgenden, sturmflutlosen Monaten in einer eng umgrenzten Region der Strandbinsenweide (A) angetroffen, isoliert von anderen Populationen der Art. Trotz geringer Dichten (maximal 0.6 Ind./10 cm^2) muß sie als für die SBW biotopeigen angesehen werden. Die Salzkonzentrationen aller Fundstellen lagen unter 10 ‰.

Bisher ist *Hoplopera pusilla* aus dem oberen Hang eines mittelotischen Strandes der Nordsee und aus einem Sandstrand der Ostsee bekannt (EHLERS 1974). An beiden Stellen ist mit erheblicher Aussüßung des Substrats zu rechnen. Damit sind alle Fundorte dem Meso- oder Oligohalinicum zuzuordnen: *Hoplopera pusilla* ist eine Brackwasserart.

Olisthanellinella rotundula besiedelt Wiesen, deren Bodensalzkonzentration im Jahresverlauf unter 10 ‰ blieb. Unbeweidete Wiesen wurden bevorzugt (*). Maximale Dichten (5.6 Ind./10 cm^2) traten bei 5 ‰ Salz im unteren SNR auf (März 1983). Jungtiere und Bildungsstadien traten nur im März und April auf, ab Mai waren nur noch reife Individuen anzutreffen. Diese Adulti waren zunächst noch sehr klein (zum Teil unter 0.2 mm Länge), bis zum Dezember nahm die mittlere Körperlänge bis auf 0.4 mm zu. Im Gegensatz zu anderen Plathelminthen ist die Zeit maximalen Körperwachstums bei *O. rotundula* von den Jugend- und Bildungsstadien auf das Adultstadium verschoben.

Die Determination erfolgte nach der Beschreibung bei LUTHER (1948, 1963). Alle an Quetschpräparaten lichtmikroskopisch erkennbaren Strukturen der gefundenen Tiere stimmen mit diesen Angaben überein. *Olisthanellinella rotundula* ist die einzige Plathelminthenart der untersuchten Salzwiesen, die auch terrestrische Biotope besiedelt.

Pratoplana salsa besiedelt ganzjährig die Andelrasen, in unbeweideten Wiesen bevorzugt den Boden (**). Während des Untersuchungszeitraumes wurde die Art zunehmend seltener. In (B) sank die mittlere Abundanz von 11.4 Ind./10 cm^2 im Mai 1982 auf 0.8 Ind./10 cm^2 im Mai 1983. Diese Abnahme betraf nur die Individuendichten der Aggregate: sie nahm von 15/10 cm^2 1982 auf 3.8/10 cm^2 ab. Die Frequenzen der Aggregate änderten sich demgegenüber nur unwesentlich (1982: 40.8 %, 1983: 37.9 %).

Pratoplana salsa besiedelt Salzwiesen der Nord- und westlichen Ostsee (AX 1960; BILIO 1964). An der Nordsee wurde sie auch in polyhalinen Gebieten ohne Vegetation angetroffen (HELLWIG 1987), somit kann sie nicht mehr als spezifische Wiesenform angesehen werden.

Haloplanella curvistyla. Nur 1 Exemplar in der SBW (A, Dezember 1982). Bisher ist *H. curvistyla* nur aus dem Finnischen Meerbusen bekannt (LUTHER 1963), daher wird sie vorläufig als in Nordsee-Salzwiesen habitateigen geführt. Eine Gemeinsamkeit beider Fundorte liegt in der Salzkonzentration: Finnischer Meerbusen ca. 5 – 6 ‰ (LUTHER 1960), in der Strandbinsenweide wurden im Mittel 4 – 6 ‰ (Extremwerte 12 und 2 ‰) gemessen: *Haloplanella curvistyla* ist eine Brackwasserart.

Haloplanella obtusituba trat von Februar bis Mai 1983 in der SBW (A) auf; Einzeltiere wurden auch in verschiedenen (o)AR auf sandigen Böden gefunden. Die Dichte bestimmbarer Individuen war mit 0.2 bis 0.8 Ind./10 cm^2 stets gering, dennoch müssen die gefundenen Tiere als Angehörige einer eigenständigen Population angesehen werden.

Haloplanella obtusituba wurde aus schlickigen bis sandigen Böden (bis 36 m Wassertiefe) des Finnischen und Bottnischen Meerbusens und aus dem Sand- und Schlickwatt der niederländischen Küste gemeldet (LUTHER 1963; KARLING 1974; DEN HARTOG 1977). Damit und mit den neuen Funden zeigt *H. obtusituba* eine Form der Brackwassersubmergenz, die für Arten mit einem Optimum im Poly- bis Mesohalinicum bezeichnend ist.

Castrada subsalsa besiedelt die Strandbinsenweide (A) ganzjährig. Die Aggregationsdichten schwankten unregelmäßig zwischen 1.2 und 20.5 Ind./10 cm^2 und die Aggregatfrequenzen zwischen 11.8 und 82 %.

Im Finnischen Meerbusen besiedelt *Castrada subsalsa* die bewachsene Uferzone (Salzkonzentration 0.12 bis 6.69 ‰, LUTHER 1947). DEN HARTOG (1977) fand die Art in sandigen Salzwiesen, die an Dünen grenzen. Diese und die neuen Funde sind dem Meso- bis Oligohalinicum zuzuordnen. *C. subsalsa* ist daher als spezifische Brackwasserart meso- bis oligohaliner Salzwiesen anzusehen. Durch die Möglichkeit der Encystierung muß sie auch in Wiesenzonen erwartet werden, die nur zeitweise geeignete Salinität aufweisen. Sowohl Grobsand als auch grober Bestandesabfall können ein geeignetes Lückensystem bieten.

Thalassoplanella collaris wurde nur in unbeweideten mittleren Andelrasen in unmittelbarer Nähe kleiner Wiesentümpel angetroffen. Dieses spezielle Habitat wurde nicht in jedem Monat erfaßt, Aggregatfrequenzen zwischen 0 und 20 % sind die Folge. Die Aggregationsdichten variierten zwischen 6 und 27 Ind./10 cm^2 und waren unter oligohalinen Bedingungen am höchsten.

In der Ostsee ist *T. collaris* weit verbreitet (LUTHER 1963), aus der Nordsee liegen Funde von Ax (1951) und DEN HARTOG (1977) vor. Diese und die neuen Funde kennzeichnen *Thalassoplanella collaris* als wenig substratspezifische Brackwasserart.

Westbladiella obliquepharynx besiedelt unbeweidete Andelrasen. In (B) wurde sie während der Untersuchungen zunehmend seltener: die mittlere Aggregationsdichte sank von 31.4 (1982) auf 6.9 Ind./10 cm^2 (1983), die Häufigkeit der Aggregate von 34.5 % auf 21.2 %. Immer feuchte, schlickige Probestellen wurden bevorzugt. In zeitweise austrocknenden Böden (A) war die Art selten, in sandigen Böden (C) fehlte sie ganz.

Im Finnischen Meerbusen besiedelt *Westbladiella obliquepharynx* Schlick- und Detritusböden von 0.1 bis 12 m Wassertiefe (LUTHER 1943, 1962). Im Nordseeraum wurde sie in Salzwiesen und in Schlick- und Sandflächen des Eu- und Polyhalinicums gefunden (AX 1960; BILIO 1964; DEN HARTOG 1977). Trotz der Funde in Sand scheint die Art schlickige Böden zu bevorzugen, sie ist sicher keine Interstitialart.

Coronhelmis inornatus wurde nur vereinzelt in lockeren Böden aus grobem Detritus und grobem Sand angetroffen. EHLERS (1974) beschrieb *C. inornatus* aus dem oberen Hang eines mittellotischen Strandes. Der mittlere Salzgehalt beider Fundorte dürfte im Mesohalinicum oder tiefer liegen.

Coronhelmis lutheri besiedelt die Randregionen der Salzwiese „Raantem Inge" (C) mit eingewehtem Dünensand. Bisher ist *C. lutheri* aus sandigen bis kiesigen Substraten der Ostsee und aus einem Strand der Nordsee bekannt (AX 1951, 1954 a; LUTHER 1962; EHLERS 1974). Die bisher bekannte Verteilung und Verbreitung kennzeichnet sie als spezifische Brackwasserart (AX 1954 a), wenngleich sie sich in Laborversuchen als euryhalin erwies (JANSSON 1968).

Coronhelmis multispinosus. Vereinzelt in unbeweideten Wiesen. Wenngleich höhere Aggregationsdichten (bis 8 Ind./10 cm^2) nur in sandigen Wiesenböden gefunden wurden, scheint die Art doch in geringerem Maße auf sandigen Böden angewiesen zu sein als die anderen Vertreter der Gattung. Dies geht auch aus den bisher bekannten Fundstellen (Nord- und Ostsee) hervor, wo neben Stränden und Salzwiesen auch ein schlickiger Andelreinbestand besiedelt wird (LUTHER 1962; BILIO 1964; SCHMIDT 1972 a; EHLERS 1974; KARLING 1974; DEN HARTOG 1977). Der Finnische Meerbusen wird bis 25 m Wassertiefe besiedelt, in Nordsee und westlicher Ostsee nur das Supralitoral. Dies unterstreicht die Zuteilung der Art zu den Brackwasserorganismen (AX 1956 b).

Moevenbergia una besiedelt feinsandige Böden eu- bis polyhaliner unterer Andelrasen. Die mittlere Abundanz lag bei 4 Ind./10 cm^2.

Promesostoma serpentistylum besiedelt den unbeweideten oberen Andelrasen B. Der Boden wurde gegenüber der Vegetationsschicht bevorzugt (*). Die

Aggregationsdichten bestimmbarer Individuen reichen von 2.2 bis 12.4 Ind./10 cm^2 bei Aggregathäufigkeiten bis zu 34.6 %.

Bisher war *Promesostoma serpentistylum* nur aus Grobsand des Eulitorals der Insel Sylt bekannt (Ax 1952; EHLERS 1974). Offenbar bieten auch lockere Salzwiesenböden geeignete Existenzbedingungen. EHLERS (1973) stellte zwei Reproduktionsphasen (im Frühjahr und Spätsommer) fest. Auch im Untersuchungsgebiet lassen sich zwei Reproduktionsphasen nachweisen, dabei handelt es sich um zwei zeitversetzt reifende, jeweils einjährige Populationen.

Lutheriella diplostyla besiedelt feuchte Stellen des unbeweideten mAR (B); die Vegetationsschicht wird bevorzugt (*). Zwischen Juni und Dezember wurden im Mittel 3.5 Ind./10 cm^2 angetroffen in Aggregaten von 5.3 bis 17.1 Ind./10 cm^2 bei Aggregatfrequenzen zwischen 21.5 und 38.4 %. Von Januar bis Mai wurden nur einzelne Tiere gefunden. Cystenbildung ist nicht auszuschließen. Zwischen Juni und Dezember reifen zwei Generationen heran, dabei kann nicht unterschieden werden, ob es sich um zwei zeitversetzt reifende Teile der Gesamtpopulation handelt, oder ob diese Tiere bereits im Eltern-Nachkommen-Verhältnis zueinander stehen.

Lutheriella diplostyla wurde bisher nur in Salzwiesen der Nordsee nachgewiesen (DEN HARTOG 1966, 1977). Im Untersuchungsgebiet war keine signifikante Korrelation zu einer bestimmten Salzkonzentration nachweisbar.

Ptychopera ehlersi besiedelte nur polyhaline Salzwiesen in größerer Dichte; der Boden wurde bevorzugt (**). Im uAR „Nielönn" (B) lagen die Individuendichten im Mittel bei 8 Ind./10 cm^2, maximal wurden 25.8 Ind./10 cm^2 festgestellt. Der Lebenszyklus ist univoltin mit maximalen Anteilen reifer Tiere im März und einem Jungtiermaximum im Mai. Von Juni bis November wurden keine aktiven Tiere gefunden, die Populationsentwicklung stagnierte: Cystenbildung ist wahrscheinlich.

Ax (1971) beschrieb *P. ehlersi* aus einem mittelotischen Sandstrand, wo zwei Tiere gefunden wurden. Mit den Funden im Untersuchungsgebiet und im anschließenden Salzwiesenvorland (HELLWIG 1987) scheint das Polyhalinicum des Grenzraums Watt-Salzwiesen ein typischeres Habitat zu sein.

Ptychopera hartogi bevorzugte unbeweidete Wiesen bei Salzkonzentrationen zwischen 10 und 20 ‰. Solche Konzentrationen waren im Oktober 1982 und von Dezember 1982 bis April 1983 im mAR „Nielönn" (B) und im oAR von „Raantem Inge" (C) gegeben. In dieser Zeit wurde die Art hier in Aggregationen bis zu 1090 Ind./10 cm^2 angetroffen, bevorzugt in der Vegetationsschicht (Tab. 8). Ungünstige Umweltbedingungen können encystiert überdauert werden. Damit sind die starken Dichteänderungen ebenso erklärbar wie die „Ent-

Tabelle 8: *Ptychopera hartogi*, Aggregationsdichte (Agg. dichte, Ind./10 cm^2) und Aggregatfrequenzen (Agg. frequenz) im unbeweideten Andelrasen „Nielönn".

Monat	1982					1983				
	Jun	Jul	Okt	Nov	Dez	Jan	Feb	Mrz	Apr	Mai
Agg. dichte	3.5	17.8	86.0	4.6	165.9	1090.8	134.9	340.9	69.6	40.5
Agg. frequenz %	23.1	10.1	9.3	13.0	12.7	12.2	33.6	19.0	27.3	21.7

wicklungspausen" der Individuen einzelner Probestellen beim Auftreten sehr geringer oder sehr hoher Salzkonzentrationen (vgl. Abb. 12). Während dieser Pausen traten keine aktiven Individuen in den betroffenen Probestellen auf.

Für jede einzelne Probestelle des „Nielönn" (m, oAR) läßt sich ein eigenständiger Lebenszyklus erkennen. Übereinstimmend für alle Probestellen wird eine Generation pro Jahr ausgebildet. Der Zeitpunkt maximaler Anteile adulter Individuen variierte zwischen Dezember in der wattnächsten und Mai in der wattfernsten Probestelle des AR: das Siedlungsgebiet wird durch die Dauer günstiger Salzkonzentrationen beschränkt.

Ax (1971) bezeichnet *P. hartogi* als typische Stillwasserform mit Bevorzugung von Brackgewässern. Bisher wurde sie überwiegend aus vegetationslosen Habitaten gemeldet (STRAARUP 1970; AX 1971; SCHMIDT 1972 a), nur DEN HARTOG (1964 b, 1977) erwähnt Salzwiesenfunde. Angesichts der sehr hohen Individuendichten im Untersuchungsgebiet muß der Verteilungsschwerpunkt in Salzwiesen vermutet werden. Offenbar sind alle Salzwiesen besiedelbar, die hinreichend oft oder hinreichend lange günstige Salzkonzentrationen (ca. 10 – 20 ‰) aufweisen. Die mittlere Salzkonzentration dürfte unbedeutend sein. *Ptychopera hartogi* bevorzugte die Vegetationsschicht signifikant, damit dürfte auch die Zusammensetzung des Wiesenbodens sekundär sein.

Ptychopera spinifera besiedelt unbeweidete Salzwiesen. Maximale Individuendichten wurden bei Salzkonzentrationen zwischen 5 und 10 ‰ gefunden. Bei hoher Feuchtigkeit wurde auch die Vegetationsschicht besiedelt, sonst der Boden bevorzugt (**). Die Jahresmittel der Abundanzen spiegeln die Häufigkeit geeigneter Salzkonzentrationen in den einzelnen Wiesenzonen wider (Tab. 9).

Tabelle 9: *Ptychopera spinifera*, Jahresmittel der Individuendichte (Ind. je 10 cm^2) und Jahresmittel der Salzkonzentrationen der unbeweideten Wiese B.

	uAR	mAR	oAR	uSNR	mSNR	oSNR
Salzkonzentration	20‰	16‰	9‰	6‰	3‰	1.5‰
Individuendichte	1.5	2.5	7.1	8.6	0.2	0

Wiesenregionen, in denen die Salzkonzentrationen stets außerhalb des bevorzugten Bereichs lagen, wurden nicht besiedelt (oberer SNR mit stetig unter 3 ‰ Salz). Die Aggregationsdichten reichen von 5.4 bis 27.6 Ind./10 cm^2. Im oAR und uSNR traten diese Aggregate mit Frequenzen von 28.4 bis 53.3 % auf. In den anderen Wiesenzonen waren die Aggregationsdichten ähnlich, die Aggregatfrequenzen aber geringer.

Der Lebenszyklus ist univoltin. In den Sommermonaten stagnierte die Entwicklung der Population: die Individuen einer einzelnen Probestelle waren im Mittel nur jeden zweiten Monat aktiv, sonst encystiert.

Bisher ist *Ptychopera spinifera* nur aus Salzwiesen bekannt (DEN HARTOG 1966; AX 1971; KARLING 1974; DEN HARTOG 1977). Im Untersuchungsgebiet wird das Mesohalinicum bevorzugt. Auch alle bisher publizierten Fundorte sind dem Meso- oder Oligohalinicum zuzuordnen. *P. spinifera* erweist sich damit als spezifische Brackwasserart der Salzwiesen.

Ptychopera westbladi war nur in unteren Andelrasen in höherer Dichte anzutreffen, ihr Siedlungsschwerpunkt ist in tiefergelegenen Regionen zu suchen (Tab. 10). Nach Sturmfluten stieg die Individuendichte stark an, um anschließend schnell wieder abzunehmen. Daher kann nicht sichergestellt werden, daß *P. westbladi* in den stärker aussüßenden Wiesenzonen selbständig existieren kann.

Ptychopera westbladi ist in eu- und polyhalinen Biotopen von Norwegen entlang der europäischen Atlantikküste bis ins Mittelmeer verbreitet (AX 1956 a, 1971; DEN HARTOG 1964 b; STRAARUP 1970; SCHMIDT 1972 b; EHLERS 1974). In der westlichen Ostsee tritt die Art bereits im Sublitoral auf (AX 1951), aus dem Finnischen Meerbusen ist sie bisher nicht bekannt. Daraus und aus der Verteilung im Untersuchungsgebiet ergibt sich eine Beschränkung auf eu- und polyhaline Stillwassergebiete.

Tabelle 10: *Ptychopera westbladi*, Siedlungsdichte (Ind./10 cm^2) im beweideten „Großen Gröning" (A) und der anschließenden Übergangszone zum Watt.

	uAR/Watt	uAR	oAR	SNR
Jahresmittel	24.27	2.58	0.03	0.03
Monatsmittel	0.6 – 59.6	0 – 10.4	0 – 4.2	0 – 0.2

Brederveldia bidentata. 2 bzw. 3 Individuen in feinsandigem, gut durchwurzelten Boden eines Salzwiesenpriels, der ständig polyhalines Wasser führte. VAN DER VELDE & VAN DE WINKEL (1975) fanden die Art in lehmigem Sand mit *Enteromorpha* sp., u. a. zusammen mit *Macrostomum balticum* und *Ptychopera westbladi*. Diese Arten dürften nur im Polyhalinicum gemeinsam auftreten.

Proxenetes bilioi besiedelt schlickige und schlicksandige untere Andelrasen in geringer Dichte. Die Vegetation der Fundstellen war nur locker, die Salzkonzentration lag stets über 25 ‰. Bisher ist *P. bilioi* nur von der Nordsee- und Atlantikküste bekannt, wo sie in Sand- und Schlickwatten, insbesondere in der Übergangszone Schlickwatt/Salzwiesen mit *Salicornia*, sowie in Salzwiesen und schlickigen Salzwiesenprielen siedelt (DEN HARTOG 1966, 1977; AX 1971; HELLWIG 1987). Damit kann *P. bilioi* als spezifische Stillwasserart schlickiger Biotope angesehen werden. Bisher ist sie nur aus eu- und polyhalinem Milieu bekannt.

Proxenetes britannicus besiedelt beweidete wie unbeweidete Salzwiesen, ohne bestimmte Salzkonzentrationen oder Bodentypen deutlich zu bevorzugen. Im unbeweideten AR (B) lagen die Aggregationsdichten zwischen 2.8 und 34.4 Ind./10 cm^2 bei Aggregatfrequenzen von 30.1 bis 76.8 % (ohne Jungtiere). Die Vegetationsschicht wurde hier signifikant bevorzugt. Im beweideten oberen AR (A) besiedelt die Art dagegen den Boden. Die Aggregationsdichten (2.2 bis 36.9 Ind./10 cm^2) und die Aggregatfrequenzen (30.2 bis 78.6 %) weichen nicht signifikant von denen des unbeweideten AR ab.

P. britannicus wurde bisher nur in Andelrasen der Nordsee gefunden (DEN HARTOG 1966, 1977; AX 1971). Nach DEN HARTOG (1977) ist sie auf das Eu- und Polyhalinicum beschränkt. In den Sylter Salzwiesen wurden aber auch mesohaline Areale besiedelt.

Proxenetes cimbricus besiedelt den unbeweideten AR „Nielönn" mit Aggregationsdichten unter 4/10 cm^2 bei Frequenzen um 30 %. Bei Salzkonzentrationen unter 25 ‰ wurde die Art selten, im Mesohalinicum war sie nicht mehr nachweisbar. Der Lebenszyklus ist univoltin mit maximalen Anteilen adulter Individuen von März bis Mai.

Bisher ist *P. cimbricus* nur aus dem Schlickwatt und vom Rande eines Salzwiesengrabens der Insel Sylt bekannt (jeweils ein Tier, AX 1971; EHLERS 1974). Die 98 Tiere dieser Untersuchung zeigen, daß Salzwiesen ein geeigneteres Habitat darstellen. Die angrenzende *Spartina*-Zone wird in ähnlicher Dichte besiedelt (HELLWIG 1987).

Proxenetes cisorius war eine der häufigsten Arten unbeweideter Salzwiesen mit Aggregationsdichten bis zu 125 Ind./10 cm^2 bei Aggregatfrequenzen von durchschnittlich 48 % (ohne Jungtiere). Innerhalb einzelner Probestellen wurden maximale Dichten aktiver Individuen jeweils bei Salzkonzentrationen um 20 ‰ gefunden. Weicht die Salinität von diesem Wert ab, so vermindert sich zunächst die Aktivität reifer Individuen (Encystierung). Jüngere Entwicklungsstadien wurden erst bei starker Aussüßung oder starker Salzkonzentration seltener gefunden. Mit wechselnder Salinität ändert sich damit die Pupulationsstruktur,

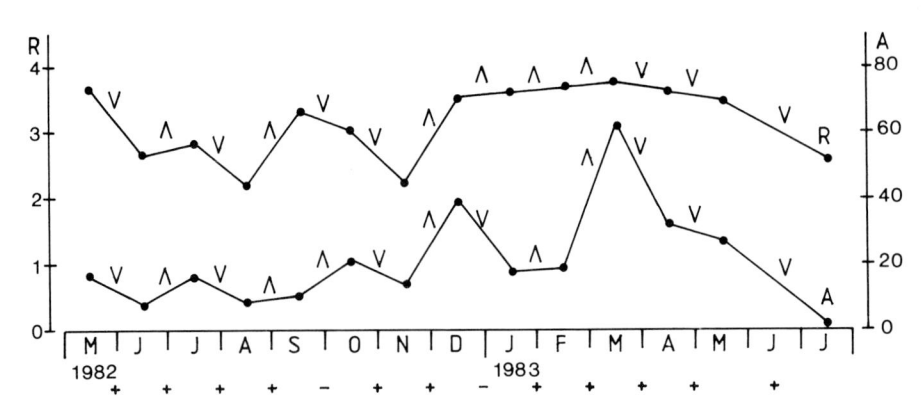

Abb. 10. *Proxenetes cisorius*, mittlere Reife (R) und Abundanz (A) in der Salzwiese „Nielönn" (B). +: gleichsinnige, –: ungleichsinnige Änderungen. Vorzeichentest: **

die mittlere Reife der aktiven (nicht encystierten) Individuen sinkt. Als Konsequenz ergibt sich eine Korrelation von mittlerer Individuendichte zu mittlerer Reife (Abb. 10).

Unter besonderer Berücksichtigung der Monate mit überdurchschnittlichen Individuendichten (bei der Annahme, daß in dieser Zeit alle Altersstadien gleichermaßen aktiv sind) ergibt sich ein univoltiner Lebenszyklus mit maximalen Anteilen reifer Individuen im März und April.

Im Jahresmittel können die höchsten Individuendichten in denjenigen Wiesenzonen erwartet werden, in denen die Salzkonzentration möglichst häufig bei 20 ‰ liegt (Abb. 11). Im „Nielönn" (B) war dies der mittlere und obere AR, in

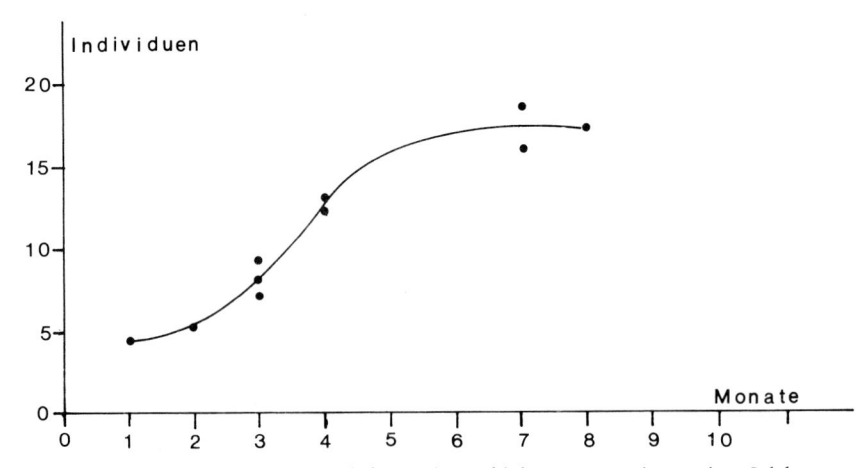

Abb. 11. *Proxenetes cisorius*, Individuendichte und Anzahl der Monate mit günstiger Salzkonzentration (ca. 20 ‰) in der Salzwiese „Nielönn" (B).

„Raantem Inge" (C) waren diese Bedingungen auch im Strand-Wermutgestrüpp erfüllt. Auch die Verteilung über die Habitatstrukturen korrespondiert mit der Salzkonzentration. Bei Bodensalzkonzentrationen von etwa 20 ‰ liegt der Verteilungsschwerpunkt im Boden. Je stärker die Salzkonzentration des Bodens von diesem Wert abweicht, desto größere Teile der Population sind in der Vegetationsschicht zu finden – sofern die Salzkonzentration dort näher am bevorzugten Wert liegt. Weisen beide Strukturteile ungünstige Konzentrationen auf, so sinkt die Dichte aktiver Individuen ab, im Extremfall bis auf 0.

P. cisorius wurde bisher nur in eu- und polyhalinen Salzwiesen und im Schlicksand einer Lagune der Nordseeküste gefunden (DEN HARTOG 1966, 1977; AX 1971). Die neuen Funde bestätigen eine enge Bindung der Art an Salzwiesen. Da auch DEN HARTOG (1966) die Art in Regionen mit hohen Salinitätsschwankungen antraf, ist eine enge Bindung an derartige Biotope anzunehmen. Encystierung kann als spezifische Anpassungsreaktion interpretiert werden.

Proxenetes deltoides ist mit einer Körperlänge von bis zu 1.8 mm auf weiche oder grob strukturierte Böden angewiesen; auch die Vegetationsschicht wird besiedelt. Innerhalb besiedelbarer Böden waren keine Unterschiede bezüglich Salzkonzentration oder Beweidungseinfluß erkennbar. Die Aggregationsdichten lagen in allen Gebieten zwischen 2.8 und 16.7 Ind./10 cm^2 (ohne kleinere Jungtiere), die Aggregatfrequenzen (26 bis 76.2 % spiegeln die wechselnde Verfügbarkeit geeigneter Böden wieder. Der Lebenszyklus ist univoltin mit maximalen Anteilen adulter Individuen von März bis Mai.

P. deltoides ist an den europäischen Atlantik- und Nordseeküsten und in der Ostsee verbreitet (DEN HARTOG 1965, 1977; AX 1971; SCHMIDT 1972 b; EHLERS 1974; VAN DER VELDE 1976). Über die Verbreitung in der Ostsee liegen keine sicheren Angaben vor (vgl. AX 1971, p. 68). Die meisten Funde stammen aus Salzwiesen, einige aus schlickigen Zonen des oberen Eulitorals (Nordsee) bzw. Stillwasserregionen (Kieler Bucht, AX 1971). Nach DEN HARTOG (1977) und der Verteilung im Untersuchungsgebiet können Eu-, Poly- und Mesohalinicum besiedelt werden.

Proxenetes intermedius wurde nur in einem Anlandungsgebiet mit lockerer Mischvegetation aus *Salicornia* spec. und *Spartina anglica* gefunden. Bisher ist die Art aus Schlicksand des oberen Eulitorals und aus der Übergangszone Schlickwatt-Salzwiesen bekannt (DEN HARTOG 1966, 1977; HELLWIG 1987). Stärkere Aussüßung des Milieus wird offenbar nicht vertragen.

Proxenetes karlingi bevorzugt kleine Senken mit guter Wasserversorgung und sandig-schlickigen Böden des unteren Andelrasens. Die Individuendichten waren meist gering (unter 5/10 cm^2). Reife Individuen wurden von Mai bis August gefunden.

Bisher wurde *P. karlingi* von der französischen Atlantikküste und der Nordsee bis in den Ostseeraum gemeldet. Im Ostseeraum werden überwiegend sublitorale Böden besiedelt, an der Nordseeküste das Eulitoral und feuchte Stellen des Supralitorals (LUTHER 1943, 1962; AX 1951, 1960, 1971; DEN HARTOG 1966, 1977; KARLING 1974). Damit zeigt *P. karlingi* Brackwassersubmergenz, nach REMANE (1940) ist sie eine echte Brackwasserart. Die Salzkonzentrationen der bisher bekannten Fundorte liegen zwischen 5 ‰ (Finnischer Meerbusen) und ca. 30 ‰ im Eulitoral der Nordsee.

Alle Fundstellen zeigen eine Bevorzugung strömungsarmer Gebiete an. Mit Funden aus Kies (KARLING 1974 und Grobsand (AX 1971) ist die Art als weitgehend substratunspezifisch anzusehen. *P. karlingi* ist eine Stillwasserart mit optimalen Entwicklungsmöglichkeiten im Poly- und Mesohalinicum.

Proxenetes minimus besiedelt beweidete wie unbeweidete Andelrasen; eine Bevorzugung bestimmter Salinität war nicht erkennbar. Die Individuendichte schwankt unregelmäßig, im Jahresmittel wurden 8.8 Ind./10 cm^2 bei Aggregatfrequenzen von 49 % gefunden. Der Lebenszyklus gleicht dem von *P. cisorius,* einschließlich der Unregelmäßigkeiten, hervorgerufen durch unterschiedliche Aktivität der verschiedenen Reifestadien bei widrigen Umweltbedingungen (Encystierung).

Proxenetes minimus wurde bisher nur in Andelrasen der Nordsee gefunden (DEN HARTOG 1966, 1977). Auch Den Hartog fand keine Bevorzugung bestimmter Salzkonzentrationen; seine Fundstellen reichen vom Euhalinicum bis zu Konzentrationen von ca. 4 ‰. Damit muß *P. minimus* als weitgehend euryhaliner Salzwiesenbewohner klassifiziert werden.

Proxenetes pratensis bevorzugt feinsandige Böden unbeweideter polyhaliner Wiesen. Die Aggregationsdichte variierte unregelmäßig zwischen 3 und 61 Ind./10 cm^2 bei Aggregatfrequenzen von 10 bis 36 % („Nielönn", B). In der Salzwiese „Raantem Inge" (C) mit sandigeren Böden ist die Frequenz der Aggregate mit bis zu 62.4 % deutlich erhöht. Die Aggregationsdichten beider Gebiete unterscheiden sich dagegen nicht signifikant.

Die Populationsentwicklung weist eine individuenarme Sommer/Herbstgeneration und eine individuenreiche Winter/Frühjahrgeneration aus. Ob es sich dabei um zwei direkt aufeinanderfolgende Generationen handelt, oder ob ein kleiner Populationsteil vorzeitig heranreift, ist nicht zu entscheiden.

P. pratensis besiedelt Andelrasen der Nord- und westlichen Ostseeküste (AX 1960; BILIO 1964; DEN HARTOG 1966, 1977). Außerhalb Salzwiesen wurde die Art von AX (1971, detritusreicher Sand einer Hochwanne, Sylt) und von SCHMIDT (1972 b, Strand bei Tromsö) gemeldet. Dennoch scheinen sandige Salzwiesen im Eu- und Polyhalinicum bevorzugt zu werden.

Proxenetes puccinellicola besiedelt wattnahe Zonen unbeweideter Salzwiesen in Aggregaten von 4.1 bis 68.3 Ind./10 cm² bei Frequenzen von 28.1 bis 50.3 % (ohne Jungtiere). Maximale Individuendichten wurden bei Salzkonzentrationen über 20 ‰ gefunden. Der Lebenszyklus ist univoltin mit einem maximalen Anteil adulter Individuen im April.

Bisher wurde *P. puccinellicola* nur aus Andelrasen und Spartinabeständen der Nordseeküste gemeldet (AX 1960, 1971; BILIO 1964; DEN HARTOG 1966, 1977; HELLWIG 1987). Soweit die Salinität der Fundorte genannt wird, liegt diese im Eu- oder Polyhalinicum. DEN HARTOG (1966) betont, daß geringe Salzkonzentrationen an den Fundstellen der Art nur selten vorkommen. *P. puccinellicola* scheint damit auf polyhaline Wiesen angewiesen zu sein.

Proxenetes unidentatus besiedelt mesohaline Salzwiesen. In oligohalinem Milieu wurden keine aktiven Tiere mehr gefunden (Encystierung). In den AR lag die mittlere Aggregationsdichte bei 7.1 (2.2 bis 10.8) Ind./10 cm² bei Frequenzen von 18.2 bis 54.3 % (im Mittel 34.3 %). In SNR und SBW waren die Aggregate mit durchschnittlich 7.0 Ind./10 cm² (2.0 bis 19.1) etwa gleich groß, mit Frequenzen von 59 % (26.5 bis 90 %) aber deutlich häufiger. Der Lebenszyklus ist univoltin mit maximalem Anteil adulter Tiere im April.

Proxenetes unidentatus wurde bisher nur in Salzwiesen der Nordsee- und der schwedischen Ostseeküste gefunden (DEN HARTOG 1965, 1977; AX 1971; KARLING 1974; VAN DER VELDE 1976). Nach DEN HARTOG (1965) und den Messungen im Untersuchungsgebiet wird das Mesohalinicum bevorzugt (vgl. VAN DER VELDE 1976). Im Untersuchungsgebiet wurde *P. unidentatus* nur dann im unteren und mittleren AR angetroffen, wenn dieser durch die sommerlichen Niederschläge entsprechend ausgesüßt war. Während der Sommermonate wurden die Salzwiesen nicht durch Seewasser überflutet; die Salzkonzentration der Nordsee beeinflußt die Salinität der Wiesen während dieser Zeit nicht. Eine Angabe der Salzkonzentrationen benachbarter Gewässer ist daher nicht geeignet, die Konzentrationsverhältnisse in den Salzwiesen selbst zu beschreiben (vgl. DEN HARTOG 1965 und 1977).

Adenopharynx mitrabursalis besiedelt unbeweidete Wiesen in geringer Dichte (unter 1.4 Ind./10 cm²). Bisher wurde *A. mitrabursalis* nur von der Nordsee- und der französischen Atlantikküste gemeldet (EHLERS 1972, 1973, 1974). EHLERS (1974) beschreibt sie als Bewohner schwach-lotischer oder lenitischer Biotope, die über das Eulitoral auch in das Sublitoral vordringt und Sedimente mit hohem Anteil organogenen Materials bevorzugt. Die neuen Funde zeigen, daß auch supralitorale Zonen mit großen Salinitätsschwankungen besiedelt werden.

Anthopharynx sacculipenis wurde nur in unbeweideten Salzwiesen häufiger angetroffen. Die Aggregationsdichten schwankten unregelmäßig zwischen 1.4

und 29.3 Ind./10 cm² (Jahresmittel 11.4) bei Aggregatfrequenzen von 26.5 bis 76.4 % (Jahresmittel 42.3 %).

Die gefundenen Tiere stimmen – soweit an Quetschpräparaten erkennbar – völlig mit der Beschreibung durch EHLERS (1972, p. 37 ff) überein. Nach EHLERS (1972, p. 39 ff) unterscheidet sich *A. sacculipenis* von der nahe verwandten *A. vaginatus* Karling, 1940 nur durch Feinheiten im Bau des Kopulationsorgans. Als weitere Unterscheidungsmerkmale werden die geringe Länge von *A. sacculipenis* und das Auftreten von Schalendrüsen genannt.

Das Auftreten von Schalendrüsen bei *A. sacculipenis* kann nicht als Unterscheidungsmerkmal herangezogen werden: nach KARLING (in LUTHER 1963, p. 148) besitzt auch *A. vaginatus* Schalendrüsen.

Die Körperlänge reifer Individuen schwankte im Untersuchungsgebiet zwischen 0.2 und 0.6 mm bei voller Geschlechtsreife. Die Tiere reifen schnell heran, ohne wesentlich an Größe zuzunehmen. Das Größenwachstum erfolgt überwiegend bei reifen Tieren. Daneben zeigt sich eine strenge Abhängigkeit der Körperlänge von der Salzkonzentration: die Individuen des oligohalinen SNR waren signifikant größer als die aus polyhalinen Wiesen.

Im Untersuchungsgebiet zeigte die Art keine Abhängigkeit der Individuendichte von der Salzkonzentration. Dies ist nur bei weitgehend euryhalinen Arten zu erwarten. Wenn die Art aber euryhalin ist, so kann ihr Auftreten im gesamten Ostseeraum erwartet werden. Bei *A. vaginatus* ist dies der Fall (LUTHER 1963, p. 148). Damit liegt der Verdacht einer Identität von *A. vaginatus* und *A. sacculipenis* nahe.

Acrorhynchides robustus besiedelt wattnahe Salzwiesenzonen in geringer Dichte. Adulti und Bildungsstadien traten stets nur als Einzeltiere auf, Jungtiere in Aggregaten von bis zu 20 Individuen. Als relativ große Art ist *A. robustus* auf hinreichend grobe Substrate angewiesen; vereinzelt wurden auch Weichböden besiedelt.

A. robustus weist zwei Typen von Eikapseln auf: (1) gestielte Eikapseln (oval, 170 bis 190 x 250 bis 280 µm, Stiel 50 bis 60 µm) mit 2 Embryonen, ganz entsprechend der Beschreibung durch HOXHOLD (1971), und (2) stiellose Eikapseln ohne verhärtete Schalensubstanz, die nicht abgelegt werden: *A. robustus* kann vivipar sein. Im unteren Andelrasen des „Nielönn" wurde ein Tier mit einer solchen Eikapsel (ca. 220 x 500 µ) gefunden, in der sich weitentwickelte Embryonen befanden. In einer Petrischale mit wenig Sediment (Klimaschrank, 12 °C) gehältert, konnten nach 3 Tagen 20 Jungtiere (mittlere Körperlänge 0.3 mm) geborgen werden. Innerhalb von 4 Wochen wurde eine zweite Eikapsel mit ebenfalls 20 Embryonen angelegt; das Alttier starb jedoch, bevor diese Jungtiere freigelassen worden waren.

Acrorhynchides robustus besiedelt detritusreiche Stillwasserzonen des Eu- und Supralitorals der Nordsee und der westlichen Ostsee; im gesamten Ostseeraum ist sie auch im Sublitoral verbreitet (KARLING 1931, 1963; BILIO 1964; SCHILKE 1970; SCHMIDT 1972 b; KARLING 1974; DEN HARTOG 1977). Das Poly- und Mesohalinicum scheinen bevorzugt zu werden.

Gyratrix hermaphroditus besiedelte nur den ganzjährig oligohalinen Strandnelkenrasen des „Nielönn". Maximal wurden 5 Ind./10 cm² gefunden.

Die Art ist weltweit verbreitet, sie wird als holeuryhalin und eurytop angesehen (KARLING 1931; AX 1954 a, 1956 a, 1959; SCHILKE 1970; HOXHOLD 1974; DEN HARTOG 1977). DEN HARTOG (1977) beobachtete *G. hermaphroditus* nur einmal in Salzwiesen, in Tümpeln und Gräben mit Brack- oder Süßwasser fand er sie dagegen häufig. Hohe Arten- und Individuenzahlen freilebender Plathelminthen weisen die hier untersuchten Salzwiesen als attraktives Habitat aus. Es erscheint daher fragwürdig, warum der größte Teil dieser Wiesen von einer „holeuryhalinen" und „eurytopen" Art nicht besiedelt wird. Mangelnde Konkurrenzfähigkeit kann für die Salzwiesen des Untersuchungsgebietes angenommen werden, hier besiedelt die Art des Oligohalinicum mit nur wenigen anderen Arten gemeinsam. Für die von HOXHOLD (1974) untersuchte Sandwattpopulation muß diese Möglichkeit aber ausgeschlossen werden: das Sandwatt wird sehr artenreich besiedelt.

Als eine mögliche Erklärung der Verteilung im Untersuchungsgebiet verbleibt die Salzkonzentration: *G. hermaphroditus* ist auf die Salzwiesenzone mit den geringsten jahreszeitlichen Konzentrationsschwankungen beschränkt. Ähnlich geringe Schwankungen der Salzkonzentration können auch für das von HOXHOLD (1974) studierte Sandwatt angenommen werden. Möglicherweise kann die Art *G. hermaphroditus* unter allen Salzkonzentrationen existieren, eine einzelne Population aber nur in einem eng umgrenzten Schwankungsbereich. Untersuchungen über Rassenbildung bei *G. hermaphroditus* deuten in diese Richtung: REUTER (1961) fand eine diploide (2n = 4), eine triploide (2n = 6) und eine tetraploide (2n = 8) Form. Diese Formen unterscheiden sich auch morphologisch, physiologisch und fortpflanzungsbiologisch. Die Sylter Tiere waren im Mittel 580 μ, maximal ca. 800 μ lang. Diese Körperlänge spricht für die Zugehörigkeit zur tetraploiden K-Rasse (REUTER 1961, p. 28), die in Finnland in oligohalinem Brackwasser (4.4 bis 5 ‰) lebt.

Parautelga bilioi besiedelte alle Andelrasen; maximale Individuendichten traten bei Salzkonzentrationen um 20 ‰ auf. Im Jahresmittel wurden Aggregationsdichten von 3.7 Ind./10 cm² (1.4 bis 9.0) bei Aggregatfrequenzen von 30.3 % (13.0 bis 70.6 %) ermittelt. Zu allen Jahreszeiten wurden Tiere aller Reifeklassen gefunden, in jeder Probestelle ist ein eigenständiger Entwicklungszyklus ausgebildet. Werden alle Parallelproben zusammengefaßt, so ergibt sich kontinuierliche Reproduktion der Art.

Parautelga bilioi gilt als charakteristische Salzwiesenart der Nord- und westlichen Ostsee; auch in der Kieler Bucht wird der untere Andelrasen bevorzugt (Ax 1960; Bilio 1964; Schilke 1970; Den Hartog 1977; Karling 1980).

Zonorhynchus pipettiferus besiedelt polyhaline sandige Andelrasen. Hellwig (1987) fand sie in detritusreichem Sand und schlickigen Spartinabeständen des Polyhalinicums. Somit scheint *Z. pipettiferus* auf polyhaline, detritusreiche Stillwassergebiete angewiesen zu sein.

Zonorhynchus salinus besiedelt fein- bis schlicksandige, polyhaline Wiesen. Keine der Fundstellen trocknete im Untersuchungszeitraum völlig aus. Mit einer mittleren Aggregationsdichte von 2.3 Ind./10 cm^2 und einer mittleren Frequenz von 19.7 % war *Z. salinus* etwa ebenso häufig wie *Z. pipettiferus*. Die Jungtiere beider Arten konnten nicht unterschieden werden und bleiben hier unberücksichtigt.

Z. salinus ist bisher aus Spartinabeständen, unteren Andelrasen und detritusreichem Feinsand der Nordseeküste und aus sublitoralen, bevorzugt detritusreichen Sanden der westlichen Ostsee bekannt (Ax 1951, 1960; Karling 1952; Bilio 1964; Hellwig 1987). Damit ist die Art detritusreichen (?sandigen) Böden polyhaliner Stillwasserzonen zuzuordnen.

Placorhynchus octaculeatus, P. dimorphis, P. tetraculeatus. Die Jungtiere dieser Arten sind nicht voneinander zu trennen, alle Angaben beziehen sich ausschließlich auf bestimmbare Stadien.

– *Placorhynchus octaculeatus* besiedelt beweidete wie unbeweidete Wiesen; maximale Individuendichten wurden bei Salzkonzentrationen um 10 ‰ gefunden.

– *Placorhynchus dimorphis* wurde nur von Mai bis Juli bei Salzkonzentrationen unter 10 ‰, meist unter 5 ‰ gefunden. In den Fundstellen wurde ca. 6 Monate lang keine höhere Salzkonzentration gemessen.

– *Placorhynchus tetraculeatus* wurde nur im unbeweideten „Nielönn" (B) bei Salzkonzentration zwischen 5 und 7 ‰ gefunden. Reife Individuen traten zwischen Dezember und Juli auf, stets in geringen Dichten.

Placorhynchus dimorphis wurde von Karling (1947) als Unterart von *P. octaculeatus* beschrieben. Seither wurden beide häufig gefunden, ohne daß jemals Übergangsformen aufgetreten wären (Ax 1951, 1954 a, 1956 a, 1959, 1960; Karling 1952, 1963, 1974; Schilke 1970; Straarup 1970; Schmidt 1972 b; Van der Velde 1976; Den Hartog 1977). Die Kutikularbildungen von *P. dimorphis* aus der Uferzone des Schwarzen Meeres stimmen bis in feine Einzelheiten mit der

Beschreibung der „Unterart" *P. o. dimorphis* aus dem Finnischen Meerbusen durch KARLING (1947) überein (Ax 1959, p. 136). Eine taxonomische Abgrenzung beider Formen erscheint damit gerechtfertigt, ich behandle *P. dimorphis* als eigenständige Art.

P. octaculeatus und *P. dimorphis* sind in der Ostsee, der europäischen Atlantikküste, dem Mittelmeer und im Schwarzen Meer verbreitet (vgl. KARLING 1974, p. 51). Meist trat *P. dimorphis* gemeinsam mit *P. octaculeatus* auf, aber in geringerer Abundanz (Ax 1959; STRAARUP 1970). Dies war auch im Untersuchungsgebiet der Fall. Offenbar bevorzugen beide Arten ähnliche Habitate, *P. octaculeatus* hat aber einen weiteren Toleranzbereich. *P. tetraculeatus* besiedelte im Untersuchungsgebiet ein noch engeres Areal als *P. dimorphis*. Bisher wurde meist nicht zwischen *P. octaculeatus* und *P. dimorphis* differenziert, eine genauere Analyse von Verbreitung und Verteilung beider Arten kann daher noch nicht erfolgen.

Psittacorhynchus verweyi besiedelt eu- bis polyhaline untere Andelrasen und Anlandungszonen in geringer Dichte. In höheren Wiesenzonen trat die Art nur nach Sturmfluten auf. Bisher ist *P. verweyi* aus schlickigen Sandflächen des oberen Eulitorals und aus euhalinen Salzwiesen bekannt (DEN HARTOG 1968; SCHILKE 1970; DITTMANN & REISE 1985; HELLWIG 1987). Mit den neuen Funden wird die Bindung an eu- bis polyhaline Stillwasserbiotope bestätigt.

Prognathorhynchus canaliculatus ist mit bis zu 3 mm Körperlänge auf Böden mit hinreichend großem Lückensystem oder auf Weichböden angewiesen. Unter dieser Einschränkung trat die Art vom mAR bis in die SNR bzw. SBW auf. Maximale Individuendichten wurden bei Salzkonzentrationen zwischen 10 und 20 ‰ beobachtet. *P. canaliculatus* kann beim Eintreten ungünstiger Umweltbedingungen Cysten bilden, der Durchmesser der Cysten beträgt etwa 1/3 der Körperlänge frei schwimmender Tiere.

Im Ostseeraum ist *P. canaliculatus* weit verbreitet. Im Finnischen Meerbusen besiedelt sie alle Biotope von sublitoralem Lehm bis supralitoralem Grobsand, in der westlichen Ostsee wurde sie meist im „Küstengrundwasser" und in Salzwiesen angetroffen, an der Nordsee nur noch in supralitoralen Biotopen (KARLING 1947, 1955, 1963; Ax 1951, 1954 a, 1956 a; BILIO 1964; DEN HARTOG 1977). Durch diese Form der Brackwassersubmergenz ist *P. canaliculatus* als spezifische Brackwasserart ausgewiesen (vgl. Ax 1956 b).

Provortex karlingi erreichte in polyhalinen Salzwiesenarealen maximale Abundanzen; bei 10 bis 20 ‰ war die Dichte deutlich geringer (*). Damit ist die Art in uAR häufig anzutreffen, in höhergelegenen Wiesen trat sie nur auf, wenn die Salzkonzentration infolge Sturmfluten angestiegen war.

Im unbeweideten AR B wurde eine mittlere Aggregationsdichte von 5.3 (2.3

bis 9.0) Ind./10 cm^2 und eine mittlere Aggregatfrequenz von 22.6 % (11.1 bis 51.9 %) festgestellt (ohne Jungtiere). Hier wurden 2 Generationen pro Jahr gebildet. In den höhergelegenen Gebieten war die Art nicht ganzjährig anzutreffen und es wurde nur eine Generation pro Jahr ausgebildet.

P. karlingi ist in sub- bis supralitoralen Sandböden der gesamten Ostsee verbreitet, in der westlichen Ostsee dringt sie auch in die Salzwiesen ein, in der Nordsee und an der norwegischen Atlantikküste ist sie auf das obere Eulitoral und das Supralitoral beschränkt (Ax 1951, 1954 a; Luther 1962; Bilio 1964; Schmidt 1972 a, b; Den Hartog 1977). Funde in schlammigen Wiesenböden zeigen, daß die Art wenig substratspezifisch ist (Bilio 1964, diese Untersuchung). Die Otoplanenzone der Kieler Bucht wird nur bei ruhigen Wetterlagen besiedelt, bei stärkerem Seegang war *P. karlingi* nur in den anschließenden, weniger exponierten Zonen zu finden (Ax 1951). Damit ist *Provortex karlingi* poly- bis mesohalinen Stillwasserbiotopen zuzuordnen.

Provortex pallidus wurde nur bei Salzkonzentrationen unter 15‰ gefunden, maximale Dichten ergaben sich zwischen 5 und 10‰. Entsprechend liegen die Fundstellen in den oAR und SNR (SBW). Substratabhängigkeit der Siedlungsdichte war nicht feststellbar. Mit einer mittleren Aggregationsdichte von 13.9 (1.6 bis 26.0) Ind./10 cm^2 und einer mittleren Aggregatfrequenz von 54.4 % (16.5 bis 91.6 %) war *P. pallidus* eine dominante Art der SBW.

Im Finnischen Meerbusen besiedelt *P. pallidus* das Sublitoral, die Uferzone und die ufernahen Wiesen, in der westlichen Ostsee und an der Nordseeküste die Salzwiesen (Luther 1948, 1962; Ax 1960; Den Hartog 1977). Nach Den Hartog (1977) ist sie weitgehend auf das Meso- und Oligohalinicum beschränkt. Auch die Funde im Untersuchungsgebiet stammen aus diesem Bereich. Damit ist die Art meso- bis oligohalinen Stillwasserbiotopen zuzuordnen. Im Untersuchungsgebiet war sie weitgehend substratunspezifisch verteilt, eine spezifische Bindung an Salzwiesen ist daher nicht zu erwarten.

Provortex tubiferus besiedelte nur vegetationsarme Stellen des unteren Andelrasens (B). Bisher ist *P. tubiferus* nur aus der westlichen Ostsee, der europäischen Atlantikküste und der Nordsee bekannt (Ax 1951; Luther 1962; Karling 1974; Den Hartog 1977). Den Hartog (1977) fand sie nur in eu- und polyhalinen Sand- und Schlickflächen und in Salzwiesenprielen. Damit scheint sie auf eu- und polyhaline Stillwassergebiete angewiesen zu sein. Als Diatomeenesser findet *P. tubiferus* besonders in vegetationslosen Gebieten günstige Bedingungen.

Vejdovskya halileimonia war nur in unbeweideten Wiesen mit Salzkonzentrationen über 10‰ regelmäßig anzutreffen. In Probestellen hoher Abundanz wurden Salzkonzentrationen von 20‰ und mehr gemessen. Im unbeweideten

Andelrasen „Nielönn" (B) wurde im Jahresmittel eine Aggregationsdichte von 13 Ind./10 cm² (2.2 bis 36.9) und eine Aggregatfrequenz von 43.1 % (14.5 bis 75 %) festgestellt. Von Mai 1982 bis Mai 1983 reiften 4 Generationen heran; ihre gegenseitigen Beziehungen können nicht aufgelöst werden.

Bisher ist *Vejdovskya halileimonia* nur aus Salzwiesen der westlichen Ostsee, der Nordsee und der norwegischen Atlantikküste bekannt (Ax 1960; Bilio 1964; Van der Velde 1976; Den Hartog 1977). Den Hartog (1977) fand sie nur in eu- und polyhalinen Salzwiesen. Nach der Verteilung im Untersuchungsgebiet wird das Polyhalinicum bevorzugt.

Vejdovskya ignava besiedelte sandige Böden mesohaliner Wiesen. Die mittlere Aggregationsdichte lag bei 4 Ind./10 cm², die Aggregatfrequenzen schwankten – je nach Sedimentzusammensetzung – stark. Werden alle gemeinsam mit bestimmbaren Stadien gefundenen Jungtiere der Art *V. ignava* zugeordnet, so ergeben sich maximale Aggregationsdichten von 18 Ind./10 cm² (C).

V. ignava ist bisher nur aus meso- bis oligohalinen Sandbiotopen bekannt: sub- bis supralitoraler Feinsand bis Kies des Finnischen Meerbusen, ein brackiger Strandtümpel der Nordsee, Cyanophyceensand der französischen Mittelmeerküste (Ax 1951, 1954 a, 1956 a; Luther 1962; Ax & Ax 1970). Damit ist *V. ignava* als spezifische Brackwasserart sandiger Biotope anzusehen.

Vejdovskya mesostyla ist eng an sandige Böden geringer Salinität gebunden. Insgesamt wurden 13 Tiere gefunden, 2 der Subspecies *V. mesostyla hemicycla* Ax, 1960 (beide C); 10 *V. mesostyla mesostyla* Ax, 1954. Ein stärker gequetschtes Individuum zeigte zunächst die Stilettform der Subspecies *hemicycla;* bei vermindertem Deckglasdruck änderte sich die Form des Flagellums zu einem intermediären Zustand.

Bisher war *V. mesostyla* nur aus der Ostsee bekannt: die Subspecies *mesostyla* besiedelt die Feuchtsandzone des Finnischen Meerbusens bei Salzkonzentrationen von 5‰ und darunter (Ax 1954 a). In der westlichen Ostsee besiedelt die Subspecies *hemicycla* den unteren Rotschwingelrasen bei Salzkonzentrationen um 4‰ (Ax 1960; Bilio 1964). Mit vorliegender Untersuchung sind beide Subspecies erstmals in der Nordsee nachgewiesen. Wie *V. mesostyla hemicycla* in der Kieler Bucht, besiedeln beide Subspecies hier meso- bis oligohaline Strandnelkenrasen.

Vejdovskya pellucida besiedelt sandige Böden und reinen Feinsand bei Salzkonzentrationen von 10 bis 20‰. Im beweideten oAR (A) wurde eine mittlere Aggregationsdichte von 8.1 Ind./10 cm² (2.6 bis 17.1) bei einer mittleren Aggregatfrequenz von 54 % (41.7 bis 91.7 %) gefunden. In sandigem Wiesenboden an einem Salzwiesenpriel waren es bis zu 33 Ind./10 cm². Der Lebenszyklus ist bivoltin, Cystenbildung ist wahrscheinlich.

V. pellucida ist eine spezifische Art des mesohalinen Brackwassers; ihre Verbreitung reicht vom Finnischen Meerbusen über die westliche Ostsee, die norwegische Atlantikküste, die Nordsee und das Mittelmeer bis ins Schwarze Meer (AX 1951, 1956 a; LUTHER 1962; BOADEN 1963; BILIO 1964; STRAARUP 1970; SCHMIDT 1972 a, b; VAN DER VELDE 1976). Die meisten Funde stammen aus Feuchtsand der Uferzone, in der Kieler Bucht und an der norwegischen Küste trat *V. pellucida* auch in Salzwiesen auf (BILIO 1964; VAN DER VELDE 1976). Aus ständig wasserbedeckten Biotopen wurde sie bisher nicht gemeldet. Damit ist *V. pellucida* als Bewohner mesohaliner Feuchtböden anzusehen.

Vejdovskya simrisiensis. Nur ein reifes Individuum in eingewehtem Dünensand (mesohalin) der Salzwiese „Raantem Inge" (C). Im gleichen Gebiet trat auch *V. pellucida* auf. Jungtiere beider Arten sind nicht zu unterscheiden, vermutlich gehören auch einige der Jungtiere zu *V. simrisiensis.*

Bisher ist die Art nur aus dem „Küstengrundwasser" der schwedischen Ostküste und aus der Feuchtsandzone des oberen Hangs bei Tromsö bekannt (KARLING 1957; SCHMIDT 1972 b). Der neue Fund in mesohalinem Dünensand legt die Vermutung einer Bindung an mesohaline Sandbiotope nahe.

Baicalellia brevituba bevorzugt kleine, längere Zeit wassergefüllte Bodensenken; eine Korrelation zur Salzkonzentration war nicht zu erkennen. In unbeweideten Salzwiesen wurden nur im Frühjahr höhere Individuendichten festgestellt. Die dichteste Population wurde in Fahrspuren einer beweideten Wiese (A) gefunden: Jahresmittel der Aggregationsdichte 135 Ind./10 cm^2 (6.7 bis 412). Aggregatfrequenzen von 5 bis 15 % weisen auf den geringen Flächenanteil der Fahrspuren hin.

Im Ostseeraum besiedelt *Baicalellia brevituba* alle Böden außer der Otoplanen-Zone, bis 10 m Wassertiefe (AX 1954 b; LUTHER 1962; KARLING 1974). BILIO (1964) fand sie in Salzwiesen der Nord- und Ostsee und vermutet, daß reicher Diatomeenbestand die Entfaltung der Art fördert. Die Verteilung im Untersuchungsgebiet stützt diese Vermutung: hohe Individuendichten wurden nur in Regionen mit geringer Vegetationsdichte gefunden.

Coronopharynx pusillus besiedelte nur das unbeweidete „Nielönn". Reife Individuen wurden in geringer Dichte von Juni bis September (1982) im gesamten Wiesengelände angetroffen, stets in oligohalinem Milieu. Bisher ist *C. pusillus* nur aus dem „Küstengrundwasser" der schwedischen Ostseeküste und aus dem Finnischen Meerbusen bekannt (LUTHER 1962). Alle bisher bekannten Funde stammen aus Gebieten mit geringen Salzkonzentrationen.

Bresslauilla relicta trat von Juni bis September 1982 in geringer Dichte im unbeweideten Andelrasen „Nielönn" auf, dabei ist die Entwicklung einer Generation nachvollziehbar. Später wurde sie nur noch vereinzelt gefunden, als biotopeigene Art kann sie nur im ersten Zeitraum gelten.

Bresslauilla relicta ist von der Ostsee über die Nordsee und das Mittelmeer bis ins Schwarze Meer verbreitet. Dabei werden auch reine Süßwassergebiete des Binnenlandes besiedelt. Sie gilt als holeuryhalin (Ax 1956 a, b, 1959; LUTHER 1962; EHLERS 1973; KARLING 1974). Im Untersuchungsgebiet konnte sie jeweils nur bei annähernd konstanten Salzkonzentrationen festgestellt werden. Vermutlich verträgt *B. relicta* die kurzfristig auftretenden, starken Konzentrationswechsel nicht.

Pseudograffilla arenicola besiedelt nicht austrocknende Wiesen mit Salzkonzentrationen über 10‰. Mit 9.5 Ind./10 cm^2 (1.6 bis 18) je Aggregat und einer Aggregatfrequenz von 23.2 % (14.7 bis 36.7 %) waren die höchsten Dichten von Oktober bis Juni bei Salzkonzentrationen von 15 bis 30‰ festzustellen. In Regionen, in denen sich *Ptychopera hartogi* oder *Proxenetes cisorius* massenhaft vermehrten, war die räuberische *P. arenicola* regelmäßig in hohen Aggregationsdichten anzutreffen.

Pseudograffilla arenicola ist in detritusreichen, lenitischen Biotopen des Eu-, Poly- und Mesohalinicums weit verbreitet (LUTHER 1948; Ax 1956 a; BILIO 1964; STRAARUP 1970; EHLERS 1973; KARLING 1974; DEN HARTOG 1977). Nach BILIO (1964) überschreitet sie die Wasserlinie nur in sehr geringem Maße und ist deshalb nur im unteren Andelrasen anzutreffen. Die Verteilung im Untersuchungsgebiet zeigt, daß *P. arenicola* keineswegs auf den unteren Andelrasen beschränkt ist. Vielmehr werden alle Wiesenzonen besiedelt, die über ein geeignetes Lückensystem verfügen und hinreichend feucht sind. Ausgenommen hiervon ist nur die ständig oligohaline oberste Wiesenzone.

3. Lebenszyklen

In den monatlich untersuchten Regionen der Salzwiesen A und B waren 39 Plathelminthenarten häufig genug, um hinreichend begründbare Hypothesen zu ihren Lebenszyklen abzuleiten. Neben der zeitlichen Änderung der Verteilung der Individuen über die Reifeklassen wurden dabei auch weitere Informationen wie kleinräumige Reifeunterschiede, Entwicklung der Körpergrößen und Aggregationsdichten berücksichtigt.

Die Mehrzahl der Arten zeigt einjährige, univoltine Lebenszyklen; ein bivoltiner Zyklus (zwei halbjährige Generationen pro Jahr) ist bei 6 Arten ausgebildet (Tab. 11). Plurivoltine Zyklen sind dagegen nicht sicher nachweisbar: bei den 3 hier als „plurivoltin" bezeichneten Arten reifen 3 oder 4 Generationen pro Jahr heran, deren gegenseitiges Abhängigkeitsverhältnis nicht geklärt werden konnte.

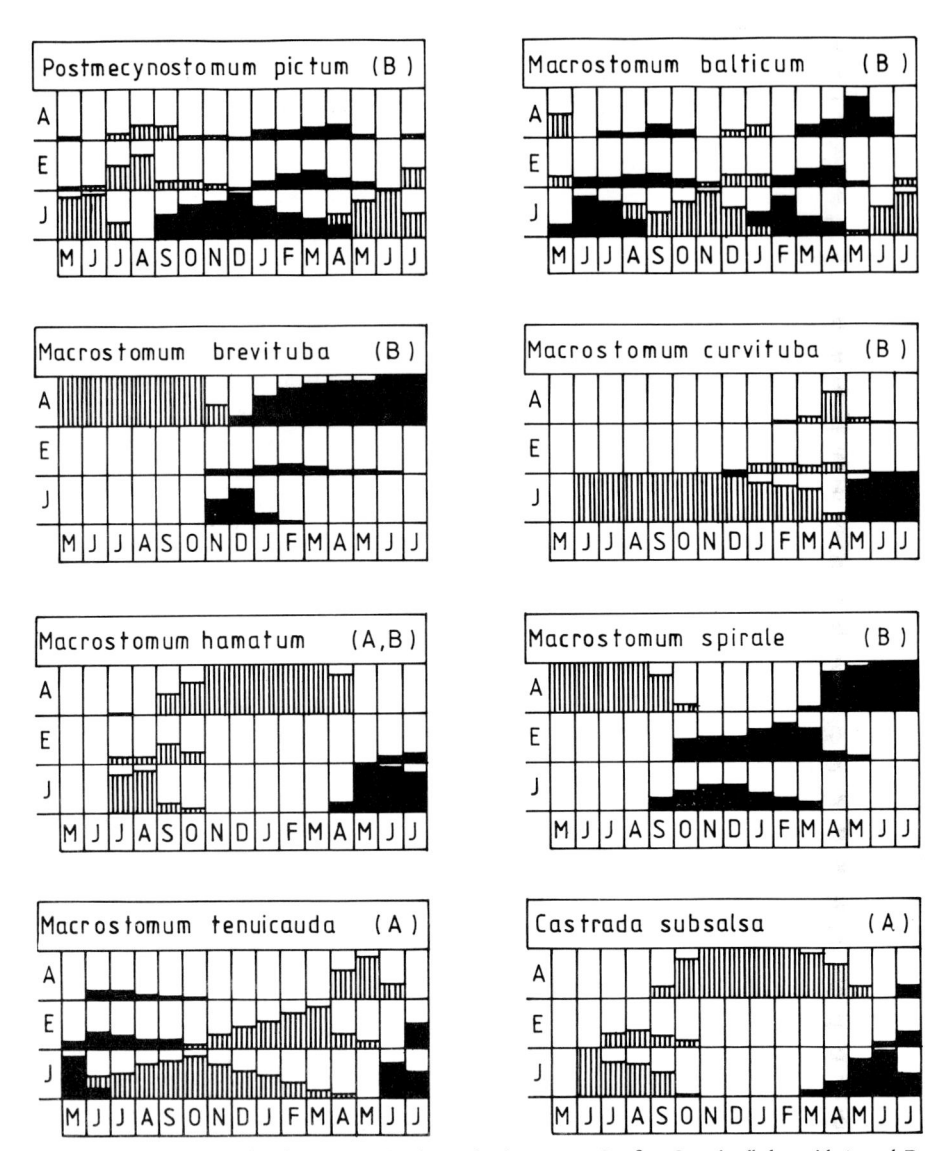

Abb. 12. Lebenszyklen häufiger Arten in den Salzwiesen A („Großer Gröning", beweidet) und B („Nielönn", unbeweidet). Prozentuale Anteile der Entwicklungsstadien an der Population. Gleiche Farbe bedeutet Zugehörigkeit zu einer Generation.

Einige der „univoltinen" Arten können unter günstigen Bedingungen auch 2 Generationen pro Jahr hervorbringen.

Provortex karlingi benötigt 4 bis 6 Monate für einen Generationszyklus, damit sollten zwei Zyklen pro Jahr möglich sein. Zwei Zyklen wurden nur in

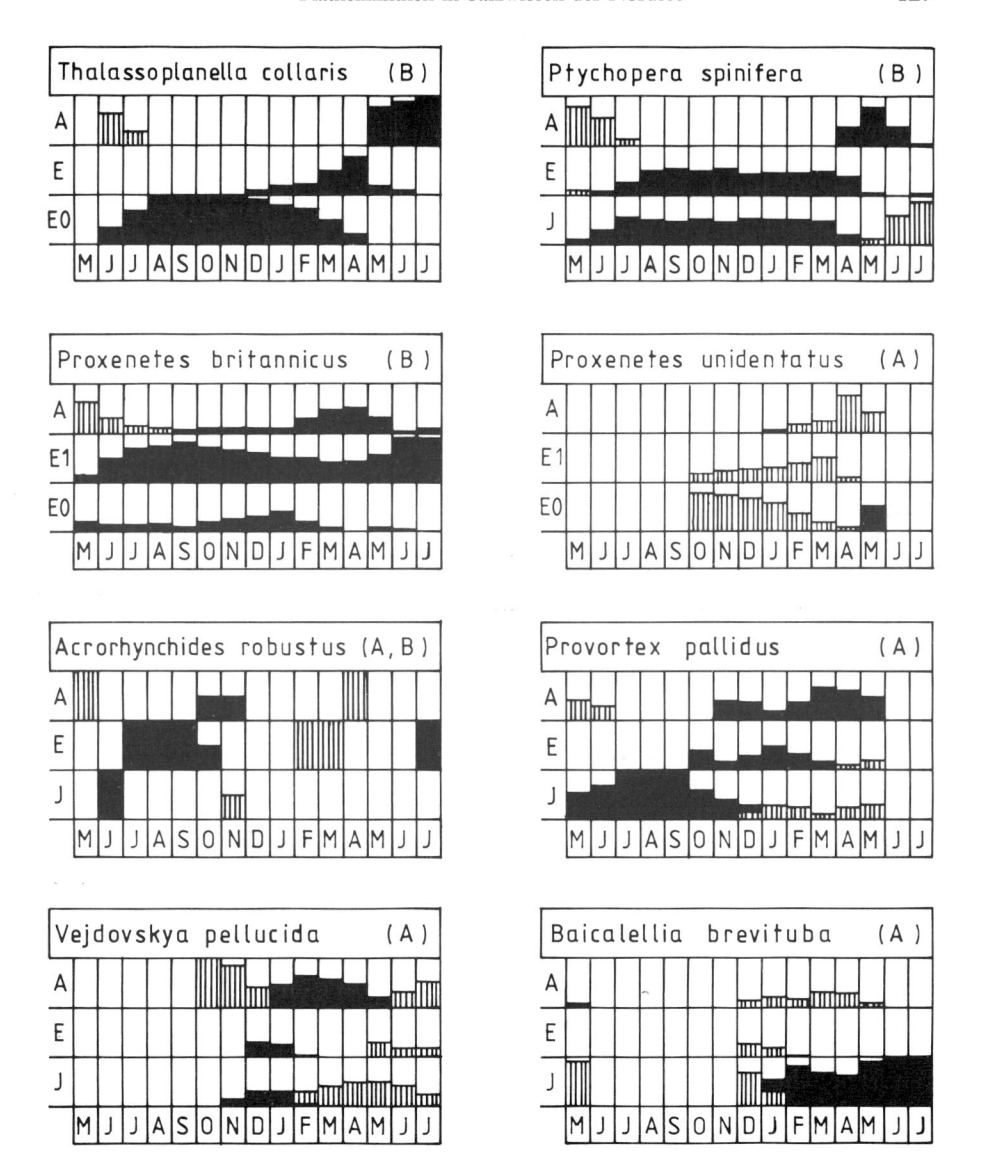

Salzwiesen vorgefunden, die bei hinreichender Feuchtigkeit ganzjährig geeignete Salzkonzentrationen aufweisen (C, unterer und mittlerer AR in B). In den anderen Wiesen wurde nur ein Zyklus pro Jahr beobachtet, ungünstige Phasen wurden im Eistadium überdauert. Analoges gilt auch für *Provortex pallidus* und

Tabelle 11: Lebenszyklen häufiger Plathelminthen der Sylter Salzwiesen.
u: uni-, b: bi-, p: plurivoltin; G: Generationsdauer (Jahre); *: Lebenszyklus ist abgebildet (Abb. 12).

Art	L	G	Art	L	G
* *Postmecynostomum pictum*	u	½	* *Proxenetes britannicus*	u	1
			Proxenetes cimbricus	u	1
* *Macrostomum balticum*	p	?	*Proxenetes cisorius*	u	1
* *Macrostomum brevituba*	u	1	*Proxenetes deltoides*	u	1
* *Macrostomum curvituba*	u	1	*Proxenetes karlingi*	u	1
* *Macrostomum hamatum*	u	1	*Proxenetes minimus*	u	1
* *Macrostomum spirale*	u	1	*Proxenetes pratensis*	u	1 / ½
* *Macrostomum tenuicauda*	u	1	*Proxenetes puccinellicola*	u	1
			* *Proxenetes unidentatus*	u	1
Minona baltica	u	1			
			* *Acrorhynchides robustus*	b	½
Olisthanellinella rotundula	u	1	*Parautelga bilioi*	p	?
Pratoplana salsa	b	½	*Placorhynchus octaculeatus*	u	1
* *Castrada subsalsa*	u	1	*Placorhynchus dimorphis*	u	1
* *Thalassoplanella collaris*	u	1	*Placorhynchus tetraculeatus*	u	1
Westbladiella obliquepharynx	b	½			
Promesostoma serpentistylum	b	1	*Provortex karlingi*	u	½ / 1
Lutheriella diplostyla	b	½ – 1	* *Provortex pallidus*	u	1
Ptychopera ehlersi	u	1	*Vejdovskya halileimonia*	p	?
Ptychopera hartogi	u	1	* *Vejdovskya pellucida*	b	½
* *Ptychopera spinifera*	u	1	* *Baicalellia brevituba*	u	1
Ptychopera westbladi	u	1	*Pseudograffilla arenicola*	u	1

Proxenetes pratensis. Auch bei einigen weiteren Arten kann eine (individuenarme) Zwischengeneration nicht ausgeschlossen werden.

Die meisten Arten bevorzugen einen bestimmten Salzkonzentrationsbereich, der meist nur in wenigen Monaten des Jahres ausgebildet war (vgl. Abb. 4). In diesen günstigen Phasen vollzieht sich die Individualentwicklung; unter ungünstigen Bedingungen stagniert sie auch bei Arten, für die Encystierung nicht nachgewiesen werden konnte.

In verschiedenen Wiesenzonen sind die für eine Art günstigen Bedingungen zu verschiedenen Zeiten gegeben und die Dauer günstiger Phasen ist unterschiedlich: die Individuen einer Art reifen in den einzelnen Wiesenzonen daher unterschiedlich schnell heran. *Ptychopera hartogi* liefert hierfür ein extremes Beispiel: im uAR war die Populationsentwicklung bereits im Dezember weitgehend abgeschlossen, im oAR dauerte sie bis zum Juni. Bei *Parautelga bilioi* zeigte sich dieser Effekt in den Kleinsthabitaten einer Wiesenzone: viele kleine „Populationen" mit unterschiedlichen Reifezeiten zusammengefaßt resultieren in kontinuierlicher Reproduktion.

In der Regel ist der Fortpflanzungszeitraum gut mit der bevorzugten Salzkonzentration korreliert. Arten, die geringe Konzentrationen bevorzugen, zeigen maximale Populationsreife im Sommer und Herbst, Arten, die höhere Konzentrationen fordern, in den Winter- und Frühjahrsmonaten (sofern sie in Gebieten siedeln, die zeitweise stärker aussüßen).

Westbladiella obliquepharynx hat einen bivoltinen Lebenszyklus. Maximale Anteile reifer Individuen wurden im mAR des „Nielönn" etwa drei Monate früher beobachtet als im oAR. In der Übergangszone treffen beide Populationsteile aufeinander, hier sind Maxima reifer Tiere in dreimonatlichem Abstand zu verzeichnen. Bei *Promesostoma serpentistylum* wurden zwei Generationen pro Jahr verzeichnet, die aber nicht aufeinander folgen, sondern um ca. 6 Monate zeitversetzt heranreifen. Zeitversetzt reifende Populationsteile wurden auch bei *Provortex pallidus* beobachtet.

4. Vergleich der Verteilung nahe verwandter Arten

7 Gattungen sind mit wenigstens 3 häufigeren Arten in den Sylter Salzwiesen vertreten: *Macrostomum* (9 Arten), *Proxenetes* (14), *Ptychopera* (4), *Placorhynchus* (3), *Zonorhynchus* (3), *Provortex* (5) und *Vejdovskya* (5). Aus dem Verteilungsmuster jeder Art ergibt sich das Spektrum potentiell besiedelbarer Biotope. Mit der Häufigkeit des Auftretens der Art unter bestimmten Umweltbedingungen und der jeweils erreichten Individuendichte läßt sich dieses Siedlungsgebiet unterteilen in einen selten und in geringer Dichte besiedelten Randbereich und in ein Siedlungszentrum.

Häufiges Auftreten im Siedlungszentrum mit hoher Individuendichte deutet auf günstige, geringe Abundanzen im Randbereich auf schlechtere Umweltbedingungen hin. Durch Salzkonzentrationen, Vorhandensein von Vegetation und Bodentyp lassen sich die offenbar günstigen Umweltbedingungen im Siedlungszentrum beschreiben und graphisch darstellen (Arten, die ein grobes Lückensystem fordern, werden in der graphischen Darstellung dem Bodentyp „Sand" bzw. „sandig" zugeordnet, auch wenn sie substratunspezifisch sein sollten). Ist ein Teil des Siedlungszentrums nicht durch Probestellen dieser Untersuchung belegbar, so ist dies durch punktierte Linien verdeutlicht.

Macrostomum (Abb. 13)

Macrostomum hystricinum wurde nur einmalig gefunden und nicht weiter berücksichtigt. *M. brevituba* besiedelt nur den „oberirdischen Wurzelraum" einer naturnahen Wiese.

Als Diatomeenesser bevorzugt *M. pusillum* vegetationslose Areale. *M. balticum* wurde bevorzugt in polyhalinen Gebieten mit und ohne Vegetation gefun-

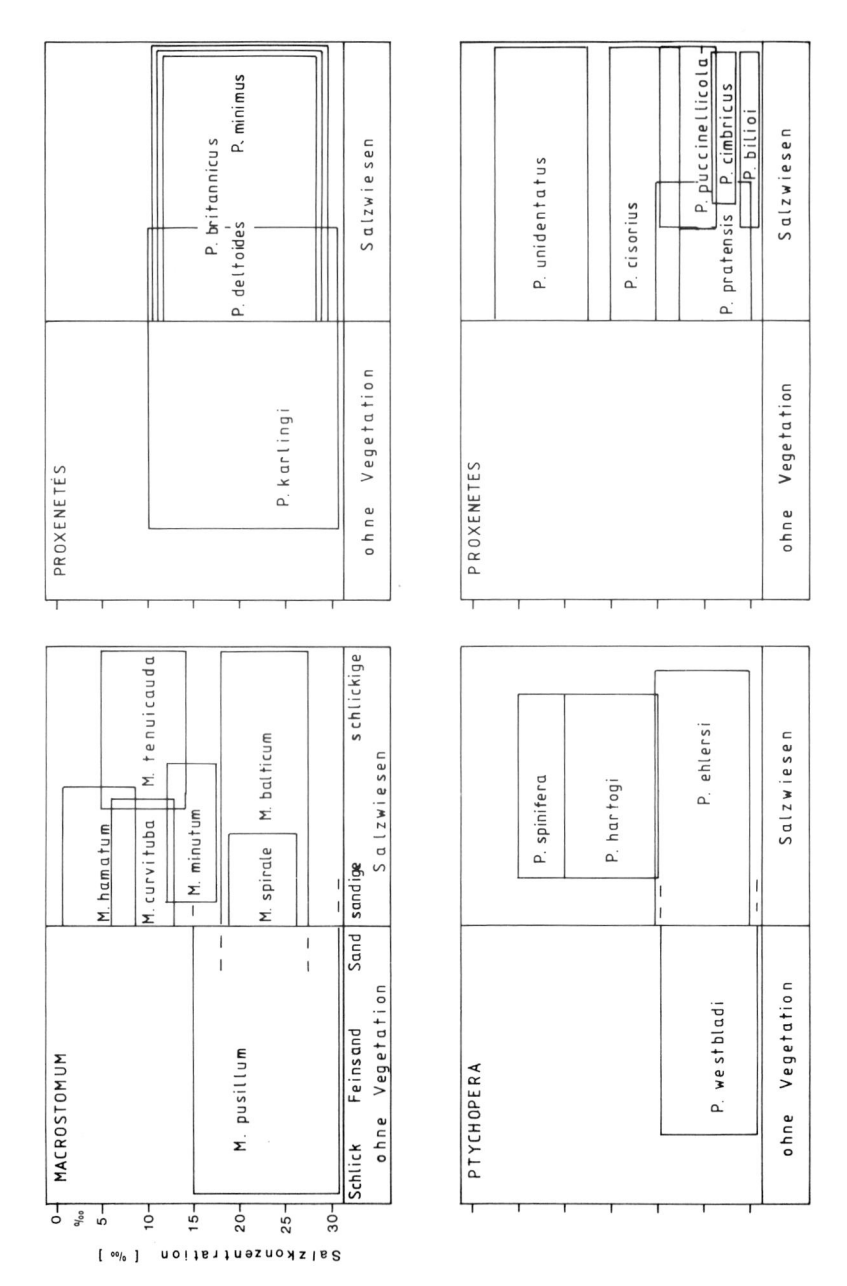

Abb. 13 – 20. Verteilungsmuster congenerischer Arten im Brackwasser der Salzwiesen und in vergleichbaren vegetationslosen Gebieten. Dargestellt sind die hinsichtlich Salinität und Bodenzusammensetzung schwerpunktmäßig besiedelten Regionen in den Salzwiesen der Insel Sylt.

Plathelminthen in Salzwiesen der Nordsee   133

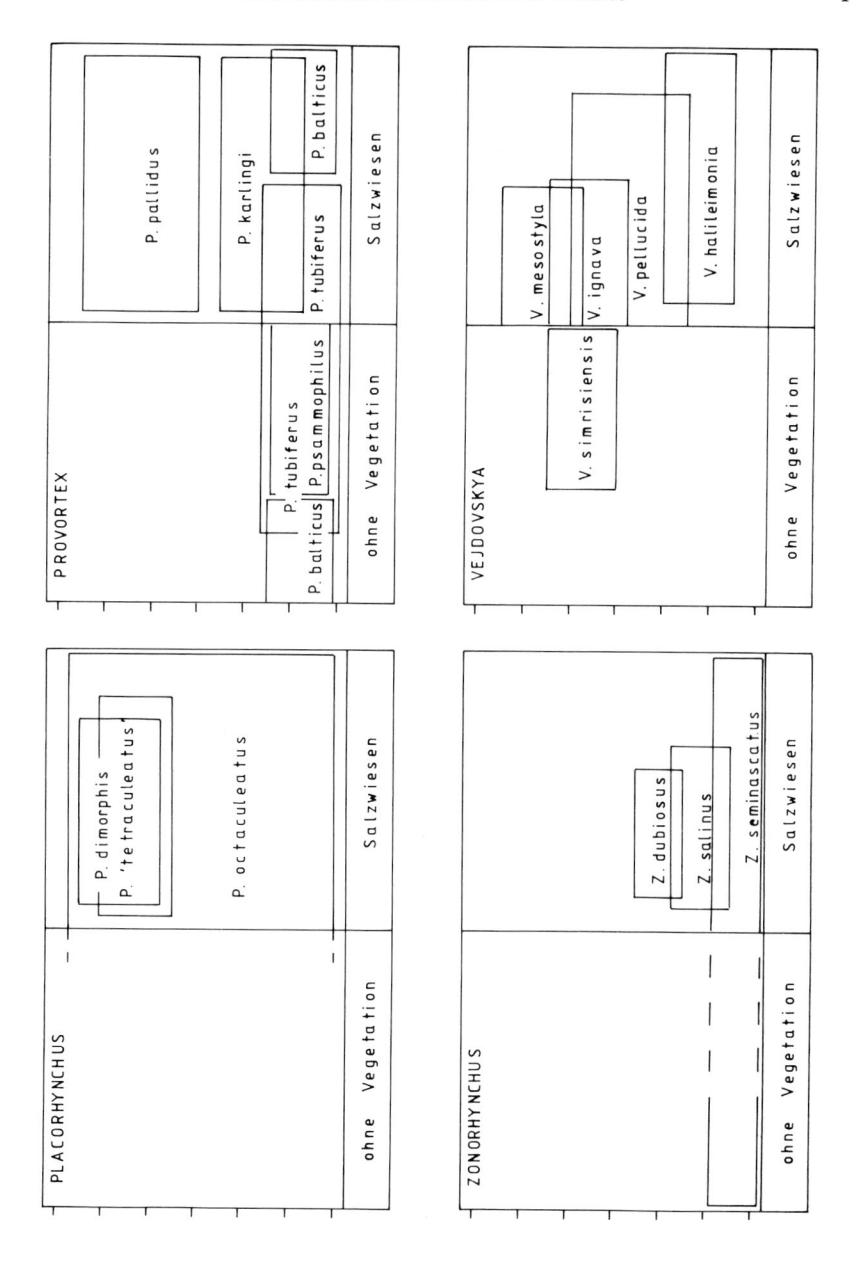

den. In polyhalinen Wiesenzonen mit grob strukturierten Böden wird sie durch die größere *M. spirale* verdrängt.

Die mesohalinen Wiesenzonen werden von *M. curvituba* (fordert grobes Lückensystem), *M. minutum* (auch in feineren, sandigen Böden) und *M. tenuicauda* eingenommen. *M. tenuicauda* besiedelt auch schlickig-schammige Zonen des Oligohalinicums. Auch *M. hamatum* bewohnt das Oligohalinicum, ihrer Körpergröße entsprechend ist sie auf grob strukturierte Böden angewiesen.

Ptychopera (Abb. 14)

Spezifische Salzwiesenbewohner sind nur *P. hartogi* (unbeweidete Wiesen mit 10 bis 20‰ Salzkonzentration) und *P. spinifera* (unbeweidete Wiesen mit 5 bis 10‰ Salzkonzentration). *P. ehlersi* und *P. westbladi* sind dem Polyhalinicum zuzuordnen. *P. ehlersi* besiedelt neben polyhalinen Salzwiesen auch die mit *Spartina* und Queller bestandenen Anlandungszonen. *P. westbladi* wird vorzugsweise in detritusreichem Feinsand des oberen Eulitorals sowie in Salzwiesenprielen und -Tümpeln gefunden.

Proxenetes (Abb. 15, 16)

Nur 10 der 14 Arten sind als in supralitoralen Salzwiesen habitateigen anzusehen. *P. quinquespinosus* besiedelt auf Sylt bevorzugt das Sandwatt. *P. intermedius* und *P. segmentatus* werden in der schlicksandigen Übergangszone Watt-Salzwiesen (Eu- bis Polyhalinicum) am häufigsten gefunden. *P. simplex* scheint detritusreiche Stillwasserzonen des Eu- bis Polyhalinicums zu bevorzugen.

Die 10 in Salzwiesen siedelnden Arten lassen sich in zwei Gruppen unterteilen. *Proxenetes deltoides*, *P. karlingi*, *P. minimus* und *P. britannicus* sind bei allen Salzkonzentrationen zwischen 10 und 30 ‰ aktiv, eine Bevorzugung eines engeren Bereiches ist nicht nachweisbar. *P. karlingi* scheint ständig feuchte, feinsandige Areale zu bevorzugen. Die anderen drei Arten sind weitgehend substratunspezifisch und werden häufig gemeinsam gefunden.

Die Arten der zweiten Gruppe unterscheiden sich recht deutlich in ihren Substrat- und/oder Salinitätsansprüchen. *P. bilioi* besiedelt Schlick bis Schlicksand des oberen Eulitorals, in dem die Salzkonzentration geringeren Schwankungen unterworfen ist. *P. pratensis* bevorzugt sandige Böden, *P. cimbricus* und *P. puccinellicola* schlickige Böden polyhaliner Gebiete. Die größere *P. puccinellicola* wurde dabei meist in oberflächlich trockenen Böden angetroffen, *P. cimbricus* bevorzugt dagegen kleine Senken und den Randbereich kleiner Wiesentümpel. *P. cisorius* besiedelt bevorzugt die poly- bis mesohalinen Wiesenzonen, *P. unidentatus* die höhergelegenen meso- bis oligohalinen Salzwiesenböden.

Placorhynchus (Abb. 17)

Die 3 Arten scheinen sich nur in ihren Salinitätsansprüchen zu unterscheiden. *P. octaculeatus* hat den weitesten Toleranzbereich, *P. tetraculeatus* den engsten. Entsprechend wurde *P. octaculeatus* in vielen Wiesen angetroffen, und innerhalb ihres Siedlungsgebietes trat häufig auch *P. dimorphis* auf. *P. tetraculeatus* wurde dagegen nur in einer Wiesenzone gefunden, in der auch die beiden anderen Arten siedeln.

Zonorhynchus (Abb. 18)

Z. seminascatus ist für schlickig-sandige Zonen des oberen Eulitorals typisch. *Z. salinus* und *Z. pipettiferus* besiedeln die fein- bis schlicksandigen Übergangszonen Watt – Andelrasen. Dabei hat *Z. pipettiferus* die größere Aussüßungstoleranz.

Provortex (Abb. 19)

P. psammophilus besiedelt bevorzugt eulitorale Sandflächen, *P. balticus* schlickig- bis schlicksandige, nicht austrocknende Stillwasserzonen, und *P. tubiferus* vegetationslose Stillwasserbiotope (Diatomeenesser). Typische Salzwiesenbewohner sind nur *P. karlingi* (polyhaline Salzwiesen) und *P. pallidus* (meso- und oligohaline Wiesen).

Vejdovskya (Abb. 20)

Von den 5 Arten kann nur *V. halileimonia* als weitgehend substratunspezifisch angesehen werden. Sie besiedelt die Bodenoberfläche und, bevorzugt, die Vegetationsschicht polyhaliner Wiesenzonen. Die anderen Arten scheinen auf sandigen Böden oder sogar reine Sande angewiesen zu sein. Hinsichtlich des Schlickanteils im Boden hat *V. pellucida* noch den weitesten Toleranzbereich, sie bevorzugt das (Poly- bis) Mesohalinicum. *V. ignava* und *V. mesostyla* traten dagegen nur in meso- und oligohalinen sandigen Böden mit geringem Schlickanteil auf. *V. simrisiensis* wurde nur in mesohalinem Dünensand am Rand einer Salzwiese gefunden.

5. Gemeinschaften von Arten mit ähnlichen Habitatansprüchen

Für freilebende Plathelminthen der Salzwiesen ist die Salzkonzentration ein wesentlich verteilungsbestimmender Faktor: jede hinreichend häufige Art läßt einen Bereich bevorzugter Konzentration erkennen (Tab. 12). Bei Kenntnis der

Tabelle 12: Bevorzugte Salzkonzentration häufiger Salzwiesenplathelminthen
+: wird besiedelt (geringe Dichte); #: bevorzugt besiedelt (hohe Dichte).
Bed. = weitere Habitatansprüche: F: Habitat ständig feucht, nicht völlig austrocknend; X: vegetationslose oder -arme, gut belichtete Regionen; L: lockere Böden; S: sandige Böden oder reiner Sand; W: schlickige Weichböden

Art	Salinitätsbereich (‰)						Bed.
	30	25	20	15	10	5	1	
Psittacorhynchus verweyi	#	+					
Proxenetes bilioi	+	+					F
Moevenbergia una	#	+	+				S
Ptychopera westbladi	#	#	+				(S)
Proxenetes cimbricus	#	#	+				
Proxenetes puccinellicola	+	#	+				
Zonorhynchus salinus	+	#	+				S
Byrsophlebs dubia	+	+	+				F
Zonorhynchus pipettiferus	+	+	#				S
Proxenetes pratensis	+	#	#	+			(S)
Monocelis lineata	+	#	#	+			F
Ptychopera ehlersi	+	+	+	+			(W)
Proxenetes karlingi	+	+	+	+			F, (S)
Provortex karlingi	+	#	#	+	+		
Vejdovskya halileimonia	+	#	#	+	+		
Parautelga bilioi	+	+	#	+	+		L
Proxenetes britannicus	+	+	+	+	+		
Adenopharynx mitrabursalis	+	+	+	+	+		
Bresslauilla relicta	+	+	+	+	+		
Pseudograffilla arenicola	+	+	+	+	+		L
Pratoplana salsa	+	+	+	+	+		
Proxenetes deltoides	+	+	+	+	+	+	
Acrorhynchides robustus	+	+	+	+	+	+	L
Macrostomum balticum	+	#	#	#	#	+	F
Macrostomum spirale	+	#	#	#	+		LF
Postmecynostomum pictum	+	#	#	#	+		
Proxenetes cisorius		+	#	#	+		
Macrostomum brevituba		+	#	#	+		
Ptychopera hartogi		+	#	#	+		
Vejdovskya pellucida		+	+	+	+		S
Proxenetes minimus		+	+	+	+	+	
Baicalellia brevituba		+	+	+	+	+	X
Lutheriella diplostyla		+	+	+	+	+	F
Prognathorhynchus canaliculatus			+	#	+		L
Coronhelmis multispinosus			+	+	+		LS
Haloplanella obtusituba			+	+	+		
Promesostoma serpentistylum			+	+	+	+	
Placorhynchus octaculeatus			+	+	#	+	+	
Macrostomum curvituba			+	+	#	#	+	L
Uteriporus vulgaris			+	+	#	#	+	L
Coelogynopora schulzii			+	+	#	#	+	L (S)
Vejdovskya ignava				+	+	+		S
Ptychopera spinifera				+	#	#		

[Fortsetzung Tab. 12] Art	Salinitätsbereich (‰)							Bed.
	30	25	20	15	10	5	1	
Proxenetes unidentatus				+	#	#	+	
Macrostomum tenuicauda				+	#	#	#	
Minona baltica				+	#	#	+	
Provortex pallidus				+	#	#	+	
Placorhynchus dimorphis				+	+	+	+	
Anthopharynx sacculipenis				+	+	+	+	
Placorhynchus tetraculeatus					+	+		
Vejdovskya mesostyla					+	+		S
Castrada subsalsa					+	#	+	L
Olisthanellinella rotundula					+	#	+	
Thalassoplanella collaris					+	#	+	F
Macrostomum hamatum					+	#	#	L
Hoplopera pusilla						+	+	
Gyratrix hermaphroditus							+	F
Coronopharynx pusillus							+	

augenblicklichen Salzkonzentration eines Gebietes kann damit das Spektrum potentiell dort siedelnder Arten ermittelt werden. Einige Arten fordern weitergehende Habitatansprüche, von denen einige durch Buchstaben markiert sind. Mit abnehmender Schwankungsbreite der Salzkonzentration, unregelmäßiger Wasserversorgung oder bei Beweidung werden jeweils weniger Arten dieser Folge gefunden.

6. Encystierung

Salzwiesen sind starken Schwankungen der Wasserversorgung (Austrocknung – tagelange Überflutung), der Salzkonzentration (Aussüßung durch Regen – Konzentration durch Verdunstung) und der Sauerstoffversorgung unterworfen. Sauerstoff- und Wassergehalt des Bodens sind eng korreliert: hoher Wassergehalt (im Extremfall stehendes Wasser) behindert den Gasaustausch, wenige Millimeter unter der Bodenoberfläche bildet sich ein schwarzer, anaerober Horizont. Bei geringem Wassergehalt kann der Boden tiefgründig durchlüftet werden. Die obere Grenze des anaeroben Horizontes ist weitgehend mit dem Grundwasserstand identisch. Umweltstreß wie Sauerstoff- und Wassermangel kann von vielen Plathelminthenarten der Salzwiesen durch Encystierung überdauert werden (vgl. MEIXNER 1938; ARMONIES 1986 a). Bei Cystenbildung umgeben sich die Tiere mit einer Schleimhülle, in die auch Fremdkörper (Sandkörner, Detrituspartikel, Pflanzenwurzeln) einbezogen werden können (Abb. 21). Während dieser Untersuchungen wurden Cysten von 11 Arten gefun-

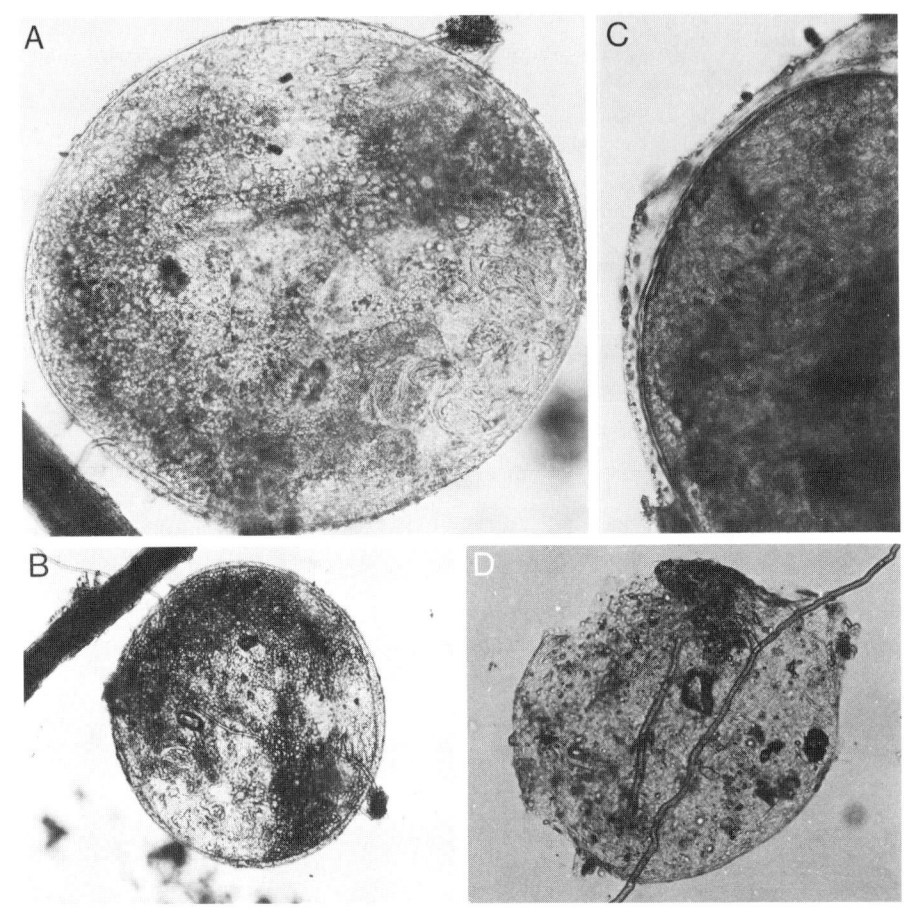

Abb. 21. Cysten freilebender Plathelminthen. A, B Cysten von *Proxenetes unidentatus*. C nicht identifiziertes Jungtier, die Wandung der Cyste ist gut zu erkennen. D. verlassene Cystenhülle von *Proxenetes cisorius*.

den, für 8 weitere Arten geben der Verlauf der Lebenszyklen und Laborversuche Hinweise auf die Existenz von Cysten (Tab. 13).

Cysten können vermutlich von Tieren aller Reifestadien gebildet werden: bei 7 Arten wurden neben Adulten auch encystierte Bildungsstadien gefunden. Jüngere Individuen konnten meist nicht eindeutig identifiziert werden. Alle Cysten sahen gleichartig aus und scheinen in gleicher Weise gebildet zu werden. Die Möglichkeit der Existenz abweichender Bildungsweisen analoger Stadien bei anderen Arten kann aber nicht ausgeschlossen werden.

Tabelle 13: Cystenbildende Plathelminthenarten der Sylter Salzwiesen. Nachweis der Cysten durch Funde (F) oder Cystenbildung durch Laborexperimente (E) oder durch den Verlauf des Lebenszyklus (L) wahrscheinlich.

Macrostomum curvituba (F, E)	*Macrostomum hamatum* (L)
Macrostomum tenuicauda (L)	*Castrada subsalsa* (F)
Lutheriella diplostyla (L)	*Promesostoma serpentistylum* (E)
Ptychopera ehlersi (L)	*Ptychopera hartogi* (F)
Ptychopera spinifera (F, E)	*Proxenetes britannicus* (F)
Proxenetes cisorius (F)	*Proxenetes deltoides* (F)
Proxenetes minimus (F)	*Proxenetes pratensis* (L)
Proxenetes unidentatus (F)	*Parautelga biloi* (F, E)
Prognathorhynchus canaliculatus (F, E)	*Baicalellia brevituba* (L)
Vejdovskya pellucida (L)	

D. Diskussion

1. Verteilung und verteilungsbestimmende Faktoren

Temperatur, Salzkonzentration, Wasser- und Sauerstoffversorgung sowie Wasserströmung gelten als wesentliche, lebensbegrenzende Faktoren für die Organismen der Meeresküste (TISCHLER 1979). Für bodenlebende Arten kommen die Sedimentzusammensetzung und -struktur als weitere Parameter hinzu. Die Wirksamkeit dieser Faktoren auch für die Mikrofauna des marinen Bereichs und des Brackwassers wurde vielfach bestätigt (MEIXNER 1938; REMANE 1964; WIESER 1964; JANSSON 1966, 1967 a, b, c, d, 1968; MCINTYRE 1969; KHLEBOVICH 1968, 1969; FENCHEL 1978; WOLFF 1983). Alle Faktoren sind miteinander verknüpft und weder hinsichtlich ihres Auftretens noch ihrer biologischen Wirkung voneinander unabhängig (KINNE 1963, 1964 a, b; JANSSON 1967 a, b, c, d). Einige Faktoren sind in Salzwiesen extremer ausgebildet als in anderen Biotopen der Nordseeküste, so daß mit besonderen Anpassungen der in Salzwiesen lebenden Arten zu rechnen ist.

Temperatur

In Abhängigkeit von Überflutungshäufigkeit und Sedimentzusammensetzung kann die jährliche Temperaturschwankungsbreite der Wattbodenoberfläche bis dreimal so hoch sein wie im Sublitoral (DÖRJES 1978). Ähnlich große Schwankungen wurden auch in Stränden gemessen; die täglichen und jährlichen Schwankungsbreiten sinken hier mit zunehmender Bodentiefe, bis ähnlich ausgeglichene Temperaturverhältnisse wie im Sublitoral erreicht werden (JANSSON 1966, 1967 c). In Salzwiesen mit hoher Vegetationsdichte ist nicht mit derart hohen Temperaturschwankungen zu rechnen. Bei allen Messungen der Bodentemperatur im Andelrasen der naturnahen Salzwiese „Nielönn" (Kampen) betrug die Differenz zur Temperatur des freien Seewassers weniger als 5 °C: der Temperaturverlauf in Salzwiesen ist gemäßigter als in den vegetationslosen Nachbarbiotopen.

Nur für wenige Plathelminthenarten konnten Vorzugstemperaturen nachgewiesen werden; dabei war nicht sicherzustellen, ob die Temperatur selbst oder einer der korrelierten Parameter bevorzugt wird (ARMONIES 1986 a). Der Temperatureinfluß auf die Verteilungsmuster ist gering. Nur während einer Frostperiode mit Eisbildung in der Vegetationsschicht wurde eine Verschiebung des Siedlungszentrums in den Boden beobachtet. Einen Hinweis auf eine mögliche Schädigung der Tiere gab es dabei nicht (ARMONIES 1986 a). Auch in Laborversuchen konnte hohe Frostresistenz freilebender Plathelminthen nachgewiesen werden (PURSCHKE 1981).

Wasserversorgung

Salzwiesen und Strände können zeitweise stark austrocknen und werden damit für alle wassergebundenen Organismen zu Extrembiotopen. Sandstrände sind in der Regel tiefgründiger als Wiesenböden. Die dort lebenden Organismen können ungünstigen Umweltbedingungen wie Trockenheit durch Vertikalwanderungen entkommen (SCHMIDT 1972 a; WESTHEIDE 1972; MEINEKE & WESTHEIDE 1979). Durch die häufig vorhandenen festen Kleiehorizonte in Salzwiesenböden sind Vertikalwanderungen hier nur in begrenztem Umfang möglich: die Organismen der Salzwiesen müssen Trockenheit ertragen können.

Salzkonzentration

In Sandstränden nimmt die Salzkonzentration vom Strandknick an landeinwärts und mit zunehmender Bodentiefe ab (JANSSON 1966, 1967 b, c). In Ästuarien und im Eulitoral der Gezeitenküsten schwankt die Salinität periodisch bis episodisch, durch Regenfälle und Verdunstung kann die Schwankungsbreite erheblich sein (MCINTYRE 1969; NICHOLS 1977; DÖRJES 1978). Salzwiesen weisen die größte Schwankungsbreite der Litoralzone auf (vgl. Abb. 4; BILIO 1967). Zudem bestehen kaum Möglichkeiten, durch kleinräumige Wanderungen Gebiete günstigerer Salinität zu erreichen. Hohe Toleranz gegenüber Salinitätsschwankungen ist eine notwendige Eigenschaft ständig in Salzwiesen siedelnder Arten, sie müssen weitgehend euryhalin sein – auch wenn viele Arten bestimmte Konzentrationsbereiche bevorzugen.

Sauerstoffversorgung

Die Sauerstoffversorgung ist eng mit Bodenwassergehalt, Sedimentbeschaffenheit und Wasserbewegung korreliert. In Stränden sinkt die Sauerstoffdiffusionsrate mit abnehmender Wasserbewegung (landeinwärts) und zunehmender Bodentiefe (FENCHEL & JANSSON 1966; FENCHEL et al. 1967; JANSSON 1967 a; SCHMIDT 1972 b). Abnehmende Korngrößen behindern den Wasseraustausch und damit die Sauerstoffversorgung (JANSSON 1967 a, d). Salzwiesen bestehen meist aus detritusreichen Schlickböden, die unregelmäßig überflutet werden. Die Sauerstoffversorgung ist dadurch schlechter als in stärker exponierten, detritusärmeren Biotopen.

Die Photosynthesetätigkeit bodenlebender Algen bildet eine zweite Sauerstoffquelle. Da ihre Sauerstoffabgabe belichtungsabhängig ist, können Algen die Sauerstoffversorgung in naturnahen Salzwiesen mit hoher Dichte der Spermatophytenvegetation wohl nur unwesentlich verbessern. Die Meiofauna der Salzwiesen reagiert auf Sauerstoffmangel mit Vertikalwanderungen zur Bodenoberfläche oder durch Cystenbildung (ARMONIES & HELLWIG 1986; ARMONIES 1986 a). In Schlickböden des Eu- und Sublitorals sind ähnliche Reaktionen zu erwarten. Dagegen erscheint es denkbar, daß einige Plathelminthenarten der Strände durch hohen Sauerstoffbedarf von Salzwiesen ferngehalten werden.

Wasserbewegung

Salzwiesen zählen zu den Stillwasserbiotopen, entsprechend verfügt die Mehrzahl der hier siedelnden Meiofaunaarten über keine der für Organismen aus exponierten Biotopen typischen Hafteinrichtungen (AX 1963, 1966). Die Organismen der Stillwassergebiete können exponierte Biotope nur bei ruhigen Wetterlagen besiedeln (AX 1951). Umgekehrt dürfte der Besitz von Hafteinrichtungen die Bewohner lotischer Strände nicht von der Besiedlung der Salzwiesen abhalten, wenn nicht gleichzeitig andere Faktoren – etwa die Sauerstoffversorgung – im Pessimum vorliegen.

Bodenzusammensetzung und Bodenstruktur

Die Mehrzahl der Sylter Salzwiesen weist schlick- und detritusreichen Boden auf, reine Sandböden waren nur in Ausnahmefällen (Wanderdünen, Flugsand) ausgebildet. Entsprechend traten psammobionte Arten nur als Irrgäste auf. Pflanzenwurzeln und Bestandesabfall bilden ein organisches Lückensystem. Wird dieses Lückensystem nicht durch höhere Bodensandanteile stabilisiert, so variiert die Lückengröße mit wechselndem Wassergehalt: in schlickigen Salzwiesen lebende Arten müssen wechselnde Bodenporenvolumina tolerieren können.

Weitgehend konstante Porengrößen, auch bei stärkerer Austrocknung, fanden sich nur in Flugsand und in Strandbinsenweiden, in denen der Boden durch die verholzten Wurzeln von *Juncus gerardii* stabilisiert ist. Den Schwankungen der Porenvolumina entsprechend ist die Mehrzahl der in Salzwiesen lebenden Arten nicht auf einen Bodentyp beschränkt. Für eine Unterteilung der Plathelminthenfauna nach der Bodenzusammensetzung erscheint nur ein sehr grobes Raster sinnvoll (etwa schlickige (sandarme), sandhaltige (Mischböden) und sandige (schlickarme) Böden).

Salzwiesen sind somit durch Instabilität der Parameter Wasserversorgung, Salzkonzentration, Sauerstoffversorgung und Bodenporenvolumen geprägt. Durch kleinräumige Unterschiede von Bodenzusammensetzung, Bodenrelief und Vegetationsdichte sind Stellen ähnlichen Faktorengefüges mosaikartig über die Wiesen verteilt. Starke Klumpung der Individuen einer Art in Kleinhabitaten mit zusagendem Faktorengefüge resultiert.

Die Organismen tiefgründiger Sandstrände können ungünstigen Umweltbedingungen durch Vertikalwanderungen entkommen (SCHMIDT 1972 a; WESTHEIDE 1972; MEINEKE & WESTHEIDE 1979); auch Horizontalwanderungen über kurze Distanzen können in Regionen mit deutlich veränderten abiotischen Faktoren führen. In Salzwiesen und flachen eulitoralen Biotopen führen Vertikalwanderungen dagegen nur in gering veränderte Regionen, und in horizontaler Richtung ändern sich die abiotischen Umweltfaktoren noch langsamer. Eine Horizontalwanderung über – für einen millimetergroßen Organismus bewältigbare – kurze Distanzen kann nur zufällig zum gewünschten Erfolg führen. Die Organismen der Salzwiesen müssen daher die Schwankungen oben genannter Faktoren in ganz besonderem Maße tolerieren können. Für die wassergebundene Meiofauna der Nordseeküste sind Salzwiesen ein Extrembiotop.

Durch gegenseitige Abhängigkeit der Verteilungsparameter – insbesondere hinsichtlich ihrer physiologischen Wirkung – sind die für eine Art verteilungsbestimmenden Faktoren nicht immer mit wünschenswerter Genauigkeit feststellbar. So wurde für die meisten Arten spezifische Aktivitätsabhängigkeit von der Salzkonzentration festgestellt. Der Konzentrationsbereich überdurchschnittlicher Aktivität war meist enger als der Bereich, der sich aus den bisher bekannten Fundstellen ergibt: in Regionen mit stabileren Konzentrationsverhältnissen (Ostsee) werden mitunter deutlich geringere Salinitäten als im Untersuchungsgebiet toleriert.

Auch die Präadaptation der Tiere und die Temperatur wirken auf die Salztoleranzgrenzen ein, umgekehrt werden hohe Temperaturen bei optimalem Salzgehalt deutlich länger überlebt als bei mäßig günstiger Konzentration (JANSSON 1968). Viele Plathelminthenarten der Sylter Salzwiesen tolerieren im Ostseeraum bei insgesamt niedrigeren und weniger stark schwankenden Temperaturen (DEFANT 1974; SIEDLER & HATJE 1974) einen größeren Salinitätsbereich. In Regionen, in denen Temperatur und Salzgehalt nahe dem Optimum liegen, können sie substratunspezifisch siedeln. *Macrostomum curvituba* zum Beispiel wurde besonders häufig bei Salinitäten um 6‰ gefunden, in Biotopen oberhalb der Wasserlinie bisher nur in Mittel- bis Grobsand (AX 1954 a; JANSSON 1968; SCHMIDT 1972 a). Im Finnischen Meerbusen (Salzkonzentration um 6 ‰) liegt der Verteilungsschwerpunkt seewärts der Wasserlinie (AX 1954 a; LUTHER 1960; AX & AX 1970), wo dann alle Bodentypen besiedelt werden (LUTHER 1960; KARLING 1974). *Prognathorhynchus canaliculatus* und *Minona baltica* sind weitere Beispiele für Substratunspezifität bei optimalen Salinitäts- und Temperaturbedingungen.

Die Faktoren Salzkonzentration und Temperatur wirken in diesen Fällen auf das Spektrum besiedelbarer Substrate ein. Sicher gibt es aber auch streng an einen Substrattyp gebundene Arten; hier sind insbesondere die Psammobionten zu nennen. Dabei bleibt offen, ob in jedem Falle direkte Substratbindung vorliegt, oder ob andere Faktoren wie hoher Sauerstoffbedarf oder das Nahrungsangebot ausschlaggebend sind (JANSSON 1966, 1967 a, d, 1968; FENCHEL et al. 1967). So wurden während dieser Untersuchung einige Arten in Salzwiesen nachgewiesen, die nach den vorher bekannten Fundorten als reine Sandbewohner gelten mußten (*Hoplopera pusilla, Promesostoma serpentistylum, Coronopharynx pusillus*). Diese Arten fordern wohl nur ein hinreichend grobes Lückensystem, unabhängig von der Substratbeschaffenheit.

Spezielle Anpassungen an den Lebensraum Salzwiese

Die Organismen der aquatischen Meiofauna in Salzwiesen müssen extreme abiotische Faktoren tolerieren oder vermeiden. Vertikalwanderungen können bei Sauerstoffmangel (bzw. bei ungünstigen Konzentrationen einer der zahlreichen damit korrelierten Faktoren, vgl. MCCAFFREY et al. 1980), in geringerem Maße auch bei Trockenheit oder ungünstigen Temperaturen, zum Erfolg führen. Wahrscheinlich führen alle freilebenden Plathelminthen, Copepoden, Oligochaeten sowie viele Nematoden Vertikalwanderungen durch (ARMONIES & HELLWIG 1986). Horizontalwanderungen können angesichts der Weiträumigkeit von Salzwiesen für bodenlebende Meiofaunaorganismen keine allgemeine Bedeutung haben. Für die freilebenden Plathelminthen der hier untersuchten Wiesen gibt es keinen Hinweis auf solche Wanderungen. Wiesentümpel und Salzwiesenpriele als potentielle Rückzugsgebiete (BILIO 1967) müssen als bedeutungslos ausgeschlossen werden.

Ungünstige Salzkonzentrationen und Austrocknung des Habitats können nicht immer durch (Vertikal-) Wanderungen kompensiert werden; hier sind weitere Anpassungen zu fordern. Bei einigen Plathelminthenarten erfolgt die Eientwicklung erst bei anhaltend günstigen Umweltbedingungen (oder wird bei diesen vollendet); ungünstige Umweltbedingungen werden in den Eikapseln überdauert (Plathelminthen mit hartschaligen Eizellen oder Kokonbildung).

Von besonderer Bedeutung ist Encystierung (vgl. Tab. 13): Tiere verschiedener (möglicherweise beliebiger) Entwicklungs- (Alters-) stadien umgeben sich durch Schleimabsonderung mit einer Schutzhülle. Derartige Schutzhüllen wurden auch bei *Coelogynopora schulzii*, *Monocelis lineata* und *Uteriporus vulgaris* beobachtet (BILIO 1964, 1967). Austrocknung des Habitats, Sauerstoffmangel und ungünstige Salzkonzentration können als die Faktoren gelten, die bei Salzwiesenplathelminthen Cystenbildung hervorrufen (ARMONIES 1986 a). MEIXNER (1938) vermutet in der Cystenbildung sogar eine allgemein verbreitete Fähigkeit freilebender Plathelminthen. Sollte sich dies bestätigen, so kann der potentiell verteilungsbegrenzende Einfluß kurzfristiger Extreme eines abiotischen Umweltfaktors in Zukunft vernachlässigt werden (unter der Voraussetzung, daß auch die Schutzwirkung der Cysten gegenüber Sauerstoffmangel, Austrocknung, Salzkonzentrationsschwankungen eine allgemeine Eigenschaft ist). Für die Verteilung einer Art ist unter diesen Voraussetzungen nur noch von Bedeutung, ob im fraglichen Habitat hinreichend lange oder hinreichend häufig günstige Bedingungen gegeben sind – unabhängig von der Lage der Mittelwerte eines Umweltfaktors. Für diejenigen Plathelminthenarten der Salzwiesen, für die Cystenbildung nachgewiesen werden konnte, scheint sich dies zu bestätigen (*Proxenetes cisorius*, *Ptychopera hartogi*).

2. Artenbestand und Artidentität

Durch die hohe Probenzahl dieser Untersuchung und die hohe Effizienz der Extraktionsmethode wurden in den Sylter Salzwiesen mehr Arten festgestellt als in früheren Untersuchungen der Plathelminthenfauna in Salzwiesen. Die Mehrzahl der früher festgestellten Arten wurde auch auf Sylt gefunden (Tab. 14). Die Artidentität der Plathelminthen in Salzwiesen der Nord- und Ostsee erweist sich somit als hoch (Tab. 15). Nur in den durch DEN HARTOG (1974) untersuchten Wiesen traten 3 Arten auf, die in den Sylter Salzwiesen nicht gefunden wurden. Für *Jensenia angulata* wurde noch kein Nachweis für die Insel Sylt publiziert. *Proxenetes flabellifer* besiedelt auf Sylt das Salzwiesenvorland (Spartina-Queller Zone, HELLWIG 1987), *Proxenetes trigonus* zusätzlich das Sandwatt (REISE 1984).

Mit diesen weitgehenden Übereinstimmungen muß das Artenspektrum habitateigener Plathelminthen der supralitoralen Nordseesalzwiesen als weitgehend

Tabelle 14: Artenbestand freilebender Plathelminthen in Salzwiesen.
Sylt: diese Untersuchung, NL: niederländischen Deltaregion (DEN HARTOG 1974), N: Trondheimfjord (VAN DER VELDE 1976), D – N: deutsche Nordseeküste und D – O: deutsche Ostseeküste (AX 1960; BILIO 1964).

	Sylt	NL	D – N	N	D – O
Acoela	4	1	1	0	1
Macrostomida	11	6	1	1	2
Prolecithophora	2	1	1	0	1
Proseriata	8	5	1	2	5
Tricladida	1	1	0	1	1
Rhabdocoela	77	42	13	6	19
gesamt:	103	56	17	10	29
Rhabdocoela,					
– „Typhloplanoida"	44	26	7	2	7
– Kalyptorhynchia	16	6	2	2	4
– „Dalyellioida"	17	10	4	2	8

Tabelle 15: Artidentität freilebender Plathelminthen der Sylter Salzwiesen und Salzwiesen früherer Untersuchungen. Abkürzungen wie Tab. 14.

	NL	D – N	N	D – O
Gesamtartenzahl	56	17	10	29
davon unvollständig bestimmt	1	1	1	2
Arten, die auch in Sylter Wiesen auftraten	52	16	9	27
Arten, die nicht in Sylter Wiesen auftraten	3	0	0	0

erfaßt gelten. Einige der als Nachbarn oder Irrgäste eingestuften Arten können sich bei abweichenden Umweltbedingungen als habitateigen herausstellen. Insgesamt ist mit 80 – 100 Arten in Nordseesalzwiesen (Andelrasen und Strandnelkenrasen bzw. Strandbinsenweide) zu rechnen.

Die Plathelminthenfauna der Salzwiesen ist nicht von den angrenzenden Gebieten isoliert. Die hier vorgenommene Abgrenzung der Salzwiesen durch Pflanzenassoziationen erweist sich als künstlich. Zwischen supralitoralen Salzwiesen und der vorgelagerten Spartina/Queller-Zone vollzieht sich ein allmählicher Faunenwechsel. Einzelne Arten finden gerade in der Übergangszone optimale Lebensbedingungen vor. Auch zwischen Salzwiesen und Sandstränden (vergleichbarer Salinität) wechselt die Fauna gleitend; Salzwiesen mit sandigen Böden (Rantum) bilden Übergangsregionen.

Diese allmähliche Faunenveränderung zeigt sich auch in abnehmender Artidentität zwischen Salzwiesen und Salzwiesenvorland, Sandwatt, ... bis ins Sublitoral (Tab. 16). Bis in eulitorale Biotope gibt es Arten, die sowohl dort als auch in Salzwiesen häufig sind (habitateigene und habitatverwandte Arten bzw. die mit 10 oder mehr Individuen vertretenen Arten). Wird der Vergleich auf die in Salzwiesen habitateigenen Arten beschränkt, so treten die Unterschiede der Faunenzusammensetzung deutlicher hervor: im Eulitoral häufig und in Salzwiesen habitateigen sind nur *Postmecynostomum pictum*, *Pseudograffilla arenicola* und *Placorhynchus octaculeatus*.

Tabelle 16: Artenbestand der Plathelminthes in verschiedenen Habitaten der Insel Sylt. SW: Salzwiesen (diese Arbeit), SQ: Spartina-Queller-Zone und lenitische Strände (HELLWIG 1987), AW: *Arenicola*-Watt (REISE 1984), SF: Sandfläche nahe NWL (XYLANDER & REISE 1984), Sub: Sublitoral (WEHRENBERG & REISE 1985 und pers. comm.). Weitere Erklärungen im Text.

	SW	SQ	AW	SF	Sub
Gesamtartenzahl	103	156	83	59	121
davon häufige Arten (> 9 Ind.)	75	108	49	11	30
mit Salzwiesen gemeinsame Arten		81 52.9 %	27 32.5 %	6 10.2 %	11 8.9 %
mit Salzwiesen gemeinsame, in beiden Habitaten häufige Arten		50 32.5 %	9 10.8 %	0	1 0.8 %
davon in Salzwiesen Habitateigene		36	3	0	0

Tabelle 17: Anteile der Plathelminthentaxa an den Artenzahlen verschiedener Sylter Habitate und in europäischen Süßwasserbiotopen („Süß"). Süß: PAPI (1967) und DAHM (1967), SW: Salzwiese (diese Arbeit), SQ: Salzwiesenvorland (HELLWIG 1987), AW: Arenicolawatt (REISE 1984), SF: Sandfläche nahe NWL (XYLANDER & REISE 1984), Sub: Sublitoral (WEHRENBERG & REISE 1985).

	Süß	SW	SQ	AW	SF	Sub
Catenulida	8.3 %	–	–	3.6 %	1.6 %	1 %
Acoela	–	3.8 %	9.0 %	13.2 %	11.8 %	14 %
Macrostomida	7.4 %	10.6 %	8.3 %	3.6 %	5.0 %	7 %
Haplopharyngida	–	–	–	1.2 %	1.6 %	1 %
Prolecithophora	0.6 %	1.9 %	1.9 %	2.4 %	–	1 %
Proseriata	1.2 %	7.7 %	9.6 %	15.6 %	27.1 %	31 %
Tricladida	22.9 %	1.0 %	–	–	–	–
Rhabdocoela	57.7 %	74.7 %	67.8 %	60.2 %	52.3 %	46 %
– „Typhloplanoida"	36.6 %	42.7 %	34.5 %	21.6 %	15.2 %	11 %
– Kalyptorhynchia	1.5 %	15.5 %	21.1 %	26.5 %	33.8 %	32 %
– „Dalyellioida"	19.6 %	16.7 %	12.2 %	12.0 %	3.3 %	3 %

Zwischen Salzwiesen und Salzwiesenvorland, Eulitoral und Sublitoral wird die Artidentität der Plathelminthen zunehmend geringer. Die Anteile der Plathelminthentaxa an den Gesamtartenzahlen zeigen ähnliche Verschiebungen, die sich auch über die Salzwiesen hinaus in terrestrische und limnische Lebensräume fortsetzen. Vom Sublitoral der Nordsee über Eu- und Supralitoral bis in terrestrische und limnische Biotope stellen die Acoela, Proseriata und Kalyptorhynchia immer weniger, die „Dalyellioida" und „Typhloplanoida" zunehmend mehr Arten (Tab. 17). Die Tricladida tauchen erstmals in Salzwiesen auf, in limnischen Biotopen sind sie dominant: Salzwiesen sind ein Übergangsgebiet von marinen zu limnischen Lebensräumen.

Die Anteile einzelner Taxa an den Individuensummen zeigt stärkeren Substrateinfluß (Tab. 18). In stärker exponierten (mittel-lotischen) Biotopen stellen die Acoela und Seriata überdurchschnittliche Anteile und der Anteil der Rhabdocoela ist besonders niedrig. Im Sublitoral und im Arenicolawatt sind die Zahlenwerte intermediär.

Tabelle 18: Anteile der Plathelminthentaxa an den Individuensummen in verschiedenen Habitaten der Insel Sylt. SW: Salzwiesen (diese Arbeit), SQ: Salzwiesenvorland (HELLWIG 1987), ST: mittellotischer Sandstrand mit vorgelagertem Sandwatt (EHLERS 1973; SOPOTT 1973), SF: Sandfläche nahe NWL (XYLANDER & REISE 1984), Sub: Sublitoral (WEHRENBERG & REISE 1985).

	SW	SQ	ST	AW	SF	Sub
Catenulida	0	0	0	0.4 %	0	‹ 1 %
Acoela	7.6 %	33.6 %	26.3 %	21.7 %	62.9 %	25 %
Macrostomida	22.5 %	12.4 %	10.4 %	8.3 %	0.4 %	15 %
Haplopharyngida	0	0	0	1.0 %	0.2 %	‹ 1 %
Prolecithophora	0.1 %	0.1 %	0	0.7 %	0	‹ 1 %
Seriata	9.1 %	13.5 %	41.0 %	22.3 %	33.7 %	34 %
Rhabdocoela	60.7 %	40.6 %	22.3 %	45.6 %	4.1 %	25 %
– „Typhloplanoida"	47.7 %	25.4 %	9.8 %	10.7 %	1.2 %	19 %
– Kalyptorhynchia	2.0 %	5.6 %	1.0 %	26.1 %	2.0 %	5 %
– „Dalyellioida"	11.0 %	9.6 %	11.5 %	8.8 %	0.9 %	1 %

Hohe Artidentität besteht auch zwischen den Nordsee-Salzwiesen und anderen europäischen Brackwassergebieten (Tab. 19). Da hier meist nur grobsandige Böden untersucht wurden, ist die Artidentität zu keinem Gebiet vollständig. Dennoch scheint die Plathelminthenfauna der europäischen Brackwassergebiete vergleichsweise einheitlich zu sein. Nur im pontokaspischen Brackwassergebiet finden sich zahlreiche Endemiten (Ax 1959).

Tabelle 19: Plathelminthenfauna verschiedener Regionen und ihre Ähnlichkeit zur Fauna in den Sylter Salzwiesen (SW).

Region	Artenzahl	davon auch in den Sylter SW	Autor
ponto-kaspische Brackwassermeere	72	9 = 13 %	Ax 1959
Mittelmeer: Étanges	45	15 = 33 %	Ax 1956 a
Nordatlantik: Strände bei Tromsø	47	25 = 53 %	Schmidt 1972 b
Skargarak: Strände	11	5 = 45 %	Jansson 1968
Ostsee: Strand Schilksee	28	13 = 46 %	Schmidt 1972 a
Flachwasserbucht (Dänemark)	34	21 = 62 %	Straarup 1970
Finnischer Meerbusen	20	13 = 65 %	Ax 1954 a
gesamte Ostsee	134	49 = 37 %	Karling 1974

3. Lebenszyklen

Von 39 in Salzwiesen häufigen Plathelminthenarten haben 30 einen uni- und 6 einen bivoltinen Lebenszyklus; 3 Arten sind möglicherweise plurivoltin. Von 74 untersuchten Plathelminthenarten eines mittellotischen Strandes der Insel Sylt weisen 45 Arten univoltine, 10 bis 12 Arten bivoltine und 14 Arten plurivoltine Lebenszyklen auf (Ax 1977). Plurivoltine Zyklen sind dort im wesentlichen auf die Acoela beschränkt, bivoltine auf die „Typhloplanoida" und „Dalyellioida".

In den Sylter Salzwiesen war nur eine Art der Acoela häufig; außer ihr haben nur einzelne Rhabdocoela bivoltine Lebenszyklen. Für die Plathelminthes ohne Acoela (Rhabditophora sensu Ehlers 1984) ergeben sich in Salzwiesen etwa die gleichen Verhältnisse von uni-: bi-: plurivoltinen Lebenszyklen wie im mittellotischen Strand: Salzwiesen 30:6:(3) ($\approx$ 77 % : 15 % : 8 %), Strand 45:(10 – 12):2 ($\approx$ 78 % : 18 % : 4 %).

In den Wintermonaten reproduzieren nur 2 Plathelminthenarten des Strandes (Ax 1977), aber die Mehrzahl der Salzwiesenarten. Darin ist eine spezifische Anpassung an den jahreszyklischen Verlauf der Bodensalzkonzentration in den Wiesen zu sehen (vgl. Abb. 4): Arten, die höhere Salinität bevorzugen, finden im Winter zusagende Bedingungen und reproduzieren im Winter. Im Sommer reproduzieren dagegen die Arten, die geringere Salinität fordern. Die Reproduktion erfolgt also jeweils in der Zeit mit den günstigsten Umweltbedingungen. Entsprechend ist mit zeitlichen Verschiebungen der Populationsentwicklung zu rechnen, wenn die abiotischen Faktoren einen anderen jahreszeitlichen Verlauf nehmen.

Auch im Untersuchungszeitraum wurden zeitliche Verschiebungen der Reifeentwicklung einzelner Arten in verschiedenen Wiesen oder in verschiedenen Zonen einer Wiese beobachtet: weder die jährliche Generationenzahl, noch die

Reproduktionszeiten scheinen genetisch fixiert zu sein. Die Dominanz univoltiner Lebenszyklen weist darauf hin, daß für die Mehrzahl der Arten eine Generation pro Jahr das Minimum darstellt. *Ptychopera hartogi* etwa besiedelte nur die Zonen der Salzwiese „Nielönn", in denen günstige Umweltbedingungen so häufig waren, daß wenigstens eine Generation pro Jahr ausgebildet werden konnte. Cystenbildende Arten sind nur bei für sie günstigen Umweltbedingungen aktiv, nur während günstiger Perioden können sie heranwachsen und -reifen. Sind günstige Bedingungen häufig oder lange Zeit über gegeben, so wird der Lebenszyklus schnell durchlaufen und mehr als eine Generation pro Jahr gebildet. Bei keiner Art wurde ein Lebenszyklus gefunden, der länger als ein Jahr dauert.

4. Salzwiesenplathelminthen als eine Brackwasserlebensgemeinschaft

Aus der Verteilung der einzelnen Plathelminthenarten in den Sylter Salzwiesen läßt sich in der Regel eine Bevorzugung artspezifischer Salinitätsbereiche erkennen (vgl. Tab. 12). Für einige Arten wurde diese Bevorzugung auch experimentell bestätigt (ARMONIES 1986 a). Gleichzeitig weisen die in Salzwiesen habitateigenen Arten deutliche Verteilungsgrenzen sowohl gegen Süßwasser als auch gegen euhalines Meerwasser auf (vgl. Tab. 16). Damit sind sie als echte Brackwasserorganismen einzustufen (REMANE 1969).

Im Brackwasser der Ostsee wurden bisher 134 Plathelminthenarten nachgewiesen (KARLING 1974). 49 (37 %) dieser Arten traten auch in den Sylter Salzwiesen auf, 22 Arten waren bisher nur aus der Ostsee bekannt („baltische Endemiten"). Karlings Vermutung, daß diese Zahl in Zukunft weiter reduziert werde, daß damit die Existenz endemischer Arten für die Ostsee grundsätzlich zu bezweifeln sei, wird durch die vorliegende Untersuchung gestützt: mit *Coronopharynx pusillus*, *Halammovortex nigrifrons*, *Haloplanella curvistyla*, *Haloplanella minuta*, *Haloplanella obtusituba*, *Macrostomum hamatum*, *Macrostomum minutum* und *Vejdovskya mesostyla* sind weitere 8 Arten von der „Endemitenliste" zu streichen.

In einer der heutigen vergleichbaren Ausprägung existiert die Ostsee seit höchstens 4000 Jahren (DAHL 1956; DIETRICH & KÖSTER 1974). Dieser Zeitraum erscheint für eine Entstehung endemischer Arten zu kurz. Die hohe Artidentität der Meiofauna von Ostsee und dem Eu- und Supralitoral der Nordsee und weitgehendes (oder vollständiges) Fehlen einer endemischen Ostseefauna führen daher zu dem Schluß, daß die Ostsee im Zuge ihrer nacheiszeitlichen Wiederentstehung durch Brackwasserorganismen des Eu- und Supralitorals der Nordsee besiedelt wurde (FENCHEL 1978). Diese Schlußfolgerung wird unterstrichen durch den Nachweis, daß (die für eine Analyse hinreichend häufig gefundenen) Plathelminthenarten im Nord- und Ostseeraum die gleichen Salinitätsbereiche bevorzugen und entsprechende Verteilungsmuster aufweisen (ARMONIES 1986 c).

In der Ostsee (und anderen stabilen Brackwassergebieten, REMMERT 1968) nimmt die Zahl der Tier- und Pflanzenarten mit sinkender Salzkonzentration ab; bei 10 bis 5‰ ergibt sich ein Artenminimum. Unter 5‰ steigen die Artenzahlen durch allmähliches Eindringen salztoleranter Süßwassertiere wieder an (REMANE 1940, 1955). Von dieser Artenabnahme ist die Makrofauna stärker betroffen als die Meiofauna (REMANE 1969, FENCHEL 1978).

In den hier untersuchten Salzwiesen gibt es für das Taxon Plathelminthes keinen Hinweis auf eine Abnahme der Artenzahlen in Abhängigkeit von der Salzkonzentration (vgl. Tab. 12), vielmehr sind bei jeder Konzentrationsstufe etwa gleich viele Arten aktiv. Dagegen zeigt sich deutliche (lineare) Abhängigkeit der Artenzahlen von der Salinitäts-Schwankungsbreite einer Wiesenregion: zunehmende Schwankungsbreiten führen zu steigenden Artenzahlen (ARMONIES 1986 b). Dies läßt sich auf die artspezifische Bevorzugung bestimmter Salinitätsbereiche zurückführen: hohe jährliche Schwankungsbreiten der Salzkonzentrationen bieten im Jahresverlauf vielen Arten für sie günstige Salinitätsverhältnisse. Umgekehrt bieten Regionen mit konstanter Salinität nur wenigen Arten günstige Lebensbedingungen. Für die Sylter Salzwiesen führt dieser Effekt zu einer Abnahme der Artenzahl vom mittleren Andelrasen (Schwankungsbreite der Salzkonzentration: 1‰ bis 30‰) an landeinwärts zum oberen Strandnelkenrasen (maximal 5‰ bis ca. 0.5‰). Entsprechend sinkt die Artenzahl der Plathelminthes in der Ostsee in West-Ost-Richtung (ARMONIES 1986 c).

Die freilebenden Plathelminthen der Nordseesalzwiesen erweisen sich damit als eine Lebensgemeinschaft spezifisch an den Lebensraum Salzwiese angepaßter Brackwasserorganismen. Die Ostsee wurde erst vor wenigen Jahrtausenden von ihnen besiedelt. Entsprechende Brackwasserlebensgemeinschaften sind auch für andere Meiofaunataxa in Salzwiesen und Stränden der Nordsee anzunehmen. Vermutlich werden auch große Teile dieser Lebensgemeinschaften in entsprechenden Lebensräumen der Ostsee wiederzufinden sein (ARMONIES 1986 c). Wegen des geringen Alters der Ostsee ist jedoch davon auszugehen, daß die dort lebenden Brackwasserorganismen primär an das Überleben in Salzwiesen und Stränden der Nordsee (bzw. des Nordatlantik) angepaßt sind.

Zusammenfassung

Zwischen April 1982 und Oktober 1983 wurde die Plathelminthenfauna in Salzwiesen der Insel Sylt untersucht. Die Salzwiesen werden von 103 Arten freilebender Plathelminthen besiedelt. 75 Arten führen hier vollständige, überwiegend (78 %) univoltine Lebenszyklen durch. Salzkonzentration, Wasser- und Sauerstoffversorgung sind in Salzwiesen stärkeren Schwankungen unterworfen, als in anderen Küstenbiotopen. Encystierung ist das wichtigste Mittel zur Überdauerung ungünstiger Milieubedingungen.

Für jede häufigere Plathelminthenart kann ein Bereich bevorzugter Salzkonzentrationen eingegrenzt werden. Bei cystenbildenden Arten führen Veränderungen der Salzkonzentration zu signifikanter Änderung der Dichte aktiver Individuen. Mit der Salinität ändert sich so die aktuelle Faunenzusammensetzung.

Die Salzkonzentration ist der dominant verteilungsbestimmende Faktor, gefolgt von Sauerstoffversorgung und Temperatur. Unterschiede von Bodenrelief, Wasserversorgung, Bodenzusammensetzung, Vegetationsdichte und Insolation führen zu einem kleinräumigen Verteilungsmosaik der Arten in den jeweils günstigen Kleinhabitaten. Ein modifiziertes Verfahren zur Beschreibung der Verteilung geklumpter Arten wird vorgestellt.

Aus dem Verteilungsmuster jeder Art wird die bevorzugte Kombination der Umweltfaktoren gefolgert. Nahe verwandte Arten unterscheiden sich in ihren Ansprüchen an die abiotische Umwelt, aber ihre Nischen überschneiden sich nur geringfügig.

Die Salzwiesen der Nordseeküste erweisen sich als Brackwassergebiete und die hier biotopeigenen Plathelminthen sind Brackwasserarten. Dies erklärt die große Ähnlichkeit der Plathelminthenfauna mit der anderer Brackwassergebiete, insbesondere der Ostsee.

Literatur

ARMONIES, W. (1986 a): Free-living Plathelminthes in North Sea salt marshes: adaptations to environmental instability. An experimental study. J. Exp. Mar. Biol. Ecol. **99**, 181–197.
– (1986 b): Plathelminth abundance in North Sea salt marshes: environmental instability causes high diversity. Helgoländer Meeresunters. **40**, 229–240.
– (1986 c): Common pattern of plathelminth distribution in North Sea salt marshes and in the Baltic Sea (in prep.).
ARMONIES, W. & HELLWIG, M. (1986): Quantitative extraction of living meiofauna from marine and brackish muddy sediments. Mar. Ecol. Progr. Ser. **29**, 37–43.
AX, P. (1951): Die Turbellarien des Eulitorals der Kieler Bucht. Zool. Jb. Syst. **80**, 277–378.
– (1952): Turbellarien der Gattung *Promesostoma* von den deutschen Küsten. Kieler Meeresforsch. **8**, 218–226.
– (1954 a): Die Turbellarienfauna des Küstengrundwassers am Finnischen Meerbusen. Acta Zool. Fennica **81**, 1–54.
– (1954 b): Marine Turbellaria Dalyellioida von den deutschen Küsten. Zool. Jb. Syst. **82**, 481–496.
– (1956 a): Les Turbellariés des étangs côtiers du littoral méditerranéen de la France méridionale. Vie et Milieu Suppl. **5**, 1–215.
– (1956 b): Das oekologische Verhalten der Turbellarien in Brackwassergebieten. Proceedings XIV International Congress of Zoology, Copenhagen 1953. Copenhagen 1956, 462–464.

– (1959): Zur Systematik, Ökologie und Tiergeographie der Turbellarienfauna in den ponto-kaspischen Brackwassermeeren. Zool. Jb. Syst. **87**, 43 – 184.
– (1960): Turbellarien aus salzdurchtränkten Wiesenböden der deutschen Meeresküste. Z. Wiss. Zool. **163**, 210 – 235.
– (1963): Die Ausbildung eines Schwanzfadens in der interstitiellen Sandfauna und die Verwertbarkeit von Lebensformcharakteren für die Verwandtschaftsforschung. Zool. Anz. **171**, 51 – 76.
– (1966): Die Bedeutung der interstitiellen Sandfauna für allgemeine Probleme der Systematik, Ökologie und Biologie. Veröff. Inst. Meeresforsch. Bremerh. **10**, 15 – 65.
– (1969): Populationsdynamik, Lebenszyklen und Fortpflanzungsbiologie der Mikrofauna des Meeressandes. Verh. Dt. zool. Ges. Innsbruck, 1968, 66 – 113.
– (1971): Zur Systematik und Phylogenie der Trigonostominae (Turbellaria, Neorhabdocoela). Mikrofauna des Meeresbodens **4**, 1 – 84.
– (1977): Life cycles of interstitial Turbellaria from the eulittoral of the North Sea. Acta Zool. Fennica **154**, 11 – 20.
– (1984): Das phylogenetische System. Systematisierung der lebenden Natur aufgrund ihrer Phylogenese. Fischer, Stuttgart, New York, 1984.
Ax, P. & R. Ax (1970): Das Verteilungsprinzip des subterranen Psammon am Übergang Meer – Süßwasser. Mikrofauna des Meeresbodens **1**, 1 – 51.
Ax, P. & W. Armonies (1987): Amphiatlantic identities in the composition of the boreal brackish water community of Plathelminthes. A comparison between the Canadian and European Atlantic coast. Microfauna Marina **3**, 7 – 80.
Bilio, M. (1964): Die aquatische Bodenfauna von Salzwiesen der Nord- und Ostsee. I. Biotop und ökologische Faunenanalyse: Turbellaria. Int. Revue ges. Hydrobiol. **49**, 509 – 562.
– (1967): Die aquatische Bodenfauna von Salzwiesen der Nord- und Ostsee. III. Die Biotopeinflüsse auf die Faunenverteilung. Int. Revue ges. Hydrobiol. **52**, 487 – 533.
Boaden, P. J. S. (1963): The interstitial Turbellaria Kalyptorhynchia from some North Wales beaches. Proc. zool. Soc., Lond. **141**, 173 – 205.
Dahl, E. (1956): Ecological salinity boundaries in poikilohaline waters. Oikos **7**, 1 – 21.
Dahm, A. G. (1967): Tricladida. In J. Illies (Hrg.), Limnofauna Europaea. Fischer, Stuttgart 1967, 14 – 17.
Defant, F. (1974): Klima und Wetter. In L. Magaard. R. Rheinheimer (eds), Meereskunde der Ostsee. Springer Berlin, Heidelberg, New York 1974, 19 – 32.
Dietrich, G. & R. Köster (1974): Geschichte der Ostsee. In L. Magaard, R. Rheinheimer (ed.), Meereskunde der Ostsee. Springer Berlin, Heidelberg, New York 1974, 5 – 10.
Dittmann, S. & K. Reise (1985): Assemblage of free-living Plathelminthes on an intertidal mud flat in the North Sea. Microfauna Marina **2**, 95 – 115.
Dörjes, J. (1968 a): Die Acoela (Turbellaria) der Deutschen Nordseeküste und ein neues System der Ordnung. Zeitschr. zool. Syst. Evolutionsforsch. **6**, 56 – 452.
– (1968 b): Zur Ökologie der Acoela (Turbellaria) in der Deutschen Bucht. Helgoländer Wiss. Meeresunters. **18**, 78 – 115.
– (1978): Das Watt als Lebensraum. In H.-E. Reineck (Hrg.), Das Watt. Ablagerungs- und Lebensraum. Kramer, Frankfurt, 2. Aufl. 1978, 107 – 143.
Ehlers, U. (1972): Systematisch-phylogenetische Untersuchungen an der Familie Solenopharyngidae (Turbellaria, Neorhabdocoela). Mikrofauna Meeresboden **11**, 1 – 78.
– (1973): Zur Populationsstruktur interstitieller Typhloplanoida und Dalyellioida (Turbellaria, Neorhabdocoela). Mikrofauna Meeresboden **19**, 1 – 105.
– (1974): Interstitielle Typhloplanoida (Turbellaria) aus dem Litoral der Nordseeinsel Sylt. Mikrofauna Meeresboden **49**, 1 – 102.
– (1984): Phylogenetisches System der Plathelminthes. Verh. naturwiss. Ver. Hamburg **27**, 291 – 294.
– (1985): Das phylogenetische System der Plathelminthes. Fischer, Stuttgart, New York, 1985, 317 pp.
Ellenberg, H. (1978): Vegetation Mitteleuropas mit den Alpen in ökologischer Sicht. Stuttgart: Ulmer, 1978.

FAUBEL, A. (1976 a): Interstitielle Acoela (Turbellaria) aus dem Litoral der nordfriesischen Inseln Sylt und Amrum (Nordsee). Mitt. Hamburg. Zool. Mus. Inst. **73**, 17 – 56.
– (1976 b): Populationsdynamik und Lebenszyklen interstitieller Acoela und Macrostomida (Turbellaria). Mikrofauna Meeresboden **56**, 1 – 107.
– (1977): The Distribution of Acoela and Macrostomida (Turbellaria) in the Littoral of the North Frisian Island, Sylt, Rømø, Jordsand, and Amrum (North Sea). Senckenbergiana marit. **9**, 59 – 74.
FENCHEL, T. (1978): The Ecology of Micro- and Meiobenthos. Ann. Rev. Ecol. Syst. **9**, 99 – 121.
FENCHEL, T. & B.-O. JANSSON (1966): On the vertical distribution of the microfauna in the sediments of a brackish-water beach. Ophelia **3**, 161 – 177.
FENCHEL, T., B.-O. JANSSON, W. VON THUN (1967): Vertical and horizontal distribution of the metazoan microfauna and of some physical factors in a sandy beach in the northern part of the Øresund. Ophelia **3**, 227 – 43.
HARTOG, C. DEN (1963): The distribution of the marine Triclad *Uteriporus vulgaris* in the Netherlands. Proc. Kon. Ned. Akad. Wetensch. C, **66**, 196 – 204.
– (1964 a): Proseriate flatworms from the Deltaic area of the rivers Rhine, Meuse and Scheldt I + II. Proc. Kon. Ned. Akad. Wetensch. C, **67**, 10 – 34.
– (1964 b): A preliminary revision of the *Proxenetes* group (Trigonostomidae, Turbellaria). I, II, III. Proc. Kon. Ned. Akad. Wetensch. C, **67**, 371 – 407.
– (1965): A priliminary revision of the *Proxenetes* group (Trigonostomidae, Turbellaria). IV und V. Proc. Kon. Ned. Akad. Wetensch. C, **68**, 98 – 120.
– (1966): A preliminary revision of the *Proxenetes* group (Trigonostomidae, Turbellaria). VI bis X und Suppl. Proc. Kon. Ned. Akad. Wetensch. C, **69**, 97 – 112, 113 – 127, 128 – 138, 139 – 154, 155 – 163, 557 – 570.
– (1968): An analysis of the Gnathorhynchidae (Neorhabdocoela, Turbellaria) and the position of *Psittacorhynchus verweyi* nov. gen. nov. sp. in this family. Proc. Kon. Ned. Akad. Wetensch. C, **71**, 335 – 345.
– (1974): Salt-marsh Turbellaria. In Riser & Morse (ed.), Biology of the Turbellaria. McGraw Hill, 1974, 229 – 247.
– (1977): Turbellaria from intertidal flats and salt-marshes in the estuaries of the southwestern part of the Netherlands. Hydrobiologia **52**, 29 – 32.
HELLWIG, M. (1987): Zur Ökologie freilebender Plathelminthen im Grenzraum Watt-Salzwiese lenitischer Gezeitenküsten. Microfauna Marina **3**, 157 – 248.
HEYDEMANN, B. (1980): Biologischer Atlas Schleswig-Holstein. Karl Wachholtz, Neumünster, 1980.
HOXHOLD, S. (1971): Eigebilde interstitieller Kalyptorhynchier (Turbellaria) von der deutschen Nordseeküste. Mikrofauna Meeresboden **7**, 1 – 43.
– (1974): Populationsstruktur und Abundanzdynamik interstitieller Kalyptorhynchia. Mikrofauna Meeresboden **41**, 1 – 134.
IWAO, S. & E. KUNO (1971): An approach to the analysis of aggregation pattern in biological populations. In Patil, Pielou, Waters (eds.) Statistical Ecology, Vol. 1. The Pensylvania University Press, 1971.
JANSSON, B.-O. (1966): Microdistribution of Factors and Fauna in Marine Sandy Beaches. Veröff. Inst. Meeresf. Bremerh., Sonderbd. **2**, 77 – 86.
– (1967 a): The availability of oxygen for the interstitial fauna of sandy beaches. J. exp. mar. Biol. Ecol. **1**, 123 – 143.
– (1967 b): The importance of tolerance and preference experiments for the interpretation of mesopsammon field distributions. Helgoländer wiss. Meeresunters. **15**, 41 – 58.
– (1967 c): Diurnal and annual variations of temperature and salinity of interstitial water in sandy beaches. Ophelia **4**, 173 – 201.
– (1967 d): The significance of grain size and pore water content for the interstitial fauna of sandy beaches. Oikos **18**, 311 – 322.
– (1968): Quantitative and experimental studies of the interstitial fauna in four Swedish sandy beaches. Ophelia **5**, 1 – 71.

JOENJE, W. & W. J. WOLFF (1979): Functional aspects of salt marshes in the Wadden Sea Area. In W. J. Wolff (ed.), Flora and Vegetation of the Wadden Sea. Report 3 of the Wadden Sea Working Group. Stichting Veth tot Stein aan Waddenonderzoek, Leiden 1979, 161 – 171.

KARLING, T. G. (1931): Untersuchungen über Kalyptorhynchia (Turbellaria Rhabdocoela) aus dem Brackwasser des Finnischen Meerbusens. Acta Zool. Fennica **11**, 1 – 66.

– (1947): Studien über Kalyptorhynchien (Turbellaria) I. Die Familien Placorhynchidae und Gnathorhynchidae. Acta Zool. Fenn. **69**, 1 – 49.

– (1952): Studien über Kalyptorhynchien (Turbellaria). Acta Zool. Fennica **69**, 1 – 49.

– (1955): Studien über Kalyptorhynchien (Turbellaria) V. Der Verwandtschaftskreis von *Gyratrix* EHRENBERG. Acta Zool. Fennica **88**, 1 – 39.

– (1957): Drei neue Turbellaria Neorhabdocoela aus dem Grundwasser der schwedischen Ostseeküste. K. fysiogr. Sällsk. Lund Förh. **27**, 25 – 33.

– (1963): Die Turbellarien Ostfennoskandiens. V. Neorhabdocoela 3. Kalyptorhynchia. Fauna Fennica **17**, 1 – 59.

– (1974): Turbellarian Fauna of the Baltic Proper. Identification, Ecology and Biogeography. Fauna Fennica **27**, 1 – 101.

– (1980): Revision of Koinocystidae (Turbellaria). Zool. Scripta **9**, 241 – 269.

KHLEBOVICH, V. V. (1968): Some peculiar features of the hydrochemical regime and the fauna of mesohaline waters. Marine Biol. **2**, 47 – 49.

– (1969): Aspects of animal evolution related to critical salinity and internal state. Marine Biol. **2**, 338 – 345.

KINNE, O. (1963): The effects of temperature and salinity on marine and brackish water animals. I. Temperature. Oceanogr. Mar. Biol. Ann. Rev. **1**, 301 – 340.

– (1964 a): The effects of temperature and salinity on marine and brackish water animals. II. Salinity and temperature salinity combinations. Oceanogr. Mar. Biol. Ann. Rev. **2**, 281 – 339.

– (1964 b): Non-genetic adaptation to temperature and salinity. Helgoländer wiss. Meeresunters. **9**, 433 – 458.

KREYSZIG, E. (1977): Statistische Methoden und ihre Anwendungen. Göttingen: Vandenhoek und Ruprecht. 6. Aufl. 1977, 451 pp.

LIENERT, G. A. (1973): Verteilungsfreie Methoden in der Biostatistik. Verl. A. Hain, Meisenheim, 2. Aufl. 1973.

LLOYD, M. (1967): Mean crowding. J. Anim. Ecol. **36**, 1 – 30.

LORENZEN, S. (1969 a): Freilebende Meeresnematoden aus dem Schlickwatt und den Salzwiesen der Nordseeküste. Veröff. Inst. Meeresf. Bremerh. **11**, 195 – 238.

– (1969 b): Harpacticoiden aus dem lenitischen Watt und den Salzwiesen der Nordseeküste. Kieler Meeresf. **25**, 215 – 223.

LUTHER, A. (1943): Untersuchungen an rhabdocoelen Turbellarien. IV. Ueber einige Repräsentanten der Familie Proxenetidae. Acta Zool. Fennica **38**, 1 – 95.

– (1947): Untersuchungen an rhabdocoelen Turbellarien. VI. Macrostomiden aus Finnland. Acta Zool. Fennica **49**, 1 – 40.

– (1948): Untersuchungen an rhabdocoelen Turbellarien. VII. Ueber einige marine Dalyellioida. VIII. Beiträge zur Kenntnis der Typhloploida. Acta Zool. Fennica **55**, 1 – 122.

– (1960): Die Turbellarien Ostfennoskandiens. I. Acoela, Catenulida, Macrostomida, Lecithoepitheliata, Prolecithophora, und Proseriata. Fauna Fennica **7**, 1 – 155.

– (1962): Die Turbellarien Ostfennoskandiens. III. Neorhabdocoela 1. Dalyellioida, Typhloplanoida: Byrsophlebidae und Trigonostomidae. Fauna Fennica **12**, 1 – 71.

– (1963): Die Turbellarien Ostfennoskandiens. IV. Neorhabdocoela 2. Typhloplanoida: Typhloplanidae, Solenopharyngidae und Carcharodopharyngidae. Fauna Fennica **16**, 1 – 163.

MCCAFFREY, R. J., A. C. MYERS, E. DAVEY, G. MORRISON, M. BENDER, N. LUEDTKE, D. CULLEN, P. FROELICH, G. KLINKHAMMER (1980): The relation between pore water chemistry and benthic fluxes of nutrients and manganese in Narragansett Bay, Rhode Island. Limnol. Oceanogr. **25**, 31 – 44.

MCINTYRE, A. D. (1969): Ecology of marine meiobenthos. Biol. Rev. **44**, 245 – 290.

MEINEKE, T. & W. WESTHEIDE (1979): Gezeitenabhängige Wanderungen der Interstitialfauna in einem Sandstrand der Insel Sylt (Nordsee). Mikrofauna Meeresboden 75, 1 – 36.
MEIXNER, J. (1938): Turbellaria (Strudelwürmer). In Grimpe & Wagler, Tierwelt der Nord- und Ostsee, IV.b, 1 – 146.
MORISITA, M. (1962): Iδ index, a measure of dispersion of individuals. Res. Popul. Ecol. IV, 1 – 7.
NICHOLS, F. H. (1977): Infaunal Biomass and Production on a Mudflat, San Francisco Bay, California. In B. C. Coull (ed.), Ecology of Marine Benthos. Belle W. Baruch Library in marine Science 6, 339 – 357. Univ. of South Carolina Press, Columbia S. C., 1977.
PAPI, F. (1967): Turbellaria. In J. Illies (Hrg.), Limnofauna Europaea. Fischer, Stuttgart 1967, 5 – 13.
PIELOU, E. C. (1969): An Introduction to Mathematical Ecology. J. Wiley & Sons, New York, N. Y. 1969.
PURSCHKE, G. (1981): Tolerance to Freezing and Supercooling of Interstitial Turbellaria and Polychaeta from a Sandy Tidal Beach of the Island of Sylt (North Sea). Marine Biol. 63, 257 – 267.
REISE, K. (1979): Spatial configurations generated by mobile benthic polychaetes. Helgoländer wiss. Meeresunters. 32, 55 – 72.
– (1981 a): High abundance of small zoobenthos around biogenic structures in tidal sediments of the Wadden Sea. Helgoländer Meeresunters. 34, 413 – 425.
– (1981 b): Gnathostomulida abundant alongside polychaete burrows. Mar. Ecol. Prog. Ser. 6, 329 – 333.
– (1983 a): Sewage, green algal mats anchored by lugworms, and the effects on Turbellaria and small Polychaeta. Helgoländer Meeresunters. 36, 151 – 162.
– (1983 b): Biotic enrichment of intertidal sediments by experimental aggregates of the deposit-feeding bivalve *Macoma balthica*. Mar. Ecol. Progr. Ser. 12, 229 – 236.
– (1983 c): Experimental removal of lugworms from marine sand affects small zoobenthos. Marine Biology 74, 327 – 332.
– (1984): Free-Living Plathelminthes (Turbellaria) of a Marine Sand Flat: An Ecological Study. Microfauna Marina 1, 1 – 62.
REMANE, A. (1940): Einführung in die zoologische Ökologie der Nord- und Ostsee. Die Tierwelt der Nord- und Ostsee I. a. Becker & Erler, Leipzig 1940.
– (1955): Die Brackwasser-Submergenz und die Umkomposition der Coenosen in Belt- und Ostsee. Kieler Meeresf. 11, 59 – 73.
– (1964): Die Bedeutung der Struktur für die Besiedlung von Meeresbiotopen. Helgoländer wiss. Meeresunters. 10, 343 – 358.
– (1969): Wie erkennt man eine genuine Brackwasserart? Limnologica (Berlin) 7, 9 – 21.
REMMERT, H. (1968): Über die Besiedlung des Brackwasserbeckens der Ostsee durch Meerestiere unterschiedlicher ökologischer Herkunft. Oecologia (Berlin) 1, 296 – 303.
REUTER, M. (1961): Untersuchungen über Rassenbildung bei *Gyratrix hermaphroditus* (Turbellaria Neorhabdocoela). Acta Zool. Fennica 100, 1 – 32.
SACHS, L. (1974): Angewandte Statistik. Springer, Berlin, Heidelberg, New York: 1 – 548.
SCHILKE, K. (1970): Kalyptorhynchia (Turbellaria) aus dem Eulitoral der deutschen Nordseeküste. Helgoländer wiss. Meeresunters. 21, 143 – 265.
SCHMIDT, P. (1968): Die quantitative Verteilung und Populationsdynamik des Mesopsammons am Gezeiten-Sandstrand der Nordseeinsel Sylt. I. Faktorengefüge und biologische Gliederung des Lebensraumes. Int. Revue ges. Hydrobiol. 53, 723 – 779.
– (1972 a): Zonierung und jahreszeitliche Fluktuationen des Mesopsammons im Sandstrand von Schilksee (Kieler Bucht). Mikrofauna Meeresboden 10, 1 – 60.
– (1972 b): Zonierung und jahreszeitliche Fluktuationen der interstitiellen Fauna in Sandstränden des Gebietes von Tromsø (Norwegen). Mikrofauna Meeresboden 12, 1 – 86.
SIEDLER, G. & G. HATJE (1974): Temperatur, Salzgehalt und Dichte. In L. Magaard, G. Rheinheimer (eds.), Meereskunde der Ostsee. Springer, Berlin, Heidelberg, New York 1974, 43 – 60.
SOPOTT, B. (1972): Systematik und Ökologie von Proseriaten (Turbellaria) der deutschen Nordseeküste. Mikrofauna Meeresboden 13, 1 – 72.

– (1973): Jahreszeitliche Verteilung und Lebenszyklen der Proseriata (Turbellaria) eines Sandstrandes der Nordseeinsel Sylt. Mikrofauna Meeresboden **15**, 1 – 106.

STRAARUP, B. J. (1970): On the ecology of Turbellarians in a sheltered brackish shallow-water bay. Ophelia **7**, 185 – 216.

TISCHLER, W. (1979): Einführung in die Ökologie. Fischer, Stuttgart, New York, 2. Aufl. 1979, 290 pp.

VELDE, G. VAN DER & J. L. M. W. VAN DE WINKEL (1975): *Brederveldia bidentata* gen. n. sp. n., a new species of the family Trigonostomidae (Turbellaria Neorhabdocoela) from the Netherlands. Bulletin Zool. Mus. Univ. Amsterdam, Vol. **4**, Nr. 23.

VELDE, G. VAN DER (1976): New records of marine Turbellaria from Norway. Zoologische Mededelingen **49**, 293 – 298.

WEHRENBERG, C. & K. REISE (1985): Artenspektrum und Abundanz freilebender Plathelminthes in sublitoralen Sänden der Nordsee bei Sylt. Microfauna Marina **2**, 163 – 180.

WESTBLAD, E. (1953): Marine Macrostomida (Turbellaria) from Scandinavia and England. Arkiv för Zoologi **4**, 391 – 408.

WESTHEIDE, W. (1972): Räumliche und zeitliche Differenzierungen im Verteilungsmuster der marinen Interstitialfauna. Verh. Dt. Zool. Ges., 65. Jahresvers., 23 – 32.

WIESER, W. (1964): Biotopstruktur und Besiedlungsstruktur. Helgoländer wiss. Meeresunters. **10**, 359 – 375.

WOLFF, W. J. (1983): Estuarine Benthos. In B. H. Ketchum, Estuaries and Enclosed Seas. Elsevier Sci. Publ., Amsterdam 1983, 151 – 182.

XYLANDER, W. & K. REISE (1984): Free-Living Plathelminthes (Turbellaria) of a Rippled Sand Bar and a Sheltered Beach: a Quantitative Comparison at the Island of Sylt (North Sea). Microfauna Marina **1**, 257 – 277.

Dr. Werner Armonies
II. Zoologisches Institut und Museum der Universität Göttingen
Berliner Straße 28, D-3400 Göttingen
und
Biologische Anstalt Helgoland, Litoralstation
D-2282 List/Sylt

Ökologie freilebender Plathelminthen im Grenzraum Watt – Salzwiese lenitischer Gezeitenküsten

Monika Hellwig

Inhaltsverzeichnis

Abstract	157
A. Einleitung	159
B. Gebiet und Methoden	160
1. Lage und Klima	160
2. Charakterisierung der Untersuchungsstationen	163
3. Probenahme und Extraktion	169
4. Statistische Auswertung	171
C. Ergebnisse	172
1. Artenspektrum	172
2. Verteilung und Abundanz häufiger Arten	180
3. Lebenszyklen	226
4. Einfluß von Substrat und Exposition	230
5. Einfluß der Vegetation	234
D. Diskussion	236
1. Umweltfaktoren	236
2. Besiedlungsmuster	239
3. Lebenszyklen	241
Zusammenfassung	242
Literatur	244

Ecology of Free-Living Plathelminthes in the Border Wadden Area – Salt Marsh of Lentic Tidal Coasts

Abstract

During 1980 to 1983 distribution, abundance, and life cycles of free-living Plathelminthes (Turbellaria) were studied at the eulittoral – supralittoral transition belt of the lentic tidal coast at the island of Sylt. This island is located between 54° 44' and 55° 04' N and 8° 05' E in the North Sea (German Bight). The climate is subatlantic with an average annual temperature of 8.4 °C. The average water temperature of the eastern North Sea is 10 °C.

The western coast of the island of Sylt is exposed to the North Sea, whereas the eastern coast is sheltered with extensive wadden areas. The average tidal range is 1.8 m. The upper tidal zone of the eastern coast consists of sheltered to semi-exposed beaches and mud flats, mostly with growth of *Spartina anglica* or *Salicornia* spp. Muddy sites with these halophytes and sheltered to little exposed sandy beaches between 30 cm below and 40 cm above mean high tide level are the area of this investigation. The lower limit of this area falls together with the upper limit of the distributional range of the lugworm *Arenicola marina* in the eulittoral zone. The upper limit of the area investigated is marked by the grass *Puccinellia maritima*, a major constituent of the supralittoral salt marshes.

In this eulittoral-supralittoral transition belt many different sites have been sampled quantitatively. From May, 1982, to July, 1983, 3 areas were regularly sampled. (1) a sheltered beach and the adjacent supralittoral sand flat with growth of *Salicornia*. (2) a little exposed beach and the adjacent intertidal sandy mud flat. (3) a muddy *Spartina* marsh and the adjacent intertidal sandy mud flat. The sheltered beach, the supralittoral sand flat, and the *Spartina* marsh were monthly investigated, all other areas in three months intervals.

From muddy sediments meiofauna was extracted using the method of ARMONIES & HELLWIG (1986). For extraction of meiofauna from sheltered sand a procedure of repeated shaking and rotating of small amounts of sediment in a beaker proved to be sufficient. Both methods yielded quantitative extraction of all major meiofaunal taxa. Plathelminths were identified alive. Within uniform habitats, most plathelminth species were distributed at random.

A total of 156 species of free-living plathelminths is recorded. 88 of them were restricted to or preferentially found in sand, 43 in mud, and 25 species showed no sediment preferences. 34 of the psammobiontic species were only found in the more exposed sites of the area studied.

Acoela, Proseriata, and Kalyptorhynchia dominate in sand, Typhloplanoida in mud. The overall average of plathelminth abundance is 104 below 10 cm^2. In the *Spartina* marsh abundance is higher than this mean (148 below 10 cm^2) whereas abundance is lower in the supralittoral sand flat and one of the upper intertidal mud flats (62 and 43 individuals below 10 cm^2, respectively). Abundance in the studied beaches and the other upper intertidal region do not differ significantly from the overall mean.

The plathelminth species density is highest in the beaches and the *Spartina* marsh (11 to 18 sp. below 10 cm^2 and 46 to 53 sp. below 100 cm^2). These sites are closest to mean high tide level. On the other hand, the supralittoral sand flat and the upper intertidal mud flats are poorer in species (7 to 10 below 10 cm^2 and 24 to 34 below 100 cm^2).

Within the muddy *Spartina* marsh there are patches which lack vegetation. Compared to the surrounding *Spartina* marsh, abundance and species density of plathelminths are significantly lower. Some species were only found in places with halophyte vegetation, i. e. *Macrostomum hystricinum, Parautelga bilioi, Vejdovskya halileimonia, Ptychopera ehlersi, Byrsophlebs dubia*.

Life-cycles of 33 species are recorded. 20 species perform univoltine life-cycles. 7 species are bivoltine and 6 species are plurivoltine. In sites with less favourable environmental conditions the number of generations is reduced.

The plathelminth fauna of the investigated area in the upper intertidal-supralittoral salt marsh transition belt is not uniform. Instead, three different assemblages can be distinguished which are clearly related to different tidal levels. (1) the upper eulittoral which is regularly flooded. At the island of Sylt typical species are i. e. *Pseudaphanostoma brevicaudatum, Promonotus schultzei, Halammovortex macropharynx*.

(2) the belt around mean high tide level in the borders of mean spring tide and mean neap tide level. Typical species in sand are i. e. *Coelogynopora biarmata, Haloplanella hamulata, Proxenetes tenuispinosus*, in mud i. e. *Messoplana elegans, Proxenetes intermedius, Proxenetes segmentatus*.

(3) the adjacent supralittoral zone which is only sporadically flooded. Typical species in sand are i. e. *Coelogynopora schulzii, Adenorhynchus balticus, Proschizorhynchus gullmarensis*, in mud i. e. *Macrostomum balticum, Westbladiella obliquepharynx, Proxenetes deltoides*.

Besides the frequency of floodings other factors like salinity may affect these species assemblages. In the highest zones of the area studied typical brackish water species occur: *Macrostomum curvituba, Macrostomum minutum, Proxenetes unidentatus, Diascorhynchus lappvikensis* and *Haplovejdovskya subterranea*.

A. Einleitung

Wattflächen, Strände und Salzwiesen bilden an den Gezeitenküsten der gemäßigten Zone den Grenzbereich zwischen Land und Meer. Die mittlere Hochwasserlinie stellt eine Siedlungsbarriere dar, die von den beiderseits sehr artenreichen terrestrischen bzw. marinen Organismen der Makrofauna nicht überschritten wird (HEYDEMANN 1979, 1980; REISE 1985). Die Meiofauna, insbesondere freilebende Plathelminthen, besiedelt dagegen beide Seiten (AX 1951; BILIO 1964; EHLERS 1973; DEN HARTOG 1974; SOPOTT 1973). In nahezu gezeitenfreien Stillwassergebieten der Ostsee markiert die Mittelwasserlinie die Siedlungsgrenze der Makrofauna. Die Meiofauna ist gerade hier besonders arten- und individuenreich (BILIO 1964). Nach ODUM (1959) könnte dieses Phänomen als Randeffekt (edge effect) interpretiert werden.

Gibt es auch an der mittleren Hochwasserlinie von Gezeitenküsten einen solchen Randeffekt, oder bildet hier das gesamte Eulitoral den Randbereich? Zur Klärung wurden Artenzusammensetzung, kleinräumige Verteilung und jahreszeitliche Entwicklung freilebender Plathelminthes zwischen *Arenicola*-Watt und supralitoralen Salzwiesen der Nordseeinsel Sylt untersucht. Der Untersuchungsschwerpunkt liegt in den sandigen bis schlickigen Stillwasserbiotopen der Insel. Um Anschluß an die bereits besser bekannten mittellotischen Strände zu gewinnen, wurden auch schwach lotische Strände in die Untersuchung einbezogen.

In der Artenzusammensetzung dieser hinsichtlich Sedimentstruktur und Exposition verschiedenen Habitate zeigen sich deutliche Unterschiede. Von insgesamt 156 Plathelminthenarten siedeln 88 bevorzugt oder ausschließlich im Sand, 43 im Schlick, 25 verhalten sich substratunspezifisch. Von den psammobionten Arten sind innerhalb des Untersuchungsgebietes 34 auf schwach lotische Strände beschränkt. Viele davon besiedeln auch mittellotische Strände (SCHILKE 1970; EHLERS 1973; SOPOTT 1973; FAUBEL 1976).

Das Gebiet zwischen Nipptiden- und Springtiden-Hochwasserlinie stellt unabhängig von Substrat und Exposition einen eigenständigen Lebensraum dar, der von einer charakteristischen Plathelminthenfauna besiedelt wird. Dazu kommen im Supralitoral Arten, die auch den anschließenden Andelrasen bewohnen, im Eulitoral Arten aus dem *Arenicola*-Watt (siehe ARMONIES 1987; REISE 1984). Die Plathelminthenfauna ist unabhängig von der Sedimentstruktur kurz oberhalb der MHWL (mittlere Hochwasserlinie) am arten- und individuenreichsten.

Die Biologische Anstalt Helgoland stellte im Rahmen der Gastforschung dankenswerterweise einen Arbeitsplatz in der Litoralstation List zur Verfügung. Prof. Dr. Peter Ax und Dr. Karsten Reise danke ich für ihre Unterstützung, fördernde Diskussionen und stetes Interesse. Allen Freunden und Kollegen in List und Göttingen sei für nützliche Anregungen und eine angenehme Arbeitsatmosphäre gedankt.

B. Gebiet und Methoden

1. Lage und Klima

Die Insel Sylt erstreckt sich mit einer Länge von 38 km und einer maximalen Breite von 8 km zwischen 55° 04' und 54° 44' N, 8° 05 E im nordfriesischen Wattenmeer (Abb. 1). Während die zur offenen Nordsee hin exponierte Westküste einheitlich durch stark lotische Strände und anschließende Dünenketten geprägt wird, sind an der wattseitigen Ostküste von mittellotischen Stränden bis zu schlickigen Stillwasserbiotopen alle Übergänge zu finden (s. SCHMIDT 1968). Die lenitischen Habitate im Grenzraum Eulitoral/Supralitoral sind mehrheitlich mit *Spartina anglica* und *Salicornia* spp. bestanden (Thero-Salicornietum, ELLENBERG, 1978). Landeinwärts schließen an lenitische und einige schwach lotische Gebiete Salzwiesen an (Puccinellion maritimae, ELLENBERG 1978), an stärker exponierte Habitate Dünen.

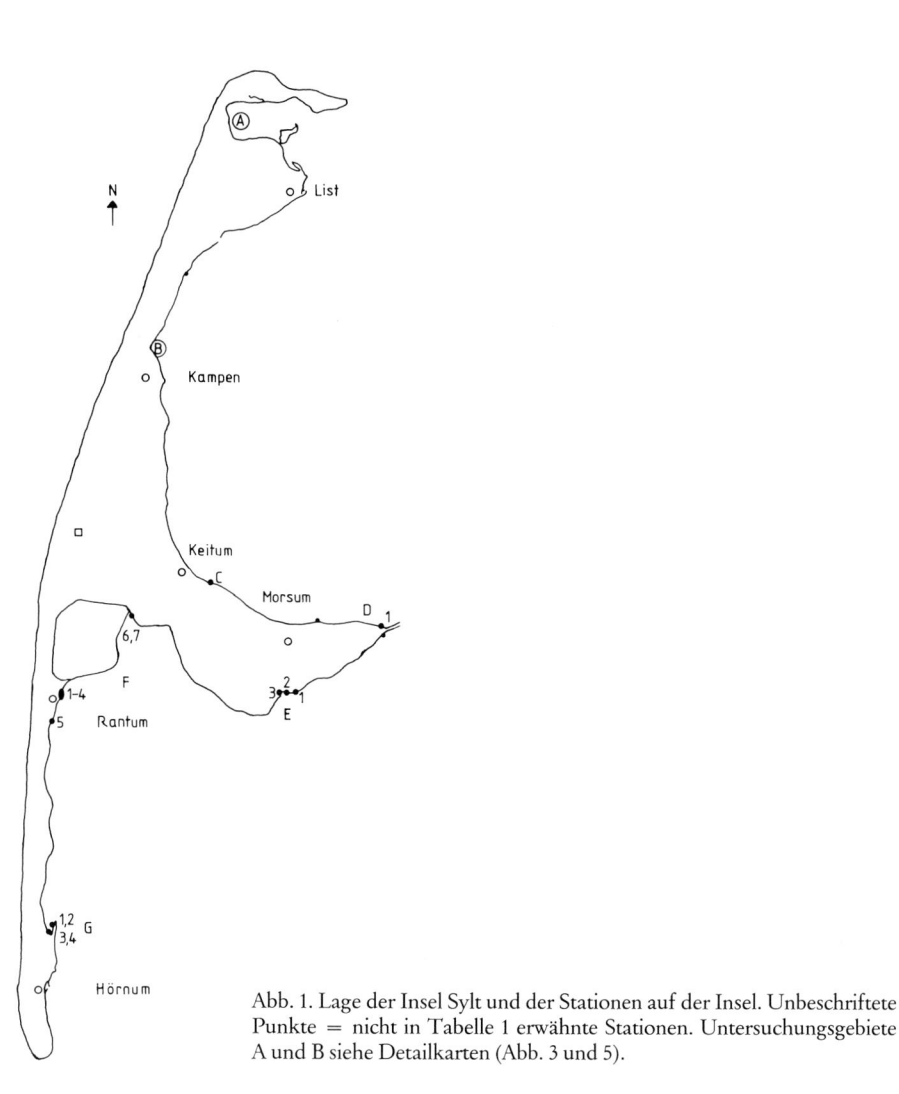

Abb. 1. Lage der Insel Sylt und der Stationen auf der Insel. Unbeschriftete Punkte = nicht in Tabelle 1 erwähnte Stationen. Untersuchungsgebiete A und B siehe Detailkarten (Abb. 3 und 5).

Das Klima ist subatlantisch mit milden Wintern und kühlen Sommern. Im langjährigen Mittel beträgt die Lufttemperatur im Juli und August 16.4 bzw. 16.6 °C, im Januar und Februar 0.8 bzw. 0.4 °C, im Jahresmittel 8.4 °C. Die Wassertemperatur liegt im Jahresmittel um 10 °C: im Sommer bei 15.1 °C, im Winter bei 4.5 °C (Deutsches Gewässerkundliches Jahrbuch 1976 ff). Von Mai 1982 bis August 1983 war die Lufttemperatur fast durchgehend höher als das langjährige Mittel, im Juli und August betrug sie 17.4 bzw. 17.3 °C, im Januar sogar 5.4 °C. Im langjährigen Mittel fällt der meiste Niederschlag (87 mm) im August, der geringste (31 mm) im März, im Jahr 651 mm. Von November 1982 bis Januar 1983 und von März bis Mai 1983 war die Regenmenge überdurchschnittlich hoch, von Juni bis August 1983 extrem niedrig (Lufttemperatur und Niederschlagswerte: Wetterwarte List).

Im nur noch kurzzeitig oder unregelmäßig überfluteten oberen Eu- und Supralitoral können stärkere Regenfälle die Salinität herabsetzen. Längere Schönwetterperioden im Sommer, die bevorzugt bei Ostwinden auftreten, können sie erhöhen (vgl. DÖRJES 1978). Bei dieser Windrichtung läuft die Flut im Wattenmeer bei Sylt nicht bis zur MHWL auf, da dann das Wasser von der Küste weggedrückt wird. Das obere Watt ist damit verstärkt der Insolation ausgesetzt. Bei stärkeren Westwinden hingegen wird auch das Supralitoral überflutet (Abb. 2).

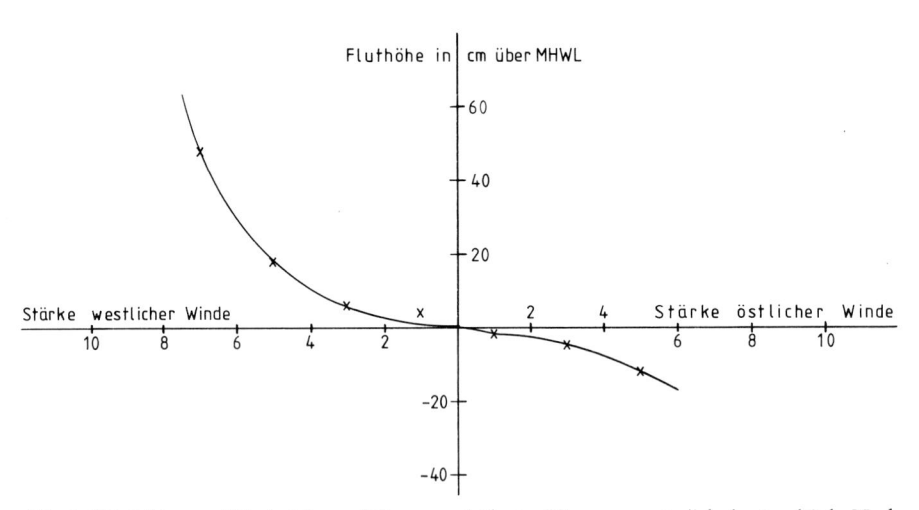

Abb. 2. Windrichtung, Windstärke und Flutwasserhöhe im Wattenmeer östlich der Insel Sylt. Nach Messungen und Berechnungen aus dem Jahre 1980.

2. Charakterisierung der Untersuchungsstationen

Die lenitischen bis schwach lotischen Biotope zwischen Watt und Salzwiesen lassen sich zwei unterschiedlichen Lebensraumtypen zuordnen:

– schlickige bis feinsandige Anlandungsgebiete mit den Pionierpflanzen *Spartina anglica* und/oder *Salicornia* spp. (Queller)
– überwiegend mittelsandige und vegetationslose Strände.

Daneben gibt es Übergangsgebiete wie mit *Spartina anglica*, *Salicornia* spp. und *Suaeda maritima* bewachsene Strände, die jedoch flächenmäßig unbedeutend sind. Das angrenzende Watt ist meist schlicksandig, seltener schlickig.

Für monatliche Untersuchungen wurden zwei lenitische Gebiete ausgewählt, welche die o. g. Lebensräume repräsentieren, für vierteljährliche ein schwach lotischer Strand und ein Mischwatt im oberen Eulitoral. Daneben wurden von 1980 bis 1983 zahlreiche Einzeluntersuchungen in unterschiedlichen Habitaten des oberen Eu- und unteren Supralitorals durchgeführt (Tab. 1, Abb. 1, 3).

Tabelle 1: Einmalig untersuchte Stationen.

Ort	Zeit	Gebiet, Ausprägung und Probeumfang. Höhe in cm bezüglich MHWL
A: Königshafen		
A 2	7.82	flach ansteigender Strand, – 10 bis + 25 cm, sauberer Mittelsand, 6 Probestellen je 10 × 2 cm^2
A 3	8.83	Lister Haken, lenitisch- bis schwach lotische Westseite, – 25 cm bis + 40 cm. a) deichnaher geschützter, b) mittlerer, c) spitzennaher exponierter Teil, jeweils 30 × 2 cm^2
A 4	6.83	Zwei Sandufer eines Salzwiesenpriels, – 5 bis + 30 cm, Mittelsand a) strömungsgeschützt, b) stärker exponiert, je 10 × 2 cm^2
A 5	8.83	Nehrungshaken und Lagune (fein- bis grobsandig, – 10 bis + 20 cm, 10 × 2 cm^2) sowie anschließender Strand (– 5 bis + 35 cm, Feinsand bis Kies, detritusreich, 15 × 2 cm^2)
B: „Nielönn" bei Kampen		
B 3	7.83	Sandbank, Mittelsand, – 20 bis + 5 cm, stellenweise mit *Spartina*-horsten, je 10 × 2 cm^2 neben und entfernt von Pflanzen
B 4	7.83	Strand, detritusreicher Fein- bis Mittelsand, locker mit *Spartina*, *Salicornia* und *Suaeda* bewachsen, – 10 bis + 30 cm, 10 × 2 cm^2
B 5	7.82	Mündungsbereich zweier Priele, schlickig-schlammiger Boden, (5 bis 10 cm Wasserstand, 26 – 32‰ Salz), je 10 × 2 cm^2
D: „Nösse", Nordseite des Hindenburgdammes		
D 1	9.83	Anlandungsgebiete, Schlickwatt (– 10 bis + 5 cm, 10 × 2 cm^2) und Queller auf Schlick, bis + 30 cm, 20 × 2 cm^2

E: Morsum-Odde		
E 1	9.82	Feinsand, MHWL bis + 40 cm, unterer Bereich locker mit Salicornia bewachsen. Je 10 × 5 cm² mit und ohne Pflanze (um MHWL) und 4 × 2 cm² (anschließender Strand)
E 2	9.82	Grüppelfeld, Schlick, z. T. stark verdichtet. Gräben mit wenig Salicornia und Acker mit Salicornia und Spartina, je 10 × 2 cm²
E 3	8.81	schlickiges Anlandungsgebiet (− 10 bis + 20 cm) mit dichter Mischvegetation (Puccinellia, Salicornia, Spartina), 4 × 10 cm²
F: Rantum		
F 1	2.83	„Raantem Inge", Strand, Mittelsand, teilweise mit Kies durchsetzt, − 20 bis + 25 cm, 5 Probestellen zu 10 × 2 cm²
F 2	10.82	„Raantem Inge", dichte Vegetation (Salicornia, Spartina, Suaeda) auf Schlick mit Schill, sehr detritusreich, steil ansteigend. − 10 cm (Watt, 10 × 2 cm²) bis + 40 cm, 4 Probestellen zu 10 × 5 cm²
F 3	4.82	„Raantem Inge", Salicornia auf Feinsand, ca. MHWL, 2 × 10 cm²
F 4	9.80	„Raantem Inge", Spartina-Inseln auf Schlicksand, 12 × 2.5 cm²
F 5	9.83	Rantum-Süd. Profil Zostera-Watt-Spartina auf Schlick, − 30 cm bis + 20 cm, 30 × 2 cm²
F 6	9.83	Wattseite des Rantum-Beckens. Profil Mischwatt-Strand, − 20 bis + 10 cm, 10 × 2 cm²
F 7	9.83	Wattseite des Rantum-Beckens. Spartina-Inseln auf Schlicksand bis Schlick, 10 × 2 cm²
G: Hörnum, Nehrungshaken und Lagune		
G 1	9.81	Spartina auf Mittel- bis Grobsand, − 15 bis + 30 cm, 8 × 10 cm²
G 2	10.81	überschlickter Sand ohne Vegetation, − 10 bis + 40 cm, 7 × 10 cm²
G 3	3.83	Spartina auf Schlick bis Kleie, − 20 bis + 20 cm, 30 × 2 cm²
G 4	3.83	Kleie ohne Vegetation, + 10 cm, 10 × 2 cm²

Regelmäßig untersuchte Stationen

Das lenitische Strandgebiet A 1 am westlichen Rand des inneren Königshafens (Abb. 3) umfaßt einen etwa 20 m breiten Strand (A 1a) und eine anschließende Feinsandfläche (A 1b). Landseitig wird es durch die Salzwiese „Großer Gröning", seewärts durch das Arenicola-Watt begrenzt. Der Strand läßt sich in vier Abschnitte unterteilen (Abb. 4). (1) Das strandnahe Watt. Es steigt von der oberen Grenze der Arenicola-Siedlung bis auf − 10 cm (= bezogen auf die MHWL) an. Im unteren Teil treten im Sommer junge Arenicola marina auf. (2) Die Sandbank. Sie ist ca. 20 m lang und steigt vom Watt bis + 10 cm an. Landeinwärts fällt sie steil ab zur (3) Senke. Diese liegt bis 5 cm unter MHWL, im Sommer treten einzelne Quellerpflanzen auf. (4) Der Sandhang. Er folgt auf die Senke und grenzt bei + 30 cm an die Salzwiese. An einer Stelle (Abb. 4) ist zwischen Sandhang und Wiese die etwas tiefer gelegene (10 bis 20 cm über

MHWL), im Sommer dicht mit Queller und z. T. mit Fadenalgen bewachsene Feinsandfläche eingeschoben.

Senke und Feinsandfläche tragen den größten Teil des Jahres eine Schlickauflage, ihr Schluff- und Detritusgehalt ist am höchsten. Sandbank und Sandhang

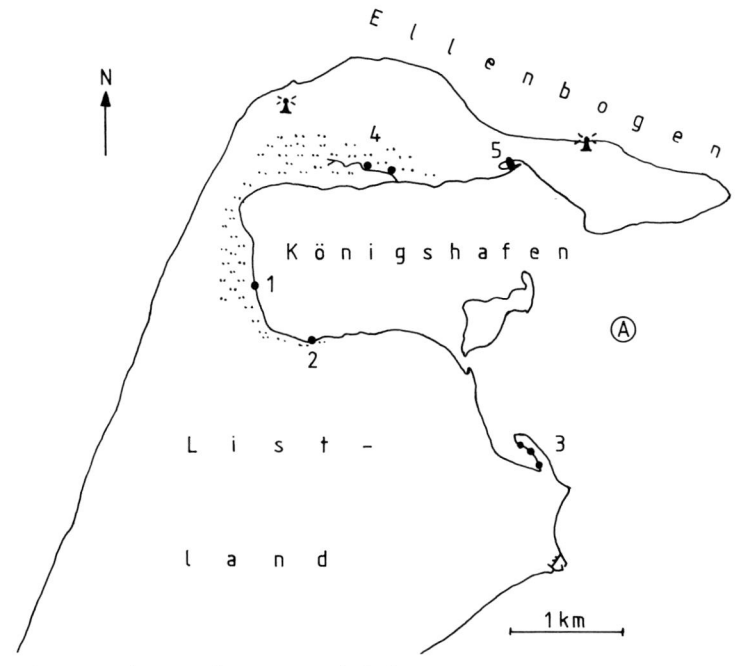

Abb. 3. Die Untersuchungsstationen am Königshafen (A 1 – 5).

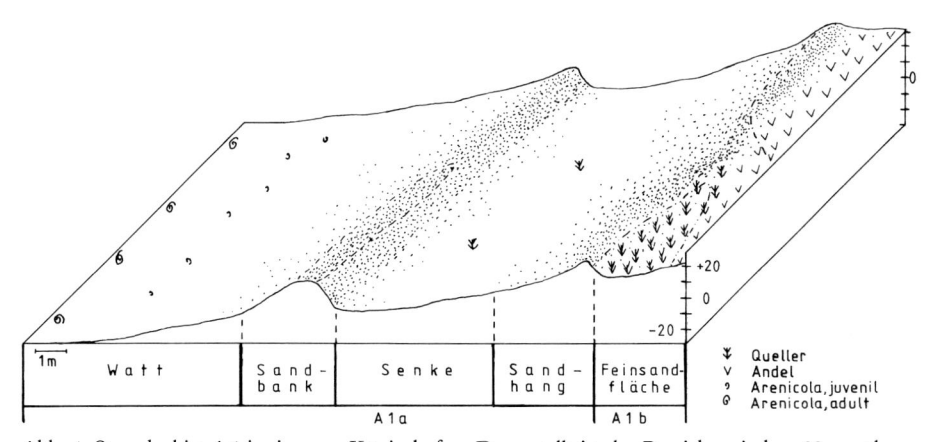

Abb. 4. Strandgebiet A 1 im inneren Königshafen. Dargestellt ist der Bereich zwischen 30 cm über und 30 cm unter der MHWL (mittlere Hochwasserlinie).

Tabelle 2: Sedimentzusammensetzung und Anteil organischer Substanz (org. Glühverlust) von Strandgebiet A 1, Königshafen. Schluff = Schluffanteil in %, Md = Median und Q 1, Q 3 = Quartile (in µm), S = Sortierungskoeffizient.

Teilgebiet	Schluff	Md	Q 1	Q 3	S	% org
Watt	3.1 %	330	224	428	1.38	0.28 %
Sandbank	0.2 %	400	305	590	1.39	0.14 %
Senke	8.8 %	322	189	444	1.53	0.51 %
Sandhang	0.9 %	463	329	930	1.68	0.23 %
Feinsandfläche,						
wattnaher Teil	9.7 %	386	252	660	1.62	0.86 %
wiesennaher Teil	15.9 %	340	167	468	1.67	2.01 %

sind relativ grobsandig und sauber, das Wattsediment nimmt eine mittlere Stellung ein (Tab. 2). Die aerobe Bodenschicht ist im schluffarmen Sand maximal 12 cm tief, in Schlickauflagen nur wenige mm. Darunter liegt meist ein FeS-Horizont, unter dem Sandhang ein verdichteter Kleiehorizont.

Der *Spartina*-Bestand B 1 und das Watt B 2 liegen am nördlichen Ortsende von Kampen in einer flachen Bucht am „Nielönn" (Abb. 5). Der dichte Bestand des Schlickgrases *Spartina anglica* beginnt 5 cm unterhalb der MHWL und steigt über etwa 20 m flach bis auf + 25 cm an, wo er in die Salzwiese (Andelrasen)

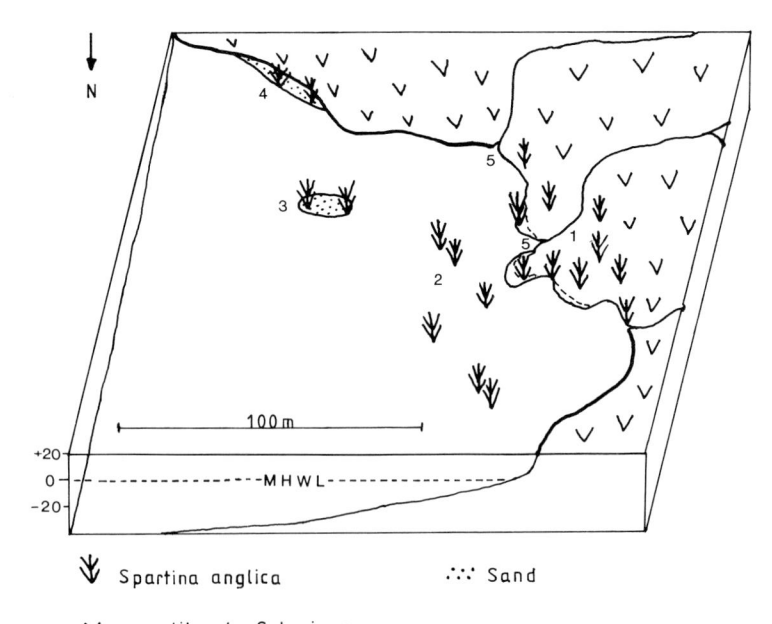

Abb. 5. Die Untersuchungsstationen im „Nielönn" nördlich von Kampen (B 1 – 5).

übergeht. Einzelne *Spartina*-Inseln sind ins Watt vorgeschoben. Innerhalb des Bestandes liegen isoliert einzelne vegetationslose Inseln (um + 10 cm) sowie 2 Priele (B 5), die von der Salzwiese ins Watt ziehen.

Der *Spartina*-Bestand (Abb. 5) läßt sich in 4 Abschnitte unterteilen, die jeweils eine Probestelle bilden. (1) Der untere Teil umfaßt die ins Watt vorgeschobenen Zungen und ist hinsichtlich Höhenlage (– 5 bis + 10 cm) und Sedimentstruktur stärker differenziert als der übrige Bestand. Im Winterhalbjahr wird an der Grenze zum Watt Sand und Seegras angespült. (2) Der anschließende Bereich (um + 15 cm) ist durch eine dichte Auflage von *Ulva lactuca* und *Zostera* ssp. gekennzeichnet, die durch Winterstürme in einer bis zu 20 cm mächtigen Schicht angespült wird und einige cm stark fast das ganze Jahr erhalten bleibt. (3) Der angrenzende Teil des Bestandes liegt gleich hoch, ist jedoch weitgehend frei von Angespül. (4) Im oberen Abschnitt ist der Boden stärker verdichtet. Er steigt bis auf + 25 cm an, ab + 20 cm tritt zwischen dem Schlickgras mitunter *Suaeda maritima* auf.

Der untersuchte Wattbereich erstreckt sich über 30 m vom *Spartina*-Bestand (– 10 cm) bis zum Beginn der *Arenicola*-Siedlung (– 30 cm). Am oberen Rand tritt vereinzelt *Salicornia* auf. An der Grenze zum *Arenicola*-Watt liegt eine flache Sandbank mit einigen *Spartina*-Horsten (B 3), ihr gegenüber am Südende der Bucht ein schmaler, locker mit *Salicornia* (Queller), *Spartina* und *Suaeda* bewachsener Sandstrand (B 4; vergl. Tab. 1, Abb. 5).

Die Sedimentzusammensetzung von Watt und *Spartina*-Bestand ist unterschiedlich. Der *Spartina*-Bestand ist deutlich reicher an Schluff (≤ 63 µm) und organischer Substanz als das Watt (Tab. 3). Der Wassergehalt des Bodens ist im *Spartina*-Bestand mit 60 bis 66 % (über MHWL) sehr hoch. Die Tiefe der

Tabelle 3: Sedimentzusammensetzung und Anteil organischer Substanz (% org.) in den Stationen B 1 und B 2 bei Kampen. Md = Median, Q 1, Q 3 = Quartile, S = Sortierungskoeffizient. o. V. = vegetationslose Inseln im *Spartina*-Bestand.

Probestelle	Schluff	Md	Q 1	Q 3	S	% org.
Watt – 30 cm	15 %	212	105	310	1.72	0.63 %
Watt – 20 cm	16 %	210	95	302	1.78	0.60 %
Watt – 15 cm	7 %	344	214	454	1.46	0.65 %
Watt – 10 cm	13 %	354	176	493	1.67	1.4 %
o. V. + 10 cm	41 %	140	40	274	2.62	9.0 %
Spartina-Bestand um MHWL, mit Sand	4 %	650	460	950	1.44	1.3 %
um + 5 cm	66 %	55	(21)	106	2.25	13.7 %
um + 15 cm	57 %	52	(24)	191	2.82	27.0 %
um + 20 cm	57 %	70	(26)	408	3.96	15.8 %

aeroben Sedimentschicht schwankt jahreszeitlich, im Watt und der unteren Hälfte der *Spartina*-Zone von 0.5 bis 2 cm, im oberen Teil von 1 bis 4 cm.

Der schwach lotische Strand C liegt am südöstlichen Ortsende von Keitum in der Nähe des „Tipkenhoog". Er steigt vom Strandknick über 12 m bis auf 50 cm über MHWL an (durchschnittliche Steigung 4 %), wo er von der Abbruchkante einer Salzwiese begrenzt wird (Abb. 6). Die MHWL liegt etwa 10 cm oberhalb des Strandknickes. Das vorgelagerte feinsandige Mischwatt verschlickte während des Untersuchungszeitraumes durch anthropogene Eingriffe (Buhnenbau) zunehmend. Die Tiefe des aeroben Sedimentes schwankt zwischen 1 cm im Watt und 15 cm im oberen Hang. Im Watt und unteren Strand wird es nach unten durch einen FeS-Horizont, im Supralitoral von einem rostfarbenen Horizont begrenzt. Der Strand besteht zu über 80 % aus Grobmaterial mit sehr geringem Schluffanteil (Tab. 4). Die im oberen Hang stellenweise eingestreuten großen Kiesel wurden bei der Sedimentanalyse nicht berücksichtigt.

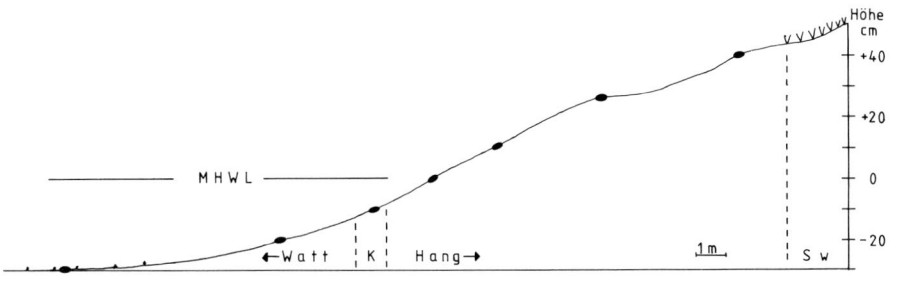

Abb. 6. Lage der Probestellen (●) im Strand C bei Keitum. K = Knick, SW = angrenzende Salzwiese.

Tabelle 4: Sedimentzusammensetzung und Anteil organischer Substanz in Strand C bei Keitum. Abkürzungen wie Tab. 3. Höhenangaben bezüglich MHWL

Probestelle	Schluff	Md	Q 1	Q 3	S	% org.
Watt − 30 cm	32.2 %	160	38	297	2.80	3.50 %
Watt − 20 cm	2.4 %	293	181	423	1.53	0.50 %
Knick − 10 cm	0.3 %	505	302	1520	2.24	0.37 %
Strand MHWL	0.3 %	426	275	965	1.87	0.19 %
Strand + 10 cm	0.1 %	454	298	1122	1.94	0.19 %
Strand + 25 cm	0.1 %	870	425	1375	1.80	0.23 %
Strand + 40 cm	0.1 %	750	406	1220	1.73	0.24 %

3. Probenahme und Extraktion

Strandgebiet A 1 und *Spartina*-Bestand B 1 wurden von Mai 1982 bis Mai 1983 sowie im Juli 1983 monatlich quantitativ untersucht, A 1 zwischen dem 1. und 3., B 1 zwischen dem 5. und 7. jeden Monats. In B 1 und im Strand A 1 a wurden je 20 Proben von 2 cm^2 Oberfläche genommen, der o. g. natürlichen Gliederung der Stationen folgend 5 je Teilgebiet; in der Feinsandfläche A 1 b jeweils 10 Proben von 5 cm^2.

Watt B 2 und Strand C wurden vierteljährlich, jeweils zu Beginn der zweiten Monatshälfte, bearbeitet: C im Mai, August, November 1982 und Februar 1983, B 2 jeweils einen Monat später sowie im Juni 1983. In beiden Stationen wurden die Probestellen, jeweils 10 Proben von 2 cm^2 umfassend, profilartig im Abstand von 5 bis 15 cm Höhe von der Grenze des *Arenicola*-Watts (– 30 cm) aufwärts gelegt: in B 2 5 Probestellen bis + 10 cm (vgl. Abb. 5, Tab. 3), in C 7 Probestellen bis + 40 cm (vgl. Abb. 6, Tab. 4).

Mit Ausnahme von Station A 1 b wurden alle Proben mit einem Plexiglas-Stechrohr von 2 cm^2 Querschnittsfläche senkrecht dem Boden entnommen. Das anaerobe Sediment wurde bis auf eine schmale Grenzschicht verworfen und der aerobe Bodenhorizont unter Beibehaltung der ursprünglichen Orientierung in Plastikgläser (3.3 cm Durchmesser, 7 cm Höhe) gefüllt. War der Boden tiefgründiger als 5 cm, wurde die Sedimentsäule in Scheiben von 3 bis 5 cm getrennt und einzeln verpackt. So betrug die maximale Größe einer Einzelprobe 10 cm^3. In der Feinsandfläche A 1 b war, bedingt durch zeitweise vorhandene, dicht verflochtene fädige Algenmatten, das Ausstechen eines Sedimentkerns mit dem Plastikrohr nicht möglich. Hier wurden 2 × 2.5 cm (= 5 cm^2) große Proben mit einem Messer ausgeschnitten. Die Sandproben wurden im Labor je nach Jahreszeit bei 4 bis 12 °C maximal 3 Tage gelagert. Die Aufarbeitung erfolgte mit der Ausschüttelmethode. Schlickige Proben wurden sofort nach der bei ARMONIES & HELLWIG (1986) beschriebenen Methode extrahiert.

Extraktion

Die Strandproben mit nur geringem Feinmaterialanteil wurden in einem 600-ml-Becherglas mehrfach ausgeschüttelt. Dazu wurden in das Becherglas mit der Probe jeweils ca. 100 ml Seewasser gefüllt, umgeschwenkt und in ein zweites Becherglas zum Sammeln der Überstände dekantiert. Je nach Probegröße wurde dieser Vorgang 7 bis 10 mal wiederholt. Bei den ersten Ausschüttelvorgängen wurde das Becherglas nur 3 bis 5 mal vorsichtig geschwenkt, um empfindliche Tiere nicht zu beschädigen. Bei den weiteren Durchgängen wurde ca. zehnmal kräftig geschüttelt, die letzten beiden Male unter Zugabe von Süßwasser. Dabei quellen eventuell noch im Sediment befindliche Tiere etwas auf und lösen sich von den Sandkörnern. Eine Schädigung der Tiere durch das Süßwasser und die anschließende Verdünnung des Seewassers wurde nicht festgestellt.

Anschließend wurde der Überstand durch eine Serie mit Gaze bespannter Siebe von 500, 250, 125, 63 und 40 µm Maschenweite gegossen und der Rückstand jedes Siebes in eine Petrischale gespült. Durch diese Trennung in Fraktionen werden dekantiertes Feinmaterial und die Tiere größenmäßig vorsortiert, was die Durchsicht der Schalen unter dem Binokular erleichtert. Die einzelnen Siebe wurden je nach Bedarf, das mit 40 µm-Gaze bespannte stets als Feinstes verwendet. Die Plathelminthen wurden unter dem Binokular sortiert und lebend mikroskopisch bestimmt.

Die Meiofauna aus lenitischen bis schwach lotischen Sandböden kann mit diesem Verfahren quantitativ extrahiert werden. In schwach lotischen Stränden treten bereits Arten auf, die sich mit Hafteinrichtungen im Sediment verankern können. Aus einem derartigen Strand wurden 20 Bodenproben von jeweils 8 bis 10 cm^3 Umfang genommen und zufällig auf zwei Serien verteilt. Eine Serie wurde – wie oben beschrieben – ausgeschüttelt und gesiebt, das Sediment der anderen Serie in dünner Schicht auf Petrischalen verteilt (30 bis 80 Schalen je Probe) und direkt unter dem Binokular durchgesehen. Die gesamte Mikrofauna (Metazoa) wurde sortiert und die freilebenden Plathelminthen bestimmt (Tabelle 5).

Tabelle 5: Test der Ausschüttelmethode im Vergleich zu direkter Durchsicht des Sediments (Kontrolle), jeweils 10 Parallelen. m = Mittelwert, sd = Standardabweichung der Arten- (A) und Individuenzahlen (I).

Taxon	Ausschüttelmethode		Kontrolle		U-Test
	m	sd	m	sd	
Plathelminthes, A	3.4	1.1	3.3	1.9	n. s.
Plathelminthes, I	10.1	3.3	8.4	4.2	n. s.
Nematoda	79.7	17.9	79.6	19.8	n. s.
Oligochaeta	16.7	6.6	19.0	9.0	n. s.
Copepoda	30.1	8.4	29.6	6.2	n. s.
Nauplius-L	15.0	7.6	7.8	3.9	$p \leq 1\%$
Ostracoda	1.3	1.7	1.4	1.1	n. s.

Das sehr zeitaufwendige direkte Aussortieren der Proben bietet keinen Vorteil gegenüber der Ausschüttelmethode. Sehr kleine Tiere können bei direkter Durchsicht des Sediments sehr leicht übersehen werden: beim Ausschütteln wurden signifikant mehr Nauplien gefunden. Beim Durchsehen mehrerer Stichproben des ausgeschüttelten Sedimentes wurden keine lebenden oder toten Tiere entdeckt.

4. Statistische Auswertung

Zufällige Verteilung der Individuen und Arten über die Parallelproben eines Probegebietes kann nicht vorausgesetzt werden. Die statistische Zufallsverteilung (Poisson) ist durch $s^2 = m$ (m = Mittelwert) gekennzeichnet. Signifikante Abweichungen davon (etwa $s^2 > m$) werden durch Vergleich mit der χ^2-Verteilung erkannt. Als Grenzwert gilt $\chi^2/(n-1)$, mit n = Parallelenzahl und dem tabellierten χ^2-Wert für $p \leq 5\%$ ($F(x) = 0.95$) und $n-1$ Freiheitsgraden (SACHS, 1974; KREYSZIG, 1977). Für $n = 10$ Parallelen ergibt sich so ein oberer Grenzwert von 1.88. Größere Werte zeigen signifikante Klumpung an. Jenseits eines unteren Grenzwertes (für $n = 10$ 0.36) ist entsprechend regelmäßige Verteilung der Individuen anzunehmen.

Im Untersuchungsgebiet weicht die Verteilung der Arten- und Individuenzahlen über die Parallelproben eines in sich einheitlichen Lebensraumes in der Mehrzahl der Fälle nicht signifikant von zufälliger Verteilung ab. Mittelwert und Standardabweichung sind daher geeignet, die Verteilung der Arten zu beschreiben.

Diversität und Evenness der Plathelminthenfauna einzelner Probestellen werden durch die Indices H', M, D und E beschrieben:

Diversität nach Shannon-Weaver: $H' = -\Sigma p_i \times \ln p_i$

Diversität nach Margaleff: $M = (S-1) / \ln N$

Evenness, modifiziert nach Simpson: $D = 1 - \Sigma p_i^2$

Evenness nach Pielou: $E = H' / \ln S$

N = Indivuenzahl, S = Artenzahl, p_i = Anteil der Art i an N

Um die Signifikanz von Unterschieden der Individuenzahlen zweier Probeserien zu testen, wurde der U-Test nach Wilcoxon, Mann und Whitney (SACHS, 1974), ein verteilungsfreies Testverfahren, benutzt. Auch wenn Normalverteilung vorliegt, liefert der U-Test gute Ergebnisse. Signifikanz wird wie folgt wiedergegeben:

n. s. nicht signifikant
* $p \leq 5\%$
** $p \leq 1\%$
*** $p \leq 0.1\%$

Korngrößenanalyse und Bestimmung der organischen Substanz

Mit dem Stechrohr wurden 10 bis 20 cm³ Boden ausgestochen und mit Sieben der Maschenweiten 1.5 mm, 0.5 mm, 0.25 mm, 0.125 mm, 0.063 mm und 0.040 mm mit Süßwasser aufgetrennt. Partikel, die das feinste Sieb passiert hatten, wurden nur dann berücksichtigt, wenn sie innerhalb von 3 Stunden in einem 30 cm hohen Standzylinder sedimentierten. Die einzelnen Fraktionen wurden auf Aluminiumfolie bei 100 °C getrocknet (24 Stunden), nach Auskühlung (Exsikkator) gewogen, bei 500 °C 6 Stunden geglüht und nochmals gewogen.

Reifeklassen

In den monatlich untersuchten Stationen A 1a, A 1b und B 1 wurden alle Individuen freilebender Plathelminthen in 5 Reifeklassen unterteilt:

J: Jungtiere ohne erkennbare Anlagen der Geschlechtsorgane
E 0: Frühe Bildungsstadien. Einsetzende Bildung der männlichen oder weiblichen Organe zeichnet sich durch helle Bereiche ab.
E: Späte Bildungsstadien. Männliche Organe sind ausdifferenziert, weibliche Organe in Bildung.
A: Adulti. Tiere in weiblicher und männlicher Geschlechtsreife.
R: Reduktionsstadien. Männliche Organe sind zurückgebildet, weibliche Organe meist noch voll entwickelt.

Da Abbaustadien nur in geringer Zahl und einzelnen Monaten gefunden wurden, werden sie in der Darstellung der Lebenszyklen (Abb. 26) nicht erwähnt.

C. Ergebnisse

1. Artenspektrum

Im Untersuchungsgebiet wurden 156 Arten freilebender Plathelminthen nachgewiesen, von denen 138 mit beschriebenen Arten identifiziert werden konnten. 88 siedeln nur oder bevorzugt in Sand, 43 in Schlick, 25 sind substratunspezifisch. Mit 111 Arten (67.8 %) sind die Rhabdocoela am stärksten vertreten, davon bilden die Typhloplanoida mit 59 Arten die größte Gruppe. In diesem Taxon ist auch die artenreichste Gattung (*Proxenetes* mit 18 Arten) zu finden. Proseriata und Kalyptorhynchia stellen hohe Anteile in sandigen, Typhloplanoida in schlickigen Biotopen (Tab. 6, 7). Nach den phylogenetisch-systematischen Untersuchungen von EHLERS (1984) sind die „Typhloplanoida" und „Dalyelioi-

Tabelle 6: Artenbestand, Anzahl und Fundorte freilebender Plathelminthen im Untersuchungsgebiet. Nicht bestimmbare Jungtiere wurden in jeder Station anteilig zwischen den mit der selben Zahl (links vom Artnamen) markierten Arten zugeordnet. Bei Überschneidungen der Siedlungsgebiete ist die Anzahl der eindeutig bestimmbaren Tiere zusätzlich (in Klammern) angegeben. Sa = nur in Sand, (Sa) = bevorzugt in Sand, Sch = nur in Schlick, (Sch) = bevorzugt in Schlick. Fehlende Kennzeichnung bedeutet weitgehend substratunspezifisches Siedlungsverhalten. P = auch oder nur in Pflanzenbeständen.

Acoela				
Archaphanostoma agile (Jensen, 1878)	3	Sch	P	G3
[1] *Praephanostoma chaetocaudatum* Dörjes, 1968	2355	Sa	P	A1a, 2, 3, 5, B4, C, F1, 3, 6, G1, E1
[1] *Pseudaphanostoma brevicaudatum* Dörjes, 1968	166	(Sch)	P	B2, C, E2, 3, F1, 2
[1] *Pseudaphanostoma pelophilum* Dörjes, 1968	6536		P	A1 – 4, B1 – 5, C, D3, E, F1 – 5, G1 – 3
[2] *Haplogonaria macrobursalia* Dörjes, 1968	171 (78)	Sa		A1a, 4, C
Philocelis cellata Dörjes, 1968	1003	(Sa)		A1a, 2 – 4, B5
Philachoerus johanni Dörjes, 1968	2	Sch		A4a, F1
Philactinoposthia saliens (Graff, 1882)	331	(Sch)	P	B1, 2, 5, E2, F5, G3
Postmecynostomum pictum Dörjes, 1968	5636		P	A, B1 – 5, C, D1, 2, E, F, G1 – 3
Philomecynostomum lapillum Dörjes, 1968	1	Sa		A4b
Pseudmecynostomum papillosum Faubel, 1974	146	Sa		C
Macrostomida				
Antromacrostomum armatum Faubel, 1974	132	Sa		A2, 3, C
Macrostomum balticum Luther, 1947	2118		P	A1, 5, B1 – 5, C, D1, E, F1 – 4, 6, G1 – 3
[3] *Macrostomum curvituba* Luther, 1947	104 (78)	Sa		C, F1
Macrostomum hystricinum Beklemischev, 1951	51		P	B1 – 3, F2
[3] *Macrostomum minutum* Luther, 1947	27 (11)	Sa	P	A4a, C, F1, G1
Macrostomum pusillum Ax, 1951	3257	(Sa)	P	A, B1 – 5, C, D3, E, F1, 3, 4, 6, G1
Macrostomum spirale Ax, 1956	7	Sa	P	C, D1, F1
Macrostomum bicurvistyla Armonies & Hellwig, 1987	2	Sch	P	B1
Paromalostomum dubium (de Beauchamp, 1927)	2	Sa		A4b

Paromalostomum fusculum Ax, 1952	101	Sa		A1, 3, 5, C
Microstomum papillosum Graff, 1882	130		P	A1a, 4, B1, 2, C
Microstomum bioculatum Faubel, 1984	201	Sch	P	A1, B1, 2, C
Prolecithophora				
Archimonotresis limophila Meixner, 1938	40		P	A1, 3, 4, 5, B1, 2, 5, C, F1, G1
Pseudostomum quadrioculatum Leuckart, 1847	13	Sch	P	B2, G1, 3
Proseriata				
[4]*Archiloa petiti* Ax, 1956	38 (8)	Sa	P	A3, 4, C, G1
[4]*Archilopsis unipunctata* (Fabricius, 1826)	3521 (745)		P	A, B1 – 5, C, F1, 3, 6, G1 – 3
[4]*Mesoda septentrionalis* Sopott, 1972	140 (55)	Sa		A3, 5, C
Monocelis fusca Oersted, 1843	761		P	A1 – 3, B1 – 3, 5, 6, C, D1, E2, 3, F1 – 3, 5 – 7, G1, 3
Monocelis lineata Müller, 1774	1157		P	A, B1 – 4, C, D1, E2, 3, F1, 2, 4, G1 – 3
[4]*Promonotus schultzei* Meixner, 1943	356 (73)	(Sch)	P	A1a, 3, 4, B1 – 3, 5, C
Coelogynopora axi Sopott, 1972	44	Sa	P	C, G1
[5]*Coelogynopora biarmata* Steinböck, 1924	306 (42)	Sa	P	A2, 4, C, F1, (G1,2 nur juvenil)
[5]*Coelogynopora schulzii* Meixner, 1938	32 (12)	Sa	P	A1a, 3, C, F6
Otoplanella schulzi (Ax, 1951)	18	Sa		A3b, c
Parotoplana papii Ax, 1956	243	Sa		A3, C
Nematoplana coelogynoporoides Meixner, 1938	59	Sa	P	A3, C, G1, 2, F1
Polystyliphora filum Ax, 1958	1	Sa		A3c
Typhloplanoida				
[6]*Byrsophlebs dubia* (Ax, 1956)	83 (41)	Sch	P	B1, 2, E3, F5, G1 – 3, 5
Castrada subsalsa Luther, 1946	1	Sa		F1
[6]*Haloplanella hamulata* Ehlers, 1974	363 (221)	Sa	P	A1a, 2 – 5, B4, C, E1, F1, 3, G1, 2
[6]*Haloplanella minuta* Luther, 1946	71 (33)	Sch	P	B1, 2, C, F1, G3

Hoplopera littoralis Karling, 1957	4	Sa	P	F1, G1
[6] *Pratoplana galeata* Ehlers, 1974	8 (6)	Sa	P	A2, G1
Pratoplana salsa Ax, 1960	905	(Sch)	P	A1, 2, 4, 5, B1 – 3, 5, D1, E2, 3, F1 – 5, G1, 3, 4
Adenorhynchus balticus Meixner, 1938	98	Sa	P	A1a, 3, 4, B3, 4, C, E1, G1
Brinkmanniella macrostomoides Luther, 1948	3		P	A1a, F5, G3
Ciliopharyngiella intermedia Ax, 1952	6	Sa		C
Coronhelmis lutheri Ax, 1951	1	Sa		F1
Coronhelmis multispinosus Luther, 1948	1	Sa		A1a
Moevenbergia una Armonies & Hellwig, 1987	111	(Sa)	P	A1, 5, B1, 3, C, E1, F1, 3, G2
[6] *Promesostoma bipartitum* Ax, 1956	78 (55)	Sa		A1a, 2 – 5, C
[7] *Promesostoma caligulatum* Ax, 1952	289 (142)	(Sch)	P	A1a, 2 – 4, B1 – 3, 5, C, E2, 3, F1, G1
[6] *Promesostoma cochleare* Karling, 1935	18 (6)	Sa		A2, 3a, C
[7] *Promesostoma gracilis* Ax, 1951	8 (4)	(Sa)		B2, C, F1
[7] *Promesostoma karlingi* Ehlers, 1974	25 (14)	(Sch)	P	A1b, 4, B2, C, F2, 5, G3
[7] *Promesostoma marmoratum* (M. Schultze, 1851)	156 (69)	(Sch)	P	A1 – 4, B1, 2, 5, C, F2, 5, 7, G3
[7] *Promesostoma meixneri* Ax, 1951	449 (233)	Sa	P	A1a, 2 – 5, B3, 4, C, G1, 2
[7] *Promesostoma rostratum* Ax, 1951	317 (109)		P	A1 – 4, B1, 2, 5, C, D1, F1, 7, G1, 3
Promesostoma serpentistylum Ax, 1952	2	Sa	P	B3
Tvaerminnea karlingi Luther, 1943	15	Sa	P	A1a, C, F4, G1
Westbladiella obliquepharynx Luther, 1943	852	Sch	P	B1, 2, 5, E2, 3, G3
[6] *Lutheriella diplostyla* Den Hartog, 1966	30 (19)	Sch	P	B1, E3
[6] *Messoplana elegans* Luther, 1948	229 (102)	Sch	P	A1, 2, 4, B1, 2, C, E2, F1, 6, G3
Ptychopera ehlersi Ax, 1971	292	Sch	P	B1, 4
Ptychopera hartogi Ax, 1971	175	Sch	P	A1a, B1, 2, 4
Ptychopera spinifera Den Hartog, 1966	4	Sch	P	B1, 2
Ptychopera westbladi (Luther, 1943)	3670		P	A, B1 – 5, C, D1, E, F1, 2, 4, 5, 7

[6]*Proxenetes bilioi* Den Hartog, 1966	652 (315)	(Sch)	P	A1, B1 – 3, D1, 2, E1, 2, F1, G1 – 3
[6]*Proxenetes britannicus* Den Hartog, 1966	84 (39)	(Sch)	P	A1, B1, 2, 5, D1, F2, G4, 5
[6]*Proxenetes cimbricus* Ax, 1971	344 (122)		P	A1, 3, 4, B1, 2, 4, C, E1, F1, 2, 4, G1, 2
[6]*Proxenetes cisorius* Den Hartog, 1966	15 (7)	Sch	P	B1, 2, F2
[6]*Proxenetes deltoides* Den Hartog, 1965	431 (177)		P	A1, 3, 4, B1 – 3, C, D1, E1, F1, 4, 6, G1, 2, 4
[6]*Proxenetes flabellifer* Jensen, 1878	10 (6)	Sch	P	B1, G3
[6]*Proxenetes intermedius* Den Hartog, 1966	360 (168)	(Sch)	P	A1a, B1, 2, 5, C, D1, E2, F1
[6]*Proxenetes karlingi* Luther, 1943	388 (187)	(Sa)	P	A1, 4, B1 – 3, D1, 2, E2, F1, 7
[6]*Proxenetes minimus* Den Hartog, 1966	52 (22)		P	A1, B1, 3, C, D1, E1
[6]*Proxenetes pratensis* Ax, 1960	19 (8)	Sa	P	A1a, B4, F1, G2
[6]*Proxenetes puccinellicola* Ax, 1960	216 (85)	Sch	P	B1, D1, E2, F2, G5
[6]*Proxenetes quadrispinosus* Den Hartog, 1966	4 (2)	Sch	P	B1, G3
Proxenetes quinquespinosus Ax, 1971	2	Sa		A4a
[6]*Proxenetes segmentatus* Den Hartog, 1965	468 (381)	(Sch)	P	A1, 4, B1 – 3, 5, C, D1, E1, 3, F1, 3, 4, 7
[6]*Proxenetes simplex* Luther, 1946	394 (187)	Sch	P	A1a, 3, 4, B1, 2, 5, F1, 7, G1
[6]*Proxenetes tenuispinosus* Ehlers, 1974	356 (239)	Sa	P	A1, 5, B4, C, E1, F1, 3, 4, 6, G2
[6]*Proxenetes trigonus* Ax, 1960	69 (37)	(Sa)	P	A1a, 2 – 5, B1, 2, C, F3, G1
[6]*Proxenetes unidentatus* Den Hartog, 1965	14 (7)	Sa		F1, C
[8]*Adenopharynx mitrabursalis* Ehlers, 1972	197 (147)	(Sa)	P	A1 – 4, B1, 2, 4, C, E1, F1, 3, G2
Anthopharynx sacculipenis Ehlers, 1972	103		P	A1, 3 – 5, B1, 4, C, E, F1, 2, G1
[8]*Doliopharynx geminocirro* Ehlers, 1972	66 (50)	Sa	P	A1a, 2, 4b, B4, C, F1, 3
Proceropharynx litoralis Ehlers, 1972	4	Sa		C, F1, G2

Kalyptorhynchia

Acrorhynchides robustus (Karling, 1931)	289		P	A, B1 – 3, 5, C, D1, E2, F1 – 6, G1, 3
Neopolycystis tridentata Karling, 1955	45	Sa	P	A1a, 2, 3, 5, C, G1
Phonorhynchus helgolandicus (Mecznikoff, 1865)	2	Sch	P	B1, F2

Itaipusa scotica (Karling, 1954)	6	(Sa)		A1a, F1
Parautelga bilioi Karling, 1964	205	(Sch)	P	A1, B1, 3, 4, D1, E, F2, 7, G1, 3
Cystiplana paradoxa Karling, 1964	185	Sa	P	A1a, 2, 3, 5, C, G1
Psammorhynchus tubulipenis Meixner, 1938	13	Sa		A2 – 4
[9] *Cicerina brevicirrus* Meixner, 1928	227 (215)	Sa		A1a, 2 – 5, C, F1
[9] *Cicerina tetradactyla* Giard, 1904	28 (22)	Sa		A2, C
[10] *Zonorhynchus salinus* Karling, 1952	309 (243)		P	A1, B1 – 3, C, D1, E, F1, 3, 4, G3
[10] *Zonorhynchus seminascatus* Karling, 1956	841 (627)		P	A1, 3, 4, B1 – 3, C, D, E2, 3, F1, 3, 4, 6, 7, G3
[10] *Zonorhynchus pipettiferus* Armonies & Hellwig, 1987	24 (18)	(Sa)	P	A1a, B1, 4, C, E3, F1, 3, G2
Placorhynchus octaculeatus Karling, 1931	141	(Sch)	P	A1a, 4, B1, 2, 5, C, E2, F1, 3, G1 – 3
Placorhynchus dimorphis Karling, 1947	37	Sch	P	B1, 2, 5, C, G3
Prognathorhynchus stilofer Schilke, 1970	13	Sa	P	A1a, C, G1
Psittacorhynchus verweyi Den Hartog, 1968	77		P	A1, B1, 2, C, E2, 3, F1, 2, 4, G3
Uncinorhynchus flavidus Karling, 1947	2	Sa		A2, G2
Carcharodorhynchus ambronensis Schilke, 1970	53	Sa	P	A1a, 5, C, G1, 2
Carcharodorhynchus subterraneus Ax, 1951	8	Sa	P	A1a, 4, C, F1, 4
Proschizorhynchus gullmarensis Karling, 1950	131	Sa	P	A1a, 2 – 4, C, F1, 3, G1, 2
Schizorhynchoides aculeatus L'Hardy, 1963	18	Sa		A3a, 5
Thylacorhynchus arcassonensis De Beauchamp, 1927	6	Sa		A2
Baltoplana magna Karling, 1949	1	Sa		C
Cheliplana curvocirro Schilke, 1970	7	Sa		A3a, b, C
Cheliplana remanei (Meixner, 1928)	43	Sa	P	A1a, 3 – 5, G1, 2
Cheliplanilla caudata Meixner, 1938	3	Sa		A4b
Cheliplanilla rubra Schilke, 1970	1	Sa		A1a
Diascorhynchus serpens Karling, 1949	22	Sa	P	A1a, 2, B4, C, E1, F1, 3, G2
Diascorhynchus lappvikensis Karling, 1963	3	Sa		C

Dalyellioida				
Baicalellia brevituba (Luther, 1921)	856	(Sch)	P	A1, 4, B1, 2, 5, D1, F1, G2, 3
Balgetia semicirculifera Karling, 1962	204	Sa	P	A1a, 2 – 5, B1, C, G1 – 3
Hangethellia calceifera Karling, 1940	183	Sa	P	A1a, 2, 3, 5, C, F1, 3
[11] Pogaina kinnei Ax, 1970	40 (25)	Sa		A1a, 2, 4, C
[11] Pogaina natans Ax, 1951	3 (2)	Sa		A1a, 4a
[11] Pogaina suecica Luther, 1948	488 (430)		P	A1 – 4, B1, 2, 5, C, F1, 2, 5, G1 – 3
[11] Provortex affinis (Jensen, 1878)	10 (8)	(Sa)	P	B1, 2, C
[12] Provortex balticus (M. Schultze, 1851)	81 (50)		P	A1, 3, 4, B1, E2, G3
[12] Provortex karlingi Ax, 1951	225 (108)	(Sch)	P	A1, 2, B1, 2, 6, D1, F1, G1, 2
Provortex pallidus Luther, 1948	1	Sch	P	B1
[12] Provortex psammophilus Ax, 1951	1219 (749)	Sa	P	A, B2 – 4, C, F1, 3, 4, 6, G1
[12] Provortex tubiferus Luther, 1948	280 (187)	(Sa)	P	A1, 3, 4, B1, 2, 5, C, F1, G2
Haplovejdovskya subterranea Ax, 1954	4	Sa		C
Vejdovskya halileimonia Ax, 1960	82	Sch	P	A1b, B1, 2, E3, F2, G1
Vejdovskya pellucida (M. Schultze, 1851)	187	Sa	P	A4, B1, 4, C, D1, F1, G3
Bresslauilla relicta Reisinger, 1929	626		P	A1, 3 – 5, B1 – 3, 5, C, E1, 2, F1 – 5, 7, G1 – 4
Pseudograffilla arenicola Meixner, 1938	169		P	A1 – 4, B1, 2, 4, 5, C, D1, E1, 3, F1, G2, 3
Halammovortex macropharynx Meixner, 1938	55 (19)		P	A1a, B1, 2, C, F7; juv.: A1b, 2, 4, F4
Halammovortex nigrifrons (Karling, 1935)	2	Sch		B2, D1

species dubiae und nomina nuda

Acoela				
[2] Convolutidae spec.	86 (49)	Sa		A3, 4, C
Childiidae spec.	3	(Sa)		A1a
Mecynostomidae spec.*	28	Sa		A4
Macrostomida				
[3] Macrostomum cf. tuba	6 (1)	Sa	P	G1

Prolecithophora			
Pseudostomum spec.	4	Sa	A3, C
Proseriata			
Monocelididae spec.	1	Sch	B2
Coelogynopora cf. *gigantea* Meixner, 1938	1	Sa	A3c
Typhloplanoida			
Moevenbergia oculofagi nom nud.	2	Sa	A5, F1
Tvaerminnea direceptaculum nom. nud.	2	Sa	A5, C
Promesostomidae spec. I	12	Sa	P	A1a, F1,3
Promesostomidae spec. II	1	Sa		F1
Trigonostomum spec.	1	Sch	P	B1
[8] *Solenopharynx* cf. *flavidus* von Graff, 1882	8 (7)	Sa	P	A1a, E1, F4
Solenopharyngidae spec.	3	Sa		A1a, C
Kalyptorhynchia			
Polycystididae gen. spec. (in Ax & Armonies, 1987)	3	(Sch)	P	B1, E2
Cystiplana karlingi nom. nud. (in Hoxhold, 1971)	1	Sa		A3c
Cicerinidae spec.	4	(Sch)		A1a, F2, G5
Gnathorhynchidae spec.	7	(Sch)	P	B1, E3, F1, 4, 7

* *Pseudmecynostomum bruneum* Dörjes, 1968

Tabelle 7: Anteil der Plathelminthentaxa an der Arten- und Individuenzahl und Sedimentabhängigkeit der Artenzahlen. Ac = Acoela, Ma = Macrostomida, Pl = Prolecithophora, Pr = Proseriata, Rh = Rhabdocoela, T = Typhloplanoida, K = Kalyptorhynchia, D = Dalyellioida

Taxon	Arten gesamt	bevorzugt in			Individuen gesamt
		Schlick	Sand	indifferent	
Ac	14 = 9.0 %	4 = 9.3 %	8 = 9.1 %	2 = 8.0 %	16 467 = 33.6 %
Ma	13 = 8.3 %	2 = 4.6 %	8 = 9.1 %	3 = 12.0 %	6 108 = 12.4 %
Pl	3 = 1.9 %	1 = 2.3 %	1 = 1.1 %	1 = 4.0 %	57 = 0.1 %
Pr	15 = 9.6 %	2 = 4.6 %	10 = 11.3 %	3 = 12.0 %	6 678 = 13.5 %
Rh	111 = 67.8 %	34 = 79.1 %	61 = 69.3 %	16 = 64.0 %	20 021 = 40.6 %
–T	59 = 34.5 %	22 = 51.2 %	30 = 34.1 %	7 = 28.0 %	12 551 = 25.4 %
–K	33 = 21.1 %	7 = 16.3 %	22 = 25.0 %	4 = 16.0 %	2 755 = 5.6 %
–D	19 = 12.2 %	5 = 11.6 %	9 = 10.2 %	5 = 20.0 %	4 715 = 9.6 %
gesamt	156	43	88	25	49 331

da" bisher nicht als Monophyla begründbar, beide Taxa werden aber vorläufig beibehalten.

Auch bezüglich der Individuenzahlen dominieren die Rhabdocoela und innerhalb dieser Gruppe die Typhloplanoida. Das zweitstärkste Taxon bilden die Acoela, deren Artenzahl nur einen Durchschnittswert erreicht (Tab. 7).

2. Verteilung und Abundanz häufiger Arten

Alle Höhenangaben beziehen sich auf die MHWL (mittlere Hochwasserlinie) als Null-Linie. Werden 2 Abundanzwerte angegeben (davon einer in Klammern), schließt der größere zugeteilte Jungtiere ein. Der kleinere Wert gibt die Dichte eindeutig bestimmbarer Individuen wieder. Beziehen sich Abundanzangaben nur auf bestimmbare Stadien, ist dies vermerkt.

Acoela

Pseudaphanostoma pelophilum war mit über 7000 Individuen das häufigste Acoel des Untersuchungsgebietes. Sie siedelt weitgehend substratunspezifisch: in Schlick- und Mischwatt (MHWL bis −30 cm), in schwach lotischen Stränden bis zur MHWL, in lenitischen Feinsand- und Schlickgebieten bis + 20 cm. Die höchste Abundanz im Mischwatt betrug 201 (C), in sauberem Feinsand 80 Ind./10 cm² (D 3).

In den sandigen Stationen A 1 und C nahm die Abundanz vom Watt landeinwärts unabhängig vom Feinmaterialgehalt stark ab (Tab. 8). Die über MHWL gelegenen Teile von A 1 (Sandhang, Feinsandfläche A 1b) waren nur im März/April besiedelt. In den schlickigen Stationen B 1, 2 hingegen war die Dichte oberhalb der MHWL im mittleren Teil des *Spartina*-Bestandes am höchsten (136 Ind./10 cm², November).

Wie die Verteilung zeigt auch der Abundanzverlauf in Strand A 1a und

Tabelle 8: *Pseudaphanostoma pelophilum*, Abundanzen (Ind./10 cm², Jahresmittel). + = mit Algenauflage, in ( ) = nur eindeutig bestimmbare Stadien. oV = ohne Vegetation

Strandgebiet A 1		Strand C		Schlickgebiet B 1, B 2	
Watt	50.0 (39.8)	− 30 cm	70.5 (44.8)	Watt	2.1 (1.4)
Sandbank	27.8 (18.4)	− 20 cm	68.0 (57.2)	um MHWL	7.2 (5.8)
Senke	11.5 (6.9)	− 10 cm	60.6 (18.8)	+ 10 cm oV	20.1 (14.0)
Sandhang	1.4 (1.3)	MHWL	9.1 (2.4)	+ 15 cm +	37.7 (28.4)
Feinsand	0.3 (0.3)	+ 10 cm	0.5 (0.4)	+ 15 cm	20.3 (14.5)
				+ 20 cm	11.6 (10.5)

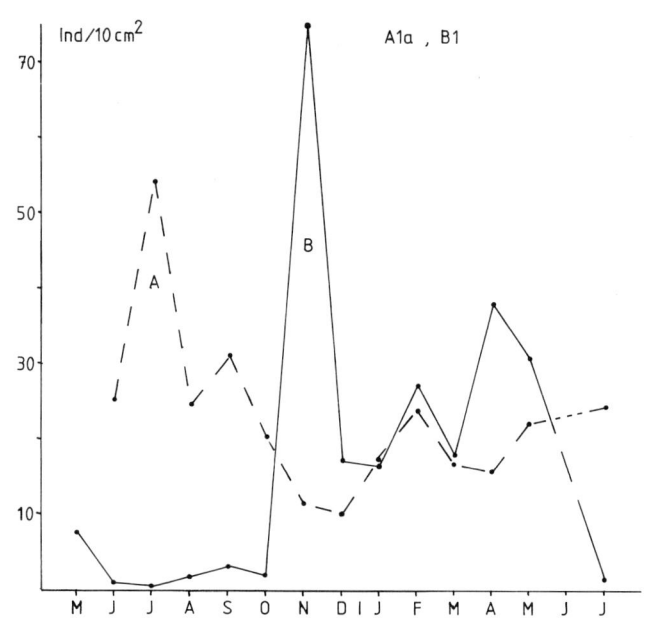

Abb. 7. *Pseudaphanostoma pelophilum*, Abundanzverlauf im *Spartina*-Bestand B 1 und Strand A 1a.

Spartina-Bestand B 1 auffällige Unterschiede: in A 1a wurde die höchste Dichte im Juli, in B 1 im November erreicht (Abb. 7). Für eine Temperaturabhängigkeit der Abundanzen gibt es damit keinen Hinweis.

DÖRJES (1968 a, b) fand *P. pelophilum* im Misch- und Schlickwatt, FAUBEL (1977) zusätzlich in Seegraswiesen. Die neuen Funde zeigen, daß sie in lenitischen Habitaten auch oberhalb der MHWL in hoher Dichte siedeln kann. In schwach lotischen Stränden dringt sie nur bis zur MHWL vor. Damit kann die Art in hinreichend geschützten Habitaten als weitgehend substratunspezifisch eingestuft werden.

Pseudaphanostoma brevicaudatum siedelt nur in schlickreichem Sediment geschützter Habitate unterhalb der MHWL. Meist traten nur Einzeltiere, maximal 5 Ind./10 cm² auf. Nur im Watt von Station C war die Abundanz zeitweise höher. Im Frühjahr 1982 wurden in diesem Gebiet als Landgewinnungsmaßnahme Buhnen errichtet, was zu verminderter Wasserbewegung und stärkerer Sedimentation von Feinmaterial führte. Mit zunehmendem Schlickgehalt erhöhte sich die Dichte von *P. brevicaudatum*: im Mai und August 1982 traten keine reifen Exemplare auf, im November 5.5 (2.5) Ind./10 cm² bei − 20 cm, im Februar 1983 in derselben Probestelle 24 (8) und bei − 30 cm 34.5 (16.5) Ind./10 cm².

P. brevicaudatum ist besonders aus Schlickwatt, schlicksandigen Seegraswiesen und Salzwiesengräben, aber auch aus Mischwatt bekannt (DÖRJES 1968 a, b; FAUBEL 1977). Nach DÖRJES ist sie auf ufernahe Stillwasserzonen des Litorals beschränkt und vermutlich resistenter gegenüber Erwärmung und Austrocknung als *P. pelophilum*. Die Verteilung beider Arten im Untersuchungsgebiet bestätigt das nicht.

Praeaphanostoma chaetocaudatum siedelt in fast allen untersuchten Stränden (auch mit Vegetation) vom Strandknick an aufwärts. Sauberer Sand wird bevorzugt: in A 1a wurde die schluffarme Sandbank mit bis zu 110 Ind./10 cm^2 am stärksten besiedelt, gefolgt vom detritusreicheren Sandhang mit maximal 64/10 cm^2. Zunehmender Feinmaterialanteil führt zu starker Abundanzabnahme (Tab. 9). Im Watt traten nur wenige Tiere im Juni/Juli auf. In schwach lotischen Stränden (A 4, C) wird der Bereich um + 10 cm bevorzugt (C: 61.5 Ind./10 cm^2, Mai). An der Westseite des Lister Hakens (A 3) wurde die Dichte mit zunehmender Exposition des Strandes geringer: von 72 Ind./10 cm^2 im geschützten über 20 im mittleren Teil auf 6.5/10 cm^2 an der exponierten Spitze (jeweils MHWL bis + 30 cm).

Tabelle 9: *Praeaphanostoma chaetocaudatum*, Abundanzen (Ind./10 cm^2, Jahresmittel) in den Stränden A 1a und C. In ( ) = nur sicher bestimmbare Stadien.

A 1a (lenitisch)		C (schwach lotisch)	
Watt	0.6 (0.5)	− 10 cm (Knick)	6.9 (2.1)
Sandbank	46.4 (30.7)	MHWL	13.9 (3.6)
Senke	4.9 (2.9)	+ 10 cm	20.8 (16.6)
Sandhang	31.9 (29.5)	+ 25 cm	9.1 (7.4)
		+ 40 cm	3.9 (3.4)

Im Oktober und November wurden die höchsten, im Februar die geringsten Abundanzen festgestellt (A 1a, Abb. 8). Von Oktober bis Januar, zur Zeit hoher Individuendichte und stagnierender Populationsentwicklung, war die Art nicht geklumpt, in den Monaten mit schneller Entwicklung geklumpt verteilt.

Bisher wurde *P. chaetocaudatum* nur aus Grobsand eines wattseitigen Prallhanges von Sylt gemeldet (Puan Klent, DÖRJES 1968 a, b; FAUBEL 1977). In den lenitischen und schwach lotischen untersuchten Stränden siedelt sie in hoher Dichte. Auch die Verteilung der Art längs der Westseite des Lister Hakens (A 3) weist auf eine Bevorzugung wenig exponierter Sande hin. Die Art ist somit als Besiedler lenitischer bis schwach lotischer, schluffarmer Strände anzusehen.

Haplogonaria macrobursalia wurde fast ausschließlich in feuchtem, sauberem Mittel- bis Grobsand im Bereich der MHWL angetroffen. Regelmäßig war sie

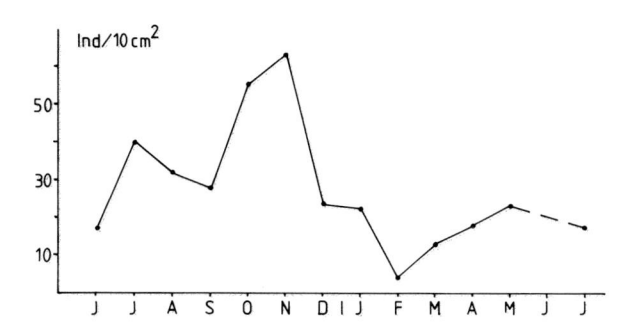

Abb. 8. *Praeaphanostoma chaetocaudatum*, Abundanzverlauf im Strand A 1a.

nur im schwach lotischen Strand C vertreten. Hier siedelten 95 % der Tiere an der MHWL, die anderen 10 cm höher. Im August traten 18.5 Ind./10 cm² (MHWL) auf, im November zahlreiche Jungtiere. Sonst lag die Abundanz bei 4 bis 5/10 cm² (jeweils ohne Jungtiere).

DÖRJES (1968 a, b) fand *H. macrobursalia* im Sublitoral in Feinsand und detritusreichem Schill (Helgoland), im Eulitoral im grobsandigen Prallhang (Sylt). FAUBEL (1977) wies die Art in sauberen Sandflächen nach. Somit besiedelt die Art eu- bis polyhaline Sande bis zur MHWL.

Philocelis cellata war besonders zahlreich im detritusreichen Fein- bis Mittelsand der lenitischen Strände A 2 mit 66 (35) Ind./10 cm² und A 4 mit 65 Ind./10 cm² (jeweils – 10 cm bis + 15 cm). Die Zone kurz unterhalb der MHWL wird bevorzugt (A 4: 120 Ind./10 cm², A 2: 125 (75) Ind./10 cm², Abb. 9). In schlickig-schlammigem Sediment (Priel B 5) hingegen war die Dichte mit 21 Ind./10 cm² deutlich geringer.

Bisher ist *P. cellata* aus schlickigen Salzwiesengräben, detritusreichem Sandwatt (DÖRJES 1968 a, b) und Mischwatt (FAUBEL 1977) bekannt. Die neuen Funde zeigen, daß sie detritusreiche, lenitische Sande bevorzugt. Die sehr ähnliche Art *Philocelis karlingi* (Westblad 1946) ist von der Ostsee, der schwedischen Westküste (KARLING 1974), sowie der dänischen (STRAARUP 1970) und niederländischen Küste (DEN HARTOG 1977) gemeldet, wo sie ebenfalls detritusreiche Sande und

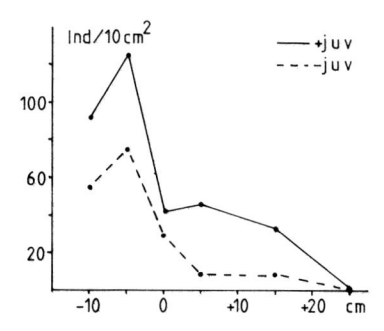

Abb. 9. *Philocelis cellata*, Abundanzen im lenitischen Strand A 2.

Salzwiesengräben besiedelt. Mit den Untersuchungen von BRÜGGEMANN (1985) ist eine Identität beider Arten nicht auszuschließen.

Philactinoposthia saliens war mit 1 bis 5 Exemplaren in den meisten Schlick- und Mischwatten, vereinzelt auch in schlickreichen *Spartina*- oder Quellerbeständen bis + 15 cm vertreten. Hohe Dichten wurden in schlickig-schlammigen Prielen ermittelt: 20 Ind./10 cm^2 in E 2, bis zu 194, im Mittel 81 Ind./10 cm^2 in B 5. Von den regelmäßig untersuchten Stationen war nur das Mischwatt C (maximal 7.5 Ind./10 cm^2, Nov.) zeitweise stärker besiedelt.

P. saliens ist vom Finnischen Meerbusen bis ins Mittelmeer verbreitet (vgl. LUTHER 1960; DÖRJES 1968 a). Sie besiedelt Schlickwatt, Mischwatt (auch mit *Zostera*) und Salzwiesenpriele (DÖRJES 1968 b; FAUBEL 1977). Die hohen Dichten in schlick- bzw. detritusreichen Habitaten bestätigen die Art als weitgehend euryhalinen Bewohner schlickreicher Stillwasserbiotope.

Pseudmecynostomum papillosum siedelt nur in relativ sauberen, mittelsandigen Stränden vom Knick bis 25 cm oberhalb. In C traten über 90 % der Tiere bei + 10 cm ($\approx$ 20 cm über Knick) mit 14 bis 21 Ind./10 cm^2 auf. Nach FAUBEL (1976, 1977) besiedelt *P. papillosum* Sand- und Mischwatten (bis zu 16, im Mittel 4.9 Ind./10 cm^2, August).

Postmecynostomum pictum ist im Untersuchungsgebiet weit verbreitet. In detritusreichem Sand wurden häufiger 12 bis 33 Ind./10 cm^2 festgestellt. Die höchste Dichte wurde in Strand C mit 141.5 Ind./10 cm^2 (MHWL, Mai) erreicht. In Strand A 1 nahm die Abundanz unabhängig von Schluffgehalt und Höhe vom Watt zur Salzwiese hin kontinuierlich zu (Tab. 64). Im detritusreichen Feinsand A 1b wurde im April 1983 mit 63.2 Ind./10 cm^2 die höchste Dichte innerhalb A 1 festgestellt. Im *Spartina*-Bestand B 1 wurde der Bereich um + 15 cm am stärksten besiedelt: im mit angespültem *Ulva* und *Zostera* bedeckten Teil bis zu 55, ohne Angespül maximal 41 Ind./10 cm^2. Auch in B 1, 2 waren

Tabelle 10: *Postmecynostomum pictum*, Abundanzen (Ind./10 cm^2, Jahresmittel) in Strandgebiet A1, *Spartina*-Bestand B1 und Watt B2. + = mit Algenauflage, oV = ohne Vegetation.

Strandgebiet A 1		Schlickgebiet B 1, B 2	
A 1a Watt	1.9	B 2 Watt	0.9
Sandbank	4.4	+ 10 cm oV	5.1
Senke	14.6	B 1 um MHWL	3.1
Sandhang	17.2	+ 15 cm +	16.6
		+ 15 cm	10.9
A 1b Feinsand	18.6	+ 20 cm	5.8

die tieferliegenden Bereiche schwächer besiedelt. Im Gegensatz zu den sandigen Stationen nahm die Dichte jedoch mit zunehmender Höhe wieder ab.

In B 1 war die Dichte im Mai und Januar am höchsten, von August bis November sehr gering. In A 1 zeigte sich mit hohen Abundanzen im April/Mai und einem Dichteminimum im Juli/August der gleiche Trend (Abb. 10).

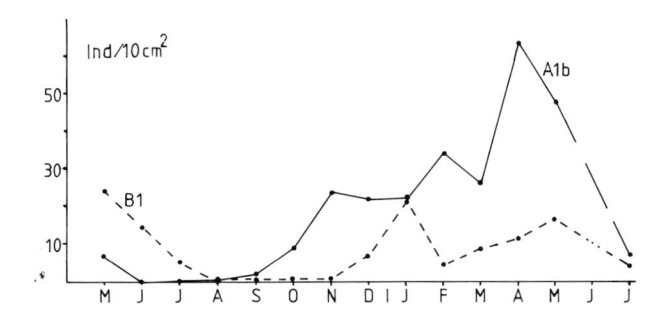

Abb. 10. *Postmecynostomum pictum*, Abundanzverlauf in Feinsandfläche A 1b und *Spartina*-Bestand B 1.

P. pictum siedelt in unterschiedlichsten Sedimenten des Sub- und Eulitorals (DÖRJES 1968 a, b; FAUBEL 1976, 1977), sie ist weitgehend substratunspezifisch. In mittel-lotischen Stränden dringt sie nur bis zum Strandknick vor (FAUBEL 1976), in lenitisch- bis schwach lotischen Stränden wurde sie dagegen bis + 40 cm (ca. 50 cm über Knick) angetroffen.

Im Sandwatt stellte FAUBEL (1976) hohe Dichten im Sommer (bis zu 31, im Mittel 7.4/10 cm^2, Juni 1973) und geringe im Winter fest (maximal 10, im Mittel 2.7/10 cm^2, November 1973). Im Untersuchungsgebiet wurden deutlich höhere Werte erreicht. Auch der Abundanzverlauf mit minimalen Dichten im Sommer bzw. Herbst zeigt auffällige Unterschiede zum Sandwatt. In den Sommermonaten ist das Supralitoral weit stärker Wärme und Trockenheit ausgesetzt, was sich offenbar ungünstig auf die Art auswirkt.

Macrostomida

Macrostomum balticum ist in lenitischen Habitaten oberhalb der MHWL weit verbreitet. Besonders zahlreich siedelt sie in detritusreichem Substrat 10 bis 20 cm über MHWL: in Schlick (B 1) bis 167, in Sand (B 4) bis 156 Ind./10 cm^2 (jeweils Juli 1983). In schwach lotischen Stränden fehlt sie fast völlig.

Der Strand A 1a war mit maximal 13 Ind./10 cm^2 (September) viel schwächer als der *Spartina*-Bestand B 1 besiedelt. Die Dichte nahm jeweils landeinwärts zu; die supralitorale, sommertrockene Feinsandfläche A 1b war jedoch nur von November bis Juni mit Einzeltieren besiedelt (Tab. 11). In der schluffarmen Sandbank trat die Art nur im Juni auf. In A 1a war die Abundanz im September und April am höchsten, in B 1 zwischen Juli und November (Abb. 11).

Tabelle 11: *Macrostomum balticum*, Abundanzen (Ind./10 cm², Jahresmittel) in A 1 und B 1. oV = ohne Vegetation, + = mit Algenauflage

Strandgebiet A 1		Spartina-Bestand B 1	
A 1a Watt	0	um MHWL	0.35
Sandbank	0.34	+ 10 cm oV	2.60
Senke	1.23	+ 15 cm +	4.61
Sandhang	3.46	+ 15 cm	23.15
A 1b Feinsand	0.07	+ 20 cm	28.43

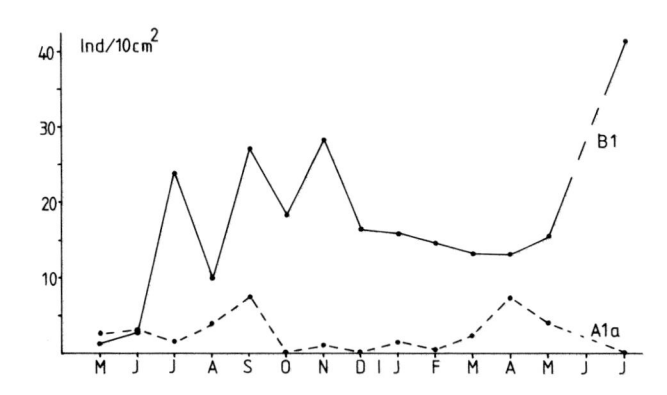

Abb. 11. *Macrostomum balticum*, Abundanzverlauf in Strand A 1a (Senke, Sandhang) und *Spartina*-Bestand B 1.

M. balticum ist im Ostseeraum in sublitoralem Grob- und Feinsand, an der Nordseeküste in Sandwatt, Mischwatt und Salzwiesen vertreten (AX 1951; LUTHER 1960; BILIO 1964; KARLING 1974; DEN HARTOG 1977; FAUBEL 1977). Sie dringt weit ins Brackwasser vor (KARLING 1974, 3 ‰; WESTBLAD 1953, 12 ‰). In Salzwiesen der Nordseeküste besiedelt die Art das Poly- bis Mesohalinicum (ARMONIES 1987). Im Untersuchungsgebiet wird das Eulitoral weitgehend gemieden, geschützte Habitate des Supralitorals in hoher Dichte besiedelt. Somit muß *M. balticum* als Besiedler poly- bis mesohaliner, lenitischer Stillwasserbiotope eingestuft werden.

Macrostomum curvituba besiedelte nur den oberen Sandhang an Salzwiesen grenzender Strände (C, F 1; + 30 bis + 50 cm). Adulte Exemplare traten in C im November (30 Ind./10 cm²) und Februar (3.5 Ind./10 cm²) auf, Jungtiere nur im Februar (3.5/10 cm²) sowie im Herbst 1981 in C und F 1.

M. curvituba ist eine Brackwasserart, die in der Ostsee bei 8‰ bis 0.1‰ Salinität überwiegend in Sand lebt (AX 1954 a, 1956 b; LUTHER 1960; JANSSON 1968; AX & AX 1970; SCHMIDT 1972 a). Von der Nordseeküste ist sie aus Salzwiesen (ARMONIES 1987) und einem Strandtümpel nachgewiesen (6‰, AX 1951). Nur in hochgelegenen Strandzonen herrschen entsprechende Salinitätsbedingungen. Hier wurde die Art im Winterhalbjahr gefunden. In Salzwiesen bevorzugt *M. curvituba* niedrige Temperaturen und verbringt die Sommermonate encystiert (ARMONIES 1986 a, 1987). Das spricht für eine dauerhafte Existenz der Art auch im oberen Strand.

Macrostomum hystricinum besiedelt detritusreichen, überwiegend vegetationsbestandenen Schlick und Sand 10 bis 40 cm über MHWL. Am höchsten war die Abundanz in B 3 (Sandbank mit *Spartina*) mit 11.5 Ind./10 cm^2. Hier wurden 10 Parallelproben direkt neben und 10 mindestens 30 cm entfernt von *Spartina*-Pflanzen genommen. *M. hystricinum* siedelte nur in den direkt neben Pflanzen entnommenen Proben (U-Test: $\alpha \leq 5\%$). In schlickigem Sediment wurden zwischen Juni und Januar Abundanzen von 1 bis 4 Ind./10 cm^2 ermittelt.

M. hystricinum ist von der Ostsee über Nordsee und Mittelmeer bis zum Schwarzen und Kaspischen Meer in Brackwasser verbreitet (vgl. LUTHER 1960). An der Nordseeküste ist sie in Pflanzenbeständen des Eu- bis Mesohalinicums und isoliertem Brackwasser nachgewiesen (DEN HARTOG 1977). Nach den neuen Funden wird das Euhalinicum nicht, Pflanzenbestände bevorzugt besiedelt.

Macrostomum minutum trat mit 1 bis 4 Exemplaren im oberen Teil an Salzwiesen grenzender Strände auf (20 bis 40 cm über MHWL). Adulti wurden in F 1 und A 4 a im Spätsommer 1980, in C im Februar gefunden, Jungtiere in C, F 1, G 1. Im Ostseeraum wurde die Art mit wenigen Exemplaren im Sublitoral des Finnischen Meerbusens (3.68 ‰, LUTHER 1960; KARLING 1974) und einem Strand der Kieler Bucht nachgewiesen (10.8 – 13.1 ‰, SCHMIDT 1972 a). Auf Sylt siedelt *M. minutum* in geringer Dichte in Salzwiesen (ARMONIES 1987). Damit ist sie als Brackwasserart anzusehen.

Macrostomum pusillum besiedelt lenitische Sande von – 10 bis + 20 cm in hoher Dichte (Tab. 12). Der höchste Wert wurde jedoch mit 357 Ind./10 cm^2 im schlammigen Priel B 5 festgestellt.

Tabelle 12: *Macrostomum pusillum*, mittlere Abundanz in fein- bis mittelsandigen Stränden – 10 bis + 20 cm über MHWL (Sommermonate).

Gebiet	Ind./10 cm^2
A 2 flacher Strand im Königshafen	35.9
A 3 Lister Haken (deichnah)	108.0
A 5 Nehrung im Königshafen	40.8
C Keitum-Ost (Einzelunters. 1981)	60.0
D 3 Morsum-Kliff	50.0
E 1 Morsum-Odde, Strand	92.3

Von den Hauptuntersuchungsgebieten war das sandige Watt von A 1 a am stärksten besiedelt. In schlickreichen Habitaten ist die Abundanz gering (Tab. 13). Bei einem Vergleich der Besiedlung im vegetationslosen Bereich gegenüber mit *Salicornia* bestandenen Teilen auf einer sonst einheitlichen Sandfläche (E 1, Morsum-Odde) bevorzugte *M. pusillum* signifikant die Proben mit Quellerpflanzen (U-Test: $\alpha \leq 5\%$).

Die Art wurde überwiegend im Sommerhalbjahr angetroffen. In B 1 traten von Juni bis August 88 % aller Individuen, von Januar bis Mai keine Tiere auf; in A 1 a 93 % aller Exemplare zwischen Mai und Oktober (Abb. 12). Die höchste Dichte wurde jeweils im Juli erreicht (Watt A 1: 41 Ind./10 cm^2, B 1: bis 15/10 cm^2). In der sommertrockenen Feinsandfläche A 1b hingegen war *M. pusillum* nur von Oktober bis Mai vertreten (68 % im April/Mai, Abb. 12).

Tabelle 13: *Macrostomum pusillum*, Abundanz (Ind./10 cm^2, Jahresmittel) in den Stränden A 1, C; *Spartina*-Bestand B 1; Watt B 2. + = mit Algenauflage

lenitisch, Schlick		lenitisch, Sand		schwach lotisch	
B 2 − 10 cm	0.9	A 1a Watt	10.9	C − 30 cm	1.9
+ 10 cm	1.7	Sandbank	4.3	− 20 cm	2.3
B 1 um MHWL	0.3	Senke	4.5		
+ 15 cm +	2.1	Sandhang	6.1	− 10 cm = Knick	5.3
+ 15 cm	1.6			MHWL	6.9
+ 20 cm	0.4	A 1b Feinsand	0.9	+ 10 cm	0.9

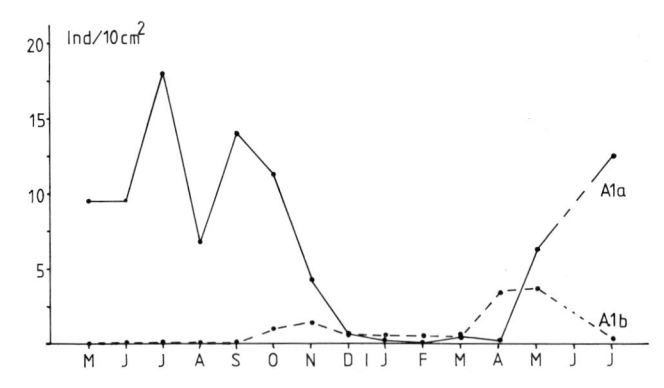

Abb. 12. *Macrostomum pusillum*, Abundanzverlauf in Strand A 1 a und Feinsandfläche A 1 b.

M. pusillum ist besonders aus Feinsand unterschiedlichen Detritusgehaltes (Ax 1951, 1956 a; Straarup 1970; Schmidt 1972 b; Faubel 1977; Reise 1984), aber auch aus schlickreichem Sediment und Salzwiesen bekannt (Ax 1959; Den Hartog 1977). Als Salinität werden 10 bis 35 ‰ genannt. Im Sandwatt beträgt die mittlere Abundanz 2.44/10 cm^2 (Reise 1984) und ist damit den schwächer besiedelten Stationen dieser Untersuchung vergleichbar. Im Winter (Februar) fehlt *M. pusillum* auch im Sandwatt. Der Abundanzverlauf dieser sich von Diatomeen ernährenden Art folgt der jahreszeitlichen Entwicklung der Diatomeendichte (vgl. ASMUS 1982).

Antromacrostomum armatum besiedelt überwiegend schwach lotische, schluffarme Strände 10 bis 30 cm über MHWL. Am höchsten war die Abundanz in Strand C mit bis zu 32.5 (Feb.), im Jahresmittel 12.9 Ind./10 cm^2 bei + 10 cm. 90 % der Individuen siedelten in dieser Höhenstufe; 20 bis 30 cm über MHWL nur bis zu 4.5, im Mittel 1.8 Ind./10 cm^2. In Strand A 3 traten die meisten Tiere (5/10 cm^2) im geschützten Teil, im exponierten keins auf. In C nahm die Abundanz von Mai (2.8 Ind./10 cm^2) über August (4) und November (5.8) bis zum Februar (16.8/10 cm^2) zu. Im Mai wurden mehr adulte als juvenile, im Februar nur juvenile Tiere angetroffen.

A. armatum ist bisher nur aus mittel- bis schwach lotischen Sanden der Insel Sylt bekannt (FAUBEL 1977; XYLANDER & REISE 1984). Im mittellotischen Strand siedelt sie überwiegend im oberen Hang, dringt aber auch unter die MHWL vor (FAUBEL 1976). Die Abundanz ist geringer als im schwach lotischen Strand C (maximal 9/10 cm², FAUBEL 1977).

Paromalostomum fusculum siedelt in sauberem Sand bis + 20 cm. Hohe Dichten wurden im August in lenitischen Stränden des Königshafens festgestellt: In A 3a 13.8, in A 5 31.7 Ind./10 cm^2 (jeweils 10 bis 20 cm über MHWL). In Strand A 1a siedelten 95 % der Tiere in der schluffarmen Sandbank, im Jahresmittel 4.2 Ind./10 cm^2. Am höchsten waren die Abundanzen hier im September, November und Februar mit 10 bis 14/10 cm^2. Im Juni und Juli fehlte die Art.

P. fusculum wurde in Sandwatt, Mischwatt und Stränden gefunden (FAUBEL 1977; PAWLAK 1969; XYLANDER & REISE 1984). PAWLAK (1969) stellte hohe Abundanzen im Sandwatt fest (20.1 bis 115.5 Ind./10 cm^2), deutlich geringere im mittellotischen Strand (1.3 bis 43.4/10 cm^2). Letztere Werte entsprechen den in lenitischen Stränden ermittelten Dichten. Danach werden Strände unabhängig von der Exposition schwächer als das Sandwatt besiedelt.

Microstomum papillosum wurde überwiegend in Schlick- und Mischwatt, vereinzelt bis 15 cm über MHWL (*Spartina*-Bestand B 1) von Oktober bis April gefunden. Reife Tiere traten von Februar bis April auf, in diesen Monaten war auch die Abundanz am höchsten: im Watt B 2 im April 1982 bis zu 50 (– 20 cm), im Mittel 25 Ind./10 cm^2, im März 1983 bis zu 17.5 (– 15 cm), im Mittel 6 Ind./10 cm^2; im Watt von C im Februar 1983 4.75 Ind./10 cm^2.

M. papillosum ist in Nordatlantik, Nordsee und Mittelmeer verbreitet (RIEDL 1956). Sie wurde in Stränden unterschiedlicher Exposition sowie in Sand-,

Misch- und Schlickwatt nachgewiesen, in Sand bis zu 6 Ind./10 cm^2 (FAUBEL 1977), in Schlick im Mittel 22.9 Ind./10 cm^2 (DITTMANN & REISE 1985). Auch im Untersuchungsgebiet wurde Schlick stärker besiedelt.

Microstomum bioculatum trat nur zwischen Januar und Mai in detritus- bzw. schlickreichem Sediment auf, meist in geringer Dichte (2.5 bis 4 Ind./10 cm^2, B 1) oder vereinzelt. Hohe Abundanzen wurden im April 1982 in Watt B 2 mit bis über 200 (–15 cm, weicher Schlick), im Mittel 80.5 Ind./10 cm^2 erreicht (Tierketten von 2 bis 4 Zooiden). Schlickwatt wird in hoher Dichte besiedelt (FAUBEL 1984; DITTMANN & REISE 1985: im Mittel 57.8 Ind./10 cm^2). Geschlechtsreife Tiere der Art sind bisher nicht bekannt.

Prolecithophora

Archimonotresis limophila trat mit 1 bis 3 Exemplaren substratunspezifisch in zahlreichen Stationen bis + 20 cm auf. Am höchsten war die Abundanz im schlammigen Priel B 5 mit 4 bis 5 Ind./10 cm^2. Von den Hauptuntersuchungsgebieten war nur das Watt B 2 regelmäßig besiedelt (0.5 bis 1 Ind./10 cm^2).

A. limophila wurde in Fein- bis Grobsand unterschiedlichen Schluff- und Detritusgehaltes vom Sublitoral bis in Salzwiesen nachgewiesen (Eu- bis Oligohalinicum). Das Verbreitungsgebiet erstreckt sich vom Nordatlantik und der Ostsee über Nordsee und Mittelmeer bis ins Schwarze Meer (MEIXNER 1938; AX 1951, 1956 a, 1959; LUTHER 1960; KARLING 1974; DEN HARTOG 1977). Nach AX (1951) ist *A. limophila* euryök.

Pseudostomum quadrioculatum trat mit mehreren Exemplaren nur im schlickigen *Spartina*-Bestand G 3 unterhalb MHWL auf; im September 1981 mit 7, im März 1983 mit 10 Ind./10 cm^2. Die Art hat ein weites Verbreitungsgebiet: von der Eismeerküste und dem Nordatlantik über Nord- und Ostsee bis ins Mittelmeer und Schwarze Meer. Sie siedelt auch im Phytal und dringt in Brackwasser vor (MEIXNER 1938; AX 1951; WESTBLAD 1955; RIEDL 1956; DEN HARTOG 1977).

Proseriata

Archiloa petiti trat mit insgesamt 8 Exemplaren (0.5 bis 1/10 cm^2, Juni bis September) in schluffarmen Stränden vom Knick bis 15 cm oberhalb auf, meist um die MHWL. Bisher war *A. petiti* nur von der französischen Mittelmeerküste aus mesohalinem Grobsand und Kies bekannt (10 – 16‰, AX 1956 a). Die neuen Funde an der Nordseeküste zeigen, daß auch höhere Salinität toleriert wird.

Archilopsis unipunctata siedelt weitgehend subtratunspezifisch von – 30 bis + 40 cm. In (schwach lotischen) Stränden liegt der Siedlungsschwerpunkt zwi-

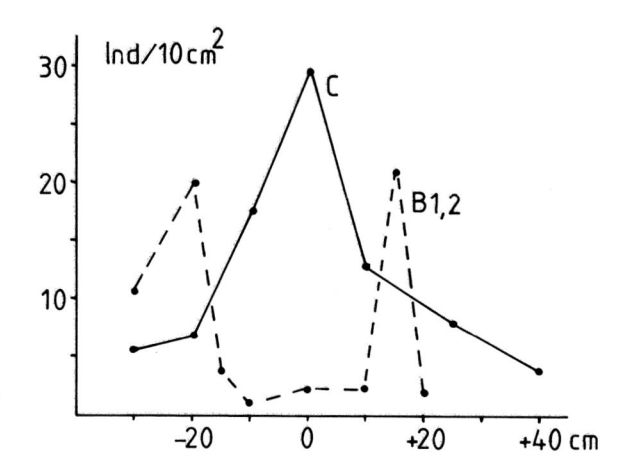

Abb. 13. *Archilopsis unipunctata*, Abundanz (Jahresmittel) im schwach lotischen Strand C und im *Spartina*-Bestand B 1 und Watt B 2.

schen Knick und MHWL (Abb. 13); in C traten hier bis zu 18 Adulti/10 cm^2 (Mai) auf, im Jahresmittel 20 (6) Ind./10 cm^2. Im lenitischen Strand A 1 a war die Abundanz mit maximal 7/10 cm^2 in der Sandbank (März, o. Jungtiere) geringer, die schluffreichen Teile waren noch schwächer besiedelt. Im schlickigen *Spartina*-Bestand B 1 dagegen wurden hohe Dichten erreicht: bis zu 100 (25) Ind./10 cm^2 (+ 15 cm, Mai 1982, Tab. 14). Im vorgelagerten Watt B 2 war die Abundanz bei – 20 cm (bis zu 40 (11)/10 cm^2) am höchsten. So zeigt die Art im Profil Watt – *Spartina*-Bestand zwei Siedlungsschwerpunkte (Abb. 13).

Tabelle 14: *Archilopsis unipunctata*, Abundanzen (Ind./10 cm^2, Jahresmittel). + = mit Algenauflage; in ( ) = nur sicher bestimmbare Exemplare

Strand A 1 a		*Spartina*-Bestand B 1	
Watt	4 (0.3)	um MHWL	2.5 (0.7)
Sandbank	10.7 (2.8)	um + 15 cm +	18.9 (4.4)
Senke	2.8 (0.4)	um + 15 cm	14.2 (2.3)
Sandhang	5.0 (1.5)	um + 20 cm	3.7 (0.9)

In beiden Stationen (A 1 a, B 1) war die höchste Dichte von Mai bis Juli festzustellen. Im Strand war die jahreszeitliche Schwankung gering (4 bis 11 Ind./10 cm^2), im *Spartina*-Bestand stark (2 bis 29 Ind./10 cm^2).

In A 3 war mit zunehmender Exposition des Strandes eine Verschiebung des Siedlungsbereiches zu beobachten. In den geschützteren Teilen A 3 a, b wurden Watt und Strand etwa gleichstark besiedelt (bis zu 4/10 cm^2, o. Jungtiere). Im exponierten Bereich (A 3 c) trat die Art dagegen nur im Watt auf.

Das Verbreitungsgebiet von *A. unipunctata* umfaßt Nordatlantik, Nordsee, Ostsee und Schwarzes Meer, sie ist weitgehend euryhalin (AX 1951; LUTHER

1960; DEN HARTOG 1964 a). An der Nordseeküste wurde die Art bisher in Sand- und Schlickwatt, Salzwiesen und Salzwiesengräben gefunden (SOPOTT 1972; DEN HARTOG 1977). Nach SOPOTT (1972) bevorzugt *A. unipunctata* detritushaltige Habitate und meidet stark- und mittellotische Strände. Diese Beobachtung bestätigt die Verteilung der Art in Station A 3. Im Sandwatt siedelt die Art in etwas höherer Dichte als im Untersuchungsgebiet (SOPOTT 1972: 43.7 bis 5.4/10 cm^2; REISE 1984: 22.46 bis 6.6/10 cm^2).

Nach den Untersuchungen von MARTENS verbergen sich unter dem Namen *Archilopsis unipunctata* 4 Arten, von denen 3 auch bei Sylt vorkommen: *A. unipunctata, A. inopinata* n. n. und *A. arenaria* n. n. (Martens, pers. Mitt.). Im Untersuchungsgebiet treten vermutlich alle 3 Arten auf, was die unregelmäßige Verteilung der Tiere in einigen Stationen erklärt.

Mesoda septentrionalis siedelt in schwach lotischen Stränden 10 bis 30 cm über MHWL. In höherer Abundanz trat sie in A 3 und C auf. In A 3 nahm die Dichte vom geschützten zum exponierten Teil des Strandes hin von 20 (10) über 11 (7) auf 8 (5) Ind./10 cm^2 ab. In C wurden bis zu 10 (5) Ind./10 cm^2 (+ 25 cm, August) festgestellt, die Monatsmittel lagen zwischen 3 (0.8) und 7 (3)/10 cm^2. In mittellotischen Stränden besiedelt die Art den Bereich um die MHWL mit bis zu 28 Ind./10 cm^2 (SOPOTT 1973).

Promonotus schultzei trat in vielen schlickreichen Stationen auf, überwiegend im Watt 20 bis 30 cm unter der MHWL. In höherer Dichte siedelt sie in Habitaten mit lockerer Schlickauflage: im Watt von A 3 a mit 13 (4), im Priel B 5 mit bis zu 20 (8) Ind./10 cm^2. Im Watt B 2 war die Art regelmäßig vertreten (Jahresmittel 7.5 (2) Ind./10 cm^2).

P. schultzei wurde längs der europäischen Küsten in Schlick, detritusreichem Sand sowie in Salzwiesen des Eu- bis Mesohalinicums gefunden (AX 1951, 1954 a, 1956 a; LUTHER 1960; DEN HARTOG 1964 a, 1977; STRAARUP 1970; KARLING 1974). Detritusreiche, lenitische Habitate werden bevorzugt (SOPOTT 1972). Im Sandwatt ist die Siedlungsdichte geringer als im schlickigen Watt B 2 (0.9/10 cm^2, REISE 1984). Danach wird Schlick gegenüber Sand bevorzugt.

Monocelis lineata ist oberhalb der MHWL weit verbreitet. In hoher Dichte trat sie vor allem in einigen Stränden im Sommer auf: in B 4 im Mittel 52, maximal 80 Ind./10 cm^2, in G 1 im Mittel 28, maximal 40/10 cm^2. In Strand A 3 nahm die Dichte vom geschützten zum exponierten Teil hin von 7 über 20 auf 40 Ind./10 cm^2 zu. In den geschützteren Abschnitten (A 3 a, b) trat die Art nur von der MHWL bis + 20 cm auf, im exponierten Teil bis + 30 cm. Hier fehlte vielen Tieren der Augenstreif. Solche Exemplare wurden auch von AX (1959) und SCHMIDT (1972 a, b) in schwach- bis mittellotischen Stränden entdeckt.

In A 1 siedelten 96 % aller Individuen (bis zu 75/10 cm^2, Mai 1983) im detritusreichen Sandhang. In der Sandbank und der Feinsandfläche A 1b war die Art nur zwischen November und März vertreten. Auch im *Spartina*-Bestand B 1 war der obere Teil am stärksten besiedelt (bis zu 11 Ind./10 cm^2, + 15 cm, August). Im schwach lotischen Strand C war die Dichte gering (maximal 6.5/10 cm^2; Tab. 15). Im Sandhang (A 1a) wurde die höchste Abundanz zwischen April und August erreicht, in B 1 im August 1982 und Juli 1983.

Tabelle 15: *Monocelis lineata*, Abundanzen (Ind./10 cm^2, Jahresmittel). + = mit Algenbedeckung

Strandgebiet A 1			Strand C		*Spartina*-Bestand B 1	
A 1a	Sandbank	0.3	MHWL	0.5	um MHWL	0.2
	Senke	1.2	+ 10	1.8	+ 15 cm +	0.8
	Sandhang	14.5	+ 25	0.4	+ 15 cm	2.3
A 1b	Feinsand	0.1	+ 40	0.3	+ 20 cm	1.6

M. lineata ist vom Nordatlantik über Nord- und Ostsee bis ins Mittelmeer und Schwarze Meer verbreitet. Sie besiedelt unterschiedliche Sedimente, bevorzugt aber detritusreiche, geschützte Biotope (AX 1951, 1956 a, 1959; LUTHER 1960; BILIO 1964; SOPOTT 1972). Die Art gilt als eurytherm (LUTHER 1960: 3.8 – 22 °C; STRAARUP 1970: 0.5 – 30 °C) und euryhalin (BILIO 1964; DEN HARTOG 1964 a). Im Untersuchungsgebiet wird überwiegend das Supralitoral besiedelt. Die von SCHMIDT (1972 a, b) in Stränden bei Tromsø und der Kieler Bucht festgestellte Verteilung und Siedlungsdichte sowie der Abundanzverlauf entsprechen dem Verhalten der Art im Untersuchungsgebiet.

Monocelis fusca siedelt fast im gesamten Untersuchungsgebiet, besonders häufig in geschützten Habitaten mit Angespül *(Ulva lactuca, Zostera)*. Die höchsten Abundanzen wurden in A 2 (12/10 cm^2) und im algenbedeckten Teil des *Spartina*-Bestandes B 1 festgestellt (Juni 1982: 53, Mai 1983: 52 Ind./10 cm^2). Hier traten im Jahresmittel 6.3 Ind./10 cm^2 auf, in den wattseitig und landseitig angrenzenden Teilen von B 1 nur 3.8 bzw. 1.3 Ind./10 cm^2. Am höchsten war die Dichte jeweils im Frühsommer (Abb. 14).

Das Verbreitungsgebiet von *M. fusca* umfaßt die europäische, arktische und nordamerikanische Atlantikküste einschließlich Nordsee und westlicher Ostsee, Mittelmeer (Adria) und Schwarzes Meer. Besonders zahlreich siedelt sie in Algenwatten, aber auch in Schlamm, supralitoralen Salzwiesen, Salzwiesentümpeln und *Spartina*-Beständen des Eu- und Polyhalinicums; damit ist sie ein Stillwasserbewohner (AX 1951; BILIO 1964; DEN HARTOG 1964 a; GIESA 1966; SOPOTT 1972).

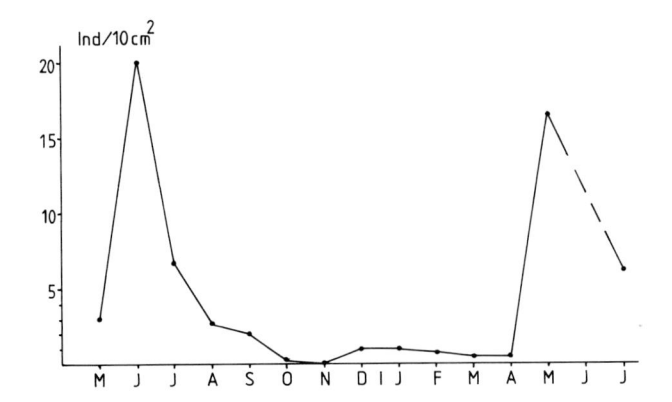

Abb. 14. *Monocelis fusca*, Abundanzverlauf in *Spartina*-Bestand B 1.

Coelogynopora schulzii trat in einigen Stränden oberhalb der MHWL auf. Mehrere Exemplare wurden nur in den schwach lotischen Stränden A 3 und C gefunden: in A 3 a 6, in A 3 b 3.5 Ind./10 cm^2; in Strand C je 1 reifes Tier im Mai und August, mit anteiligen Jungtieren im Jahresmittel 1 bis 2/10 cm^2.

C. schulzii ist in Salzwiesen und Stränden der Nord- und Ostseeküste verbreitet und gilt als typische Brackwasserart (Ax 1951, 1954 a, 1956 a, b, 1960; Bilio 1964; Den Hartog 1964 a; Ax & Ax 1970; Schmidt 1972 a, b; Sopott 1972). Auch im mittellotischen Strand besiedelt sie den oberen und mittleren Sandhang, ebenfalls in geringer Dichte (Sopott 1972: maximal 6/10 cm^2; Schmidt 1972 a, b: bis zu 4 bzw. 5/10 cm^2). Hohe Abundanzen sind nur aus einem Strand bei Lappvik bekannt (bis zu 41/10 cm^2, Ax & Ax 1970). Wie bereits Sopott (1973) vermutet, findet die Art im Eulitoral von Nordsee und westlicher Ostsee keine optimalen Lebensbedingungen. Das liegt vermutlich an der höheren Salinität dieser Gebiete; als Brackwasserart kann *C. schulzii* hier nur das Supralitoral besiedeln.

Coelogynopora biarmata besiedelt Strände vom Knickbereich an bis maximal 20 cm über MHWL. Hohe Dichten wurden im Sommer 1980 in F 1 (bis zu 25 Ind./10 cm^2) und A 4a (bis zu 13/10 cm^2) und im Sommer 1981 in C mit 32 Ind./10 cm^2 erreicht. Während der regelmäßigen Untersuchungen traten hier nur im Mai 1982 einige adulte Tiere auf; im Mittel 6 (1), zwischen Knick und MHWL 11 (1)/10 cm^2.

C. biarmata ist von Nord- und Ostsee, der Nordatlantikküste und dem Schwarzen Meer bekannt. In der Ostsee gilt sie als typischer Vertreter der Otoplanen-Zone (Ax 1951, 1959; Luther 1960; Schmidt 1972 a, b; Karling 1974). In der Kieler Bucht tritt *C. biarmata* im unteren Hang (= Otoplanen-Zone) auf, wogegen *C. schulzii* den mittleren und oberen Hang besiedelt. Im Untersuchungsgebiet zeigen die beiden Arten dasselbe Verteilungsmuster, auch die Abundanzen sind vergleichbar (Schmidt 1972 a, b). Im Sandwatt ist *C. biar-*

mata regelmäßig zu finden, im mittellotischen Strand nur vereinzelt (SOPOTT 1973). Somit bevorzugt sie lenitische und schwach lotische Sande.

Coelogynopora axi wurde in den schwach lotischen Stränden G 1 und C in einem engen Bereich von der MHWL bis + 10 cm angetroffen. In G 1 traten 3, in C bis zu 10 Ind./10 cm^2 (August) auf, im Jahresmittel wurden hier 1.3 (MHWL) bzw. 3.5 Ind./10 cm^2 (+ 10 cm) gefunden. Adulte Tiere wurden nicht entdeckt. *C. axi* ist bisher nur aus dem Sandwatt und Stränden von Sylt bekannt. Die Abundanz im Sandwatt ist der in Strand C ermittelten Dichte vergleichbar (SOPOTT 1972; XYLANDER & REISE 1984).

Nematoplana coelogynoporoides wurde in schwach lotischen Stränden von der MHWL an aufwärts nachgewiesen. Am zahlreichsten war sie in Strand A 3, wo die mittlere Abundanz mit 7 bis 9 Ind./10 cm^2 in den drei unterschiedlich exponierten Teilen etwa gleich war. In den anderen Stationen war die Dichte mit 0.5 bis 3 Ind./10 cm^2 geringer. Alle Exemplare waren juvenil.

Die Art besiedelt Grob- und Mittelsand an Nordsee, Ostsee und Mittelmeer (Ax 1951; RIEGER & OTT 1971; SCHMIDT 1972 a; SOPOTT 1972). In der Kieler Bucht tritt sie in gleicher Abundanz und Verteilung wie im Untersuchungsgebiet auf (SCHMIDT 1972 a), im mittellotischen Strand und Sandwatt der Nordsee ist die Dichte mit bis zu 90 Ind./10 cm^2 deutlich höher (SOPOTT 1972).

Otoplanella schulzi trat nur im exponierten Teil von A 3 oberhalb der MHWL auf. 40 bis 50 cm oberhalb des Knicks lag die Abundanz bei 16 Ind./10 cm^2, für den gesamten Siedlungsbereich bei 8 Ind./10 cm^2.

In mittellotischen Stränden wurden bis zu 24 Ind./10 cm^2 festgestellt, auch dort wird der obere Hang bevorzugt (SOPOTT 1973). An der Ostsee besiedelt *O. schulzi* die Otoplanen-Zone (Ax 1951; SCHMIDT 1972 a). Somit ist sie auf stärker exponierte Habitate beschränkt. Die unterschiedliche Verteilung in den Stränden von Nordsee und Kieler Bucht läßt eine Bevorzugung des Polyhalinicums vermuten.

Parotoplana papii besiedelt schwach lotische Strände (A 3, C) von der MHWL bis ca. + 30 cm. In A 3 wurden hohe Abundanzen ermittelt: in A 3a 20, in A 3b 76, in A 3c 10 Ind./10 cm^2. In Strand C siedelten 90 % aller Tiere bei + 10 cm; im August 40.5 Ind./10 cm^2, im November 27, im Mai und Februar 1.5 bzw. 5/10 cm^2. Im Mai 1982 waren 2 von 3 Tieren geschlechtsreif, im August 25 %, im November 5 %; im Februar traten nur Jungtiere und Bildungsstadien auf.

P. papii ist aus dem Sublitoral (Mittelsand) der Kieler Bucht, aus schwach- bis mittellotischen Stränden der Nordsee (Grobsand) und dem Eulitoral der französischen Atlantikküste bekannt (Feinsand, Ax 1956 a). In mittellotischen Stränden ist die Abundanz mit maximal 21 Ind./10 cm² geringer als in den schwach lotischen Stränden A 3 und C (SOPOTT 1972, 1973).

Typhloplanoida

Byrsophlebs dubia besiedelt fast ausschließlich schlickige Habitate über MHWL, vor allem *Spartina*-Bestände. Meist wurden nur 1 bis 3 Exemplare entdeckt; nur in *Spartina*-Bestand B 1 war die Abundanz mit maximal 4 (Januar) und im Jahresmittel 0.7 Ind./10 cm² höher (+ 10 bis + 20 cm, ohne Jungtiere).

B. dubia ist bisher aus dem Sublitoral des Finnischen Meerbusens (LUTHER 1962), aus detritusreichem Sand der Kieler Bucht und der französischen Mittelmeerküste (AX 1956 a) sowie aus eu- und polyhalinen Salzwiesen der niederländischen Küste bekannt (DEN HARTOG 1977). Nach ihrer Verbreitung ist die Art ein weitgehend euryhaliner Besiedler lenitischer Biotope.

Haloplanella hamulata siedelt in allen untersuchten Stränden bis 50 cm oberhalb des Knicks, in schlickreichem Substrat sowie unterhalb der MHWL nur vereinzelt. In den geschützteren Stränden des Königshafens wurden im Sommer 1982 und 1983 relativ hohe Dichten von 7 bis 12 (MHWL bis + 30 cm), in A 2 bis zu 25 Ind./10 cm² (+ 15 cm) festgestellt. Von A 1 wurden nur die schluffarme Sandbank mit bis zu 10 (November), im Jahresmittel 3.6 Ind./10 cm² und der Sandhang besiedelt (Jahresmittel 2.2/10 cm², jeweils ohne Jungtiere). Die Abundanz anteiliger Jungtiere liegt in der gleichen Größenordnung, besonders hoch war sie von Juni bis September in der Sandbank (9 bis 13/10 cm²). Der schwach lotische Strand C war mit maximal 5 und im Jahresmittel 1.2 Ind./10 cm² schwächer besiedelt.

Bisher sind nur wenige Exemplare der Art aus dem Sandwatt von Sylt bekannt (EHLERS 1974). Die hohen Dichten in den lenitischen Stränden zeigen, daß der Siedlungsschwerpunkt hier zu suchen ist. Der bevorzugte Lebensraum im Supralitoral läßt vermuten, daß das Polyhalinicum gegenüber dem Euhalinicum bevorzugt wird.

Haloplanella minuta besiedelt nur schlickiges Substrat: *Spartina*-Bestände sowie Schlick- und Mischwatt. Die höchsten Abundanzen wurden in B 1 und B 2 festgestellt. Vom *Spartina*-Bestand B 1 wurde nur der algenbedeckte Teil (um + 15 cm) mit bis zu 4 (Juni, Juli) und im Jahresmittel 0.7 Ind./10 cm² besiedelt; in den vegetationslosen Teilen (B 2, − 10 bis + 10 cm) traten 0.5 bis 2, in den anderen Stationen maximal 1 Ind./10 cm² auf (jeweils ohne Jungtiere).

Bisher ist *H. minuta* aus dem Finnischen Meerbusen (LUTHER 1947, 1963) sowie aus detritusreichem Feinsand der Kieler Bucht und der Nordseeküste bekannt (Ax 1951; Den Hartog 1977). Im Untersuchungsgebiet trat sie dagegen nur in Schlick und Schlicksand auf.

Hoplopera littoralis trat mit 3 Tieren in Strand F 1 (+ 10 cm), mit einem im Sandhaken G 1 auf (+ 20 cm, in 10 bis 15 cm Bodentiefe). Bisher wurde nur ein Fund von der schwedischen Ostseeküste aus dem „Küstengrundwasser" gemeldet (Karling 1957).

Pratoplana galeata besiedelt lenitische und schwach lotische Strände (A 2, G 1) 15 bis 25 cm über MHWL in geringer Dichte (0.5 bis 1/10 cm^2). Bisher ist sie von der französischen Atlantikküste und von Sylt bekannt, wo sie in mittellotischen Stränden häufig ist (Ehlers 1973, 1974; Xylander & Reise 1984).

Pratoplana salsa ist in schlick- bzw. detritusreichem Sediment zwischen – 30 und + 30 cm weit verbreitet. Hohe Dichten in sandigem Substrat wurden in A 4a mit bis zu 12 (MHWL), im Watt F 1 mit bis zu 7 und in G 3 mit 9 Ind./10 cm^2 festgestellt. Eine gleichartige Abundanz wurde in Strand A 1a im Juni mit 10 Ind./10 cm^2 in der Senke erreicht; die schluffarmen Abschnitte (Sandbank, Sandhang) waren nur durch wenige Einzeltiere besiedelt. In den schlickigen Stationen B 1, B 2 war die Siedlungsdichte deutlich höher: im *Spartina*-Bestand bis zu 49 (+ 15 cm, Juli 1982), im Schlickwatt bis zu 31 Ind./10 cm^2 (– 10 cm, Juni 1982). Bis auf die teilweise sandige Zone um MHWL nimmt die Abundanz vom Watt landeinwärts zu (Tab. 16).

Tabelle 16: *Pratoplana salsa*, Abundanzen (Ind./10 cm^2, Jahresmittel). + = mit Algenauflage, oV = ohne Vegetation

Strandgebiet A 1			Watt B 2		*Spartina*-Bestand B 1	
A 1a	Watt	1.4	– 30 cm	1.1	um MHWL	3.9
	Sandbank	0.3	– 20 cm	2.2	+ 10 cm oV	6.2
	Senke	3.3	– 15 cm	3.8	+ 15 cm +	8.8
	Sandhang	0.3	– 10 cm	7.2	+ 15 cm	6.4
A 1b	Feinsand	1.4			+ 20 cm	9.2

Der Abundanzverlauf war in B 1 ausgeprägter als in A 1a. In beiden Stationen war die Dichte im Juli am höchsten: in A 1a 5, in B 1 30 Ind./10 cm^2. Die sommertrockene Feinsandfläche A 1b hingegen war mit 15 Ind./10 cm^2 im Oktober am stärksten besiedelt (Abb. 15).

P. salsa war bisher nur aus Salzwiesen der Kieler Bucht (Andelrasen, unterer Rotschwingelrasen) und der Nordseeküste (Andelrasen) bekannt (Ax 1960; Bilio 1964; Den Hartog 1974). Mit den neuen Funden kann ihre Klassifizierung als charakteristischer Salzwiesenbewohner (Bilio 1964) nicht länger auf-

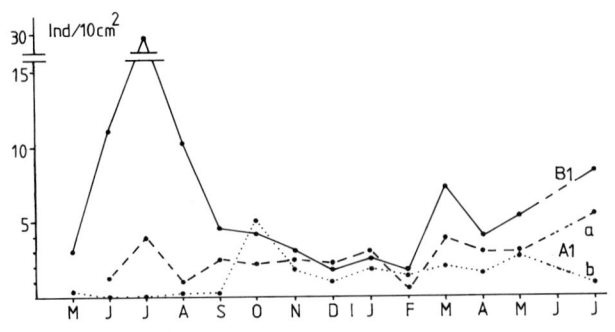

Abb. 15. *Pratoplana salsa*, Abundanzverlauf in Strand A 1 a, Feinsandfläche A 1 b und *Spartina*-Bestand B 1.

rechterhalten werden. Sie ist vielmehr als Bewohner schlick- bzw. detritusreicher Stillwasserbiotope des Eu- und Polyhalinicums einzustufen.

Adenorhynchus balticus besiedelt Strände unterschiedlichen Detritusgehaltes zwischen MHWL und + 30 cm, vereinzelt dringt sie bis zum Strandknick vor. In den meisten Stationen traten 1 bis 4 Exemplare auf, in B 4 und A 3 b 9 bzw. 8 Ind./10 cm². In Strand C wurde eine vergleichbare Abundanz (9/10 cm²) im August bei + 10 cm festgestellt. In diesem Bereich siedelten insgesamt 76 % aller Tiere, im Jahresmittel 4.8/10 cm² (angrenzende Zonen: 0.6/10 cm²).

A. balticus wurde an der Nordseeküste im mittleren und oberen Hang mittellotischer und im unteren Hang stark lotischer Strände nachgewiesen (EHLERS 1974). An der Ostsee besiedelt sie Fein- bis Grobsand des ufernahen Sublitorals (AX & HELLER 1970). Die in stärker exponierten Stränden der Nordsee festgestellten Abundanzen (EHLERS 1973: bis 12/10 cm², Sept. 1969) stimmen mit den neuen Ergebnissen aus lenitischen bis schwach lotischen Stränden überein. Danach hat die Exposition des Habitates keinen Einfluß auf die Siedlungsdichte der Art.

Tvaerminnea karlingi trat in sauberem und schlickigem Sand von − 20 bis + 10 cm auf; in A 1 a von Mai bis Oktober mit 1 Ind./10 cm², in den anderen Stationen mit je einem Tier. Die Art ist bisher von der Ostsee, den Britischen Inseln, der französischen Mittelmeerküste und dem Bosporus bekannt (überwiegend aus Fein- bis Mittelsand). Sie gilt als spezifische Brackwasserart (AX 1951, 1956 a, 1959; LUTHER 1962; BOADEN 1963; STRAARUP 1970). Die neuen Funde zeigen, daß die Art auch unter euhalinen Bedingungen existieren kann.

Moevenbergia una besiedelt bevorzugt sandiges Substrat (− 10 bis + 10 cm). Schwach lotische Strände werden gemieden, vegetationsbestandene, detritusreiche Sandflächen bevorzugt. In A 1 wurde entsprechend die schlickreiche Senke mit bis zu 6 (November) und im Jahresmittel 1 Ind./10 cm² stärker besiedelt als die schluffarmen Teile (Sandbank, Sandhang: maximal 3, im Jahresmittel

0.4/10 cm²). Höhere Abundanzen wurden in Strand F 1 mit bis zu 12/10 cm² (1980) erreicht, in den anderen Stationen traten 1 bis 3 Tiere auf.

Westbladiella obliquepharynx besiedelt nur schlickiges Sediment, fast ausschließlich mit *Spartina* und *Salicornia* über MHWL. Im *Spartina*-Bestand B 1 gehört sie mit Abundanzen bis zu 75 Ind./10 cm² (Juli 1982) zu den häufigsten Arten. Der mittlere Bereich um + 15 cm wurde mit im Jahresmittel 18.8 Ind./10 cm² am stärksten besiedelt, gefolgt vom oberen Teil (9/10 cm²). Im zeitweise sehr sandigen Bereich um MHWL trat die Art nur von Oktober bis Februar auf (Jahresmittel 1/10 cm²). In den vegetationslosen Inseln innerhalb des Bestandes war die Dichte mit maximal 4.5, im Jahresmittel 1.9 Ind./10 cm² signifikant geringer als in der hinsichtlich Sedimentstruktur und Höhe vergleichbaren bewachsenen Umgebung. Im Watt traten nur Einzeltiere auf. In höherer Dichte (bis 12/10 cm²) war sie auch in E 3 vertreten.

Der unregelmäßige Abundanzverlauf ist auf Unterschiede zwischen den einzelnen Höhenstufen des Bestandes zurückzuführen. Am höchsten war die Dichte im Juli und Januar mit über 30 Ind./10 cm² (Abb. 16). Die Individuen der oberen *Spartina*-Zone hatten nur im März und Juli 1983 einen stärkeren Anteil an den Abundanzgipfeln.

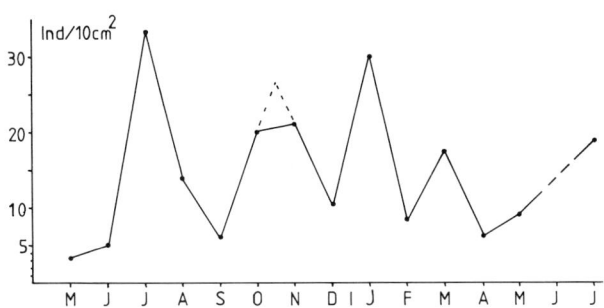

Abb. 16. *Westbladiella obliquepharynx*, Abundanzverlauf im *Spartina*-Bestand B 1.
--- = vermutl. Abundanzmaximum.

W. obliquepharynx ist aus dem Sublitoral des Finnischen Meerbusens und der schwedischen Westküste sowie von der Nordseeküste bekannt, wo sie Salzwiesen, aber auch Schlick- und Sandflächen des Eu- und Polyhalinicums besiedelt (LUTHER 1943, 1960; AX 1960; BILIO 1964; DEN HARTOG 1974, 1977; KARLING 1974). Im Untersuchungsgebiet wurde Sand weitgehend gemieden, Pflanzenbestände gegenüber vegetationslosem Schlick und das Poly- gegenüber dem Euhalinicum bevorzugt.

Promesostoma bipartitum besiedelt schluffarme Strände vom Knick bis ca. 40 cm oberhalb. Am zahlreichsten war sie in A 2 (8 Ind./10 cm², + 15 bis + 25 cm) und A 3. Hier siedelten die meisten Tiere im geschützten Abschnitt (A 3 a) in gleichmäßiger Abundanz (3 Ind./10 cm²) von der MHWL an aufwärts.

Bestimmbare Altersstadien traten nur im Sommerhalbjahr auf: in A 1a (Sandbank) von Mai bis Oktober je 1, in C im Mai und August 0.5 bis 2 Ind./10 cm^2.

P. bipartitum ist bisher nur mit wenigen Exemplaren von der französischen Atlantikküste (Bucht von Arachon, detritushaltiger Mittel- bis Feinsand, Ax 1956 a) und aus mittel- bis schwach lotischen Stränden der Insel Sylt bekannt (EHLERS 1974). Die neuen Funde lassen vermuten, daß lenitische bis schwach lotische Strände bevorzugt werden.

Promesostoma cochleare siedelt in relativ detritusarmem, aber strömungsgeschütztem Sand. Ein Tier wurde in C bei + 40 cm (Februar) gefunden, die anderen 5 in A 2 und A 3a zwischen Mai und August unterhalb der MHWL.

P. cochleare ist von der Ostsee längs der Nordsee- und Nordatlantikküste bis ins Mittelmeer verbreitet, überwiegend in detritusarmem Sand bis Kies. In der westlichen Ostsee besiedelt sie die Otoplanen-Zone, auf Sylt geschützte Sande (Ax 1951, 1952 b, 1956 a; LUTHER 1962; SCHMIDT 1972 b; EHLERS 1974; KARLING 1974).

Promesostoma caligulatum ist im Schlick- und Mischwatt weit verbreitet. Im Sommer wurden einzelne Exemplare in fast allen Wattprobestellen sowie in tiefgelegenen *Salicornia*- und *Spartina*-Beständen angetroffen. Am höchsten war die Abundanz im schlammigen Priel B 5 mit bis zu 23 (10) Ind./10 cm^2. Im *Spartina*-Bestand B 1 und Watt B 2 (− 30 bis + 15 cm) traten bestimmbare Altersstadien von Juni bis September auf. Im Jahresmittel wurde die höchste Dichte in B 2 (− 30 bis − 20 cm) mit 1.8 Ind./10 cm^2 erreicht (maximal 5.5, Juni). In B 1 wurden bis zu 11 (Juni), im Jahresmittel aber nur 0.8 Ind./10 cm^2 festgestellt (jeweils ohne Jungtiere). In B 2 war *P. caligulatum* die häufigste Art der Gattung, Jungtiere waren im Juni und September besonders zahlreich (bis zu 13/10 cm^2).

P. caligulatum ist von der Ostsee bis zur französischen Atlantikküste überwiegend in lenitischen Habitaten verbreitet. Von der Nordsee ist sie aus dem *Arenicola*-Sandwatt sowie aus Salzwiesen und Salzwiesengräben bekannt (Ax 1952 a, b; LUTHER 1962; BOADEN 1966; STRAARUP 1970; SCHMIDT 1972 b; EHLERS 1973, 1974; DEN HARTOG 1974, 1977; REISE 1984). Im Sandwatt ist die Abundanz gering (EHLERS 1974; REISE 1984). Nach den höheren Dichten im Untersuchungsgebiet werden schlick- bzw. detritusreiche Habitate bevorzugt.

Promesostoma karlingi wurde mit 1 bis 3 Exemplaren je Station in schlickigen *Spartina*-Beständen, geschützten Strandabschnitten und im Schlick- bis Mischwatt zwischen − 20 und + 10 cm angetroffen. Bisher ist sie aus dem Sandwatt (Sylt), sublitoralem Feinsand (Kattegat) und Salzwiesen (norwegische Küste) bekannt (vgl. EHLERS 1974). Im *Arenicola*-Sandwatt wurden im Jahresmittel

1.27 Ind./10 cm² festgestellt (REISE 1984). Alle bisherigen Funde stammen aus lenitischen Habitaten.

Promesostoma marmoratum besiedelt schlickreiches Watt und *Spartina*-Bestände, im Winter auch die supralitorale Feinsandfläche A 1 b. Meist traten 1 bis 3 Tiere auf, in *Spartina*-Beständen mit *Ulva*- und *Zostera*-Auflage bis zu 3 Ind./10 cm² (B 1, F 4). Bestimmbare Altersstadien wurden in B 1 von Dezember bis Juni gefunden, im Jahresmittel 0.4/10 cm².

P. marmoratum ist an nördlichen Küsten von Nordamerika über Nord- und Westeuropa bis Nordrußland verbreitet (LUTHER 1962). Sie besiedelt detritusreiche Stillwasserbiotope: im Nordseebereich Sand- und Schlickwatt sowie Salzwiesengräben, vereinzelt auch Salzwiesen. Besonders stark kann sie sich in Algenwatten entwickeln. *P. marmoratum* gilt als weitgehend euryhalin (AX 1952 b; BILIO 1964; EHLERS 1974; DEN HARTOG 1977).

Promesostoma meixneri besiedelt alle untersuchten schluffarmen Strände, bevorzugt den Bereich von kurz unterhalb des Knicks bis wenig über MHWL. Am höchsten war die Abundanz in A 2 und A 3. In A 2 traten an der MHWL 29 (17), im gesamten Siedlungsbereich (− 10 bis + 20 cm) 16 (9) Ind./10 cm² auf. In A 3 siedelt die Art vom Watt bis ca. + 10 cm, wobei sich längs des Profils geschützter-exponierter Teil (A 3 a – c) die Verteilungsmuster in Watt und Sandhang unterscheiden: Im Watt nahm die Abundanz (von A 3 a nach A 3 c) von 19 (8.5) über 13 (6.5) auf 7.5 (5.5) Ind./10 cm² ab. Im Sandhang war dagegen der exponierte Teil (A 3 c) mit 30 (18.5) Ind./10 cm² am stärksten besiedelt, in A 3 b traten hier 5 (3), in A 3 a 9 (3)/10 cm² auf.

In den anderen Stränden war die Dichte vergleichsweise gering. In C wurden die meisten Tiere an der MHWL gefunden (bis zu 3.5 (August), im Jahresmittel 1.3 Ind./10 cm²), in den angrenzenden Zonen maximal 1.5, im Jahresmittel 0.5/10 cm². In A 1 besiedelte die Art die Sandbank mit bis zu 8 (Juni) und im Jahresmittel 2.2 Ind./10 cm² und den Sandhang mit maximal 4 (Mai), im Jahresmittel 1.0/10 cm².

Sichere Nachweise von *P. meixneri* liegen nur von der Kieler Bucht und der Nordseeküste vor (vgl. EHLERS 1974, S. 55). Sie besiedelt mittellotische bis lenitische eulitorale und sublitorale Sande (AX 1951, 1952 b; SCHMIDT 1972 a; EHLERS 1973, 1974). Die im Sandwatt festgestellten Abundanzen sind den in den untersuchten Stränden ermittelten Werten vergleichbar. Auch dort ist die Dichte im Sommer am höchsten (EHLERS 1973: 11.4/10 cm² (Juli); REISE 1984: 6.14 (Juni), im Jahresmittel 2.56/10 cm²).

Promesostoma rostratum siedelt sowohl in Schlick (Watt, *Spartina*-Bestände) als auch in Sand unterschiedlichen Detritusgehaltes: in lenitischen Habitaten bis

+ 20 cm, in schwach lotischen Stränden nur am Knick. Am höchsten war die Abundanz im algenbedeckten Teil von B 1 mit 40 Ind./10 cm^2 im April. In den anderen Monaten traten in B 1 und B 2 maximal 2, in feinsandigen Stationen bis zu 5 Ind./10 cm^2 auf (jeweils ohne Jungtiere). Bestimmbare Altersstadien wurden von März bis Juli sowie im November und Dezember gefunden.

P. rostratum ist von der norwegischen Atlantikküste über die westliche Ostsee und Nordsee bis zur französischen Atlantikküste verbreitet (Ax 1951, 1952 b, 1956 a; STRAARUP 1970; SCHMIDT 1972 b; EHLERS 1974; DEN HARTOG 1977). Als typischer Vertreter lenitischer Lebensräume besiedelt sie detritusreiche Sande und schlicksandige Watten in hoher Dichte, in Salzwiesengräben bzw. -tümpeln sowie in Algenwatten und schluffarmem Sediment ist die Abundanz gering (Ax 1951, 1952 b; EHLERS 1974). Die neuen Funde bestätigen das.

Lutheriella diplostyla wurde nahezu ausschließlich im oberen Teil des *Spartina*-Bestandes B 1 (+ 15 bis + 25 cm) gefunden. Bestimmbare Altersstadien traten im Oktober sowie von März bis Juli auf, die höchsten Abundanzen (5 Ind./10 cm^2) im März und Mai. Die Art ist aus eu- bis mesohalinen Salzwiesen der Nordseeküste bekannt (DEN HARTOG 1966, 1974, 1977; ARMONIES 1987). Auf Sylt stellen *Spartina*-Bestände die untere Siedlungsgrenze dar, im Euhalinicum trat *L. diplostyla* nicht auf.

Messoplana elegans besiedelt schlickige Habitate mit und ohne Vegetation von − 20 bis + 15 cm. Regelmäßig und in höherer Abundanz trat sie in B 1 und B 2 auf. In B 1 wurden 73 % aller Tiere im algenbedeckten Teil des *Spartina*-Bestandes gefunden: maximal 5 (Juni), im Jahresmittel 1.6 Ind./10 cm^2. Die vegetationslosen Inseln innerhalb des Bestandes waren mit bis zu 4.5 und im Jahresmittel 2.4 Ind./10 cm^2 stärker besiedelt. Um/unterhalb MHWL wurden im Jahresmittel nur 0.8 bis 0.5/10 cm^2 festgestellt (jeweils ohne Jungtiere).

M. elegans ist von den Küsten der westlichen Ostsee, der Nordsee, des Nordatlantik und vom Mittelmeer bekannt (LUTHER 1948; Ax 1953; RIEDL 1956; DEN HARTOG 1966, 1977; SCHMIDT 1972 b; EHLERS 1974). Sie gilt als typische Stillwasserart, die detritusreichen Feinsand und schlickige Böden besiedelt (Ax 1971). Diese Klassifizierung wird durch die neuen Funde bestätigt.

Ptychopera ehlersi war nur in *Spartina*-Bestand B 1 häufig. Hier siedelten 88 % aller Tiere um + 15 cm (im von Angespül freien Teil): bis zu 110 (Mai 1983), im Jahresmittel 17.5 Ind./10 cm^2. Auf gleicher Höhe mit Angespül und im oberen Teil (um + 20 cm) traten im Jahresmittel nur 1.7 bzw. 0.6/10 cm^2 auf. Im Jahresverlauf schwankte die Abundanz stark. Von Juni bis November fehlte die Art, im Frühjahr erreichte sie hohe Dichten (Abb. 17). Das Maximum im Mai ist auf Jungtiere und Bildungsstadien, der Märzgipfel auf Adulti zurückzuführen.

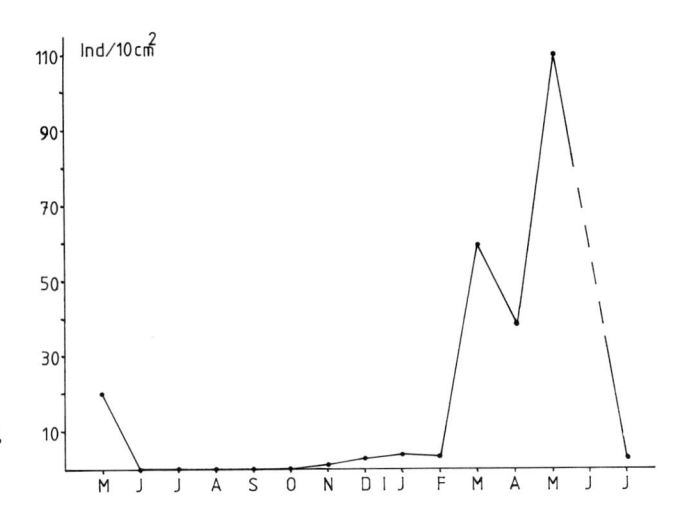

Abb. 17. *Ptychopera ehlersi*, Abundanzverlauf im *Spartina*-Bestand B 1.

Bisher ist *P. ehlersi* nur von Sylt bekannt. In einem mittellotischen Strand wurden nur wenige Tiere gefunden (Ax 1971), in polyhalinen Salzwiesen (ARMONIES 1987) und in *Spartina*-Bestand B 1 dieser Untersuchung dagegen ist die Abundanz hoch. Somit sind schlickige Habitate mit Vegetation im Supralitoral als Hauptsiedlungsgebiet der Art anzusehen.

Ptychopera hartogi erreichte in *Spartina*-Bestand B 1 zeitweise hohe Dichten (+ 10 bis + 25 cm). Mit bis zu 67 (Mai 1983), im Jahresmittel 9.3 Ind./10 cm^2 wurde der von Angespül freie Teil bevorzugt. Im algenbedeckten Teil auf gleicher Höhe traten im Jahresmittel 1.7, im oberen Bereich 0.7 Ind./10 cm^2 auf; in den anderen Stationen nur Einzeltiere. Die Art wurde nur zwischen Dezember und Juli, in hoher Dichte von März bis Mai gefunden. Adulti traten von Dezember bis Mai (Maximum im März) auf, Jungtiere von März bis Juli.

P. hartogi ist von der dänischen und schwedischen Küste, der Kieler Bucht und der Nordseeküste bekannt, wo sie schwerpunktmäßig Salzwiesen, aber auch Schlickflächen besiedelt (DEN HARTOG 1964 b, 1974, 1977; STRAARUP 1970; AX 1971; SCHMIDT 1972 a). Nach Ax (1971) ist sie eine typische Stillwasserart mit bevorzugter Siedlung im Brackwasser.

Ptychopera westbladi ist im Untersuchungsgebiet eine der häufigsten Arten, die nur in schwach lotischen Stränden fehlt. Maximale Abundanzen wurden in detritusreichen, geschützten Habitaten (A 1b, B 1) erreicht. Im mit Angespül bedeckten Teil von B 1 traten von Mai bis Juli 1982 jeweils mehr als 100 Ind./10 cm^2 auf. Unterhalb der MHWL waren nur geschützte Bereiche stark besiedelt (z. B. die Senke in A 1a, Tab. 17).

Tabelle 17: *Ptychopera westbladi*; Abundanzen (Ind./10 cm^2). m = Jahresmittel, max = Maximum, + = mit Angespül (*Ulva lactuca, Zostera* ssp.), * = ohne Vegetation

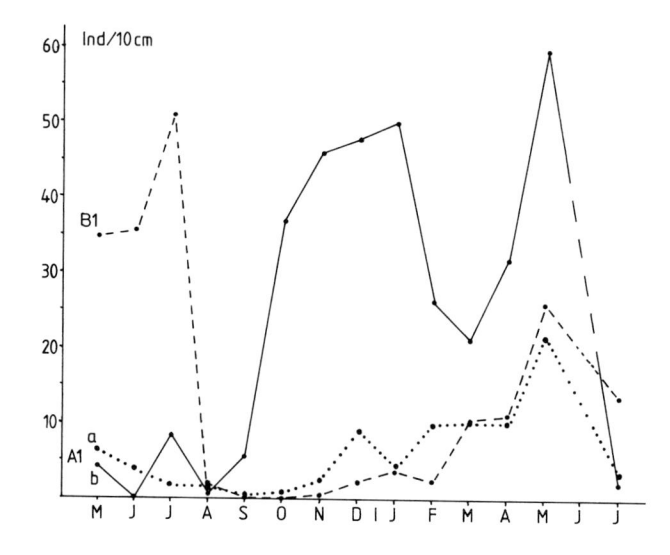

	Strandgebiet A 1		Spartina-Bestand B 1			Watt B 2		
	m	max		m	max		m	max
a Watt	5.5	25.0	um MHWL	6.8	46.0	− 30 cm	1.2	4.5
Sandbank	1.9	11.0	+ 10 cm *	3.9	11.5	− 20 cm	2.3	8.0
Senke	18.9	47.0	+ 15 cm +	29.1	131.0	− 15 cm	3.2	14.5
Sandhang	2.9	15.0	+ 15 cm	10.8	55.0	− 10 cm	1.8	8.0
b Feinsand	24.3	59.6	+ 20 cm	8.4	35.0			

Abb. 18. *Ptychopera westbladi*, Abundanzverlauf in Strand A 1 a, Feinsandfläche A 1 b und *Spartina*-Bestand B 1.

In B 1 war die Dichte von Mai bis Juli am höchsten, in A 1 im Mai 1983. In A 1 b wurden zusätzlich hohe Abundanzen von Oktober bis Januar registriert, in A 1 a und B 1 dagegen von August bis November ein Dichteminimum (Abb. 18).

P. westbladi ist an den Küsten von Nordatlantik, Nordsee und westlicher Ostsee sowie an der französischen Atlantik- und Mittelmeerküste verbreitet. Als typische Stillwasserart besiedelt sie an der Nordsee Sand- bis Schlickwatt, Salzwiesengräben und -tümpel sowie Andelrasen und *Spartina*-Bestände (LUTHER 1943; AX 1951, 1956 a, 1971; DEN HARTOG 1964 b, 1977; STRAARUP 1970; SCHMIDT 1972 b; EHLERS 1974).

Proxenetes bilioi besiedelt Schlick und detritus- bzw. schluffreichen Feinsand geschützter Lagen. 82 % aller Tiere wurden in D 1 (Queller auf weichem Schlick) gefunden: 206 Ind./10 cm^2. In den anderen Stationen war die Abundanz deutlich geringer. Im vegetationslosen Schlicksand B 2 traten 8 (Juni,

+ 10 cm), sonst maximal 2 Ind./10 cm² auf. Über einen längeren Zeitraum – von Oktober bis Mai – waren bestimmbare Altersstadien nur in A 1b anzutreffen (Jahresmittel 0.43 Ind./10 cm², alle Werte ohne Jungtiere).

P. bilioi ist von der Nordseeküste aus Sand- und Schlickwatt, Salzwiesenprielen und schlickigen Beständen von *Puccinellia*, *Spartina* und *Salicornia* sowie von der französischen Atlantikküste bekannt (DEN HARTOG 1966, 1977; AX 1971; ARMONIES 1987). Sie ist somit ein Besiedler eu- bis polyhaliner, detritusreicher Stillwasserbiotope.

Proxenetes britannicus siedelt in Schlick (B 1: maximal 3, im Jahresmittel 0.4 Ind./10 cm², o. Jungtiere) und in detritusreichem Feinsand; nur oberhalb der MHWL und bevorzugt ab + 15 cm. Bestimmbare Altersstadien traten nur in wenigen Monaten auf: in A 1 im Mai und Juni, in B 1 von Dezember bis April.

P. britannicus ist nur aus Salzwiesen und Salzwiesengräben der Nordseeküste bekannt (DEN HARTOG 1966, 1974, 1977; AX 1971). Auf Sylt werden höhergelegene Salzwiesen (Andelrasen) gegenüber dem Untersuchungsgebiet bevorzugt (ARMONIES 1987), so daß die Art als Besiedler supralitoraler, lenitischer Habitate einzustufen ist.

Proxenetes cimbricus bevorzugt schluff- bzw. detritusreiche Strände, besiedelt aber auch schlickige Spartina-Bestände von der MHWL bis + 40 cm. Die höchste Abundanz (7 Ind./10 cm²) wurde in *Spartina*-Beständen auf Sand und Schlick festgestellt (G 1, B 1 (Juli), + 10 bis + 15 cm). Im Jahresmittel traten in B 1 im mittleren Teil 1.4, im oberen 0.9/10 cm² auf. In A 1 war die Dichte mit maximal 3 und im Jahresmittel 0.4/10 cm² geringer (ohne Jungtiere).

P. cimbricus ist nur von Sylt bekannt. Im unbeweideten Andelrasen siedelt sie etwa in gleicher Abundanz wie im seewärts anschließenden Untersuchungsgebiet B 1 (ARMONIES 1987). Je 1 Tier wurde am Rande eines Salzwiesengrabens (AX 1971) und in feinsandigem Schlickwatt (EHLERS 1974) entdeckt. Danach liegt das Hauptsiedlungsgebiet der Art in lenitischen Habitaten am Übergang vom Eu- zum Supralitoral.

Proxenetes deltoides besiedelt substratunspezifisch lenitische und schwach lotische Habitate oberhalb der MHWL. Am höchsten war die Dichte in *Spartina*-Beständen mit 12 (G 1, + 10 cm) bzw. 11 Ind./10 cm² (B 1, + 15 cm Juli). In B 1 wurde der mit Angespül bedeckte Teil bevorzugt; hier traten im Jahresmittel 2.0 Ind./10 cm² auf, in den landeinwärts anschließenden Zonen 0.7 (+ 15 cm) bzw. 1.6/10 cm² (+ 20 cm). In A 1 siedelt die Art im Sandhang (maximal 4, im Jahresmittel 1.2 Ind./10 cm²) und der Feinsandfläche A 1b (Jahresmittel 0.3/10 cm²; alle Werte ohne Jungtiere). Bestimmbare Altersstadien fehlten in B 1 und A 1a von August bzw. Juli bis Oktober, in A 1b von Juni bis November.

Das Verbreitungsgebiet von *P. deltoides* erstreckt sich von der norwegischen Atlantikküste über Nordsee und westliche Ostsee bis zur französischen Atlantikküste. Die meisten Funde stammen aus Salzwiesen und Salzwiesengräben, aber auch aus geschützten Stränden, Sand- und Schlicksandflächen sowie schlikkigen Beständen von *Salicornia* und *Spartina* (DEN HARTOG 1965, 1974, 1977; STRAARUP 1970; AX 1971; SCHMIDT 1972 b; EHLERS 1974; KARLING 1974; VAN DER VELDE 1976). Im Untersuchungsgebiet wurde die Art nahezu ausschließlich im Supralitoral angetroffen, was ihre Klassifizierung als Brackwasserart (DEN HARTOG 1974) unterstreicht.

Proxenetes flabellifer wurde nur in zwei schlickigen *Spartina*-Beständen zwischen MHWL und + 20 cm gefunden: ein Tier in G 3, 5 in B 1 von Mai bis Juli 1982 (1 bis $3/10 \text{ cm}^2$). Die Art ist vor allem an Nordeuropäischen Küsten verbreitet (LUTHER 1962). An der niederländischen Küste besiedelt sie Salzwiesengräben (DEN HARTOG 1977); an der deutschen Küste wurden bisher nur wenige Exemplare aus dem Sandwatt von Sylt sicher determiniert (AX 1971).

Proxenetes intermedius besiedelt schlickige *Spartina*-Bestände und Schlick- bis Mischwatt von − 30 bis + 20 cm. 88 % aller Tiere traten in *Spartina*-Bestand B 1 und dem vorgelagerten Watt B 2 auf. Dort war die Abundanz im mit *Ulva* und *Zostera* bedeckten Teil von B 1 (maximal 8 Ind./10 cm^2) und den vegetationslosen Inseln innerhalb des Bestandes am höchsten (bis zu $11.5/10 \text{ cm}^2$, jeweils März; Tab. 18). In den anderen Stationen traten meist nur Einzeltiere, maximal $3/10 \text{ cm}^2$ auf (jeweils ohne Jungtiere).

Tabelle 18: *Proxenetes intermedius*, Abundanzen (Ind./10 cm^2, Jahresmittel ohne Jungtiere). + = mit Algenauflage

Watt B 2		*Spartina*-Bestand B 1	
− 20 bis − 15 cm	0.7	um MHWL	1.2
− 10 cm	1.0	um + 15 cm +	2.7
um + 10 cm	4.3	um + 15 cm	0.6

P. intermedius ist aus dem Übergangsbereich Schlickwatt − Salzwiese und aus Schlicksand des oberen Eulitorals bekannt (DEN HARTOG 1966), was mit dem Siedlungsbereich der Art im Untersuchungsgebiet übereinstimmt. Nachweise liegen auch aus dem Schlick- und Sandwatt vor (DEN HARTOG 1977, DITTMANN & REISE 1985). *P. intermedius* gehört zu den charakteristischen Arten des Grenzraumes Watt − Salzwiese in schlickigem Sediment.

Proxenetes karlingi besiedelt Schlick sowie schluff- bzw. detritusreichen Sand lenitischer Habiate. Die höchsten Abundanzen wurden in A 4a mit 6 und in D 1

mit 9 Ind./10 cm² festgestellt. Regelmäßig vertreten war die Art in der detritusreichen Feinsandfläche A 1b mit maximal 4.8 (April) und im Jahresmittel 2.9 Ind./10 cm² sowie in der schlicksandigen Senke von A 1a mit bis zu 4 (März), im Jahresmittel 1.0 Ind./10 cm² (jeweils ohne Jungtiere). In A 1b fehlten bestimmbare Exemplare nur im September/Oktober, in A 1a von Juni bis November. In den anderen Stationen traten 1 bis 3 Tiere auf.

P. karlingi ist an den Küsten von Nord- und Ostsee verbreitet. An der Nordsee besiedelt sie vornehmlich Salzwiesen, Salzwiesengräben und Brackwassertümpel, ferner eu- bis mesohaline Wattflächen (AX 1951, 1960, 1971; LUTHER 1962; BILIO 1964; DEN HARTOG 1966, 1977). Sie ist ein typischer Stillwasserbewohner (AX 1971) und zählt zu den Brackwasserarten (DEN HARTOG 1974), was durch die Verteilung im Untersuchungsgebiet unterstrichen wird.

Proxenetes minimus trat mit maximal 2 Ind./10 cm² (A 1a, B 1) substratunspezifisch von wenig unter der MHWL an auf; entweder in Habitaten mit *Salicornia* bzw. *Spartina* oder in direkter Nähe von Salzwiesen. Im Jahresmittel wurden maximal 0.3 Ind./10 cm² festgestellt (ohne Jungtiere); bestimmbare Altersstadien in A 1a und B 1 von Dezember bis Mai, in A 1b von Oktober bis Dezember.

P. minimus ist bisher nur aus Andelrasen der Nordseeküste bekannt und gilt als weitgehend euryhaliner Salzwiesenbewohner (DEN HARTOG 1966, 1974, 1977; ARMONIES 1987). Die neuen Funde zeigen, daß die Art in geringer Dichte auch in den seewärts angrenzenden Bereich vordringt.

Proxenetes pratensis trat mit jeweils 1 bis 3 Exemplaren in detritus- bzw. schluffreichen, geschützten Stränden auf (10 bis 40 cm über MHWL). Die Art wurde an der westlichen Ostsee und der Nordsee in Andel- und Rotschwingelrasen sowie einem *Spartina*-Bestand nachgewiesen (AX 1960; BILIO 1964; DEN HARTOG 1966, 1977); darüber hinaus in Stränden von Sylt (AX 1971, detritusreiche Hochwanne im Sandhang) und Tromsø (SCHMIDT 1972 b). Als reine Salzwiesenart ist *P. pratensis* danach nicht mehr anzusehen, sie kann auch detritusreiche, vegetationslose Sande des Supralitorals besiedeln.

Proxenetes puccinellicola besiedelt schlickige Böden von ca. + 10 cm an aufwärts mit bzw. in direkter Nähe von Pflanzenbeständen. Die höchsten Abundanzen wurden in dichter Vegetation 20 bis 40 cm über MHWL festgestellt: in B 1 *(Spartina)* 10 Ind./10 cm² (Juli 1983), in F 2 *(Suaeda)* 5/10 cm². Von B 1 wurde nur der obere Teil ohne Angespül besiedelt, im Jahresmittel mit 0.8 (+ 15 cm) bzw. 1.9 Ind./10 cm² (+ 20 cm; alle Werte ohne Jungtiere). In den anderen Stationen traten nur Einzeltiere auf.

P. puccinellicola wurde an der deutschen und niederländischen Küste im Andelrasen (Polyhalinicum) und einem Salzwiesengraben nachgewiesen (AX

1960, 1971; BILIO 1964; DEN HARTOG 1966, 1974; ARMONIES 1987). Die neuen Funde zeigen, daß *P. puccinellicola* nicht auf Andelrasen, aber weitgehend auf Pflanzenbestände des Supralitorals beschränkt ist.

Proxenetes segmentatus ist im Untersuchungsgebiet die häufigste Art der Gattung. Sie besiedelt lenitische, schlickreiche Habitate zwischen − 20 und + 25 cm. In B 1 wurden im mit Angespül bedeckten Teil bis zu 26 (Juli 1982), im übrigen Bestand bis zu 8 Ind./10 cm^2 festgestellt. Insgesamt war die Abundanz im Bereich von MHWL bis + 15 cm am höchsten (Tab. 19). Im Jahresverlauf schwankte die Dichte in B 1 (bis auf Juli 1982 mit 6.8) nur gering zwischen 0.8 (Dezember) und 3.0 Ind./10 cm^2 (September). Strände werden nur bei hohem Schluff- bzw. Detritusgehalt besiedelt; so war die Art in A 1 fast nur in der Senke vertreten (bis zu 6 (Juli 1983), im Jahresmittel 1.3 Ind./10 cm^2). In Sand wurden maximal 15 Ind./10 cm^2 festgestellt (F 1, Juni 1980). Größere Jungtiere von *P. segmentatus* können erkannt werden, sie sind bei den Abundanzangaben berücksichtigt.

Tabelle 19: *Proxenetes segmentatus*; Abundanzen (Ind./10 cm^2, Jahresmittel, ohne kleine Jungtiere). + = mit Algenauflage

Watt B 2		*Spartina*-Bestand B 1	
− 20 cm	0.1	um MHWL	2.3
− 15 cm	1.2	um + 15 cm +	3.9
− 10 cm	0.9	um + 15 cm	2.1
+ 10 cm	2.2	um + 20 cm	1.3

P. segmentatus wurde von der niederländischen Küste aus der Übergangszone Schlickwatt − Salzwiese beschrieben (DEN HARTOG 1966); dieses Habitat wird auch im Untersuchungsgebiet bevorzugt. Nachweise liegen auch aus Schlicksand des Euhalinicums (DEN HARTOG 1977) und dem Schlickwatt bei Sylt vor, wo die Art in ähnlicher Abundanz wie im Untersuchungsgebiet siedelt (DITTMANN & REISE 1985). *P. segmentatus* gehört zu den charakteristischen Arten des Grenzraumes Watt − Salzwiese.

Proxenetes simplex siedelt in Schlick bis Schlicksand geschützter Habitate von − 15 bis + 20 cm. Höhere Abundanzen wurden in Prielen erreicht (B 5: 4 bis 17, inkl. Jungtiere bis 45 Ind./10 cm^2; A 4a: 5 bis 7/10 cm^2) sowie in B 1 und B 2, sonst traten 1 bis 3 Exemplare auf. In B 1 siedelten die meisten Tiere im mit *Ulva* und *Zostera* bedeckten Bereich (im Juli 12, im Jahresmittel 2.2 Ind./10 cm^2) und in den vegetationslosen Inseln innerhalb des Bestandes (bis zu 5, im Jahresmittel 2.7/10 cm^2); in den anderen Teilen war die Dichte geringer (Jahresmittel 0.6 bis

1.1/10 cm², jeweils ohne Jungtiere). Bestimmbare Altersstadien traten von Januar bis September auf.

Das Verbreitungsgebiet von *P. simplex* umfaßt Nordsee, westliche Ostsee und die französische Atlantikküste (LUTHER 1948; AX 1951, 1971; DEN HARTOG 1964 b, 1977; STRAARUP 1970); wahrscheinlich auch Mittelmeer, Marmarameer und Schwarzes Meer (vgl. AX 1971, S. 79). An der Nordsee wurde sie in Sand- und Schlickwatt, einem Strandtümpel und Salzwiesen gefunden (AX 1951, 1971; DEN HARTOG 1977). Im Untersuchungsgebiet zählt *P. simplex* zu den Charakterarten des Grenzraumes Watt – Salzwiese.

Proxenetes tenuispinosus besiedelt wenig exponierte, bevorzugt schluffreiche Sande zwischen – 20 und + 20 cm. In Strand A 1a war die Abundanz in der Senke am höchsten mit bis zu 13 (Januar) und im Jahresmittel 3.6 Ind./10 cm², die anderen Teile waren mit maximal 5 und Jahresmittel von 1.3 bis 1.6 Ind./10 cm² etwa gleichstark besiedelt. In strömungs- und witterungsexponierteren Habitaten (C, A 1b) traten nur gelegentlich einige Tiere auf (maximal 1/10 cm², jeweils ohne Jungtiere). Höhere Dichten wurden auch in der locker mit *Salicornia* bestandenen Feinsandfläche E 1 festgestellt. Hier wurden je 10 Parallelen mit einer Pflanze sowie in mindestens 20 cm Entfernung von der nächsten untersucht. Die Proben ohne waren signifikant stärker besiedelt als diejenigen mit Queller (8.4 bzw. 3.4/10 cm², U-Test: $\alpha \leq 5\,\%$).

P. tenuispinosus ist nur von der Nordseeküste (Sylt und Rømø) bekannt, wo sie mit wenigen Exemplaren im Sandwatt und einem mittellotischen Strand und in größerer Zahl in Feinsand zwischen Buhnenwänden gefunden wurde (EHLERS 1974). Die neuen Funde bestätigen, daß die Art schwerpunktmäßig in lenitischem, schluff- bzw. detritusreichem Feinsand um MHWL siedelt.

Proxenetes trigonus besiedelt lenitischen Sand bis Schlicksand von – 20 bis + 10 cm, bevorzugt den Grenzbereich Mischwatt/Strandknick. In A 1a trat sie im unteren Teil der Sandbank und am Übergang Senke/Sandhang auf, in C kurz unterhalb des Strandknicks. Bestimmbare Altersstadien wurden im September und Oktober sowie von März bis Mai gefunden, maximal 2/10 cm² in A 1a und C, 1 bis 3 Exemplare in den anderen Stationen.

P. trigonus ist aus sublitoralem Fein- bis Grobsand der Kieler Bucht und aus Sandwatt unterschiedlichen Detritusgehaltes der Nordsee bekannt (AX 1960, 1971; DEN HARTOG 1966, 1977; REISE 1984). Die neuen Funde zeigen, daß die Art an der Nordseeküste weitgehend auf eulitorale Sande beschränkt ist und kaum ins Supralitoral vordringt.

Proxenetes unidentatus trat nur im oberen Teil an Salzwiesen grenzender Strände auf: regelmäßig in C (+ 40 cm, 0.5 bis 1 Ind./10 cm²) und in F 1 (+ 20 bis + 40 cm, 2 Tiere). An den Küsten von Nordatlantik, Nordsee und westlicher Ostsee besiedelt die Art Salzwiesen, oft auf sehr hohem Niveau und gilt als typische Brackwasserart (DEN HARTOG 1966, 1977; AX 1971; KARLING 1974; VAN DER VELDE 1976; ARMONIES 1987). Nach den regelmäßigen Funden in Strand C ist anzunehmen, daß *P. unidentatus* auch in supralitoralen Strandzonen geeigneter Salinität beständig siedeln kann.

Adenopharynx mitrabursalis bevorzugt Sand unterschiedlichen Schluffgehaltes, ist aber auch in Schlick zu finden. In Stränden siedelt sie von −10 bis + 20 cm, schwerpunktmäßig zwischen MHWL und + 10 cm: in diesem Bereich traten in A 4 b 12, in A 2 6 Ind./10 cm^2 auf; in C maximal 3.5 und im Jahresmittel 2.0/10 cm^2. In A 1 a und B 1 wurden bis zu 4 Ind./10 cm^2 festgestellt, im Jahresmittel 0.5 bis 1.0/10 cm^2. In A 1 war die Art in Senke und Sandbank vertreten (−5 bis + 10 cm), in B 1 hingegen 15 bis 25 cm über der MHWL.

A. mitrabursalis ist bisher von der Nordseeküste und der französischen Atlantikküste vor allem aus detritusreichem Sandwatt bekannt (EHLERS 1972, 1974). Im Sylter Sandwatt liegt die Abundanz in der gleichen Größenordnung wie im Untersuchungsgebiet. *A. mitrabursalis* gilt als Bewohner schwach lotischer bis lenitischer Biotope (EHLERS 1973, 1974). Auffällig ist das unterschiedliche Siedlungsverhalten der Population in Sand und Schlick, das auch verschiedene Lebenszyklen zur Folge hat (s. S. 63).

Anthopharynx sacculipenis besiedelt substratunspezifisch schlickige Bestände von *Spartina* und *Salicornia* sowie lenitische bis schwach lotische Strände, überwiegend oberhalb der MHWL. Die höchste Dichte wurde mit 6 Ind./10 cm^2 im Mischwatt F 1 im August 1980 festgestellt, später traten maximal 3/10 cm^2 auf. In A 1 waren Sandbank und Sandhang besiedelt (Jahresmittel 0.5 Ind./10 cm^2), in B 1 der mit Angespül bedeckte Bereich und der obere Teil um + 20 cm (Jahresmittel 1.0 Ind./10 cm^2).

A. sacculipenis ist von Sylt und der französischen Atlantikküste aus mittellotischen Stränden (mittlerer – oberer Sandhang) bekannt (EHLERS 1972, 1974), wo sie in vergleichbarer Abundanz wie im Untersuchungsgebiet siedelt (EHLERS 1973: bis zu 5 Ind./10 cm^2). Danach haben Exposition und Sedimentstruktur keinen Einfluß auf die Siedlungsdichte. In Salzwiesen der niederländischen Küste und im Ostseeraum ist *A. vaginatus* Karling, 1940 verbreitet (AX 1960; BILIO 1964; KARLING 1974; DEN HARTOG 1977). Die neuen Ergebnisse zeigen, daß *A. sacculipenis* auch schlickige Pflanzenbestände besiedelt. Da beide Arten ökologisch und morphologisch nicht befriedigend zu trennen sind, ist eine Prüfung auf mögliche Identität zu wünschen.

Doliopharynx geminocirro bevorzugt wenig exponierte, aber schluffarme Sande bis + 20 cm. In der Sandbank von A 1 a siedelt sie regelmäßig und in höherer

Dichte: bis zu 5, im Jahresmittel 2.7 Ind./10 cm². Sonst traten überwiegend Einzeltiere, maximal 3/10 cm² auf. *D. geminocirro* ist aus detritusreichem Sandwatt der Nordsee bekannt (EHLERS 1972, 1974). Die neuen Funde zeigen, daß sie auch lenitische Strände besiedelt.

Kalyptorhynchia

Acrorhynchides robustus besiedelt schlickige und detritusreiche lenitische Habitate und den Strandknick. Am höchsten war die Dichte in A 3 c mit 9 Ind./10 cm² (Übergang Watt – Knick) und in B 2 mit 10.5/10 cm² (– 20 cm). Im Watt von C traten bis zu 6 Ind./10 cm² (– 30 cm) auf, im Jahresmittel gleich viel wie in B 2 (Tab. 20). Mit steigender Höhe der Probestelle sinkt die Abundanz; die supralitorale Feinsandfläche A 1b war nur von Dezember bis Mai besiedelt (Einzeltiere). Im Jahresverlauf schwankte die Abundanz in allen Stationen nur gering zwischen 0 und 2 Ind./10 cm².

Tabelle 20: *Acrorhynchides robustus*, Abundanzen (Ind./10 cm², Jahresmittel) in Watt B 2, *Spartina*-Bestand B 1, Strand C und Strand A 1 a. + = mit Angespül, * = ohne Vegetation

B 2	– 30 cm	1.9	B 1	um MHWL	0.5	C	Watt – 30 cm	3.4
	– 20 cm	3.4		+ 10 cm *	1.0		Watt – 20 cm	1.6
	– 15 cm	1.2		+ 15 cm +	1.1		Knick – 10 cm	0.6
	– 10 cm	0.6		+ 15 cm	0.8	A 1a	Watt	0.7
							Senke	0.6

A. robustus ist an der europäischen Atlantikküste sowie Nord- und Ostsee verbreitet. Der Siedlungsbereich umfaßt detritusreiche, sandige bis schlickige Stillwasserbiotope im Eu- bis Mesohalinicum (KARLING 1931, 1963, 1974; AX 1951, 1956 a; BILIO 1964; BOADEN 1966; STRAARUP 1970; SCHMIDT 1972 b; DEN HARTOG 1977). SCHILKE (1970) zählt sie zu den Charakterarten von Salzwiesen und verlandenden Wattflächen. Nach der Verteilung im Untersuchungsgebiet wird das Watt stärker als das Supralitoral besiedelt.

Neopolycystis tridentata siedelt nur in schluffarmen Stränden vom Knick bis ca. + 30 cm. Am höchsten war die Abundanz in A 3b mit 12 und in A 5 mit 8 Ind./10 cm². In A 1a war die Art von Juli bis Dezember in der Sandbank vertreten; im September mit 5, sonst mit 1 bis 2 Ind./10 cm². In C wurde sie nur im August angetroffen (+ 25 cm, 5/10 cm²).

N. tridentata wurde an der Nordseeküste in stark bis schwach lotischen Stränden und vorgelagerten Wattflächen, in der Kieler Bucht im Sublitoral gefunden (KARLING 1955; SCHILKE 1970). Im mittellotischen Strand siedelt sie, wie in den lenitischen bis schwach lotischen Stränden dieser Untersuchung, in geringer Dichte (HOXHOLD 1974: bis zu 3/10 cm², Juni 1968).

Itaipusa scotica wurde in der Sandbank von A 1 a (4 Tiere) und im Mischwatt F 1 (1980, 2 Tiere) nachgewiesen. Die geographische Verbreitung der Art ist auf nördliche Breiten beschränkt. Sie umfaßt die Atlantikküsten von Nordeuropa und Nordamerika inkl. Grönlands sowie Nord- und Ostsee (KARLING 1963, 1980; SCHMIDT 1972 b). Von Sylt sind bisher nur wenige Exemplare aus Sand- und Mischwatt und einem schwach lotischen Strand bekannt (SCHILKE 1970; REISE 1984). Möglicherweise liegt hier für *I. scotica* die südliche Verbreitungsgrenze.

Parautelga bilioi siedelt nur in vegetationsbestandenen Habitaten (Schlick, detritusreicher Sand) deutlich über MHWL. Die höchsten Abundanzen wurden in Schlick festgestellt: in E 3 bis zu 13, in B 1 maximal 9 Ind./10 cm^2 (November, Juli). Von *Spartina*-Bestand B 1 wurde nur die obere Hälfte jenseits des Angespüls (ab + 15 cm) besiedelt, der hochgelegene Teil (+ 20 bis + 25 cm) in höherer Dichte als der seewärts anschließende (Jahresmittel 3.5 bzw. 2.4 Ind./10 cm^2). Im Jahresverlauf waren drei Abundanzgipfel zu verzeichnen (Abb. 19). In Sand wurden maximal 6 Ind./10 cm^2 (G 1) gefunden. In der Feinsandfläche A 1b trat die Art regelmäßig, aber nur in geringer Dichte auf (Jahresmittel 0.1/10 cm^2).

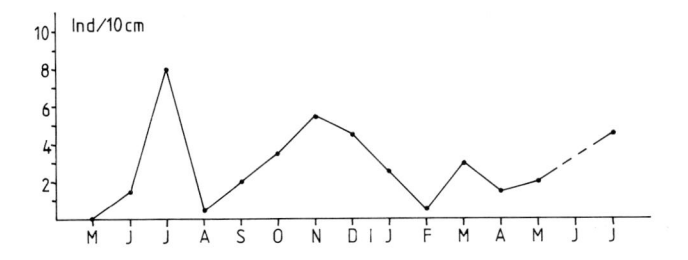

Abb. 19. *Parautelga bilioi*, Abundanzverlauf im *Spartina*-Bestand B 1.

P. bilioi ist aus Salzwiesen (Andel- und Rotschwingelrasen) der Nord- und Ostseeküste bekannt (AX 1960; BILIO 1964; KARLING 1964, 1980; SCHILKE 1970; DEN HARTOG 1974, 1977). Auf Sylt werden Andelrasen (ARMONIES 1987) und seewärts angrenzende (schlickige) Bestände von *Spartina* und *Salicornia* in vergleichbarer Abundanz besiedelt. Somit sind beide Habitate für die Art günstig, soweit sie im Supralitoral liegen. Nach ihrer Verteilung ist *P. bilioi* eine Brackwasserart mit enger Bindung an Pflanzenbestände.

Cystiplana paradoxa besiedelt schluffarme Strände zwischen MHWL und + 30 cm. Höhere Dichten wurden in schwach lotischen Stränden ermittelt: in A 3 und G 1 9 bis 10, in C 8 Ind./10 cm^2 (August). Der Bereich um + 10 cm wird bevorzugt. Hier traten in G 1 18 und in C bis zu 24 (August), im Jahresmittel 9.6 Ind./10 cm^2 auf (in C 84 % aller Tiere). Bei + 20 cm wurden in C im

Jahresmittel 1.6, im Bereich der MHWL 0.3/10 cm^2 gefunden. Im lenitischen Strand A 1a trat sie von August bis November in den schluffarmen Teilen auf (bis zu 2/10 cm^2).

C. paradoxa wurde an den Küsten von Nordatlantik, Nordsee und der Kieler Bucht sowie Schwarzem Meer und Marmara-Meer nachgewiesen, überwiegend in stark bis schwach lotischen Stränden. Im mittellotischen Strand wird der mittlere/obere Sandhang besiedelt. Dort zählt sie zu den dominanten Arten (AX 1959; SCHILKE 1970; SCHMIDT 1972 b; HOXHOLD 1974). Ein Vergleich der in dieser Untersuchung festgestellten Abundanzen mit den Werten bei HOXHOLD (1974: bis über 90/100 cm^3) zeigt, daß die Siedlungsdichte der Art in der Reihe mittellotische/schwach lotische/lenitische Strände abnimmt. Danach sind mittellotische Strände das günstigste Habitat (vgl. SCHILKE 1970).

Die Abundanzentwicklung stimmt in schwach- bis mittellotischen Stränden auf Sylt und bei Tromsø überein, soweit bei vierteljährlicher Untersuchung von Strand C vergleichbar (SCHMIDT 1972 b; HOXHOLD 1974). In den Sylter Stränden traten jeweils die meisten Tiere im August, die wenigsten im Mai auf. Danach ist der Abundanzverlauf von *C. paradoxa* in diesen Stränden von geographischer Lage und Exposition weitgehend unabhängig.

Psammorhynchus tubulipenis wurde zwischen Juni und August in Stränden des Königshafens nachgewiesen. Sie siedelt nur im Übergangsbereich Watt/Strand (A 2, 3) und direkt an der Wasserlinie (A 4; jeweils 5 bis 10 Ind./10 cm^2).

P. tubulipenis ist aus dem Sublitoral der Kieler Bucht und von der Nordsee bekannt, wo sie Eulitoral (Sandwatt, selten Strände) und Sublitoral besiedelt (KARLING 1956; SCHILKE 1970; BOADEN 1976; WEHRENBERG & REISE 1985). Soweit angegeben, ist die Dichte überall gering.

Cicerina brevicirrus besiedelt lenitische Sande bis ca. + 10 cm. In nennenswerter Abundanz trat sie nur in den Stationen A 1 – 4 auf: im Watt von A 3 und in A 2 mit 2 bis 4.5 Ind./10 cm^2, in A 4 16.0 bis 20.2/10 cm^2. In A 1a besiedelt sie die Sandbank in geringer Dichte (bis zu 2, im Jahresmittel 0.6/10 cm^2).

C. brevicirrus ist an Nord- und Ostseeküste verbreitet (KARLING 1952, 1974). Auf Sylt wurde sie in mittel- bis schwach lotischen Stränden und im Sandwatt gefunden (SCHILKE 1970); im *Arenicola*-Watt siedelt sie in vergleichbarer Abundanz wie im lenitischen Strand A 2 und im Watt von A 3 (REISE 1984: Juni 1980 3.89, Juni 1981 3.76/10 cm^2).

Cicerina tetradactyla tritt in sauberem Sand zwischen MHWL und + 25 cm auf. In A 2 wurden in diesem Bereich 0.5 bis 5, in C 0.5 bis 2 Ind./10 cm^2 gefunden. Die Art ist im gesamten Ostseeraum und von der Nordsee bis zur französischen Atlantikküste verbreitet (KARLING 1963, 1974; BOADEN 1966, 1976;

SCHILKE 1970; STRAARUP 1970; SCHMIDT 1972 a). Im Untersuchungsgebiet siedelt *C. tetradactyla* höher als *C. brevicirrus*, eine stärkere Toleranz gegenüber Aussüßung ist daher zu vermuten.

Zonorhynchus salinus siedelt in Schlick und detritusreichem Feinsand lenitischer Habitate, schwerpunktmäßig von der MHWL aufwärts. Meist ist sie in Sedimenten mit Vegetation zu finden; in einer Feinsandfläche mit lockerem Quellerbestand (E 1), in der je 10 Parallelen mit einer Pflanze sowie in mindestens 20 cm Entfernung von der nächsten untersucht wurden, mied *Z. salinus* jedoch direkte Pflanzennähe signifikant (U-Test: p ≤ 5 %). Die höchste Abundanz wurde in D 1 mit 30 (20) Ind./10 cm^2 festgestellt. Der schluff- bzw. detritusreiche Sand von A 1 war etwas dichter besiedelt als der schlickige *Spartina*-Bestand B 1 (Tab. 21), die hochgelegenen Bereiche jeweils am stärksten (A 1b bis zu 5, Abb. 20; A 1a und B 1 maximal 4 Ind./10 cm^2).

Tabelle 21: *Zonorhynchus salinus*, Abundanz (Ind./10 cm^2, Jahresmittel) in Strand A 1a, Feinsandfläche A 1b, *Spartina*-Bestand B 1 und Watt B 2 (inkl. der vegetationslosen Inseln in B 1). + = mit Angespül, ( ) = nur bestimmbare Tiere

B 1	um + 15 cm +	1.1 (0.9)	B 2	gesamt max.	0.4 (0.4)
	um + 15 cm	0.5 (0.3)	A 1a	Senke	1.6 (1.3)
	um + 20 cm	1.3 (1.1)	A 1b	Feinsand	1.9 (1.6)

Abb. 20. *Zonorhynchus salinus*, Abundanzverlauf in Feinsandfläche A 1b.

Z. salinus ist aus detritusreichem Sediment von Nordsee und westlicher Ostsee bekannt (KARLING 1952; AX 1960; BILIO 1964; BOADEN 1976). Auch im Untersuchungsgebiet ist die Art auf detritusreiche, lenitische Sedimente beschränkt. Das Supralitoral wird bevorzugt.

Zonorhynchus pipettiferus besiedelt detritusreiche Sande, vereinzelt auch schlickige *Spartina*-Bestände oberhalb der MHWL mit 0.5 bis 2 Ind./10 cm^2. In vegetationslosen lenitischen bis schwach lotischen Stränden tritt sie nur im oberen Teil kurz unterhalb angrenzender (sandiger) Salzwiesen auf, in die sich das Siedlungsgebiet fortsetzt (ARMONIES 1987).

Zonorhynchus seminascatus ist im Untersuchungsgebiet die häufigste Art der Gattung. Sie besiedelt detritus- bzw. schluffreiche Sandflächen und Schlick bis + 20 cm. In Strände dringt sie nur bis zum Knick vor. Am höchsten war die Abundanz im mit *Ulva* und *Zostera* bedeckten Teil von *Spartina*-Bestand B 1 mit bis zu 27 Ind./10 cm^2 (Juni; Abb. 21). B 2 ist unabhängig von der Höhe schwächer besiedelt. Im Strand A 1a traten maximal 10 (Watt), in A 1b bis zu 7, in C (Watt) maximal 3.5 Ind./10 cm^2 auf. In Sand wie in Schlick nimmt die Abundanz im oberen Teil des Siedlungsgebietes ab (Tab. 22).

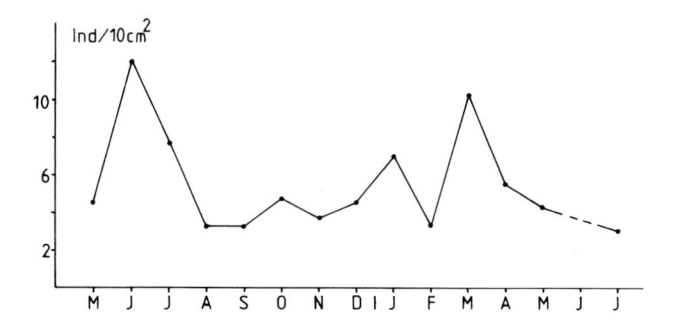

Abb. 21. *Zonorhynchus seminascatus*, Abundanzverlauf im *Spartina*-Bestand B 1.

Tabelle 22: *Zonorhynchus seminascatus*, Abundanzen (Ind./10 cm^2, Jahresmittel) in Strand A 1a, Feinsandfläche A 1b, *Spartina*-Bestand B 1, Watt B 2 und Strand C. In ( ): bestimmbare Altersstadien, + = mit Angespül, * = vegetationslose Inseln innerhalb B 1

B 1	um MHWL	6.7	(5.6)	B 2	− 30 cm	0.2	(0.1)	A 1a	Watt	5.9	(3.0)
	+ 10 cm *	1.4	(1.2)		− 20 cm	1.6	(1.4)		Senke	1.8	(1.1)
	+ 15 cm +	10.0	(7.7)		− 15 cm	1.2	(1.1)	A 1b		1.2	(1.1)
	+ 15 cm	5.2	(4.5)		− 10 cm	0.4	(0.3)	C	− 30 cm	2.5	(1.9)
	+ 20 cm	1.9	(1.6)		+ 10 cm *	1.4	(1.2)		− 20 cm	1.7	(1.5)
									Knick	0.2	(0.1)

Z. seminascatus wurde an den Küsten von Nordatlantik und Nordsee überwiegend im Sandwatt, aber auch in Salzwiesen des Euhalinicums nachgewiesen (SCHILKE 1970; SCHMIDT 1972 b; DEN HARTOG 1977). Im Sandwatt ist die Dichte geringer als im Untersuchungsgebiet (REISE 1984: Jahresmittel ≤ 0.8/10 cm^2). Danach liegt das bevorzugte Siedlungsgebiet der Art in schlick- bzw. detritusreichen, lenitischen Habitaten des oberen Eu- bis Supralitorals.

Placorhynchus octaculeatus siedelt in lenitischen Habitaten zwischen − 15 und + 15 cm, im schwach lotischen Strand C vereinzelt bei + 40 cm (unterhalb der Salzwiese). Hohe Abundanzen wurden in Schlamm bzw. weichem Schlick ermittelt: in Priel B 5 11, in *Spartina*-Bestand G 3 17 Ind./10 cm^2. In Sand wurden maximal 8 Ind./10 cm^2 gefunden (F 1). Von den regelmäßig bearbeiteten Stationen waren nur die vegetationslosen Inseln innerhalb des *Spartina*-Bestandes B 1 nennenswert besiedelt (maximal 2, im Jahresmittel 0.5/10 cm^2).

P. octaculeatus ist an norwegischer Atlantikküste, Nord- und Ostsee sowie im Mittelmeer und Schwarzen Meer verbreitet. Sie ist vor allem aus detritusreichem Sand, aber auch aus Schlickwatt und Salzwiesen bekannt und gilt als weitgehend euryhalin (KARLING 1947, 1952, 1963; AX 1951, 1954 a, 1956 a, b, 1959; RIEDL 1956; BILIO 1964; AX & AX 1970; SCHILKE 1970; STRAARUP 1970; SCHMIDT 1972 b; VAN DER VELDE 1976; DEN HARTOG 1977). Im Untersuchungsgebiet wurde weicher Schlick in höherer Dichte als Sand besiedelt.

In allen Stationen traten *P. octaculeatus* und *P. dimorphis* in konstanter Ausprägung der Cirrusbestachelung ohne Übergänge und oft in denselben Parallelproben auf. Ich betrachte sie daher als zwei eigenständige Arten.

Placorhynchus dimorphis wurde zumeist in schlickigen *Spartina*-Beständen 10 bis 20 cm über MHWL gefunden, in G 3 8 Ind./10 cm^2. Sonst war die Abundanz mit maximal 2 Ind./10 cm^2 gering. Das höchste Jahresmittel wurde mit 0.6/10 cm^2 im mit Angespül bedeckten Teil von B 1 festgestellt.

Sichere Nachweise von *P. dimorphis* liegen aus dem Finnischen Meerbusen, der Nordsee und dem Schwarzen Meer vor, überwiegend aus Brackwasser (KARLING 1947; AX 1959; SCHILKE 1970; STRAARUP 1970; DEN HARTOG 1977). Nach der Verteilung im Untersuchungsgebiet ist die Art im Unterschied zu *P. octaculeatus* auf schlickiges Sediment beschränkt.

Prognathorhynchus stilofer trat in schwach lotischen bis lenitischen Stränden zwischen MHWL und + 20 cm auf: in G 1 mit bis zu 6 Ind./10 cm^2, im Sandhang von A 1a und in C mit 0.5 bis 1 Ind./10 cm^2 zwischen November und Mai. *P. stilofer* ist von Nordsee und westlicher Ostsee aus schwach lotischen, seltener aus lenitischen und mittellotischen Sanden bekannt (SCHILKE 1970; HOXHOLD 1974; XYLANDER & REISE 1984). Im Untersuchungsgebiet werden fast nur detritusreichere Strände besiedelt.

Psittacorhynchus verweyi besiedelt lenitische Habitate (Schlick, detritusreicher bzw. schlickiger Sand) bis + 20 cm. In den meisten Stationen wurden nur 1 bis 3 Tiere entdeckt. Regelmäßig vertreten war sie im Watt von A 1a und C (bis zu 3 bzw. 2.5, im Jahresmittel 0.4 bzw. 1.0 Ind./10 cm^2), im *Spartina*-Bestand B 1 (maximal 2, im Jahresmittel 0.3/10 cm^2) und der Feinsandfläche A 1b (bis zu 1.4, im Jahresmittel 0.2/10 cm^2).

P. verweyi ist von der niederländischen Küste aus dem Grenzbereich Schlickwatt – Salzwiese und detritusreichem Feinsandwatt bekannt (DEN HARTOG 1968, 1977), von Sylt aus schwach lotischen bis lenitischen Sanden (SCHILKE 1970). Im Untersuchungsgebiet waren schwach lotische Habitate nur bei höherem Detritusgehalt besiedelt.

Carcharodorhynchus ambronensis siedelt in Sand unterschiedlichen Schluffgehaltes von kurz unter MHWL bis ca. + 20 cm. Am höchsten war die Abundanz in G 1, 2 mit maximal 7 bzw. 5 Ind./10 cm^2. In C wurde die Art im Mai und August gefunden, fast nur bei + 10 cm (0.5 bzw. 4.5/10 cm^2). Von A 1 waren Sandbank, Senke und Sandhang besiedelt (maximal 2, im Jahresmittel 0.3 Ind./10 cm^2).

C. ambronensis ist bisher von der Nordsee aus eulitoralen lenitischen bis schwach lotischen Sanden bekannt (SCHILKE 1970; XYLANDER & REISE 1984). Die neuen Funde zeigen, daß die Art auch ins Supralitoral vordringt.

Carcharodorhynchus subterraneus trat mit 1 bis 2 Tieren je Station (maximal 1/10 cm^2) in Stränden bis + 40 cm auf. Sichere Nachweise der Art liegen von SCHILKE (1970) sowie XYLANDER & REISE (1984) vor. Danach besiedelt sie auf Sylt und in der Kieler Bucht den oberen Sandhang.

Proschizorhynchus gullmarensis besiedelt Strände von der MHWL an aufwärts, bevorzugt schluffarmen Sand zwischen + 10 und + 30 cm. Am höchsten war die Abundanz in G 1 mit bis zu 16 Ind./10 cm^2, in anderen Stränden traten maximal 4 bis 6/10 cm^2 auf. Von A 1a waren Sandbank und Sandhang besiedelt (Jahresmittel 1 bzw. 0.5 Ind./10 cm^2), in C der Bereich + 10 bis + 25 cm (Jahresmittel 0.9 bzw. 1.5 Ind./10 cm^2). In beiden Stationen war die Dichte im November am höchsten (A 1a: 2.5/10 cm^2, C: 1.0/10 cm^2).

P. gullmarensis ist an den Küsten von Nordatlantik, Nordsee, westlicher Ostsee, Mittelmeer und ponto-kaspischem Becken verbreitet, vor allem in Sand und Kies (KARLING 1950, 1974; SCHILKE 1970; SCHMIDT 1972 a, b; BRUNET 1980). Auf Sylt wurde sie in stark- bis schwach lotischen Stränden gefunden (SCHILKE 1970; XYLANDER & REISE 1984). Im mittellotischen Strand tritt sie im mittleren und oberen Hang auf (HOXHOLD 1974: bis zu 33/10 cm^2). Die neuen Funde zeigen, daß die Art auch in lenitischen Stränden beständig siedelt.

Schizorhynchoides aculeatus trat in den schwach lotischen Stränden A 3a und A 5 mit 3 bzw. 15 Ind./10 cm^2 auf (+ 10 bis + 25 cm). Die Art besiedelt auf Sylt stark- bis schwach lotische Strände (SCHILKE 1970; XYLANDER & REISE 1984). Im mittellotischen Strand bevorzugt sie den Grenzbereich unterer/mittlerer Hang (HOXHOLD 1974: bis zu 40/10 cm^2 = 100 cm^3).

Cheliplana curvocirro trat in geringer Dichte (1/10 cm^2) in den Stränden A 3 und C (August, Februar) auf (+ 20 bis + 30 cm). Die Art ist bisher aus einem stark- und einem schwach-lotischen Strand und dem Sublitoral (Amrum, Sylt) bekannt (SCHILKE 1970; XYLANDER & REISE 1984; WEHRENBERG & REISE 1985).

Cheliplana remanei wurde überwiegend am Königshafen gefunden; meist in schluffarmen, aber geschützten Strandbereichen, vereinzelt auch im Watt. Am höchsten war die Abundanz in A 5 mit 9 Ind./10 cm² (+ 10 bis + 25 cm). In A 1a wurden die Sandbank mit bis zu 4, im Jahresmittel 1.3 Ind./10 cm² und der Sandhang mit wenigen Exemplaren (Jahresmittel 0.3/10 cm²) besiedelt. In den anderen Stationen traten 1 bis 3 Tiere auf.

C. remanei besiedelt an den Küsten von Nordsee und westlicher Ostsee bevorzugt saubere, nicht zu grobe Sande. Auf Sylt wurde sie vorwiegend im Sandwatt, selten in Stränden nachgewiesen (AX 1951; BOADEN 1963, 1966, 1976; SCHILKE 1970; XYLANDER & REISE 1984). Im Sandwatt ist die Abundanz geringer als in der Sandbank von Strand A 1a (REISE 1984: ≤ 0.8/10 cm²).

Diascorhynchus serpens siedelt in vegetationsbestandenen, lenitischen Sanden und im oberen, detritusreichen Teil an Salzwiesen grenzender Strände. In C war sie regelmäßig vertreten, insbesondere 25 bis 40 cm über MHWL. Hier traten bis zu 2 (August), im Jahresmittel 0.8 (+ 25 cm) bzw. 0.4 Ind./10 cm² (+ 40 cm) auf; in den anderen Stationen 1 bis 3 Exemplare.

D. serpens besiedelt Sandbiotope in Nord- und Ostsee und im Mittelmeer (AX 1954 a; KARLING 1963, 1974; BOADEN 1966; SCHILKE 1970; BRUNET 1980). Nach ihrer geographischen Verbreitung und der Verteilung im Untersuchungsgebiet verträgt sie stärkere Aussüßung.

Diascorhynchus lappvikensis wurde nur im obersten Bereich von Strand C an der Grenze zur Salzwiese gefunden (1.5 Ind./10 cm², 50 bis 60 cm über MHWL, Grobsand/Kies). In dieser Probestelle trat sonst nur noch *Haplovejdovskya subterranea* auf. *D. lappvikensis* ist bisher nur aus dem „Küstengrundwasser" des Finnischen Meerbusens, der Kurischen Nehrung und der schwedischen Westküste sowie einem Strand auf Sylt (Blidselbucht) bekannt (AX 1954 a; KARLING 1963, 1974; SCHILKE 1970). Alle Funde stammen aus stark aussüßenden Habitaten; somit ist *D. lappvikensis* als Brackwasserart anzusehen.

Dalyellioida

Baicalellia brevituba besiedelt nur geschützte, feuchte Habitate. Sehr hohe Abundanzen wurden in schlammigen bzw. detritusreichen Senken erreicht (Tab. 23), kleinräumig bis 79 Tiere/2 cm² (G 3). In den regelmäßig bearbeiteten Stationen war die Dichte wesentlich geringer. Im Jahresverlauf war die Abundanz starken Schwankungen unterworfen. Von Juni bis September fehlte die Art überall, in A 1a und B 1 auch im November/Dezember. Im Frühjahr nahm die Dichte zum Teil drastisch zu (Abb. 22).

Das Verbreitungsgebiet von *B. brevituba* umfaßt Westgrönland, Nord- und Ostsee und ist damit auf nördliche Breiten beschränkt. An der Nordsee wurde sie in Salzwiesen und detritusreichen Strandtümpeln nachgewiesen (AX 1954 b,

Tabelle 23: *Baicalellia brevituba*, Abundanzen (Ind./10 cm^2) in stark besiedelten einmalig untersuchten sowie den regelmäßig bearbeiteten Stationen (hier Jahresmittel und Maxima).

G 2	vegetationsloser Schlick, wasserbedeckt	89.0	
	dto., oberhalb der Wasserlinie	187.0	
D 1	vegetationsloser Schlick	50.0	
	Salicornia auf Schlick	70.0	
B 5	schlickig-schlammiger Priel	12.0	
A 1 b	detritusreiche Feinsandfläche	3.3	max 25 (Mai 83)
A 1 a	schlicksandige Senke	3.5	max 15 (Apr 83)
B 1	*Spartina* auf Schlick, um + 15 cm	0.4	max 4 (Apr 83)
	Spartina auf Schlick, um + 20 cm	0.9	max 6 (Mai 83)
B 2	vegetationsloser Schlicksand, + 10 cm	0.3	max 1 (Mrz 83)

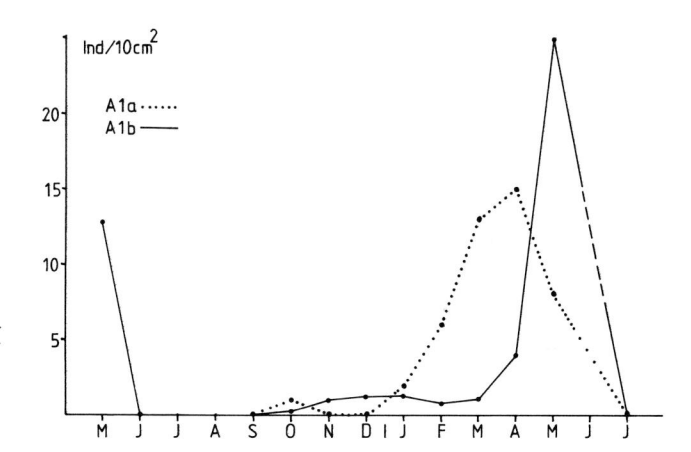

Abb. 22. *Baicalellia brevituba*, Abundanzverlauf in Strand A 1 a (Senke) und Feinsandfläche A 1 b.

1960; LUTHER 1962; BILIO 1964; KARLING 1974; DEN HARTOG 1977; ARMONIES 1987). Sie ist eine charakteristische Stillwasserart. Als Diatomeenesser erreicht *B. brevituba* die höchste Abundanz kurz nach dem Maximum der Diatomeenentfaltung (ASMUS 1982, S. 392). Ähnlich schnelle Abundanzzunahmen sind auch von Diatomeenessern des Schlickwatts bekannt (DITTMANN & REISE 1985).

Balgetia semicirculifera besiedelt feuchten, vorzugsweise sauberen Sand von − 20 bis + 10 cm. In A 1 a war sie in der Sandbank und im angrenzenden Watt mit bis zu 9, im Jahresmittel 0.9 bzw. 1.5 Ind./10 cm^2 vertreten. In schwach lotischen Stränden tritt sie nur zwischen Knick und MHWL auf (C: 0.5 bis 1/10 cm^2), im Watt nur bei geringem Schluffgehalt (A 3 c: 4/10 cm^2). Hohe Abundanzen wurden mehrfach kurz oberhalb der Wasserlinie festgestellt (Tab. 24).

Tabelle 24: *Balgetia semicirculifera*, Abundanzen (Ind./10 cm^2) bei 5 cm über MHWL und mittlere Dichte zwischen MHWL und + 10 cm.

Gebiet	+ 5 cm	0 – 10 cm	Gebiet	+ 5 cm	0 – 10 cm
A 4 a schluffarmer Sand	48	15	G 1 *Spartina* auf Sand	11	4
A 4 b schluffarmer Sand	90	19	G 2 Schlicksand	6	–

B. semicirculifera ist in Sand- bis Kiesböden der Nord- und Ostsee verbreitet (LUTHER 1962; STRAARUP 1970; SCHMIDT 1972 a; EHLERS 1973; KARLING 1974; REISE 1984). In Stränden der Kieler Bucht besiedelt sie – wie in vergleichbaren Habitaten des Untersuchungsgebietes – einen engen Bereich über der Wasserlinie (SCHMIDT 1972 a: bis zu 24/10 cm^2). Im Sandwatt der Nordsee ist die Abundanz gering (EHLERS 1973; REISE 1984). Danach liegt der bevorzugte Lebensraum der Art in lenitischen Stränden um bis kurz über MHWL.

Hangethellia calceifera besiedelt Strände vom Knick bis + 30 cm, sauberer Sand wird bevorzugt. In höherer Dichte trat sie in A 2 (+ 10 bis + 20 cm: 10 Ind./10 cm^2), in A 3 b (MHWL bis 30 cm: 9/10 cm^2) sowie in A 1 a und C auf. In A 1 a wurden in der Sandbank maximal 9, im Jahresmittel 3 Ind./10 cm^2 gefunden; im Sandhang bis zu 7, im Jahresmittel 1.5/10 cm^2. In C wurde die Art nur vom Knick bis + 10 cm im Mai und August angetroffen (+ 10 cm: maximal 8.5, im Jahresmittel 2.9/10 cm^2; MHWL und Knick: Jahresmittel 1 bzw. 0.3/10 cm^2).

H. calceifera ist überwiegend aus sublitoralen Sanden der Ostsee, aber auch von Nordsee und Adria bekannt (AX 1954 b; RIEDL 1956; LUTHER 1962; KARLING 1974). Auf Sylt war sie bisher noch nicht gefunden worden.

Pogaina kinnei besiedelt lenitische, schluffarme Sande. In höherer Abundanz trat sie in den Prielufern A 4 auf: im sauberen Sand von A 4 b um die Wasserlinie (bis + 10 cm, 9 Ind./10 cm^2), in A 4 a im schlickarmen Supralitoral (+ 10 bis + 30 cm, 11/10 cm^2). Sonst wurden nur Einzeltiere gefunden. Auch im Sandwatt siedelt sie überwiegend in geringer Dichte (EHLERS 1973; REISE 1984).

Pogaina suecica besiedelt schlick- bzw. detritusreiche, lenitische Habitate bis + 20 cm, Strände bis zur MHWL. Die höchste Abundanz wurde in G 3 (weicher Schlick mit *Spartina*) im September 1981 ermittelt: 123 Ind./10 cm^2 an der Grenze zum Watt, 59/10 cm^2 weiter landeinwärts. 1982/83 war die Dichte überall geringer. In den regelmäßig untersuchten Stationen war die Art nur in einzelnen Monaten vertreten; meist im Juni (Tab. 25), in der sommertrockenen Feinsandfläche A 1 b hingegen von Januar bis Mai (maximal 0.4/10 cm^2).

P. suecica ist an den Küsten von Nordatlantik, Nordsee, westlicher Ostsee und

Tabelle 25: *Pogaina suecica*, Abundanzen in Schlick und Schlicksand (Ind./10 cm^2). In ( ) = nur Adulti, oV = ohne Vegetation, + = mit Angespül

B 2	Watt, – 30 cm	33.5 (15.5)	Juni 82	A1a	Watt	8.0 (6.0)	Juli 82
	Watt, – 20 cm	16.5 (10.0)	Juni 82		dto.	2.0 (2.0)	Aug. 82
	oV, + 10 cm	1.5 (1.0)	Juni 82	C	Watt	1.5 (1.2)	Mai 82
B 1	*Spartina*	4.0 (0.5)	Mai 82		dto.	1.8 (1.0)	Feb. 82
	Spartina +	19.0 (9.0)	Juni 82	A3a	Watt	7.5 (5.5)	Aug. 83
G 3	*Spartina*	12.5 (12.5)	März 83				

in der Adria in detritusreichem Feinsand bis Schlick sowie in Salzwiesenprielen verbreitet (LUTHER 1948; AX 1951; RIEDL 1956; SCHMIDT 1972 b; EHLERS 1973; DEN HARTOG 1977). Im Schlickwatt ist die Abundanz wesentlich höher als im Sandwatt (DITTMANN & REISE 1985: 54.63/10 cm^2 bzw. REISE 1984: 2.96/10 cm^2). Auch im Untersuchungsgebiet wird Schlick dichter besiedelt.

Provortex affinis wurde überwiegend in Station C zwischen – 30 und + 10 cm gefunden. Hier siedelte sie in gleichmäßiger Dichte von 0.5 Ind./10 cm^2 (Mai und Februar, ohne Jungtiere). In B 1, 2 traten einzelne Tiere in angespültem *Ulva* und *Zostera* auf. Die Art ist bisher nur aus Feinsand bis Schlick nördlicher Breiten – Nordatlantik, Nordsee, westliche Ostsee – bekannt (STEINBÖCK 1931, 1932; SOUTHERN 1936; MEIXNER 1938; AX 1951; RIEDL 1956; STRAARUP 1970; DEN HARTOG 1977).

Provortex balticus besiedelt feuchtes, detritus- bzw. schlickreiches Sediment. Bestimmbare Altersstadien wurden nur in wenigen Monaten gefunden: in A 4a und in Mischwatt A 3a 12, in B 1 8/10 cm^2 (mit Angespül, April), sonst maximal 2/10 cm^2. *P. balticus* ist in Stillwasserbiotopen von Westgrönland ostwärts bis zum Weißen Meer und Finnischen Meerbusen, südwärts bis zur französischen Atlantikküste verbreitet. An der Nordsee wurde sie in Sand- und Schlickwatt, Salzwiesen und isoliertem Brackwasser gefunden (AX 1951; LUTHER 1962; BILIO 1964; KARLING 1974; DEN HARTOG 1977).

Provortex karlingi besiedelt lenitische, bevorzugt feuchte, schlickreiche Habitate mit Vegetation von der MHWL an aufwärts. Über 80 % aller Tiere traten im mittleren Teil von *Spartina*-Bestand B 1 (um + 15 cm) auf: bis zu 14 Adulti und 51 Jungtiere/10 cm^2, im Jahresmittel 4.9 (2.8) im mit Angespül bedeckten Bereich bzw. 5.5 (1.65) Ind./10 cm^2 ohne Angespül. In G 2 wurden 36 (6), sonst maximal 2/10 cm^2 angetroffen. Die Abundanz schwankte in B 1 stark (Abb. 23), von August bis November fehlten alle Altersstadien.

P. karlingi ist im Schlick- und Sandwatt sowie in Salzwiesen der norwegischen Atlantikküste, der Ostsee und der Nordsee verbreitet (AX 1951; LUTHER 1962; BILIO 1964; JANSSON 1968; STRAARUP 1970; SCHMIDT 1972 a, b; KARLING 1974;

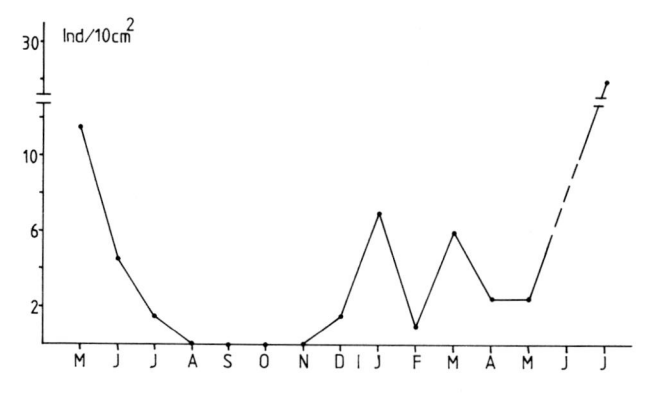

Abb. 23. *Provortex karlingi*, Abundanzverlauf im *Spartina*-Bestand B 1.

DEN HARTOG 1977). Auf Sylt besiedelt sie den Andelrasen in vergleichbarer Dichte wie den Spartinabestand B 1 (ARMONIES 1987).

Provortex psammophilus ist die einzige Art der Gattung im Untersuchungsgebiet, die nur in Sand siedelt. Sie tritt im Watt und in Stränden bis + 30 cm auf, bevorzugt in sauberem Sediment. Am höchsten ist die Abundanz um und kurz über MHWL, hier erreicht sie das zwei- bis dreifache der mittleren Dichte (z. B. A 2: maximal 47 (30), F 1: bis zu 60 (26)/10 cm^2; Tab. 26). Das Watt vor Strand C wurde nur vor der zunehmenden Verschlickung durch Landgewinnungsmaßnahmen besiedelt. In A 1a war die Abundanz im Juni am höchsten (bis zu 15/10 cm^2), in C im Mai (maximal 8/10 cm^2).

Tabelle 26: *Provortex psammophilus*, Abundanzen (Ind./10 cm^2). In ( ) = nur bestimmbare Exemplare. A 1, C: Jahresmittel

	Gebiet		Höhe	Abundanzen
A 1	Königshafenstrand,	Sandbank	− 10 bis + 10 cm	6.3 (4.9)
		− Watt	− 30 bis − 10 cm	2.3 (1.7)
		− Senke,	− 5 bis 0 cm	1.0 (0.6)
		− Sandhang	0 bis + 30 cm	0.7 (0.4)
A 2	Flacher Strand		− 10 bis + 25 cm	21.0 (16.0)
A 3	Lister Haken, Strand,	geschützt	− 10 bis + 30 cm	60.0 (43.0)
		− mittel	− 10 bis + 30 cm	33.0 (30.0)
		− exponiert	− 10 bis + 30 cm	16.0 (14.0)
	− Mischwatt,	geschützt	− 20 bis − 10 cm	4.0 (2.0)
		− mittel	− 20 bis − 10 cm	17.0 (8.5)
		− exponiert	− 20 bis − 10 cm	4.0 (3.0)
A 4	sandige Prielufer,	stärker exponiert	0 bis + 30 cm	29.0 (9.0)
		− geschützt	0 bis + 30 cm	12.0 (8.0)
C	Keitum Strand,	Watt	− 30 bis − 10 cm	1.5 (0.8)
		− Knick bis MHWL	− 10 bis 0 cm	3.5 (2.3)
		− über MHWL	+ 10 cm	0.7 (0.4)
F 1	Rantum Strand		− 5 bis + 20 cm	30.0 (15.0)

P. psammophilus ist von der Ostsee aus reinem Feinsand und von der Nordsee aus sauberem Sandwatt bekannt (AX 1951; KARLING 1974; DEN HARTOG 1977), wo sie in ähnlicher Abundanz wie in Strand A 1a siedelt (EHLERS 1973: bis zu 10/10 cm^2). In vielen schluffarmen lenitischen bis schwach lotischen Stränden dieser Untersuchung wurden wesentlich höhere Dichten erreicht.

Provortex tubiferus besiedelt nur hinreichend feuchte Habitate, bevorzugt schluffreichen Sand und weichen Schlick. Höhere Dichten wurden in Prielen festgestellt: in B 5 bis zu 14, im Mittel 7.5 Ind./10 cm^2, in A 4a, b 8.7 bzw. 48 (27)/10 cm^2. Am höchsten war die Abundanz hier jeweils kurz oberhalb der Wasserlinie (A 4a: 23/10 cm^2, A 4b: 53 (33)/2 cm^2). In B 1 traten bestimmbare Altersstadien nur in wenigen Monaten auf (meist unter Angespül), wie in den anderen Stationen 0.5 bis 3/10 cm^2.

P. tubiferus ist in der westlichen Ostsee und an der Nordsee verbreitet, wo sie in Sandwatt, Schlickwatt und Salzwiesengräben vorkommt (AX 1951; LUTHER 1948, 1963; BOADEN 1966; STRAARUP 1970; DEN HARTOG 1977). Im *Arenicola*-Sandwatt siedelt die Art beständig (REISE 1984: 1.74/10 cm^2), im vergleichsweise höhergelegenen Untersuchungsgebiet findet sie offenbar in Prielen die günstigsten Lebensbedingungen.

Haplovejdovskya subterranea wurde im obersten Bereich von Strand C an der Grenze zur Salzwiese angetroffen (40 bis 60 cm über der MHWL, 0.5 bis 1.5 Ind./10 cm^2, November und Februar). Diese typische Brackwasserart war bisher nur aus dem Finnischen Meerbusen und von der schwedischen Küste bekannt, wo sie Feinsand bis Kies besiedelt (AX 1954 a, 1956 b; LUTHER 1962; JANSSON 1968). Auch im oberen Supralitoral wenig exponierter Strände der Nordseeküste herrschen meso- bis oligohaline Brackwasserbedingungen.

Vejdovskya halileimonia besiedelt detritusreiche Habitate mit Vegetation oberhalb der MHWL. Im *Spartina*-Bestand B 1 trat sie regelmäßig in höherer Dichte auf, zu über 90 % im oberen Teil jenseits des Angespüls (ab + 15 cm) mit bis zu 9 und im Jahresmittel 2.2 Ind./10 cm^2. Der Abundanzverlauf zeigt drei Maxima (Abb. 24). Sonst wurden nur Einzeltiere gefunden.

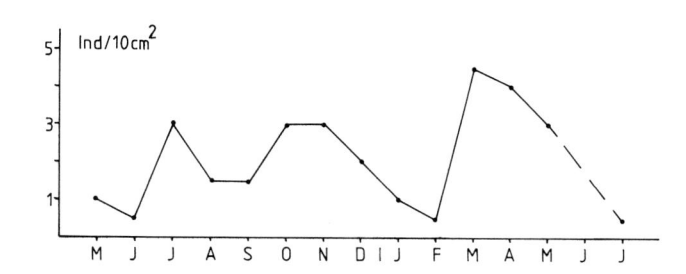

Abb. 24. *Vejdovskya halileimonia*, Abundanzverlauf im *Spartina*-Bestand B 1.

V. halileimonia ist nur aus Salzwiesen der Nord- und Ostsee bekannt, soweit angegeben aus Andel- und Rotschwingelrasen (Ax 1960; Bilio 1964; Van der Velde 1976; Den Hartog 1977). Es zeigt sich, daß sie auch in (schlickigen) Spartinabeständen dauerhaft siedelt, jedoch in geringerer Abundanz als im landeinwärts anschließenden Andelrasen (Armonies 1987).

Vejdovskya pellucida bevorzugt geschützte, detritusreiche Strände oberhalb der MHWL. Dort werden zum Teil hohe Abundanzen erreicht: in einem flachen Strand (Blidselbucht) 20 Ind./10 cm^2 (August 1981), in F 1 bis zu 35 (+ 10 cm) und im Mittel 21/10 cm^2 (MHWL bis + 40 cm, August 1980). Im Strand B 4 traten 5, in den anderen Stationen maximal 1 Ind./10 cm^2 auf.

Das Verbreitungsgebiet von *V. pellucida* umfaßt sandige Habitate an Nord- und Ostsee, norwegischer Atlantikküste, Mittelmeer und Schwarzem Meer. Als Brackwasserart siedelt sie in Regionen höherer Salinität schwerpunktmäßig im Supralitoral (Ax 1956 b; Luther 1962; Straarup 1970; Schmidt 1972 a, b).

Bresslauilla relicta besiedelt substratunspezifisch lenitische Habitate (bis + 20 cm) und schwach lotische Strände (bis MHWL). In Prielen ist die Abundanz hoch: in B 5 14 bis 33, in A 4a 8 bis 23 Ind./10 cm^2 (− 5 bis + 5 cm). Von den regelmäßig untersuchten Stationen waren die schlickigen insgesamt dichter besiedelt als die sandigen (Tab. 27), maximal mit 28 (B 1, Juni) bzw. 19 Ind./10 cm^2 (A 1a Watt, Juli 1982; Abb. 25).

Tabelle 27: *Bresslauilla relicta*, Abundanzen (Ind./10 cm^2, Jahresmittel) in Strandgebiet A 1, *Spartina*-Bestand B 1, Watt B 2, Strand C. + = mit Angespül, * = vegetationslose Inseln innerhalb B 1.

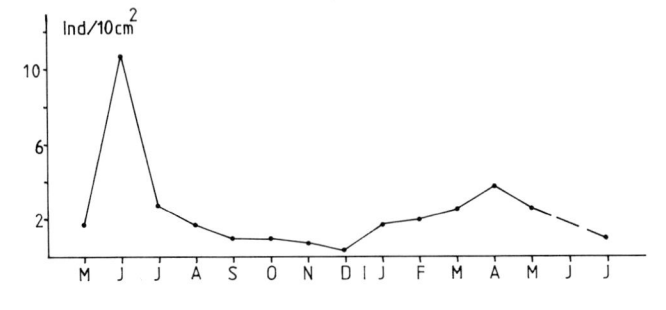

A 1a	Watt	2.2	B 1	um MHWL	1.8	B 2	− 30 cm	1.4
	Sandbank	0.6		+ 15 cm +	3.6		− 20 cm	2.7
	Senke	0.4		+ 15 cm	1.2		− 15 cm	0.9
A 1b	Feinsand	0.1		+ 20 cm	0.4		− 10 cm	2.0
C	Watt	1.5					+ 10 cm *	2.8
	Knick-MHWL	0.8						

Abb. 25. *Bresslauilla relicta*, Abundanzverlauf im *Spartina*-Bestand B 1.

B. relicta ist an europäischen Küsten vom Nordatlantik über Nord- und Ostsee bis zum Mittelmeer und Schwarzen Meer in Sand und Schlick verbreitet. Sie besiedelt auch Süßwasserbiotope des Binnenlandes und ist somit ausgesprochen euryhalin (Ax 1956 a; Luther 1962; Karling 1974). Auf Sylt ist *B. relicta* aus Sandwatt, Schlickwatt und Salzwiesen bekannt, die Abundanz im Watt liegt im Rahmen der im Untersuchungsgebiet erreichten Werte (Ehlers 1973; Reise 1984: 2.19/10 cm²; Dittmann & Reise 1985: 2.18/10 cm²).

Pseudograffilla arenicola wurde in zahlreichen Stationen nachgewiesen. Meist traten nur 1 bis 3 Tiere auf. Höher war die Abundanz im lenitischen Strand A 2 (1 bis 2 Ind./10 cm², – 10 bis + 25 cm) und in Teilen der regelmäßig untersuchten Stationen. Die Strände A 1 a, C waren fast nur unterhalb der MHWL besiedelt (maximal 2/10 cm²), die schlickigen Stationen B 1, 2 insgesamt und in höherer Dichte (bis zu 7/10 cm², Juni 1982, Juli 1983; Tab. 28).

Tabelle 28: *Pseudograffilla arenicola*, Abundanzen (Ind./10 cm², Jahresmittel) in Strandgebiet A 1, *Spartina*-Bestand B 1, Watt B 2 und Strand C. + = mit Angespül, * = vegetationslose Inseln innerhalb B 1

A 1 a	Watt	0.6	B 1	MHWL	0.5	B 2	– 30 cm	1.3	C	– 30 cm	0.8
	Sandbank	0.2		+ 15 cm +	1.2		– 20 cm	1.9		– 20 cm	0.5
	Senke	0.4		+ 10 cm	0.9		– 15 cm	0.5		– 10 cm	0.7
A 1 b	Feinsand	0.1		+ 20 cm	0.4		– 10 cm	0.3		MHWL	0.3
							+ 10 cm *	0.2			

P. arenicola ist entlang europäischer Küsten vom Nordatlantik über Nord- und Ostsee bis ins Mittelmeer verbreitet, bevorzugt in lenitischen Habitaten. An der Nordsee tritt sie in detritusreichem Feinsand und Schlick des Eulitorals sowie zwischen Algen in Salzwiesen (Eu- bis Mesohalinicum) auf (Ax 1956 a; Luther 1962; Bilio 1964; Straarup 1970; Schmidt 1972 b; Ehlers 1973; Den Hartog 1977). Die Abundanz ist allgemein gering (Reise 1984; Dittmann & Reise 1985). Nur im feuchten Andelrasen wurden höhere Dichten festgestellt (Armonies 1987), vergleichbar den am stärksten besiedelten Teilen von B 1 und B 2.

Halammovortex macropharynx siedelt im Watt, vereinzelt auch in *Spartina*-Beständen unter MHWL. Im Watt von A 1 a war die Dichte mit maximal 12 (3) und im Jahresmittel 2.1 (0.5) Ind./10 cm² am höchsten. Im Watt B 2 traten 1.3 (0.3)/10 cm², im Watt C 0.3 (0.1)/10 cm² auf (jeweils – 30 bis – 20 cm).

H. macropharynx ist von Nordsee, Ostsee, norwegischer Atlantikküste und dem Mittelmeer bekannt (Meixner 1938; Karling 1943; Ax 1951, 1956 a; Schmidt 1972 b; Den Hartog 1977). Im Sand- und Schlickwatt ist die Abundanz gering (Reise 1984; Dittmann & Reise 1985).

3. Lebenszyklen

Für die 33 häufigsten Arten aus Strandgebiet A 1 und *Spartina*-Bestand B 1 ist eine Darstellung der Lebenszyklen möglich (Abb. 26). 15 Arten gehören zu den „Typhloplanoida". In dieser Gruppe sind univoltine Lebenszyklen die Regel, so bei allen *Proxenetes*. Ausnahme bilden *Pratoplana salsa* und *Ptychopera westbladi*

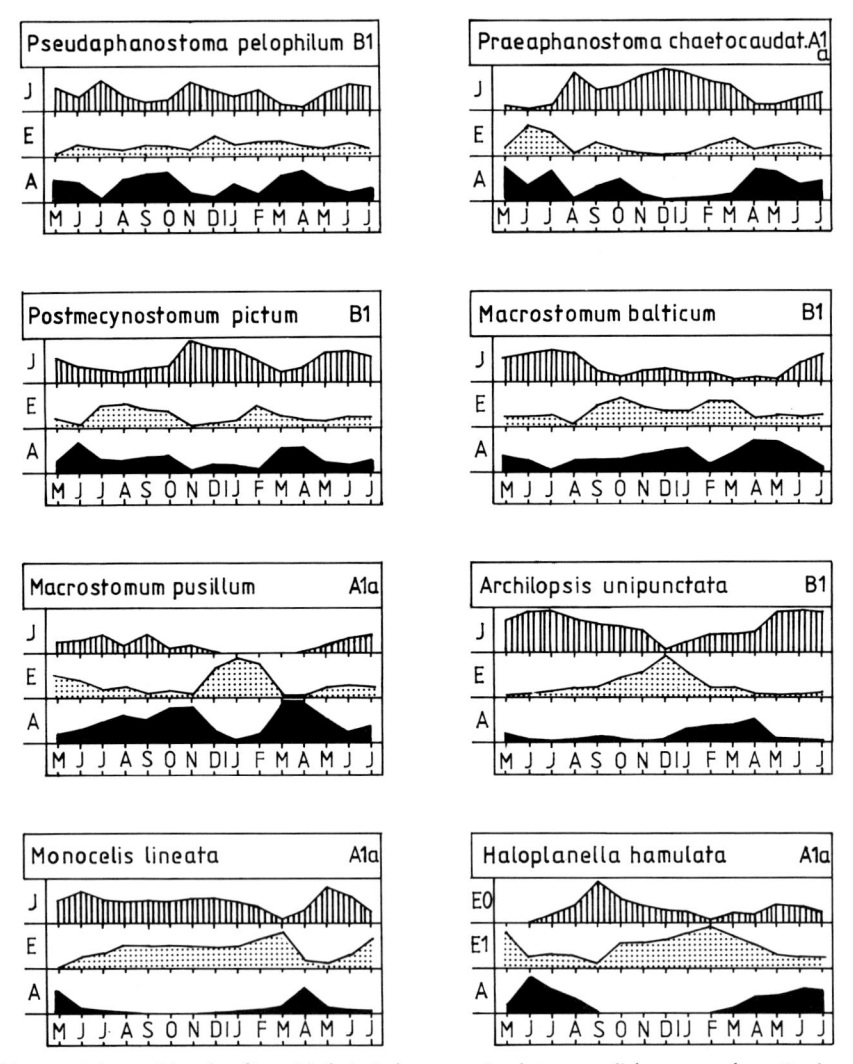

Abb. 26. Lebenszyklen häufiger Plathelminthenarten in den monatlich untersuchten Stationen *Spartina*-Bestand B 1, Strand A 1 a und Feinsandfläche A 1 b. Gesamte Spaltenhöhe jeder Reifeklasse = 100 %.

mit einem bivoltinen und *Westbladiella obliquepharynx* mit einem plurivoltinen Zyklus. Bei den beiden letztgenannten wird jedoch nicht deutlich, ob es sich um aufeinander folgende Generationen handelt oder um parallel auftretende mit unterschiedlichen Reifezeiten innerhalb einer Untersuchungsstation. Das gleiche gilt unter den Kalyptorhynchia für den plurivoltinen Zyklus von *Parautelga bilioi* (Tab. 29).

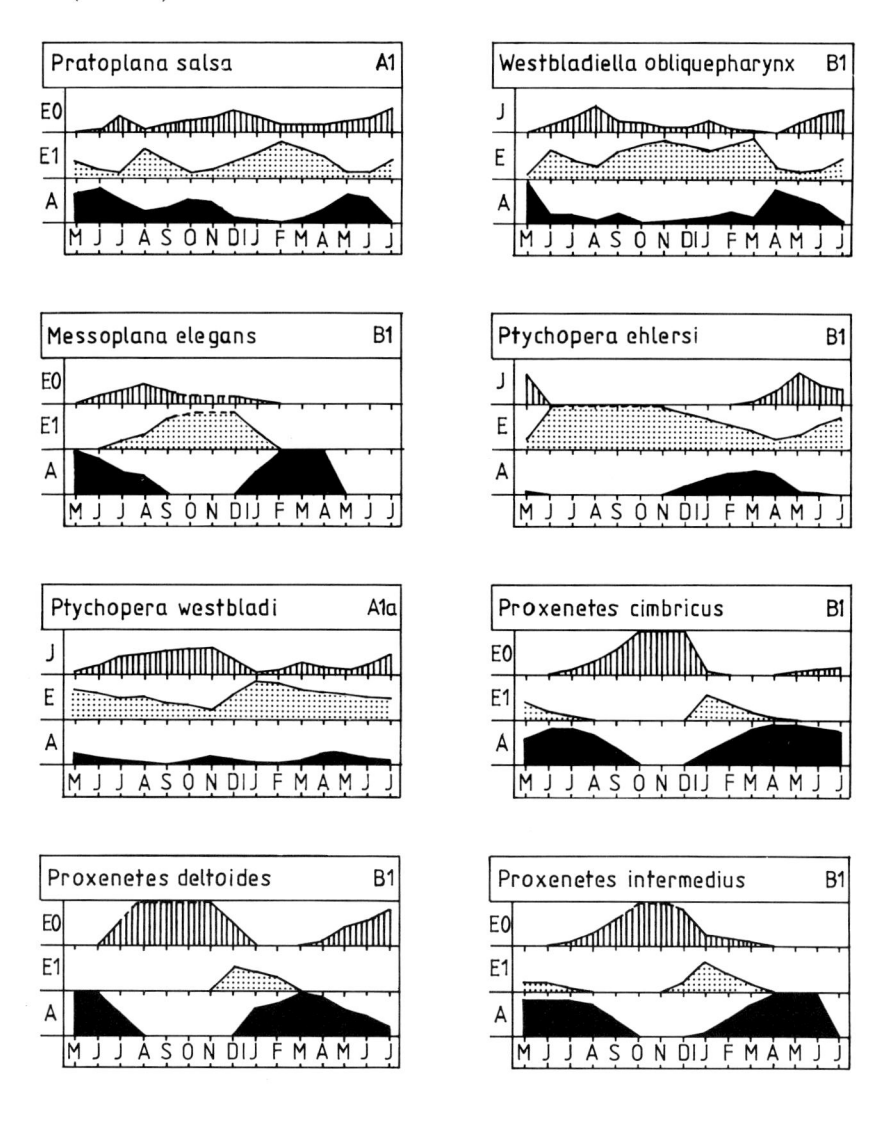

Univoltine Lebenszyklen zeigen auch die Proseriata, die Mehrzahl der Kalyptorhynchia und etwa die Hälfte der Dalyellioida. Die übrigen Arten der letztgenannten Gruppen traten mit 2 Generationen/Jahr auf. Bei den Acoela und Macrostomida wurden nur bi- und plurivoltine Lebenszyklen festgestellt.

Fast alle uni- und bivoltinen Arten durchliefen ihren Lebenszyklus – bzw. 2 Zyklen – in weniger als einem Jahr. 1982 hatten die meisten Arten Maxima adulter Tiere zwischen Mai und Juli, 1983 bereits im März/April, was vermutlich auf den ungewöhnlich milden Winter 1982/83 zurückzuführen ist.

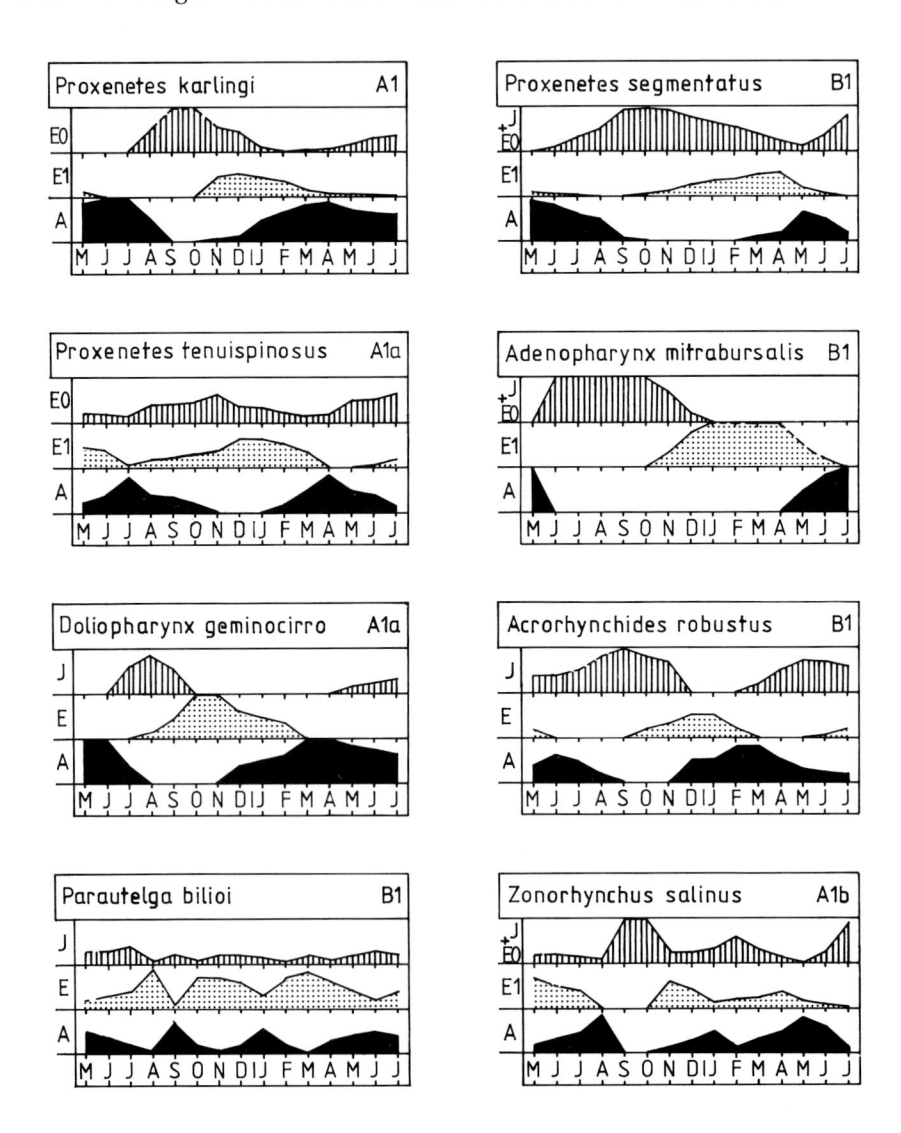

Unterschiedliche Reifezeiten von 1 bis 2 Monaten wurden auch innerhalb eines Jahres zwischen den einzelnen Stationen deutlich. Viele Arten waren in Strand A 1a und *Spartina*-Bestand B 1 im Sommer reif, in der supralitoralen Feinsandfläche A 1b bereits im Frühjahr. Bei einigen Arten differierte auch die Anzahl der Generationen. Potentiell bi- und plurivoltine Arten traten in dem für sie offenbar ungünstigeren Habitat mit einer Generation weniger und meist auch individuenärmer auf, z. B. *Postmecynostomum pictum*, *Macrostomum pusillum* (bivoltin statt plurivoltin), *Ptychopera westbladi* (univoltin statt bivoltin).

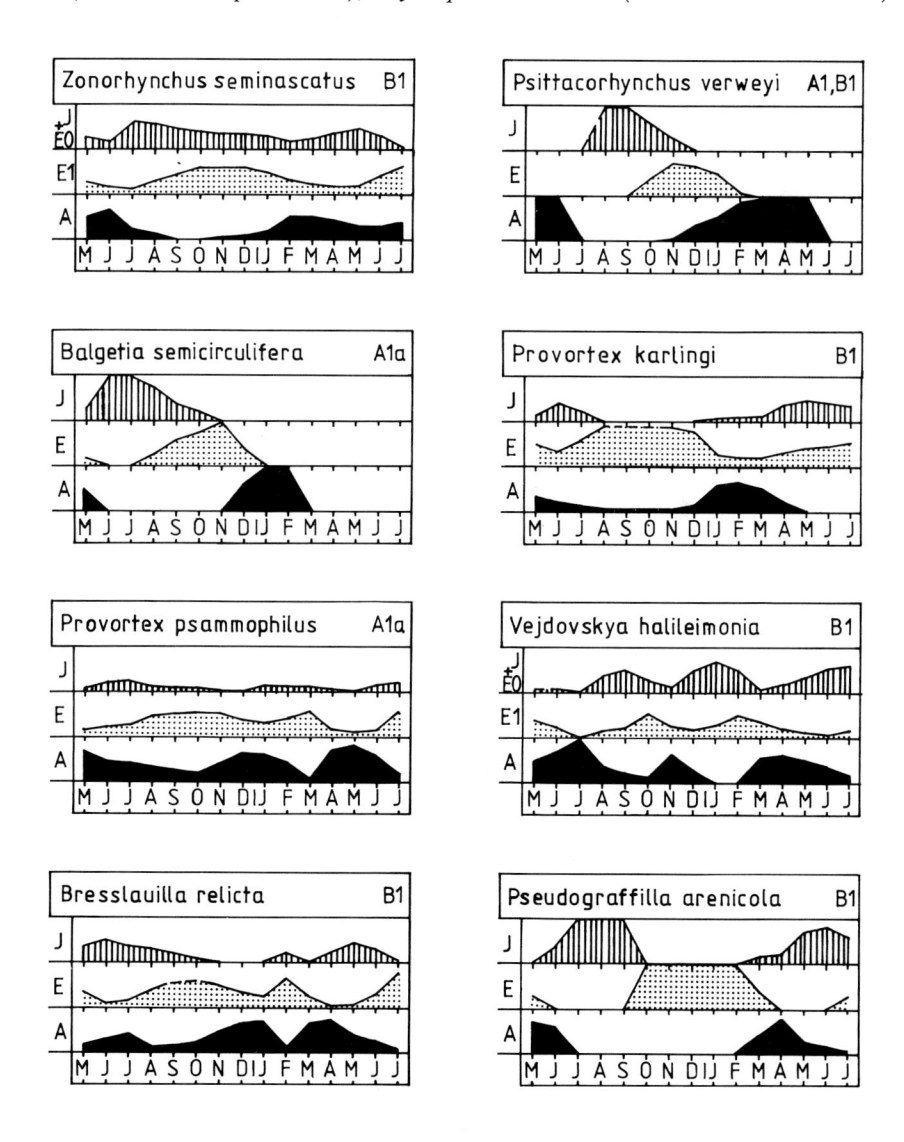

Tabelle 29: Lebenszyklen freilebender Plathelminthen im Untersuchungsgebiet. 2 Angaben für eine Art: unterschiedliche Generationszahl in den Stationen

Art	univoltin	bivoltin	plurivoltin
Pseudaphanostoma pelophilum			*
Praephanostoma chaetocaudatum			*
Postmecynostommum pictum		*	*
Macrostommum balticum		*	
Macrostomum pusillum		*	*
Archilopsis unipunctata	*		
Monocelis lineata	*		
Haloplanella hamulata	*		
Pratoplana salsa		*	
Westbladiella obliquepharynx			*
Messoplana elegans	*		
Ptychopera ehlersi	*		
Ptychopera westbladi	*	*	
Proxenetes cimbricus	*		
Proxenetes deltoides	*		
Proxenetes intermedius	*		
Proxenetes karlingi	*		
Proxenetes segmentatus	*		
Proxenetes simplex	*		
Proxenetes tenuispinosus	*		
Adenopharynx mitrabursalis	*		
Doliopharynx geminocirro	*		
Acrorhynchides robustus	*		
Parautelga bilioi			*
Zonorhynchus salinus		*	
Zonorhynchus seminascatus	*		
Psittacorhynchus verweyi	*		
Balgetia semicirculifera	*		
Provortex karlingi	*		
Provortex psammophilus		*	
Vejdovskya halileimonia		*	
Bresslauilla relicta		*	
Pseudograffilla arenicola	*		

Adenopharynx mitrabursalis durchlief im *Spartina*-Bestand einen univoltinen Lebenszyklus mit deutlich getrennt auftretenden Reifestadien, im Strand hingegen waren alle Altersstadien gleichzeitig anzutreffen.

4. Einfluß von Substrat und Exposition

Substratstruktur und Exposition eines Habitates sind eng korreliert. Lenitische Sedimente bestehen meist aus Schlick oder schluff- bzw. detritusreichem Feinsand. Abweichungen können durch äolischen Eintrag von Dünensand ent-stehen wie z. B. im Königshafen. Mit zunehmender Exposition eines Habitates wird der Feinmaterialanteil geringer, lotische Habitate sind schluffarm und grobkörnig.

In wenig exponierten Lebensräumen besiedeln viele Arten substratunspezifisch Schlick und Sand unterschiedlichen Schluffgehaltes. Einige davon dominieren sowohl in lenitischen als auch schwach lotischen Habitaten wie *Postmecynostomum pictum*, *Pseudaphanostoma pelophilum*, *Archilopsis unipunctata* (Tab. 30). Daß die beiden letztgenannten in A 1b nur schwach vertreten waren, ist wahrscheinlich auf die starke Austrocknung im Sommer zurückzuführen. *Ptychopera westbladi* ist eine Charakterart sandiger und schlickiger Stillwasserbiotope. Bei den dominanten substratspezifischen Arten stehen vielen Psammobionten relativ wenige Schlickbesiedler gegenüber, vor allem *Westbladiella obli-*

Tabelle 30: Dominantenidentität in den Stationen B 1 (*Spartina* auf Schlick), A 1b (supralitorale Feinsandfläche), A 1a (lenitischer Strand) und C (schwach lotischer Strand). Anteile der jeweils 10 häufigsten Arten an den Gesamtindividuenzahlen. In ( ) = Rangfolge nach Häufigkeit, * = nur im Watt

Art	*Spartina*, Schlick	supralit. Feinsand	Strand lenitisch	schw. lotisch
Pseudaphanostoma pelophilum	13.6 % (1)		21.8 % (1)	26.7 % (1)
Macrostomum balticum	9.8 % (2)			
Ptychopera westbladi	9.7 % (3)	39.1 % (1)	6.5 % (4)	
Westbladiella obliquepharynx	8.5 % (4)			
Archilopsis unipunctata	6.9 % (5)		5.8 % (6)	11.4 % (3)
Postmecynostomum pictum	6.4 % (6)	30.2 % (2)	10.2 % (3)	21.6 % (2)
Pratoplana salsa	5.5 % (7)	2.4 % (6)		
Zonorhynchus seminascatus	4.1 % (8)	2.0 % (7)		
Ptychopera ehlersi	3.4 % (9)			
Monocelis fusca	3.1 % (10)	1.6 % (9)		
Proxenetes karlingi		6.7 % (3)		
Baicalellia brevituba		5.3 % (4)		
Zonorhynchus salinus		3.0 % (5)		
Promesostoma rostratum		1.7 % (8)		
Proxenetes bilioi		1.5 % (10)		
Praeaphanostoma chaetocaudatum			19.6 % (2)	7.6 % (4)
Macrostomum pusillum			6.1 % (5)	2.3 % (6)
Monocelis lineata			3.4 % (7)	
Proxenetes tenuispinosus			3.1 % (8)	
Provortex psammophilus			2.5 % (9)	
Haloplanella hamulata			2.1 % (10)	
Parotoplana papii				2.7 % (5)
Pseudmecynostomum papillosum				2.1 % (7)
Pseudaphanostoma brevicaudatum *				2.0 % (8)
Antromacrostomum armatum				1.9 % (9)
Mesoda septentrionalis				1.7 % (10)

quepharynx und *Ptychopera ehlersi. Macrostomum balticum* war in den regelmäßig untersuchten Stationen nur im schlickigen *Spartina*-Bestand häufig, sonst aber auch in einigen detritusreichen Stränden. Von den Sandbesiedlern sind nur *Praephanostoma chaetocaudatum* und *Macrostomum pusillum* in unterschiedlich exponierten Stränden dominant. Typische Arten (schluffarmer) lenitischer Sande sind *Provortex psammophilus, Proxenetes tenuispinosus, Haloplanella hamula-*

Tabelle 31: Anteile dominanter Arten an der Individuensumme. In Strand A 1a stellten die 3 häufigsten Arten über 50 %, die 19 häufigsten über 90 %, die 44 häufigsten der insgesamt 78 Arten zusammen über 99 % der Individuensumme.

Anteil an der Ind. summe		50 %	90 %	99 %	100 %
A 1a	lenitischer Strand	3	19	44	78
A 1b	Feinsandfläche	2	8	24	40
B 1	Spartina auf Schlick	6	22	45	69
C	schwach lotischer Strand	3	19	55	86

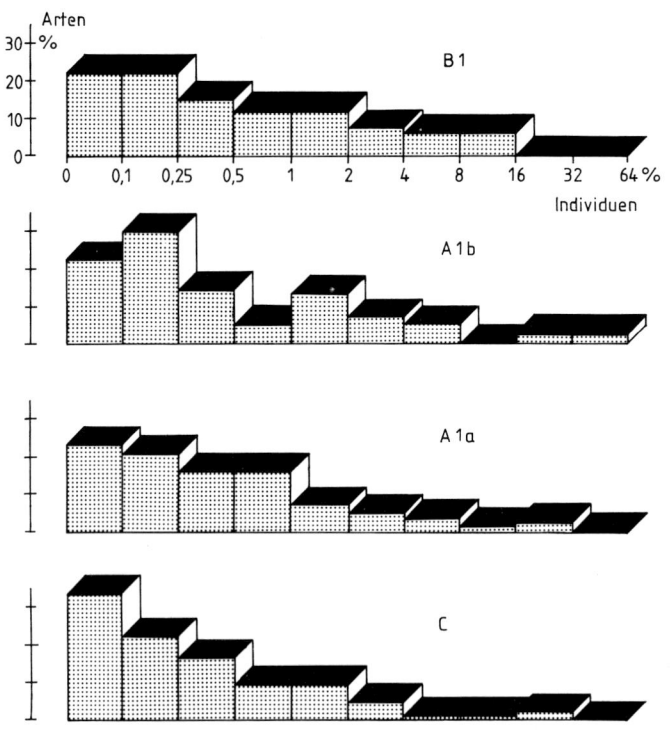

Abb. 27. Häufigkeitsverteilung der Plathelminthenarten in *Spartina*-Bestand B 1, Feinsandfläche A 1b, den Stränden A 1a (lenitisch) und C (schwach lotisch). Verteilung der Arten über die Häufigkeitsklassen der Individuen (log. Skala).

ta, schwach lotischer Strände *Antromacrostomum armatum, Parotoplana papii* und *Mesoda septentrionalis*.

Die Dominanzfolge ist in den 4 Stationen unterschiedlich (Tab. 30, 31, Abb. 27). Im mikroklimatisch günstigen *Spartina*-Bestand fehlen extreme Dominanten, die supralitorale, sommertrockene Feinsandfläche zeichnet sich durch geringe Artenzahl, starke Dominanz weniger Arten und eine mehrgipfelige Häufigkeitsverteilung aus.

Die Arten- und Individuendichten sind in den Stationen, die den Grenzbereich vom oberen Eu- zum Supralitoral umfassen (*Spartina*-Bestand, Strände), am höchsten. Im Mischwatt (B 2 und Watt von Station C) ist die Artdichte geringer, die Abundanz unterschiedlich. Die supralitorale Feinsandfläche weist die niedrigsten Werte auf (Tab. 32).

Tabelle 32: Artenzahl, Arten- und Individuendichte, Diversität und Evenness der Plathelminthen in Spartina-Bestand B 1, Feinsandfläche A 1b, lenitischem Strand A 1a, Mischwatt B 2 und schwach lotischem Strand C. Strand und Watt von Station C werden hier getrennt betrachtet. * = je 5 cm^2

	Spartina, Schlick	Feinsand	Strand lenitisch	Strand s. lotisch	Mischwatt B 2	Mischwatt C
Artenzahl	69	40	78	74	40	38
Individuen je 10 cm^2	148.1	62.2	109.5	110.0	42.8	104.7
Arten						
je 10 cm^2	18.3	6.5	17.5	10.7	9.9	9.7
je 100 cm^2	46.9	23.5	52.7	46.4	33.7	30.8
Diversität H'						
je 2 cm^2	1.42	.97*	1.37	1.11	1.03	.93
je 10 cm^2	2.17	1.18	1.97	1.56	1.82	1.40
Gesamtfläche	3.14	1.89	3.0	2.73	2.94	1.61
Diversität M						
je 2 cm^2	1.89	1.28*	2.10	1.37	1.40	1.34
je 10 cm^2	3.58	1.63	3.25	2.38	2.61	2.33
Gesamtfläche	7.51	4.90	9.05	8.71	5.26	5.25
Evenness D						
je 2 cm^2	.692	.572*	.639	.592	.574	.485
je 10 cm^2	.817	.593	.763	.679	.766	.614
Gesamtfläche	.936	.745	.919	.886	.922	.843
Evenness E						
je 2 cm^2	.818	.570*	.752	.703	.753	.616
je 10 cm^2	.806	.577	.727	.687	.768	.645
Gesamtfläche	.761	.506	.684	.632	.799	.676

Die Diversität der Plathelminthenfauna ist im *Spartina*-Bestand am größten, gefolgt vom lenitischen Strand. Beide Habitate sind kleinräumig stark strukturiert, der *Spartina*-Bestand durch Pflanzenwuchs und Angespül, der lenitische Strand durch unterschiedliche Sedimente in den 4 Teilgebieten. In der dünn besiedelten Feinsandfläche ist die Diversität am geringsten.

Alle benutzten Diversitätsindices erweisen sich als flächenabhängig. Die Werte von D, H' und M steigen mit zunehmendem Probeumfang. Die Evenness D folgt der Diversität H'. Evenness E berücksichtigt seltene Arten stärker. Ein geringerer Wert für E bei zunehmendem Probeumfang weist auf steigenden Anteil seltener Arten hin. Das ist insbesondere im *Spartina*-Bestand und den Stränden zu beobachten. Bedingt durch ihre Lage zwischen Watt und supralitoraler Salzwiese sind diese Habitate offene Lebensräume, in die Arten aus benachbarten Gebieten eindringen können.

5. Einfluß der Vegetation

Von den 156 Plathelminthenarten siedeln 105 auch oder überwiegend in Sediment mit Pflanzenbestand (vgl. Tab. 6), 11 weitere nur im oberen Strand kurz unterhalb angrenzender Salzwiesen. Die verbleibenden 40 Arten sind typische Besiedler schluffarmer Sande. Gemäß der unterschiedlichen Verteilung der Plathelminthentaxa in geschützten und exponierten bzw. schlickigen und sandigen Habitaten wurden die meisten Typhloplanoida, aber nur die Hälfte der Acoela und Proseriata in Pflanzenbeständen gefunden. 24 Arten traten nur oder überwiegend in bewachsenem Sediment auf. Zur Hälfte sind dies Typhloplanoida; Acoela und Proseriata fehlen dagegen (Tab. 33, 34).

Tabell 33: Artenzahlen in Habitaten ohne und mit Vegetation.

	ohne Vegetation	mit Vegetation	davon Vegetation bevorzugend	Artenzahl gesamt
Acoela	8	6	0	14
Macrostomida	4	9	3	13
Prolecithophora	1	2	1	3
Proseriata	7	8	0	15
Typhloplanoida	14	45	12	59
Kalyptorhynchia	14	19	5	33
Dalyellioida	3	16	3	19
Plathelminthes	51	105	24	156

Tabelle 34: Plathelminthenarten, die überwiegend Habitate mit Pflanzenbestand (*Spartina anglica*, *Salicornia* spp.) besiedeln. Berücksichtigt sind nur Arten, die insgesamt mit mehr als 5 Tieren auftraten.

Macrostomida:	Typhloplanoida:
Macrostomum hystricinum	*Westbladiella obliquepharynx*
Prolecithophora:	*Lutheriella diplostyla*
Pseudostomum quadrioculatum	*Ptychopera ehlersi*
Kalyptorhynchia:	*Ptychopera hartogi*
Parautelga bilioi	*Proxenetes cisorius*
Gnathorhynchide indet.	*Proxenetes flabellifer*
Dalyellioida:	*Proxenetes puccinellicola*
Provortex karlingi	*Proxenetes minimus*
Vejdovskya halileimonia	*Byrsophlebs dubia*

Im *Spartina*-Bestand B 1 ist die Besiedlungsstruktur der pflanzenbestandenen Teile deutlich von derjenigen der vegetationslosen Inseln verschieden (Tab. 35). Hinsichtlich Sedimentstruktur und Höhenlage weichen diese Inseln nur wenig vom umgebenden *Spartina*-Bestand ab (vgl. Tab. 3), sind aber signifikant arten- und individuenärmer. Am größten sind die Unterschiede zum mittleren Bereich des Bestandes, der teilweise von angespültem *Ulva* und *Zostera* bedeckt war. Bis auf *Macrostomum hystricinum* wurden hier alle in Tab. 34 genannten Arten nur zwischen *Spartina*-Pflanzen gefunden. Einige andere Arten traten hier ebenfalls nur im Pflanzenbestand auf, sonst aber auch in vegetationslosen Stränden. Für ihre Verteilung sind offenbar nicht die Vegetation bzw. korrelierte Faktoren maßgeblich.

Tabelle 35: Arten- und Individuendichten, Diversität H', M und Evenness D, E im *Spartina*-Bestand B 1 und den vegetationslosen Inseln innerhalb. Die Daten für den Bestand und für die vegetationslosen Inseln wurden aus den gleichen Monaten berechnet. *** = signifikanter Unterschied (U-Test, p ≤ 0.1 %).

	vegetationslose Inseln		umgebender *Spartina*-Bestand	
			mittlerer Teil	gesamt
Arten/2 cm², Jahresmittel	5.4	< *** >	10.1	
Arten/20 cm², Jahresmittel	22.3			32.4
Arten/20 cm², Monatsmittel	18.2		26.4	20.6
Individuen/10 cm²	78.7	< *** >	188.7	107.8
H'/20 cm²	2.310		2.622	2.441
M/20 cm²	3.817		4.489	4.119
D/20 cm²	0.841		0.895	0.864
E/20 cm²	0.787		0.801	0.801

D. Diskussion

1. Umweltfaktoren

Für Artenbestand und Verteilung der Mikrofauna im marin beeinflußten Küstenbereich sind Parameter wie Temperatur, Sedimentbeschaffenheit und Exposition, Salinität, Wassergehalt und Sauerstoffversorgung des Bodens von Bedeutung (MEIXNER 1938; REMANE 1964; JANSSON 1966, 1967 a–d; SCHMIDT 1968; DÖRJES 1978; u. a.). Alle Faktoren sind eng miteinander korreliert, wodurch bei isolierter Betrachtung der Effekt jedes einzelnen auf die Fauna nicht immer deutlich wird (KINNE 1963, 1964 a, b). Im oberen Eulitoral und Supralitoral sind die meisten dieser Faktoren (auch tages- und jahreszeitlich) stärkeren Schwankungen unterworfen, folglich muß hier die Mikrofauna eine relativ hohe Toleranz gegenüber wechselnden Umweltbedingungen zeigen.

Sandbiotope

Sandstrände weisen vertikale und horizontale Gradienten von Temperatur, Salinität, Wasser- und Sauerstoffgehalt auf (JANSSON 1967 c; SCHMIDT 1968; FENCHEL 1978). Im Oberflächensediment kann die Temperatur mit abnehmender Wasserbedeckungszeit stark ansteigen (über 40 °C, JANSSON 1967 c), der Wassergehalt stark sinken (unter 5 %, FENCHEL et al. 1967). Im allgemeinen sinkt auch der Salzgehalt, mitunter verstärkt durch landseitigen Süßwasserdruck. Starke Insolation kann zu erhöhter Salinität führen (GERLACH 1953; JANSSON 1967 c). Für den Wassergehalt sind auch Korngröße und Hangneigung wesentlich, flache und feinsandige (i. a. lenitische) Strände sind hier im Vorteil. Die Sauerstoffversorgung ist dagegen in brandungsexponierten Stränden besser.

In tieferen Sedimentschichten sind die horizontalen Unterschiede von Wassergehalt und Temperatur wesentlich geringer als an der Oberfläche. Das hat zur Folge, daß der vertikale Temperaturgradient mit zunehmender Entfernung von der Wasserlinie ansteigt. Die Salinität sinkt vertikal nur wenig, beim Sauerstoffgehalt wurden unterschiedliche horizontale und vertikale Gradienten festgestellt (JANSSON 1966, 1967 a, c; FENCHEL et al. 1967; FENCHEL 1978). Die Sedimentstruktur ist innerhalb eines Strandes oft sehr heterogen. Die Korngröße kann von der MHWL landeinwärts zunehmen, gleich bleiben (SCHMIDT 1968) oder abnehmen (JANSSON 1967 d). Diese Unterschiede beeinflussen die Ausprägung der anderen Gradienten. Für freilebende Plathelminthen ist die Korngröße kein entscheidender Faktor (JANSSON 1967 d), eher die mit ihr korrelierten Parameter.

In weitgehend ebenen und flachgründigen Sandflächen des oberen Eu- und

Supralitorals wie z. B. dem Farbstreifensandwatt ist das Sediment feiner und relativ homogen, die vertikalen Unterschiede gering. Im Oberflächensediment schwankt der Wassergehalt mäßig (12.8 bis 20.7 %), die Salinität stark (46.3 bis 9.4 ‰); im Reduktionshorizont ist der Wassergehalt etwas höher, der Salzgehalt geringer (SCHULZ & MEYER 1939).

Für die wenig exponierten Strände und Sandflächen des Untersuchungsgebietes sind vergleichbare Extrembedingungen anzunehmen. Bei überwiegend flachgründigem, höchstens 15 cm tief aerobem Sediment besteht für die Meiofauna nur eine begrenzte Rückzugsmöglichkeit in tiefere Bodenschichten. Speziell bei den Besiedlern supralitoraler Sande ist eine hohe Toleranz gegenüber stark schwankendem Wasser- und Salzgehalt vorauszusetzen.

Schlickbiotope

Schlickige Böden zeichnen sich durch hohe Kapillarität aus. Dadurch können Verdunstungsverluste an der Oberfläche wesentlich besser durch kapillaren Wasseraufstieg aus tieferen Sedimentschichten ausgeglichen werden als in Stränden. Bei andauernder Wärme und Trockenheit kann Schlick aber tiefgründiger als Sand bis zur Rißbildung austrocknen. Insbesondere auf supralitoralen Schlickflächen kann die Salinität stark schwanken. Niederschläge wirken aussüßend, starke Insolation (bis zur Salzkrustenbildung) und Ausfrieren des Bodenwassers haben eine Salinitätserhöhung zur Folge.

Im Eulitoral wurden Schwankungsbreiten der Salzkonzentration bis zu 25 ‰ gemessen (DÖRJES 1978). Die Oberflächentemperatur kann dort 35 °C erreichen, im Winter ist Eisbildung möglich. Die Sauerstoffversorgung ist in feinporigen Schlickböden schlecht, da sie eng mit der Austauschgeschwindigkeit des Bodenwassers gekoppelt (DÖRJES 1978) und damit von der Sedimentstruktur abhängig ist (JANSSON 1967 a). Entsprechend umfaßt der aerobe Horizont meist nur wenige mm. Die hier siedelnden Plathelminthen sind größtenteils Oberflächenbewohner und dadurch direkter als die psammobionten Sandlückenbesiedler den Umwelteinflüssen ausgesetzt.

Von den Stationen des Untersuchungsgebietes ist die supralitorale Feinsandfläche A 1b am stärksten abiotischen Streßfaktoren unterworfen. Das durch hohen Schluff- und Detritusgehalt nur 1 bis wenige mm aerobe Sediment war im Sommer über Wochen weitgehend ausgetrocknet. Die meisten Arten der Plathelminthen traten in diesem Zeitraum in sehr geringer Abundanz auf. Die insgesamt niedrige Artenzahl in dieser Station ist wahrscheinlich auf die zeitweise extremen Lebensbedingungen zurückzuführen.

Einfluß der Vegetation

Dichte und hohe Vegetation vermindert die Auswirkungen von Insolation und Wind auf die Sedimentoberfläche und die hier siedelnde Meiofauna. In Schlickboden mit dichtem Bestand von *Spartina anglica* (Station B 1) betrug der Wassergehalt oberhalb der MHWL bei normaler Witterung 60 bis 66 %, bei starker Einstrahlung war die Bodenoberfläche zwischen den Pflanzen merklich kühler als im angrenzenden Watt. Die stellenweise dichte Auflage von *Ulva lactuca* und *Zostera* ssp. schirmt das Sediment zusätzlich ab. Da Regenwasser zum Teil auf der Algenauflage abläuft, wird auch die Gefahr einer Aussüßung der Bodenoberfläche vermindert. Nahezu bei allen Plathelminthenarten dieser Station war die Abundanz im mit Angespül bedeckten Teil am höchsten.

Die direkten Auswirkungen der *Spartina*-Pflanzen auf die Lebensbedingungen der Meiofauna sind schwer abzuschätzen. Da sie tief im Reduktionshorizont wurzeln, dürfte ihr Wasserverbrauch das Oberflächensediment kaum betreffen, die Transpiration könnte aber das Mikroklima im Bestand beeinflussen. Zudem sind Auswirkungen auf den Salzgehalt denkbar: die Pflanzen nehmen relativ weniger Salz als Wasser auf, die Blätter scheiden Salz aktiv aus (M. RUNGE, pers. comm.). Dadurch kann (im Supralitoral) die Salinität des Bodens bei Niederschlag erhöht und so die Gefahr starker Aussüßung verringert werden.

Zur Sauerstoffversorgung liegen Beobachtungen aus einem Bestand von *Spartina alterniflora* an der SO-Küste der USA vor (TEAL & KANWISHER 1961). Dort wurde besonders in vernäßtem Boden nur sehr geringer Sauerstoffgehalt festgestellt und auf hohe Sauerstoffzehrung durch bakteriellen Abbau und Respiration der Pflanzen zurückgeführt. Auf einen Bestand von *Spartina anglica* sind diese Ergebnisse jedoch nur bedingt übertragbar, da die Respiration bei dem bis zu 2.5 m hohen *Spartina alterniflora* (NIERING & WARREN 1980) höher als bei *Spartina anglica* (maximal 0.5 m hoch) sein dürfte.

Die signifikant höheren Arten- und Individuendichten der Plathelminthen im *Spartina*-Bestand gegenüber den vegetationslosen Inseln innerhalb (Tab. 35) verdeutlichen den insgesamt positiven Einfluß des Pflanzenbestandes auf die Besiedlungsstruktur (vgl. REICE & STIVEN 1983). Auch der Umstand, daß viele Arten in vegetationslosen (vor allem schwach lotischen) Stränden nur bis zur MHWL, in *Spartina*-Beständen aber deutlich höher siedeln, spricht für eine Schutzwirkung dieser Pflanzen. Der hohe Anteil organischer Substanz (neben Bestandesabfall insbesondere festgehaltenes pflanzliches Angespül) kann sich auch als indirekte Nahrungsgrundlage positiv auf die Siedlungsdichten der Plathelminthen auswirken.

Bei den im Untersuchungsgebiet überwiegend sehr niedrigen und lockeren *Salicornia*-Beständen ist eine Schutzwirkung dagegen fraglich. Obwohl die supralitorale Feinsandfläche A 1b im Sommerhalbjahr relativ dicht mit (niedrigen) Pflanzen bestanden war, trocknete der Boden zeitweise aus, Artenzahl und Abundanz waren gering. Einige Plathelminthenarten waren direkt neben *Salicornia* signifikant seltener als in einiger Entfernung von einer Pflanze. Um einzeln stehende Quellerpflanzen ist der Boden oft ausgekolkt (ELLENBERG 1978), was auch im Untersuchungsgebiet zu beobachten war. Möglicherweise wirkt sich dieser Effekt negativ auf die Meiofauna aus; eine nähere Analyse bleibt weiteren Untersuchungen vorbehalten.

2. Besiedlungsmuster

Der Grenzbereich zwischen *Arenicola*-Watt und supralitoralen Salzwiesen ist als Ganzes betrachtet artenreicher besiedelt als die beiden angrenzenden Biotope. Die Differenzierung in schlickige und sandige Habitate zeigt, daß in den schlickigen Salzwiesen mehr, im *Arenicola*-Sandwatt weniger Arten als in den entsprechenden Sedimenten des Untersuchungsgebietes siedeln. Das gilt auch, wenn die substratunspezifischen Arten als potentielle Sand- und Schlickbesiedler jeweils dazugerechnet werden (Tab. 36). Die einzelnen Taxa sind im Profil Salzwiese – *Arenicola*-Watt unterschiedlich stark vertreten; Tricladida nur in Salzwiesen, Catenulida und Haplopharyngida nur im Watt. Macrostomida und Typhloplanoida werden von Salzwiesen zum Watt hin deutlich artenärmer.

Tabelle 36: Artenzahlen und prozentualer Anteil einzelner Plathelminthentaxa im Untersuchungsgebiet und den angrenzenden Lebensräumen. Salzwiesen (überwiegend schlickig; ARMONIES 1987), *Arenicola*-Sandwatt (REISE 1984).

Taxon	Salzwiese	Untersuchungsgebiet			*Arenicola*-Sandwatt
		Schlick	indiff.	Sand	
Acoela	4 = 4 %	4 = 9 %	2 = 8 %	8 = 9 %	11 = 13 %
Catenulida	0	0	0	0	3 = 4 %
Macrostomida	11 = 11 %	2 = 5 %	3 = 12 %	8 = 9 %	3 = 4 %
Haplopharyngida	0	0	0	0	1 = 1 %
Proseriata	8 = 8 %	2 = 5 %	3 = 12 %	10 = 11 %	13 = 16 %
Tricladida	1 = 1 %	0	0	0	0
Prolecithophora	2 = 2 %	1 = 2 %	1 = 4 %	1 = 1 %	2 = 2 %
Rhabdocoela	77 = 75 %	34 = 79 %	16 = 64 %	61 = 69 %	50 = 60 %
Typhloplanoida	44 = 43 %	22 = 51 %	7 = 28 %	30 = 34 %	18 = 22 %
Kalyptorhynchia	16 = 16 %	7 = 16 %	4 = 16 %	22 = 25 %	22 = 27 %
Dalyellioida	17 = 17 %	5 = 12 %	5 = 20 %	9 = 10 %	10 = 12 %
Plathelminthes	103	43	25	88	83

Hinsichtlich des Substrates sind Acoela, Proseriata und Kalyptorhynchia in Sand, Typhloplanoida in Schlick stärker vertreten.

Im Bereich zwischen Nipptiden- und Springtidenhochwasserlinie (im Untersuchungsgebiet etwa − 20 bis + 20 cm um MHWL) siedeln viele charakteristische Arten; z. B. in Schlick *Haloplanella minuta, Messoplana elegans, Proxenetes intermedius, P. segmentatus, P. simplex;* in Sand *Coelogynopora biarmata, Haloplanella hamulata, Proxenetes tenuispinosus, P. trigonus, Carcharodorhynchus ambronensis;* mit einem weiten Siedlungsspektrum insbesondere *Pratoplana salsa* und *Ptychopera westbladi*.

In den Grenzbereichen dieses Gebietes sind darüber hinaus Arten häufig, deren Siedlungsgebiet sich in supralitorale Salzwiesen bzw. ins *Arenicola*-Watt fortsetzt. Daher treten im Untersuchungsgebiet und dem jeweils angrenzenden Lebensraum zahlreiche gemeinsame Arten auf; mit Salzwiesen überwiegend Schlickbesiedler, mit dem *Arenicola*-Watt vor allem Psammobionten.

Im Supralitoral des Untersuchungsgebietes und den angrenzenden Salzwiesen häufige Arten sind z. B. *Macrostomum balticum, Monocelis lineata, Proxenetes deltoides, Westbladiella obliquepharynx, Zonorhynchus salinus* (ARMONIES 1987). Im untersuchten Eulitoral und dem anschließenden *Arenicola*-Watt sind z. B. *Pseudaphanostoma pelophilum, Macrostomum pusillum, Promesostoma meixneri, Cicerina brevicirrus, Zonorhynchus seminascatus* häufig (REISE 1984). Hohe Artidentität besteht auch mit Biotopen, die nach Höhenlage und Exposition Teilen des Untersuchungsgebietes vergleichbar sind (Tab. 37).

Tabelle 37: Anzahl der dem Untersuchungsgebiet und den angrenzenden bzw. ähnlichen Habitaten gemeinsamen Plathelminthenarten. Salzwiesen (ARMONIES 1987), Strandhaken an der HWL (XYLANDER & REISE 1984), Schlickwatt (DITTMANN & REISE 1985), *Arenicola*-Sandwatt (REISE 1984); häufig: > 5 Individuen

	diese Arbeit	Salzwiesen	Schlickwatt	Strandhaken	*Arenicola*-sandwatt
Artenzahl	156	103	49	66	83
häufige Arten	117	77	31	17	50
gemeinsame Arten		81	41	41	44
gemeinsame häufige Arten		55	26	12	24

Einige Arten ohne spezifische Habitatansprüche, z. B. *Archimonotresis limophila, Acrorhynchides robustus, Placorhynchus octaculeatus, Pseudograffilla arenicola, Bresslauilla relicta* sowie schwimmende Arten der Gattungen *Promesostoma, Pogaina* und *Provortex* sind von Salzwiesen bis ins Watt verbreitet.

Für das gesamte Untersuchungsgebiet wurde eine mittlere Abundanz von 104 Ind./10 cm^2 festgestellt, was der Siedlungsdichte unbeweideter Salzwiesen entspricht. In den Stränden und dem Sandwatt ist die Siedlungsdichte nahezu identisch, in den schlickigen Habitaten sehr unterschiedlich (Tab. 38).

Die Artendichten sind in den kleinräumg stärker strukturierten Biotopen am höchsten und untereinander etwa gleich. Die Stationen, welche den Grenzbereich Eulitoral-Supralitoral umfassen (Strände, *Spartina*-Bestand), bieten unterschiedliche Mikrohabitate durch ihre Höhenzonierung bzw. damit korrelierte abiotische Faktoren. Das *Arenicola*-Watt ist kleinräumig stark biogen strukturiert (REISE 1981 a–c, 1983 a–c, 1984), die supralitoralen Salzwiesen durch ein Mosaik abiotischer Faktoren (ARMONIES 1986 a, b, 1987). In den gleichförmigeren schlickigen Watten ist die Artendichte meist geringer (Tab. 38).

Tabelle 38: Siedlungsstruktur freilebender Plathelminthen in eu- und supralitoralen Habitaten der Insel Sylt. Cs = Strand von Station C, Cw = Watt von Station C, SA = Salzwiese, AW = *Arenicola*-Sandwatt, SW = Schlickwatt, SH = Strandhaken; Autoren s. Tab. 37. [1] = 80 cm^2, [2] = ohne Flächenangabe, [3] = je 5 cm^2

	SA	B 1	A 1a	A 1b	Cs	Cw	B 2	AW	SW	SH
		diese Untersuchung								
Arten /10 cm^2	11	18	17	7	11	10	10	24	14	
/100 cm^2	45	47	53	24	46	31	34	42[1]		
Indiv. /10 cm^2	104	148	110	62	110	105	43	111	260	75
H'/10 cm^2	2.08	2.17	1.97	1.18	1.56	1.40	1.82	3.35[2]	2.1[2]	2.6[2]
D /2 cm^2	.66[3]	.62	.64	.57[3]	.59	.48	.57	.86		.91[2]

Durch die verteilungsbedingte Flächenabhängigkeit der die Diversität und die Evenness kennzeichnenden Indices (vgl. Tab. 32) ist ein Vergleich bei fehlender Flächenangabe erschwert, doch sind auch hier die Unterschiede zwischen den einzelnen Habitaten gering. In der supralitoralen Feinsandfläche A 1b, in der die Meiofauna am stärksten abiotischen Streßfaktoren ausgesetzt ist, sind fast alle Werte am niedrigsten.

3. Lebenszyklen

Von 33 Arten sind im Untersuchungsgebiet 20 (61 %) univoltin, 7 (21 %) bi- und 6 (18 %) plurivoltin. In einem mittellotischen Strand der Insel Sylt haben von 74 Arten 52 % uni-, 28 % bi- und 20 % plurivoltine Lebenszyklen (AX 1977). In supralitoralen Salzwiesen auf Sylt sind von 39 Arten 30 (77 %) uni-, 6 (15 %) bi- und 3 (8 %) plurivoltin (ARMONIES 1987). Damit nimmt der Anteil bi- und plurivoltiner Arten vom Strand über das Untersuchungsgebiet zu den supralitoralen Salzwiesen hin ab, der Anteil univoltiner zu. Plurivoltine Lebenszyklen sind vor allem bei den Acoela zu finden, die in Salzwiesen fast gar nicht, im mittellotischen Strand sehr stark vertreten sind.

Die Reifezeiten der Plathelminthen sind in den einzelnen Habitaten unterschiedlich. Im mittellotischen Strand und in den im Bereich der MHWL gelegenen Stationen des Untersuchungsgebietes sind die meisten Arten im späten Frühjahr/Sommer reif, im Supralitoral (Feinsandfläche dieser Untersuchung und Salzwiesen, ARMONIES 1987) hingegen im zeitigen Frühjahr oder Winter. Derartige Unterschiede wurden im Untersuchungsgebiet auch innerhalb einer Art festgestellt, auch die Anzahl der Generationen kann unterschiedlich sein (Kap. C 3). Anscheinend sind zumindest bei vielen Plathelminthenarten des oberen Eu- und Supralitorals Generationszahl und Reproduktionszeit nicht streng festgelegt (vgl. ARMONIES 1987).

Zusammenfassung

An der Ostküste der Nordseeinsel Sylt, zwischen *Arenicola*-Watt und supralitoralen Salzwiesen, wurden quantitative Untersuchungen zur Ökologie freilebender Plathelminthen durchgeführt. Regelmäßig untersucht wurden ein schlikkiger Bestand von *Spartina anglica*, ein lenitischer und ein schwach lotischer Strand, eine supralitorale Feinsandfläche mit *Salicornia* spp. sowie zwei Mischwattgebiete.

1) Von den insgesamt 156 Arten freilebender Plathelminthen besiedeln 88 nur oder bevorzugt Sand, 43 Schlick, 25 sind substratunspezifisch. Acoela, Proseriata und Kalyptorhynchia dominieren in Sand, Typhloplanoida in Schlick. Die mittlere Abundanz beträgt 104 Ind./10 cm^2.

2) Für den schlickigen *Spartina*-Bestand charakteristische und häufige Arten sind *Byrsophlebs dubia, Messoplana elegans, Ptychopera hartogi, Proxenetes intermedius, P. puccinellicola, P. segmentatus, P. simplex, Parautelga bilioi, Provortex karlingi* und *Vejdovskya halileimonia*. In Schlick und detritusreichem Feinsand sind *Pratoplana salsa* und *Zonorhynchus seminascatus* häufig, nur in detritusreichem Feinsand *Proxenetes karlingi, P. bilioi, Promesostoma rostratum, Zonorhynchus salinus* und *Baicalellia brevituba*.

3) Typische Bewohner des lenitischen Strandes sind *Monocelis lineata, Proxenetes tenuispinosus, Haloplanella hamulata* und *Provortex psammophilus*. Spezifische Arten des schwach lotischen Strandes sind *Pseudmecynostomum papillosum, Antromacrostomum armatum, Mesoda septentrionalis, Parotoplana papii*. In lenitischen und schwach lotischen Stränden häufig sind *Macrostomum pusillum* und

Praeaphanostoma chaetocaudatum. Ptychopera westbladi siedelt substratunspezifisch in allen lenitischen Gebieten. Im Gesamtgebiet häufig sind *Pseudaphanostoma pelophilum* und *Postmecynostomum pictum*.

4) Der *Spartina*-Bestand ist mit 148 Ind./10 cm^2 am individuenreichsten besiedelt, gefolgt vom lenitischen und schwach lotischen Strand mit jeweils 110 Ind./10 cm^2. Die Artendichten der drei Stationen sind mit 11 bis 18 Arten/ 10 cm^2 und 46 bis 53 Arten/100 cm^2 gleichwertig. Die beiden Wattgebiete sind wegen geringerer Strukturierung, die supralitorale Feinsandfläche auf Grund ungünstiger abiotischer Faktoren artenärmer. Diversität und Evenness sind mit den Artendichten korreliert und im *Spartina*-Bestand am höchsten.

5) Schlickige *Spartina*-Bestände sind signifikant arten- und individuenreicher besiedelt als vergleichbare vegetationslose Habitate. Eine Reihe von Plathelminthenarten sind eng an Pflanzenbestände gebunden, z. B. *Macrostomum hystricinum, Westbladiella obliquepharynx, Ptychopera ehlersi, P. hartogi, Proxenetes minimus, P. puccinellicola, Byrsophlebs dubia, Parautelga bilioi, Provortex karlingi, Vejdovskya halileimonia.*

6) Von 33 Arten wurden die Lebenszyklen festgestellt, davon sind 20 univoltin, 7 biovoltin und 6 plurivoltin. Bei einigen Arten war die Anzahl der Generationen und/oder die Reifezeit innerhalb des Untersuchungsgebietes unterschiedlich.

7) Das Untersuchungsgebiet umfaßt den Bereich von 30 cm unter bis 40 cm über MHWL. Einige Arten besiedeln den gesamten Bereich wie *Pratoplana salsa* und *Bresslauilla relicta*, die meisten aber nur eine engere Höhenzone. Hinsichtlich der Artenzusammensetzung können drei Zonen unterschieden werden:

a) das noch regelmäßig gezeitenperiodisch überflutete obere Eulitoral. Typische Arten sind z. B. *Pseudaphanostoma brevicaudatum, Promonotus schultzei* und *Halammovortex macropharynx*.

b) der ± episodisch überflutete Bereich zwischen Springtiden- und Nipptiden-Hochwasserlinie. Charakteristische Arten sind u. a. in Sand *Coelogynopora biarmata, Haloplanella hamulata* und *Proxenetes tenuispinosus*, in Schlick *Messoplana elegans, Proxenetes intermedius* und *Proxenetes segmentatus*.

c) das anschließende nur noch sporadisch überflutete Supralitoral. Typische Arten sind z. B. in Sand *Coelogynopora schulzii, Adenorhynchus balticus* und *Proschizorhynchus gullmarensis*, in Schlick *Macrostomum balticum, Westbladiella obliquepharynx* und *Proxenetes deltoides*. Viele Schlickbewohner sind hier eng an Pflanzenbestände gebunden.

8) Die höchstgelegenen Strandbereiche (30 bis 50 cm über MHWL) werden von Arten bewohnt, die aus mesohalinem Brackwasser der Ostsee bekannt sind: *Macrostomum curvituba, M. minutum, Proxenetes unidentatus, Diascorhynchus lappvikensis* und *Haplovejdovskya subterranea*.

Literatur

ARMONIES, W. (1986 a): Free-living Plathelminthes in North Sea salt marshes: adaptions to environmental instability. An experimental study. J. exp. mar. biol. ecol. **99**, 181–197.
- (1986 b): Plathelminth abundance in North Sea salt marshes: environmental instability causes high diversity. Helgoländer Meeresunters. **40**, 229–240.
- (1987): Freilebende Plathelminthen in supralitoralen Salzwiesen der Nordsee: Ökologie einer borealen Brackwasser-Lebensgemeinschaft. Microfauna Marina **3**, 81–156.

ARMONIES, W. & M. HELLWIG (1986): Quantitative extraction of living meiofauna from marine and brackish muddy sediments. Mar. Ecol. Prog. Ser. **29**, 37–43.

ASMUS, R. (1982): Field measurements on seasonal variation of the activity of primary producers on a sandy tidal flat in the northern wadden sea. Neth. J. Sea Res. **16**, 389–402.

AX, P. (1951): Die Turbellarien des Eulitorals der Kieler Bucht. Zool. Jb. Syst. **80**, 277–378.
- (1952 a): *Ciliopharyngiella intermedia* nov. gen. nov. spec., Repräsentant einer neuen Turbellarien-Familie des Mesopsammon. Zool. Jb. Syst. ökol. Tiere **81**, 286–312.
- (1952 b): Turbellarien der Gattung *Promesostoma* von den deutschen Küsten. Kieler Meeresforsch. **8**, 218–226.
- (1953): *Proxenetes falcatus* nov. spec. (Turbellaria Neorhabdocoela) aus dem Mesopsammal der Ostsee und der Mittelmeerküste. Kieler Meeresforsch. **9**, 238–240.
- (1954): Die Turbellarienfauna des Küstengrundwassers am Finnischen Meerbusen. Acta Zool. Fennica **81**, 1–54.
- (1956 a): Les Turbellariés des étangs côtiers du littoral méditerranéen de la France méridionale. Vie et Milieu Suppl. **5**, 1–215.
- (1956 b): Das oekologische Verhalten der Turbellarien in Brackwassergebieten. Proceedings XIV International Congress of Zoology, Copenhagen 1953. Copenhagen 1956, 462–464.
- (1959): Zur Systematik, Ökologie und Tiergeographie der Turbellarienfauna in den ponto-kaspischen Brackwassermeeren. Zool. Jb. Syst. **87**: 43–184.
- (1960): Turbellarien aus salzdurchtränkten Wiesenböden der deutschen Meeresküste. Z. Wiss. Zool. **163**, 210–235.
- (1971): Zur Systematik und Phylogenie der Trigonostominae (Turbellaria, Neorhabdocoela). Mikrofauna Meeresboden **4**, 1–84.
- (1977): Life cycles of interstitial Turbellaria from the eulittoral of the North Sea. Acta Zool. Fennica **154**, 11–20.

AX, P. & R. AX (1970): Das Verteilungsprinzip des subterranen Psammon am Übergang Meer – Süßwasser. Mikrofauna Meeresboden **1**, 1–51.

AX, P. & R. HELLER (1970): Neue Neorhabdocoela (Turbellaria) vom Sandstrand der Nordsee-Insel Sylt. Mikrofauna Meeresboden **2**, 1–98.

AX, P. & W. ARMONIES (1987): Amphiatlantic identities in the composition of the boreal brackish water community of Plathelminthes. A comparison between the Canadian and European Atlantic coast. Microfauna Marina **3**, 7–80.

BILIO, M. (1964): Die aquatische Bodenfauna von Salzwiesen der Nord- und Ostsee. I. Biotop und ökologische Faunenanalyse: Turbellaria. Int. Revue ges. Hydrobiol. **49**, 509–562.

BOADEN, P. J. S. (1963): The interstitial Turbellaria Kalyptorhynchia from some North Wales beaches. Proc. zool. Soc., Lond. **141**, 173–205.
- (1966): Interstitial fauna from Northern Ireland. Veröff. Inst. Meeresforsch. Bremerh. **2**, 125–130.
- (1976): Soft meiofauna of sand from the delta region of the Rhine, Meuse and Scheldt. Neth. J. Sea Res. **10**, 461–471.

BRÜGGEMANN, J. (1985): Ultrastruktur und Bildungsweise penialer Hartstrukturen bei freilebenden Plathelminthen. Zoomorphology **105**, 143–189.

BRUNET, M. (1980): Quelques Aspects biogéographiques du Peuplement de Turbellariés Calyptorhynques Méditerranéens. Journées Etud. System. et Biogéogr. Medit., 1980, 21–28.

DITTMANN, S. & K. REISE (1985): Assemblage of free-living Plathelminthes on an intertidal mud flat in the North Sea. Microfauna Marina **2**, 95–115.

DÖRJES, J. (1968 a): Die Acoela (Turbellaria) der Deutschen Nordseeküste und ein neues System der Ordnung. Zeitschr. zool. Syst. Evolutionsforsch. **6**, 56 – 452.
– (1968 b): Zur Ökologie der Acoela (Turbellaria) in der Deutschen Bucht. Helgoländer Wiss. Meeresunters. **18**, 78 – 115.
– (1978): Das Watt als Lebensraum. In H.-E. Reineck (Hrg.), Das Watt. Ablagerungs- und Lebensraum. Kramer, Frankfurt, 2. Aufl. 1978, 107 – 143.
EHLERS, U. (1972): Systematisch-phylogenetische Untersuchungen an der Familie Solenopharyngidae (Turbellaria, Neorhabdocoela). Mikrofauna Meeresboden **11**, 1 – 78.
– (1973): Zur Populationsstruktur interstitieller Typhloplanoida und Dalyellioida (Turbellaria, Neorhabdocoela). Mikrofauna Meeresboden **19**, 1 – 105.
– (1974): Interstitielle Typhloplanoida (Turbellaria) aus dem Litoral der Nordseeinsel Sylt. Mikrofauna Meeresboden **49**, 1 – 102.
– (1984): Phylogenetisches System der Plathelminthes. Verh. naturwiss. Ver. Hamburg **27**, 291 – 294.
ELLENBERG, H. (1978): Vegetation Mitteleuropas mit den Alpen in ökologischer Sicht. Stuttgart: Ulmer, 1978, 989 pp.
FAUBEL, A. (1976): Populationsdynamik und Lebenszyklen interstitieller Acoela und Macrostomida (Turbellaria). Mikrofauna Meeresboden **56**, 1 – 107.
FAUBEL, A. (1977): The Distribution of Acoela and Macrostomida (Turbellaria) in the Littoral of the North Frisian Island, Sylt, Rømø, Jordsand, and Amrum (North Sea). Senckenbergiana marit. **9**, 59 – 74.
– (1984): Experimentelle Untersuchungen zur Wirkung von Rohöl und Rohöl/Tensid-Gemischen im Ökosystem Wattenmeer. X. Turbellaria. Senckenbergiana marit. **16**, 153 – 170.
FENCHEL, T., B.-O. JANSSON & W. VON THUN (1967): Vertical and horizontal distribution of the metazoan microfauna and of some physical factors in a sandy beach in the northern part of the Øresund. Ophelia **3**, 227 – 243.
FENCHEL, T. (1978): The Ecology of Micro- and Meiobenthos. Ann. Rev. Ecol. Syst. **9**, 99 – 121.
GERLACH, S. A. (1953): Die biozönotische Gliederung der Nematodenfauna an den deutschen Küsten. Z. Morph. Ökol. Tiere **41**, 411 – 512.
GIESA, S. (1966): Die Embryonalentwicklung von *Monocelis fusca* Oersted (Turbellaria, Proseriata). Z. Morph. Ökol. Tiere **57**, 137 – 230.
HARTOG, C. DEN (1964 a): Proseriate flatworms from the Deltaic area of the rivers Rhine, Meuse and Scheldt I + II. Proc. Kon. Ned. Akad. Wetensch. C, **67**, 10 – 34.
– (1964 b): A preliminary revision of the *Proxenetes* group (Trigonostomidae, Turbellaria). I, II und III. Proc. Kon. Ned. Akad. Wetensch. C, **67**, 371 – 407.
– (1965): A priliminary revision of the *Proxenetes* group (Trigonostomidae, Turbellaria). IV und V. Proc. Kon. Ned. Akad. Wetensch. C, **68**, 98 – 120.
– (1966): A preliminary revision of the *Proxenetes* group (Trigonostomidae, Turbellaria). VI bis X und Suppl.. Proc. Kon. Ned. Akad. Wetensch. C, **69**, 97 – 112, 113 – 127, 128 – 138, 139 – 154, 155 – 163, 557 – 570.
– (1968): An analysis of the Gnathorhynchidae (Neorhabdocoela, Turbellaria) and the position of *Psittacorhynchus verweyi* nov. gen. nov. sp. in this family. Proc. Kon. Ned. Akad. Wetensch. C, **71**, 335 – 345.
– (1974): Salt-marsh Turbellaria. In Riser & Morse (ed.), Biology of the Turbellaria. McGraw Hill, 1974, 229 – 247.
– (1977): Turbellaria from intertidal flats and salt-marshes in the estuaries of the south-western part of the Netherlands. Hydrobiologia **52**, 29 – 32.
HEYDEMANN, B. (1979): Responses of animals to spatial and temporal environmental heterogeneity within salt marshes. In R. L. Jefferies, A. J. Davy (eds.), Ecological Processes in Coastal Environments. The First European Symposium, Norwich 1977. Blackwell Sci. Publ., Oxford, London, Edinburgh, Melbourne, 1979, 145 – 163.
– (1980): Biologischer Atlas Schleswig-Holstein. Karl Wachholtz, Neumünster, 1980, 263 pp.
HOXHOLD, S. (1971): Eigebilde interstitieller Kalyptorhynchier (Turbellaria) von der deutschen Nordseeküste. Mikrofauna Meeresboden **7**, 1 – 43.

- (1974): Populationsstruktur und Abundanzdynamik interstitieller Kalyptorhynchia. Mikrofauna Meeresboden 41, 1 – 134.
JANSSON, B.-O. (1966): Microdistribution of Factors and Fauna in Marine Sandy Beaches. Veröff. Inst. Meeresf. Bremerh., Sonderbd. 2, 77 – 86.
- (1967 a): The availability of oxygen for the interstitial fauna of sandy beaches. J. exp. mar. Biol. Ecol. 1, 123 – 143.
- (1967 b): The importance of tolerance and preference experiments for the interpretation of mesopsammon field distributions. Helgoländer wiss. Meeresunters. 15, 41 – 58.
- (1967 c): Diurnal and annual variations of temperature and salinity of interstitial water in sandy beaches. Ophelia 4, 173 – 201.
- (1967 d): The significance of grain size and pore water content for the interstitial fauna of sandy beaches. Oikos 18, 311 – 322.
- (1968): Quantitative and experimental studies of the interstitial fauna in four Swedish sandy beaches. Ophelia 5, 1 – 71.
KARLING, T. G. (1931): Untersuchungen über Kalyptorhynchia (Turbellaria Rhabdocoela) aus dem Brackwasser des Finnischen Meerbusens. Acta Zool. Fenn. 11, 1 – 66.
- (1943): Studien an *Halammovortex nigrifrons* (Karling) (Turbellaria Neorhabdocoela). Acta Zool. Fenn. 37, 1 – 23.
- (1947): Studien über Kalyptorhynchien (Turbellaria) I. Die Familien Placorhynchidae und Gnathorhynchidae. Acta Zool. Fenn. 69, 1 – 49.
- (1950): Studien über Kalyptorhynchien (Turbellaria) III. Die Familie Schizorhynchidae. Acta Zool. Fenn. 59, 1 – 33.
- (1952): Studien über Kalyptorhynchien (Turbellaria). Acta Zool. Fenn. 69, 1 – 49.
- (1955): Studien über Kalyptorhynchien (Turbellaria) V. Der Verwandtschaftskreis von *Gyratrix* Ehrenberg. Acta Zool. Fenn. 88, 1 – 39.
- (1956): Morphologisch-Histologische Untersuchungen an den männlichen Atrialorganen der Kalyptorhynchia (Turbellaria). Ark. Zool. 9, 187 – 289.
- (1957): Drei neue Turbellaria Neorhabdocoela aus dem Grundwasser der schwedischen Ostseeküste. K. fysiogr. Sällsk. Lund Förh. 27, 25 – 33.
- (1963): Die Turbellarien Ostfennoskandiens. V. Neorhabdocoela 3. Kalyptorhynchia. Fauna Fennica 17, 1 – 59.
- (1964): Über einige neue und ungenügend bekannte Turbellaria Eukalyptorhynchia. Zool. Anz. 172, 159 – 183.
- (1974): Turbellarian Fauna of the Baltic Proper. Identification, Ecology and Biogeography. Fauna Fennica 27, 1 – 101.
- (1980): Revision of Koinocystidae (Turbellaria). Zool. Scripta 9, 241 – 269.
KINNE, O. (1963): The effects of temperature and salinity on marine and brackish water animals. I. Temperature. Oceanogr. Mar. Biol. Ann. Rev. 1, 301 – 340.
- (1964 a): The effects of temperature and salinity on marine and brackish water animals. II. Salinity and temperature salinity combinations. Oceanogr. Mar. Biol. Ann. Rev. 2, 281 – 339.
- (1964 b): Non-genetic adaptation to temperature and salinity. Helgoländer wiss. Meeresunters. 9, 433 – 458.
KREYSZIG, E. (1977): Statistische Methoden und ihre Anwendungen. Vandenhoeck & Ruprecht, Göttingen, 6. Aufl., 1977, 451 pp.
LUTHER, A. (1943): Untersuchungen an rhabdocoelen Turbellarien. IV. Über einige Repräsentanten der Familie Proxenetidae. Acta Zool. Fenn. 38, 1 – 95.
- (1947): Untersuchungen an rhabdocoelen Turbellarien. VI. Macrostomiden aus Finnland. Acta Zool. Fenn. 49, 1 – 40.
- (1948): Untersuchungen an rhabdocoelen Turbellarien. VII. Über einige marine Dalyellioida. VIII. Beiträge zur Kenntnis der Typhloplanoida. Acta Zool. Fenn. 55, 1 – 122.
- (1955): Die Dalyelliiden (Turbellaria Neorhabdocoela). Eine Monographie. Acta Zool. Fenn. 87, 1 – 337.

– (1960): Die Turbellarien Ostfennoskandiens. I. Acoela, Catenulida, Macrostomida, Lecithoepitheliata, Prolecithophora, und Proseriata. Fauna Fennica 7, 1 – 155.
– (1962): Die Turbellarien Ostfennoskandiens. III Neorhabdocoela 1. Dalyellioida, Typhloplanoida: Byrsophlebidae und Trigonostomidae. Fauna Fennica 12, 1 – 71.
– (1963): Die Turbellarien Ostfennoskandiens. IV. Neorhabdocoela 2. Typhloplanoida: Typhloplanidae, Solenopharyngidae und Carcharodopharyngidae. Fauna Fennica 16, 1 – 163.
MEIXNER, J. (1938): Turbellaria (Strudelwürmer). In Grimpe & Wagler, Tierwelt der Nord- und Ostsee, IV. b, 1 – 146.
NIERING, W. A. & R. S. WARREN (1980): Vegetation patterns and processes in New England salt marshes. BioSience 30, 301 – 307.
ODUM, E. P. (1959): Fundamentals of ecology. W. B. Saunders, Philadelphia, London, 2nd ed., 1959, 546 pp.
PAWLAK, R. (1969): Zur Systematik und Ökologie (Lebenszyklen, Populationsdynamik) der Turbellarien-Gattung *Paromalostomum*. Helgoländer wiss. Meeresunters. 19, 417 – 454.
REICE, S. R. & A. E. STIVEN (1983): Environmental patchiness, litter decomposition and associated faunal patterns in a *Spartina alterniflora* marsh. Estuarine, Coastal and Shelf Science 16, 559 – 571.
REISE, K. (1981 a): High abundance of small zoobenthos around biogenic structures in tidal sediments of the Wadden Sea. Helgoländer Meeresunters. 34, 413 – 425.
– (1981 b): Gnathostomulida abundant alongside polychaete burrows. Mar. Ecol. Prog. Ser. 6, 329 – 333.
– (1981 c): Ökologische Experimente zur Dynamik und Vielfalt der Bodenfauna in den Nordseewatten. Verh. Dtsch. Zool. Ges. 1981, 1 – 15.
– (1983 a): Sewage, green algal mats anchored by lugworms, and the effects on Turbellaria and small Polychaeta. Helgoländer Meeresunters. 36, 151 – 162.
– (1983 b): Biotic enrichment of intertidal sediments by experimental aggregates of the deposit-feeding bivalve *Macoma balthica*. Mar. Ecol. Progr. Ser. 12, 229 – 236.
– (1983 c): Experimental removal of lugworms from marine sand affects small zoobenthos. Marine Biology 74, 327 – 332.
– (1984): Free-Living Plathelminthes (Turbellaria) of a Marine Sand Flat: An Ecological Study. Microfauna Marina 1, 1 – 62.
– (1985): Tidal flat ecology. An experimental approach to species interactions. Ecological studies 54, Springer, Berlin, Heidelberg, New York, Tokyo, 191 pp.
REMANE, A. (1964): Die Bedeutung der Struktur für die Besiedlung von Meeresbiotopen. Helgoländer wiss. Meeresunters. 10, 343 – 358.
RIEDL, R. (1956): Zur Kenntnis der Turbellarien adriatischer Schlammböden sowie ihrer geographischen und faunistischen Beziehungen. Thalassia Jugoslavica 1, 69 – 182.
RIEGER, R. & J. OTT (1971): Gezeitenbedingte Wanderungen von Turbellarien und Nematoden eines nordadriatischen Sandstrandes. Vie et Milieu, Suppl. 22, 425 – 447.
SACHS, L. (1974): Angewandte Statistik. Springer, Berlin, Heidelberg, New York, 548 pp.
SCHILKE, K. (1970): Kalyptorhynchia (Turbellaria) aus dem Eulitoral der deutschen Nordseeküste. Helgoländer wiss. Meeresunters. 21, 143 – 265.
SCHMIDT, P. (1968): Die quantitative Verteilung und Populationsdynamik des Mesopsammons am Gezeiten-Sandstrand der Nordseeinsel Sylt. I. Faktorengefüge und biologische Gliederung des Lebensraumes. Int. Revue ges. Hydrobiol. 53, 723 – 779.
– (1972 a): Zonierung und jahreszeitliche Fluktuationen des Mesopsammons im Sandstrand von Schilksee (Kieler Bucht). Mikrofauna Meeresboden 10, 1 – 60.
– (1972 b): Zonierung und jahreszeitliche Fluktuationen der interstitiellen Fauna in Sandstränden des Gebietes von Tromsø (Norwegen). Mikrofauna Meeresboden 12, 1 – 86.
SCHULZ, E. & H. MEYER (1939): Weitere Untersuchungen über das Farbstreifen-Sandwatt. Kieler Meeresforsch. 3, 321 – 336.
SOPOTT, B. (1972): Systematik und Ökologie von Proseriaten (Turbellaria) der deutschen Nordseeküste. Mikrofauna Meeresboden 13, 1 – 72.

– (1973): Jahreszeitliche Verteilung und Lebenszyklen der Proseriata (Turbellaria) eines Sandstrandes der Nordseeinsel Sylt. Mikrofauna Meeresboden 15, 1 – 106.
SOUTHERN, R. (1936): Turbellaria of Ireland. Proc. Roy. Irish Acad. Sec. B 43, 43 – 72.
STEINBÖCK, O. (1931): Ergebnisse einer von E. Reisinger und O. Steinböck mit Hilfe des Rask-Ørsted Fonds durchgeführten Reise in Grönland 1926. Vid. Medd. f. Dansk naturh. Foren 90, 13 – 44.
– (1932): Die Turbellarien des Arktischen Gebietes. Fauna arctica 6, 295 – 342.
STRAARUP, B. J. (1970): On the ecology of Turbellarians in a sheltered brackish shallow-water bay. Ophelia 7, 185 – 216.
TEAL, J. M. & J. KANWISHER (1961): Gas exchange in a Georgia salt marsh. Limnol. Oceanogr. 6, 388 – 399.
VELDE, G. VAN DER (1976): New records of marine Turbellaria from Norway. Zoologische Mededelingen 49, 293 – 298.
WEHRENBERG, C. & K. REISE (1985): Artenspektrum und Abundanz freilebender Plathelminthes in sublitoralen Sänden der Nordsee bei Sylt. Microfauna Marina 2, 163 – 180.
WESTBLAD, E. (1946): Studien über skandinavische Turbellaria Acoela. IV Arkiv för Zoologi 38 A, 1 – 56.
– (1953): Marine Macrostomida (Turbellaria) from Scandinavia and England. Arkiv för Zoologi 4, 391 – 408.
– (1955): Marine „Alloeocoels" (Turbellaria) from North Atlantic and Mediterranean coasts. I. Arkiv för Zoologi 7, 491 – 526.
XYLANDER, W. & K. REISE (1984): Free-Living Plathelminthes (Turbellaria) of a Rippled Sand Bar and a Sheltered Beach: a Quantitative Comparison at the Island of Sylt (North Sea). Microfauna Marina 1, 257 – 277.

Dr. Monika Hellwig
II. Zoologisches Institut und Museum der Universität Göttingen,
Berliner Straße 28, D-3400 Göttingen
und
Biologische Anstalt Helgoland, Litoralstation List, D-2282 List

Neue Plathelminthes aus dem Brackwasser der Insel Sylt (Nordsee)

Werner Armonies und Monika Hellwig

Inhaltsverzeichnis

Abstract	249
A. Einleitung	250
B. Ergebnisse	250
Macrostomum bicurvistyla sp. n.	250
Macrostomum brevituba sp. n.	251
Placorhynchus tetraculeatus sp. n.	252
Zonorhynchus pipettiferus sp. n.	253
Moevenbergia gen. n.	254
Moevenbergia una gen. n. sp. n.	254
Zusammenfassung	259
Abkürzungen in den Abbildungen	259
Literatur	259

New Plathelminthes from Brackish Waters of the Island of Sylt (North Sea)

Abstract

5 new species of free-living Plathelminthes are described from supralittoral salt marshes and the intertidal-supralittoral transition belt of the island of Sylt (North Sea). *Macrostomum bicurvistyla, M. brevituba, Placorhynchus tetraculeatus,* and *Zonorhynchus pipettiferus* belong to well known genera. The genus *Moevenbergia* (Promesostomidae, Brinkmanniellinae) with the type-species *M. una* differs from all known genera of Brinkmanniellinae in having paired receptacula seminis and lacking a bursa copulatrix destinctly separated from the atrium genitale.

A. Einleitung

Die Salzwiesen der Nordseeküsten werden artenreich durch freilebende Plathelminthen besiedelt. In den Jahren 1982 und 1983 wurden regelmäßige Untersuchungen der Salzwiesen (ARMONIES 1987) und der Übergangszone Watt – Salzwiesen lenitischer Küsten (HELLWIG 1987) durchgeführt. Unter den insgesamt 178 Arten wurden auch eine Reihe nicht determinierbarer und unbeschriebener Plathelminthen entdeckt. Für 4 dieser Arten, die bekannten Gattungen zuzuordnen sind, erfolgt eine Beschreibung nach Lebendbeobachtungen. Für *Moevenbergia una* g. n. sp. n. wird zusätzlich Schnittmaterial herangezogen, das von Dr. U. Ehlers zur Verfügung gestellt und von B. Müller bearbeitet wurde.

B. Ergebnisse

Macrostomum bicurvistyla sp. n.

(Abb. 1, 7 A)

Fundort: Deutsche Nordseeküste, Insel Sylt, Kampen (Locus typicus). Schlickiger Boden eines Bestandes von *Spartina anglica*, wenig oberhalb der mittleren Hochwasserlinie (Sept. 1982, 2 Exemplare).

Bis 1.5 mm lange Tiere mit sehr kleinen Augen (nur wenige Pigmentgrana). Der ganze Körper ist dicht mit Rhabditen (6 – 9 µm) besetzt, die in Gruppen von 6 – 10 dicht beisammenliegen. Das Stilett stellt ein 105 bis 125 µm langes, zweifach gebogenes Rohr dar, dessen proximale Öffnungsweite 20 µm beträgt. Distal verjüngt es sich bis auf 7 µm im Bereich der ersten und weiter bis auf

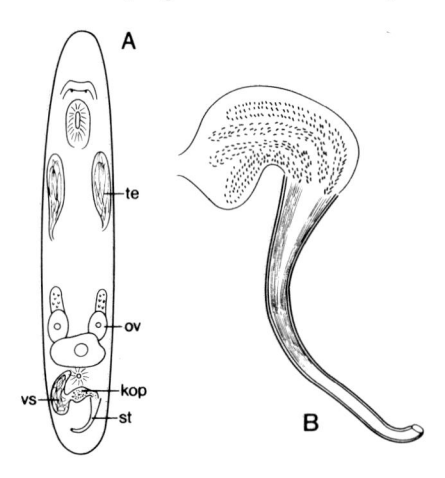

Abb. 1. *Macrostomum bicurvistyla*. A. Organisation. B. Stilett.

4.5 μm an der zweiten Biegung. Von dort an erweitert es sich wieder geringfügig und die Rohrwandungen sind leicht verdickt. Distal ist das Stilett bei einer Öffnungsweite von 5 μm glatt abgeschnitten.

Ein zweifach gebogenes, sich ± gleichmäßig verjüngendes Stilett mit geradem distalem Ende besitzen auch *Macrostomum nassonovi* Ferguson, 1939 (= *M. obtusum korsakoffi* Nassonov, 1926) und *M. retortum* Papi, 1951. Bei *M. retortum* verlaufen die beiden Biegungen in entgegengesetzter Richtung; das Stilett ist S-förmig gekrümmt. Nur bei *M. nassonovi* und *M. bicurvistyla* weisen beide Biegungen einwärts. Während das Stilettrohr bei *M. nassonovi* nahezu rechtwinklig abknickt, sind die Biegungen bei *M. bicurvistyla* sanft gerundet. Durch die Stilettform ist *M. bicurvistyla* damit von allen anderen *Macrostomum*-Arten klar zu unterscheiden.

Macrostomum brevituba sp. n.

(Abb. 2, 7 B)

Fundort: Deutsche Nordseeküste, Insel Sylt, Kampen (Locus typicus). Mittlerer Andelrasen der Salzwiese „Nielönn"; regelmäßig über das ganze Jahr (433 Individuen).

0.8 bis 1.2, im Mittel 1 mm lange Tiere ohne Augenpigment. Der Habitus erinnert stark an *M. curvituba*, Jungtiere beider Arten sind nicht zu unterscheiden. Das Stilett ist ein 60 – 70 μm langes Rohr, das sich von proximal 26 – 32 μm auf distal 12 μm gleichmäßig verjüngt. Distal ist die Stilettspitze glatt abgeschnitten und die Rohrwandung auffällig verdickt.

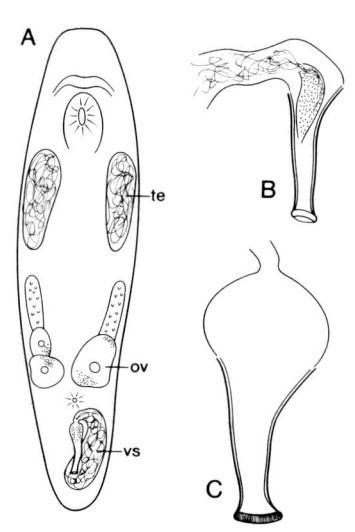

Abb. 2. *Macrostomum brevituba*. A. Organisation. B, C. Stilett (C stärker gequetscht).

Ein ähnlich geformtes Stilett weisen auch *M. curvituba* Luther, 1947 und *M. minutum* (Luther 1947) Beklemischev, 1951 auf. Die Relationen von Stilettlänge, proximaler und distaler Öffnungsweite unterscheiden die Arten jedoch klar. Alle drei Arten besiedeln brackige Stillwassergebiete (ARMONIES 1987).

Placorhynchus tetraculeatus sp. n.

(Abb. 3, 7 F)

Fundort: Deutsche Nordseeküste, Insel Sylt, Kampen (Locus typicus). Mittlerer und oberer Andelrasen der Salzwiese „Nielönn" (Dezember 1982 bis Juli 1983, 26 Individuen).

Frei schwimmend 0.8 mm lange und dann nahezu fadenförmige Tiere, ohne Augenpigment. Mit typischem rötlichem *Placorhynchus*-Rüssel; Pharynx etwa in Körpermitte. Bei Lebendbeobachtung zeigt die allgemeine Organisation keine Unterschiede zu *P. octaculeatus* Karling, 1931. Im Gegensatz zu dieser Art weist das Kopulationsorgan bei *P. tetraculeatus* jedoch nur 2 Stachelpaare auf. Das proximale Paar schließt direkt an das muskulöse Kopulationsorgan an. Alle Stacheln sind ca. 8 µm lang. Die proximalen stehen auf 3 – 4 µm hohen, tonnenförmigen Basalkörperchen, die Basalkörper der distalen Stacheln sind flacher. Bei einigen Exemplaren setzten beide Stacheln des distalen Paares auf einer gemeinsamen Grundplatte an.

Mit konstant 4 Stacheln im Kopulationsorgan ist *P. tetraculeatus* deutlich von *P. octaculeatus* und *P. dimorphis* (jeweils 8 Stacheln) zu unterscheiden. *P. bidens* Brunet, 1973 weist nur ein Stachelpaar auf. *P. meridionalis* Karling, 1952 und *P. echinulatus* Karling, 1947 tragen zahlreiche kleine Stacheln. Damit steht das

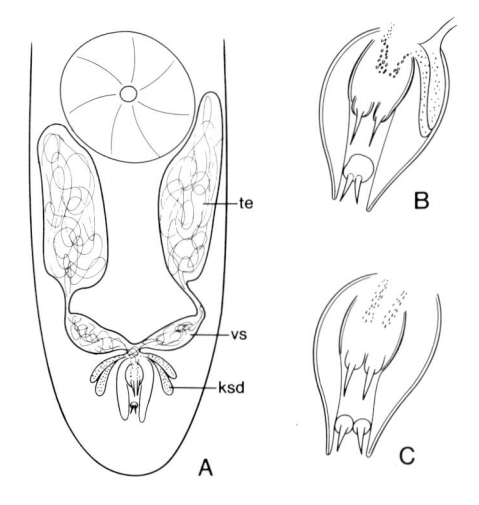

Abb. 3. *Placorhynchus tetraculeatus*. A. Hinterende mit männlichen Organen. B, C. Kopulationsorgan. In B distale Stacheln auf gemeinsamer, in C auf getrennten Basalplatten.

Kopulationsorgan von *P. tetraculeatus* in einer morphologischen Merkmalsreihe zwischen *P. octaculeatus* und *P. dimorphis* einerseits und *P. bidens* andererseits.

Zonorhynchus pipettiferus sp. n.

(Abb. 4, 7 C, D)

Fundorte: Deutsche Nordseeküste, Insel Sylt. a) Königshafen, Grenzgebiet Watt/Salzwiese (Locus typicus). b) Kampen, detritusreicher Fein- bis Mittelsand eines flachen Strandes und sandiger unterer Andelrasen. c) Morsum-Odde, Andelrasen auf Mittelsand und ein schlickiges Anlandungsgebiet. d) Rantum, Andelrasen mit eingewehtem Dünensand, flacher Sandstrand mit Kies, Queller auf Feinsand. e) Keitum, oberer Hang eines schwach lotischen Strandes. f) Hörnum, Schlicksand nahe der MHWL. (Gesamt 86 Tiere)

In Ruhe 1 – 1.2 mm, frei schwimmend bis 1.5 mm lange und dann fadenförmig gestreckte Tiere. Ohne Augenpigment. Die Art schließt sich im Körperbau den übrigen *Zonorhynchus*-Arten eng an.

Männliche Organe. Die langgestreckten Hoden liegen etwa in Körpermitte. Die Samenblasen sind von einer deutlichen Muskelschicht umgeben. Das meist

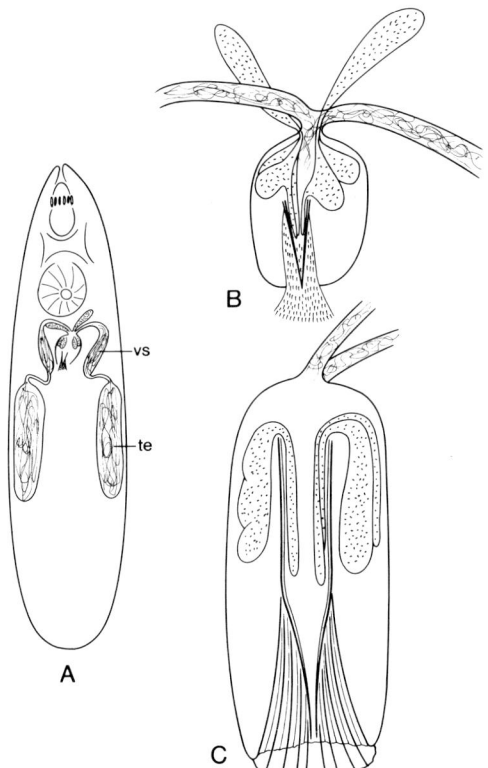

Abb. 4. *Zonorhynchus pipettiferus*.
A. Organisation. B, C. Kopulationsorgan.

ovoide, durch Muskelkontraktion mitunter langgestreckte Kopulationsorgan ist proximal von Kornsekretschläuchen erfüllt. Durch diese zieht der Ductus ejaculatorius zum 37 bis 45 µm langen Stilett, welches die Form einer Pipettenspitze hat. Die proximale Öffnung mißt ca. 10 µm. Ab seiner Mitte verjüngt sich das Stilettrohr distad bis auf einen Durchmesser von ca. 2 µm an der Spitze.

Im Bereich der Stilettverjüngung setzt der ‚Cirrus' an, der bei schwacher Vergrößerung als parallele Streifung erscheint. Bei stärkerer Vergrößerung werden die Konturen der Streifen undeutlicher. Möglicherweise bestehen die Streifen – wie bei *Z. seminascatus* – aus feinen verhärteten Höckerchen oder -Härchen, die in dichten Reihen stehen (vgl. KARLING 1956).

Hinsichtlich der Form steht das Stilett von *Z. pipettiferus* in einer Merkmalsreihe zwischen *Z. salinus* Karling, 1952 und *Z. tvaerminnensis* (KARLING 1931) einerseits und *Z. seminascatus* KARLING, 1956 andererseits. Bei erstgenannten Arten ist das Stilett ein kurzes Rohr, das sich distad kaum verengt. Das Stilett von *Z. seminascatus* ist auf ganzer Länge schmal und verjüngt sich distad gleichmäßig. *Z. pipettiferus* nimmt eine intermediäre Stellung ein. Ebenfalls intermediär ist die Stärke der Muskelhülle von vesiculae seminalis und Kopulationsorgan, die offenbar mit der Weite des Stiletts korreliert ist.

Moevenbergia gen. n.

Brinkmaniellinae mit langgestrecktem, variablen Körper, ohne Augenpigment. Caudal gelegener Pharynx mit vollständig bewimpertem innerem Epithel. Männliches Kopulationsorgan klein, mit Cirrus; paarige Testes vor dem Pharynx; paarige äußere Samenblasen. Paarige Vitellarien dorsal, Germarien caudal; weiblicher Genitalkanal mit Bursalfunktion, proximal mit paarigen Receptacula seminis und zusätzlichen Aussackungen, distal bewimpert.

Typus der Gattung: *Moevenbergia una* sp. n.
weitere Art: *Moevenbergia oculofagi* nom. nud. (REISE & AX 1979)

Moevenbergia una gen. n. sp. n.

(Abb. 5, 6, 7 E)

Fundorte: Deutsche Nordseeküste, Insel Sylt. a) List – Mövenberg. Im sandigen Hang der Abbruchkante des Andelrasens (Locus typicus), mehrere Exemplare (2. 6. 1970, 5. 6. 1970, 27. 6. 1980, leg. U. Ehlers). In Sand und schlickigem Sand ab der mittleren Hochwasserlinie (23 Tiere, regelmäßig zwischen Mai 1982 und Mai 1983). Sandiger unterer Andelrasen (vereinzelt zwischen Mai 1982 und Juli 1983). Sandiger Andelrasen an einem Salzwiesenpriel (Juli – August 1980).
b) „Nielönn", nördlich von Kampen. In einem schlickigen Bestand von *Spartina anglica* (August,

September 1982, Mai 1983). Sandbank mit *Spartina anglica,* Juli 1983. c) Keitum. Schwach lotischer Strand, 10 cm über der mittleren Hochwasserlinie (August 1982). d) Morsum-Odde. Feinsand mit lockerem Bestand von *Salicornia* spp. (MHWL) und sandiger Andelrasen, 20 cm über MHWL (September 1982). Lenitischer Strand (Mittelsand), ca. MHWL (Februar 1983). Feinsand mit *Salicornia,* MHWL (April 1982). f) Hörnum. Sand mit Schlickauflage (Oktober 1981).

M a t e r i a l : Lebendbeobachtungen einschließlich Zeichnungen und Photographien. Eine Sagittalschnittserie (= Holotypus Nr. P 1981, Zoologisches Museum der Universität Göttingen).

Die langgestreckte Art mißt 1.3 bis 1.5 mm. Neben intraepidermalen Epitheliosomen treten im Vorderende adenale Rhabdoide auf. Teils ungeordnet, teils kurze Reihen bildend, erstrecken sich die geformten Sekrete von den in Höhe des Cerebrums gelegenen Drüsen kranialwärts bis zum apikalen Tierende. Andere Drüsenzellen mit mehr locker angeordneten Sekretstäbchen reichen kaudal bis zur Mitte der Tiere. Schwanzdrüsen füllen das spitz zulaufende Hinterende aus.

Der leicht dorsorostrad geneigte Pharynx (Durchmesser am Schnittpräparat 76 µm) liegt im vierten Körperfünftel. Die Mundöffnung führt in eine geräumige Pharynxtasche. Außen ist der Pharynx mit kräftigen, starren Cilien besetzt, das gelappte kernlose innere Pharynxepithel scheint vollständig bewimpert. Die Muskulatur besteht aus zarten äußeren Längs- und stärkeren Ringmuskeln, feinen Radiärmuskeln und gleich stark entwickelten inneren Ring- und Längsmuskelfasern. Im Bulbus sind Drüsen mit feinem und Drüsen mit gröberem Sekret zu erkennen; letztere scheinen oberhalb des Greifwulstes auszumünden.

Männliche Organe. Die kurzen paarigen Hoden liegen kranial des Pharynx. Die Vasa deferentia schwellen postpharyngeal zu zwei ovalen äußeren Samenblasen an. Sie bestehen aus einem hohen Epithel, bei dem deutlich Zellgrenzen hervortreten sowie äußerer Ring- und stärkerer Längsmuskulatur. Die Samenblasen münden gemeinsam und zusammen mit den weit caudal gelegenen Kornsekretdrüsen in den ovoiden Bulbus des Kopulationsorganes ein. Dort liegt der von Längsmuskulatur umgebene Ductus ejaculatorius zentral, umhüllt von Kornsekretsträngen. Distal folgt ein parenchymgefüllter Bereich. Sowohl der Bulbus als auch der männliche Genitalkanal sind von innerer Ring- und äußerer Längsmuskulatur umgeben. Der männliche Genitalkanal ist von einem drüsigen Epithel umhüllt und durch kräftige Ringmuskeln gegen das Atrium verschließbar.

Der distale Teil des Kopulationsorgans besteht aus einem 9 – 15 µm langen Cirrus aus feinsten Stacheln. Außen ist er von einer stark verfestigten ringförmigen Wandung (Höhe 7 – 12 µm, Durchmesser 11 – 13 µm) umgeben, der feine Längsmuskelfasern unterlagert sind.

Weibliche Organe. Die paarigen Vitellarien beginnen kurz hinter dem Cerebrum, die paarigen Germarien lateral des Pharynx. Die kreisförmig von Kittdrüsen umgebene Geschlechtsöffnung liegt im letzten Fünftel des Körpers. Es folgt

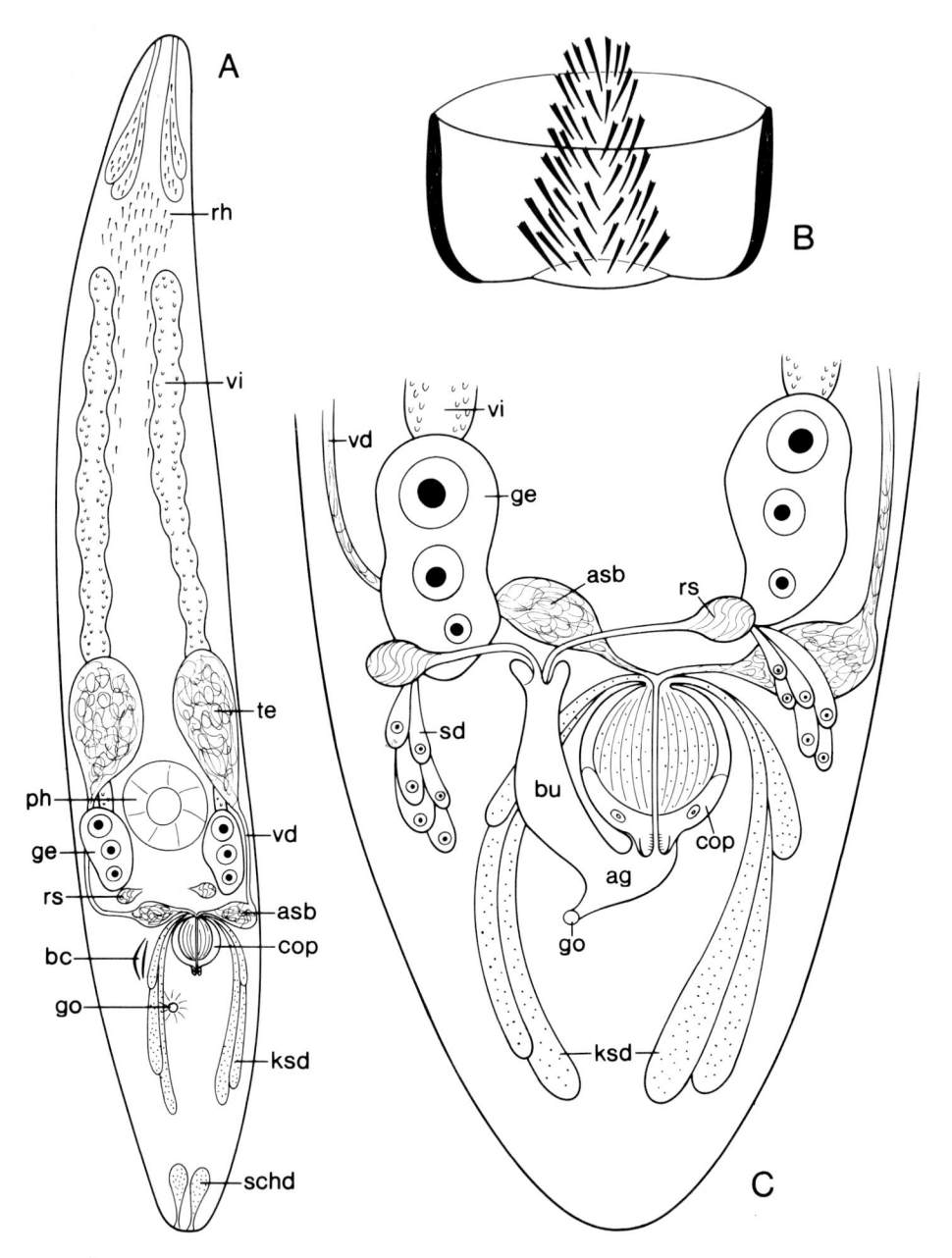

Abb. 5. *Moevenbergia una*. A. Organisation nach dem Leben. B. Cirrus (nach Quetschpräparaten). C. Hinterende, kombiniert nach Quetsch- und Schnittpräparaten.

ein geräumiges, mit Cilien ausgekleidetes Atrium, dem außen Ring- und Längsmuskelfasern anliegen. Der bewimperte distale Abschnitt des weiblichen Genitalkanals ist von kräftiger Spiralmuskulatur umgeben, er fungiert als Bursa copulatrix. Proximal zweigt der weibliche Genitalkanal in vier Äste auf. Die dorsocaudad und rostrad gerichteten bilden von kernhaltigem Epithel umhüllte Blindsäcke, die mit Spermien gefüllt sind. Die beiden anderen Äste sind durch Sphinkter gegen die Bursa verschließbar und ziehen als Germoducte dorsolateral zu den Germarien. Dort erweitern sie sich zu blasigen Receptacula seminis. Die Lumina aller Teile des weiblichen Genitaltraktes werden von feiner innerer Längs- und Ringmuskulatur umgeben.

Das Atrium genitale und der weibliche Genitalkanal mit den anschließenden Germoducten und Blindsäcken werden von drüsigem Epithel umhüllt. Letzteres wird bei den vier Ästen des proximalen Genitalkanals durch zarte Längs- und Ringmuskelfasern gestützt. Die rostralwärts ziehenden, von Längs- und Ringmuskeln umgebenen Schalendüsen münden gemeinsam mit den Vitellarien in die Germoducte ein.

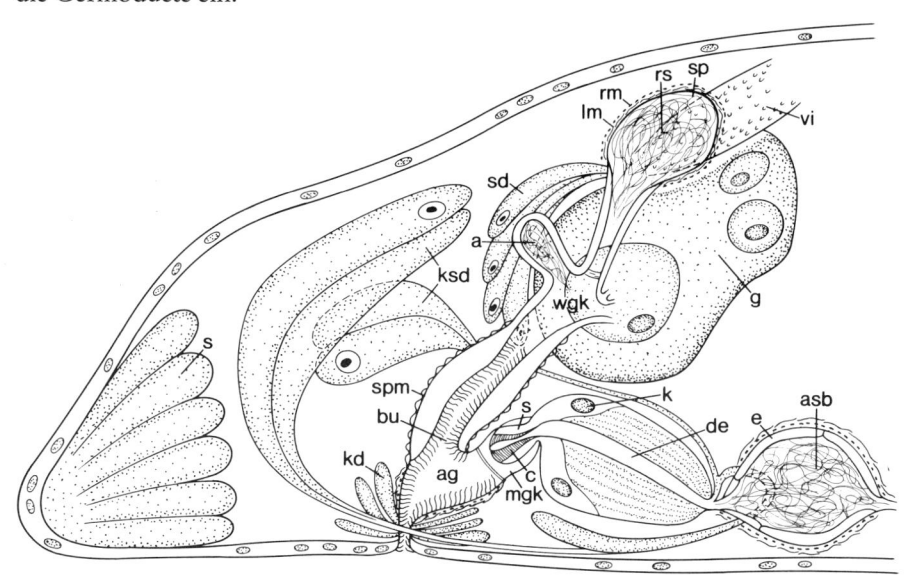

Abb. 6. *Moevenbergia una.* Sagittalrekonstruktion des Hinterendes (nach Schnittserie).

Mit einer einfachen Verbindung zwischen Germar und Atrium genitale gehört *M. una* zu den Promesostomidae (sensu DEN HARTOG 1964) und innerhalb dieses Taxons zu den Brinkmanniellinae Luther, 1948. Letztere sind als Taxon jedoch nur durch plesiomorphe Merkmale charakterisiert (KARLING et al. 1972). Eine mögliche Unterteilung der Brinkmanniellinae mit kaudal gelegenen Ger-

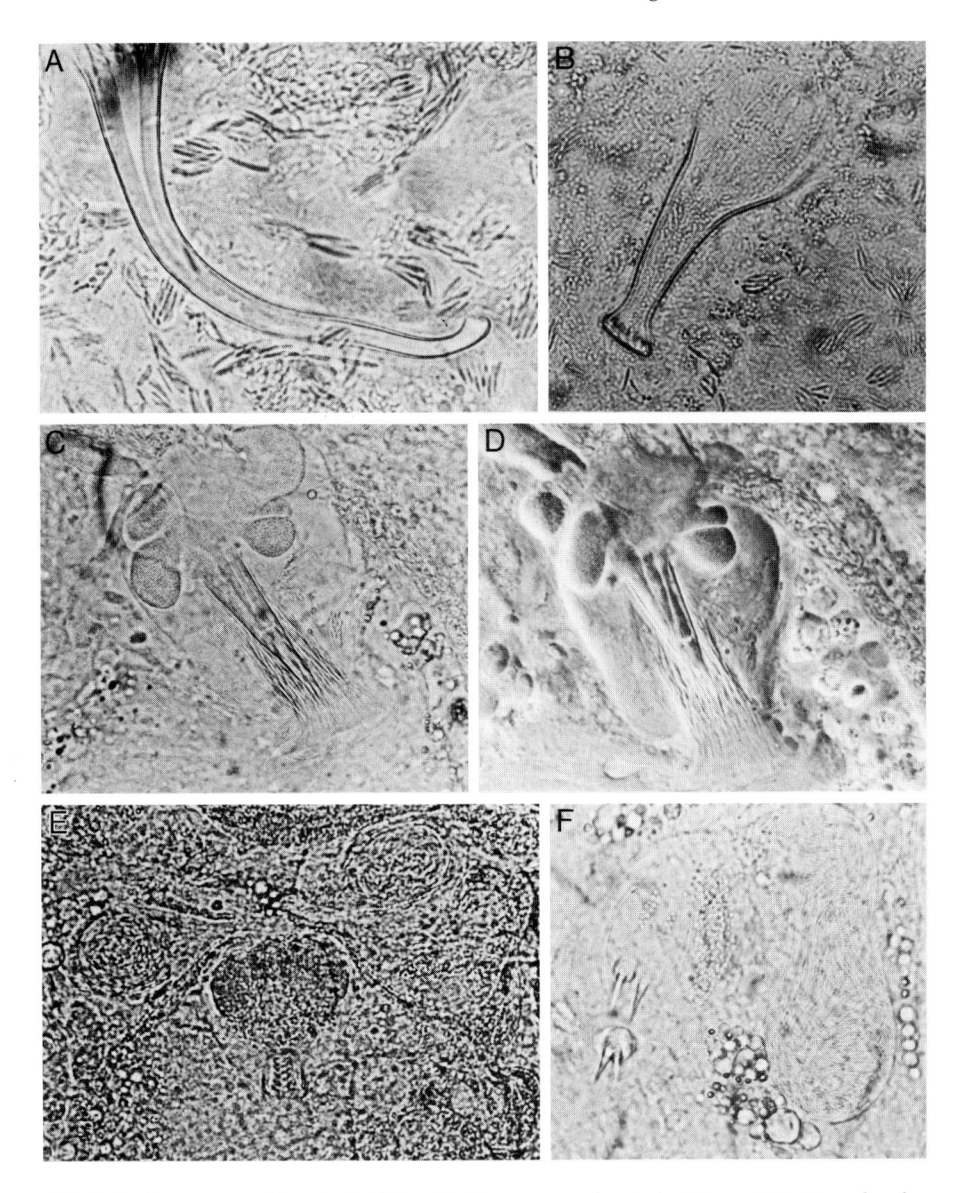

Abb. 7. A. *Macrostomum bicurvistyla*, Stilett. B. *Macrostomum brevituba*, Stilett. C, D. *Zonorhynchus pipettiferus*, Kopulationsorgan. E. *Moevenbergia una*, Kopulationsorgan. F. *Placorhynchus tetraculeatus*, Kopulationsorgan.

marien gründet sich auf das Vorhandensein einer vom Atrium abgesetzten Bursa (die Gattungen *Coronhelmis, Tvaerminnea, Cilionema, Wydula, Subulagera, Kymocarens*) bzw. das Fehlen eines separaten Bursalorgans (*Westbladiella, Einarella, Memyla* sowie *Moevenbergia*; KARLING et al. 1972; EHLERS 1974; EHLERS & EHLERS 1981). *Moevenbergia* unterscheidet sich von den Gattungen der *Westbladiella*-Gruppe jedoch deutlich durch die Ausgestaltung des weiblichen Genitalkanals (paarige Receptacula seminis und zusätzliche paarige Aussackungen unbekannter Funktion) sowie in der Hartstruktur des Begattungsorgans (Cirrus).

Zusammenfassung

Aus Salzwiesen und dem Grenzraum Watt – Salzwiese der Insel Sylt (Nordsee) werden 5 neue Arten freilebender Plathelminthen beschrieben. *Macrostomum bicurvistyla, Macrostomum brevituba, Placorhynchus tetraculeatus* und *Zonorhynchus pipettiferus* gehören bekannten Gattungen an. Das Genus *Moevenbergia* (Promesostomidae, Brinkmanniellinae) mit der Typart *M. una* wird neu errichtet. Der Besitz von paarigen Receptacula seminis und das Fehlen einer abgesetzten Bursa copulatrix unterscheidet *Moevenbergia* von den bekannten Gattungen der Brinkmanniellinae.

Abkürzungen in den Abbildungen

asb	äußere Samenblasen	ov	Ovar
at	Atrium genitale	ph	Pharynx
bu	distaler Teil des weiblichen Genitalkanals mit Bursalfunktion	rh	Rhabditen
		rs	Receptaculum seminis
c	Cirrus	schd	Schwanzdrüsen
ge	Germar	sd	Schalendrüsen
gd	Germoduct	st	Stilett
go	Geschlechtsöffnung	te	Hoden
kop	Kopulationsorgan	vi	Vitellar
ksd	Kornsekretdrüsen	vs	Vesicula seminis
mgk	männl. Genitalkanal	wgk	weibl. Genitalkanal

Literatur

ARMONIES, W. (1987): Freilebende Plathelminthen in supralitoralen Salzwiesen der Nordsee: Ökologie einer borealen Brackwasser-Lebensgemeinschaft. Microfauna Marina **3**, 81 – 156.

EHLERS, U. (1974): Interstitielle Typhloplanoida (Turbellaria) aus dem Litoral der Nordseeinsel Sylt. Mikrofauna Meeresboden **49**, 1 – 102.

EHLERS, U. & B. EHLERS (1981): Interstitielle Fauna von Galapagos XXVII. Byrsophlebidae, Promesostomidae Brinkmanniellinae, Kytorhynchidae (Turbellaria, Typhloplanoida). Mikrofauna Meeresboden **83**, 1 – 35.

HARTOG, C. DEN (1964): A preliminary revision of the *Proxenetes* group (Trigonostomidae, Turbellaria). I. Koninkl. Nederl. Akademie van Wetenschappen, Series C, **67**, 371 – 382.

HELLWIG, M. (1987): Ökologie freilebender Plathelminthen im Grenzraum Watt – Salzwiese lenitischer Gezeitenküsten. Microfauna Marina **3**, 157 – 248.

KARLING, T. G. (1956): Morphologisch-histologische Untersuchungen an den männlichen Atrialorganen der Kalyptorhynchia (Turbellaria). Ark. Zool. **9**, 187 – 289.

KARLING, T. G., V. MACK-FIRA, J. DÖRJES (1972): First report on marine Microturbellarians from Hawaii. Zoologica Scripta **1**, 251 – 269.

REISE, K. & P. AX (1979): A meiofaunal "Thiobios" limited to the anaerobic sulfide system of marine sand does not exist. Mar. Biol. **54**, 225 – 237.

Dr. Werner Armonies und *Dr. Monika Hellwig*
II. Zoologisches Institut und Museum der Universität Göttingen,
Berliner Straße 28, D-3400 Göttingen
und
Biologische Anstalt Helgoland, Litoralstation
D-2282 List/Sylt

Otoplanidae (Plathelminthes, Proseriata) von Bermuda[1]

Peter Ax und Beate Sopott-Ehlers

Inhaltsverzeichnis

Abstract	261
A. Einleitung	263
B. Ergebnisse	263
Kata Marcus, 1949	263
Kata galea nov. spec.	263
Xenotoplana Ax, Weidemann und Ehlers, 1978	268
Xenotoplana tridentis nov. spec.	268
Parotoplana Meixner, 1938	270
Parotoplana bermudensis nov. spec.	271
Parotoplana lata nov. spec.	274
Parotoplana subtilis nov. spec.	276
Parotoplana mollis nov. spec.	278
Zusammenfassung	280
Abkürzungen in den Abbildungen	281
Literatur	281

Otoplanidae (Plathelminthes, Proseriata) from Bermuda

Abstract

Four species from the plathelminth taxon Otoplanidae live in the beach sands of Bermuda, with characteristic differences in their ecological distribution.

Kata galea nov. spec. is a representative from sands strongly exposed to the surf on the southern side of Bermuda; it occurs in only one place in the northern part of the island (Achilles Bay North). The settlement area is limited to medium to coarse sand in the eulittoral breaker zone.

---

[1] Bermuda Biological Station. Contribution No. 1060

Parotoplana bermudensis nov. spec. is a characteristic species of moderately to weakly agitated beaches; it does not occur on the southern beaches of the island. Like *Kata galea*, *P. bermudensis* is also bound to medium to coarse sands. The settlement area of this species extends from the low tide zone (rarely) over nearshore sublittoral sediments (high abundance) to the offshore sublittoral of North Rock.

Parotoplana subtilis nov. spec. is a distinct fine sand species of the strongly exposed southern beaches of Bermuda. It was repeatedly found to occur in the surf zone, and by and large settles in sublittoral fine sand near the beach. Only in one instance were specimens recorded from a less exposed beach (Shelly Bay Beach).

The settlements of *Parotoplana mollis* nov. spec. are likewise limited to fine sand bottoms. In contrast to *P. subtilis*, *P. mollis* occurs exclusively in moderately agitated nearbeach sublittoral sands of northern Bermuda.

Two other species of otoplanids settle in the deeper sublittoral of North Rock at depths of several meters. *Xenotoplana tridentis* nov. spec. and *Parotoplana lata* nov. spec., with their wide, flat bodies, are adapted to the relatively spacious interstitium afforded by shell fragment sediments.

With regard to the phylogenetic relationships of the 6 new species from Bermuda, investigations carried out to date make the following statements possible.

Two species show high structural agreement with Galapagos archipelago species living in ecologically equivalent sites. These species pairs are *Kata galea* (Bermuda) and *Kata galapagoensis* (Galapagos) as well as *Parotoplana bermudensis* (Bermuda) and *Parotoplana turgida* (Galapagos).

Xenotoplana tridentis can be readily allocated to the taxon *Xenotoplana*, a well-founded monophylum. *Xenotoplana* was up to now only known from two species from sublittoral coarse sands of the Mediterranean.

The four species *Parotoplana turgida* (Galapagos), *P. bermudensis*, *P. lata* and *P. subtilis* (Bermuda) together probably comprise a monophyletic species group within the taxon *Parotoplana*. Interpreted as an autapomorphy in this "turgida group" is the agreement in basic structure of penile hard parts, viz. a wreath composed of 10 – 12 large, thin stylets and 2 shorter, thicker stylets.

Parotoplana mollis sets itself off from the "turgida group" of the taxon *Parotoplana* in its possession of a wreath consisting of 13 – 14 long, similarly-shaped stylets and only one shorter stylet.

A. Einleitung

Vertreter des Proseriaten-Taxons Otoplanidae Hallez, 1982 bilden in weltweiter Verbreitung eine wesentliche Faunenkomponente der Brandungssandstrände von Meeresküsten (Ax 1956). Mit hoher lokomotorischer Aktivität und einem stark ausgeprägten Haftvermögen sind sie an die extremen Bedingungen des instabilen Lebensraumes adaptiert.

In umfangreichen Aufsammlungen an diversen Sandstränden des Inselkomplexes von Bermuda wurden 4 Arten der Otoplanidae im Brandungsufer der Gezeitenregion und in anschließenden ufernahen Sedimenten des Sublitorals nachgewiesen. Im Hinblick auf ihre ökologische Existenz demonstrieren *Kata galea* nov. spec., *Parotoplana bermudensis* nov. spec., *Parotoplana subtilis* nov. spec. und *Parotoplana mollis* nov. spec. eine sehr charakteristische Verteilung auf unterschiedlich exponierte Strände sowie Sedimente divergierender Korngröße. Über diese 4 Arten erscheint der Bestand an Otoplanidae im Eulitoral und ufernahen Sublitoral von Bermuda erschöpfend erfaßt.

Darüber hinaus wurden mit *Xenotoplana tridentis* nov. spec. und *Parotoplana lata* nov. spec. 2 Arten aus dem küstenfernen Sublitoral (North Rock) bearbeitet, welche über auffallend breite und stark abgeplattete Körper in grobes Schill-Sediment eingepaßt sind.

Alle 6 Taxa werden in dieser Studie als neue Arten in die Wissenschaft eingeführt.

Der Seniorautor dankt Herrn Dr. Wolfgang Sterrer auch an dieser Stelle für die Gewährung eines Arbeitsplatzes an der Bermuda Biological Station und für die freundschaftliche Unterstützung der Untersuchungen im Juli/August 1981.

B. Ergebnisse

Kata Marcus, 1949

Kata galea nov. spec.

(Abb. 1–2)

Fundorte: 1. Achilles Bay North. 2. Natural Arches. 3. Warwick Long Bay Beach (Locus typicus). 4. Church Bay.

An allen Fundorten im Mittel-Grobsand der Brandungszone. *Kata galea* ist ein charakteristisches Faunenelement lotischer exponierter Sandstrände von Bermuda. Die Art ist auf den oberen Gezeitenbereich beschränkt und kann hier mit hoher Abundanz auftreten.

Material: Lebendbeobachtungen, einige Schnittserien

Körperlänge 2,5 – 3 mm. Das abgesetzte Köpfchen trägt lange Tastborsten. Im rostralen Wimperband stehen jederseits zwei sehr kräftige Tastborsten auf sockelartigen Erhebungen (Abb. 1 B). Das Hinterende ist beim Kriechen oder Schwimmen konisch gestaltet (Abb. 1 C).

Kata galea rast mit großer Geschwindigkeit durch das Sediment. Die Bewe-

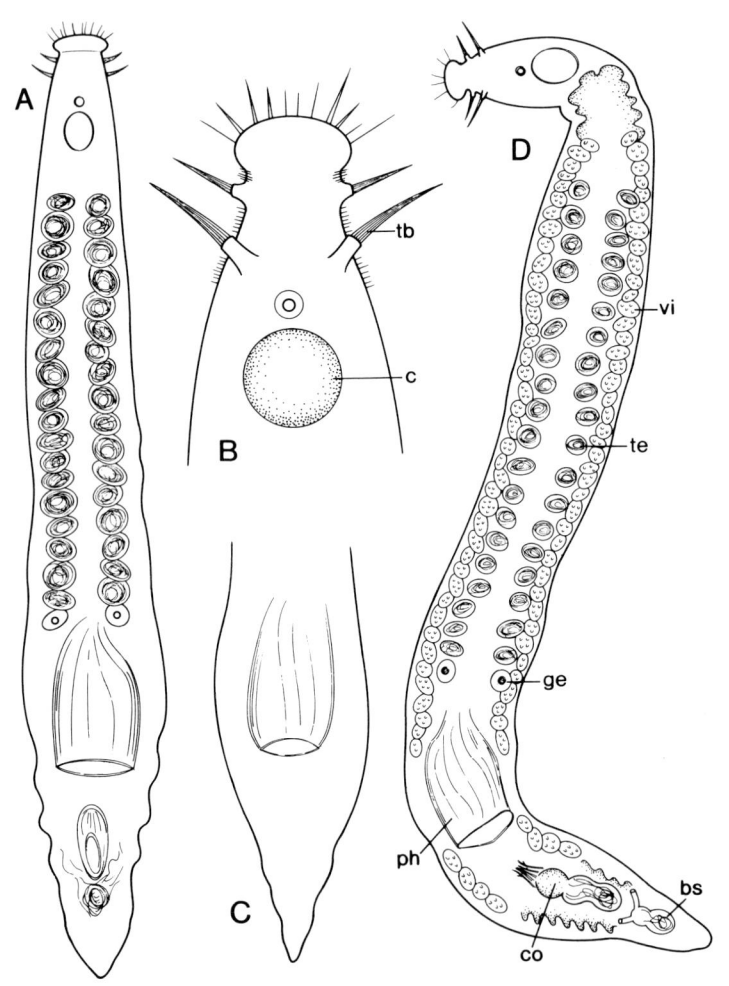

Abb. 1. *Kata galea*. A. Habitus eines angehefteten Tieres. – B. Vorderende. – C. Hinterende eines schwimmenden Objektes. – D. Organisation.

gung wird von Zeit zu Zeit blitzschnell durch Verankerung im Substrat unterbrochen. In den kurzen Ruhephasen treten hinter dem Pharynx kleine Buckel mit Haftpapillen hervor; das anhaftende Hinterende nimmt dabei eine unregelmäßig rundliche Form an (Abb. 1 A).

Der röhrenförmige Pharynx liegt am Beginn des letzten Körperdrittels.

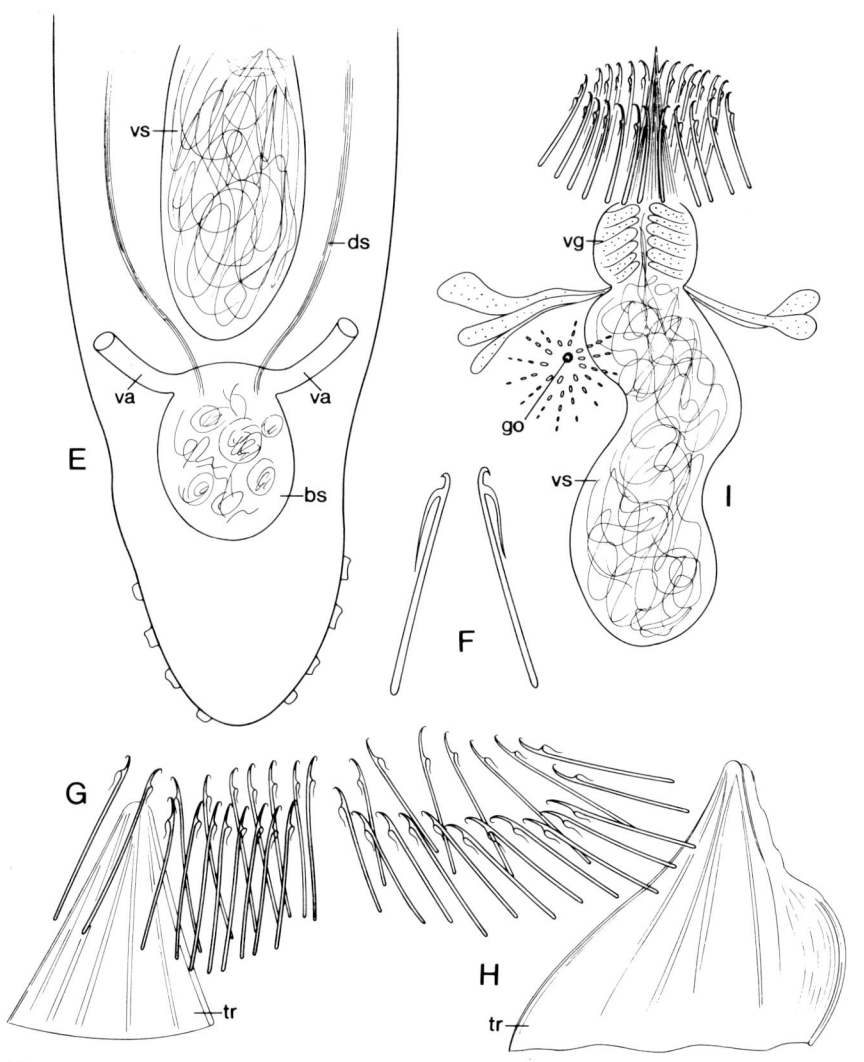

Abb. 1. Fortsetzung. E. Hinterende mit Bursalorgan, paarigen Vaginen und Ductus spermatici. – F, G, und H. Hartstrukturen des Begattungsorgans. – I. Begattungsorgan mit Trichterrohr, Nadelkranz, Vesicula granulorum und Vesicula seminalis. – A, B, C, D, F, G, I (Warwick Long Bay Beach); E und H (Achilles Bay North).

Männliche Geschlechtsorgane. Die großen Hodenfollikel stehen in zwei regelmäßigen Längsreihen im Vorderkörper; ihre Zahl beträgt 19 – 22 Paare.

Die Hartstrukturen des Begattungsorgans bestehen aus einem Trichterrohr und einem Kranz von Nadeln (Abb. 1 G, H; Abb. 2).

Das Trichterrohr ist infolge sehr schwacher Verfestigung am lebenden Objekt nur schwer auszumachen. Es handelt sich um ein tütenförmiges Gebilde von 45 – 50 µm Länge, das proximal breit an der Vesicula granulorum ansetzt; in der Trichterwand zeichnen sich stets unregelmäßige Längsstreifen ab. Die schwache Struktur ist durch Deckglasdruck leicht verformbar; Abb. 1 H zeigt einen Zustand mit stärkerer Biegung an einer Seite.

Die Zahl der Nadeln variiert individuell zwischen 18 und 25. Die Werte mehrerer genau studierter Individuen betragen: 18, 19, 19, 22, 24, 25. Die Länge der Nadeln liegt zwischen 25 und 30 µm. Wenig unterhalb der Nadelspitze inseriert ein Fortsatz, dessen Struktur im Grenzbereich lichtoptischer Auflösung schlecht erkennbar ist. Nach sorgfältiger Analyse handelt es sich offenbar stets um einen geschwungenen, caudal gerichteten Ast (Abb. 1 F).

Die Vesicula granulorum zeichnet sich als ein rundliches Gebilde deutlich ab; die Vesicula seminalis ist sackförmig gestreckt.

Weibliche Organe (Abb. 1 D, E). Die Stränge der Vitellarienfollikel beginnen ein Stück vor den Hodensträngen; sie sind lateral des Pharynx unterbrochen und enden in Höhe der Vesicula granulorum. Die Germarien liegen vor dem Pharynx; sie schließen unmittelbar an die letzten Hodenfollikel an.

Im Schwanzende ist ein rundes Bursalorgan differenziert; das vakuolisierte Gewebe enthält Bündel von Spermien. Rostrolateral entspringen paarige Vaginen aus der Bursa. Die Vaginalporen münden an der Ventralseite. Ferner treten zwischen den Vaginen zwei spermaführende Kanäle aus; sie laufen am Pharynx vorbei nach vorne. Offensichtlich handelt es sich hierbei um Ductus spermatici, welche das Fremdsperma aus der Bursa zu den Germarien führen.

Diskussion: Das Taxon *Kata* Marcus, 1949 schließt bisher 3 Arten ein: *Kata evelinae* Marcus, 1949 (Brasilien), *Kata leroda* Marcus, 1950 (Brasilien) und *Kata galapagoensis* Ax & Ax, 1974 (Galapagos).

Zwischen *K. galapagoensis* und *K. galea* bestehen weitreichende strukturelle Übereinstimmungen. Nur diese beiden Arten besitzen ein unpaares Bursalorgan mit zwei ventrolateral mündenden Vaginen in identischer Ausprägung.

Kleine signifikante Unterschiede zwischen *K. galapagoensis* und *K. galea* lassen sich in den folgenden Punkten herausstellen.

(1) Hodenfollikel: *K. galapagoensis* mit Strängen kleiner, dicht gepackter Follikel. *K. galea* mit großen Follikeln in serialer Anordnung.

(2) Trichterrohr: Bei beiden Arten nur schwach verfestigt. Bei *K. galapagoensis,* schlank; Länge ca. 30 µm. Bei *K. galea* tütenförmig; 45 – 50 µm lang.

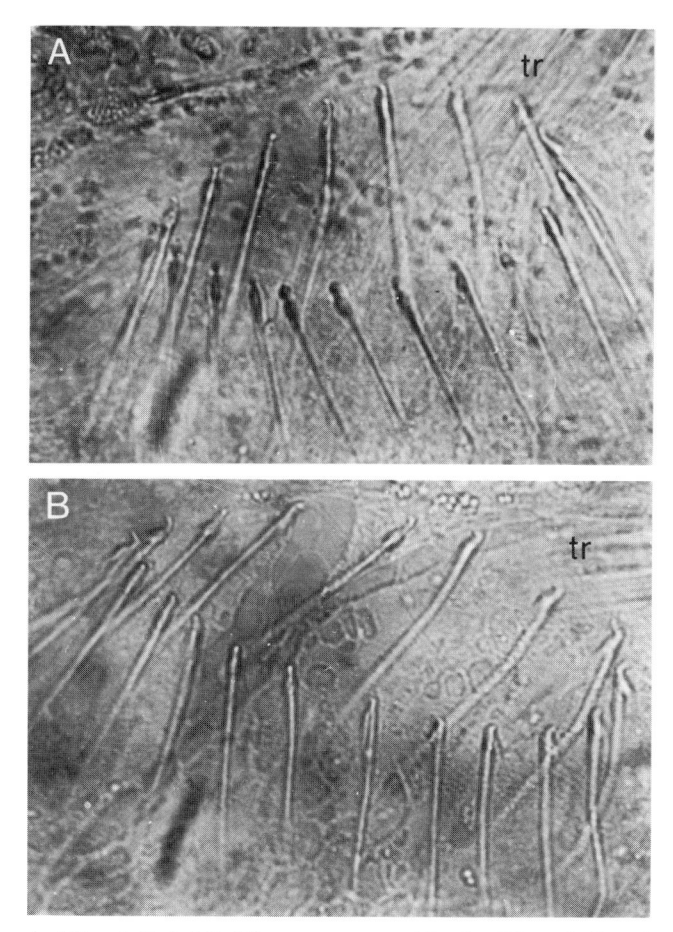

Abb. 2. *Kata galea* (Church Bay). A, B. Stilettapparatur von lebenden Tieren. In B. stärker gequetscht.

(3) Nadeln: *K. galapagoensis* = 15 – 17 Nadeln mit kurzem, rostral gerichteten Dornfortsatz. *K. galea* = 18 – 25 Nadeln mit caudal geschwungenem Ast.

(4) Vesicula granulorum. Bei *K. galapagoensis* schwach differenziert. Bei *K. galea* kugelförmig und deutlich gegen die Stilettapparatur abgesetzt.

Aufgrund dieser konstanten Unterschiede interpretieren wir *K. galapagoensis* und *K. galea* als zwei reproduktiv getrennte Arten des Taxons *Kata*.

Im übrigen ist das identische ökologische Verhalten der beiden Arten von Interesse. So wie *K. galea* auf das lotische Brandungsufer von Bermuda beschränkt ist, besiedelt *K. galapagoensis* eulitorale Brandungssandstrände des Galapagos-Archipels in weiter Verbreitung.

Xenotoplana Ax, Weidemann & Ehlers, 1978
Xenotoplana tridentis nov. spec.
(Abb. 3 – 4)

Xenotoplana tridentis Ax & Sopott-Ehlers nom. nud. (Ax 1984, p. 296, fig. 87 A).

Fundort: North Rock (Locus typicus). Korallensand (Grobsand-Schill) aus ca. 7 m Wassertiefe.

Material: Lebendbeobachtungen, einige Schnittserien

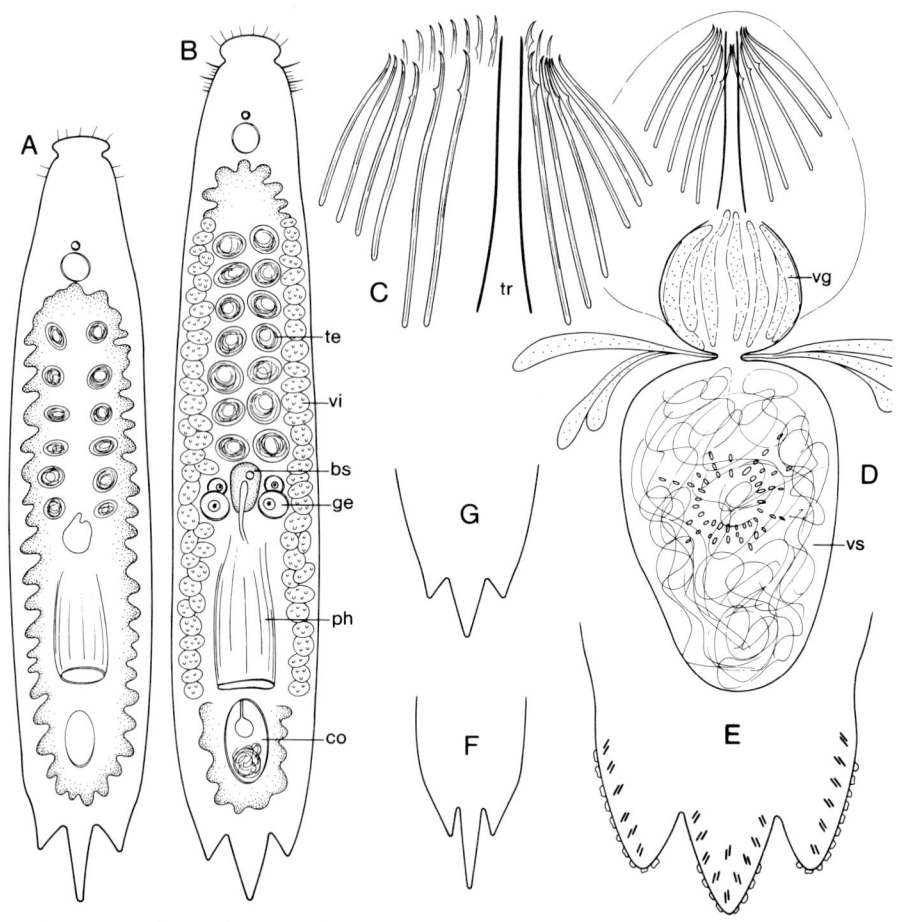

Abb. 3. *Xenotoplana tridentis* (North Rock). A. Habitus. – B. Organisation. – C. Stilettapparatur mit Trichterrohr und Nadelkranz (Nadeln nur teilweise gezeichnet). – D. Begattungsorgan. – E. Hinterende mit Haftpapillen an den Zehen. – F. Hinterende beim Schwimmen, laterale Zehen angelegt. – G. Hinterende beim Anheften; laterale Zehen abgespreizt, zentrale Zehe verkürzt.

Länge 1,5 – 2 mm. Breiter gedrungener Körper mit kappenförmig abgesetztem Köpfchen. Mehrere Tastborsten terminal; zwei Paar Tastborsten im Bereich des rostralen Wimperbandes.

Sehr auffällig ist die Form des Hinterendes mit 3 Haftzehen (Abb. 3 E – G). Beim Kriechen im Sediment werden die lateralen Zehen medianwärts angelegt; die zentrale Zehe ist langgestreckt. Im Moment der Anheftung spreizen die lateralen Zehen ab, der zentrale Zapfen verkürzt sich deutlich.

Haftpapillen stehen an den lateralen Zehen überwiegend an den Außenseiten. Sie umgreifen am medianen Zapfen die Spitze. Im übrigen sind flache, kissenförmige Haftpapillen über den Körper verstreut.

Der große Pharynx ist horizontal gestellt; er liegt in der Mitte der hinteren Körperhälfte.

Männliche Geschlechtsorgane. Die großen Hodenfollikel bilden zwei lockere Stränge im Vorderkörper.

Das Begattungsorgan (Abb. 3 D) besteht aus der länglich-ovalen Vesicula seminalis, einer kugelförmigen Vesicula granulorum und der Stilettapparatur. Die Stilettapparatur (Abb. 3 C; Abb. 4) umfaßt ein zentrales Trichterrohr (Länge 60 µm) mit weiter terminaler Öffnung und einen Kranz von 30 – 40 Nadeln. In diesem Kranz nimmt die Nadellänge von 60 µm auf ca. 30 – 40 µm ab. Mehrere

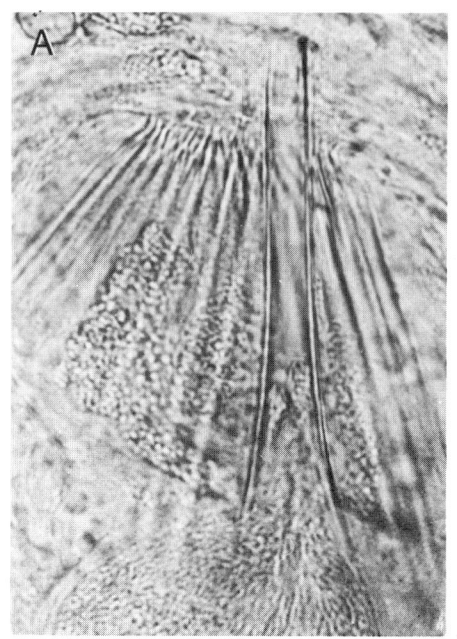

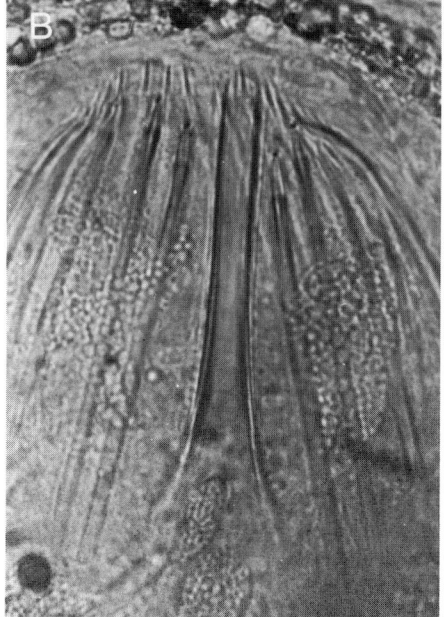

Abb. 4. *Xenotoplana tridentis*. A, B. Stilettapparatur im Quetschpräparat (North Rock).

lange Nadeln tragen kurz unterhalb der Spitze einen keilförmigen Vorsprung. Die übrigen Nadeln sind distal stark geschwungen; ihnen fehlt indes ein Hakenfortsatz.

Weibliche Geschlechtsorgane. Die Vitellarienstränge beginnen wenig vor den Hodenfollikeln; sie ziehen ohne Unterbrechung bis kurz vor das männliche Begattungsorgan. Die paarigen Germarien liegen unmittelbar vor dem Pharynx.

Zwischen den Germarien ist ein rundliches Bursalorgan differenziert; es zeichnet sich am lebenden Objekt in Form eines blasigen Gewebes ab. Aus der Bursa tritt caudalwärts ein Bursastiel (Ductus spermaticus) aus; er mündet zwischen Mundöffnung und Atrialporus über eine Vagina ventral aus.

Diskussion: Der weibliche Zuleitungsapparat mit einer separaten postpharyngealen Vagina und einem Bursalorgan zwischen den Germarien bildet eine Autapomorphie des Taxons *Xenotoplana* Ax, Weidemann & Ehlers, 1978. Aufgrund der Ausprägung dieser für die Otoplanidae einzigartigen Struktur kann *X. tridentis* zweifelsfrei dem Taxon *Xenotoplana* zugeordnet werden.

Xenotoplana war bisher nur mit zwei Arten aus dem Mittelmeer bekannt (Ax, Weidemann & Ehlers 1978). *X. tridentis* setzt sich schon habituell durch den dreiteiligen Schwanzlappen eindeutig von *X. acus* und *X. tyrrhenica* ab. Ferner ist bei diesen beiden Arten der Nadelkranz durch die Entwicklung strukturell verschiedener Nadeln stärker differenziert; den Lateralstacheln von *X. acus* und *X. tyrrhenica* vergleichbare Bildungen fehlen bei *X. tridentis*.

Das Taxon *Xenotoplana* ist im Stand unserer Kenntnisse auf Warmwassergebiete beschränkt. Ferner besteht in der ökologischen Existenz in groben Sedimenten des Sublitorals gute Übereinstimmung zwischen den 3 Arten.

Parotoplana Meixner, 1938

Mit *Parotoplana turgida* Ax & Ax, 1974 von Galapagos sowie den 3 neuen Arten *P. bermudensis*, *P. lata* und *P. subtilis* von Bermuda zeichnet sich innerhalb des Taxons *Parotoplana* eine engere Verwandtschaftsgruppe mit folgender gemeinsamer Struktur der penialen Hartgebilde ab: Existenz eines Nadelkranzes aus 12–14 Nadeln mit konstanter Differenzierung in 10–12 große Nadeln (Gruppe A) und 2 kürzere Nadeln (Gruppe B); an letzteren inserieren „Sekretfahnen" mit Sekreten der Körnerdrüsen.

Wahrscheinlich gehen diese 4 Arten auf eine nur ihnen gemeinsame Stammart mit einer entsprechend differenzierten Nadelapparatur als Grundmuster-Autapomorphie zurück. Wir fassen *P. turgida*, *P. bermudensis*, *P. lata* und *P. subtilis* dementsprechend als „Turgida-Gruppe" des Taxons *Parotoplana* zusammen.

Infolge der Vielgestaltigkeit der Hartstrukturen des Begattungsorgans im Taxon *Parotoplana* ist es im Stand der Untersuchungen allerdings nicht möglich, das Adelphotaxon auszuweisen, gegenüber welchem die Nadelverhältnisse der „Turgida-Gruppe" als Apomorphie bewertbar sind.

Von besonderem Interesse ist die strenge Korrespondenz zwischen Körpergröße und Form sowie der Besiedlung von Sedimenten unterschiedlicher Korngröße durch die 4 Arten der „Turgida-Gruppe". Die große und sehr breite *P. lata* (Länge 3 – 4 mm) siedelt nur im Grobsand-Schill des küstenfernen Sublitorals. Die mittelgroßen Arten *P. turgida* und *P. bermudensis* (Länge 2 – 2,5 mm) sind im Galapagos-Archipel und auf Bermuda stellenäquivalent in Mittel- bis Grobsanden vom unteren Gezeitenbereich hinein in das ufernahe Sublitoral vertreten. Die schlanke *P. subtilis* (Länge 1,5 mm) ist an sehr feine Sedimente der Küstenregion gebunden.

Diese Korrespondenz muß als das Resultat divergierender Adaptation an die unterschiedlichen Dimensionen des Mikrohöhlensystems im jeweiligen Lebensraum interpretiert werden. Mit der differierenden Körperlänge sind deutliche Divergenzen der Nadellänge (Gruppe A) in folgender Abfolge korreliert: *P. lata* (Länge 85 – 100 µm), *P. turgida* (Länge 72 – 76 µm), *P. bermudensis* (Länge 60 – 62 µm und *P. subtilis* (Länge 45 – 50 µm).

Als vierte neue *Parotoplana*-Art von Bermuda ist *P. mollis* aus Feinsanden in Größe und schlankem Habitus der Art *P. subtilis* täuschend ähnlich. Mit stärker differierenden penialen Hartgebilden setzt sie sich aber deutlich gegen die „Turgida-Gruppe" ab.

Parotoplana bermudensis nov. spec.

(Abb. 5 – 6)

Fundorte: 1. Shelly Bay Beach. Schill-Sediment. 5 m Entfernung vom Ufer, ca. 80 cm Wassertiefe. 2. Tobacco Bay. Mittelsand. Vom unteren Sandhang bis in 40 m Entfernung vom Ufer und einer Wassertiefe von 50 cm nachgewiesen. 3. Achilles Bay North (Locus typicus). Sublitoraler Mittel-Grobsand seewärts des Sandhangs; bis in 50 m Entfernung vom Ufer und einer Wassertiefe von 1,5 m nachgewiesen. 4. Harrington Sound. Mylords Bay bei Collin's Island. Mittel-Grobsand. Sandhang der Gezeitenzone. 5. Ireland Island. Black Bay. Mittel-Grobsand. Sandhang; 4 m Entfernung vom Ufer bei 40 cm Wassertiefe. 6. Somerset Island. Mangrove Bay (Somerset Village). Mittelsand. Im Sandhang. 7. North Rock. Grobsand-Schill aus 7 m Wassertiefe.

Parotoplana bermudensis tritt nur vereinzelt im eulitoralen Sandhang auf (Tobacco Bay; Harrington Sound: Mylords Bay). Die Art siedelt dagegen mit hoher Abundanz in den der Gezeitenzone seewärts folgenden sublitoralen Sedimenten (Mittelsand, Grobsand, Schill); hier wurde sie in küstenferner Region bis in 7 m Wassertiefe nachgewiesen (North Rock).

In der ufernahen Verbreitung ist *Parotoplana bermudensis* auf geschützte, mittel- bis schwach-lotische Strände beschränkt. Die Art fehlt in den stark exponierten Brandungsufern an der Südseite der Insel.

Das skizzierte ökologische Verhalten stimmt sehr gut mit der Verteilung von *Parotoplana turgida* Ax & Ax, 1974 im Galapagos-Archipel überein.

Material: Lebendbeobachtungen

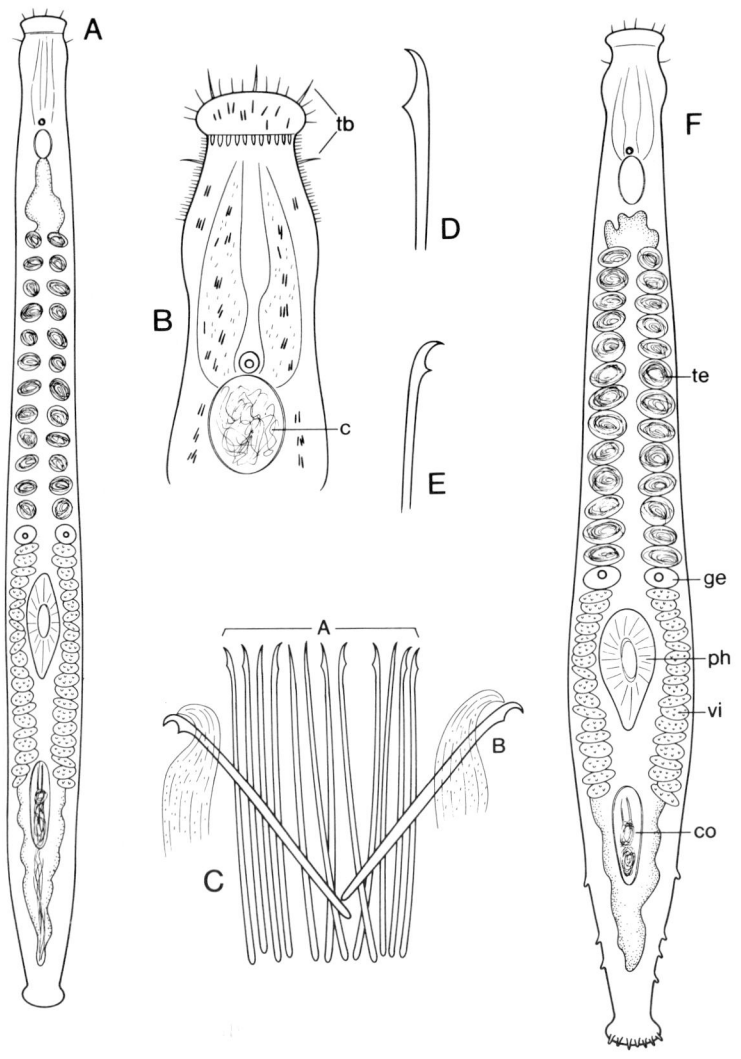

Abb. 5. *Parotoplana bermudensis*. A. – Habitus. – B. Vorderende. – C. Stilettapparatur. – D. Distalende einer Nadel der Gruppe A. – E. Distalende einer Nadel der Gruppe B. – F. Organisation. – A, C, D, E (Achilles Bay North); B und F (Tobacco Bay).

Körperlänge 2 – 2,5 mm. Das Vorderende ist wie bei *P. turgida* zwischen Köpfchen und der Statocyste deutlich angeschwollen (Abb. 5 B). In Übereinstimmung mit dieser Art ist ferner nur 1 Paar Tastborsten im Bereich des rostralen Wimperbandes entwickelt. Mit ventraler Haftpapillenreihe am Ende des Köpfchens und verbreiteter Schwanzplatte.

Männliche Geschlechtsorgane. 12 – 14 Paar große Hodenfollikel befinden sich in zwei Reihen im Vorderkörper.

Nach der Analyse von Populationen verschiedener Fundorte ergibt sich folgendes konstantes Bild über die Nadeln des Begattungsorgans (Abb. 5 C; 6).

Gruppe A. Ganz überwiegend 12 Nadeln mit geringer Variation. Ein Exemplar von Achilles Bay North mit 11 Nadeln; ein Individuum aus der Tobacco Bay mit 13 Nadeln.

Länge der Nadeln konstant um 60 – 62 µm. Alle Nadeln mit kräftigem keilförmigen Vorsprung unterhalb der leicht gebogenen Spitze.

Gruppe B. Zwei kürzere und etwas dickere Nadeln. Länge konstant 50 µm. Terminal stärker gebogen als die Nadeln der Gruppe A; unter der Spitze ragt ein schlanker Sporn horizontal ab. Am distalen Ende inserieren „Sekretfahnen" der Kornsekretdrüsen. Entsprechende Verhältnisse belegen die Mikrofotografien von *P. turgida* (Ax & Ax 1974, Fig. 5).

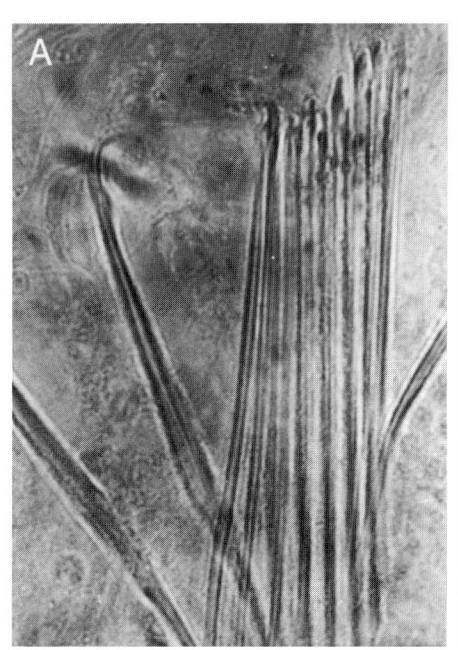

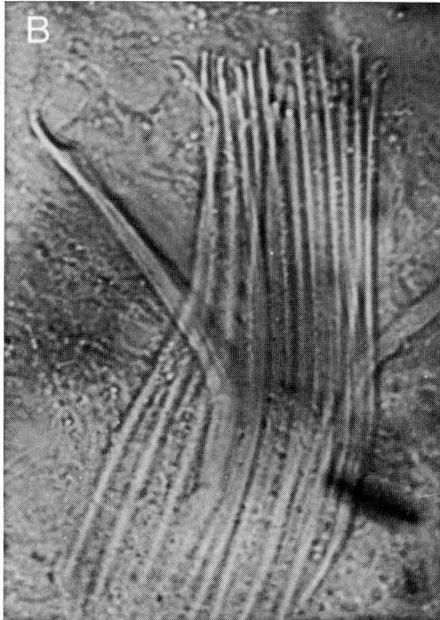

Abb. 6. *Parotoplana bermudensis*. A. Stilettapparatur (North Rock). – B. Nadeln der Gruppe A (Tobacco Bay).

Die Vesicula granulorum ist in Form eines Schlauches entwickelt. Die sackförmige Vesicula seminalis kann eine leichte Einschnürung in der Mitte aufweisen.

Weibliche Geschlechtsorgane. Die Germarien liegen im Anschluß an die Hodenfollikel ein Stück vor dem Pharynx. Unmittelbar darauf folgen die paarigen Stränge der Vitellarienfollikel; sie reichen bis zur Höhe des Kopulationsorgans.

Diskussion: *Parotoplana bermudensis* zeigt weitreichende Übereinstimmungen mit der Galapagos-Art *P. turgida*. Vom Habitus heben wir die Anschwellung am Vorderende hervor.

Wie beim Artenpaar *Kata galea* und *K. galapagoensis* ist auch für das Artenpaar *Parotoplana bermudensis* und *P. turgida* die Identität in der ökologischen Existenz herauszustellen. Beide Arten besiedeln mittlere bis grobe Sedimente des Sublitorals in unmittelbarem Anschluß an die Gezeitenzone.

Minutiöse Unterschiede zwischen den Populationen von Bermuda und Galapagos bestehen in 3 Merkmalen:

(1) Hodenfollikel. Nicht mehr als 12 – 14 Paare bei *P. bermudensis* gegenüber ca. 20 Paaren bei *P. turgida*.

(2) Maße der Nadeln des Begattungsorgans. Länge in der Gruppe A bei *P. bermudensis* nur 60 – 62 µm gegenüber 72 – 76 µm bei *P. turgida*; Länge der Gruppe B nur 50 µm gegenüber 63 µm bei *P. turgida*.

(3) Nadelfortsatz in der Gruppe B. Bei *P. bermudensis* ein spitzer Sporn, bei *P. turgida* ein breiter Keilfortsatz.

Die genannten Differenzierungen bilden nach der Bearbeitung zahlreicher Individuen aus den beiden Insel-Arealen konstante Größen und verbieten die Vereinigung der Populationen von Bermuda und Galapagos in einem Art-Taxon; diese müssen vielmehr als Äquivalente von zwei reproduktiv isolierten Arten interpretiert werden.

Parotoplana lata nov. spec.

(Abb. 7)

Fundorte: North Rock (Locus typicus). Grobsand-Schill aus ca. 7 m Wassertiefe. Die Art fehlt in den küstennahen Sedimenten des Eulitorals und Sublitorals.

Material: Lebendbeobachtungen

Große Art von 3 – 4 mm Länge mit breitem, platten Körper. Obwohl auch hier das Vorderende im Anschluß an das Köpfchen leicht verbreitert ist, unterscheidet sich *P. lata* in den Körpermaßen deutlich vom Artenpaar *P. bermudensis* und *P. turgida*.

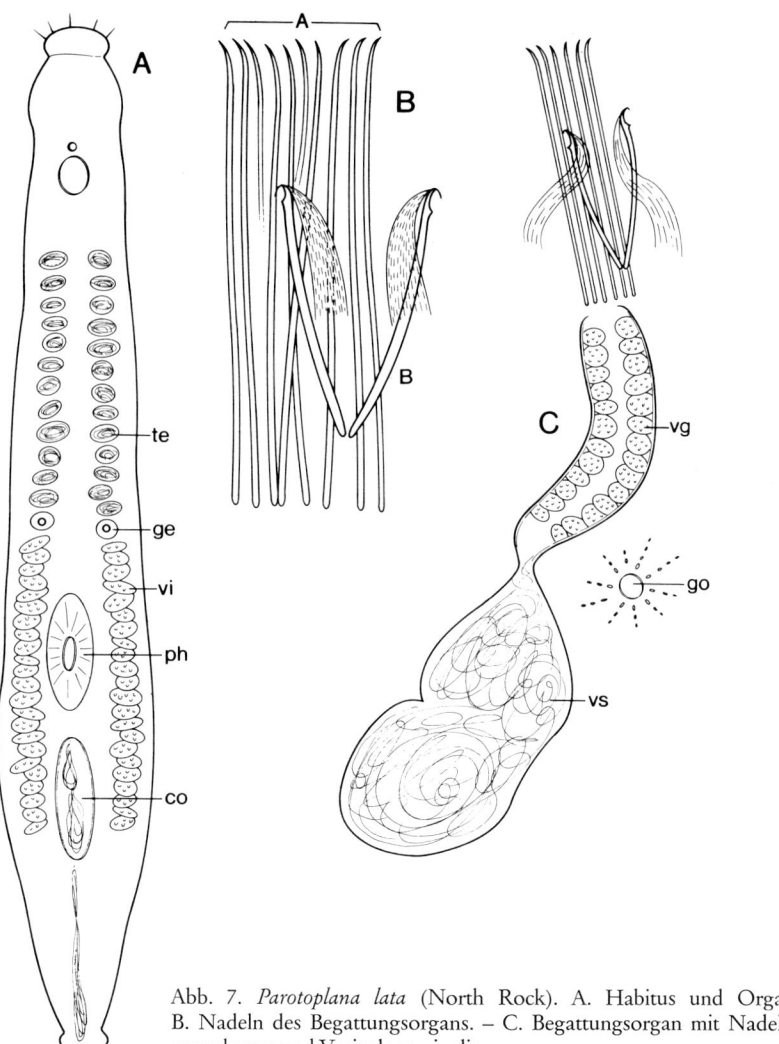

Abb. 7. *Parotoplana lata* (North Rock). A. Habitus und Organisation. – B. Nadeln des Begattungsorgans. – C. Begattungsorgan mit Nadeln, Vesicula granulorum und Vesicula seminalis.

In der Anordnung der Geschlechtsorgane zeichnet sich nur ein unbedeutender Unterschied zu *P. bermudensis* ab; die Germarien liegen ein Stück weiter vor dem Pharynx.

Nadeln des Begattungsorgans

Gruppe A: 10 schlanke Nadeln von 85 – 100 μm Länge mit leicht gebogener Spitze. Unterhalb der Spitze kein Fortsatz.

Gruppe B: 2 dicke Nadeln von 50 – 55 μm Länge. Die Spitze ist stark gebogen; unterhalb dieser steht ein kleiner Keil.

Diskussion: Im Vergleich mit *Parotoplana bermudensis* und *P. turgida* erwachsen aus den klaren quantitativen Unterschieden der Größe und Breite des Körpers und den damit korrelierten Dimensionen der Nadelgruppe A die wesentlichen arttrennenden Merkmale. Ferner besteht die Nadelgruppe A bei *P. lata* nur aus 10 Nadeln gegenüber 12 Nadeln bei *P. bermudensis* und *P. turgida*. Schließlich tragen diese Nadeln bei *P. lata* keinen Vorsprung unterhalb der Spitze.

Parotoplana subtilis nov. spec.

(Abb. 8)

Fundorte: 1. Windsor Bay (Locus typicus). Sehr feiner Sand des Gezeitenbereiches. 2. Natural Arches. Fein-Mittelsand der Brandungszone; Feinsand 15 m Entfernung vom Ufer, 1,5 m Wassertiefe. 3. Warwick Long Bay Beach. Feinsand 4 – 5 m Entfernung vom Ufer, 1,5 m Wassertiefe. 4. John Smith's Bay. Sehr feiner Sand aus der Brandungszone. 5. Shelly Bay Beach. Feinsand 30 m Entfernung vom Ufer, 50 cm Wassertiefe.

Parotoplana subtilis kann als Charakterart der Feinsande extrem lotischer Sandstrände vom Bermuda charakterisiert werden. Sie siedelt hier überwiegend in den küstennahen sublitoralen Feinsanden, dringt aber auch unmittelbar in die Brandungszone vor.

Nur in der Shelly Bay Beach wurde *P. subtilis* im Feinsand eines schwächer lotischen Strandes nachgewiesen. Sie tritt hier zusammen mit *P. mollis* auf.

Material: Lebendbeobachtungen

Sehr schlanker, extrem haftfähiger Organismus von maximal 1,5 mm Körperlänge. Im rostralen Wimperband unterhalb des Köpfchens stehen 1 Paar stärkerer und 2 Paar schwächerer Tastborsten (Abb. 7 B). Terminal ist eine Schwanzplatte mit Haftpapillen abgesetzt. Daneben sind einzelne Haftpapillen über den Körper verstreut; bei der Anheftung ziehen sie die Haut zipfelförmig aus (Abb. 7 D).

Pharynx relativ weit vorne, nur ein Stück hinter der Körpermitte gelegen.

Im Aufbau der Geschlechtsorgane bestehen folgende artspezifischen Besonderheiten. Es sind nur 6 Paar Hodenfollikel vorhanden, angeordnet in zwei regelmäßigen Reihen im Vorderkörper. Die Germarien liegen auffallend weit vor dem Pharynx. Die an sie anschließenden Vitellarienstränge ziehen kontinuierlich nach hinten und enden in Höhe des Begattungsorgans.

Nadeln des Begattungsorgans (Abb. 8 E – H).

Gruppe A: Nach Bestimmungen an zahlreichen Individuen sind ganz überwiegend 10 Nadeln entwickelt. Die Zahl ist indes nicht völlig konstant. Bei 2 Tieren wurden nur 8 Nadeln gezählt, bei 2 weiteren Exemplaren 11 Nadeln

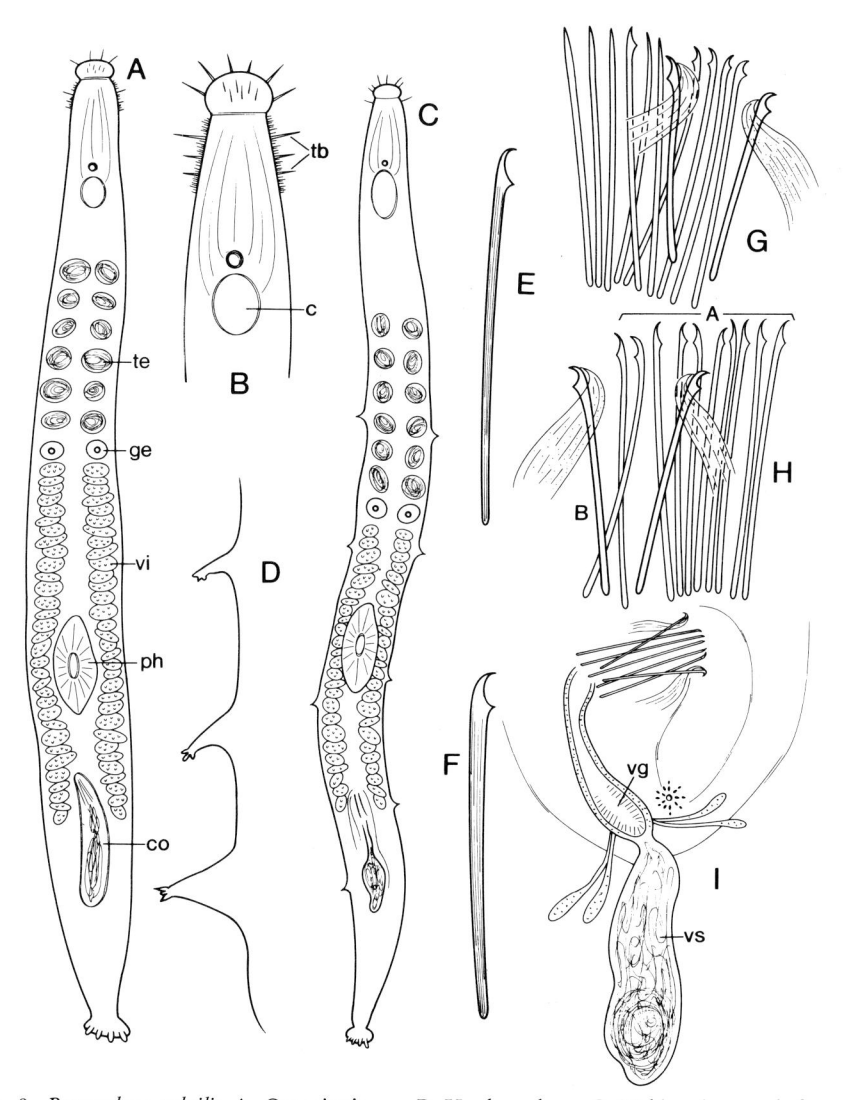

Abb. 8. *Parotoplana subtilis*. A. Organisation. – B. Vorderende. – C. Habitus im angehefteten Zustand. – D. Zipfelförmig ausgezogene Haut mit Haftpapillen. – E. Nadel der Gruppe A. – F. Nadel der Gruppe B. – G und H. Nadelapparatur. – I. Begattungsorgan mit Nadelkranz, Vesicula granulorum und Vesicula seminalis. – A, B, E, F (John Smith's Bay); C, D, G, I (Windsor Bay); H. (Shelly Bay Beach).

beobachtet. Länge stets zwischen 45 und 50 μm. Die schlanken Nadeln tragen unter der schwach gebogenen Spitze einen kleinen Keilvorsprung.

Gruppe B. Zwei kräftigere Nadeln von durchgehend 40 μm Länge. Mit stärkerem Keilvorsprung unterhalb der gebogenen Spitze. Wieder inserieren

„Sekretfahnen" an diesen beiden Nadeln. Die Vesicula granulorum und die Vesicula seminalis sind beide schlauchartig gestreckt, letztere ist dabei stärker angeschwollen.

Diskussion: Mit der geringen Körpergröße sind bei *P. subtilis* die kleine Zahl von 6 Paar Hodenfollikeln und die kleinen Dimensionen des Nadelapparates konstant korreliert. In der Kombination dieser 3 Größen ergeben sich klare Unterschiede zu den übrigen Arten der „Turgida-Gruppe" des Taxon *Parotoplana*.

Parotoplana mollis nov. spec.
(Abb. 9)

Fundorte: 1. Shelly Bay Beach. Feinsand 20 – 30 m Entfernung vom Ufer, 0,5 – 1,5 m Wassertiefe. 2. Whalebone Bay (Locus typicus). Feinsand 30 m Entfernung vom Ufer, 50 cm Wassertiefe.

P. mollis wurde nur an schwächer lotischen Sandstränden der Nordseite von Bermuda nachgewiesen. Sie fehlt in den stark exponierten Sandstränden der Südseite.

Material: Lebendbeobachtungen

Kleine grazile Art von 1,5 mm Körperlänge, die habituell kaum von *P. subtilis* zu unterscheiden ist. Im Bereich des rostralen Wimperbandes wurde nur 1 Paar Tastborsten beobachtet.

In der Anordnung der Gonaden zeigt *P. mollis* das verbreitete Muster des Taxons *Parotoplana*. Im Anschluß an 10 – 11 Paar Hodenfollikel liegen die Germarien dicht vor dem Pharynx; hier resultiert ein klarer Unterschied zu *P. subtilis*. Die Vitellarienstränge ziehen von den Germarien bis in die Höhe des Begattungsorgans.

Nadelapparatur (Abb. 9 B)

P. mollis besitzt einen Kranz von 13 – 16 relativ langen und untereinander gleichförmigen Nadeln. Bestimmungen der Zahl der Kranznadeln einzelner Individuen ergaben folgende Werte: 2 × = 13, 1 × = 14, 1 × = 15, 1 × = 16. Die Länge der Kranznadeln variiert zwischen 60 und 70 µm; häufigster Wert = 65 µm. Die distal schwach gebogenen Nadeln tragen einen kleinen Keilvorsprung.

Daneben existiert konstant eine einzige dicke Nadel von 55 µm Länge, an welcher auch bei *P. mollis* eine „Sekretfahne" ansetzt. Die distal stärker gebogene Nadel besitzt einen kräftigen Keil.

Diskussion: Es liegt nahe, den Kranz gleichförmiger Nadeln von *P. mollis* mit der Nadelgruppe A sowie die einzige abweichende Nadel von *P. mollis* mit

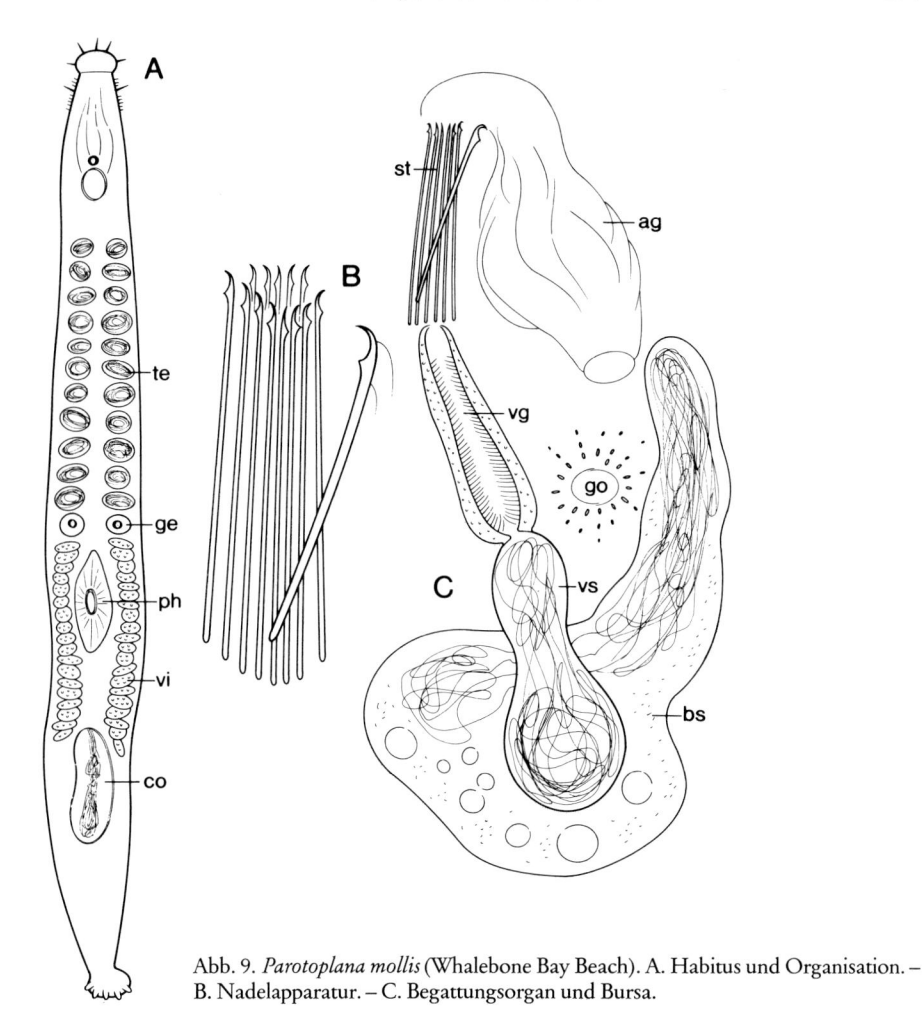

Abb. 9. *Parotoplana mollis* (Whalebone Bay Beach). A. Habitus und Organisation. – B. Nadelapparatur. – C. Begattungsorgan und Bursa.

der Nadelgruppe B der „Turgida-Gruppe" zu homologisieren. Da wir jedoch über die Richtung der Veränderung der Nadelzahl in den beiden Gruppen keine Aussagen machen können, sind Überlegungen zum Verwandtschaftsverhältnis von *P. mollis* zur „Turgida-Gruppe" vorläufig nicht begründbar. In jedem Fall setzt sich *P. mollis* über die artspezifische Ausgestaltung der Nadelapparatur deutlich gegen die 4 Arten der „Turgida-Gruppe" ab. Engere Beziehungen zu anderen *Parotoplana*-Arten ohne Trichterrohr im Begattungsorgan sind nicht erkennbar.

Zusammenfassung

In den Sandstränden von Bermuda leben 4 Arten des Plathelminthen-Taxons Otoplanidae mit charakteristischen Unterschieden in ihrer ökologischen Verteilung.

Kata galea nov. spec. ist ein Repräsentant stark exponierter Brandungsstrände an der Südseite von Bermuda; nur ein Fundort liegt im Norden der Insel (Achilles Bay North). Das Siedlungsareal ist auf Mittel- bis Grobsande des eulitoralen Brandungsufers beschränkt.

Parotoplana bermudensis nov. spec. ist eine Charakterart mittel- bis schwachlotischer Strände; sie fehlt an den Südständen der Insel. Ebenso wie *Kata galea* ist auch *P. bermudensis* an Mittel- und Grobsande gebunden. Das Siedlungsareal der Art reicht von der unteren Gezeitenzone (selten) über ufernahe sublitorale Sedimente (hohe Abundanz) in das küstenferne Sublitoral von North Rock.

Parotoplana subtilis nov. spec. ist eine ausgeprägte Feinsand-Art der stark exponierten Südstrände von Bermuda. Sie wurde hier wiederholt in der Brandungszone nachgewiesen, siedelt vor allem aber im ufernahen Feinsand des Sublitorals. Nur ein Fund stammt von einem weniger exponierten Strand (Shelly Bay Beach).

Das Vorkommen von *Parotoplana mollis* nov. spec. ist gleichfalls auf Feinsandböden limitiert. Im Gegensatz zu *P. subtilis* tritt *P. mollis* aber ausschließlich im ufernahen Sublitoral mittellotischer Strände des Nordens von Bermuda auf.

Zwei weitere Otoplanidae siedeln im küstenfernen Sublitoral von North Rock in mehreren Metern Wassertiefe. *Xenotoplana tridentis* nov. spec. und *Parotoplana lata* nov. spec. sind mit breiten, platten Körpern an das vergleichsweise großräumige Lückensystem im Schill adaptiert.

Im Hinblick auf die phylogenetischen Verwandtschaftsbeziehungen der 6 neuen Arten von Bermuda sind im Stand der Untersuchungen die folgenden Aussagen möglich.

Zwei Arten zeigen hohe strukturelle Übereinstimmungen mit ökologisch stellenäquivalenten Arten aus dem Galapagos-Archipel. Diese Artenpaare sind *Kata galea* (Bermuda) und *Kata galapagoensis* (Galapagos) sowie *Parotoplana bermudensis* (Bermuda) und *Parotoplana turgida* (Galapagos).

Xenotoplana tridentis läßt sich einwandfrei in das Taxon *Xenotoplana* einordnen, welches seinerseits gut als ein Monophylum begründet ist. *Xenotoplana* war bisher nur mit 2 Arten aus sublitoralen Grobsanden des Mittelmeeres bekannt.

Die 4 Arten *Parotoplana turgida* (Galapagos) sowie *P. bermudensis*, *P. lata* und *P. subtilis* (Bermuda) bilden zusammen wahrscheinlich eine monophyletische Artengruppe innerhalb des Taxons *Parotoplana*. Als eine Autapomorphie dieser „Turgida-Gruppe" wird die übereinstimmende Grundstruktur der penialen

Hartgebilde aus einem Nadelkranz mit 10 – 12 größeren, schlanken Nadeln und 2 kürzeren, dicken Nadeln interpretiert.

Parotoplana mollis setzt sich mit einem Kranz aus 13 – 16 langen, untereinander gleichförmigen Nadeln und nur einer kurzen Nadel stärker gegen die „Turgida-Gruppe" des Taxons *Parotoplana* ab.

Abkürzungen in den Abbildungen

ag	Atrium genitale	st	Stilettapparatur
bs	Bursalorgan	tb	Tastborsten
c	Gehirn	te	Testes
co	Begattungsorgan	tr	Trichterrohr
ds	Ductus spermaticus	va	Vagina
ge	Germar	vg	Vesicula granulorum
go	Geschlechtsöffnung	vi	Vitellarien
ph	Pharynx	vs	Vesicula seminalis

Literatur

Ax, P. (1956): Monographie der Otoplanidae (Turbellaria). Morphologie und Systematik. Akad. d. Wiss. u. d. Lit. Mainz. Abhandl. Math. Naturw. Kl. Jg. 1955, Nr. **13**, 1 – 298.

– (1984): Das phylogenetische System. Systematisierung der lebenden Natur aufgrund ihrer Phylogenese. G. Fischer, Stuttgart, New York, 349 p.

Ax, P. & R. Ax (1974): Interstitielle Fauna von Galapagos. V. Otoplanidae (Turbellaria, Proseriata). Mikrofauna Meeresboden **27**, 1 – 28.

Ax, P., E. Weidemann & B. Ehlers (1978): Zur Morphologie sublitoraler Otoplanidae (Turbellaria, Proseriata) von Helgoland und Neapel. Zoomorphologie **90**, 113 – 133.

Marcus, E. (1949): Turbellaria Brasileiros (7). Bol. Fac. Fil. Ciênc. Letr. Univ. Sao Paulo. Zoologica **14**, 7 – 156.

– (1950): Turbellaria Brasileiros (8). Bol. Fac. Fil. Ciênc. Letr. Univ. Sao Paulo. Zoologica **15**, 5 – 192.

Prof. Dr. Peter Ax und *Dr. Beate Sopott-Ehlers*,
II. Zoologisches Institut und Museum der Universität Göttingen
Berliner Straße 28, D-3400 Göttingen

Carolinorhynchus follybeachensis gen. et sp. n. (Schizorhynchia, Plathelminthes) from the Coast of South Carolina, USA

Uwe Noldt

Contents

Abstract	283
A. Introduction	284
B. Results	284
I. Diagnosis of *Carolinorhynchus* gen. n.	284
II. Description	284
III. Discussion	291
Zusammenfassung	294
Acknowledgements	295
Abbreviations in the Figures	295
References	295

Abstract

The eulittoral species *Carolinorhynchus follybeachensis* gen. et sp. n. is described from South Carolina, USA. It is characterized by an unarmed proboscis (predominant in the taxon Schizorhynchidae Graff, 1905) and by the unique constricted male copulatory bulb. The long, cylindrical proximal part of the bulb has a specific muscle mantle. The short, ovoid, weakly muscular distal section contains complicated hard structures consisting of a stylet, an armed cirrus, and a hardened penis papilla. In the overall organization *C. follybeachensis* shows affinities to species of the schizorhynchid taxa *Proschizorhynchus* Meixner, 1928, *Neoschizorhynchus* Schilke, 1970, *Trapichorhynchus* Marcus, 1949, *Coagulescorhynchus* Noldt et Hoxhold, 1984, and *Proschizorhynchella* Schilke, 1970.

A. Introduction

Only a few studies on species of the taxon Schizorhynchia Meixner, 1928 (Kalyptorhynchia, Plathelminthes) from the coasts of the USA have been published in the last 15 years. Electron-microscopic investigations of Kalyptorhynchia Schizorhynchia have been conducted on the proboscis (RIEGER & DOE 1975; DOE 1976), the spicular structures (RIEGER & STERRER 1975), and the adhesive organs (TYLER 1976). Light-microscopic studies and descriptions of new material of Schizorhynchia are limited to 3 species only (cf. DOE 1974; DEAN 1980). The description of *Carolinorhynchus follybeachensis* gen. et sp. n. is based on live observations and studies of whole-mounted specimens.

B. Results

I. Diagnosis of *Carolinorhynchus* gen. n.

Filiform species. Slender proboscis ($\hat{=}$ 1/20 of body length). Two pigmented eyes. Rosulate pharynx on the border of the anterior and medial body thirds, with postpharyngeal gland sac. One pair of praepharyngeal testes. Proximal part of male copulatory bulb elongated and cylindrical; with peripheral longitudinal muscle layer, an underlying circular musculature, an undeterminable matrix, an inner layer of longitudinal fibers, and a thickened basal lamina surrounding the central ejaculatory duct. No prominent prostatic glands. Distal part of copulatory bulb ovoid; with only a peripheral layer of longitudinal fibers. Copulatory hard structures consist of a tapering stylet (medially with external cone), an eversible spiny cirrus (length of spines distally increasing), and a hardened, rectangular penis papilla. Single common genital orifice. Thin, tubiform, (hardened?) internal vagina. Spermatic duct not hardened, proximally a fine long canal. Unpaired germarium. Paired vitellaria. Vagina and sperm duct embedded in a bursal tissue. No uterus. Three girdles of adhesive papillae.

Type species: *Carolinorhynchus follybeachensis* sp. n. (with the same diagnosis).

II. Description

Carolinorhynchus follybeachensis gen. et sp. n.

(Figs. 1 – 15, Table 1)

Locality: Folly Beach, South Carolina, USA (see Fig. 1). Lower beach slope close to the lighthouse (N 32° 40' 50"/W 79° 53' 20"). Sampled sand from the upper 10 cm of watersaturated sediment (medium grain size). Leg.: Monika Hilker (Dec. 6. 1984).

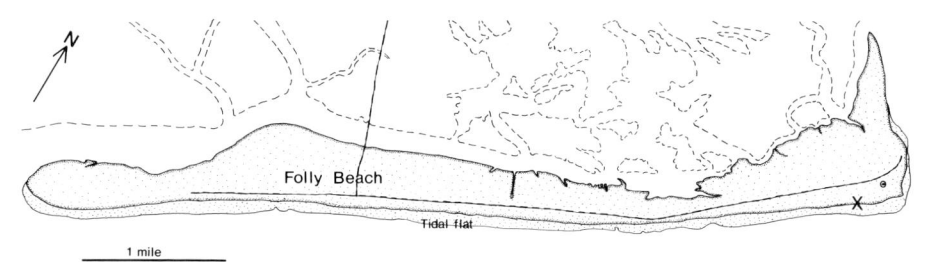

Fig. 1. Folly Island, South Carolina. Map redrawn from "James Island Quadrangle" (X = locus typicus, O = Loran Tower).

Material: Live observations and phase-contrast studies. 12 specimens found, 4 of them juveniles. 7 specimens (2 juveniles) embedded in polyvinyl-lactophenol (= whole mounts). Holotype (P 1941) and 6 paratypes (P 1942 – P 1947) deposited at the "Zoologisches Museum der Universität Göttingen". For comparison, type material and/or personally collected material from the sublittoral of Sylt (North Sea) of the following species was studied: *Neoschizorhynchus longipharynggus* Schilke, 1970, *N. brevipharynggus* Schilke, 1970, *N. parvorostro* Ax et Heller, 1970, *Psammorhynchus tubulipenis* Meixner, 1938, and several *Proschizorhynchus*-species (cf. NOLDT 1985).

Methods: The animals were extracted from the sediment with the SMB-method (NOLDT & WEHRENBERG 1984) and a modified seawater-ice-method (UHLIG 1964, 1968) at the II. Zoological Institute at Göttingen (Dec. 8. 1984).

Carolinorhynchus follybeachensis is a slender species of 2 – 3 mm body length and a medial diameter of about 120 μm (Figs. 2, 5, 7). The species is colorless or light brownish. Two pigmented eyes (e) are located in the frontal portion of the brain. The pigment granules are situated either in an oval, a reniform, or a circular aggregation (respective measures are: length/width of 14/9 μm or 13/9 μm, or a diameter of 11 μm).

Three girdles of adhesive papillae exist (Fig. 2): a) caudally of the rosulate pharynx (apa), with 8 (or 10) papillae; b) near the proximal end of the copulatory bulb (apm), with 8 (or 10) papillae; and c) subterminally at the posterior body end (app), with 6 (or 8) papillae (in parentheses: possible number of papillae in case of the lateral ones overlapping each other). The caudal adhesive papillae are ovoid (20 × 12 μm), the papillae of the other girdles are round (diameter: 12 μm). The caudal body tip, slightly triangular due to the caudal adhesive girdle, is filled with glands (cgl; function probably adhesive). At the anterior body tip, long tactile cilia are located. The 4 – 5 μm thick epidermis contains small round granules of unknown quality.

The bodies of the 150 – 200 μm long frontal glands (fgl) are located laterally to the brain (cer), extend slightly caudad, and their ducts run laterally frontad (Fig. 2). Their orifices seem to be located lateral to the proboscis pouch (prp) at the anterior body tip. The proboscis pouch reaches the basal third of the proboscis. Near the tip of the proboscis lips, the pouch wall is thickened and contains nuclei (Fig. 9). Slightly caudal to this area, dilatator muscles (dm) insert.

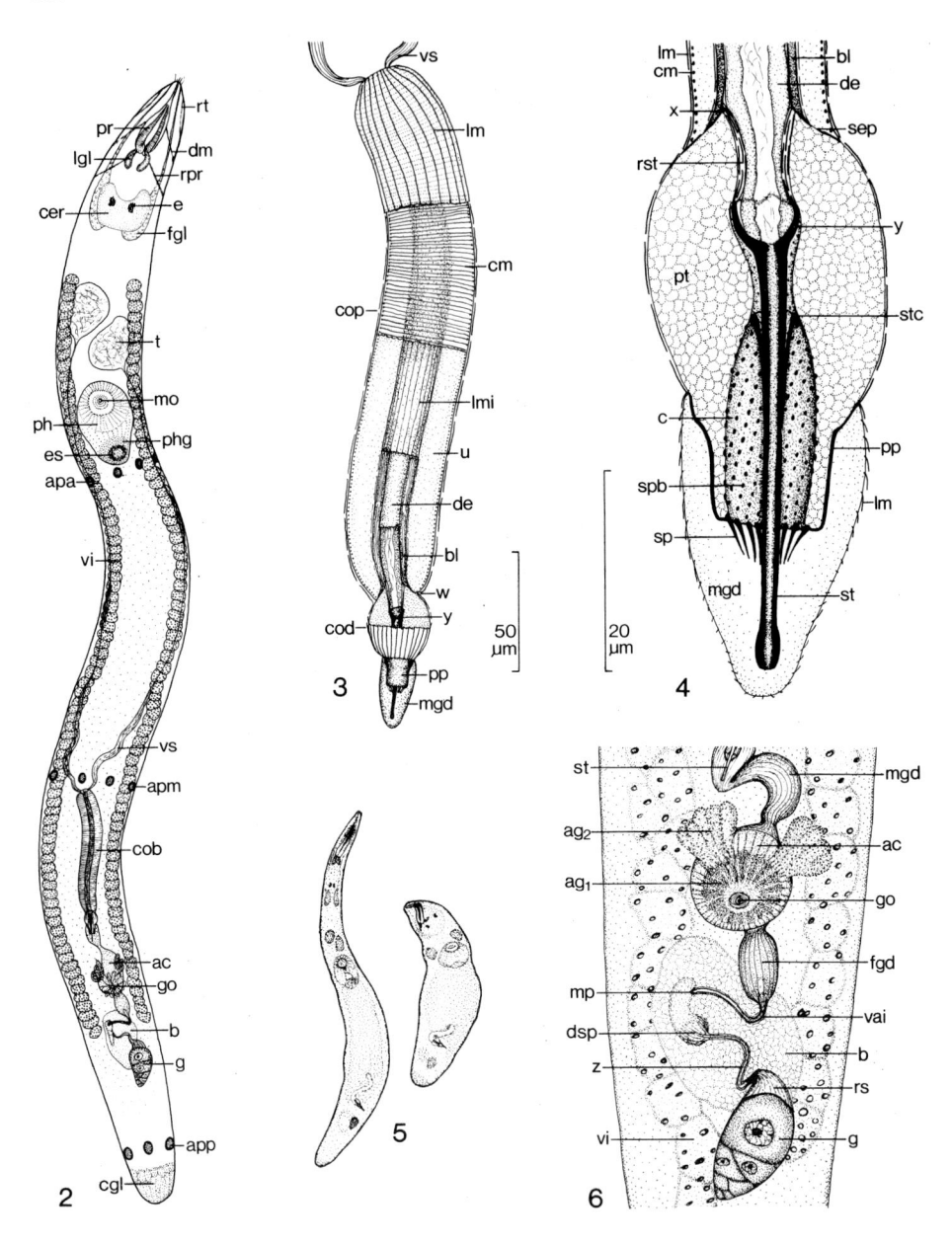

Figs. 2–6. *Carolinorhynchus follybeachensis*. – 2. Organization. – 3. Copulatory bulb (layers successively removed from top to bottom). – 4. Distal part of copulatory bulb with hard structures (only the distal spines are shown). – 5. Habitus (one specimen). – 6. Genital organs (ventral view). (All drawings, but 5., combined from live observations and phase-contrast studies.)

The anterior body tip is often invaginated, which is caused by integument retractors (rt). The lateral proboscis glands (lgl) are 30 – 50 μm long and open near the basal part of the pharynx pouch discharging secretion granules (sec) between the proboscis lips (Fig. 9).

The proboscis (pr; Figs. 2, 9) is slender and 97 – 115 mm long (approximately 1/20 of the body length). In the basal parts of the proboscis lips a muscle-free reticulum is located. The retractors of the proboscis (rpr) run from the basis caudad to the body wall.

The longish or ovoid rosulate pharynx (ph; Figs. 2, 10) is located on the border of the anterior and medial body thirds. The mouth opening (mo) is displaced frontad. The pharynx bulb is inclined to the dorsoventral body axis. The wall of the short pharynx pouch is not folded. A strong sphincter marks the mouth opening.

The dimensions of the pharynx bulb measured from 2 specimens are (length/diameter): 110/80 μm (live specimen) and 140/90 μm (whole mount). Ventrocaudal a postpharyngeal gland sac (phg) is incorporated in the pharynx bulb; its diameter is about 40 – 50 μm. The gland sac was found protruding caudad in all living specimens (Fig. 10). The esophagus (es) is separated from the pharynx bulb by a sphincter.

The paired testes (t) are located in front of the pharynx: the right one always (slightly) posterior to the left one (Fig. 2). The lateral deferent ducts are visible due to randomly located sperm accumulation. Caudally in the middle third of the body the 110 – 160 μm long seminal vesicles (vs) originate from the deferent ducts; they are covered by a fine longitudinal musculature.

The vesiculae seminalis open separately into the terminal part of the copulatory bulb (cob) and unite interiorly to form the axial ejaculatory duct (Figs. 2, 3, 8, 12). The average length of the bulb, including the distal copulatory hard structures, is 180 – 220 μm (see Table 1). Prostatic glands have not been found in the vicinity of the proximal copulatory bulb; they are either minute in size or entirely missing. A sheath of longitudinal muscles (lm) covers the entire bulb (Figs. 3, 4). Only in the proximal part of the copulatory bulb there is a underlying mantle, which consists of an outer circular muscle layer (cm), a medial matrix of undeterminable consistency (u), an inner layer of longitudinal fibers (lmi), and a thickened basal lamina (bl).

The long proximal part of the copulatory bulb (cop) is 5 or 6 times longer than the distal ovoid part (cod) and has an average diameter of 21 – 27 μm. The diameter of the distal part is 18 – 24 μm. The 2 parts are separated from each other by a narrowed transition zone (w; Figs. 3, 4, 12). This area marks the distal end of the circular muscle layer and of the thickening of the basal lamina (x). The latter continues as a thin septum with a longitudinal muscle layer (sep) to

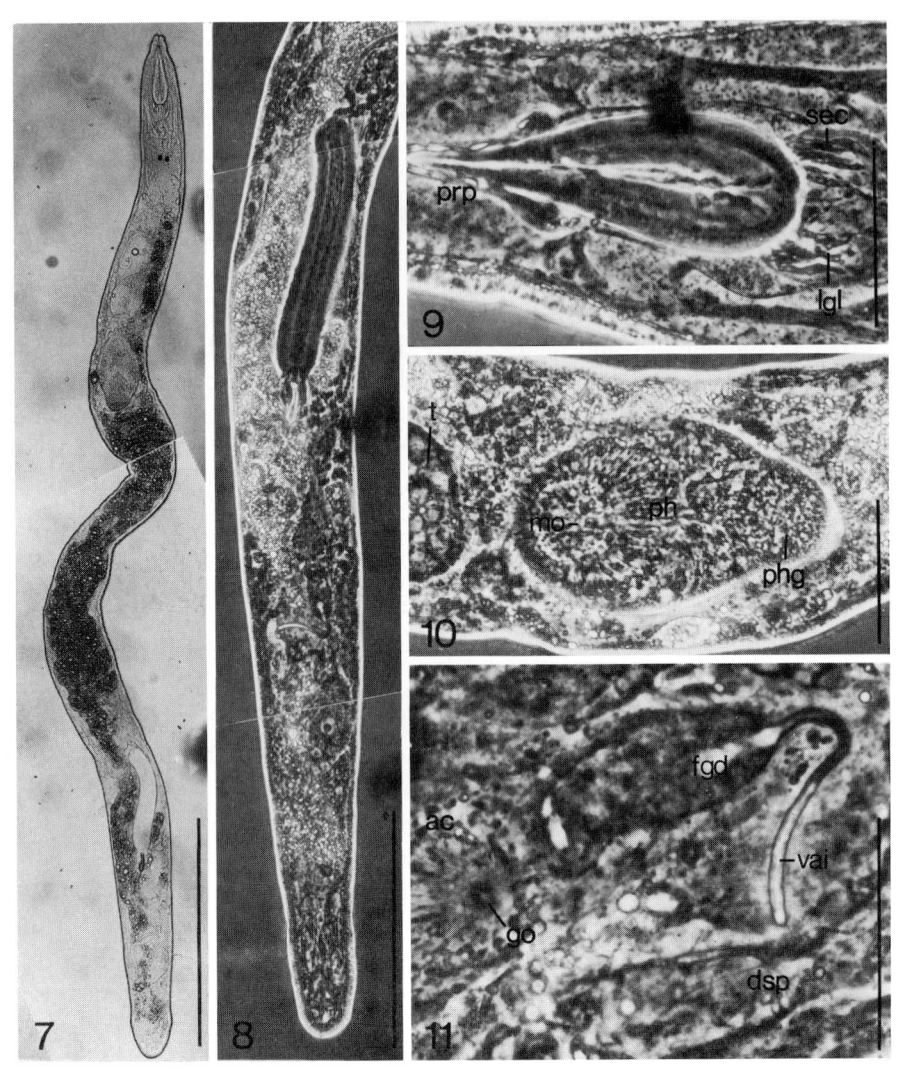

Figs. 7–11. *Carolinorhynchus follybeachensis.* – 7. Anaesthetized, slightly squeezed specimen. – 8. Posterior body end with genital organs. – 9. Proboscis. – 10. Rosulate pharynx (dorsal view). 11. Distal female genital organs.
Scales: 7.) 500 μm; 8.) 200 μm; 9.) – 11.) 50 μm.

the inner wall of the distal part of the copulatory bulb. At the narrowing of the basal lamina longitudinal muscles – the stylet retractors (rst) – insert and run caudad to the stylet.

The ejaculatory duct (de; Figs. 3, 4, 12) has a thin epithelium and runs centrally in the copulatory bulb. Its diameter is about 1/3 of the width of the

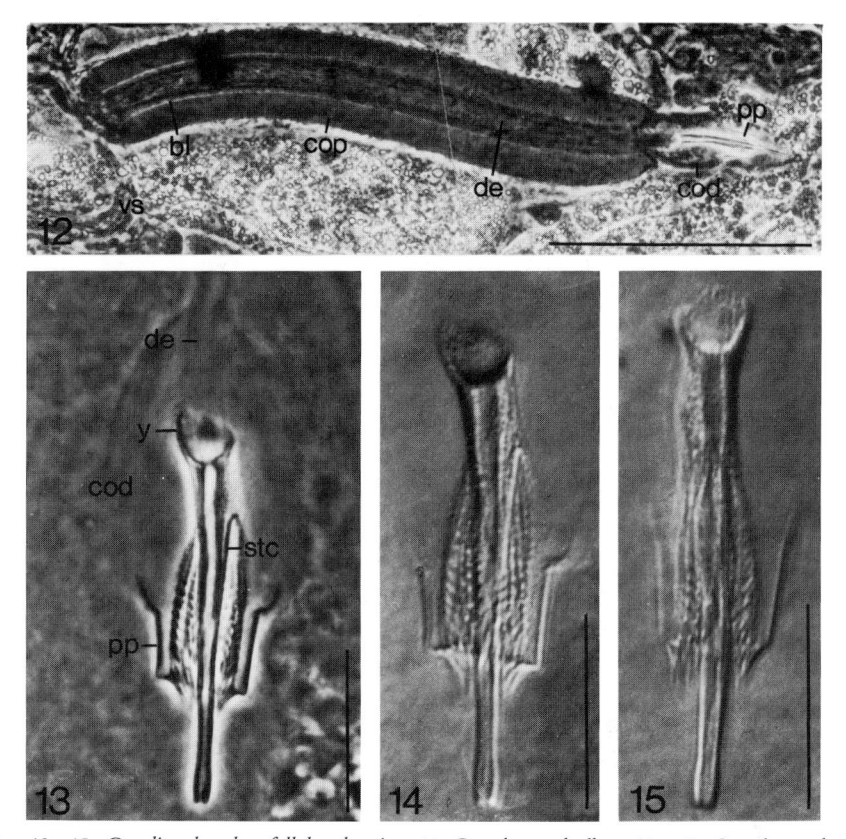

Figs. 12 – 15. *Carolinorhynchus follybeachensis.* – 12. Copulatory bulb. – 13. – 15. Copulatory hard structures. (12., 13. phase-contrast microscopy; 14., 15. interference-contrast microscopy of 2 different specimens.)
Scales: 12.) 100 μm; 13.) – 15.) 20 μm.

proximal bulb. In the transition zone the ejaculatory duct narrows and leads into the stylet (its further course is undeterminable). The distal part of the copulatory bulb encloses a fine granular matrix (pt) without nuclei, which is probably equivalent to the parenchymatic tissue of other species (Figs. 4, 12, 13).

The stylet (st) is 46 – 50 μm long (Figs. 3, 4, 12 – 15). The proximal part of the stylet is bowl-shaped (y). The "bowl" is 4.5 – 5.5 μm long, its proximal width is 6.5 – 8.0 μm. The rim is not straight, but irregularly indented (Figs. 4, 13 – 15). The wall of the "bowl" is thin compared with its thickened bottom, which has only a small opening.

The tip of the distally tapering stylet is slightly enlarged and thick-walled. About 10 – 12 μm distad from the proximal rim of the stylet an enigmatic structure occurs (stc; Figs. 4, 13, 14). Although shaped like the winding of a "spiralized stylet" or like long slightly bent needles on both sides of the stylet, it is most probable that the structure is an exterior cone, since its distal, pointed part joins the medial stylet wall (Figs. 13, 14).

The cirrus sheath (c) inserts at the proximal end of the stylet. Proximally the sheath is dotted (evidently small "hooklets" with size beneath light-microscopic level). Distally of the exterior stylet cone, the dots on the cirrus are larger, being the bases of spines of undeterminable length. The bases of the spines (spb) form 15 to 20 slightly spiralized rows with about 14 spines in each row (Fig. 4). The distally protruding spines (sp) are 3.5 – 4.5 µm long, the proximal spines are shorter. At the insertion level of the distal spines, the cirrus sheath evaginates to form the penis papilla (pp). The latter is rectangular and hardened (Figs. 13 – 15, Table 1). The penis papilla is located in the male genital duct (mgd). The longitudinal musculature of the duct is continuous with that of the copulatory bulb.

Table 1: *Carolinorhynchus follybeachensis*. Sizes of male copulatory organs in µm, measured on whole mounts of 5 adult specimens. (L length; Ø diameter; pr proximal; di distal; B bowl-shaped proximal part of stylet.)

Type-No.	Copulatory Bulb			Stylet				Cirrus	Penis papilla		
	L	Ø	Ødi	L	Øpr	Ødi	L(B)	L	L	Øpr	Ødi
P 1941	220	26.0	24.0	49.5	6.5	2.0	5.5	32.5	14.5	15.5	11.0
P 1942	220	27.0	24.0	46.0	8.0	2.0	4.5	31.0	15.5	16.5	10.0
P 1943	180	23.0	18.0	48.0	6.5	2.0	5.5	31.0	13.0	14.0	9.0
P 1944	175	21.0	18.0	47.0	6.5	2.0	4.5	32.5	16.5	14.0	10.0
P 1945	300	17.0	22.0	47.0	7.5	2.0	5.5	32.0	13.0	16.5	11.0

The male genital duct (Figs. 2, 6) opens into the voluminous common atrium (ac), which is covered with longitudinal musculature. At least 2 groups of different atrial glands exist. One roset-like group with fine secretion granules (ag$_1$) surrounds the ventral part of the atrium, the other group (ag$_2$) seems to be located laterally on both sides. The common genital orifice (go) is provided with a strong sphincter.

The female genital duct (fgd) originates from the caudal region of the atrium. It is an ellipsoid organ with a covering of longitudinal musculature (Figs. 6, 11). In live specimens a pale central region is observed in the proximal part of the organ, which is continuous with the 55 – 70 µm long internal vagina (vai). This structure is sharply contoured and strongly refracting (Figs. 8, 11), presumably hardened, and it has a diameter of 3 – 4 µm. Its proximal end – the mouth piece of the vagina (mp) – is slightly narrowed or pointed. It terminates in an ovoid structure, which is proximally characterized by a vacuolar portion with a cover of longitudinal musculature, the non-hardened sperm duct (dsp). Proximally this structure narrows to a long canal (z), which is not refracting and not distinctly set off against the surrounding bursal tissue (b). The tubular proximal part of the sperm duct is about as long as the vagina and is enveloped by a layer of longitudinal muscles. It increases proximally to the seminal receptacle (rs), which is located anteriorly to the single germarium (g).

The vitellaries (vi) consist of 2 lateral branches extending from the testes to the germarium (Fig. 2). Vitelloducts and their openings were not found.

III. Discussion

Copulatory bulb

The most distinctive character of *Carolinorhynchus follybeachensis* is the structure of the copulatory bulb. In all species of Schizorhynchidae Graff, 1905 the bulb is undivided, uniform, and mostly ovoid (elongated only in *Neoschizorhynchus longipharynggus* Schilke, 1970 and *N. brevipharynggus* Schilke, 1970). In all taxa of Schizorhynchia external prostatic glands open into the copulatory bulb, forming internally a usually voluminous prostatic vesicle around the ejaculatory duct (cf. KARLING 1956, 1980). Furthermore, in species of the taxa *Proschizorhynchus* Meixner, 1928, *Typhlorhynchus* Laidlaw, 1902, *Coagulescorhynchus* Noldt et Hoxhold, 1984, and *Proschizorhynchella* Schilke, 1970 border cells are reported surrounding the proximal part of the ejaculatory duct (L'HARDY 1965; SCHILKE 1970 a; KARLING 1981; NOLDT & HOXHOLD 1984).

In contrast, the copulatory bulb of the new species *C. follybeachensis* is divided in 2 parts, one long, tubiform proximal part and a short ovoid distal part. I have searched in vain for external prostatic glands at the proximal end of the bulb. Furthermore, no internal granular prostatic glands are detectable: neither in a typical globular and voluminous aggregation (e. g. *Proschizorhynchus gullmarensis* Karling, 1950), nor in a coil as described in *N. longipharynggus* (SCHILKE 1970 a, p. 211).

The distal part of the copulatory bulb is characterized by structures commonly found in the taxa *Proschizorhynchus, Typhlorhynchus, Neoschizorhynchus* Schilke, 1970, and *Proschizorhynchella*, e. g. a stylet combined with cirrus and hardened penis papilla and a parenchymatic tissue (SCHILKE 1970 a; KARLING 1981; NOLDT 1985).

It is interesting that the proximal part of the copulatory bulb of *C. follybeachensis* most resembles the bulb of the eukalyptorhynch species *Psammorhynchus tubulipenis* Meixner, 1938, which was reinvestigated by KARLING (1956, pp. 259–263; 1964, pp. 172–175). In the proximal copulatory bulb of *C. folly-*

beachensis, as well as in the entire bulb and seminal vesicle of *P. tubulipenis,* a thickened basal lamina occurs, which envelops the central ejaculatory duct. The basal lamina continues to form the outer layer of the distal copulatory bulb in *C. follybeachensis,* whereas in *P. tubulipenis* it is continuous with that of the common atrium (KARLING 1956, p. 263). A thickened basal lamina in the copulatory bulb is unknown in any other schizorhynchid species, including *N. longipharynggus.* The internal cylinder of the thickened basal lamina and the ejaculatory duct is surrounded by a mantle of peripheral longitudinal and circular muscle layers, an inner longitudinal musculature, and an intermediate layer. However, without histological studies the quality of that layer cannot be determined.

The similar construction of the copulatory bulbs is an analogous feature of the schizorhynchid *Carolinorhynchus follybeachensis* and the eukalyptorhynch *Psammorhynchus tubulipenis.*

Copulatory hard structures

The copulatory hard structures of *C. follybeachensis* are specific. It must be emphasized, that the proximal part of the stylet is bowl-shaped, indented irregularly at its rim, and that medially an external stylet cone exists. The penis papilla is hardened and rectangular, and resembles those penis papillae found in *Proschizorhynchus* and *Typhlorhynchus* (cf. NOLDT 1985).

Female genital organs

The female organs of *C. follybeachensis* strongly resemble those described for *N. longipharynggus* (SCHILKE 1970 a, pp. 211 – 213, fig. 37). Based on the live and phase-contrast studies of *C. follybeachensis* the 2 species differ in (features of *N. longipharynggus* in parentheses):

a) an internal vagina originating in the female genital duct, which is distinctly demarcated from the common atrium (internal vagina originates in a posterior part of the atrium).

b) the quality of the wall of the vagina: a muscle layer is undetectable (layer of longitudinal muscle exists).

c) the quality of the spermatic duct: only the proximal thickened part is covered by longitudinal musculature (open distal part, medially with thick muscle covering, distally 3 nuclei and a separating septum).

d) the number of canals leading to the germarium: one duct with longitudinal muscle fibers enlarges proximally to a seminal receptacle located anteriorly to the germarium (2 thin canals with a fine muscular cover, no enlarged receptacle).

SCHILKE (l. c., p. 212) found in most of the sectioned material that the vagina does not terminate directly at the insemination canal; this is also found in one specimen of *C. follybeachensis* (i. e., Paratype P 1945; Fig. 11). The female organs of *Trapichorhynchus tapes* Marcus, 1949 are similar to those of *N. longipharynggus* (KARLING 1983), and thus show high conformity with *C. follybeachensis* as well, especially with respect to the single canal ("insemination canal"; KARLING l. c., fig. 2) originating from the "small chamber" located at the proximal part of the thick-walled internal vagina.

Pharynx

The ovoid pharynx bulb of *C. follybeachensis* is inclined in relation to the horizontal axis of the body. This is reported, for example, from species of the taxa *Proschizorhynchus (P. triductibus* Schilke, 1970 and *P. gullmarensis), Proschizorhynchella (P. echinulata* L'Hardy, 1965 and *P. helgolandica* L'Hardy et Karling 1965), and the 3 species of the taxon *Neoschizorhynchus* (SCHILKE 1970 a, pp. 212, 214, figs. 36 A, 38 A; AX & HELLER 1970, p. 38, fig. 17 A).

N. longipharynggus is characterized by its long pharynx pouch. Furthermore, there are prominent "Körnerkolben" at the distal part of the intestine, whereas in *N. brevipharynggus* and *N. parvorostro* Ax et Heller, 1970 these structures are smaller (SCHILKE 1970 a, p. 212; AX & HELLER 1970, p. 38; own observation).

In several species of the taxa *Proschizorhynchus* and *Proschizorhynchella* postpharyngeal gland sacs are found (one especially prominent and protruding in *Proschizorhynchella bivaginata* Schilke, 1970). At the ventrocaudal part of the pharynx bulb of *C. follybeachensis* an aggregation of secretion material is found as well. Its shape resembles the postpharyngeal bulbs of *Proschizorhynchella nahantensis* and *Proschizorhynchus gullmarensis* (DOE 1974, fig. 5; KARLING 1950, fig. 10 A); a probable homology of these structures, however, must remain unsolved until histological evidence is found.

Proboscis

No differences in the general organization of this organ is found when comparing *C. follybeachensis* to other above mentioned taxa of Schizorhynchidae. The proboscis is slender, unarmed, and semicircular in cross-section. The lateral proboscis glands have a fine muscle cover, which occurs in species of the taxa *Proschizorhynchus, Proschizorhynchella, Neoschizorhynchus, Trapichorhynchus,* and *Paraschizorhynchoides* as well (KARLING 1961, pp. 255, 260; SCHILKE 1970 b, pp. 120 – 123, 125; KARLING 1983, p. 78, fig. 3).

Adhesive organs

In *C. follybeachensis* 3 girdles of adhesive papillae exist. Three girdles of adhesive papillae, although differing in number of papillae, are predominant in the taxon *Proschizorhynchus,* and characteristic for *Trapichorhynchus tapes* and *N. brevipharynggus,* whereas in *P. gullmarensis,* in *N. longipharynggus,* and in the majority of *Proschizorhynchella*-species 2 girdles of papillae exist (SCHILKE 1970 a, pp. 210, 214; DOE 1974, p. 108; KARLING 1983, p. 78).

Conclusions

From the above it is obvious, that *C. follybeachensis* shares several features with different species of the taxa *Neoschizorhynchus, Trapichorhynchus,* and *Proschizorhynchus.* Based on my current studies on Kalyptorhynchia from the sublittoral near Sylt (North Sea), the latter taxa, together with the taxa *Typhlorhynchus, Proschizorhynchella, Coagulescorhynchus,* and probably *Paraschizorhynchoides,* form a group of taxa, which share the following characters:
a) a slender unarmed proboscis (lacking secondarily in *Typhlorhynchus),*
b) proboscis lips semicircular in cross-section,
c) the lack of a postcerebral septum, and
d) the lack of a thick muscle layer covering the lateral proboscis glands.

Nevertheless, the copulatory bulb is the most distinctive character of the taxon *C. follybeachensis* gen. et sp. n., although further analysis, especially a phylogenetic evaluation of the systematic position of the monotypic taxon, must be postponed until histological data are available.

Zusammenfassung

Die in einem Strand von Folly Beach (South Carolina/USA) gefundene Art *Carolinorhynchus follybeachensis* nov. gen. nov. spec. wird in das Taxon Schizorhynchidae Graff, 1905 eingeordnet. Die Species weist einen unbewaffneten Spaltrüssel auf und ist charakterisiert durch den in 2 Abschnitte gegliederten Kopulationsbulbus. Der proximale Teil ist ein langer, zylindrischer Schlauch mit einem spezifischen Muskelmantel. Der kurze, kugelförmige distale Teil ist gekennzeichnet durch komplizierte Hartstrukturen, die aus einem Stilett, einem mit Stacheln bewaffneten Cirrus und einer verhärteten Penispapille bestehen. Die Art *C. follybeachensis* zeigt Übereinstimmungen mit Arten der Taxa *Proschizorhynchus* Meixner, 1928, *Neoschizorhynchus* Schilke, 1970, *Trapichorhynchus* Marcus, 1949, *Coagulescorhynchus* Noldt et Hoxhold, 1984 und *Proschizorhynchella* Schilke, 1970.

Acknowledgements

Thanks to Monika Hilker for sampling the sediment, to the Dr. Frank Heinsohn family of Folly Beach for sending maps and material, to Daniel F. Whybrew for checking the manuscript, to Volker Lammert for discussions, and to Ruth Grahneis, Dorothea Bürger and Bernd Baumgart for technical assistance. To Professor Peter Ax I wish to express my gratitude for his consistent support in every way.

Abbreviations in the Figures

ac	common atrium	mo	mouth opening
$ag_{1,2}$	atrial glands	mp	mouth piece of internal vagina
apa	anterior girdle of adhesive papillae	ph	rosulate pharynx
apm	medial girdle of adhesive papillae	phg	postpharyngeal gland sac
app	posterior girdle of adhesive papillae	pp	penis papilla
b	bursal tissue	pr	proboscis
bl	thickened basal lamina of copulatory bulb	prp	proboscis pouch
		pt	"parenchymatic tissue"
c	cirrus (sheath)	rpr	proboscis retractor muscles
cer	brain	rs	seminal receptacle
cgl	caudal glands	rst	stylet retractor muscles
cm	circular muscles (or musculature)	rt	integument retractor muscles
cob	copulatory bulb	sec	secretion particles
cod	distal part of copulatory bulb	sep	septum and muscle layer
cop	proximal part of copulatory bulb	sp	distal spines of cirrus
de	ejaculatory duct	spb	bases of cirrus spines
dm	dilatator muscles of proboscis pouch	st	stylet
dsp	spermatic duct	stc	medial stylet cone
e	pigmented eyes	t	testis
es	esophagus	u	tissue of proximal copulatory bulb
fgd	female genital duct	vai	internal vagina
fgl	frontal glands	vi	vitellaria, vitellocyte
g	germarium	vs	seminal vesicle
go	common genital opening	w	transition zone between parts of copulatory bulb
lgl	lateral proboscis glands		
lm	longitudinal muscles (or musculature)	x	distal part of thickened basal lamina
lmi	inner longitudinal musculature	y	bowl-shaped proximal part of stylet
mgd	male genital duct	z	proximal part of spermatic duct

References

Ax, P. & R. Heller (1970): Neue Neorhabdocoela (Turbellaria) vom Sandstrand der Nordsee-Insel Sylt. Mikrofauna Meeresboden 2, 1 – 46.

Dean, H. K. (1980): *Parathylacorhynchus reidi* gen. et sp. n., a schizorhynchid (Turbellaria, Kalyptorhynchia) from the coast of Maine, USA. Zool. Scr. 9, 5 – 9.

Doe, D. A. (1974): Two new *Proschizorhynchus* species from the coast of Massachusetts, USA (Turbellaria, Kalyptorhynchia). Zool. Scr. 3, 101 – 110.

– (1976): The proboscis hooks in Karkinorhynchidae and Gnathorhynchidae (Turbellaria, Kalyptorhynchia) as basement membrane or intracellular specializations. Zool. Scr. **5**, 105 – 115.
L'HARDY, J.-P. (1965): Turbellariés Schizorhynchidae des sables de Roscoff. II. Le genre *Proschizorhynchus*. Cah. Biol. mar. **6**, 135 – 161.
KARLING, T. G. (1950): Studien über Kalyptorhynchien (Turbellaria). III. Die Familie Schizorhynchidae. Acta Zool. Fenn. **59**, 1 – 33.
– (1956): Morphologisch-histologische Untersuchungen an den männlichen Atrialorganen der Kalyptorhynchia (Turbellaria). Ark. Zool. **9**, 188 – 279.
– (1961): Zur Morphologie, Entstehungsweise und Funktion des Spaltrüssels der Turbellaria Schizorhynchia. Ark. Zool. **13**, 253 – 286.
– (1964): Über einige neue und ungenügend bekannte Turbellaria Eukalyptorhynchia. Zool. Anz. **172**, 159 – 183.
– (1980): Revision of Koinocystididae (Turbellaria). Zool. Scr. **9**, 241 – 269.
– (1981): *Typhlorhynchus nanus* Laidlaw, a kalyptorhynch turbellarian without proboscis (Platyhelminthes). Ann. Zool. Fenn **18**, 169 – 177.
– (1983): Structural and systematic studies on Turbellaria Schizorhynchia (Platyhelminthes). Zool. Scr. **12**, 77 – 89.
NOLDT, U. (1985): *Typhlorhynchus syltensis* n. sp. (Schizorhynchia, Plathelminthes) and the adelphotaxa-relationship of *Typhlorhynchus* and *Proschizorhynchus*. Microfauna Marina **2**, 347 – 370.
NOLDT, U. & S. HOXHOLD (1984): Interstitielle Fauna von Galapagos. XXXIV. Schizorhynchia (Plathelminthes, Kalyptorhynchia). Microfauna Marina **1**, 199 – 256.
NOLDT, U. & C. WEHRENBERG (1984): Quantitative extraction of living Plathelminthes from marine sands. Mar. Ecol. Prog. Ser. **20**, 193 – 201.
RIEGER, R. M. & D. A. DOE (1975): The proboscis armature of the Turbellaria Kalyptorhynchia. A derivative of the basement lamina? Zool. Scr. **4**, 25 – 32.
RIEGER, R. M. & W. STERRER (1975): New spicular skeletons in Turbellaria, and the occurence of spicules in marine meiofauna. Z. Zool. Syst. Evolut.-forsch. **13**, 207 – 248.
SCHILKE, K. (1970 a): Kalyptorhynchia (Turbellaria) aus dem Eulitoral der deutschen Nordseeküste. Helgol. wiss. Meeresunters. **21**, 143 – 265.
– (1970 b): Zur Morphologie und Phylogenie der Schizorhynchia (Turbellaria, Kalyptorhynchia). Z. Morph. Tiere **67**, 118 – 171.
TYLER, S. (1976): Comparative ultrastructure of adhesive systems in the Turbellaria. Zoomorphologie **84**, 1 – 76.
UHLIG, G. (1964): Eine einfache Methode zur Extraktion der vagilen, mesopsammalen Mikrofauna. Helgol. wiss. Meeresunters. **11**, 178 – 185.
– (1968): Quantitative methods in the study of interstitial fauna. Trans. Amer. Microsc. Soc. **87**, 226 – 232.

Dipl.-Biol. Uwe Noldt,
II. Zoologisches Institut und Museum der Universität Göttingen,
Berliner Straße 28, D-3400 Göttingen

Karyological study of three *Monocelis*-species, and description of a new species from the Mediterranean, *Monocelis longistyla* sp. n. (Monocelididae, Plathelminthes)

Paul M. Martens and Marco C. Curini-Galletti

Contents

Abstract	297
A. Introduction	298
B. Methods	298
C. Description of the new species	298
D. Karyological data	300
1. *Monocelis fusca*	300
2. *Monocelis lineata*	302
3. *Monocelis longistyla*	304
E. Discussion	305
Abbreviations in the Figures	306
Acknowledgements	307
References	307

Abstract

Monocelis longistyla sp. n. from litoral sandy habitats of the Mediterranean is described. The karyotypes of *Monocelis fusca*, *Monocelis lineata* and *Monocelis longistyla* sp. n. were analysed.

A basic karyotype for the genus *Monocelis* is postulated and its probable evolution from the basic karyotype of the family Monocelididae and within the genus is discussed. The karyotype of *M. longistyla* seems to have evolved from the basic *Monocelis* karyotype by pericentric inversions.

However from the analysis of the karyotype in different populations of *M. lineata* the species appeared not to be homogeneous (European populations versus the Canadian population).

A. Introduction

Our knowledge of the karyology within the genus *Monocelis* is limited: RUEBUSH (1938) reported the chromosome number n = 3; 2 n = 6 for *M. fusca* (without any description of the karyotype) and CURINI-GALLETTI et al. (1984) presented a description of the karyotype of *M. lineata* and of the new species which is described further on.

With the more extensive data which have now become available, some conclusions can be drawn on the possible karyological evolution within the genus and within the family.

B. Methods

The animals were extracted from algae, mussels or sediment with $MgCl_2$ (see MARTENS 1984).

Identification of the animals was performed on living material and the description of the new species is based on sectioned material as well. Animals were fixed in Bouin's fluid and serially sectioned (5 μm). Sections were stained with Heidenhain's iron hematoxylin. The relative pore distance is given according KARLING (1966).

Karyological analysis was carried out according to the method described in CURINI-GALLETTI et al. 1985. The idiograms are based on the mean values reported in tab. 1, 2 and 3. The chromosome nomenclature employed is that of LEVAN et al. 1964.

C. Description of the new species

Monocelis longistyla sp. n.

(Fig. 1)

Localities: Bay of Calvi (Corsica, France), medium sand with gravel, litoral, April 1984 (type locality); Bay of Portoferraio (Elba, Italy), sand with gravel, litoral, Oct. 1983; Punta Marina (Ravenna, Italy), fine sand, litoral, Nov. 1985.

Material: Several animals studied alive, 3 sectioned specimens, one of them designed as holotype (sectioned sagittally) and 3 whole mounts.

Description: The living animals are about 3 mm long, without pigment or eyes (Fig. 1 A). The anterior end is rounded and provided with well developed glands in front of the brain. The caudal end, very variable in appearance (Fig. 1 B) bears

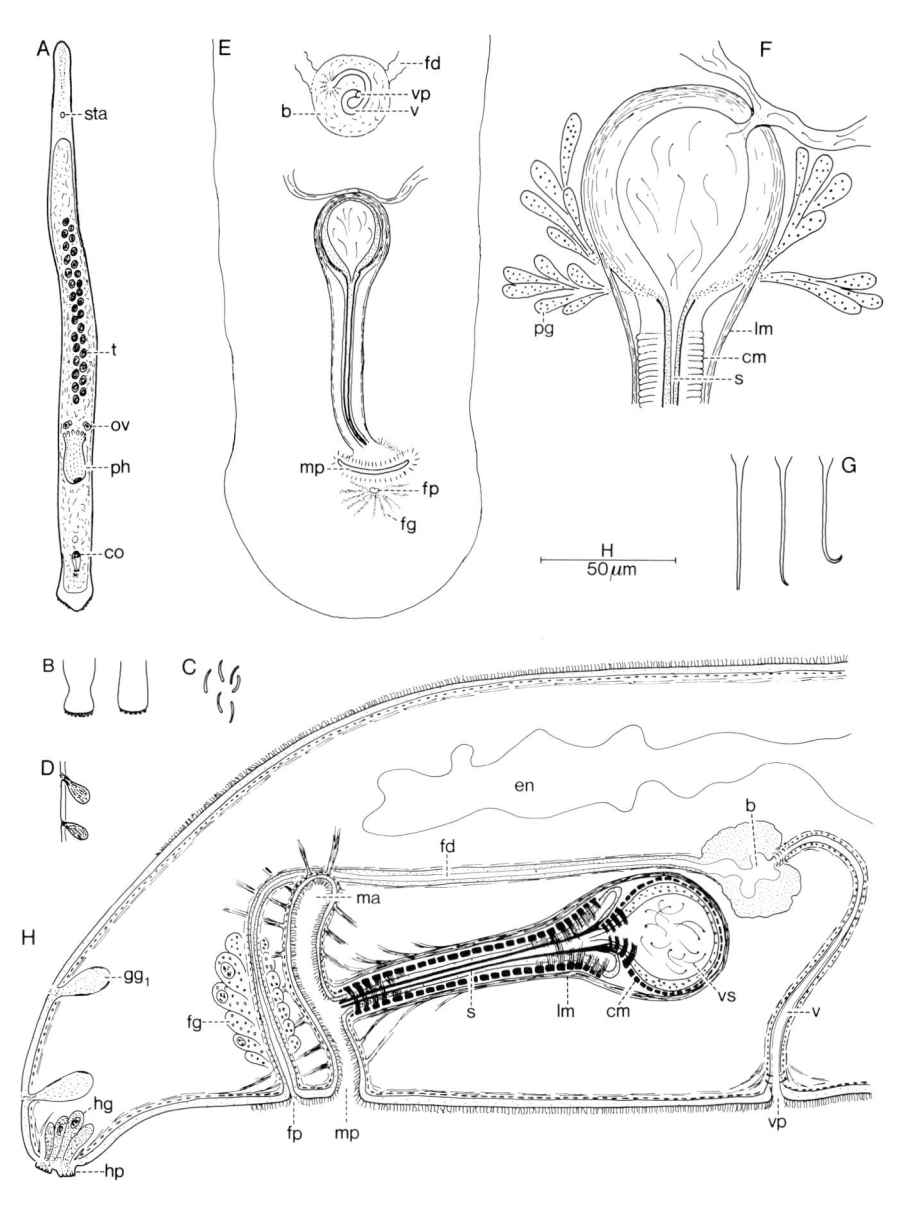

Fig. 1. *Monocelis longistyla* sp. n. A. Habitus. B. Shapes of tail. C. Rhabdites. D. Eosinophilous glands. E. Copulatory organs. F. Copulatory bulb. G. Differences in stylet shape. H. Reconstruction of the genital organs, from serial sections (seen from the right).

ventral and lateral adhesive papillae, and forms an adhesive disk. The epidermis, with depressed nuclei, is ciliated except in the caudal end and contains banana-shaped rhabdites over the whole body (Fig. 1 C). Small eosinophilous epidermal glands are present (Fig. 1 D). Some larger glands (gg_1) are present in the caudal tip (Fig. 1 H). The pharynx is situated in the last third of the body. The ovaria lie in front of the pharynx, and vitellaria run from the level of the first pair of testes till just in front of the copulatory organ. About 30 testes lie medially in two non-symmetrical rows anteriorly to the pharynx. The copulatory organ (Fig. 1 E and H) consists of a globular seminal vesicle in which prostatic glands discharge distally. The vesicle is surrounded by strong inner circular and outer longitudinal muscles which continue around the stylet sheath. The backwards orientated stylet in the three populations is 100 – 110 μm long. The distal end of the stylet is variable, due to the flexibility of the material (Fig. 1 F). The male atrium is large, with a ciliated epithelium surrounded by muscles, and communicates with the exterior via a wide pore. Several muscles insert on the wall of the atrium and run to the body wall or to the stylet sheath. These muscles make the atrium, the pore and even the whole posterior body part variable in aspect. In front of the copulatory bulb the common oviduct is differentiated into a large bursa of the resorbiens type with a long and slender vagina with muscular wall. In the living animal the vagina is spirally convoluted (Fig. 1 G). Behind the bursa, the female duct has a thin non-ciliated epithelium with a few muscles; it runs above the copulatory bulb and opens through the female pore which is surrounded by numerous erythrophilic glands.

Diagnosis: *Monocelis* species (3 mm long) without eyes or pigment. Copulatory bulb with a backwards orientated stylet of 100 – 110 μm. Large male atrium. Long muscular vaginal duct. Vaginal pore, male pore and female pore separated from each other. Pore relation a:b:c:d = 7:11:2:5.

D. Karyological data

1. *Monocelis fusca*

(Fig. 2, Table 1)

Material studied: List (Sylt, West-Germany), fine sand with mud, litoral, Sept. 1985, 6 specimens; Passamaquoddy bay (St. Andrews, East-Canada), on mussels, litoral, Aug. 1984, 3 specimens.

The populations from the North Sea (Sylt) and from the Canadian coast (Passamaquoddy bay) are not appreciably different in their karyotype. The complement is composed of three pairs of homologous chromosomes, the smallest pair being a little over 2/3 of the length of the largest pair.

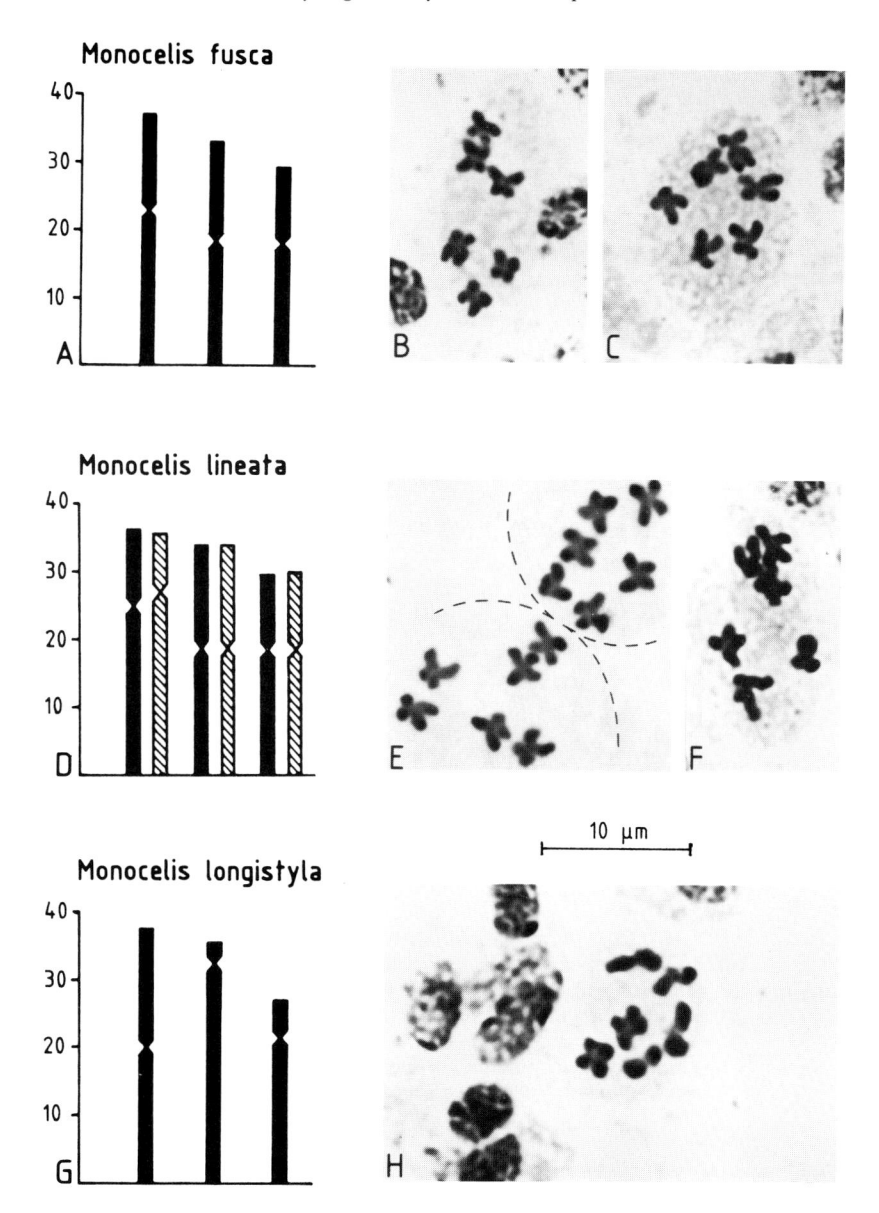

Fig. 2. Idiograms and plates from spermatogonial mitosis. *Monocelis fusca.* A. Idiogram. B. Plate from the Canadian population. C. Plate from the List population. *Monocelis lineata.* D. Idiogram of the European (black) and the Canadian (lined) populations. E. Two plates from the Calvi population. F. Plate from the Canadian population. *Monocelis longistyla.* G. Idiogram. H. Plate from the Portoferraio population.

Table 1: Karyometric data for the three chromosomes of the haploid set of *Monocelis fusca*. In parenthesis the number of metaphasic plates measured.

Population		Chromosome 1	Chromosome 2	Chromosome 3	Haploid genome size (μm)
Monocelis fusca					
List (16)	r. l.:	37.20 ± 1.31	33.30 ± 1.07	29.50 ± 1.28	
	c. i.:	39.11 ± 1.70	43.29 ± 2.21	38.61 ± 2.61	5.60 ± 0.55
	size (μm):	2.09 ± 0.22	1.86 ± 0.18	1.65 ± 0.20	
	nomencl.:	m	m	m	
Passamaquoddy	r. l.:	37.15 ± 1.29	33.05 ± 1.25	29.79 ± 1.72	
bay (13)	c. i.:	36.24 ± 2.10	44.74 ± 2.07	37.99 ± 3.71	7.15 ± 0.60
	size (μm):	2.66 ± 0.25	2.36 ± 0.20	2.13 ± 0.22	
	nomencl.:	sm	m	m	
means	r. l.:	37.18 ± 1.28	33.19 ± 1.14	29.63 ± 1.47	
	c. i.:	37.73 ± 2.38	43.99 ± 2.23	38.32 ± 3.14	6.30 ± 0.97
	size (μm):	2.34 ± 0.37	2.09 ± 0.31	1.87 ± 0.31	
	nomencl.:	m	m	m	

All chromosomes are metacentric, but chromosomes 1 and 3 are nearly submetacentric according to LEVAN et al. 1964 (c. i.: 37.73 and 38.32). The haploid genome has a mean absolute length of 6.30 μm.

2. *Monocelis lineata*

(Fig. 2, Table 2)

Material studied: Giglio Island (Tuscany, Italy), coarse sand, litoral, Dec. 1985, 4 specimens; Capraia Island (Tuscany, Italy), medium sand, litoral, May 1985, 5 specimens; S. Rossore (Tuscany, Italy), on mussels and algae, April 1984, 4 specimens; Bay of Calvi (Corsica, France), on coralline algae, litoral, April 1985, 4 specimens; Punta Marina (Ravenna, Italy), fine sand, litoral, Nov. 1985, 6 specimens; Cefalonia (Greece), coarse sand, Aug. 1981, 8 specimens; List (Sylt, West-Germany), fine sand with mud, Sep. 1985. 6 specimens; Passamaquoddy bay (St. Andrews, East-Canada), on mussels, litoral, Aug. 1984, 4 specimens.

The karyotypes in the seven European populations are highly similar and confirm the data of CURINI-GALLETTI et al. (1984) and of GALLENI & PUCCINELLI (1984). Relative and absolute lengths of the chromosomes are similar to those in *M. fusca*. Chromosomes 1 and 3 are, however, slightly more heterobrachial and submetacentric according to the classification of LEVAN et al. 1964 (c. i.: 31.37 and 36.79 resp.). In the Canadian population of *M. lineata*, however, chromosome 1 is subtelocentric with a c. i. = 23.49, which is significantly different from that in the European populations (t = 7.9546; p « 0.01). Canadian and European

Table 2: Karyometric data for the three chromosomes of the haploid set of *Monocelis lineata*. In parenthesis the number of metaphasic plates measured. * Recalculated from the data used by CURINI-GALLETTI et al. (1984) ** from GALLENI & PUCCINELLI (1984).

Population		Chromosome 1	Chromosome 2	Chromosome 3	Haploid genome size (μm)
Monocelis lineata					
Giglio Is. (14)	r. l.:	35.68 ± 1.10	34.12 ± 1.73	30.19 ± 1.56	
	c. i.:	32.68 ± 3.02	46.33 ± 2.26	36.72 ± 2.19	5.81 ± 0.58
	size (μm):	2.07 ± 0.23	1.97 ± 0.20	1.75 ± 0.22	
	nomencl.:	sm	m	sm	
Capraia Is. (11)	r. l.:	36.09 ± 1.03	33.95 ± 2.01	30.30 ± 1.44	
	c. i.:	31.40 ± 2.66	45.12 ± 1.87	35.76 ± 2.56	5.69 ± 0.37
	size (μm):	2.07 ± 0.18	1.91 ± 0.15	1.72 ± 0.13	
	nomencl.:	sm	m	sm	
S. Rossore (9)	r. l.:	36.01 ± 1.92	34.11 ± 0.83	29.88 ± 2.27	
	c. i.:	29.54 ± 1.42	45.98 ± 1.99	36.36 ± 3.04	6.34 ± 0.79
	size (μm):	2.28 ± 0.28	2.16 ± 0.21	1.89 ± 0.38	
	nomencl.:	sm	m	sm	
Bay of Calvi (14)	r. l.:	35.91 ± 2.07	34.49 ± 2.62	29.59 ± 2.05	
	c. i.:	31.52 ± 3.20	44.71 ± 2.29	38.49 ± 4.32	5.95 ± 0.44
	size (μm):	2.14 ± 0.22	2.05 ± 0.19	1.76 ± 0.19	
	nomencl.:	sm	m	m	
Punta Marina (9)	r. l.:	36.52 ± 0.99	34.54 ± 1.76	29.21 ± 1.43	
	c. i.:	31.65 ± 2.62	44.76 ± 2.02	37.31 ± 2.18	6.30 ± 1.16
	size (μm):	2.30 ± 0.43	2.17 ± 0.38	1.83 ± 0.38	
	nomencl.:	sm	m	sm	
Cefalonia * (10)	r. l.:	37.46 ± 1.47	33.61 ± 1.07	29.74 ± 1.51	
	c. i.:	31.06 ± 2.62	44.66 ± 2.49	35.07 ± 2.61	5.33 ± 0.65
	size (μm):	2.00 ± 0.28	1.79 ± 0.26	1.58 ± 0.19	
	nomencl.:	sm	m	sm	
List (9)	r. l.:	37.00 ± 1.52	33.83 ± 1.54	29.15 ± 2.30	
	c. i.:	31.48 ± 2.02	42.61 ± 2.46	36.74 ± 3.92	6.50 ± 1.12
	size (μm):	2.41 ± 0.45	2.19 ± 0.35	1.89 ± 0.37	
	nomencl.:	sm	m	sm	
Means of European populations	r. l.:	36.34 ± 1.51	34.11 ± 1.82	29.73 ± 1.80	
	c. i.:	31.37 ± 2.65	44.99 ± 2.40	36.79 ± 3.16	6.05 ± 0.83
	size (μm):	2.22 ± 0.33	2.08 ± 0.28	1.81 ± 0.28	
	nomencl.:	sm	m	sm	
Øresund **	r. l.:	35.12 ± 1.20	34.55 ± 3.49	30.35 ± 2.74	
	c. i.:	33.53 ± 4.70	45.01 ± 1.99	32.09 ± 5.29	
	nomencl.:	sm	m	sm	
Passamaquoddy bay (11)	r. l.:	35.71 ± 1.95	34.10 ± 1.41	30.18 ± 1.63	
	c. i.:	23.94 ± 3.09	45.85 ± 1.76	38.46 ± 2.95	7.25 ± 1.09
	size (μm):	2.57 ± 0.31	2.48 ± 0.44	2.19 ± 0.37	
	nomencl.:	st	m	m	

populations are similar as far as the relative lengths of all chromosomes and the morphology of chromosomes 2 and 3 are concerned.

Mean absolute lengths of the haploid genome are 6.05 μm for the European population and 7.25 μm for the Canadian population.

3. *Monocelis longistyla*

(Fig. 2, Table 3)

Material studied: Bay of Calvi (Corsica, France), medium sand with gravel, litoral, April 1984, 4 specimens (type locality); Bay of Portoferraio (Elba, Italy), sand with gravel, litoral, Oct. 1983, 3 specimens; Punta Marina (Ravenna, Italy), fine sand, litoral, Nov. 1985, 1 specimen.

The karyotype of the population from Portoferraio as presented by CURINI-GALLETTI et al. 1984, and that found in the Calvi population and in the individual from the Adriatic are the same. The relative lengths of the chromosomes are similar to that in *M. fusca* and *M. lineata*. As centromeric indices are concerned, chrom. 1 is metacentric, while the remaining two pairs are markedly heterobrachial: chrom. 2 is acrocentric and chrom. 3 subtelocentric (c. i. = 9.03 and 20.23 resp.).

Table 3: Karyometric data for the three chromosomes of the haploid set of *Monocelis longistyla*. In parenthesis the number of metaphasic plates measured. * Recalculated from the data used by CURINI-GALLETTI et al. (1984).

Population		Chromosome			Haploid genome size (μm)
		1	2	3	
Monocelis longistyla					
Bay of Calvi (8)	r. l.:	37.26 ± 2.07	36.01 ± 1.62	26.73 ± 1.43	
	c. i.:	45.42 ± 2.06	8.30 ± 2.29	22.45 ± 2.94	7.15 ± 1.22
	size (μm):	2.65 ± 0.38	2.58 ± 0.50	1.79 ± 0.52	
	nomencl.:	m	t	st	
Portoferraio *(5)	r. l.:	37.85 ± 2.91	35.03 ± 2.57	27.12 ± 1.03	
	c. i.:	48.05 ± 1.93	11.78 ± 4.97	18.70 ± 4.21	5.30 ± 0.75
	size (μm):	2.02 ± 0.35	1.84 ± 0.28	1.44 ± 0.17	
	nomencl.:	m	t	st	
Punta Marina (1)	r. l.:	38.52	34.97	26.50	
	c. i.:	46.10	6.25	14.43	5.38
	size (μm):	2.07	1.88	1.43	
	nomencl.:	m	t	st	
means	r. l.:	37.66 ± 2.37	35.45 ± 2.02	26.89 ± 1.25	
	c. i.:	46.63 ± 2.31	9.03 ± 3.27	20.23 ± 4.81	6.44 ± 1.39
	size (μm):	2.38 ± 0.46	2.26 ± 0.55	1.71 ± 0.38	
	nomencl.:	m	t	st	

E. Discussion

Within the genus *Monocelis* a close relationship may be supposed between *M. fusca* Örsted, 1843, *M. nitida* Riedl, 1959 and *M. longistyla* sp. n. based on the presence of a stylet. In *M. nitida* the stylet is orientated backwards, as in *M. longistyla*, but it is rather short and enclosed by a cuticular funnel (sheat) at its basis (RIEDL 1959).

For *M. fusca* a wide range in the length of the stylet is known (GRAFF 1913 reported lengths of 50 – 130 µm; DEN HARTOG 1964 mentioned two forms: one with a small stylet of less than 25 µm and the other one with a stylet varying between 70 – 85 µm). Any confusion between *M. fusca* and the new species is excluded by the absence of pigment, of an eyespot, by the number of testis, the long muscular vagina, the habitat, the karyotype ... It cannot be excluded that *M. longistyla* has in some instances been confused with *M. fusca*. It is also possible that *M. fusca* is a species-group as suggested by DEN HARTOG (1964).

In all the specimens we studied and in many specimens we observed in the North of France on other occasions the stylet was never longer than 40 µm. The karyotype in both populations of *M. fusca* also indicates that one single species is involved.

The karyotypes of the three *Monocelis* species are highly similar with respect to the absolute total genome length (*M. fusca*: 6.30 µm; *M. lineata*: 6.05 in the European populations and 7.25 in the Canadian population; *M. longistyla*: 6.44 µm), and they consist of a set of three chromosomes slightly differing in size, with the smallest about 2/3 the length of the largest one.

The karyotype of *M. fusca* and of the European *M. lineata* are strikingly similar. The corresponding chromosomes have the same relative length and the median ones even have the same centromeric index. The first and the third chromosomes in *M. lineata* are to be classified as "submetacentric" and those in *M. fusca* as "metacentric", according to LEVAN et al. 1964, but the centromeric index of these chromosomes are close to each other.

In the Canadian population of *M. lineata* the first chromosome is subtelocentric with a centromeric index of 23.94, which is obviously different from the centromeric index of 31.48 found in the European populations (see further below).

When the karyotype of *M. longistyla* is compared with that of the other two species it is clear that small chromosome rearrangements must have taken place, such as pericentric inversions, known to have occurred during speciation in many turbellarian groups (see BENAZZI 1976, 1982; GALLENI & PUCCINELLI 1981, 1986). More sophisticated karyological analysis as e. g. chromosome banding are necessary to be affirmative on exactly what processes are involved.

In order to establish which of both karyotypes (*M. lineata* - *M. fusca* or *M. longistyla*) is the basic one, related genera of the Monocelididae must be taken into consideration. From our data on species in at least six different genera (CURINI-GALLETTI et al. 1985, 1987 in press; MARTENS et al. 1987 in press) we can hypothesize a basic karyotype for the Monocelididae (plesiomorphic within the family, perhaps an autapomorphy for the family). This basic karyotype consists of one large metacentric chromosome, a medium sized metacentric chromosome and a subtelo- to acrocentric small chromosome (Fig. 3 A). A translocation from the large to the small chromosome would result in a karyotype (Fig. 3 B) in which the relative length of the three chromosomes is as found in the genus *Monocelis:* a first metacentric to submetacentric chromosome, a second metacentric chromosome (unchanged) and a third metacentric (submetacentric) chromosome. This is the karyotype as it is found in *M. fusca* and in *M. lineata* and it can be considered as "basic" for the genus *Monocelis* (i. e. an autapomorphy for this genus). Further minor rearrangements may consecutively produce karyotypes like the one found in *M. longistyla* which then must be considered as derived. The karyotype as found in the Canadian population of *M. lineata* may be derived from the basic type by a minor pericentric inversion that occurred in the first chromosome. This suggests that the worldwide *"M. lineata"* might consist of a complex of different species or subspecies. Further studies are necessary to establish the status of the Canadian (and other) populations.

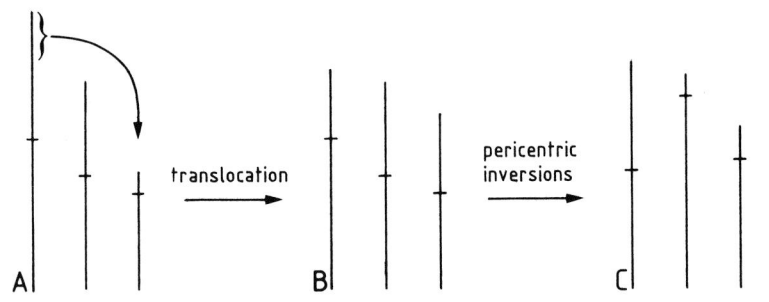

Fig. 3. Hypothetized karyological evolution of the genus *Monocelis*. A. Basic karyotype for the family Monocelididae. B. Basic karyotype of the genus *Monocelis*. C. Karyotype of *Monocelis longistyla*.

Abbreviations in the Figures

b	bursa	fd	female duct
cm	circular muscles	fg	female glands
co	copulatory organ	fp	female pore
en	intestine	gg	glands

hg	adhesive glands	ph	pharynx
hp	adhesive papillae	s	stylet
lm	longitudinal muscles	sta	statocyst
ma	male atrium	v	vagina
mp	male pore	vg	prostate vesicle
ov	ovaria	vp	vaginal pore
pg	prostate glands		

Acknowledgements

We are much indebted to Dr. D. Bay, adjunct-director of STARESO (Station de Recherches Sous-marines et Océanographiques in Corsica of the liège University) and his staff for assistance and research facilities. The organisers of the Fourth International Symposium of the Biology of the Turbellaria are thanked for the opportunity they gave us to work at the Huntsman Marine Laboratory (Passamaquoddy bay, St. Andrews). Prof. Dr. P. Ax and Dr. K. Reise are gratefully acknowledged for the hospitality and research facilities at the Marine station of List (Sylt, Germany). Dr. A. Castelli (Modena) provided us with samples from the Adriatic sea (Punta Marina).

We also wish to thank Prof. Dr. E. Schockaert and Prof. Dr. I. Puccinelli for the valuable discussions and critical reading of the manuscript. Ms. M. Uytterhaegen is acknowledged for reading the English of the manuscript and Mr. and Mrs. Withofs – Ieven and Mrs. H. Zurings for technical assistance.

References

BENAZZI, M. (1982): Speciation events evidenced in Turbellaria. In: Mechanisms of speciation. Ed.: C. Barigozzi, Alan R. Liss inc., New York, 307 – 344.

BENAZZI, M. & G. BENAZZI LENTATI (1976): Platyhelmintes. In: Animal cytogenetics. Ed.: B. John, Gebrüder Borntraeger, Berlin – Stuttgart, 182 pp.

CURINI-GALLETTI, M., L. GALLENI & I. PUCCINELLI (1984): Karyological analysis of *Monocelis fusca*, *M. lineata* (Monocelididae) and *Parotoplana macrostyla* (Otoplanidae). Helgoländer Meeresunters., 37, 171 – 178.

CURINI-GALLETTI, M., P. M. MARTENS & I. PUCCINELLI (1985): Karyological observations on Monocelididae (Turbellaria, Proseriata): Karyometrical analysis of four species pertaining to the subfamily Minoniae. Caryologia, 38, 67 – 75.

CURINI-GALLETTI, M. C., I. PUCCINELLI & P. M. MARTENS (1987): Karyotype analysis of ten species of Monocelidinae (Proseriata, Plathelmintes) with remarks on the karyological evolution of the subfamily. Genetica (in press).

GALLENI, L. & I. PUCCINELLI (1981): Karyological observations on Polyclads. Hydrobiologia, 84, 31 – 44.

GALLENI, L. & I. PUCCINELLI (1984): Karyology of five species of Turbellaria from the Øresund, Denmark. Ophelia, 23, 141 – 148.

GALLENI, L. & I. PUCCINELLI (1986): Chromosomal evolution in marine triclads and polyclads (Turbellaria). Hydrobiologia, 132, 239 – 242.

GRAFF, L. VON (1913): Platyhelminthes. Turbellaria II. Rhabdocoelida. Tierreich, 35, 1 – 484.

HARTOG, G. DEN (1964): Proseriate flatworms from the Deltaic area of the rivers Rhine, Meuse and Scheldt. I and II. Proc. Kon. Ned. Akad. Wetensch. C 67, 10 – 34.

KARLING, T. G. (1966): Marine Turbellaria from the Pacific coast of North America. Coelogynoporidae and Monocelididae. Ark. Zool., 18, 493 – 528.

LEVAN, A., K. FREDGA & A. A. SANDBERG (1964): Nomenclature for centrometric position on chromosomes. Hereditas, **52**, 201 – 220.
MARTENS, P. M. (1984): Comparison of three different extraction methods for Turbellaria. Mar. Ecol. Progr. Ser., **14**, 229 – 234.
MARTENS, P. M., M. C. CURINI-GALLETTI & I. PUCCINELLI (1987): On the morphology and karyology of the Genus *Archilopsis* (Meixner). Zool. Scr., in prep.
RIEDL, R. (1959): Turbellarien aus submarinen Höhlen, 3. Seriata und Neorhabdocoela. Ergebnisse der Österreichischen Tyrrhenia-Expedition 1952, Teil IX. Publ. Staz. Zool. Napoli, **30** Suppl., 305 – 332.
RUEBUSH, T. K. (1938): A comparative study of the Turbellaria chromosomes. Zool. Anz., **122**, 321 – 329.

Paul M. Martens
Department SBM, Limburgs Universitair Centrum,
B-3610 Diepenbeek, Belgium.
Marco C. Curini-Galletti
Dipartimento di Scienze dell'Ambiente e del Territorio, via Volta 6,
I-56100 Pisa, Italy.

Interstitielle Copepoda von Nord- und Süd-Chile

Wolfgang Mielke

Inhaltsverzeichnis

Abstract	310
A. Einleitung	311
B. Untersuchungsgebiet, Probenorte, Material	312
C. Ergebnisse	315
Ectinosomatidae Sars, 1903	316
Arenosetella Wilson, 1932	316
Arenosetella vinadelmarensis Mielke, 1986	316
Lineosoma Wells, 1965	317
Lineosoma spec.	317
Noodtiella Wells, 1965	317
Noodtiella pacifica nov. spec.	317
Noodtiella larinconadensis nov. spec.	322
Noodtiella coquimbensis nov. spec.	324
Cylindropsyllidae Sars, 1909, emend. Lang, 1948	326
Leptastacus T. Scott, 1906	326
Leptastacus laminaserrata Mielke, 1985	326
Leptastacus mehuinensis Mielke, 1985	327
Leptastacus aberrans dichatoensis Mielke, 1985	327
Leptastacus incurvatus chilensis Mielke, 1985	327
Arenopontia Kunz, 1937	329
Arenopontia peteraxi Mielke, 1982	329
Arenopontia clasingi Mielke, 1985	329
Arenopontia ? gussoae Cottarelli, 1973	330
Arenopontia spicata Mielke, 1985	334
Arenopontia ? ishikariana Itô, 1968	336
Arenopontia ornamenta nov. spec.	338
Arenopontia reductaspina nov. spec.	343
Prosewellina nov. gen.	344
Prosewellina chilensis nov. spec.	345
Paramesochridae Lang, 1948	350
Kliopsyllus Kunz, 1962	350
Kliopsyllus acutifurcatus Mielke, 1985	350
Kliopsyllus constrictus pacificus Mielke, 1984	352
Apodopsyllus Kunz, 1962	352
Apodopsyllus chilensis nov. spec.	352
Laophontidae T. Scott, 1904	357
Laophontidae spec. 1	357

Ancorabolidae Sars, 1909	359
Tapholaophontodes Soyer, 1974	359
Tapholaophontodes rollandi Soyer, 1974	359
Zusammenfassung	359
Literatur	360

Interstitial Copepoda from North and South Chile

Abstract

22 species of interstitial copepods were identified in different beaches of North Chile (Coquimbo, Antofagasta, Iquique, Arica) and South Chile (Punta Arenas). They belong to the Ectinosomatidae, Cylindropsyllidae, Paramesochridae, Laophontidae and Ancorabolidae.

The Ectinosomatidae comprise five species. *Arenosetella vinadelmarensis* Mielke, 1986 is already known from Chile. Only one male specimen of *Lineosoma* spec. exists; a detailed description is deferred. With *N. pacifica, N. larinconadensis* and *N. coquimbensis* three new species of the genus *Noodtiella* are described. They differ slightly in the seta and spine formulae of their pereiopods.

Twelve species belong to the Cylindropsyllidae. The four *Leptastacus* species *L. laminaserrata* Mielke, 1985, *L. mehuinensis* Mielke, 1985, *L. aberrans dichatoensis* Mielke, 1985 and *L. incurvatus chilensis* Mielke, 1985 have already been found in Central Chile. The status of the latter proves to be uncertain as male specimens were now found which show a weak sexual dimorphism in enp. P. 3. This contradicts LANG's description of *L. incurvatus* Lang, 1965. It is probable that the Chilean specimens represent a species different from *L. incurvatus*.

At least seven species of the genus *Arenopontia* could be identified. The delimitation between the populations of the various beaches causes considerable problems because of the variability and length differences of the animals. The divergences of structure and proportion might be correlated with the different grain sizes of the investigated beaches and might be interpreted as a visible expression of actual processes of speciation. *Arenopontia peteraxi* Mielke, 1982 was already found in the Galápagos Islands and at the Pacific coast of Panamá. *A. clasingi* Mielke, 1985 and *A. spicata* Mielke, 1985 were known from Central Chile. Two populations are placed with reservation to *A. gussoae* Cottarelli, 1973 from Cuba and *A. ishikariana* Itô, 1968 from Japan. The animals which are briefly characterized as "2. form" of *A. ? gussoae* very likely represent another distinct species. The new species *A. ornamenta* and *A. reductaspina* greatly resemble each other and are probably derived from a common stem species.

With *Prosewellina* a monotypic genus is erected for the new species *P. chilensis*. The localities of this species as well of the species of the close related genera *Sewellina* and *Parasewellina* suggest a broad area of distribution. The findings of additional species of this complex will surely make a review of the systematics of the Psammopsyllinae necessary.

The Paramesochridae include three species. *Kliopsyllus acutifurcatus* Mielke, 1985 and *K. constrictus pacificus* Mielke, 1984 have already been described from Chile and Panamá, respectively. The species *Apodopsyllus chilensis* is new to science.

The Laophontidae are represented by one specimen only. This male specimen cannot be classed with one of the known genera of the Laophontidae. Therefore it will provisionly named Laophontidae spec. 1.

The only representative of the Ancorabolidae is *Tapholaophontodes rollandi* Soyer, 1974. This species was previously described from the Kerguelen Islands and later found again in Central Chile.

A. Einleitung

Die vorliegende Arbeit über interstitielle Copepoden von Nord- und Südchile stellt die Fortsetzung der Untersuchungen über Copepoden aus dem zentralen Landesteil von Chile dar (MIELKE 1985 a). Die Ergebnisse basieren auf dem Material, welches im Verlauf eines sechswöchigen Aufenthaltes im Februar/ März 1985 bei qualitativen Bearbeitungen diverser Strände von Coquimbo, Antofagasta, Iquique, Arica im Norden sowie Punta Arenas im Süden Chiles eingesammelt wurde.

Aufgrund der Feinkörnigkeit des Substrates der Mehrzahl der aufgesuchten Strände dominieren auch dieses Mal die Cylindropsyllidae, Paramesochridae und die kleinen, schlanken Spezies der Ectinosomatidae. Im Vergleich dazu treten Repräsentanten anderer Gruppen, auch der Laophontidae, zahlenmäßig deutlich zurück.

Ein Teil der 22 nachgewiesenen Arten kann eindeutig mit Spezies aus Zentralchile identifiziert werden. Sieben Arten werden als neu für die Wissenschaft beschrieben; mit *Prosewellina* wird eine neue Gattung errichtet. Für eine Reihe von Formen muß eine definitive Bewertung ihres Status zumindest vorläufig zurückgestellt werden. Zum Teil liegt Materialmangel zugrunde, gelegentlich aber auch die schwierige Entscheidung, ob eine Population noch in die Variationsbreite einer schon charakterisierten Art fällt oder ob eine neue Spezies vorliegt. Die Individuen einer Population eines bestimmten Strandes zeigen im allgemeinen ein ziemlich geschlossenes Erscheinungsbild ihrer morphologischen

Merkmale; dagegen können einzelne Strukturen bei Populationen von verschiedenen Fundorten in Proportion und Qualität z. T. deutlich voneinander abweichen. Bei Beschränkung der Aussagen auf lichtoptische Studien bleibt die taxonomische Zuordnung von Problemfällen der subjektiven Einschätzung und Empirie des Bearbeiters vorbehalten und daher anfechtbar. Dieser Zustand ist zwar wenig befriedigend, aber immer noch dem völligen Ignorieren von real existierenden Copepodenpopulationen vorzuziehen.

B. Untersuchungsgebiet, Probenorte, Material

Die während meiner ersten Chile-Reise im Jahre 1983 (siehe MIELKE 1985 a) aufgesuchten Probenorte befanden sich im zentralen Landesteil, zwischen dem 33. (Viña del Mar) und dem 43. (Quellón auf der Insel Chiloé) südlichen Breitengrad. Im Verlauf meines zweiten Chile-Aufenthaltes (Februar/März 1985) konnten mehrere nördlich von Viña del Mar bis nahe der peruanischen Grenze gelegene Strände untersucht werden. Ferner wurden Copepoden aus einigen Stränden der Umgebung von Punta Arenas, der südlichsten Stadt Chiles, gesammelt. Damit liegt nun Material von interstitiellen Copepoden aus allen Regionen der chilenischen Küste vor. Um aber den Artenbestand der chilenischen marinen Benthalcopepoden vollständig zu erfassen, sind außer einem noch engeren Fundortraster der eulitoralen Sandstrände vor allen Dingen auch Bearbeitungen von bisher vernachlässigten sublitoralen Abschnitten, von Rockpool- und Phytal-Habitaten etc. erforderlich.

Bei der Probennahme habe ich mich auch dieses Mal auf fragmentarische Profile in der eulitoralen Strandzone beschränkt, d. h. es wurden quer zur Wasserlinie, aus dem Bereich zwischen Niedrig- und Hochwasserlinie, Sandproben in Abständen von ein bis mehreren Metern entnommen. Da die einzelnen Arten Siedlungsareale von unterschiedlicher vertikaler und horizontaler Ausdehnung einnehmen, können mit dieser qualitativen Sammelmethode zumindest die dominierenden Spezies erfaßt werden. Die Sandproben wurden in den jeweiligen Laboren mit filtriertem Seewasser, z. T. auch mit Süßwasser, aufgeschwemmt und das Dekantat unter einem Stereomikroskop nach Copepoden abgesucht. Die erbeuteten Tiere wurden dann in 4 %-igem Formol-Seewasser-Gemisch fixiert.

Im folgenden werden die aufgesuchten Fundorte kurz charakterisiert (vgl. auch Abb. 1):

A) **Coquimbo.** Die Hafenstadt Coquimbo liegt rund 400 km Luftlinie nördlich der Hauptstadt Santiago auf dem 30. Grad südlicher Breite. Die Proben stammen von den folgenden drei Stränden:

Copepoda von Chile   313

ARICA
  DI   Expon. Strand
  DII El Laucho
IQUIQUE
  CI   Cavancha
  CII Piedra de la ducha
  CIII Brava
  CIV Blanca
ANTOFAGASTA
  BI   Cal. Constitución
  BII La Rinconada

COQUIMBO
  AI   La Herradura
  AII Las Tacas
  AIII Las Lozas
        STGO.

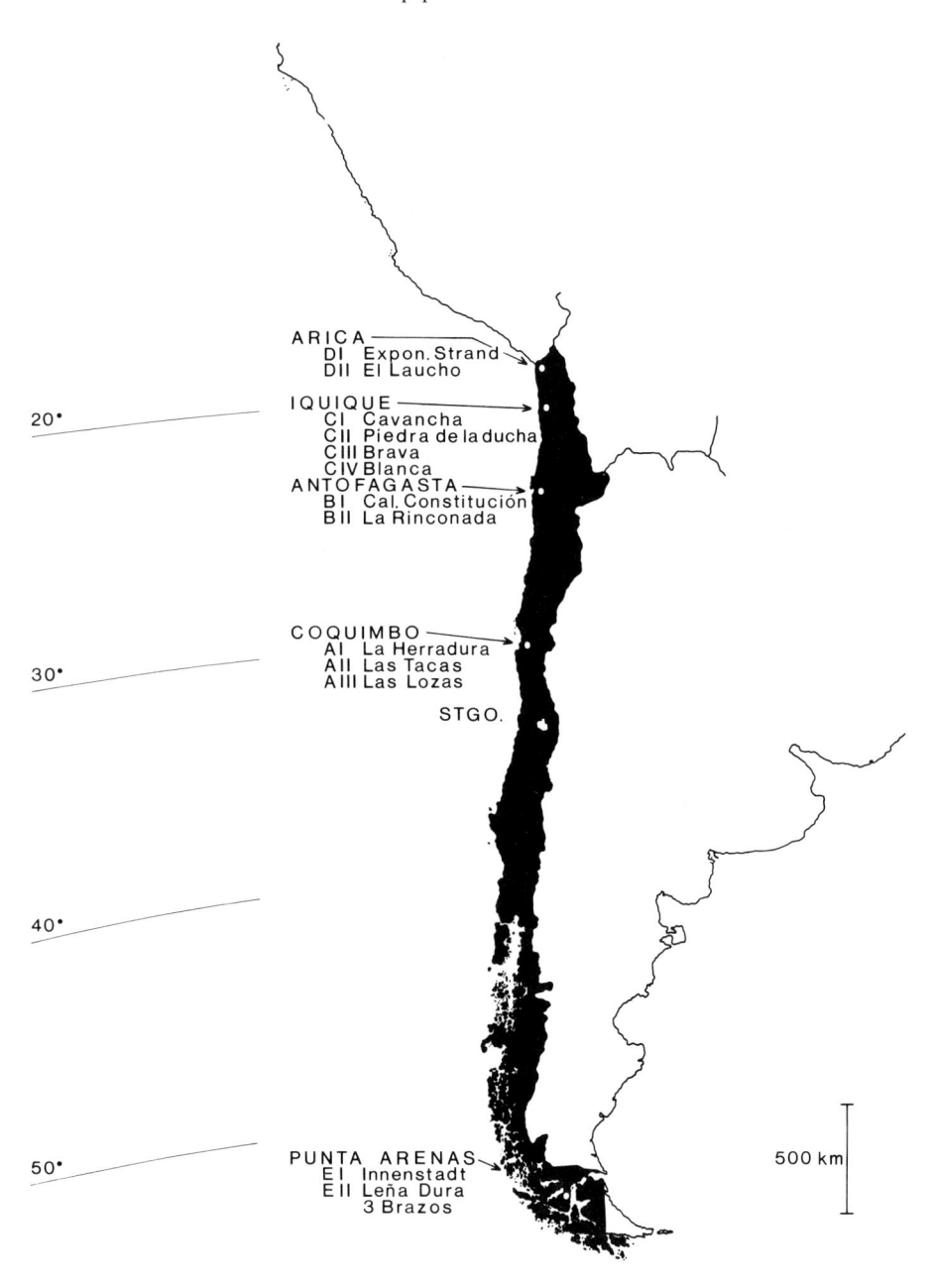

PUNTA ARENAS
  EI   Innenstadt
  EII Leña Dura
       3 Brazos

500 km

Abb. 1. Kartenausschnitt von Südamerika, Chile schwarz hervorgehoben. Verzeichnis der Fundorte.

I) „La Herradura" (19. 2. 85): Heller, sehr feinkörniger Sand, vermischt mit Muschelschill. Sehr wenige Copepoden angetroffen. Die Probenstellen befinden sich gegenüber dem Institut der Universidad del Norte an der Innenbucht. Laut Auskunft von Institutsangehörigen beträgt der Salzgehalt 33 – 34 $‰$, der Tidenhub 1,30 m.

II) „Las Tacas" (20. 2. 85): Etwa 15 km südlich von Coquimbo gelegen; feiner, schwärzlicher Sand. Lotischer Strand.

III) „Las Lozas" (20. 2. 85): Noch einige km weiter südlich von Coquimbo als der vorige Strand. Feiner, bräunlicher Sand; Strand mittel- bis stark lotisch.

B) **Antofagasta.** Die Stadt liegt 1 100 km nördlich von Santiago, etwa auf dem 24. südlichen Breitengrad. Zwei nördlich der Stadt gelegene Strände wurden untersucht:

I) „Caleta Constitución" (25. 2. 85): Feiner, grauer Sand. Der Strand gehört zum Aquakultur-Areal der Universidad de Antofagasta. In den zehn Proben wurde kein einziger Copepode gefunden!

II) „La Rinconada" (25. 2. 85): Der sehr lange Strand liegt rund 25 km nördlich von Antofagasta, die Probenstellen einige km nördlich des markanten Felsentores „La Portada". Feiner, graubrauner Sand.

C) **Iquique.** Die Stadt liegt rund 1 500 km nördlich von Santiago etwa auf dem 20. südlichen Breitengrad. Folgende vier Strände wurden aufgesucht:

I) „Playa Cavancha" (3. 3. 85): Frequentierter Badestrand im Stadtbereich. Feiner, grauer Sand.

II) „Piedra de la ducha" (4. 3. 85): Kleiner, von Felsen eingerahmter Strand in der Nähe des Depto. Ciencias del Mar in Huayquique. Sehr grobes Material, mit großem organogenem Anteil.

III) „Playa Brava" (4. 3. 85): Probenorte etwa zwei bis drei km vom Depto. Ciencias del Mar entfernt; km-langer, etwa 80 – 100 m breiter Strand. Feines, bräunliches Substrat mit gröberen, z. T. organogenen Partikeln vermischt.

IV) „Playa Blanca" des Club de Golfo. Der Strand liegt mehrere km südlich des Depto. Ciencias del Mar. Die ganze Umgebung ist felsig mit eingeschobenen, kleinen Sandstränden. Substrat hell, relativ grob, mit großem organogenem Anteil.

Die Proben von C II und C IV werden in dieser Arbeit nicht berücksichtigt.

D) **Arica.** Die Stadt ist nahe der peruanischen Grenze etwa bei 19° südlicher Breite gelegen, rund 1650 km nördlich von Santiago. Proben wurden von zwei Stränden genommen, welche südlich des „Morro" an der Strandpromenade liegen:

I) Stark exponierter Strand vor dem „Drive in" (9. 3. 85): Sediment mittel bis grob, mit organogenem Anteil.

II) „El Laucho" (9. 3. 85): Feinsandiger Badestrand.

E) **Punta Arenas.** Die Stadt, auf Meereshöhe an der Magellan-Straße gelegen, befindet sich rund 2 200 km südlich von Santiago auf 53 ° südlicher Breite. Laut Auskunft von Prof. Leonardo Guzmán beträgt die Salinität 30 – 32 ‰, der Tidenhub 1 – 1,5 m.

I): Zwei Probenstellen im innerstädtischen Bereich. Neben der Avenida Costanera auf Höhe des Instituto de la Patagonia (19. 3. 85) sowie neben der Av. Costanera auf Höhe der Av. Colon (20. 3. 85). Der Strand ist km-lang, jedoch nicht überall frei zugänglich; Strandbreite etwa acht bis zehn Meter. Substrat bräunlich; Feinsand, der mit groben Partikeln vermischt ist. Hoher Schmutz- bzw. Detritusgehalt.

II): Drei Probenstellen außerhalb des Stadtbezirks. Der viele km lange Strand unterscheidet sich vom innerstädtischen Strandabschnitt durch eine oftmals größere Breite und vor allem durch das Vorhandensein großer Mengen von Schotter und Kieselsteinen. Hier können nur von den partiell auftretenden Sandflächen Proben genommen werden, meist nur vom Oberflächenbereich, da die tieferen Lagen ebenfalls sehr steinig sind. Die drei Probenorte liegen 5 km (Sector Leña Dura), 10 km und 20 km (Sector 3 Brazos; alle vom 21. 3. 85) vom Stadtrand entfernt in südlicher Richtung nach Fort Bulnes.

Danksagung. Für freundliche Unterstützung, Bereitstellung eines Arbeitsplatzes und mannigfache Hilfe möchte ich mich bei folgenden Personen bedanken:
Coquimbo, Depto. Biología Marina, Universidad del Norte: Prof. Exequiel Gonzalez und Prof. Oscar Mena.
Antofagasta, Instituto Invest. Oceanológicas, Universidad de Antofagasta: Prof. Jorge J. Tomicic Karzulovic.
Iquique, Depto. Ciencias del Mar, Universidad Arturo Prat: Prof. Eduardo Oliva Alcalde und Prof. Winston Palma.
Punta Arenas, Instituto de la Patagonia, Universidad de Magallanes: Prof. Leonardo Guzmán M.
Herr Åke Andersson vom Naturhistoriska Riksmuseet in Stockholm übersandte mir freundlicherweise Material aus der Sammlung von Karl Lang.
Die Untersuchungen wurden durch eine Reisebeihilfe der Deutschen Forschungsgemeinschaft unterstützt (Mi 218/2 – 2).

C. Ergebnisse

Die in Klammern gesetzte Kombination aus Buchstaben/Römische Zahlen bezieht sich auf die kurze Schilderung der Fundorte in Kapitel B.

Ectinosomatidae Sars, 1903
Arenosetella Wilson, 1932
Arenosetella vinadelmarensis Mielke, 1986

(Abb. 2)

Fundorte und Material: Coquimbo (A II: 4 ♀♀; A III: 11 ♀♀, 2 ♀♀ m ES, 1 ♂). Iquique (C I: 40 ♀♀, 5 ♀♀ m ES, 5 ♂♂; C III: 198 ♀♀, 5 ♀♀ m ES, 34 ♂♂). Arica (D I: 3 ♀♀; D II: 95 ♀♀, 8 ♀♀ m ES, 5 ♂♂).
Seziert wurden insgesamt 38 Individuen von den verschiedenen Fundorten.

Bemerkung: Am mittleren Glied Enp. P. 1 wurde 1 längere Haarborste und 1–2 kürzere Börstchen beobachtet (Abb. 2 A). Ein Vergleich mit dem Material vom Locus typicus (Viña del Mar; siehe MIELKE 1986) zeigte, daß 1

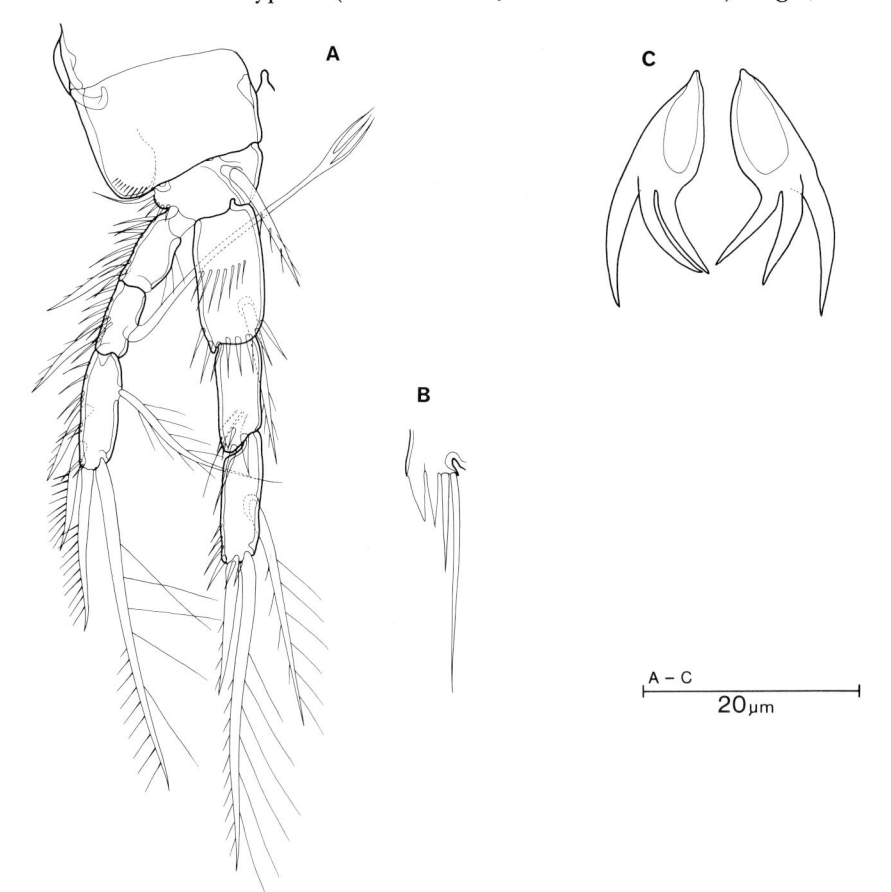

Abb. 2. *Arenosetella vinadelmarensis*. A. P. 1 ♀. B. P. 6 ♂. C. Analklauen-Mißbildung ♀. (A, B Exemplare von Arica; C Exemplar von Coquimbo).

solche Haarborste bei diesen Exemplaren ebenfalls auftritt, im allgemeinen aber schwer zu sehen ist. In jedem Fall fehlt aber eine kräftige Fiederborste, wie sie an Grund- und Endglied ausgebildet ist. Wahrscheinlich ist die Fiederborste reduziert worden, während die auch bei anderen Spezies zu beobachtende(n) Begleitborste(n) erhalten geblieben ist.

Vom P. 6 ♂, der am einzigen vorhandenen Exemplar vom Locus typicus beschädigt ist, gebe ich Abb. 2 B.

Gelegentlich treten „dreifingerige" Analklauen auf, was aber sicherlich als Mißbildung zu interpretieren ist (Abb. 2 C).

Die Tiere sind z. T. kleiner als diejenigen des Locus typicus (Viña: ♀ ♀ 0,44 – 0,45 mm; ♂ 0,43 mm). Gemessen wurden: Coquimbo: ♀ ♀ 0,33 – 0,41 mm; ♂ ♂ 0,41 mm. Iquique (C I): ♀ ♀ 0,29 – 0,36 mm; ♂ ♂ 0,30 – 0,34 mm. Iquique (C III): ♀ ♀ 0,31 – 0,40 mm; ♂ ♂ 0,31 – 0,41 mm. Arica (D I): ♀ ♀ 0,38 – 0,45 mm. Arica (D II): ♀ ♀ 0,35 – 0,37 mm; ♂ ♂ 0,35 – 0,37 mm.

Lineosoma Wells, 1965
Lineosoma spec.

Fundort und Material: Punta Arenas (E I, nahe dem Instituto de la Patagonia: 1 ♂).

Bemerkung: Auf eine detaillierte Beschreibung wird verzichtet, da das einzige vorliegende Exemplar, ein ♂ von 0,35 mm Länge, z. T. starke Mißbildungen an P. 1 und P. 2 aufweist. Es kann aber mit Bestimmtheit festgehalten werden, daß es sich um ein Individuum einer von *Lineosoma chilensis* (vgl. MIELKE im Druck) verschiedenen Spezies handelt.

Noodtiella Wells, 1965
Noodtiella pacifica nov. spec.

(Abb. 3 – 5)

Fundorte und Material: Iquique (C III: 16 ♀ ♀, 5 ♂ ♂). Arica (D I, Locus typicus: 8 ♀ ♀, 1 ♂; D II: 33 ♀ ♀, 3 ♂ ♂, 6 Copepodite).

Seziert wurden 21 Tiere. Holotypus ist ein ♀ (I Chi A 71). Paratypen sind 3 ♀ ♀ und 1 ♂. Vom Holotypus sind 1. Antenne, 2. Maxille, Maxilliped, P. 1 – P. 5 abgebildet. In den meisten Fällen waren die Mundwerkzeuge der Tiere durch einen „Detrituspfropf" verdeckt, wodurch besondere Schwierigkeiten beim Sezieren und Zeichnen entstanden. Außerdem ergaben sich gelegentlich Schwierigkeiten bei der Präparation der Beine, die z. T. miteinander verklebt (?) waren.

Beschreibung

Weibchen: Körperlänge von der Rostrumspitze bis zum Furcaende 0,24 – 0,31 mm (Holotypus 0,28 mm). Rostrum hyalin, zungenförmig, mit

2 Haarborsten (Abb. 3 A). Hinterrand des Genitaldoppelsegmentes und des folgenden Abdominalsegmentes mit schlanken, längsgestreiften, palisadenartigen Strukturen. Präanalsegment ventral am Hinterrand mit kurzen Dörnchen; dorsaler Hinterrand allem Anschein nach glatt. Ferner ist dorsal im distalen Bereich des Präanalsegmentes eine Dörnchenreihe zu sehen. Analsegment an der ventralen Hinterkante mit Dörnchen. Furca etwa so lang wie breit. Lateral außen inserieren 2 Borsten unterschiedlicher Länge sowie 1 kurze Haarborste;

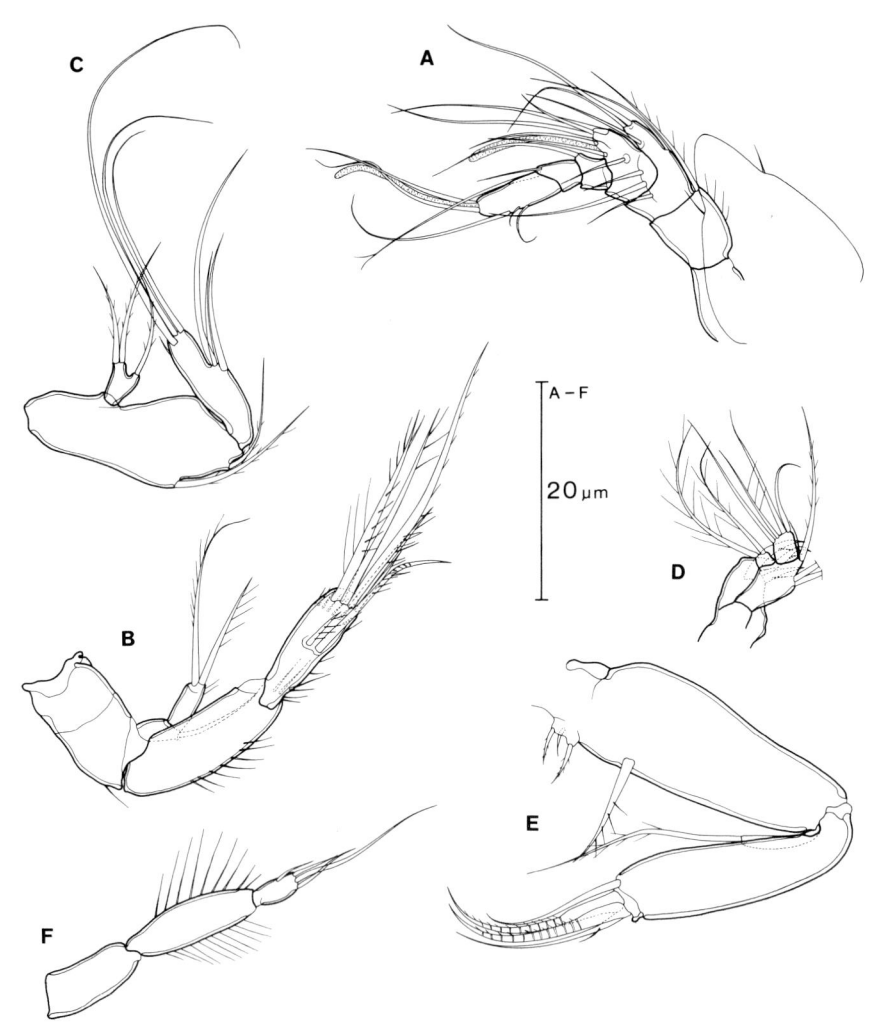

Abb. 3. *Noodtiella pacifica* nov. spec. ♀. A. Rostrum und 1. Antenne. B. 2. Antenne. C. Mandibular-Palpus. D. 1. Maxille. E. 2. Maxille. F. Maxilliped.

apikal sitzen die beiden langen Furcalendborsten sowie innen 1 kurze, schlanke Borste; ferner befindet sich dorsal, im inneren Distalbereich, ebenfalls 1 schlanke Borste, welche offenbar befiedert ist. Ventral ist die distale Furcalkante spitz ausgezogen (Abb. 5 B).

1. Antenne (Abb. 3 A): 6 Glieder. Aesthetasken stehen am 3. Glied und am Endglied.

2. Antenne (Abb. 3 B): Basis mit 1 Haarborste. Exopodit 2gliedrig; Grundglied mit 1 Borste, Endglied mit 2 befiederten Borsten unterschiedlicher Länge. Endopodit ebenfalls 2gliedrig; Grundglied an der Vorderkante mit Dörnchen. Distalglied proximal mit Dörnchen; subapikal setzen 1 kurzer Anhang und 1 lange, gekniete Borste an. Apikal stehen 5 bewehrte Anhänge unterschiedlicher Länge; im Bereich ihrer Insertionsstellen verläuft eine Dörnchenreihe.

Mandibel (Abb. 3 C): Kaulade gebogen, mit mehreren Zähnchen (nicht abgebildet). Coxa-basis mit 2 Fiederborsten. Exopodit apikal eingebuchtet, mit insgesamt 3 Borsten. Endopodit auf einem subapikalen Absatz mit 3 Borsten, apikal ebenfalls mit 3 langen Borsten und 1 kurzen Haken.

1. Maxille (Abb. 3 D): Arthrit der Präcoxa mit 3 (oder 4?) Klauen. Coxa schmal, unbewehrt. Basis mit 3 gut ausgebildeten Borsten sowie allem Anschein nach 1 kurzen Haarborste. Exopodit mit 2, Endopodit mit 4 Borsten.

2. Maxille (Abb. 3 E): Syncoxa von der Basis nur undeutlich getrennt, mit 3 kurzen Borsten. Basis proximal mit 1 Fiederborste, distal mit 1 schlanken, auf einem Sockel stehenden Borste. Endopodit mit 2 „quergebänderten" Klauen und mehreren (3 – 5) Borsten.

Maxilliped (Abb. 3 F): Basis glatt (oder mit einigen Dörnchen?). 1. Endopoditenglied an den Kanten mit langen Haaren. 2. Endopoditenglied subapikal mit 1 kurzen Borste, apikal mit 3 schlanken Borsten unterschiedlicher Länge.

P. 1 (Abb. 4 A): Coxa an der Distalkante mit Dörnchen. Basis mit (?) Außenrandborste. Exopodit 3gliedrig; mittleres Glied mit 1 Innenrandborste, welche distal gabelartig gespalten ist; Endglied mit 2 Apikalborsten und 2 schlanken Außenranddornen. Endopodit 2gliedrig. Grundglied an der Außen- und Innenkante sowie auf der Oberfläche mit schlanken Dörnchen; distal inseriert 1 Innenrandborste. Endglied mit 1 Innenrandborste und 2 Apikalborsten.

P. 2 – P. 4 (Abb. 4 B – D): Coxa an der Distalkante mit einigen Dörnchen. Basis an der Außenkante augenscheinlich mit 1 – 2 Dörnchen. Exopodit 3gliedrig. Grundglied nur beim P. 4 mit kurzer Innenrandborste. Mittleres Glied mit Innenrandborste, die distal gabelartig gespalten ist; beim P. 4 fehlt der Außenranddorn. Endglied mit 2 Endborsten und 1 schlanken Außenranddorn. Endopodit 2gliedrig. Proximalglied an der Außen- und Distalkante mit kurzen Dörnchen, proximal innen mit langen, schlanken Dörnchen sowie 1 Innenrandborste. Distalglied an der Außenkante ebenfalls mit kurzen Dörnchen sowie einigen Dörnchen, welche quer über die Oberfläche ziehen; dies ist als Hinweis auf eine Verschmelzung von zwei ehemals getrennten Gliedern zu werten. Ferner besitzt das Endglied noch 2 Apikalborsten, 1 Innenrandborste und 1 Flächenborste.

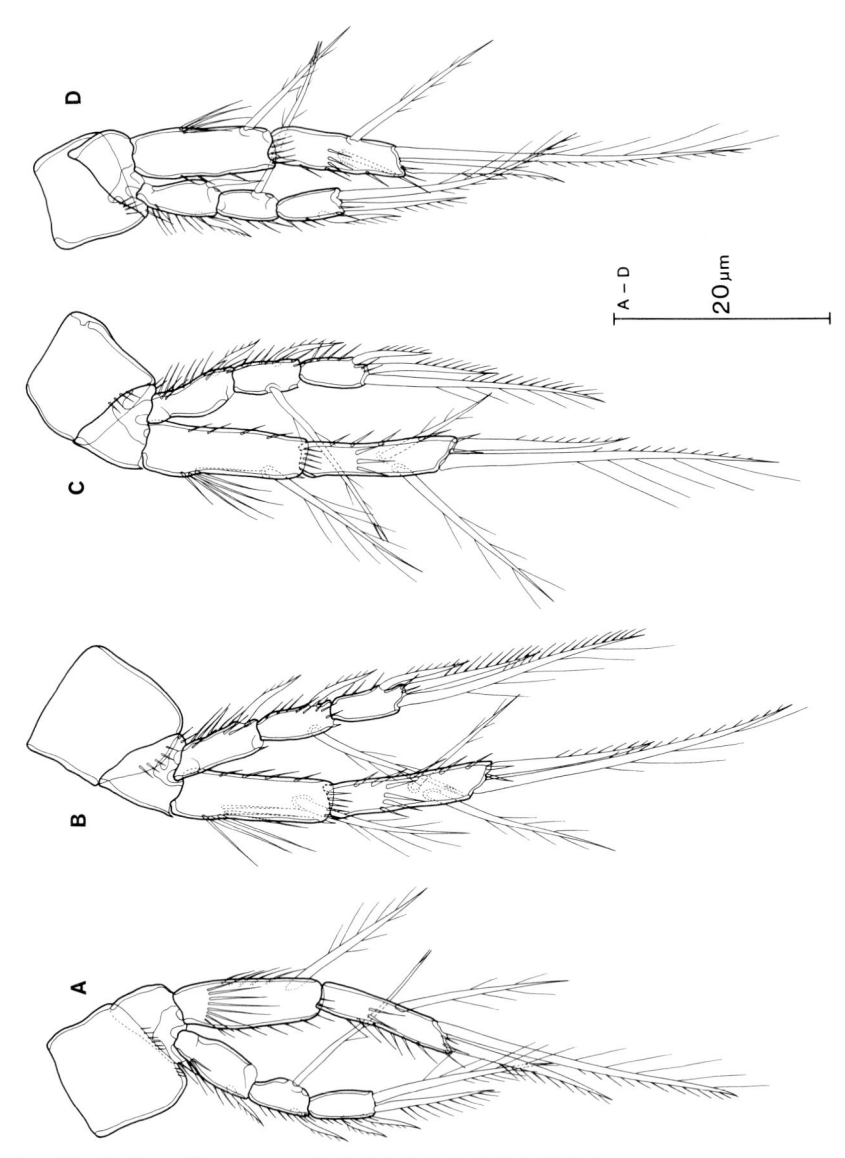

Abb. 4. *Noodtiella pacifica* nov. spec. ♀. A. P. 1. B. P. 2. C. P. 3. D. P. 4.

Copepoda von Chile 321

Bewehrung:		Exopodit	Endopodit
	P. 2	(0.1.021)	(1.220)
	P. 3	(0.1.021)	(1.220)
	P. 4	(1.1.021)	(1.220)

P. 5 (Abb. 5 A): Baseoendopodit und Exopodit weitgehend verschmolzen (?). Benp. mit 1 schlanken Außenrandborste und 2 unterschiedlich langen Anhängen am medianen Teil. Exopodit mit 3 Borsten, von denen die äußerste am längsten ist.

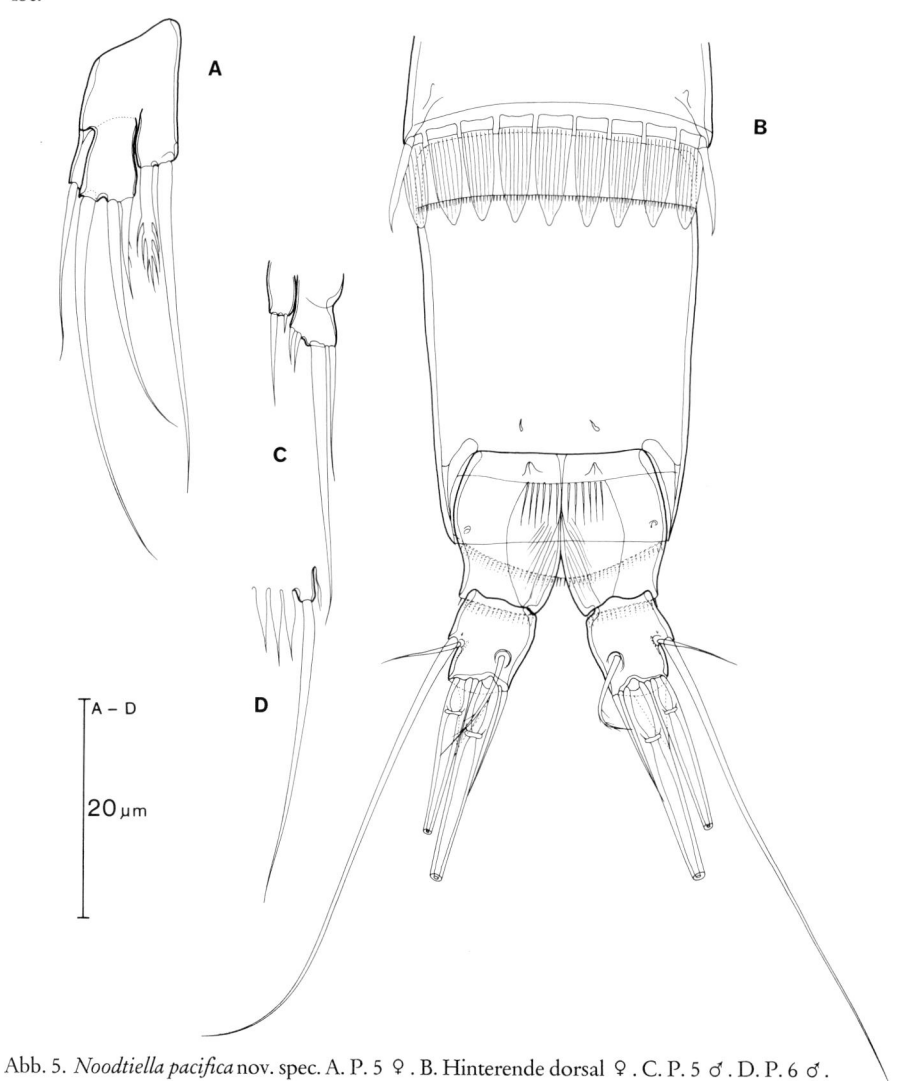

Abb. 5. *Noodtiella pacifica* nov. spec. A. P. 5 ♀. B. Hinterende dorsal ♀. C. P. 5 ♂. D. P. 6 ♂.

Männchen: Körperlänge 0,25 – 0,30 mm. 1. Antenne haplocer. Sonstige Anhänge wie beim ♀ mit Ausnahme des P. 5 (Abb. 5 C): Hier sind Benp. und Exopodit fusioniert; das Verschmelzungsprodukt trägt 6 Anhänge, von denen der zweitäußere am kräftigsten und längsten ist. P. 6 (Abb. 5 D) außen mit 1 langen Borste, an die sich medial 3 palisadenartige Gebilde anschließen.

Variabilität. Am Endglied des einen P. 1 eines ♀ von Arica ist 1 Innenrandborste ausgebildet, die aber, wie im Normalfall, am anderen P. 1 nicht vorhanden ist. Bei zwei der sezierten Exemplare von Iquique besitzt das Endglied Enp. P. 1 nur die beiden Apikalborsten, die Innenrandborste fehlt hingegen.

Etymologie. Der Artname bezieht sich auf den Pazifischen Ozean.

Diskussion. Zur Gattung *Noodtiella* werden derzeit acht Spezies gerechnet. Von diesen Arten unterscheidet sich *N. pacifica* nov. spec. zumindest durch die Bewehrung der Pereiopoden 1 – 4. Die größten Übereinstimmungen bestehen mit den beiden südamerikanischen Arten *N. problematica* (Rouch, 1962) und *N. hoodensis* Mielke, 1979. Die erstgenannte Art besitzt am Endglied Enp. P. 2 nur drei Borsten (nach ROUCH 1962 ist die „épine externe du second article" aber möglicherweise doch vorhanden); ferner ist am Grundglied Exp. P. 4 die Innenrandborste reduziert. Bei *N. hoodensis* tragen die Grundglieder von Exp. P. 2 und P. 3 jeweils einen kurzen inneren Anhang.

Noodtiella larinconadensis nov. spec.

(Abb. 6)

Fundort und Material: Antofagasta (B II, Locus typicus: 17 ♀ ♀, 2 Copepodite). Seziert wurden 9 Tiere. Holotypus ist ein ♀ (I Chi A 81). Paratypen sind 3 ♀ ♀.

Bemerkung: Körperanhänge und -ornamentierung sind offenkundig nahezu identisch mit den Verhältnissen bei der zuvor abgehandelten Spezies. Ein konstanter Merkmalsunterschied betrifft die Bewehrung der Grundglieder der Exopoditen P. 2 – P. 4. Bei der vorliegenden Art treten Innenrandborsten am Grundglied Exp. P. 2 und P. 3 auf; beim P. 4 fehlt eine solche Borste. Umgekehrt ist bei *N. pacifica* nov. spec. das Grundglied Exp. P. 4 mit einer Innenrandborste ausgestattet, während eine solche beim P. 2 und P. 3 fehlt. Weitere signifikante Differenzen konnten nicht beobachtet werden. Erwähnenswert ist vielleicht noch, daß die palisadenartigen Strukturen dorsal an den Hinterrändern der Abdominalsegmente bei *N. pacifica* nov. spec. mehr oder weniger spitz zulaufen, wohingegen sie bei *N. larinconadensis* zumeist apikal

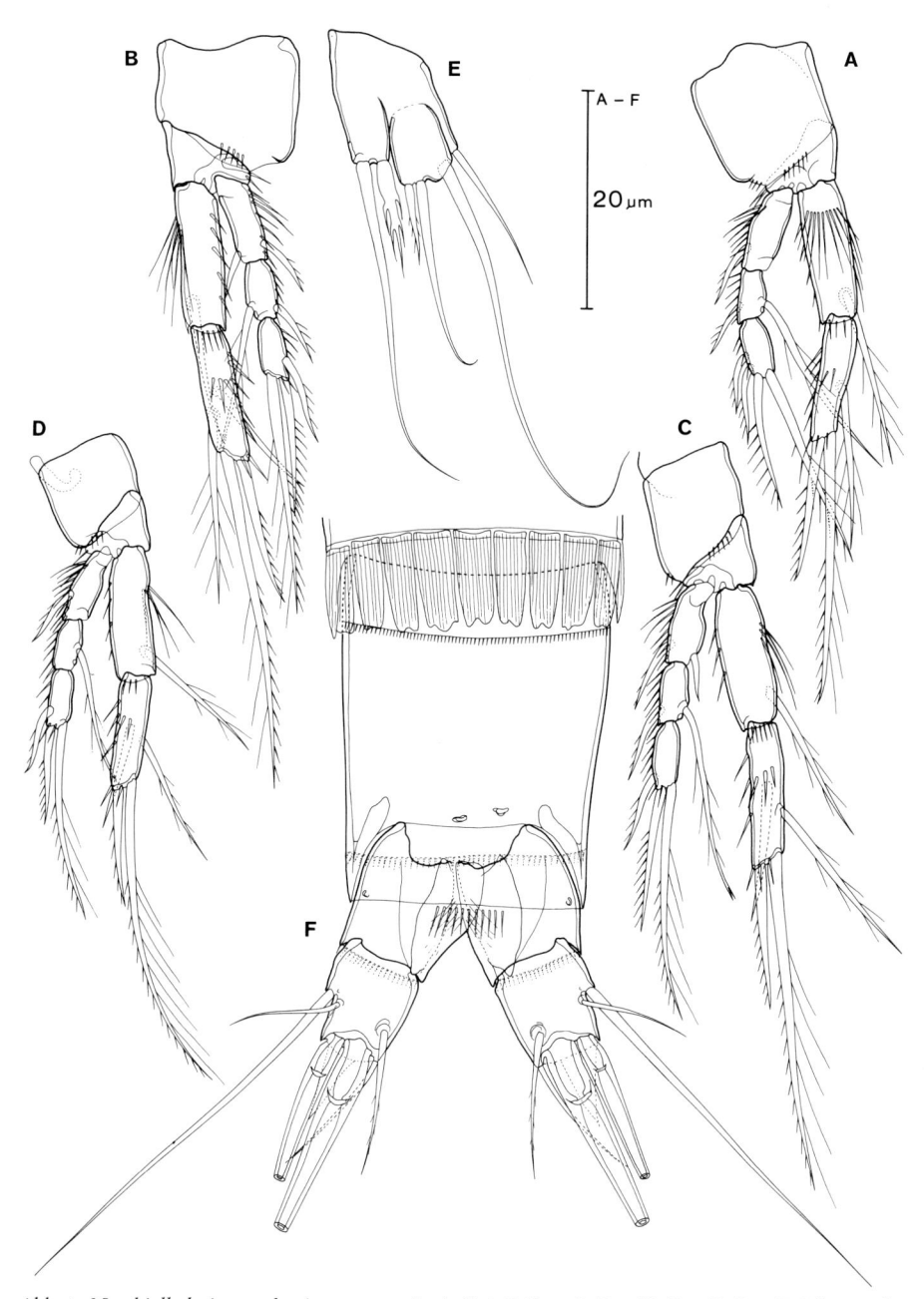

Abb. 6. *Noodtiella larinconadensis* nov. spec. ♀. A. P. 1. B. P. 2. C. P. 3. D. P. 4. E. P. 5. F. Hinterende dorsal.

eingebuchtet sind, zumindest aber unregelmäßiger enden. Andere – scheinbare – Unterschiede am Körperende (vgl. Abb. 5 B und 6 F) erklären sich wohl durch leichte Lageveränderungen von Dörnchenreihen, hervorgerufen durch schwaches Anquetschen der Abdomen.

Bewehrung:	Exopodit	Endopodit
P. 2	(1.1.021)	(1.220)
P. 3	(1.1.021)	(1.220)
P. 4	(0.1.021)	(1.220)

Körperlänge ♀♀ : 0,24 – 0,29 mm.

Von P. 1 – P. 5 sowie vom Hinterende dorsal gebe ich die Abbildungen 6 A – F.

Männchen: Unbekannt.

Diskussion: Die Individuen des Strandes „La Rinconada" nördlich von Antofagasta stehen in enger morphologischer Beziehung zu den *Noodtiella*-Arten *N. pacifica* nov. spec., *N. problematica* (Rouch, 1962) und *N. hoodensis* Mielke, 1979. Der quantitative Hauptunterschied liegt bei der Bewehrung der Grundglieder Exp. P. 2 – P. 4. Die Formel für die genannten Arten lautet: *N. pacifica:* 0, 0, 1; *N. problematica:* 0, 0, 0; *N. hoodensis:* 1, 1, 1 und für *N. larinconadensis* 1, 1, 0. Andere Differenzen betreffen nur Längenverhältnisse von Borsten, die aber auch innerhalb verschiedener Populationen derselben Art variieren können. Weitere arttrennende Merkmalsunterschiede konnten wegen der Kleinheit und relativen Merkmalsarmut der *Noodtiella*-Arten bislang noch nicht herausgearbeitet werden.

Noodtiella coquimbensis nov. spec.

(Abb. 7)

Fundort und Material: Coquimbo (A I, Locus typicus: 5 ♀♀).
Seziert wurden 3 ♀♀. Holotypus ist ein ♀ (I Chi A 187). Paratypen sind zwei ♀♀. Alle Abbildungen stammen vom Holotypus.

Bemerkung: Die Anhänge des Cephalothorax entsprechen im Prinzip denen von *N. hoodensis* Mielke, 1979 oder der oben abgehandelten *N. pacifica* nov. spec. In der Bewehrung der Pereiopoden stimmen die vorliegenden Tiere mit *N. hoodensis* überein. Abweichend von dieser Art ist aber am mittleren Glied Exp. P. 4 ein Außenranddorn ausgebildet.

Körperlänge der sezierten ♀♀ : 0,24 mm.

Von P. 1 – P. 5 gebe ich die Abbildungen 7 A – E.

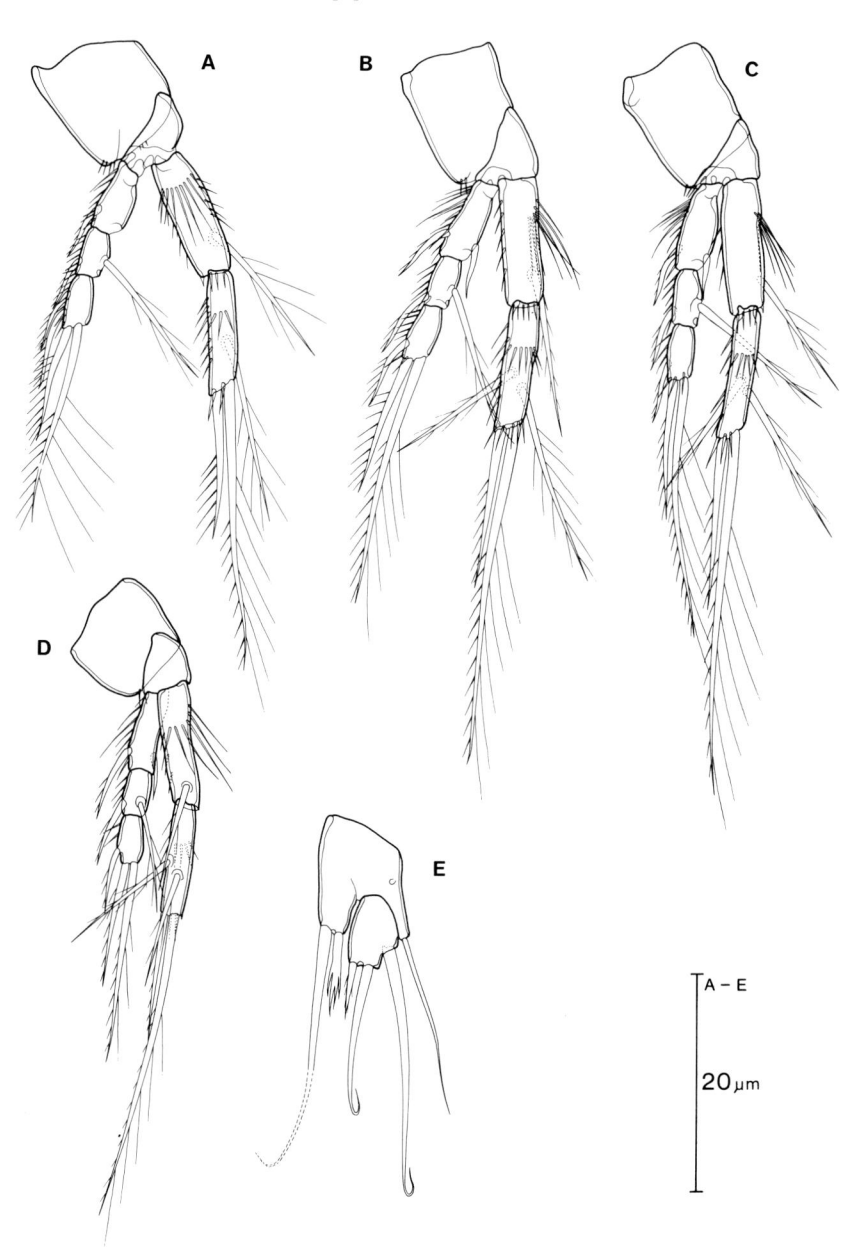

Abb. 7. *Noodtiella coquimbensis* nov. spec. ♀. A. P. 1. B. P. 2. C. P. 3. D. P. 4. E. P. 5.

Männchen: Unbekannt.

Etymologie. Der Artname verweist auf die Stadt Coquimbo.

Diskussion: Der Verlust des Außenranddorns am mittleren Glied Exp. P. 4 ist zweifellos als ein abgeleiteter Zustand zu werten und für folgende Arten belegt: *N. problematica* (Rouch, 1962) (vgl. ROUCH 1962, Fig. 11), *N. hoodensis* Mielke 1979, *N. tabogensis* Mielke, 1981, *N. pacifica* nov. spec. und *N. larinconadensis* nov. spec. Bei *N. frequentior* Mielke, 1979 und *N. gracile* Mielke, 1975 sind noch weitergehende Reduktionen eingetreten, der Exp. P. 4 ist nur noch 2gliedrig. Dagegen wird für *N. arenosetelloides* (Noodt, 1958) und *N. wellsi* Apostolov, 1974 ein Außenranddorn am mittleren Glied Exp. P. 4 dargestellt (siehe bei NOODT 1958 und APOSTOLOV 1974). Für *N. lusitanica* Wells, 1965 liegt keine Abbildung des P. 4 vor.

N. wellsi besitzt die ursprünglichste Pereiopoden-Bewehrung aller gegenwärtig bekannten *Noodtiella*-Spezies. Bei den anderen Arten sind im Vergleich dazu in unterschiedlicher Weise Anhänge reduziert worden. Denkbar ist nun, daß eine Spezies, zu der möglicherweise die vorliegenden Exemplare von La Herradura, Coquimbo, gehören, als Ausgangspunkt für eine Artengruppe zu postulieren ist, welche durch das synapomorphe Negativmerkmal des reduzierten Außenranddorns am mittleren Glied Exp. P. 4 als Verwandtschaftsgruppe ausgewiesen wäre. Weitere Reduktionstendenzen betreffen dann z. B. die Bewehrung der Grundglieder der Exp. P. 2 – P. 4, wie es oben in der Diskussion von *N. larinconadensis* nov. spec. dargelegt wurde. Ein vorläufiger Endpunkt der Artbildungsprozesse wäre dann bei den *Noodtiella*-Arten mit nur 2gliedrigem Exp. P. 4 erreicht.

Da die vorliegenden Individuen mit keiner der bekannten Noodtiella-Arten morphologisch vollkommen identisch sind, errichte ich für sie die neue Art *N. coquimbensis*.

Cylindropsyllidae Sars, 1909, emend. Lang, 1948
Leptastacus T. Scott, 1906
Leptastacus laminaserrata Mielke, 1985

Fundorte und Material: Punta Arenas (E I, nahe dem Instituto de la Patagonia: 15 ♀♀, 1 ♀ m ES, 21 ♂♂, 4 Copepodite; E I, auf Höhe der Av. Colon: 1 ♀, 3 ♂♂; E II, Leña Dura: 33 ♀♀, 2 ♀♀ m ES, 38 ♂♂, 11 Copepodite; E II, 3 Brazos – 10 km: 87 ♀♀, 14 ♀♀ m ES, 24 ♂♂, 15 Copepodite; E II, 3 Brazos – 20 km: 122 ♀♀, 10 ♀♀ m ES, 52 ♂♂, 22 Copepodite).

Bemerkung: 23 Tiere wurden seziert. Die Art, welche auch im mittleren Teil Chiles weit verbreitet ist (MIELKE 1985 a), ist die mit Abstand individuenreichste in den Proben von Punta Arenas. In den Aufsammlungen aus dem nördlichen Landesteil hingegen wurde *L. laminaserrata* nicht angetroffen.

Leptastacus mehuinensis Mielke, 1985

Fundort und Material: Coquimbo (A II: 60 ♀ ♀, 38 ♀ ♀ m ES, 73 ♂ ♂, 11 Copepodite).

Bemerkung: 11 Tiere wurden seziert. Abgesehen von einigen Abweichungen in den Borstenlängenrelationen stimmen die Exemplare von Las Tacas, Coquimbo, gut mit denen des Locus typicus (Mehuín; vgl. MIELKE 1985 a) überein. Besonders ist jedoch hinzuweisen auf die Verkümmerung der 4. Borste von außen am P. 5 ♀. Bei einigen Tieren scheint sie vollkommen verschwunden zu sein. Diese Borste ist bei den Individuen von Mehuín gut ausgebildet.

Leptastacus aberrans dichatoensis Mielke, 1985

(Abb. 8 A)

Fundort und Material: Arica (D I: 1 ♀ m ES).

Bemerkung: Der Vergleich mit den Tieren von Dichato (MIELKE 1985 a) zeigt nur zwei erwähnenswerte Abweichungen: Die Körperlänge des Exemplars von Arica ist mit 0,29 mm deutlich geringer als die der Dichato-Tiere (0,45 – 0,46 mm). Dies ist jedoch z. T. dadurch zu erklären, daß die Abdominalsegmente des vorliegenden Tieres etwas zusammengeschoben sind (telescoping). Die Apikalborste des Endgliedes Enp. P. 4 erreicht nicht die Ansatzstelle der Innenrandborste des Endgliedes Exp. P. 4. Ansonsten konnten keine substantiellen Unterschiede beobachtet werden. Der Eisack des Tieres enthält zwei Eier. Vom P. 5 gebe ich Abb. 8 A.

Leptastacus incurvatus chilensis Mielke, 1985

(Abb. 8 B – E)

Fundort und Material: Coquimbo (A III: 1 ♀, 1 ♂).

Bemerkung: Die beiden Tiere vom Strand Las Lozas bei Coquimbo stimmen, trotz geringerer Körpergröße des ♀, in etwa mit den Exemplaren von Quellón und besonders von Viña del Mar/Reñaca überein. Auf die Variabilität der Körpergröße und -anhänge, vor allem von P. 5 und Furca, habe ich schon hingewiesen (MIELKE 1985 a).

Da im Material von Quellón und Viña keine ♂ ♂ gefunden wurden, erfolgte die Zuordnung der Tiere von diesen Fundorten zu *L. incurvatus* ausschließlich aufgrund des Vergleichs von ♀ ♀. Nun liegt also von Coquimbo ein ♂ vor, von dem ich Enp. P. 3 (die Endborste am Endglied beider Enp. P. 3 ist leider abgebrochen), P. 5 und P. 6 abbilde (Abb. 8 C – E).

Nach LANG (1965, p. 418) sind beim ♂ von *L. incurvatus* die „Legs 1 – 4 exactly as in female". Das ♂ von Coquimbo zeigt aber am Enp. P. 3 einen schwachen Geschlechtsdimorphismus. Vom Naturhistoriska Riksmuseet in Stockholm wurde mir freundlicherweise die „Type collection nr. 2234, *Leptastacus incurvatus* Lang" für Vergleichszwecke zur Verfügung gestellt. Außer zwei ♀ ♀ und drei Copepoditen fanden sich im Gläschen auch die Hinterkörper (Segment des P. 5 bis einschließlich Furca) von 2 ♂ ♂. Wahrscheinlich hat LANG

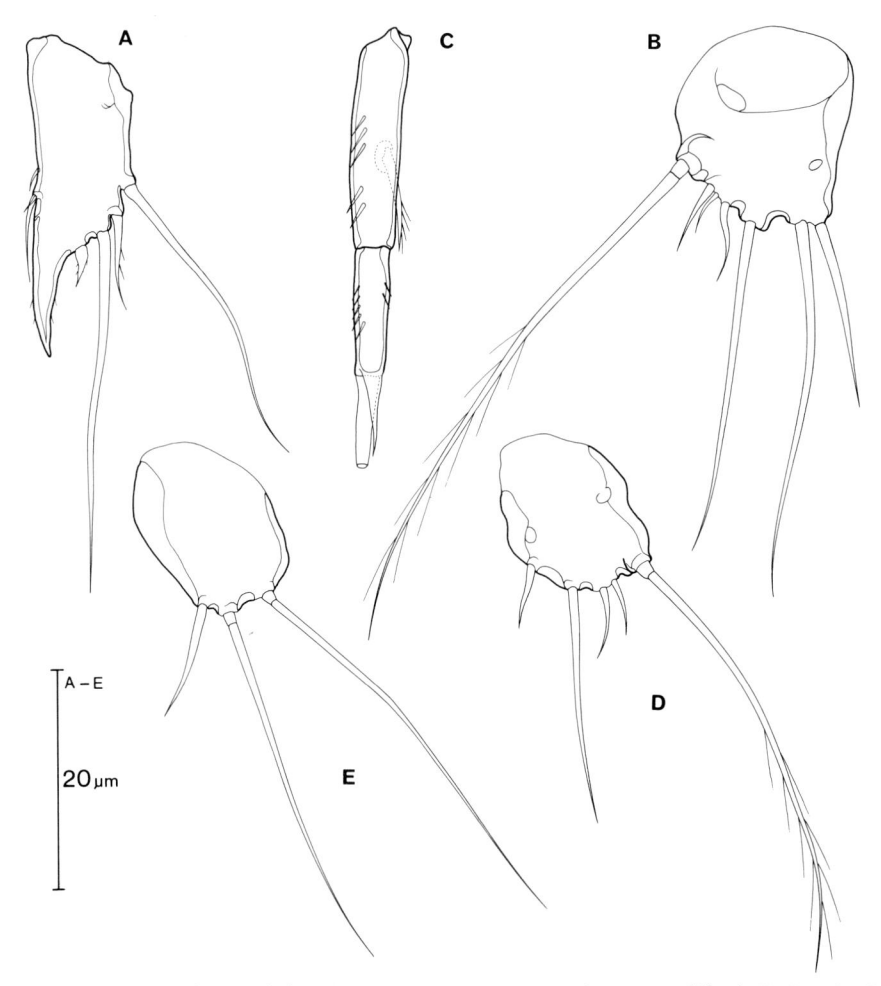

Abb. 8. *Leptastacus aberrans dichatoensis*. A. P. 5 ♀. *Leptastacus incurvatus chilensis*. B. P. 5 ♀. C. Enp. P. 3 ♂. D. P. 5 ♂. E. P. 6 ♂.

diese männlichen Exemplare seziert und die Hinterkörper nicht zu Dauerpräparaten verarbeitet. Leider scheinen aber die Objektträger mit den abpräparierten Körperanhängen verlorengegangen zu sein. Nach Herrn Åke Andersson vom Riksmuseet „no microscopical slides are still extant". Somit gilt weiterhin die LANG'sche Aussage der völligen Identität von P. 1 – P. 4 bei ♀ und ♂. Die am Hinterkörper belassenen P. 5 der beiden ♂ ♂ von der Tomales Bay, Kalifornien und des ♂ von Coquimbo konnten dagegen verglichen werden. Es zeigten sich dabei solche Unterschiede (auch im Bau der Furca), daß von verschiedenen Spezies ausgegangen werden muß. Offenbar treten bei den ♂ ♂ von LANG am P. 5 zwischen der zweitäußeren Borste und der langen Mittelborste noch zwei kleine Börstchen auf (wie beim ♀ ! Beobachtung mit Vorbehalt). Vorläufig belasse ich aber die chilenischen Tiere als *L. incurvatus chilensis*, bis ein Vergleich von genügend ♂ ♂ von Kalifornien und Chile eine eindeutige Klärung des Sachverhaltes bringen kann.

Arenopontia Kunz, 1937
Arenopontia peteraxi Mielke, 1982

(Abb. 9 A, B)

Fundorte und Material: Arica (D I: 2 ♀ ♀, 1 ♂; D II: 2 ♀ ♀, 1 ♂).

Bemerkung. Alle sechs gefundenen Tiere wurden seziert. Bei allen trägt das Distalglied Enp. P. 2 zwei Borsten. Das Endglied Enp. P. 3 ♀ besitzt 1 Borste, beim ♂ ist der Enp. P. 3 modifiziert (vgl. MIELKE 1982 a, b).
Gemessene Längen: ♀ ♀ 0,26 – 0,28 mm; ♂ ♂ 0,23 – 0,25 mm.
Vom P. 3 ♂ und P. 5 ♀ gebe ich die Abb. 9 A, B.

Arenopontia clasingi Mielke, 1985

Fundorte und Material: Coquimbo (A III: 11 ♀ ♀, 7 ♂ ♂). Antofagasta (B II: 77 ♀ ♀, 5 ♀ ♀ m ES, 25 ♂ ♂).

Bemerkung. 13 Tiere wurden seziert. Die Individuen von Coquimbo und Antofagasta stimmen gut mit denjenigen des Locus typicus überein (Mehuín, Chile; MIELKE 1985 a).
Gemessene Längen der sezierten Tiere: Coquimbo: ♀ ♀ 0,40 – 0,44 mm; ♂ 0,41 mm. Antofagasta: ♀ ♀ 0,34 – 0,39 mm; ♂ ♂ 0,35 – 0,40 mm.

Arenopontia ? gussoae Cottarelli, 1973

(Abb. 9 C, 10 – 12)

Fundorte und Material: Coquimbo (A II: 93 ♀♀, 10 ♀♀ m ES, 2 ♂♂; A III: 73 ♀♀, 32 ♀♀ m ES, 24 ♂♂). Antofagasta (B II: 51 ♀♀, 21 ♀♀ m ES, 23 ♂♂). Iquique (C I: 6 ♀♀, 2 ♂♂; C III: 135 ♀♀, 12 ♀♀ m ES, 24 ♂♂).

Bemerkung. Seziert wurden 58 Tiere. Die Abbildungen 10 – 12 sind von Tieren des Fundortes B II.

Die vorliegenden Tiere gehören in den Verwandtschaftskreis der schwer zu trennenden Spezies *Arenopontia accraensis* Lang, 1965, *A. gussoae* Cottarelli, 1973, *A. indica* Rao, 1967, *A. longiremis* Chappuis, 1954 und *A. sakagamii* Ito, 1978. Diese Arten besitzen die gleiche Bewehrungsformel sowie Lateralzähne am Analsegment (bei *A. accraensis* fraglich).

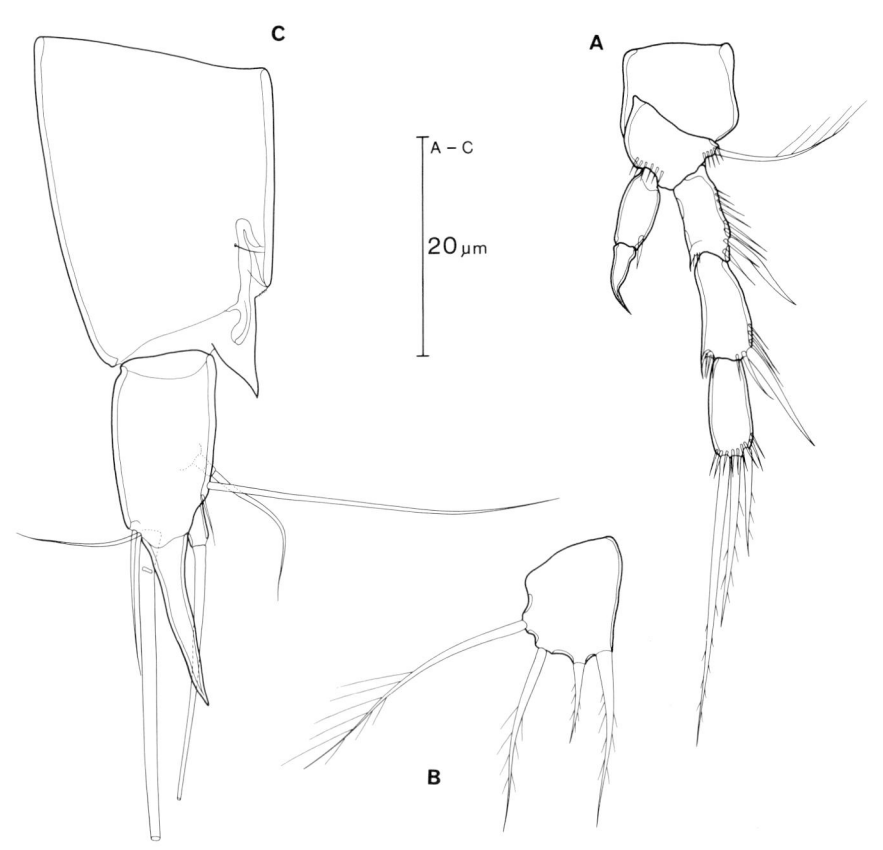

Abb. 9. *Arenopontia peteraxi*. A. P. 3 ♂. B. P. 5 ♀. *Arenopontia ? gussoae* („2. Form"). C. Hinterende lateral ♀.

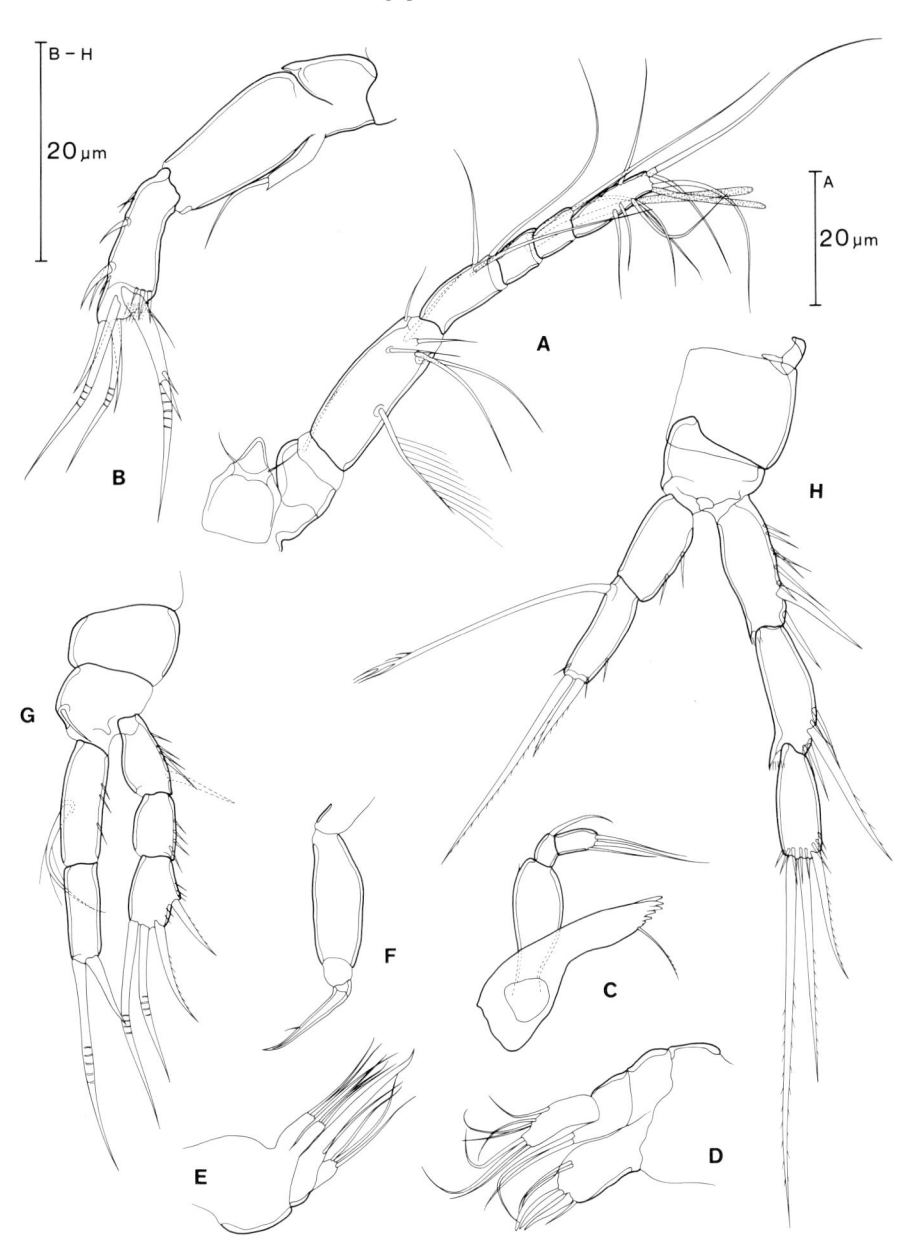

Abb. 10. *Arenopontia ? gussoae.* ♀. A. Rostrum und 1. Antenne. B. 2. Antenne. C. Mandibel. D. 1. Maxille. E. 2. Maxille. F. Maxilliped. G. P. 1. H. P. 2.

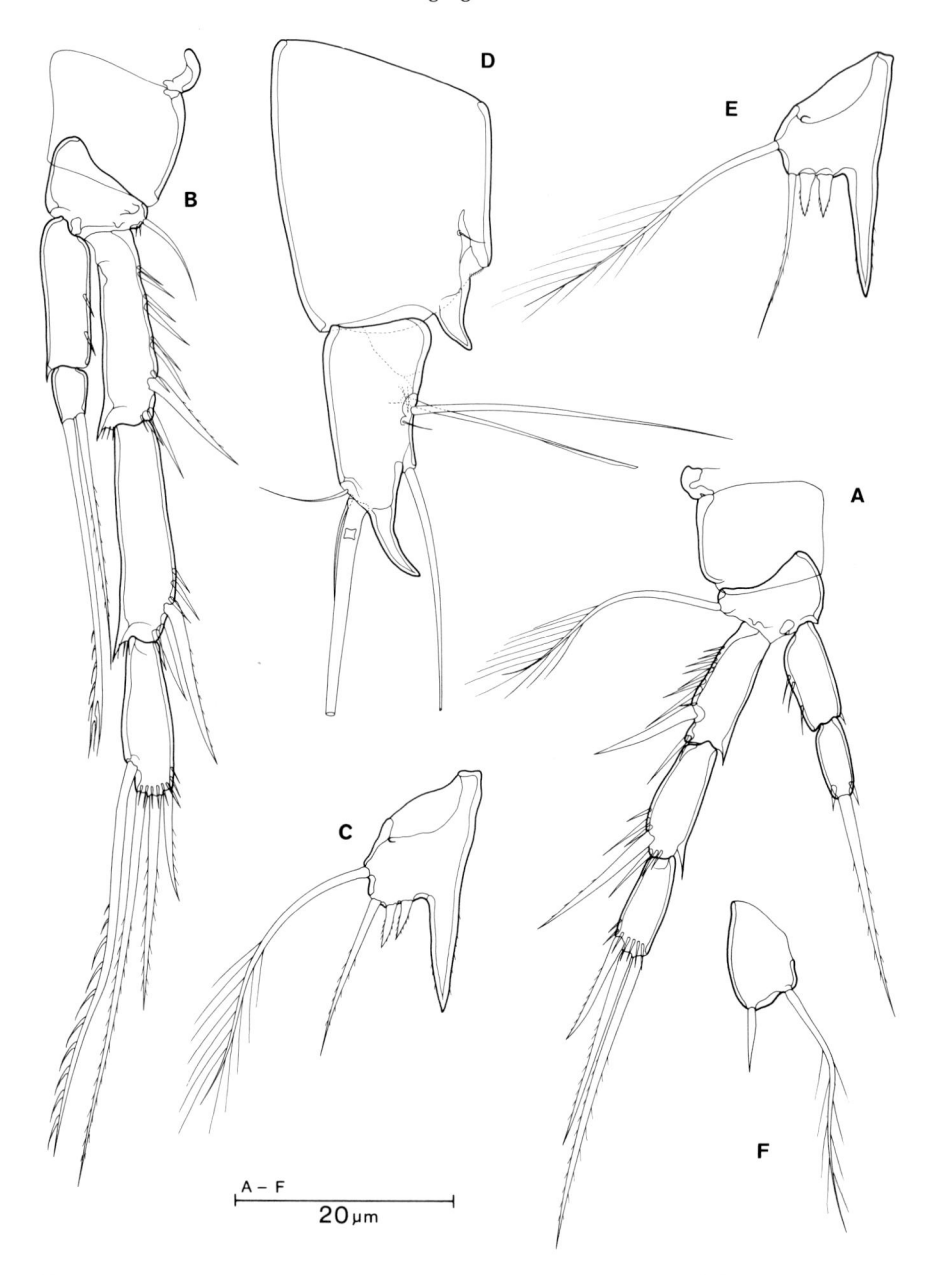

Abb. 11. *Arenopontia ? gussoae*. A. P. 3 ♀. B. P. 4 ♀. C. P. 5 ♀. D. Hinterende lateral ♀. E. P. 5 ♂. F. P. 6 ♂.

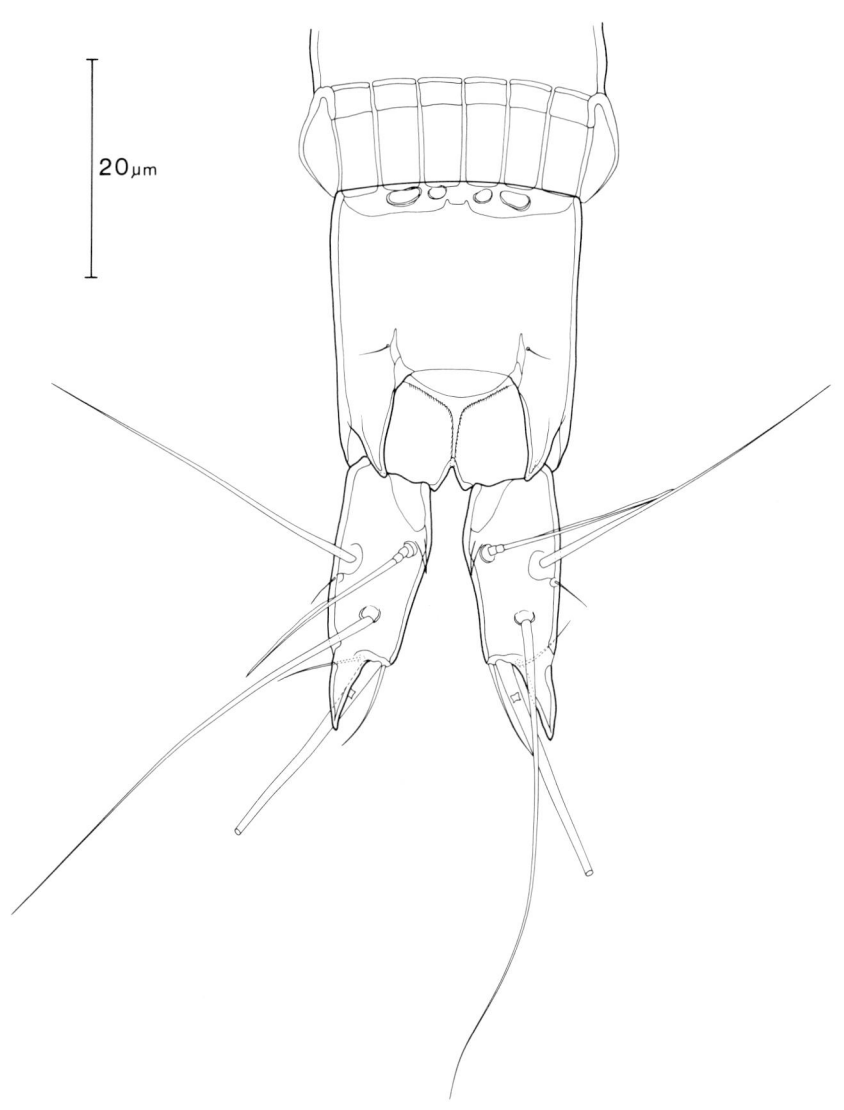

Abb. 12. *Arenopontia ? gussoae*. Hinterende dorsal ♀

Während die Exemplare aus Panamá, welche ich unter Vorbehalt zu *A. gussoae* stellte (MIELKE 1982 b), eine beachtliche Variabilität aufweisen, sind die Individuen aus Chile einheitlicher, obwohl auch hier einige Proportionsunterschiede bestehen. Erwähnenswert ist das Vorhandensein eines Hakens am Innenrand der Furca, im Bereich der Ansatzstelle der basal gegliederten Dorsalborste. Bei einer Nachprüfung der panamaischen Tiere konnten bei einigen

Präparaten ganz schwache Häkchen beobachtet werden. Von den oben genannten Arten ist ein Furcalhaken nur für *A. indica* abgebildet (vgl. RAO 1967, Fig. 1 – 1; Haken außen oder innen an der Furca?). Trotzdem stelle ich auch die Tiere von Coquimbo, Antofagasta und Iquique unter Vorbehalt zu der aus Cuba (COTTARELLI 1973) beschriebenen Art *A. gussoae*.

Gemessene Körperlängen: Coquimbo ♀♀ 0,34 – 0,41 mm; ♂♂ 0,32 – 0,39 mm. Antofagasta: ♀♀ 0,32 – 0,38 mm; ♂♂ 0,27 – 0,36 mm. Iquique (C I): ♀♀ 0,29 – 0,34 mm; ♂♂ 0,27 – 0,30 mm. Iquique (C III): ♀♀ 0,35 – 0,41 mm; ♂♂ 0,34 – 0,40 mm.

Die oben gemachten Ausführungen betreffen die Tiere, welche ich als die „normale Form" von *A. gussoae* von Chile bezeichnen möchte. Daneben liegen zumindest aus den Proben von Coquimbo (A III) und Iquique (C III) Tiere vor, die ich vorläufig als „2. Form" charakterisiere. Diese „2. Form" weicht geringfügig von der „normalen" ab. Das Rostrum scheint etwas breiter zu sein, beim P. 5 ist der innere zahnartige Fortsatz stärker bewimpert, der Zahn am Analsegment ist spitzer und nicht dorsad gebogen. Bei der Furca ist der kleine Zahn neben der proximalen Dorsalborste nicht ausgebildet; ferner setzt die distale Dorsalborste noch weiter terminal an, direkt am Beginn des Furcalenddorns (Abb. 9 C; Exemplar von Coquimbo A III). Die Abweichungen sind, abgesehen von denen der Furca, minimal und eigentlich wegen der konstatierten Variabilität (MIELKE 1982 b) zu vernachlässigen. Da aber beide „Formen" gemeinsam in einigen Stränden vorkommen, sind diese Differenzen höher zu bewerten; möglicherweise handelt es sich um zwei distinkte Arten. Dennoch erscheint es ratsam, es beim derzeitigen, wenn auch unbefriedigenden Zustand zu belassen, bis mit Hilfe von z. B. ökologischen Daten (Jahreszyklen, Siedlungsschwerpunkte) eine Klärung des Problems möglich ist.

Arenopontia spicata Mielke, 1985

(Abb. 13 A)

Fundorte und Material: Coquimbo (A I: 10 ♀♀, 1 ♀ m ES, 8 ♂♂, 1 Copepodit; A III: 24 ♀♀, 13 m ES, 5 ♂♂). Antofagasta (B II: einige Exemplare). Punta Arenas (E I, nahe dem Instituto de la Patagonia: 2 ♀♀ ; E II, Leña Dura: 2 ♀♀, 2 ♂♂ ; E II, 3 Brazos – 20 km: 11 ♀♀, 1 ♀ m ES, 1 ♂, 2 Copepodite).

Bemerkung: Seziert wurden 29 Tiere. Die Individuen von den diversen Fundorten zeigen große Variabilität hinsichtlich Körperlänge und -proportionen. Besonders die Tiere von den Stränden „La Herradura", Coquimbo (A I) und „La Rinconada", Antofagasta (B II) sind kleiner als die des Locus typicus (Viña del Mar, Reñaca; siehe MIELKE 1985 a), ihre Körperanhänge sind gedrun-

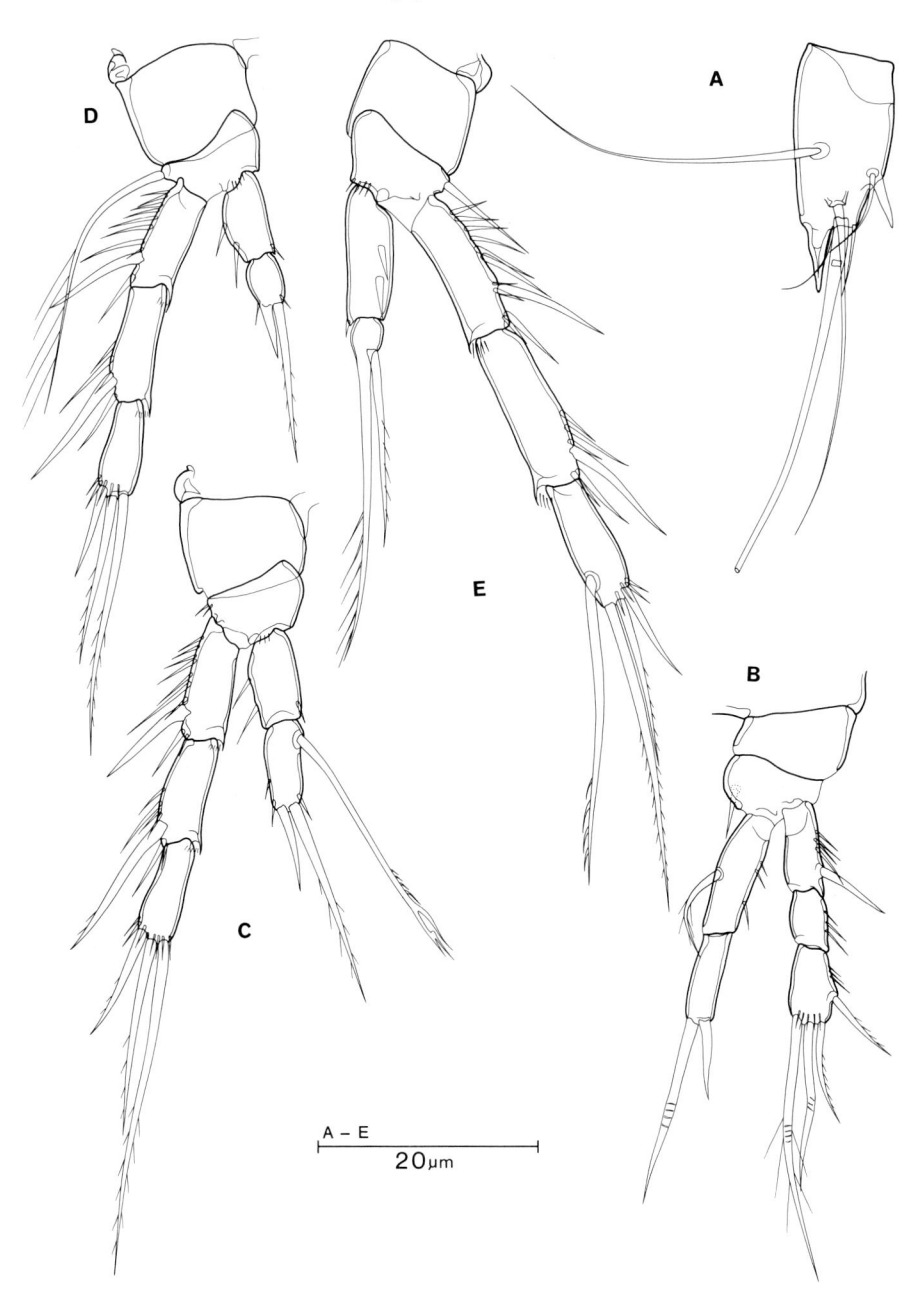

Abb. 13. *Arenopontia spicata*. A. Furca dorsal ♀. *Arenopontia ? ishikariana*. ♀. B. P. 1. C. P. 2. D. P. 3. E. P. 4.

gener. So z. B. auch die Furca bei den Tieren von Antofagasta, deren Enddorn schwächer ausgebildet ist (Abb. 13 A). Ferner enden die Innenrandborste und die innere Apikalborste des Endgliedes Enp. P. 2 etwa auf gleicher Höhe. Auch am Endglied Exp. P. 4 enden Innenrandborste und innere Apikalborste fast auf gleicher Höhe. Hier überragt bei den Reñaca-Tieren die jeweilige innere Apikalborste deutlich die Innenrandborste.

Die geringere Körperlänge und der gedrungenere Bau der Körperanhänge sind möglicherweise auf die geringere Sandkorngröße des Substrates von „La Herradura" und „La Rinconada" zurückzuführen.

Gemessene Körperlänge der sezierten Tiere: Coquimbo (A I): ♀ ♀ 0,24 – 0,26 mm; ♂ ♂ 0,24 mm. Coquimbo (A III): ♀ ♀ 0,30 – 0,33 mm; ♂ ♂ 0,28 – 0,32 mm. Antofagasta (B II): ♀ ♀ 0,27 – 0,29 mm; ♂ ♂ 0,22 – 0,27 mm. Punta Arenas (E I, E II): ♀ ♀ 0,31 – 0,38 mm; ♂ ♂ 0,34 – 0,35 mm.

Arenopontia ? ishikariana Itô, 1968

(Abb. 13 B – E, 14)

Fundorte und Material: Antofagasta (B II: Mehrere Exemplare). Iquique (C III: 22 ♀ ♀, 10 ♂ ♂). Arica (D I: 1 ♀).

Bemerkung: Seziert wurden 10 Exemplare. Die vorliegenden Tiere gleichen weitgehend der zuvor abgehandelten Spezies *A. spicata*, doch fehlt der zahnartige Fortsatz am Innenrand der Furca. Ferner sind die Lappen der hyalinen Membran nicht fingerförmig am Ende, sondern offenbar abgerundet (schwer zu sehen). Als weiteres Merkmal soll noch die charakteristische, nippelartige Vorbuchtung des Analoperculums hervorgehoben werden. Da *A. spicata* und Individuen mit den soeben geschilderten Abweichungen gemeinsam in einem Strand vorkommen (La Rinconada, Antofagasta), dürfte es sich mit größter Wahrscheinlichkeit um zwei distinkte Arten handeln.

Von den anderen Arten, welche die gleiche Bewehrungsformel besitzen, deren P. 5 innen zahnartig vorgezogen ist (bzw. Dorn nicht abgetrennt) und denen ebenfalls Lateralzähne am Analsegment fehlen wie den zu diskutierenden Tieren – *A. clasingi* Mielke, 1985; *A. ishikariana* Itô, 1968; *A. secunda* (Krishnaswamy, 1957) – bestehen recht gute Übereinstimmungen mit *A. ishikariana*, welche ITO (1968) bei Bannaguro und Oshoro an der Küste des Japanischen Meeres entdeckte. Einige geringe Differenzen betreffen neben Borstenlängenrelationen (Enp. P. 4) und Mundwerkzeugen vor allem die hyaline Membran (schwierig, den Distalrand der Lappen zu interpretieren), das Analoperculum („Nippel") und die Länge der distalen, im Außenbereich der Furca gelegenen

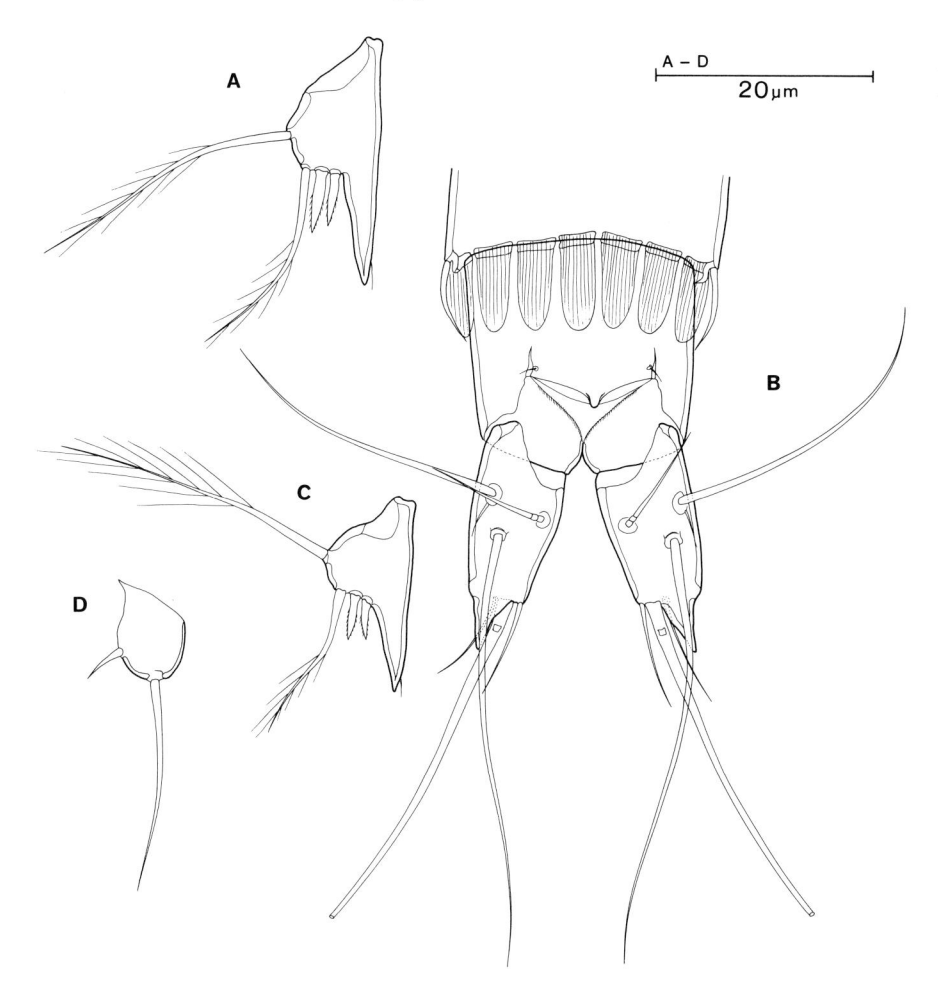

Abb. 14. *Arenopontia ? ishikariana*. A. P. 5 ♀. B. Hinterende dorsal ♀. C. P. 5 ♂. D. P. 6 ♂.

Dorsalborste. Wegen dieser geringfügigen Abweichungen stelle ich die chilenischen Tiere vorerst nur mit Vorbehalt zu *A. ishikariana*.

Die Abbildungen 13 B – E, 14 stammen von Tieren des Strandes La Rinconada, Antofagasta.

Gemessene Körperlängen: ♀♀ 0,27 – 0,31 mm; ♂♂ 0,23 – 0,30 mm.

Arenopontia ornamenta nov. spec.

(Abb. 15 – 17)

Fundorte und Material: Antofagasta (B II, Locus typicus: Einige Tiere). Iquique (C I: Wenige Tiere).
Seziert wurden 6 Tiere. Holotypus ist ein ♀ (I Chi A 101). Paratypen sind 1 ♀ und 2 ♂ ♂. Vom Holotypus sind 1. und 2. Antenne, Mandibel, 2. Maxille, Maxilliped, P. 1 – P. 5 und Abdomen lateral abgebildet.

Beschreibung

Weibchen: Die Körperlänge von der Rostrumspitze bis zum Ende des Furcaldorns beträgt 0,30 – 0,41 mm (telescoping; Holotypus 0,30 mm). Rostrum hyalin, mit 2 Haarborsten. Mit Ausnahme des Analsegmentes besitzen die Abdominalsegmente dorsal und ventral eine aus überwiegend rechteckigen Platten bestehende Ornamentierung. Auf der Ventralseite sind diese plattenartigen Strukturen kaum ausgeprägt; hier sind im medialen Bereich nur einige Poren oder Furchen zu beobachten. Die hyaline Membran des Genitaldoppelsegmentes und der beiden folgenden Segmente besteht aus großen, hyalinen Platten. Analoperculum mit kleinen Dörnchen. Analsegment dorsal über dem Ansatz der Furca beiderseits mit einem zahnartigen Fortsatz. Auch innen, zwischen den beiden Furcalästen, sind zwei kurze Zähnchen des Analsegmentes zu sehen. Die Furca ist länger als breit und läuft in einen Enddorn aus. Neben diesem Enddorn setzt innen die lange Furcalendborste an, die im mittleren Abschnitt einige Fiedern aufweist; ferner inserieren neben der Ansatzstelle der langen Furcalendborste 2 schlanke Haarborsten. Außerdem sind noch 3 weitere Anhänge zu beobachten: Etwa im mittleren Bereich dorsal außen 1 lange, schlanke Borste, welche von 1 kurzen Haarborste begleitet wird; dorsal innen 1 Borste, welche basal zweigliedrig und offenbar im apikalen Teil blattartig verbreitert ist (neben der Ansatzstelle dieser Borste ist ein kleiner Haken zu beobachten); weiter distal findet sich ebenfalls 1 lange, schlanke Borste, welche auf einer Vorwölbung ansetzt (Abb. 17 A, B). Eisäckchen nicht beobachtet.

1. Antenne (Abb. 15 A): 6 Glieder. Grundglied kurz, 2. Glied am längsten. Je ein Aesthetask steht am 4. und am 6. Glied.

2. Antenne (Abb. 15 B): Allobasis unbewehrt. Exopodit schlank, mit 1 Borste. Endopodit mit kanten- und flächenständigen Dörnchen, apikal stehen 5 unterschiedlich lange Anhänge, von denen der größte 1 Begleitborste aufweist.

Mandibel (Abb. 15 C): Kante der Kaulade mit mehreren Zähnchen und 1 lateralen Borste. Palpus 3gliedrig; mittleres Glied mit 1 Borste, Endglied mit 3 (4?) Borsten.

1. Maxille (Abb. 15 D): Arthrit der Präcoxa mit 2 Flächenborsten und 4 – 5 kantenständigen Anhängen. Coxa augenscheinlich mit 3 Borsten. Endo- und

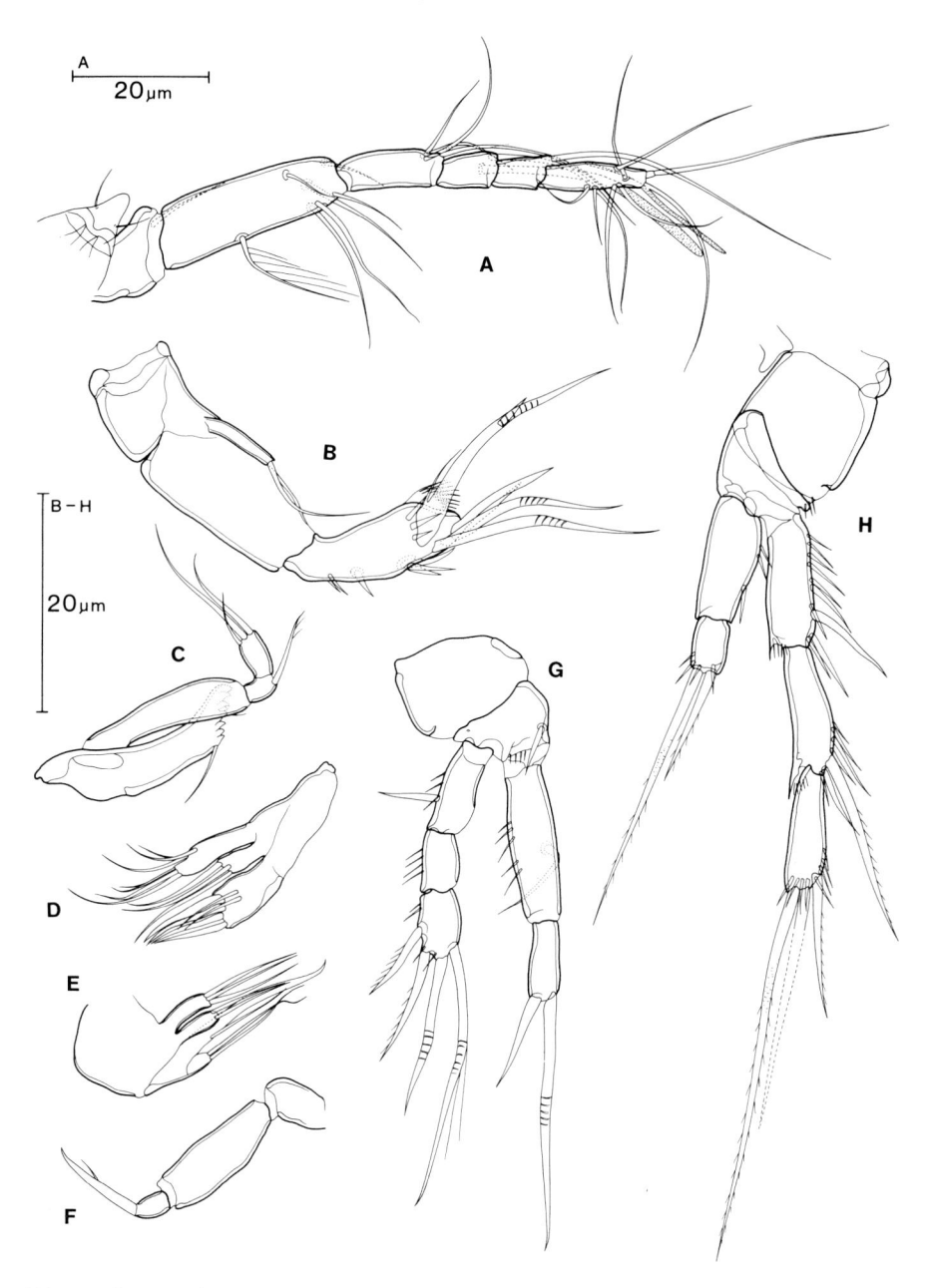

Abb. 15. *Arenopontia ornamenta* nov. spec. A. Rostrum und 1. Antenne ♀. B. 2. Antenne ♀. C. Mandibel ♀. D. 1. Maxille ♂. E. 2. Maxille ♀. F. Maxilliped ♀. G. P. 1 ♀. H. P. 2 ♀.

Exopodit nicht von der Basis abgetrennt. An dem lappenförmigen Verschmelzungsprodukt sind apikal 4, subapikal 3 – 4 Borsten wahrzunehmen.

2. Maxille (Abb. 15 E): Syncoxa mit 2 Enditen, welche allem Anschein nach 3 bzw. 2 Borsten besitzen. Basis mit 1 Klaue und 1 Borste. Endopodit mit 2 – 3 Borsten.

Maxilliped (Abb. 15 F): Basis und 1. Endopoditenglied unbewehrt, 2. Endopoditenglied mit Klaue, an der 1 Häkchen sitzt.

P. 1 (Abb. 15 G): Coxa unbewehrt. Basis mit Innenborste sowie einigen Dörnchen. Exopodit 3gliedrig. Grundglied mit 1 Außenranddorn und Dörnchen an der Außenkante. Mittleres Glied lediglich mit Dörnchen. Endglied mit 4 Anhängen und einigen Dörnchen. Endopodit 2gliedrig. Grundglied mit schlanker Borste, deutlich länger als das Endglied, welches 2 unterschiedlich lange Anhänge aufweist.

P. 2 – P. 4 (Abb. 15 H, 16 A, B): Coxa in etwa rechteckig. Basis nach außen hin verjüngt. Beim P. 2 stehen außen nur einige Dörnchen, beim P. 3 eine lange Fiederborste, beim P. 4 eine etwas kürzere Borste. Exopoditen 3gliedrig. Grundglied und mittleres Glied an der Außenkante mit langen Dörnchen und jeweils einem schlanken Außenranddorn; die distale Innenkante dieser beiden Glieder ist spitz ausgezogen und mit einer Dörnchenmanschette versehen. Endglied beim P. 2 und P. 3 mit 2 Apikalborsten und 1 schlanken Außenranddorn. P. 4 mit 1 zusätzlichen Innenrandborste. Endopoditen 2gliedrig. Grundglied deutlich länger als das Endglied, mit einigen Dörnchen an der Außenkante. Endglied kurz, mit 2 apikalen Anhängen, von denen jeweils der äußere kürzer als der innere ist; äußerer Anhang beim P. 3 basal offenbar nicht abgetrennt. Das gleiche gilt wohl auch für den inneren Anhang beim P. 4, der in der distalen Hälfte reich befiedert ist.

Bewehrung:		Exopodit	Endopodit
	P. 2	(0.0.021)	(0.020)
	P. 3	(0.0.021)	(0.020)
	P. 4	(0.0.121)	(0.020)

P. 5 (Abb. 16 C): Plattenförmig, innen mit breitem Zahn; Innenkante mit einigen Dörnchen. Ferner sind 2 kurze Dornen und 2 schlanke Borsten zu sehen, von denen die Außenrandborste lange Fiedern trägt.

Männchen: Körperlänge der beiden sezierten ♂ ♂ 0,35 und 0,38 mm. 1. Antenne haplocer. Übrige Körperanhänge bis einschließlich P. 5 (Abb. 16 D) wie beim ♀. Der P. 6 (Abb. 16 E) stellt eine längliche Platte dar, an der 2 Borsten sitzen.

Abb. 16. *Arenopontia ornamenta* nov. spec. A. P. 3 ♀ . B. P. 4 ♀ . C. P. 5 ♀ . D. P. 5 ♂ . E. P. 6 ♂ .

Etymologie. Der Artname bezieht sich auf die plattenartige Ornamentierung des Abdomens und das Vorhandensein der zahnartigen Fortsätze am Analsegment.

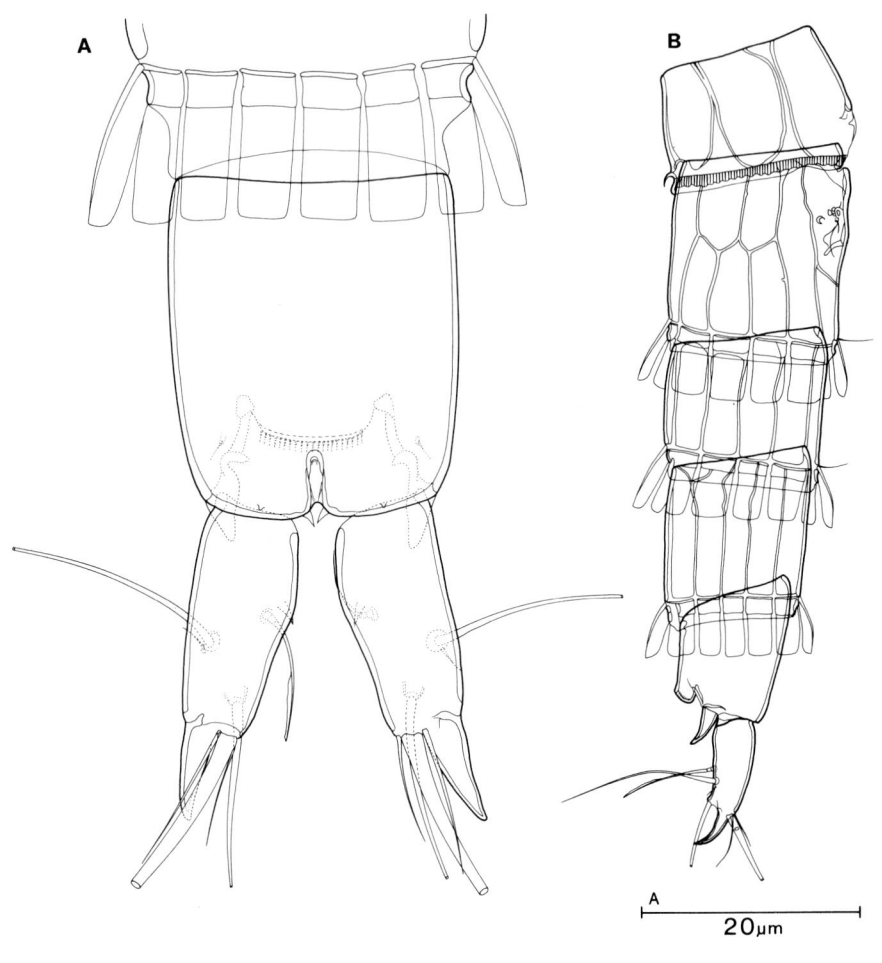

Abb. 17. *Arenopontia ornamenta* nov. spec. ♀. A. Hinterende ventral.
B. Abdomen lateral.

Diskussion: *A. ornamenta* nov. spec. unterscheidet sich von allen anderen *Arenopontia*-Arten vor allem durch die Merkmalskombination eines 2gliedrigen Enp. P. 2 mit nur 2 Borsten am Endglied, zahnartigen Fortsätzen am Analsegment und Ornamentierung der Abdominalsegmente. Gewisse Übereinstimmungen bestehen mit *A. intermedia* Rouch, 1962. Auch diese Art besitzt am Enp. P. 2 nur 2 Borsten, und die Abdominalsegmente scheinen eine Ornamentierung aufzuweisen. Diese Spezies ist aber deutlich von *A. ornamenta* abzugrenzen durch den Exp. P. 4 (nur 3 Borsten am Endglied), den Mangel von Zähnen am Analsegment und den Bau des P. 5.

Arenopontia reductaspina nov. spec.

(Abb. 18)

Fundort und Material: Iquique (C I, Locus typicus: Häufig).
Seziert wurden 7 Tiere. Holotypus ist ein ♀ (I Chi A 218). Paratypen sind 2 ♀ ♀ und 2 ♂ ♂.

Bemerkung: Im Strand „Cavancha" von Iquique treten Individuen von zwei *Arenopontia*-Arten auf, die sich einander sehr ähnlich sehen. Beide sind charakterisiert durch die plattenartige Felderung des Abdomens und die zahnartigen Fortsätze des Analsegmentes. Die eine Form identifiziere ich mit *A. ornamenta* nov. spec. (siehe obige Darstellung), für die andere errichte ich die neue Art *A. reductaspina*. Abgesehen von den im folgenden dargelegten Merkmalsunterschieden sind an den Körperanhängen keine signifikanten Differenzen zu beobachten. Im Vergleich zu *A. ornamenta* sind bei *A. reductaspina* zu konstatieren:

- Enp. P. 3 nur mit 1 Apikalborste (Abb. 18 A).
- Enp. P. 4 Endglied: Äußerer Anhang kaum halb so lang wie der innere.
- P. 5 von ♀ und ♂ (Abb. 18 B, C); hier inserieren zwischen der Außenrandborste und dem breiten inneren Fortsatz nur 2 Anhänge.
- Furca (Abb. 18 D) etwas kürzer.
- Analsegment zwischen den beiden Furcalästen ohne die Dörnchen (zumindest kaum ausgeprägt).

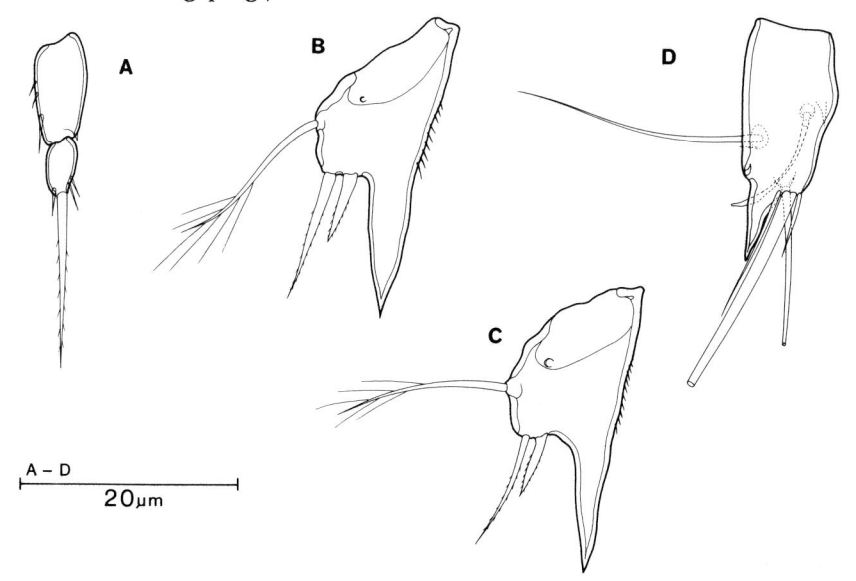

Abb. 18. *Arenopontia reductaspina* nov. spec. A. Enp. P. 3 ♀. B. P. 5 ♀. C. P. 5 ♂. D. Furca ventral ♀.

Bewehrung: Exopodit   Endopodit
          P. 2   (0.0.021)   (0.020)
          P. 3   (0.0.021)   (0.010)
          P. 4   (0.0.121)   (0.020)

Gemessene Körperlängen der sezierten Tiere: ♀ ♀ 0,36 – 0,38 mm; ♂ ♂ 0,36 – 0,37 mm.

E t y m o l o g i e . Der Artname bezieht sich darauf, daß offenkundig einer der beiden (bei *A. ornamenta*) dornartigen Anhänge neben dem breiten inneren Fortsatz des P. 5 bei ♀ und ♂ reduziert ist.

D i s k u s s i o n : Die beiden morphologisch sehr ähnlichen Arten, *Arenopontia ornamenta* und *A. reductaspina*, besiedeln gemeinsam den Strand „Cavancha" von Iquique. Individuen, welche als Zwischenformen interpretierbar wären, konnten nicht beobachtet werden. Es ist zu vermuten, daß beide Spezies auf eine gemeinsame Stammart zurückzuführen sind, also Adelphotaxa darstellen (AX 1984). *A. ornamenta* hat beim sympatrischen Spaltungsprozeß zumindest weitgehend die Merkmale der Stammart beibehalten, wogegen *A. reductaspina* als evolutive Neuheiten die Reduktionsmerkmale „Verlust je eines Dorns am P. 5 von ♀ und ♂" sowie „Verlust des äußeren Anhangs am Enp. P. 3" aufweist und dadurch als neue Art gut begründet ist.

Die kürzlich von BODIOU & COLOMINES (1986) von den Crozet-Inseln beschriebene *A. chaufriassei* besitzt zwar gleichfalls am P. 5 von ♀ und ♂ neben dem Innendorn nur 3 abgegliederte Anhänge (in etwas anderer Ausgestaltung), doch scheint dies als Parallelentwicklung zu deuten sein. Ansonsten unterscheiden sich beide Arten klar in der Bewehrung von Enp. P. 2 und Enp. P. 3 sowie der Ornamentierung der Abdominalsegmente.

Prosewellina nov. gen.

D i a g n o s e : Körper wurmförmig langgestreckt, Analsegment etwa doppelt so lang wie breit. Analoperculum gezähnt. Die Furca läuft in einen gebogenen Zahn aus; 2 Lateral-, 1 Dorsal- und 3 Distalborsten, von denen die mittlere deutlich am längsten ist. Rostrum basal abgetrennt, erreicht nicht das Ende des 1. Antennengliedes. 1. Antenne 6gliedrig, beim ♂ geschlechtsspezifisch umgebildet. 2. Antenne mit Allobasis. Exopodit rudimentär, mit 1 Borste; Endopodit mit einem kammförmigen Anhang. Kaulade der Mandibel schlank, Palpus 2gliedrig. 1. Maxille mit 3 Loben, die dem Arthriten der Präcoxa, der Coxa und der Basis inklusive den nicht abgesetzten Exo- und Endopoditen entsprechen. Syncoxa der 2. Maxille nur mit einem Enditen, Basis mit Klaue, Endopodit nur durch 1 Borste repräsentiert. Maxilliped klauenförmig. Exopodit P. 1 rudimentär, mit 1 Anhang; Endopodit 2gliedrig; Grundglied mit Innenrandborste, Endglied deutlich kürzer, mit 2 genikulierenden Apikalborsten. P. 2 – P. 4 mit 3gliedrigen Exopoditen und 1gliedrigen Endopoditen. P. 5 plattenförmig. P. 6 ♂ reduziert (?). Extremitäten P. 1 – P. 4 ohne Sexualdimorphismus.

Prosewellina chilensis nov. spec.
(Abb. 19 – 21)

Fundorte und Material: Coquimbo (A III, Locus typicus: 1 ♀, 4 ♂ ♂). Ferner: Viña del Mar, Reñaca (22. 3. 1983): 1 ♂.

Seziert wurden 4 Tiere. Holotypus ist das einzige vorliegende ♀ (I Chi A 217). Paratypen sind 2 sezierte ♂ ♂.

Beschreibung der Tiere von Coquimbo.

Weibchen: Körper wurmförmig langgestreckt; Körperlänge von der Rostrumspitze bis zum Furcaende 0,42 mm. Rostrum schlank, zungenförmig, mit 2 Haarborsten (Abb. 19 A). Genitaldoppelsegment nicht unterteilt. Hinterränder der Abdominalsegmente, abgesehen vom Analsegment, mit Dörnchen. Analsegment doppelt so lang wie breit; ventral, zwischen den beiden Furcalästen, finden sich 2 Dörnchen. Das Analoperculum bildet eine breite, halbkreisförmig gebogene Platte, welche mit kräftigen Zähnen bewehrt ist: Im mittleren Teil stehen 4 Hauptzähne und 1 – 2 Nebenzähne, lateral noch 2 weitere Zähne. Die Furca, die etwa doppelt so lang wie breit ist, endet mit einem gebogenen Zahn. Lateral inserieren 2 schlanke Borsten; apikal, im Bereich des Endzahns, stehen 3 schlanke Borsten, von denen die Endborste etwa 0,26 mm lang ist. Dorsal befindet sich 1 basal gegliederte Borste, in deren Ansatzbereich 2 zapfenförmige Strukturen sitzen (Abb. 20 D, E, 21 D).

1. Antenne (Abb. 19 A): 6 Glieder. 4. Glied im Vergleich zum 3. deutlich verbreitert, mit einem Aesthetasken.

2. Antenne (Abb. 19 B): Coxa kurz, mit einigen Dörnchen. Allobasis offenbar unbewehrt. Exopodit klein, mit 1 schlanken Apikalborste. Abgetrenntes Endopoditenglied an der Vorderkante mit 2 Dornen und einigen Dörnchen, apikal mit 3 genikulierenden Borsten sowie 1 kürzeren Borste und subapikal mit 1 kräftigen, bedornten Anhang, an dessen Basis 1 kurze Haarborste angeschmolzen ist; ferner befindet sich hier ein breiter, hyaliner, kammähnlicher Anhang.

Mandibel (Abb. 19 C): Kaulade schlank, mit einer Reihe von kleinen Zähnchen und 1 Borste. Coxa-basis schlank, mit 2 Häkchen und wahrscheinlich 1 Borste an der distalen Innenecke. Endopodit subapikal mit 1 Borste, apikal mit deren 4.

1. Maxille (Abb. 19 D): Arthrit der Präcoxa mit 5 – 6 borstenartigen Anhängen und 2 Flächenborsten. Coxa mit 2, Basis mit 3 Borsten. Endopodit und Exopodit von 3 bzw. 1 Borste repräsentiert.

2. Maxille (Abb. 19 E): Syncoxa mit einem Endit, welcher 1 lange Borste und 1

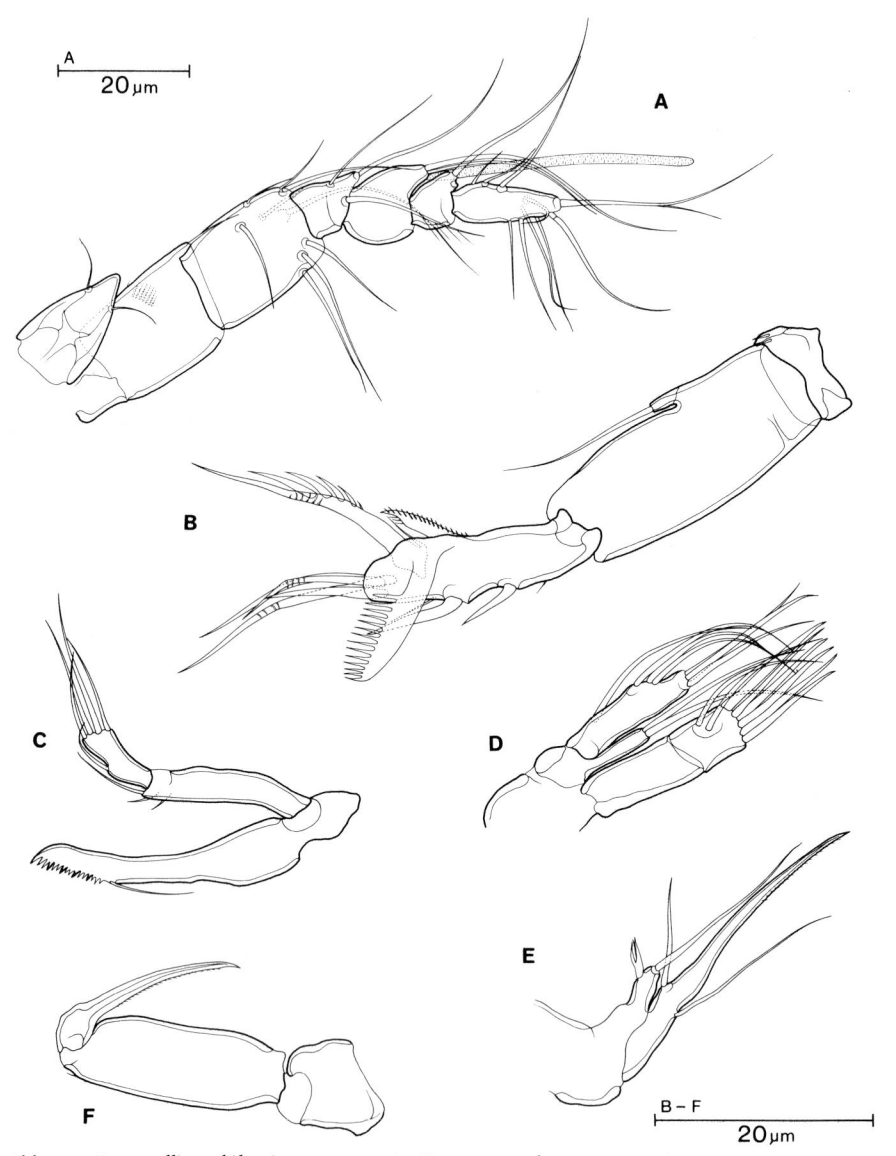

Abb. 19. *Prosewellina chilensis* nov. spec. A. Rostrum und 1. Antenne ♀. B. 2. Antenne ♀. C. Mandibel ♀. D. 1. Maxille (♂ von Viña del Mar). E. 2. Maxille ♂. F. Maxilliped ♂.

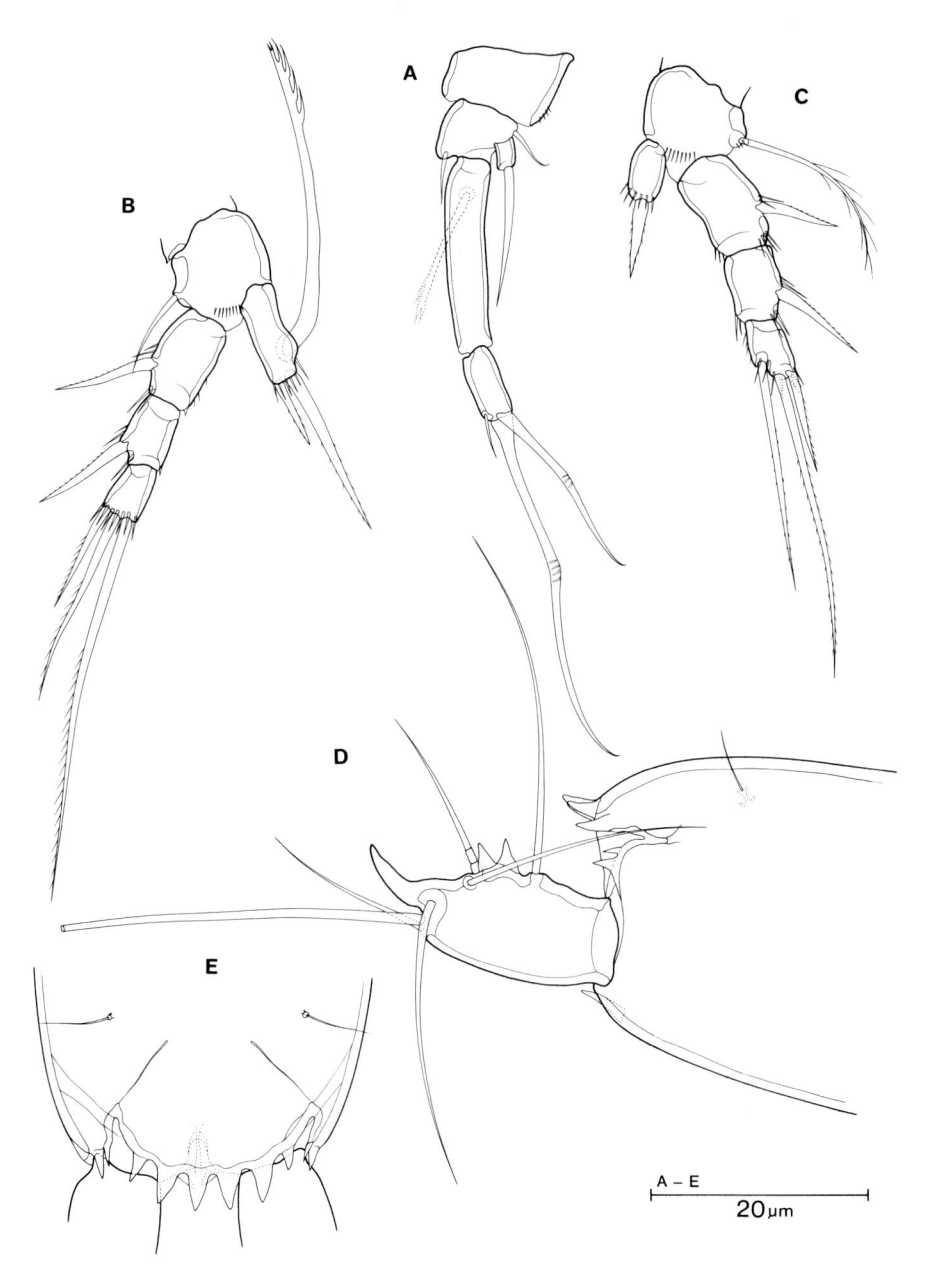

Abb. 20. *Prosewellina chilensis* nov. spec. A. P. 1 ♀. B. P. 2 ♀. C. P. 3 ♀. D. Hinterende lateral ♂. E. Analoperculum ♂.

kurzen Anhang aufweist. Basis mit 1 kräftigen Klaue und 1 Borste. Endopodit durch 1 Borste repräsentiert.

Maxilliped (Abb. 19 F): Basis unbewehrt. Endopodit mit kräftiger, bewimperter Klaue.

P. 1 (Abb. 20 A): Coxa mit einigen Dörnchen an der Außenseite. Basis mit je 1 äußeren und 1 inneren Borste. Exopodit klein, mit 1 Apikalborste. Endopodit 2gliedrig. Grundglied langgestreckt, im proximalen Bereich mit 1 apikal gabelartig verbreiterten Borste. Distalglied mit 2 genikulierenden Anhängen unterschiedlicher Länge und 1 kurzen Borste.

P. 2 – P. 4 (Abb. 20 B, C, 21 A): Basis mit einigen Dörnchen und 1 Außenrandborste. Exopoditen 3gliedrig. Außenkanten von Grundglied und mittlerem Glied mit Außenranddorn und einigen Dörnchen. Endglied am kleinsten; distal mit einigen Dörnchen. Die 3 Borsten des P. 2 setzen fast auf gleicher Höhe an, die innerste ist die längste. Beim P. 3 und P. 4 ist die mittlere Borste am längsten; die innere Borste ist etwas nach proximal versetzt. Endopoditen 1gliedrig. Enp. P. 2 mit 2 apikalen Borsten unterschiedlicher Länge und 1 kräftigen inneren Anhang, welcher im Endteil sägeartig gezähnt ist. Enp. P. 3 mit 1 zapfenförmigen Anhang, Enp. P. 4 mit 2 Anhängen.

Bewehrung:	Exopodit	Endopodit
P. 2	(0.0.021)	(120)
P. 3	(0.0.111)	(010)
P. 4	(0.0.111)	(020)

P. 5 (Abb. 21 B): Längliche Platte, an der distal ein kräftiger, dornförmiger Anhang und subapikal 1 Fiederborste sitzen. Dazwischen inserieren offenbar 2 kurze Börstchen.

M ä n n c h e n : Die Körperlänge beträgt 0,39 – 0,42 mm. Außer der zur Greifantenne umgewandelten 1. Antenne entsprechen die Körperanhänge, auch der P. 5 (Abb. 21 C), denjenigen des Weibchens. P. 6 (?) nicht beobachtet; möglicherweise stellt er lediglich eine unbewehrte Platte dar.

V a r i a b i l i t ä t . Das einzige vorliegende ♀ besitzt an der linken Furca subapikal außen einen zusätzlichen Zapfen, welcher dem anderen Furcalast fehlt und der auch bei den sezierten ♂ ♂ nicht wahrzunehmen ist (Abb. 21 D).

In einer vorherigen Arbeit (MIELKE 1985 a, p. 227) gehe ich mit einer kurzen Bemerkung auf ein Tier ein, „welches möglicherweise zur Gattung *Ichnusella* oder zu einer verwandten Gattung gehört". Dieses ♂ von Viña del Mar ist nun eindeutig zur oben beschriebenen Art zu rechnen. Es ist aber mit 0,50 mm etwas größer als die Exemplare von Coquimbo. Auch die Furca ist etwas länger, der Endzahn ausgeprägter. Das Analoperculum hat 6 gleich große Zähne ausgebil-

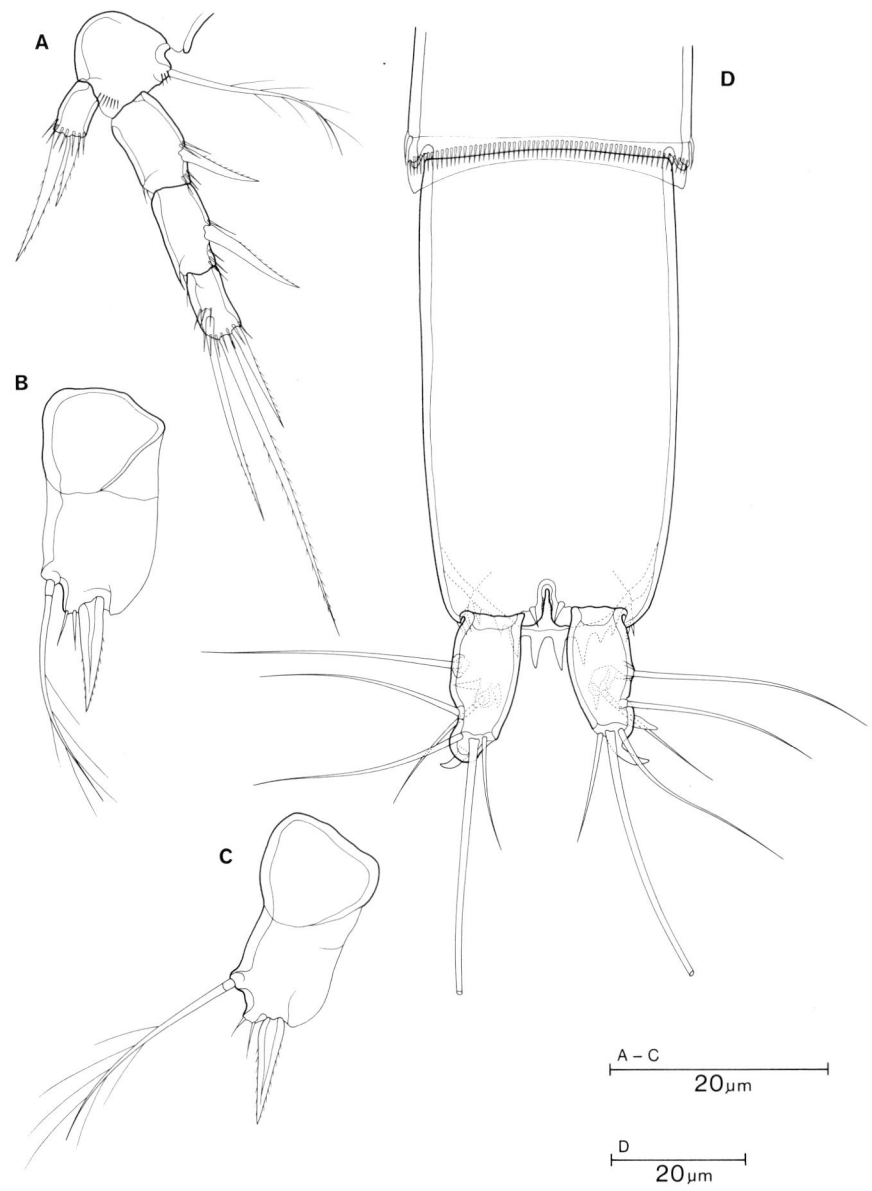

Abb. 21. *Prosewellina chilensis* nov. spec. A. P. 4 ♀. B. P. 5 ♀. C. P. 5 ♂. D. Hinterende ventral ♀.

det. Trotz dieser qualitativen Unterschiede sehe ich von der Errichtung einer eigenen Unterart ab, insbesondere weil gegenwärtig noch zu wenig Vergleichsmaterial zur Verfügung steht.

Etymologie. Der Gattungsname soll auf den im Vergleich zu *Sewellina* ursprünglicheren Zustand der Pereiopodengliederung hinweisen; der Artname bezieht sich auf das Land Chile.

Diskussion: Die chilenischen Tiere gehören ohne Zweifel in die „Unterfamilie" der Psammopsyllinae, die KRISHNASWAMY (1956) für die beiden Gattungen *Psammopsyllus* und *Sewellina* errichtet hatte. Später wurden von COTTARELLI (1971) die Gattung *Ichnusella* sowie von COTTARELLI et al. (1986) die Gattung *Parasewellina* hinzugefügt.

Die Pereiopoden 2 – 4 der chilenischen Exemplare besitzen wie diejenigen der Vertreter von *Psammopsyllus* und *Ichnusella* 3gliedrige Exopoditen und 1gliedrige Endopoditen. Andererseits zeigen sich jedoch Unterschiede bei anderen Strukturen: Bei *Psammopsyllus* ist der Exp. P. 1 reduziert (oder durch 1 Borste repräsentiert ?), das Analsegment hat ein Längenbreitenverhältnis von höchstens 1:1, das Analoperculum trägt zwei laterale Hauptzähne (bei *P. tridentatus* dreigezackt). *Ichnusella* weicht von meinen Tieren vor allem durch die geschlechtsspezifisch transformierten Exp. P. 3 des ♂ („copulatory organ" nach COTTARELLI 1971) signifikant ab. Zudem ist auch bei dieser Gattung das Analsegment höchstens so lang wie breit.

Dagegen zeigen Analsegment einschließlich gezähntes Analoperculum der chilenischen Tiere prinzipiell den gleichen Aufbau wie bei den Gattungen *Sewellina* und *Parasewellina*. Die Pereiopoden sind zwar im Vergleich zu diesen beiden Gattungen etwas reicher gegliedert, doch ist vorstellbar, daß, ausgehend von Formen wie z. B. *Prosewellina chilensis,* durch Reduktion und Gliederfusion die Entwicklungslinie über den *Parasewellina*-Zustand letztendlich zu den *Sewellina*-Arten mit z. T. plattenförmigen Extremitäten geführt hat.

Die gegenwärtig bekannten Fundorte der beiden *Sewellina*-Arten (Indien und Sri Lanka), der monotypischen Gattung *Parasewellina* (Sri Lanka) und der ebenfalls monotypischen Gattung *Prosewellina* (Pazifikküste Chiles) lassen ein größeres Verbreitungsareal dieses Verwandtschaftskreises vermuten. Das Auffinden weiterer Arten dürfte eine erneute Überprüfung der Systematik der Psammopsyllinae erforderlich machen.

Paramesochridae Lang, 1948
Kliopsyllus Kunz, 1962
Kliopsyllus acutifurcatus Mielke, 1985

Fundort und Material: Iquique (C III: 1 ♀).

Bemerkung: Das Exemplar stimmt gut mit denjenigen des Locus typicus überein (Mehuín, Chile; siehe MIELKE 1985 b).

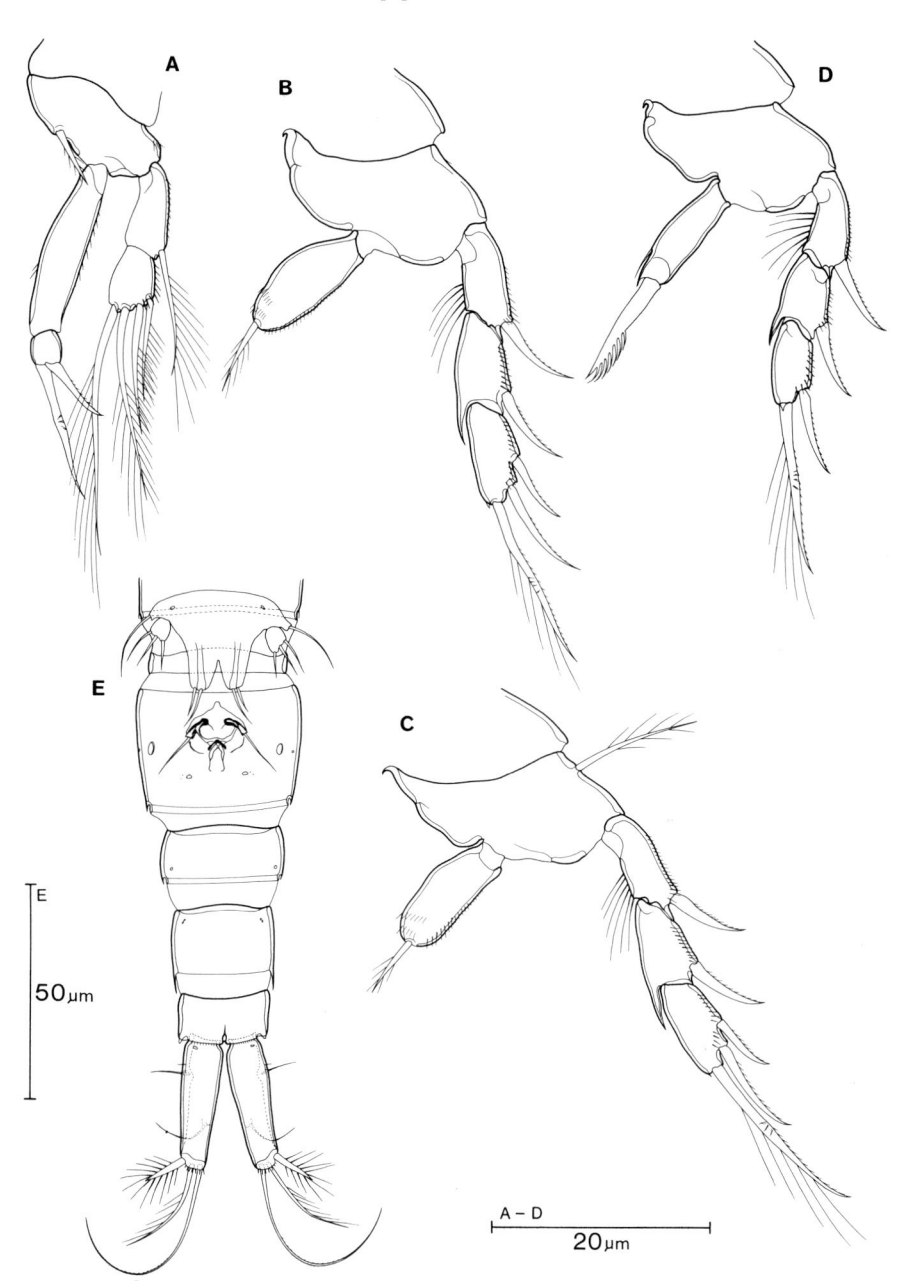

Abb. 22. *Kliopsyllus constrictus pacificus*. ♀. A. P. 1. B. P. 2. C. P. 3. D. P. 4. E. Abdomen ventral mit P. 5.

Kliopsyllus constrictus pacificus Mielke, 1984

(Abb. 22)

Fundorte und Material: Coquimbo (A II: 42 ♀♀, 9 ♀♀ m ES, 1 ♂; A III: 7 ♀♀, 7 ♀♀ m ES, 31 ♂♂). Iquique (C I: 5 ♀♀, 1 ♀ m ES; C III: 20 ♀♀, 22 ♂♂).

Bemerkung: Seziert wurden 20 Tiere. Ein Vergleich mit den Individuen von Panamá (MIELKE 1984) hat keine Unstimmigkeiten ergeben. Von P. 1 – P. 4 und vom Abdomen ventral ♀ gebe ich die Abbildungen 22 A – E. Offenkundig besitzen auch die ♀♀ von Panamá am Genitalfeld Borsten, die aber an den Präparaten kaum wahrzunehmen sind (in Abb. 20 C bei oben zitierter Arbeit nicht eingezeichnet).

Gemessene Körperlängen: ♀♀ 0,24 – 0,29 mm; ♂♂ 0,23 – 0,27 mm.

Apodopsyllus Kunz, 1962
Apodopsyllus chilensis nov. spec.

(Abb. 23 – 25)

Fundort und Material: Coquimbo (A II, Locus typicus: 23 ♀♀, 1 ♀ m ES, 26 ♂♂). Seziert wurden 7 Tiere. Holotypus ist ein ♀ (I Chi A 200). Paratypen sind jeweils drei sezierte ♀♀ und ♂♂. Vom Holotypus sind 1. Antenne, Mandibel, 1. Maxille, P. 2 – P. 4 abgebildet.

Beschreibung

Weibchen: Die Körperlänge von der Rostrumspitze bis zum Furcaende beträgt 0,42 – 0,45 mm (Holotypus 0,44 mm). Rostrum kurz, mit 2 kleinen Haarborsten (Abb. 23 A). Genitaldoppelsegment ohne Trennungslinie. Genitalfeld kompliziert (Abb. 25 A). Genitaldoppelsegment und die beiden folgenden Segmente ventral mit plattenartigen Strukturen. Auf der Dorsalseite konnten keine derartigen Felderungen festgestellt werden. Segmentgrenzen ganz allgemein nur schwach ausgebildet, mit Ausnahme der deutlichen Grenzlinie zwischen Präanal- und Analsegment. Furca etwas mehr als doppelt so lang wie breit. Proximal und distal an der Außenkante inserieren je 1 schlanke Borste; apikal sitzen die lange Furcalendborste sowie innen und außen je 1 kurze Begleitborste; außerdem findet sich noch distal innen 1 schlanke Dorsalborste (Abb. 25 A, B). Das einzige vorliegende gravide Weibchen besitzt nur 1 Ei (Eisäckchen unvollständig?).

1. Antenne (Abb. 23 A): 7 bis 8 Glieder (der vorletzte Abschnitt ist nur unvollkommen unterteilt). 4. Glied und Endglied jeweils mit einem Aesthetasken.

2. Antenne (Abb. 23 B): Coxa und Basis unbewehrt. 1. Endopoditenglied mit 1 Fiederborste. 2. Endopoditenglied an der Vorderkante mit einigen Dörnchen,

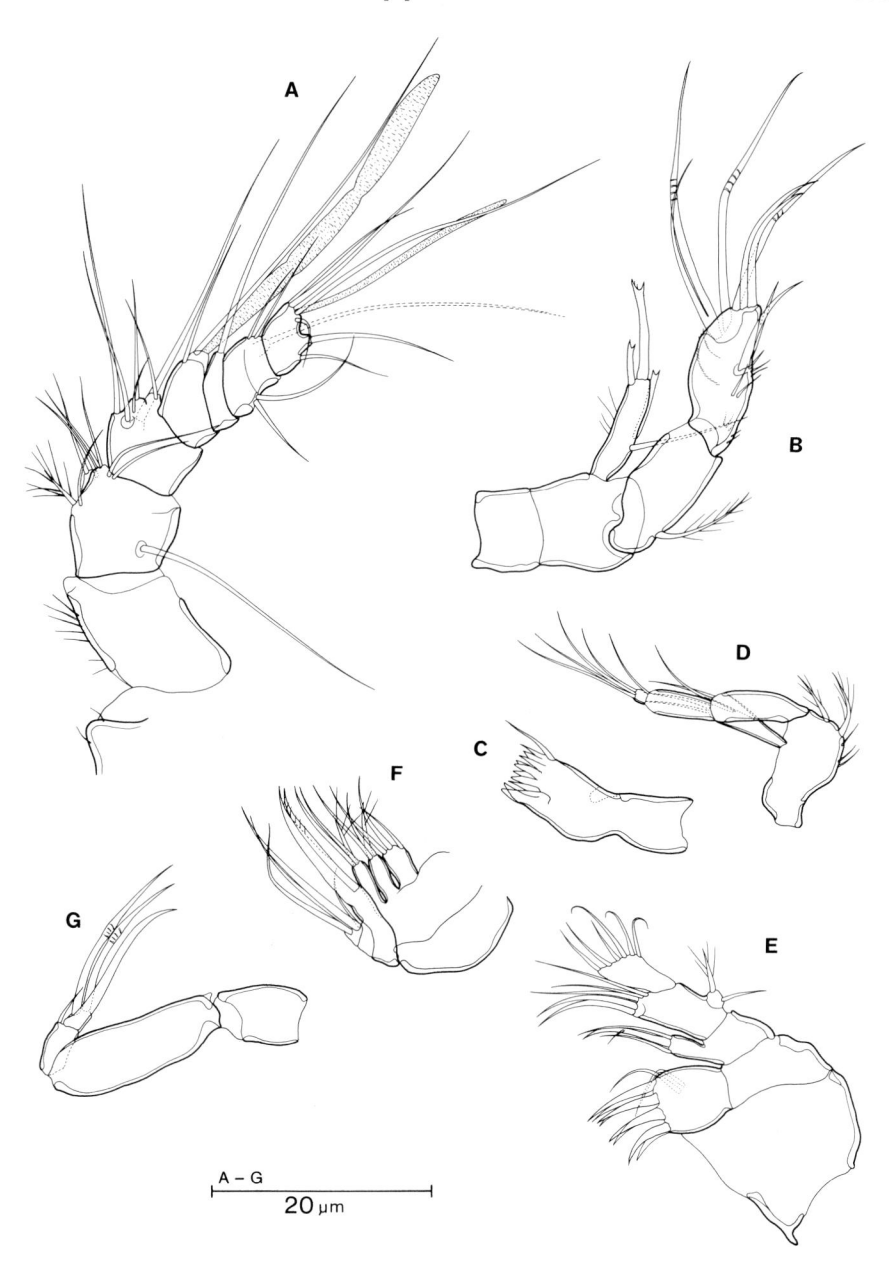

Abb. 23. *Apodopsyllus chilensis* nov. spec. A. Rostrum und 1. Antenne ♀. B. 2. Antenne ♀. C. Mandibel-Kaulade ♀. D. Mandibular-Palpus ♀. E. 1. Maxille ♀. F. 2. Maxille ♂. G. Maxilliped ♀.

subapikal mit 2 Borsten und apikal mit 5 genikulierenden Borsten, von denen die hinterste eine basal angeschmolzene Begleitborste aufweist. Exopodit 1gliedrig, mit 2 kantenständigen und 2 apikalen Anhängen (die drei distalen sind am Ende eingekerbt).

Mandibel (Abb. 23 C, D): Kaukante der Kaulade mit einer Reihe von Zähnchen und 1 Borste. Coxa-basis mit 2 Fiederborsten. Endopodit 3gliedrig; Grundglied mit 2, mittleres Glied mit 1 (oder 0?) und das kleine Endglied mit 4 (oder 5?) Borsten. Exopodit 1gliedrig, mit 4 Borsten.

1. Maxille (Abb. 23 E): Arthrit der Präcoxa mit 2 flächenständigen Borsten und mindestens 4 klauenartigen Strukturen an der Distalkante. Die Anzahl der Borsten ist schwer auszumachen. Wahrscheinlich trägt die Coxa 3 – 4, die Basis 5, der Endopodit 6 – 7 und der Exopodit 2 Borsten.

2. Maxille (Abb. 23 F): Syncoxa mit 3 Enditen, die offenkundig jeweils 3 Borsten, einige davon befiedert, aufweisen. Basis mit 1 befiederten Klaue und 1 Borste. Endopodit mit 4 (5?) Borsten.

Maxilliped (Abb. 23 G): Basis und 1. Endopoditenglied unbewehrt. 2. Endopoditenglied mit 1 kurzen Borste, 1 Klaue sowie 2 genikulierenden Borsten auf einem gliedartigen Abschnitt.

P. 1 (Abb. 24 A): Coxa ohne Bewehrung. Basis im Außenbereich mit einigen Dörnchen, an der Innenkante mit 1 Fiederborste. Exopodit 2gliedrig. Grundglied mit einigen Dörnchen und 1 langen, befiederten Außenrandborste, Endglied mit 4 befiederten Borsten und apikal innen mit 1 kurzen Börstchen. Endopodit 2gliedrig. Grundglied langgestreckt, mit einigen kantenständigen Dörnchen; das kurze Endglied besitzt distal 2 schlanke Borsten unterschiedlicher Länge.

P. 2 – P. 4 (Abb. 24 B – D): Coxa und Basis beim P. 2 und P. 3 schwach getrennt, beim P. 4 verschmolzen. Basis mit schlanker Fiederborste an der Außenkante; beim P. 4 ist außerdem an der Innenkante 1 kurzer, hyaliner Zapfen zu beobachten. Exopodit 3gliedrig. Grundglied und mittleres Glied mit Außenranddorn, mittleres Glied beim P. 2 und P. 3 nach innen zahnartig vorgezogen; Endglied schlanker als die beiden anderen Glieder, mit 2 Anhängen.

Bewehrung:		Exopodit	Endopodit
	P. 2	(0.0.011)	–
	P. 3	(0.0.011)	–
	P. 4	(0.0.011)	–

P. 5 (Abb. 24 E): Diese rudimentäre Extremität ist etwas schwierig zu interpretieren. An einer schlanken Platte mit parallelen Längskanten sitzen außen 4 Borsten; innen, an einem Absatz, inseriert 1 weitere Borste. Die distale Plattenkante verläuft schräg. Die proximale Außenrandborste und die Innenrandborste

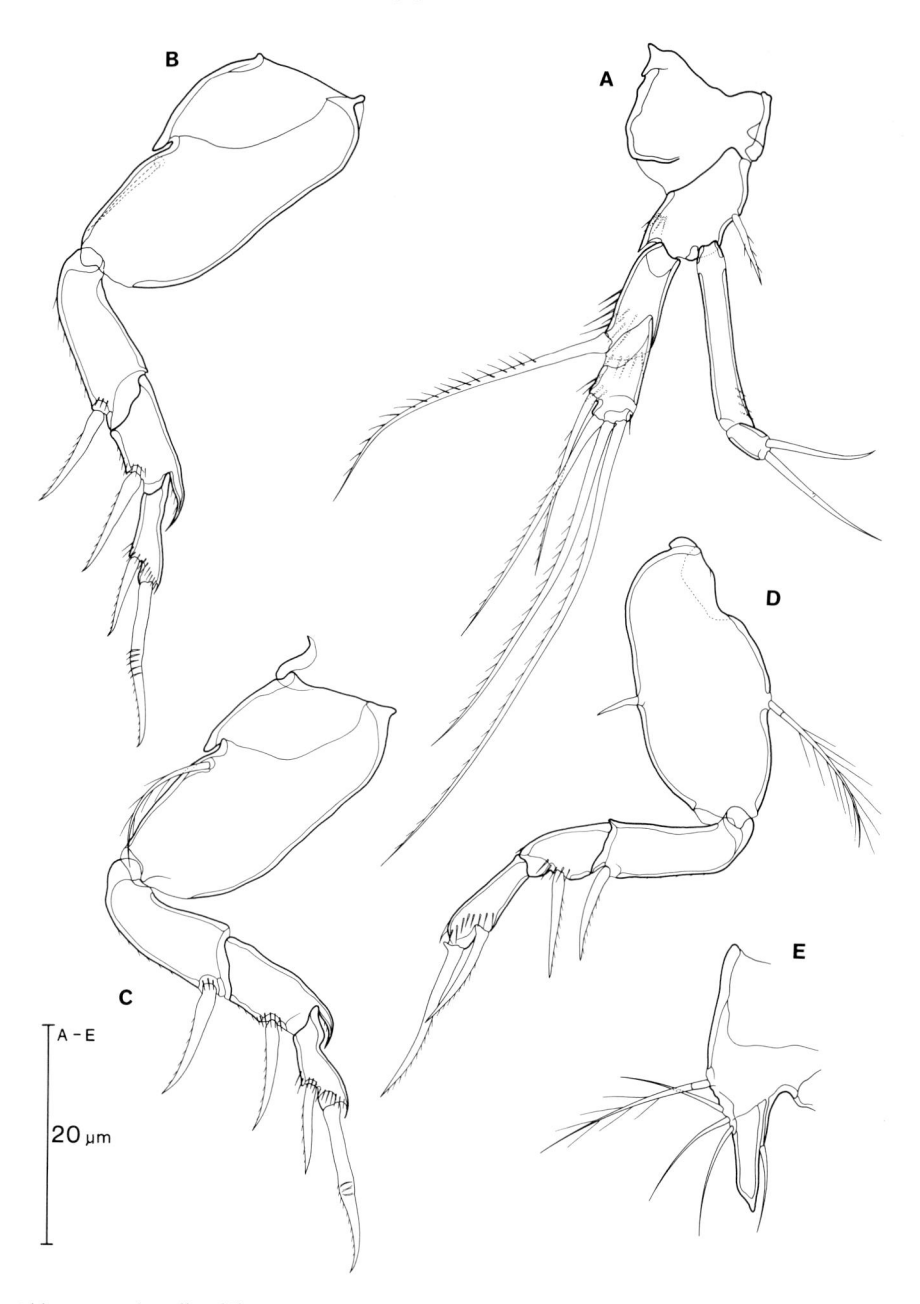

Abb. 24. *Apodopsyllus chilensis* nov. spec. ♀. A. P. 1. B. P. 2. C. P. 3. D. P. 4. E. P. 5.

gehören wahrscheinlich zum Baseoendopoditen, die 3 dicht zusammenstehenden übrigen Außenrandborsten zum Exopoditen.

Männchen: Die Körperlänge beträgt 0,42 – 0,44 mm. 1. Antenne subchirocer. P. 5 (Abb. 25 C) zahnartig zugespitzt (Endzahn gelegentlich noch ausgeprägter als beim abgebildeten Exemplar), mit 4 Borsten an der Außenkante. P. 6 (Abb. 25 D) stellt eine unregelmäßige Platte dar, an der 3 Anhänge sitzen. Besonders auffällig ist der mittlere, bei dem die proximalen 2/3 kräftig konturiert sind, während der fadenförmig auslaufende Endteil schwer sichtbar ist.

Etymologie. Die Art ist nach dem Land Chile benannt.

Diskussion: Die Individuen von Coquimbo unterscheiden sich von allen bisher bekannten *Apodopsyllus*-Arten durch die spezifische Ausbildung von P. 5 ♀ sowie P. 5 und P. 6 ♂.

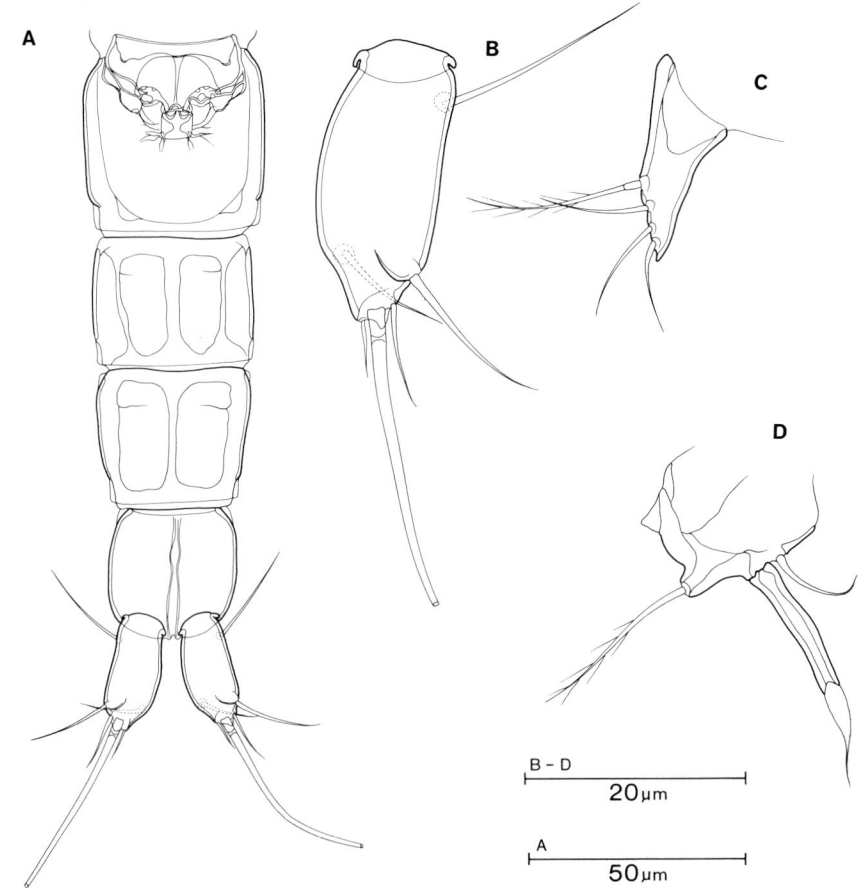

Abb. 25. *Apodopsyllus chilensis* nov. spec. A. Abdomen ventral ♀. B. Furca ventral ♀. C. P. 5 ♂. D. P. 6 ♂.

Laophontidae T. Scott, 1904
Laophontidae spec. 1

(Abb. 26 – 27)

Fundort und Material: Punta Arenas (E II, Leña Dura: 1 ♂).

Bemerkung: Von dieser Spezies wurde leider nur ein ♂ von 0,25 mm Körperlänge gefunden. Das Tier ist in keines der gegenwärtig bekannten Lao-

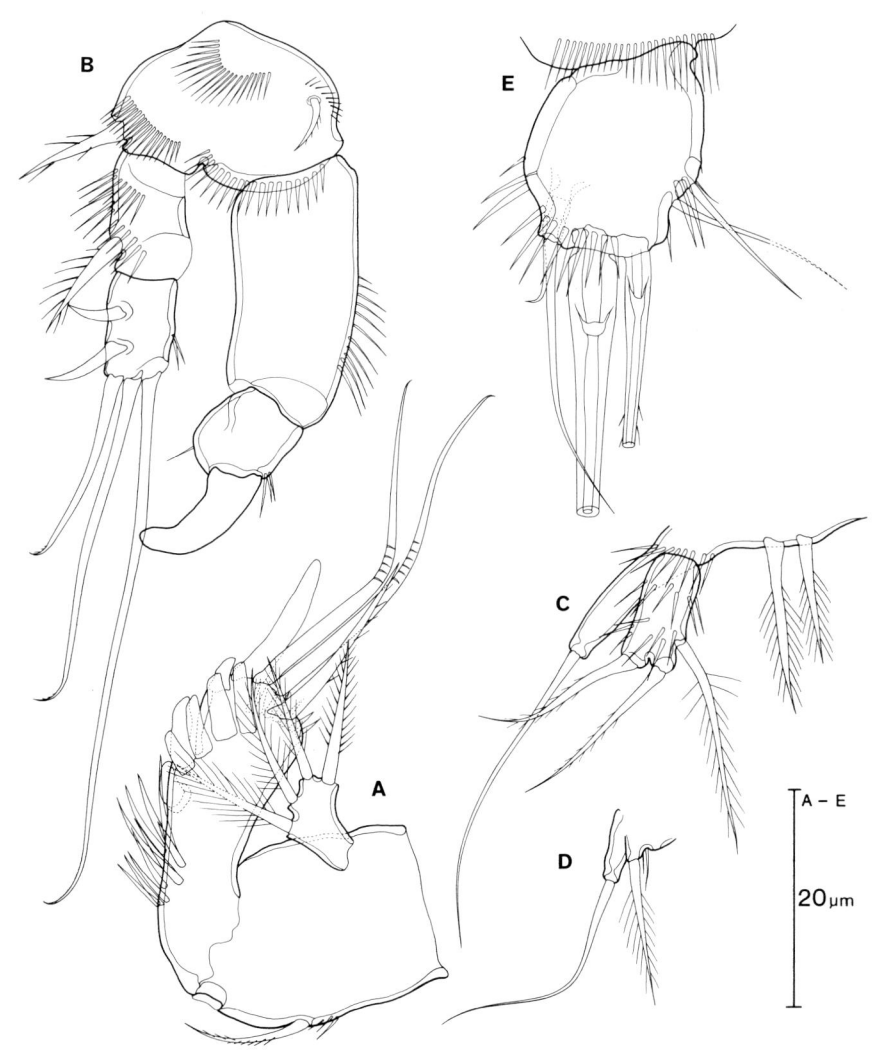

Abb. 26. Laophontidae spec. 1. ♂. A. 2. Antenne. B. P. 1. C. P. 5. D. P. 6. E. Furca ventral.

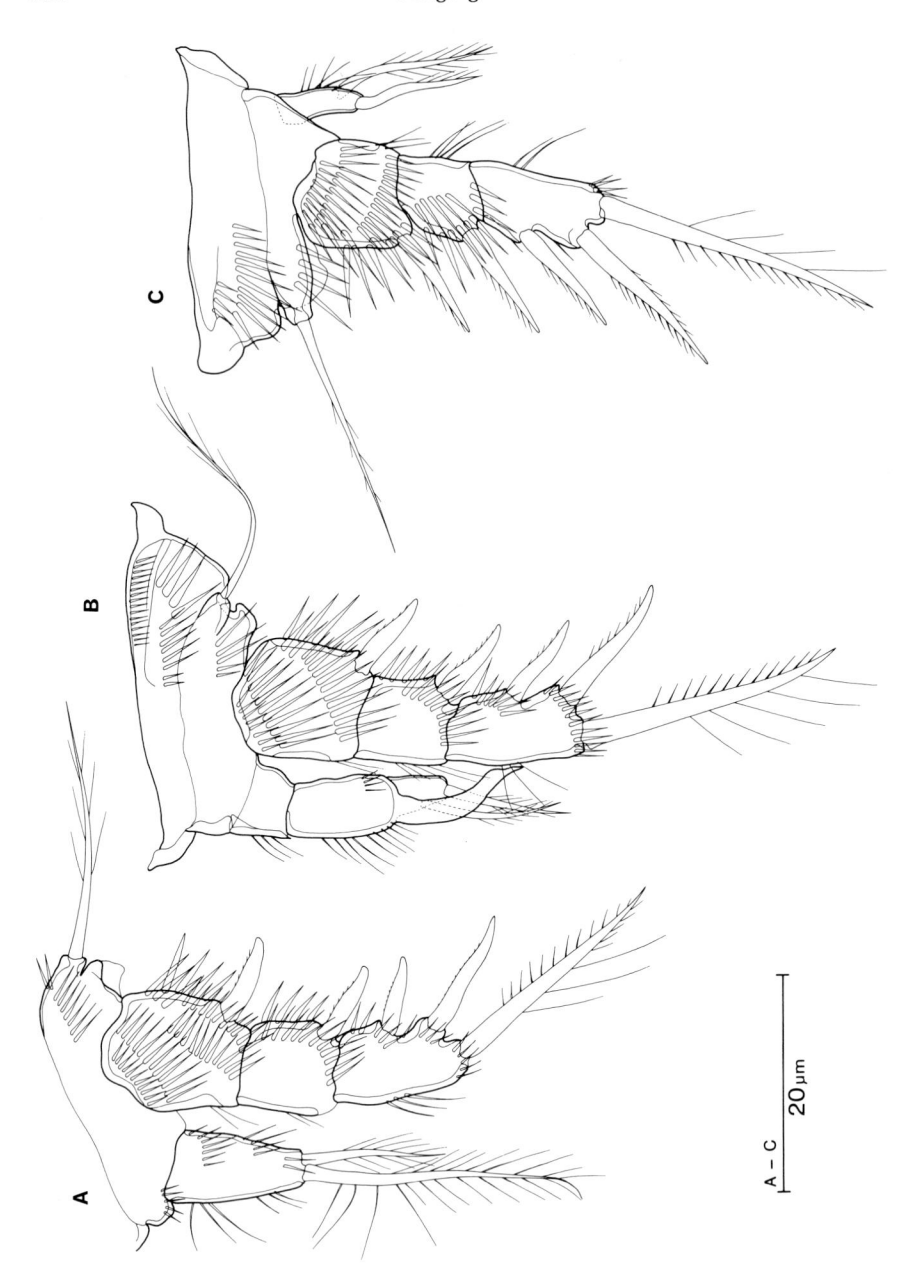

Abb. 27. Laophontidae spec. 1. ♂. A. P. 2. B. P. 3. C. P. 4.

phontidengenera einzuordnen. Die eingehende Bearbeitung, gegebenenfalls die Errichtung einer neuen Gattung, soll noch zurückgestellt werden bis mehr Material, vor allem auch weibliche Tiere, zur Verfügung steht. Von der 2. Antenne, P. 1 – P. 6 und von der Furca gebe ich die Abbildungen 26 – 27.

Ancorabolidae Sars, 1909
Tapholaophontodes Soyer, 1974
Tapholaophontodes rollandi Soyer, 1974

Fundorte und Material: Punta Arenas (E I, nahe dem Instituto de la Patagonia: 1 ♂; E I, auf Höhe der Av. Colon: 1 ♀, 1 Copepodit; E II, Leña Dura: 16 ♀ ♀, 10 ♂ ♂, 1 Copepodit; E II, 3 Brazos – 10 km: 2 ♀ ♀, 1 ♂; E II, 3 Brazos – 20 km: 3 ♂ ♂, 1 Copepodit).

Gemessene Längen: ♀ ♀ 0,33 – 0,42 mm; ♂ ♂ 0,32 – 0,40 mm.

Zusammenfassung

Aus diversen Stränden Nordchiles (Coquimbo, Antofagasta, Iquique, Arica) und Südchiles (Punta Arenas) werden 22 interstitielle Copepoden-Spezies nachgewiesen. Sie gehören zu den Ectinosomatidae, Cylindropsyllidae, Paramesochridae, Laophontidae und Ancorabolidae.

Die Ectinosomatidae umfassen fünf Arten. *Arenosetella vinadelmarensis* Mielke, 1986 ist schon aus Chile bekannt. Von *Lineosoma* spec. liegt nur ein Männchen vor; eine detaillierte Beschreibung wird noch zurückgestellt. Aus der Gattung *Noodtiella* werden mit *N. pacifica, N. larinconadensis* und *N. coquimbensis* drei neue Arten beschrieben, die sich nur geringfügig in der Pereiopodenbewehrung unterscheiden.

Zu den Cylindropsyllidae gehören zwölf Spezies. Die vier *Leptastacus*-Arten *L. laminaserrata* Mielke, 1985, *L. mehuinensis* Mielke, 1985, *L. aberrans dichatoensis* Mielke, 1985 und *L. incurvatus chilensis* Mielke, 1985 sind schon in Zentralchile gefunden worden. Der Status der letztgenannten Form erweist sich als unsicher, da im jetzigen Material männliche Exemplare auftraten, deren schwacher Geschlechtsdimorphismus am Enp. P. 3 im Widerspruch zu den Aussagen von LANG über *L. incurvatus* Lang, 1965 steht. Möglicherweise handelt es sich bei den chilenischen Tieren um eine von *L. incurvatus* verschiedene Spezies.

Aus der Gattung *Arenopontia* können mindestens sieben Arten identifiziert werden. Die Abgrenzung der Populationen der diversen Strände bereitet wegen der Variabilität und Größendifferenzen der Tiere erhebliche Probleme. Die Abweichungen in Struktur und Proportion stehen vermutlich in Korrelation zu der unterschiedlichen Feinkörnigkeit des Substrates der untersuchten Strände und sind als sichtbarer Ausdruck aktueller Speziationsprozesse zu interpretieren. *Arenopontia peteraxi* Mielke, 1982 wurde schon von Galápagos und der Pazifikküste Panamas, *A. clasingi* Mielke, 1985 und *A. spicata* Mielke, 1985 von Mittelchile gemeldet. Zwei Populationen werden mit Vorbehalt zur kubanischen *A. gussoae* Cottarelli, 1973 und der japanischen *A. ishikariana* Itô, 1968 gestellt. Möglicherweise repräsentieren die kurz als „2. Form" von *A. ?gussoae* charakterisierten Tiere eine weitere distinkte Spezies. Mit *A. ornamenta* und *A. reductaspina* werden zwei neue Arten beschrieben, die einander sehr ähnlich und wahrscheinlich auf eine gemeinsame Stammart zurückzuführen sind.

Mit *Prosewellina* wird ein monotypisches Genus für die neue Art *P. chilensis* errichtet. Die Fundorte dieser Art sowie der Arten der engverwandten Genera *Sewellina* und *Parasewellina* lassen ein größeres Verbreitungsareal vermuten. Das Auffinden weiterer Spezies aus diesem Verwandtschaftskreis dürfte eine erneute Überprüfung der Systematik der Psammopsyllinae erforderlich machen.

Zu den Paramesochridae gehören drei Arten. *Kliopsyllus acutifurcatus* Mielke, 1985 und *K. constrictus pacificus* Mielke, 1984 sind schon von Chile bzw. Panamá beschrieben worden. *Apodopsyllus chilensis* wird als neue Art vorgestellt.

Die Laophontidae werden durch ein einziges Tier repräsentiert. Dieses Männchen ist keinem der bisher bekannten Laophontiden-Genera zuzuordnen und wird vorläufig nur als Laophontidae spec. 1 aufgeführt.

Tapholaophontodes rollandi Soyer, 1974 ist der einzige Vertreter der Ancorabolidae. Diese Spezies wurde von den Kerguelen-Inseln beschrieben und später in Zentralchile wiedergefunden.

Literatur

APOSTOLOV, A. (1974): Copépodes Harpacticoides de la Mer Noire. Trav. Mus. Hist. Nat. „Gr. Antipa" **15**, 131 – 139.
AX, P. (1984): Das phylogenetische System. G. Fischer Verlag, Stuttgart, New York. 349 pp.
BODIOU, J.-Y. & J.-C. COLOMINES (1986): Harpacticoides (Crustacés, Copépodes) des Iles Crozet. I. Description d'une espèce nouvelle du genre *Arenopontia* Kunz. Vie Milieu **36**, 55 – 64.
COTTARELLI, V. (1971): *Ichnusella eione* n. gen. n. sp. (Copepoda, Harpacticoida), nuovo Crostaceo di acque interstiziali italiane. Istituto Lombardo (Rend. Sc.) B **105**, 57 – 70.
– (1973): *Arenopontia gussoae* n. sp., nuovo Arpacticoide di acque interstiziali litorali dell'isola di Cuba (Crustacea, Copepoda). Fragm. ent. **9**, 49 – 59.
–, P. E. SAPORITO & A. C. PUCCETTI (1986): Interstitial Psammopsyllinae of Sri Lanka: *Sewellina subtilis,* new species, and *Parasewellina prima,* new genus, new species (Copepoda, Harpacticoida). Journ. Crust. Biol. **6**, 170 – 179.
ITO, T. (1968): Descriptions and Records of Marine Harpacticoid Copepods from Hokkaido I. Journ. Fac. Sci. Hokkaido Univ. **16**, 369 – 381.
KRISHNASWAMY, S. (1956): *Sewellina reductus* gen. et sp. nov., a new sand-dwelling copepod from Madras. Zool. Anz. **157**, 248 – 250.

LANG, K. (1948): Monographie der Harpacticiden. Nordiska Bokh. Stockholm, 1682 pp.
– (1965): Copepoda Harpacticoidea from the Californian Pacific coast. Kungl. Svenska Vetenskaps. Handl. 10, 1 – 566.
MIELKE, W. (1982 a): Interstitielle Fauna von Galapagos. XXIX. Darcythompsoniidae, Cylindropsyllidae (Harpacticoida). Mikrofauna Meeresboden 87, 1 – 52.
– (1982 b): Three Variable *Arenopontia* Species (Crustacea, Copepoda) from Panamá. Zool. Scr. 11, 199 – 207.
– (1984): Einige Paramesochridae (Copepoda) von Panamá. Spixiana 7, 217 – 243.
– (1985 a): Interstitielle Copepoda aus dem zentralen Landesteil von Chile: Cylindropsyllidae, Laophontidae, Ancorabolidae. Microfauna Marina 2, 181 – 270.
– (1985 b): Zwei neue *Kliopsyllus*-Arten (Copepoda) aus Chile. Stud. Neotrop. Fauna Environm. 20, 97 – 105.
– (1986): Copépodos de la meiofauna de Chile, con descripción de dos nuevas especies. Rev. Chil. Hist. Nat. 59, 73 – 86.
– (im Druck): Zwei Spezies der Gattungen *Noodtiella* und *Lineosoma* (Copepoda) von Chile. Crustaceana.
NOODT, W. (1958): Die Copepoda Harpacticoidea des Brandungsstrandes von Teneriffa (Kanarische Inseln). Akad. Wiss. Lit., Abh. math.-nat. Kl. 2, 53 – 116.
RAO, G. C. (1967): On the life-history of a new sand dwelling harpacticoid copepod. Crustaceana 13, 129 – 136.
ROUCH, R. (1962): Harpacticoides (Crustacés Copépodes) d'Amérique du Sud. Biol. Amérique Australe 1, 237 – 280, édit. C. N. R. S. Paris.
WELLS, J. B. J. (1976): Keys to aid in the identification of Marine Harpacticoid Copepods. Univ. Aberdeen, U. K., 1 – 215 (inkl. Amendments 1 – 5, 1978 – 1985).

Dr. Wolfgang Mielke,
II. Zoologisches Institut und Museum der Universität Göttingen
Berliner Straße 28, D-3400 Göttingen

Gastrotricha Macrodasyida of Intertidal and Subtidal Sandy Sediments in the Northern Wadden Sea

Petra Potel and Karsten Reise

Contents

Abstract	363
A. Introduction	364
B. Material and Methods	364
1. Study Area	364
2. Quantitative Sampling	366
3. Species Identification	366
C. Results	367
1. Species Composition	367
2. Abundance and Diversity	368
D. Discussion	371
1. Gastrotrichs of Intertidal and Subtidal Sands	371
2. Comparison of Intertidal Surveys 20 years apart	373
Acknowledgements	374
Zusammenfassung	374
References	374

Abstract

At the island of Sylt in the North Sea, species composition, abundance and diversity of the Gastrotricha Macrodasyida are compared between a sandy flat in the lower intertidal zone and subtidal sands at 10 to 24 m depth in an adjacent channel. The sediments of both sites are similar. Gastrotrichs are more diverse and numerous intertidally (266 individuals $\cdot$ 10 cm^{-2}) than in the deep channel (49 $\cdot$ 10 cm^{-2}). Spatial separation of species along the vertical gradient within the sediment is more refined on the tidal flat. The total number of species encountered is slightly higher subtidally, and the two sites have nine species in common which is half of the combined total.

Compared to a survey at the intertidal site 20 years ago (SCHMIDT & TEUCHERT 1969), total abundance decreased and dominance patterns changed, while the species composition remained almost the same.

A. Introduction

The Gastrotricha are represented in marine sediments by two major taxa, the Chaetonotida and the Macrodasyida. The former play only a minor role in the quantitative composition of the meiofauna (MOCK 1979). The Macrodasyida, however, constitute an important group, particularly on sheltered sandy flats where they comprise 13 to 24% of total meiobenthic abundance (SCHMIDT 1968). At the island of Sylt in the eastern part of the North Sea, SCHMIDT & TEUCHERT (1969) investigated the gastrotrich fauna of the sandy, intertidal shores. They recorded 21 species of Macrodasyida and observed a distinct zonation of species along the tidal gradient.

We revisited their main sampling site, and extended the survey to the adjacent subtidal sands of a deep tidal channel. We persued the question whether the low tide line marks a distinct ecological barrier, and whether the gastrotrichs display more diversity and higher abundances subtidally. It turned out that the sandy tidal flat and the adjacent subtidal sands have half of their species in common, and the pattern of dominance is completely different. Abundance and diversity are higher on the sheltered sand flat than in the more mobile subtidal sands. Compared to 20 years earlier, the species composition on the tidal flat changed little but different species became dominant.

B. Material and Methods

1. Study Area

This survey was carried out in the northern Wadden Sea near the island of Sylt (North Sea). The gastrotrich fauna of two areas is compared: a sandy tidal flat with subtidal sands in an adjacent channel. The sandy flat is located in the lower intertidal zone of the sheltered shore in front of the harbour laboratory of the Biologische Anstalt Helgoland (BAH) in List (55° 5' N; 8° 26' E). The meiofauna of this beach has been intensively studied and the physical conditions have been described in detail (i. e., AX 1969, BLOME 1983, EHLERS 1973, FAUBEL 1976, HARTWIG 1973, HOXHOLD 1974, MIELKE 1976, MOCK 1979, KOSSMAGK-STEPHAN 1983, SCHMIDT 1968, 1969, SOPOTT 1973, TZSCHASCHEL 1980, WESTHEIDE

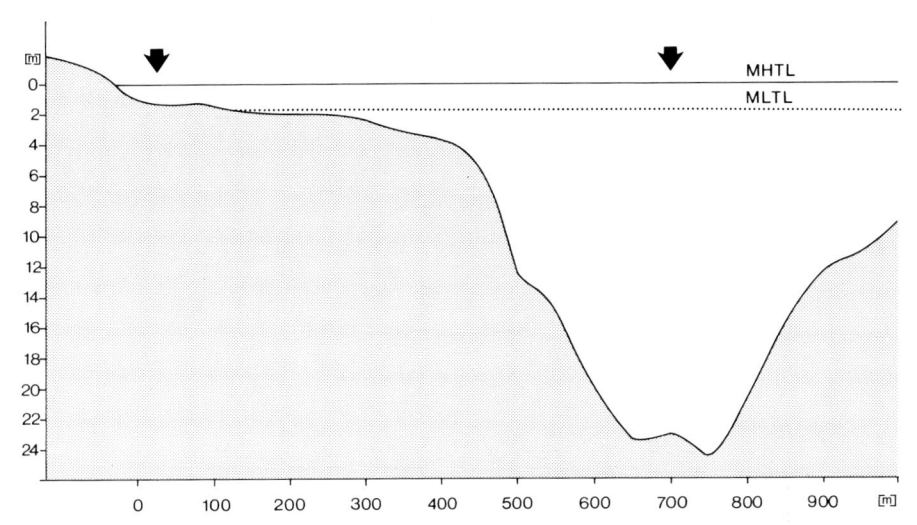

Fig. 1. Profile of the shore and the Lister Ley in front of the harbour laboratory of the Littoralstation in List, Sylt. The two areas sampled are indicated by arrows.

1968). We sampled the zone between the foot ("Knick") of the steep beach slope and the low tide line.

Beyond low tide line, a steep slope scattered with gravel drops off to a depth of 24 m. The opposite slope of this tidal channel rises more gradual and is devoid of gravel (Fig. 1). It is this eastern slope of the Lister Ley, depth 10 to 24 m, which has been sampled for gastrotrichs. The horizontal distance from the tidal flat is 500 to 1000 m.

The sediment of both sites consists mainly of quartz grains with few other mineral particles. Median diameters range from 350 to 420 μm ($\bar{x}$ = 390) on the tidal flat, and from 240 to 260 μm ($\bar{x}$ = 250) in the channel. The coarser grain on the flat originates from mobile sand dunes which migrated eastward from a high energy beach into the sheltered shore (PRIESMEIER 1970). Sorting coefficients are similar for both sites, 1.37 and 1.34 for the sand flat and the subtidal channel, respectively. Organic content is rather low with 0.43 % on the flat and 0.34 % in the channel (weight loss at ignition). Both sediments are well oxygenated, and the sediment turned black usually below a depth of 20 cm.

Salinity of the tidal waters varies between 27 and 32‰. Mean monthly water temperature ranges from 20 °C in summer to – 1 °C in winter. The tidal range is 1.8 m, and currents in the tidal channel are strong (up to 1.2 m s^{-1}).

2. Quantitative Sampling

Both sites were sampled synchronously seven times (August 7, September 14, November 2 in 1984, March 21, April 12, April 24, June 11 in 1985). Each time 6 plus 6 samples of 5 cm² cross section and 15 cm depth were taken with a transparent tube. Immediately out in the field, cores were sectioned into 3 depth intervals, 5 cm each. Thus, a total of 252 samples each of 25 cm³ have been quantitatively investigated for gastrotrichs.

On the tidal flat, samples were obtained by hand along a transect at 6 to 10 m intervals. In the channel, a Reineck box corer with 200 cm² cross section was operated from a ship (for description see WEHRENBERG & REISE 1985). On board, one subsample was taken from each corer, provided it had penetrated at least 15 cm into the sediment.

Gastrotrichs were extracted live from the sediment with a $MgCl_2$-solution, following a procedure described by NOLDT & WEHRENBERG (1984). Nested sieves of 80 and 40 μm mesh size were used to retain gastrotrichs. Decantation was repeated 10 times per sample.

3. Species Identification

Live specimen were spotted under a stereo microscope, and then transferred with a mouth pipette to a light microscope with phase contrast. This procedure is very tedious because the gastrotrichs adhere strongly to sand grains, the petri dish or the pipette. Thus, microscopic investigation of every specimen was not feasible, and often taxonomic assignment was done under the stereo microscope.

Species identification and systematics are notoriously difficult in the Gastrotricha (HUMMON 1974). There is little known about intraspecific variation of morphological characters, and sexual maturity is usually required to assign an individual to a species with certainty. This applies in particular to the genus *Macrodasys* (see also THANE-FENCHEL 1970). Apparently, the number and pattern of the anterior tubules, the presence and shape of the tail end, vary considerably within species. More consistency is present in the shape of some genital structures which, however, require detailed microscopic analysis. It turned out that three species of the genus *Macrodasys* often occurred in the same sample. For ecological treatment, all are referred to *Macrodasys spp.* in this paper.

A similar problem arose with *Tetranchyroderma megastoma* and *T. suecica*. The presence and absence of head tentacles, a criterion to separate these species, could only be recognized with certainty under highest magnification. In this study, individuals of both species are referred to *Tetranchyroderma spp.*

A third problem concerns the validity of the species *Turbanella cornuta* and *T. hyalina* (see also REMANE in SCHROMM 1966, SCHMIDT & TEUCHERT 1969 HUMMON 1970 in SCHMIDT 1972, SCHERER 1985). Some authors are inclined to consider these species as two forms of a species complex. As most individuals found in this survey resemble rather more *T. cornuta* than *T. hyalina*, we provisionally assign all of them to *T. cornuta*.

C. Results

1. Species Composition

A total of 18 species of Macrodasyida could be identified in this study (Table 1). Twelve species were found on the sand flat, and 15 in the subtidal sands. Only 3 species are restricted to the tidal flat, while 6 occur only in the channel. Thus, the two sites have 9 species in common.

Table 1: Macrodasyid species and numbers of individuals found on the sandy tidal flat and in the subtidal sands of the adjacent Lister Ley. Species marked with an asterisk are combined under the genus name in the quantitative survey.

Species	Eulittoral	Sublittoral
Macrodasyidae		
* *Macrodasys affinis* Remane, 1936		
* *Macrodasys buddenbrocki* Remane, 1924	666	44
* *Macrodasys caudatus* Remane, 1927		
Urodasys mirabilis Remane, 1926	0	1
Dactylopodolidae		
Dactylopodola baltica (Remane, 1926)	679	0
Lepidodasyidae		
Lepidodasys martini Remane, 1926	2	0
Cephalodasys maximus Remane, 1926	614	19
Mesodasys laticaudatus Remane, 1951	599	4
Pleurodasys megastoma Boaden, 1963	0	425
Thaumastodermatidae		
Thaumastoderma heideri Remane, 1926	0	4
Acanthodasys spec.	601	0
* *Tetranchyroderma megastoma* Remane, 1927	2055	24
* *Tetranchyroderma suecica* Boaden, 1960		
Turbanellidae		
Turbanella cornuta Remane, 1925	163	152
Turbanella thiophila Boaden, 1960	0	6
Dinodasys mirabilis Remane, 1927	0	15
Paraturbanella teissieri Swedmark, 1954	0	10
incertae sedis		
Thiodasys sterreri Boaden, 1974	31	258

2. Abundance and Diversity

Population densities of gastrotrichs are highly variable in space and time in both study areas. Abundance values for the tidal flat range from 2 to 808 individuals $\cdot$ 10 cm^{-2}, and in the channel from 2 to 398. On average, abundance is 266 $\cdot$ 10 cm^{-2} (SD = ± 193; n = 42) in the eulittoral, and 49 $\cdot$ 10 cm^{-2} (SD = ± 69; n = 42) in the sublittoral zone. Thus, abundance on the tidal flat is more than 5-times higher compared to the subtidal channel.

On the tidal flat, several species attain high population densities, while in the channel only three species are abundant (Table 2, Fig. 2, 3). The dominance pattern is completely different between the two sites. In August 1984, *Tetranchyroderma spp.* attained an average density of 366 $\cdot$ 10 cm^{-2} on the tidal flat, the highest abundance observed for a taxon in this study. However, *Tetranchyroderma spp.* were not abundant through the entire sampling period. In March 1985 they were absent and *Acanthodasys spec.* dominated on the flat with 190 $\cdot$ 10 cm^{-2}. In June 1985, *Cephalodasys maximus* dominated with 110 $\cdot$ 10 cm^{-2}.

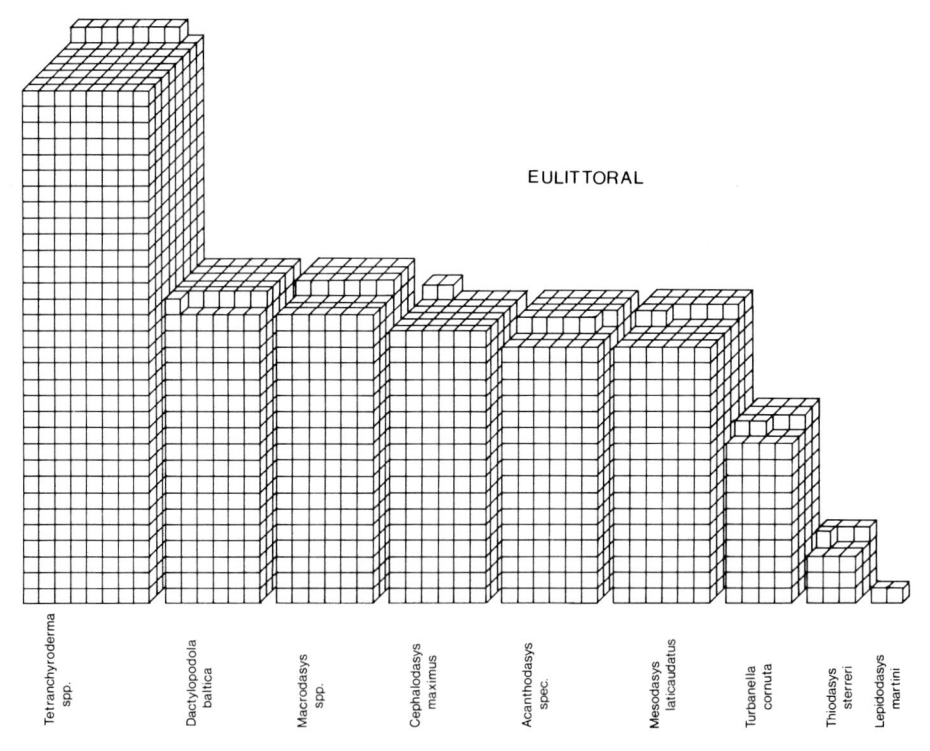

Fig. 2. Patterns of species dominance in the eulittoral zone of the Wadden Sea eastward of the island of Sylt. Each cube represents one individual.

Table 2: Abundance (individuals below 10 cm²) of the 12 dominant species on the tidal flat and in the subtidal channel. Mean and coefficient of variation ( ) calculated from 42 sediment cores.

Species	Tidal Flat	Subtidal Channel
Macrodasys spp.	31.7 (1.4)	2.1 (2.2)
Dactylopodola baltica	32.3 (1.7)	0
Cephalodasys maximus	29.2 (2.9)	0.9 (3.4)
Mesodasys laticaudatus	28.5 (1.7)	0.2 (6.5)
Pleurodasys megastoma	0	20.2 (3.25)
Acanthodasys spec.	28.6 (4.0)	0
Tetranchyroderma spp.	97.9 (1.7)	1.1 (4.1)
Turbanella cornuta	7.8 (1.7)	7.2 (1.5)
Thiodasys sterreri	1.5 (4.7)	12.3 (1.8)

In the channel, *Pleurodasys megastoma* dominated with $107 \cdot 10$ cm^{-2} in August 1984 but was less abundant through the rest of the sampling period. *Turbanella cornuta* was the only species being reasonably abundant at both sites. However, it was absent from the channel in June 1985, and still abundant on the tidal flat at the same time. *T. cornuta*, *Mesodasys laticaudatus* and *Macrodasys spp.* were present throughout the entire study on the tidal flat. In the channel, there was no species showing up at all seven sampling periods.

Although the total number of species encountered on the tidal flat is less than the number from the subtidal channel, all other aspects of diversity are higher in

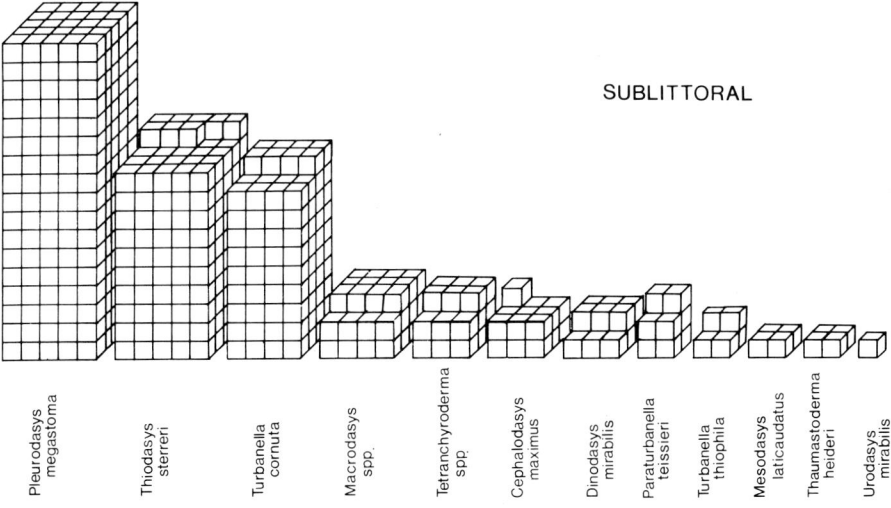

Fig. 3. Patterns of species dominance in the sublittoral zone of the Wadden Sea eastward of the island of Sylt. Each cube represents one individual.

Table 3: Measures of diversity for the assemblage of Macrodasyida on the tidal flat and in the subtidal channel near the island of Sylt. Numbers in ( ) consider only those species which are at least present in two cores or with more than 10 individuals in the survey. *Macrodasys spp.* and *Tetranchyroderma spp.* are delt with a single species.

Measure	Tidal Flat	Subtidal Channel
Individuals (N)	5410 (5408)	962 (924)
Species (S)	9 (8)	12 (6)
Species richness (S–1/lnN)	0.93 (0.81)	1.60 (0.73)
Shannon Index H' (ln)	1.76 (1.76)	1.44 (1.33)
Evenness (H'/lnS)	0.80 (0.85)	0.60 (0.74)

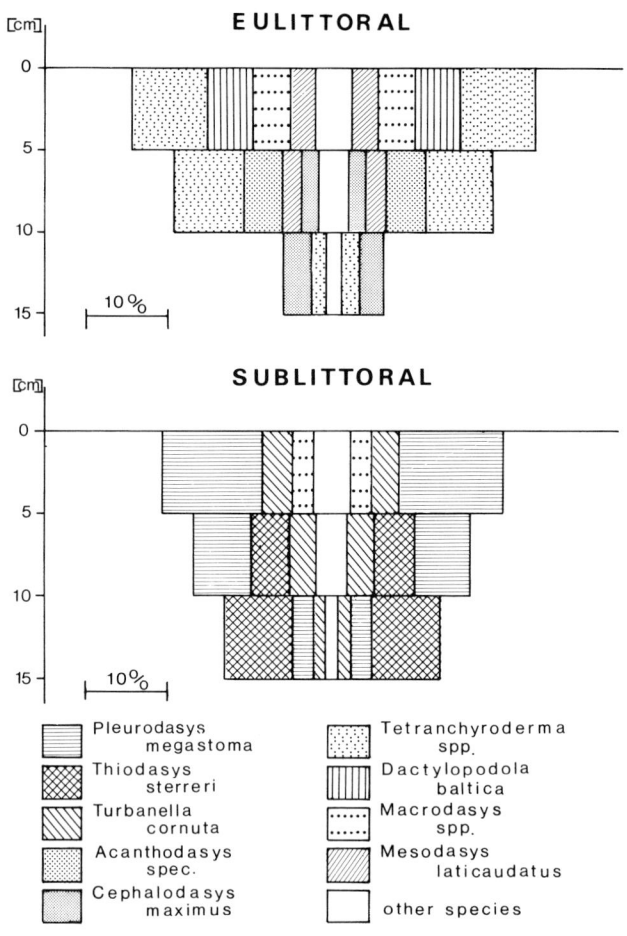

Fig. 4. Vertical distribution of Macrodasyida on a sandy tidal flat and in subtidal sands. Eulittoral: 5410 individuals = 100 %, sublittoral: 962 individuals = 100 %.

the eulittoral zone (Table 3). This is mostly caused by a higher evenness component because the difference between the two sites becomes more apparent when the rare species are omitted.

Gastrotrichs occur throughout the upper 15 cm of sediment but there is a decrease in overall abundance from the surface layer on downwards (Fig. 4). This trend is more pronounced in the eulittoral sediment than in the subtidal one. In the latter, the total number of gastrotrichs was probably underestimated by limiting the sampling depth to 15 cm.

The individual species deviate from this general pattern in vertical distribution. Two species are restricted to the upper 5 cm (*Macrodasys spp.* and *Dactylopodola baltica*), one to the 5 to 10 cm layer (*Acanthodasys spec.*), and *Cephalodasys maximus* and *Thiodasys sterreri* prefer the depth below 10 cm.

On the tidal flat, partitioning of space along the vertical gradient is more conspicuous than in the subtidal sands, where the middle layer merely constitutes a transition zone lacking specific taxa. There is a slight decrease in diversity and evenness with depth in the sediment at both sites.

D. Discussion

1. Gastrotrichs of Intertidal and Subtidal Sands

Contributions to our knowledge of the Macrodasyida in the North Sea adjacent to the island of Sylt have been primarily provided by FORNERIS (1961) and SCHMIDT & TEUCHERT (1969). REISE & AX (1979) reported *Thiodasys sterreri* from lugworm burrows on the tidal flats near Sylt. In this study, five more species (*Pleurodasys megastoma, Tetranchyroderma suecica, Turbanella thiophila, Dinodasys mirabilis, Macrodasys buddenbrocki*) are added to the list which now comprises 29 species for the island of Sylt. Three of these new species are restricted to the subtidal region.

Although sediment properties of the eulittoral and sublittoral site are quite similar, the Macrodasyida are remarkably different in species composition, abundance, vertical distribution and diversity. The subtidal sands contain more species but abundance and diversity is much higher on the tidal flat, and the vertical pattern is more differentiated. A similar pattern has been noted for the Plathelminthes of intertidal and subtidal sands of the same region near the island of Sylt (WEHRENBERG & REISE 1985).

These observations suggest that the sandy tidal flat constitutes a more benign habitat than the subtidal sands, allowing for high population densities and high diversity. This clearly contradicts our general conception of more variable conditions in the tidal zone compared to relative stability in the subtidal region (i. e., MCINTYRE 1969, SANDERS 1968). In the area of investigation, however, the subtidal sands seem to be exposed to much stronger currents. With a digital flow meter we measured 105 m s^{-1} near the surface, and 1 m above the bottom (12 m depth) velocity was still 63 cm s^{-1}. On the tidal flat we measured only 8 to 12 cm s^{-1}. This implies more sediment mobility in the subtidal channel than on the tidal flat. Sediment disturbance by wave action is presumably of little importance in both areas. Possibly, current velocity and sediment mobility do not affect the gastrotrichs directly because they are well adapted to resist dislocation by strong currents with their adhesive tubes, but benthic microalgae and other potential food may be less available in the shifting, subtidal sands. Benthic macrofauna is also more abundant and diverse on sandy tidal flats compared to subtidal sands in the channels of the Wadden Sea (REISE, in prep.).

On the west coast of Scotland, MCINTYRE & MURISON (1973) found an increasing trend for gastrotrich abundance from high tide line towards low tide line, and abundance remained high subtidally (depth 0 to 7 m). In the same area, macrofauna was also more abundant subtidally and species number doubled (MCINTYRE & ELEFTHERIOU 1968). Here the intertidal beach is subject to considerable sand movement, while the adjacent subtidal zone consists of sand mixed with abundant shell gravel, implying more stable conditions.

This comparison between the different patterns of faunal distribution in the Wadden Sea and on the west coast of Scotland, supports the hypothesis that gastrotrich abundance and diversity in the littoral zone near Sylt is primarily affected by varying degrees of sediment stability. To test this hypothesis, mobile sands of the tidal zone should be compared with stable sandy bottoms in subtidal regions. We predict a reversed pattern of gastrotrich abundance and diversity. If this conjecture is correct, tidal exposure versus permanent submersion is a less important aspect of the gastrotrichs' environment than sediment stability.

Severe sediment disturbances may prevent the intricate vertical segregation of the spatial niches in the gastrotrich assemblages. On a sheltered subtidal sand flat in South Carolina, HOGUE (1978) found an abundance of gastrotrichs similar to our value from the tidal flat near Sylt. Also the species number was very high (38 spp.), and vertical segregation of spatial niches within the sediment was apparent. In contrast, on a more exposed intertidal beach slope, HUMMON (1972) found overall abundance to be lower and only 3 spp. were present. Gastrotrichs from exposed beaches at the island of Sylt remained less abundant than gastrotrichs from sheltered beaches and tidal flats (SCHMIDT & TEUCHERT 1969).

2. Comparison of Intertidal Surveys 20 Years Apart

As our intertidal site, we selected the same shore which has already been investigated by SCHMIDT & TEUCHERT (1969) in the years 1965 and 1966, which is about 20 years prior to this study. SCHMIDT & TEUCHERT report on 11 species being regularly encountered on this sandy tidal flat. Nine of these were still found 20 years later. *Pseudostomella roscovita* and *Urodasys mirabilis* were not found again, however, the latter was present subtidally. Not mentioned by SCHMIDT & TEUCHERT but present today are *Macrodasys buddenbrocki*, *Tetranchyroderma suecica* and *Thiodasys sterreri*. Overall, the species composition remained fairly similar.

Scope and design of the two studies 20 years apart differed. This precludes a rigorous quantitative comparison. Furthermore, SCHMIDT & TEUCHERT do not provide quantitative data for all species they encountered. Nevertheless, a change in the dominance pattern can be inferred from the available information (Table 4). In 1965/66, *Cephalodasys maximus*, *Mesodasys laticaudatus* and *Turbanella cornuta* dominated the assemblage. In 1984/85, *Tetranchyroderma megastoma* was the most abundant one. *C. maximus* and *M. laticaudatus* are still reasonably abundant, while *T. cornuta* has become a rare species.

Table 4: Comparison of the macrodasyid assemblages from the sandy tidal flat (harbour laboratory List, island of Sylt) in 1965/66 (SCHMIDT & TEUCHERT 1969) and in 1984/85 (this study). Quantitative data in SCHMIDT & TEUCHERT (1969) are partly given informaly or within graphs, and numbers given below are extrapolations.

Species	1965/66	1984/85
Macrodasys spp.	regularly encountered but apparently of low abundance (no quantitative data)	12 % (15 in 50 cm^3)
Dactylopodola baltica	common (4 in 50 cm^3)	13 % (26 in 50 cm^3)
Lepidodasys martini	few individuals but regularly encountered	only two ind. found
Cephalodasys maximus	very common and abundant (36 in 50 cm^3)	11 % (10 in 50 cm^3)
Mesodasys laticaudatus	common in first 10 m of transect (32 in 50 cm^3)	11 % (first 10 m: 25 in 50 cm^3)
Acanthodasys spec.	common (about 10 in 50 cm^3)	11 % (14 in 50 cm^3)
Tetranchyroderma spp.	regularly encountered in low abundance (no quantitative data)	38 % (46 in 50 cm^3)
Turbanella cornuta	very common and abundant (27 in 50 cm^3)	3 % (4 in 50 cm^3)
Pseudostomella roscovita	common in first 12 m of transect	none

Graphs presented by SCHMIDT (1968) indicate that the mean abundance of Gastrotricha in 1966 varied between 200 to 300 individuals $\cdot$ 50 cm^{-3} on the tidal flat. For 1984/85, the corresponding abundance is only 60 to 180. Thus, it can be concluded that total abundance decreased and the dominance pattern changed considerably, while the species compositon remained more or less the same. However, further monitoring must show whether this constitutes a long-term trend or merely two phases of recurrent, short-term fluctuations.

Acknowledgements

We thank Prof. Dr. Peter Ax and Prof. Dr. Gertraud Teuchert-Noodt for stimulating discussions and help with unpublished material. We also like to thank our friends at the laboratory, Jörn Alphei, Sabine Dittmann, Uwe Noldt, Christian Wehrenberg, Gerswin Wellner and Martine Marchand for multiple support. The crew of the MYA, Niels Kruse and Peter Elvert, is thanked for their excellent handling of sampling gear. Laboratory facilities were kindly provided by the Biologische Anstalt Helgoland, Litoralstation List. This research was supported by the Deutsche Forschungsgemeinschaft (DFG).

Zusammenfassung

Im Wattenmeer östlich der Insel Sylt wurden die Gastrotricha Macrodasyida aus einem eulitoralen Sandwatt und aus sublitoralen Sänden einer Gezeitenrinne vergleichend untersucht. Insgesamt wurden 18 Arten festgestellt, davon sind *Macrodasys buddenbrocki, Pleurodasys megastoma, Tetranchyroderma suecica, Turbanella thiophila* und *Dinodasys mirabilis* neu für die Insel Sylt. Im Sublitoral wurden 15, im Eulitoral 12 Arten gefunden. Neun Arten sind beiden Gebieten gemeinsam.

Im eulitoralen Sandwatt liegt die Abundanz mit durchschnittlich 266 Individuen unter 10 cm^2 wesentlich höher als in den sublitoralen Sänden (49 unter 10 cm^2). Im Eulitoral dominieren *Tetranchyroderma spp.* und *Dactylopodola baltica*. Die Arten *Macrodasys spp., Cephalodasys maximus, Acanthodasys spec.* und *Mesodasys laticaudatus* erreichen ebenfalls hohe Populationsdichten. Im Sublitoral dominieren *Pleurodasys megastoma* (fehlt im Eulitoral), *Thiodasys sterreri* und *Tubanella cornuta*. Letztere erreicht auch im Eulitoral eine relativ hohe Dichte.

Die Diversität ist im Eulitoral höher, da die Individuen gleichmäßiger über die Arten verteilt sind. Die räumliche Einnischung im Vertikalgradienten der Sedimente ist im eulitoralen Sandwatt stärker differenziert. Wir vermuten, daß die Unterschiede in der Besiedlung durch die höhere Mobilität der sublitoralen Sände verursacht werden, welche durch die starke Gezeitenströmung bedingt ist. Dagegen scheint die ständige Wasserbedeckung für die Gastrotrichen als Umweltfaktor weniger bedeutend zu sein.

Die Macrodasyiden des eulitoralen Sandwattes wurden vor 20 Jahren an gleicher Stelle schon von SCHMIDT & TEUCHERT (1969) untersucht. Die Artenzusammensetzung ist im wesentlichen gleich geblieben, aber die Gesamtabundanz war 1984/85 geringer und die Dominanzverhältnisse unterscheiden sich deutlich.

References

AX, P. (1969): Populationsdynamik, Lebenszyklen und Fortpflanzungsbiologie der Mikrofauna des Meeressandes. Verh. Dtsch. Zool. Ges. (Innsbruck) 1968, 67 – 113.
BLOME, D. (1983): Ökologie der Nematoda eines Sandstrandes der Nordseeinsel Sylt. Mikrofauna Meeresboden 88, 1 – 76.
EHLERS, U. (1973): Zur Populationsstruktur interstitieller Typhloplanoida und Dalyellioida (Turbellaria, Neorhabdocoela). Mikrofauna Meeresboden 19, 1 – 105.
FAUBEL, A. (1976): Populationsdynamik und Lebenszyklen interstitieller Acoela und Macrostomida (Turbellaria) Mikrofauna Meeresboden 56, 1 – 107.
FORNERIS, L. (1961): Beiträge zur Gastrotrichenfauna der Nord- und Ostsee. Kieler Meeresforschungen 17, 206 – 218.
HARTWIG, E. (1973): Die Ciliaten des Gezeiten-Sandstrandes der Nordseeinsel Sylt. Mikrofauna Meeresboden 18, 387 – 453.
HOGUE, E. W. (1978): Spatial and Temporal Dynamics of a Subtidal Estuarine Gastrotrich Assemblage. Mar. Biol. 49, 211 – 222.
HOXHOLD, S. (1974): Zur Populationsstruktur und Abundanzdynamic interstitieller Kalyptorhynchia (Turbellaria, Neorhabdocoela). Mikrofauna Meeresboden 41, 1 – 134.
HUMMON, W. D. (1970): Distributional ecology of marine interstitial gastrotricha from Woods Hole, Massachusetts, with taxonomic comments on previously described species. Diss. Univ. of Massachusetts.
– (1972): Dispersion of Gastrotricha in a marine beach of the San Juan Archipelago, Washington. Mar. Biol. 16, 349 – 355.
– (1974): Some taxonomic revisions and nomenclatural notes concerning marine and brackish- water Gastrotricha. Trans. Amer. Micros. Soc. 93, 194 – 205.
KOSSMAGK-STEPHAN, K.-J. (1983): Marine Oligochaeta from a sandy beach of the island of Sylt (North Sea) with description of four new enchytraeid species. Mikrofauna Meeresboden 89, 1 – 28.
MCINTYRE, A. D. & A. ELEFTHERIOU (1968): The bottom fauna of a flatfish nursery ground. J. mar. biol. Ass. U. K. 48, 113 – 142.
MCINTYRE, A. D. & D. J. MURISON (1973): The meiofauna of a flatfish nursery ground. J. mar. biol. Ass. U. K. 53, 93 – 118.
MIELKE, W. (1976): Ökologie der Copepoda eines Sandstrandes der Nordseeinsel Sylt. Mikrofauna Meeresboden 59, 1 – 86.
MOCK, H. (1979): Chaetonotoidea (Gastrotricha) der Nordseeinsel Sylt. Mikrofauna Meeresboden 78, 403 – 507.
NOLDT, U. & C. WEHRENBERG (1984): Quantitative extraction of living Plathelminthes from marine sands. Mar. Ecol. 20, 193 – 201.
PRIESMEIER, K. (1970): Form und Genese der Dünen des Listlandes auf Sylt. Schriften Naturw. Ver. Schleswig-Holstein 40, 11 – 51.

Reise, K. & P. Ax (1979): A meiofaunal "Thiobios" limited to the anaerobic sulfide system of marine sand does not exist. Mar. Biol. 54, 225 – 237.
Sanders, H. L. (1968): Marine benthic diversity: a comparative study. Am. Nat. 102, 243 – 282.
Scherer, B. (1985): Annual Dynamics of a Meiofauna Community from the "Sulfide Layer" of a North Sea Sand Flat. Microfauna Marina 2, 117 – 161.
Schmidt, P. (1968): Die quantitative Verteilung und Populationsdynamik des Mesopsammons am Gezeiten-Sandstrand der Nordseeinsel Sylt. I. Faktorengefüge und biologische Gliederung des Lebensraumes. Int. Rev. ges. Hydrobiol. 53 (5), 723 – 779.
– (1972): Zonierung und jahreszeitliche Fluktuationen des Mesopsammons im Sandstrand von Schilksee (Kieler Bucht). Mikrofauna Meeresboden 10, 1 – 60.
Schmidt, P. & G. Teuchert (1969): Untersuchungen zur Ökologie der Gastrotrichen im Gezeiten-Sandstrand der Insel Sylt. Mar. Biol. 4 (1), 4 – 23.
Schrom, H. (1966): Verteilung einiger Gastrotrichen im oberen Eulitoral eines nordadriatischen Sandstrandes. Veröff. Inst. Meeresforsch. Bremerhaven, Sonderbd. II, 95 – 103.
Sopott, B. (1973): Jahreszeitliche Verteilung und Lebenszyklen der Proseriata (Turbellaria) eines Sandstrandes der Nordseeinsel Sylt. Mikrofauna Meeresboden 15, 1 – 106.
Thane-Fenchel, A. (1970): Interstitial Gastrotrichs in some south Florida beaches. Ophelia 7, 113 – 138.
Tzschaschel, G. (1979): Marine Rotatoria aus dem Interstitial der Nordseeinsel Sylt. Mikrofauna Meeresboden 71, 1 – 64.
Wehrenberg, C. & K. Reise (1985): Artenspektrum und Abundanz freilebender Plathelminthes in sublitoralen Sänden der Nordsee bei Sylt. Microfauna Marina 2, 163 – 180.
Westheide, W. (1968): Zur quantitativen Verteilung von Bakterien und Hefen im Gezeitenstrand der Nordseeküste. Mar. Biol. 1, 336 – 347.

Petra Potel und *Dr. Karsten Reise*
II. Zoologisches Institut und Museum der Universität Göttingen
Berliner Straße 28, D-3400 Göttingen

Zum Protonephridialsystem von *Invenusta paracnida* (Proseriata, Plathelminthes)

Ulrich Ehlers und Beate Sopott-Ehlers

Inhaltsverzeichnis

Abstract	377
A. Einleitung	378
B. Material und Methoden	378
C. Ergebnisse	378
D. Diskussion	384
Zusammenfassung	388
Abkürzungen in den Abbildungen	388
Literatur	388

On the Protonephridial System of *Invenusta paracnida* (Proseriata, Plathelminthes)

Abstract

The protonephridia of *Invenusta paracnida* (Karling, 1966) consist of blindly ending terminal cells, several canal cells and a nephridioporus cell.

The filtration structure is a weir, formed by the interdigitation of a terminal cell and the adjacent tubule cell, such that there are two rows of rods.

The cytoplasm of the canal cells is in the form of a single sheet wrapped around to form a tube; many microvilli-like cytoplasmic protrusions and cilia occupy the duct lumen.

The nephridiopore is bordered by intraepidermal cytoplasmic extensions of the most distal tubule cell, the nephridioporus cell; the lumen of the nephridiopore is filled with microvilli.

The weir of *Invenusta paracnida* corresponds to the cyrtocytes of other Proseriata Lithophora. With regard to the construction of the tubule cells and the duct lumen there also exist correspondences with other taxa of the Plathelminthes.

A. Einleitung

In den letzten Jahren sind unsere Kenntnisse zum Aufbau protonephridialer Systeme erheblich erweitert worden, so u. a. bei den Gnathostomulida (LAMMERT 1985), den freilebenden Plathelminthes (EHLERS 1985, 1986; EHLERS & SOPOTT-EHLERS 1986; BRÜGGEMANN 1986), den Nemertini (BARTOLOMAEUS 1985), den Gastrotricha (NEUHAUS 1987) und den Polychaeta (WESTHEIDE 1985, 1986).

Die bei verschiedenen Bilateria auftretenden Protonephridien weisen eine Reihe ultrastruktureller Organisationsmerkmale auf, die sich zur Analyse stammesgeschichtlicher Beziehungen heranziehen lassen (cf. AX 1984; EHLERS 1985).

Während über die Terminalbereiche von Protonephridien freilebender Plathelminthen mehrere Publikationen vorliegen, existieren über das ausleitende Kanalsystem bisher nur wenige feinstrukturelle Arbeiten (cf. Lit. in EHLERS 1985, BRÜGGEMANN 1986). Die hier niedergelegten Befunde zum Protonephridialsystem bei *Invenusta paracnida*, einem Vertreter der Coelogynoporidae, ergänzen die bei EHLERS (1985) dargestellten Gegebenheiten zum Reusenaufbau anderer Teiltaxa der Proseriata (Monocelididae, Otoplanidae, Nematoplanidae); zugleich werden erstmals EM-Beobachtungen über das ausleitende Kanalsystem bei einer Art der Proseriata mitgeteilt.

Danksagungen
Frau E. Hildenhagen-Brüggemann danken wir für die Bearbeitung des EM-Materials.
Mit finanzieller Unterstützung durch die Akademie der Wissenschaften und der Literatur, Mainz.

B. Material und Methode

Das Material von *Invenusta paracnida* (Karling, 1966) entstammt sandigen Habitaten der amerikanischen Pazifikküste bei Seattle, Washington (leg. D. F. Whybrew). Die Präparation und Auswertung am Elektronenmikroskop erfolgte wie bei EHLERS & EHLERS (1977) beschrieben.

C. Ergebnisse

Die Protonephridien von *Invenusta paracnida* enden proximal in den bekannten Cyrtocyten, d. h. in einer Reuse, deren Einzelelemente der Terminalzelle und der angrenzenden Kanalzelle angehören (cf. EHLERS 1985).

Die Terminalzellen zeichnen sich gegenüber Zellen anderer Organe und Gewebe vor allem durch den Besitz zahlreicher Vakuolen aus, die im gesamten Cytoplasma auftreten (Abb. 1). Nahezu jede Vakuole verfügt über einen Inhalt,

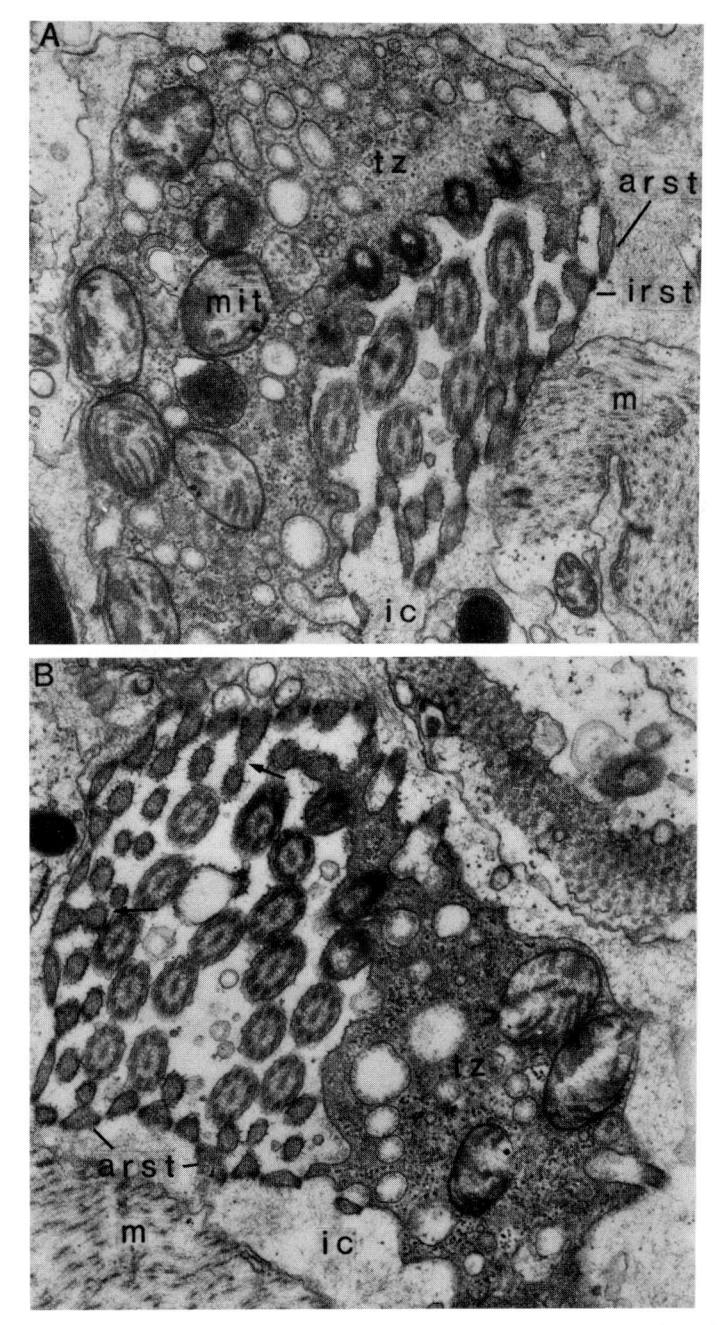

Abb. 1. *Invenusta paracnida.* A. und B. Schrägschnitte durch den proximalen Reusenbereich verschiedener Cyrtocyten mit von den inneren Reusenstäben abzweigenden Leptotrichien (Pfeile in B), Terminalzellen mit vielen Vakuolen. A. X 26.500; B. X 27.000.

der in Form eines flockigen und mäßig elektronendichten Niederschlags der Vakuolenmembran als schmaler Saum innen aufliegt.

Dieser Niederschlag ist auch im Reusenlumen zu finden, und zwar bevorzugt entlang der dem Reusenlumen zugewandten Zellmembran (Abb. 1 B).

Der Umriß der einzelnen Terminalzellen ist außerordentlich variabel, insbesondere im distalen Bereich kann das Cytoplasma weit nach lateral ausgezogen sein. Der Kern der Terminalzellen nimmt jedoch stets eine apicale Lage ein, proximal der Basalkörper der in der Terminalzelle inserierenden Cilien. Jedes der 12 – 23 Cilien in einer Terminalzelle verfügt über eine kurze Vertikalwurzel, vergleichbar den Verhältnissen in den Kanalzellen (Abb. 4) bzw. den Terminalzellen anderer Proseriata Lithophora (cf. EHLERS 1985) wie Vertreter der Monocelididae und der Otoplanidae.

Der gesamte Cilienkomplex der Terminalzelle wird lateral von stabförmigen mikrovilliartigen Fortsätzen umgeben, die dem distalen Bereich der Terminalzelle entspringen: diese Fortsätze bilden den Kranz der inneren Stäbe in Höhe der 2-Zell-Reuse. Von diesen inneren Reusenstäben zweigen sich zentripetal mikrovilliartige Bereiche ab (Abb. 1 B), die sich nach KÜMMEL (1964) als innere Leptotrichien bezeichnen lassen. Solche inneren Leptotrichien entspringen in geringer Zahl auch der schüsselförmigen Distalseite der Terminalzelle zwischen den Cilien.

Die Terminalzellen des Protonephridialsystems liegen in ausgedehnteren Interzellularräumen der primären Körperhöhle; diese Räume sind wie bei anderen Plathelminthen von einer mäßig elektronendichten filamentösen interzellulären Matrix erfüllt (Abb. 1).

Jeder Terminalzelle schließt sich distalwärts eine Kanalzelle unmittelbar an. Diese Kanalzelle ist die proximalst gelegene Zelle einer Anzahl von Kanalzellen, die den ausleitenden Protonephridialkanal von der Terminalzelle bis hin zum Nephroporus aufbauen. Sämtliche Kanalzellen weisen einen ausgesprochen langgestreckten Umriß auf.

Die sich der Terminalzelle anschließende Kanalzelle umschließt mit einem schmalen Cytoplasmasaum den distalen Abschnitt des von der Terminalzelle in das ausleitende Kanalsystem hinausragenden Cilienbündels (Abb. 2, 3). Dabei legt sich dieser Cytoplasmasaum manschettenartig eng an die Cilien an; die beiden Ränder der Manschette sind durch septate junctions miteinander verbunden (Abb. 2, 3).

Proximalwärts ist der manschettenartige Cytoplasmasaum der Kanalzelle in mikrovilliartige Stäbe ausgezogen. Diese Stäbe bilden den Kranz der äußeren Reusenstäbe (Abb. 1), die die Lücken zwischen den der Terminalzelle entspringenden inneren Reusenstäben abdecken. Im Gegensatz zu den inneren Reusenstäben zweigen von den äußeren Stäben keine Mikrovilli ab, d. h., es treten

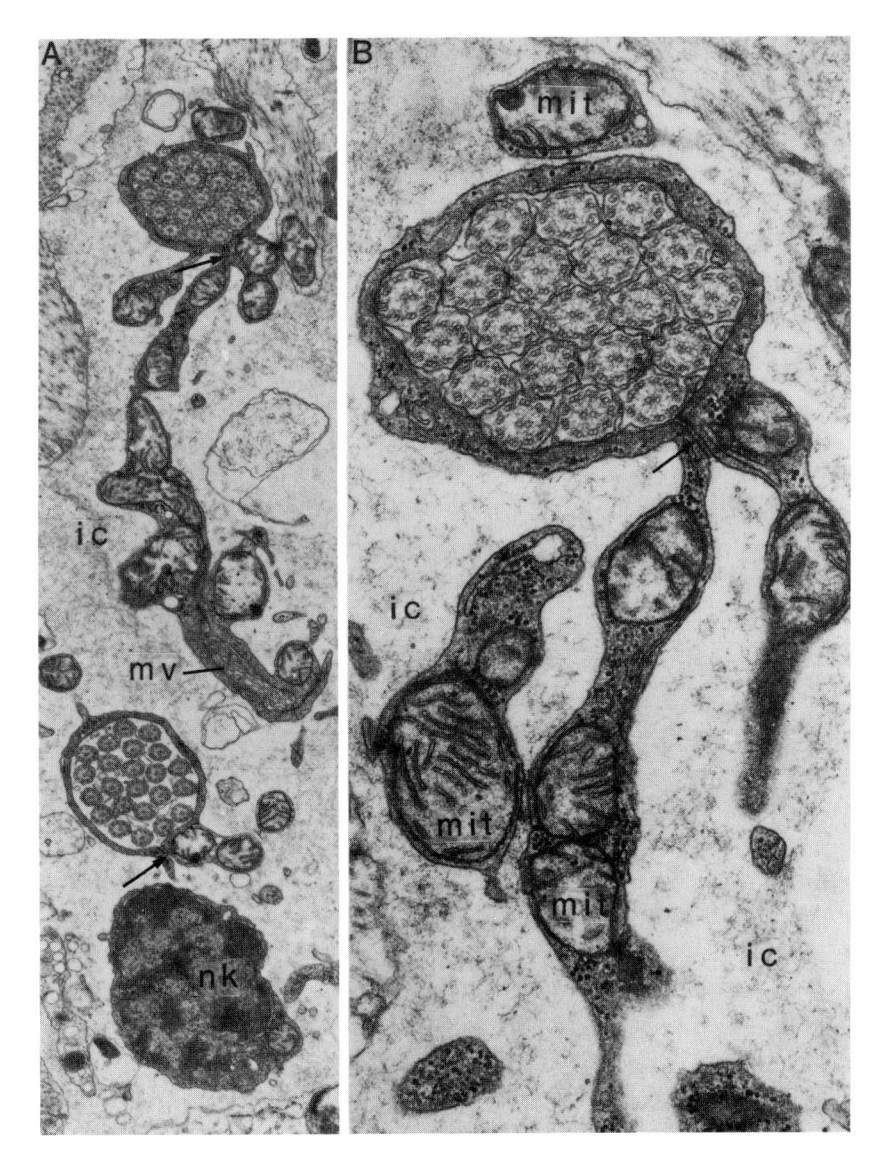

Abb. 2. *Invenusta paracnida.* Ausleitende Kanalzellen des Protonephridialsystems, die Zellen umschließen manschettenartig die Cilien der Terminalzellen. Die Pfeile in A. und B. verweisen auf septate junctions zwischen den Rändern der Manschette, in A. Teil des Kanalganges mit Mikrovilli. A. X 15.500; B. X 31.700.

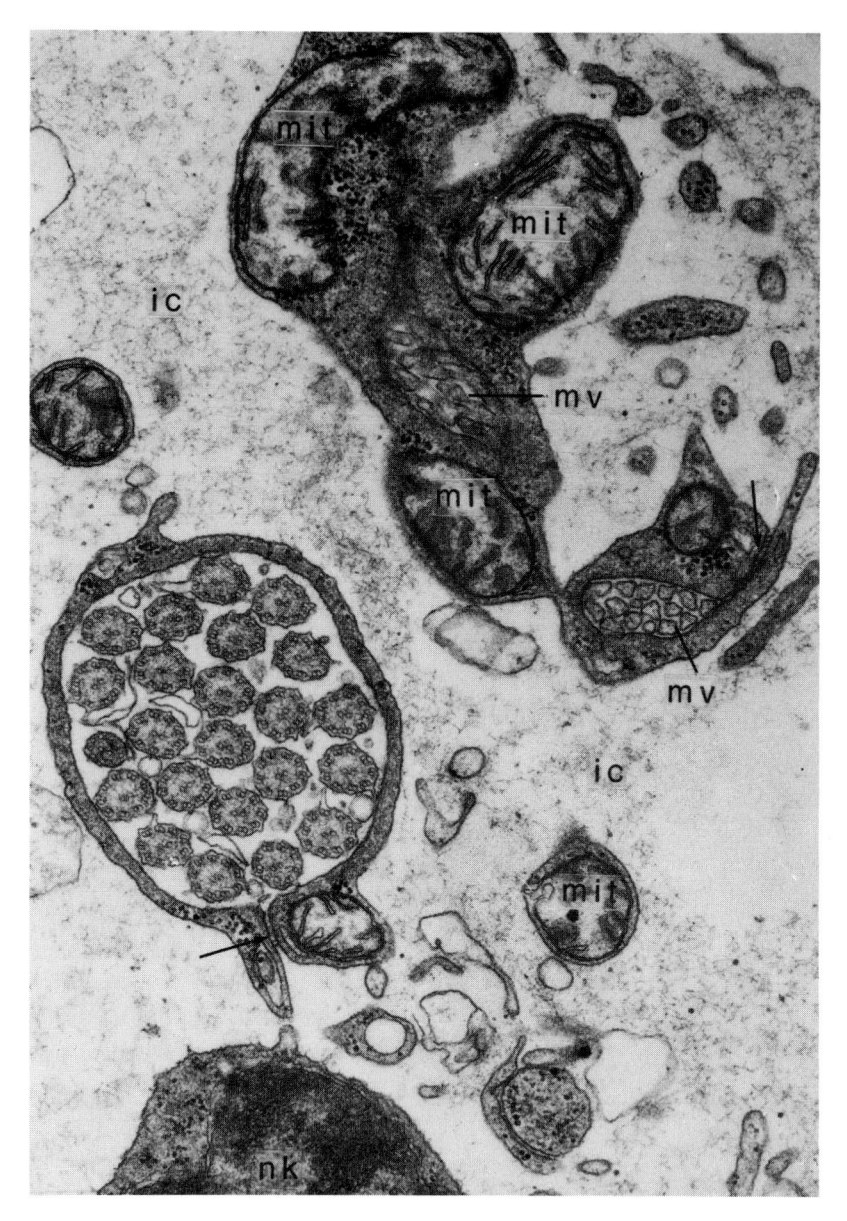

Abb. 3. *Invenusta paracnida.* Kanalzellen des Protonephridialsystems; proximaler Abschnitt des ausleitenden Kanals mit Cilien einer Terminalzelle, mittlerer Abschnitt mit Mikrovilli im Lumen. Die Pfeile verweisen auf septate junctions zwischen den Manschettenrändern der Kanalzellen. X 31.300.

keine äußeren Leptotrichien auf. Die von der Kanalzelle gebildeten Stäbe reichen proximad über die Basis der inneren Reusenstäbe hinaus; in Schnitten, die durch den proximalen Bereich der Reuse geführt werden, lassen sich die terminalen Ausläufer der äußeren Reusenstäbe in Höhe des noch zusammenhängenden Cytoplasmas der Terminalzelle beobachten, die Stäbe decken hier die offenen Seiten von Cytoplasmaeinbuchtungen in der Terminalzelle ab (Abb. 1 B).

Sowohl innere wie äußere Reusenstäbe sind durch in Längsrichtung verlaufende Mikrofilamente verstärkt; diese Filamente finden sich besonders in den den benachbarten Stäben zugewandten Bereichen, die damit im elektronenmikroskopischen Bild auffallend dunkel erscheinen. Die schmalen interzellulären Längsspalten zwischen den alternierend angeordneten inneren und äußeren Reusenstäben bzw. den cytoplasmatischen Einbuchtungen der Terminalzelle und den äußeren Reusenstäben werden von einem feinfibrillären Diaphragma abgedeckt; die im umfangreichen Interzellularraum auftretenden Mikrofibrillen dringen über dieses Diaphragma nicht nach innen in das Reusenlumen vor.

Im Unterschied zu der Terminalzelle weist die angrenzende Kanalzelle keine Vesikelanhäufungen im Cytoplasma auf (Abb. 2, 3), insbesondere nicht in der proximalen Zellhälfte. Der Zellkern dieser Kanalzelle liegt in einer Cytoplasmaaussackung seitwärts des ausleitenden Kanallumens (Abb. 2 A). Solange die Kanalzelle noch das Cilienbündel der Terminalzelle umschließt, treten auch sämtliche Mitochondrien und das ER ausschließlich in solchen lateralen sack- oder schlauchförmigen Cytoplasmaausläufern auf (Abb. 2 B). Erst im distalen Bereich dieser ersten Kanalzelle, d. h., nach Auslaufen des Cilienbündels der Terminalzelle, treten Mitochondrien in unmittelbarer Nähe des engen Kanallumens auf (Abb. 3 B). In diesem distalen Abschnitt ist die dem Kanallumen zugewandte Fläche nicht mehr glattwandig, sondern mit zahlreichen Mikrovilli besetzt, die das enge Lumen des Kanals nahezu vollständig ausfüllen (Abb. 2 A, 3); in dem die Mikrovilli umgebenden Cytoplasma der Kanalzelle existieren vereinzelt kleinere Vesikel.

Während Terminal- und angrenzende Kanalzelle von ausgedehnten Interzellularräumen umgeben werden, treten im weiteren Verlauf des stark gewundenen ausleitenden Kanalsystems benachbarte Zellen eng an die hier gelegenen Kanalzellen heran (Abb. 4). Das Cytoplasma dieser mehr distal gelegenen Zellen umkleidet das Kanallumen ebenfalls manschettenartig; die Organellen dieser Zellen liegen nahe dem Kanallumen oder auch in lateralen Cytoplasmaaussackungen, Vesikel treten regelmäßig auf. Die dem Lumen zugewandte Fläche dieser Kanalzellen weist unterhalb der Zellmembran filamentöse Verdichtungen auf; die Wandung ist in zahlreiche cytoplasmatische Fortsätze ausgezogen, die zumindest am fixierten Material das Kanalinnere vollständig ausfüllen, so daß ein freies Lumen nicht gegeben ist. Auch dort, wo Cilien in der Kanalwandung inserieren (Abb. 4), existiert kein ausgedehnteres Kanallumen. Die Cilien der Kanalzellen weisen distalwärts, die an den Basalkörpern ansetzenden kurzen Vertikalwurzeln sind proximad gerichtet.

Die letzte Kanalzelle durchbricht mit einem Cytoplasmaausläufer den Hautmuskelschlauch und die Basallamina und bildet in Höhe der Epidermis den leicht eingesenkten Nephroporus. Das distale Ende dieser Nephroporuszelle ist mit der ringsum angrenzenden Epidermis über belt desmosomes (= Zonulae adhaerentes) und septate junctions verbunden (Abb. 5). Zahlreiche mikrovilliartige Cytoplasmaausläufer erfüllen das Lumen dieser distalen Kanalzelle; einige dieser breiten, sich z. T. verzweigenden Mikrovilli ragen über das Distalende der Zelle hinaus, so daß ein Porus „lumen" nicht gegeben ist.

D. Diskussion

Das Protonephridialsystem von *Invenusta paracnida* zeigt weitreichende Übereinstimmungen mit den entsprechenden Differenzierungen anderer Proseriata Lithophora, ausgenommen die Archimonocelididae (cf. EHLERS & SOPOTT-EHLERS 1986).

Wie bei den Monocelididae und den Otoplanidae (cf. EHLERS 1985) existiert bei dem hier untersuchten Vertreter der Coelogynoporidae eine Cyrtocyte, bei der die Reuse von zwei Zellen aufgebaut wird, nämlich von der Terminalzelle und der angrenzenden Kanalzelle. Eine solche Reuse mit einem Kranz innerer Reusenstäbe, gebildet von der Terminalzelle, und einem Kranz äußerer Reusenstäbe, die der angrenzenden Kanalzelle entstammen, stellt gegenüber den Verhältnissen bei den Archimonocelididae und den Proseriata Unguiphora einen apomorphen Zustand dar (cf. EHLERS & SOPOTT-EHLERS 1986) und dürfte als Autapomorphie die Monophylie eines Taxons Lithophora excl. Archimonocelididae begründen.

Über die Ultrastruktur des ausleitenden Kanalsystems von Plathelminthen-Protonephridien liegen bisher nur für wenige Taxa Publikationen vor.

Eine vergleichbare Situation wie bei *I. paracnida*, bei der die Kanalzellen mit einem Cytoplasmasaum das Kanallumen manschettenartig umgreifen, ist auch von folgenden Taxa beschrieben worden: Catenulida (MORACZEWSKI 1981; RIEGER 1981); Aspidobothrii (ROHDE 1971, 1972); Digenea (BENNETT 1977; BENNETT & THREADGOLD 1973; EBRAHIMZADEH & KRAFT 1971; KÜMMEL 1958; PAN 1980; REES 1977; REISINGER 1964; WILSON 1969) und den Monogenea (ROHDE 1973, 1975, 1980).

Bei Vertretern anderer Taxa bilden die einzelnen Kanalzellen oder ein Kanal-

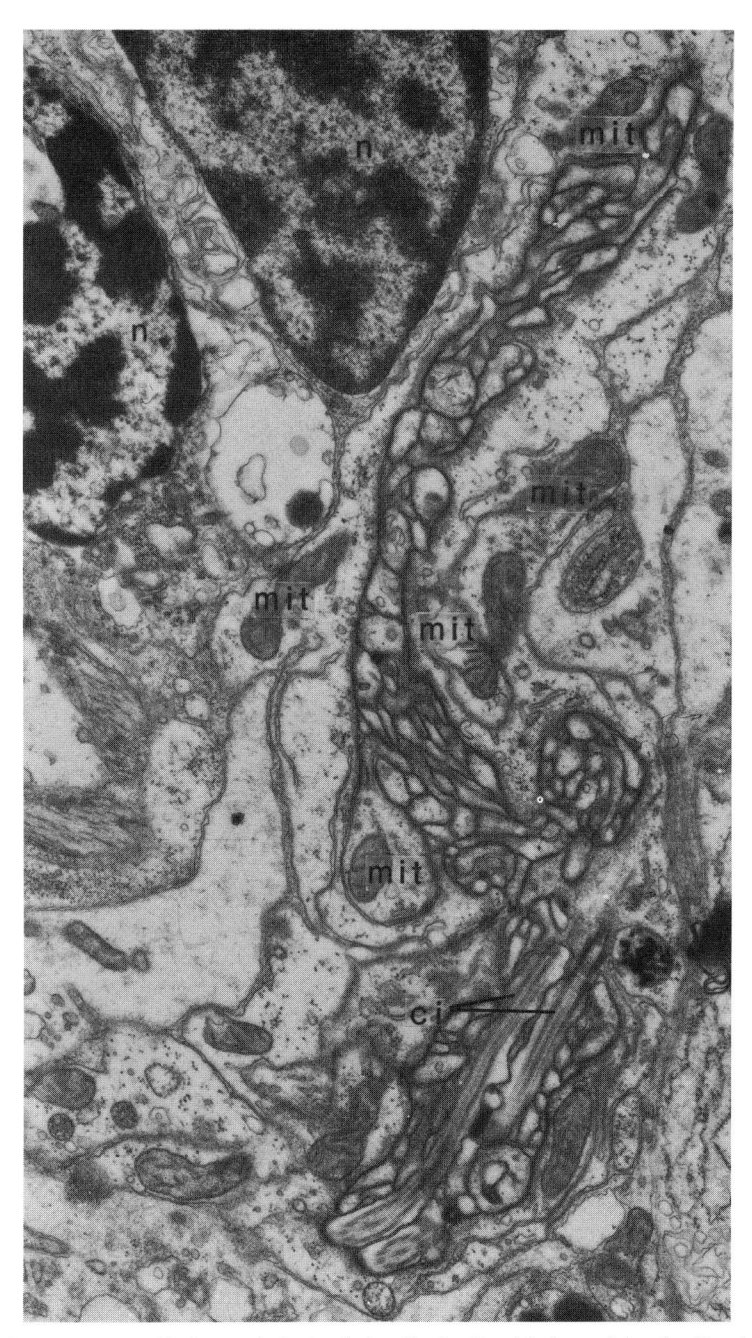

Abb. 4. *Invenusta paracnida.* Längsschnitt durch den distalen Bereich des ausleitenden Kanalsystems. Lumen erfüllt mit mikrovilliartigen Cytoplasmavorsprüngen und mit in einer Kanalzelle inserierenden Cilien. X 18.300.

syncytium ein ringsum geschlossenes Rohrsystem aus, ohne einen in Längsrichtung verlaufenden Zellspalt, so bei marinen Macrostomida (BRÜGGEMANN 1968), Polycladida (RUPPERT 1978), Gyrocotylidea (XYLANDER, in Vorbereitung), Amphilinidea (ROHDE u. GEORGI 1983) und den Cestoidea (BONSDORFF & TELKKÄ 1966; CARDENAS-RAMIREZ et al. 1982; HOWELLS 1969; LUMSDEN & HILDRETH 1983; LUMSDEN & SPECIAN 1980; MEHLHORN u. PIEKARSKI 1985; MORSETH 1967; RAMIREZ-BON et al. 1982; SAKAMOTO & SUGIMURA 1969; SLAIS 1973; SLAIS et al. 1971; SWIDERSKI et al. 1975). Bei den Temnocephalida existiert ebenfalls ein geschlossenes Kanalsystem ohne Zellspalt (ROHDE 1986; WILLIAMS 1981).

Nach ISHII (1980), MCKANNA (1968), PEDERSEN (1961), SILVEIRA & CORINNA (1976) und WETZEL (1962) wird das Kanallumen bei den Tricladida von Kanalzellen aufgebaut, von denen sich je zwei auf gleicher Höhe befinden und im Bereich der Kontaktzone zwischen sich einen in Längsrichtung verlaufenden kanalartigen Interzellularraum frei lassen. Bei bestimmten Monogenea werden die englumigen Kanäle nur von einer Zelle (s. o.), die weitlumigen dagegen von mehreren Kanalzellen ausgebildet (ROHDE 1973, 1975).

Diesen Plathelminthen vergleichbare Gegebenheiten treten auch bei anderen Bilateria auf; so beschreibt BARTOLOMAEUS (1985) Protonephridialkanäle von Nemertinen, deren Lumen proximal von einer einzigen manschettenartigen Kanalzelle und weiter distal von zwei sich aneinanderlegenden Zellen aufgebaut wird. Die Kanalzellen bestimmter interstitieller Polychaeta bilden dagegen ein geschlossenes Cytoplasmarohr um das Kanallumen aus (WESTHEIDE 1985, 1986).

Die Bildung des Kanallumens erfolgt nach den bisher vorliegenden Befunden bei den genannten Taxa der Bilateria und auch innerhalb der Plathelminthes bei verschiedenen Teiltaxa also recht unterschiedlich. Als relativ plesiomorph bewerten wir den Zustand, bei dem das Lumen nur von einer einzigen Zelle ausgebildet wird, sei es durch eine manschettenartige Umhüllung oder durch ein geschlossenes Cytoplasmarohr. Ein solcher Zustand findet sich u. a. bei all jenen Plathelminthen, die das primär kleine Körpervolumen beibehalten haben, aber auch bei verschiedenen größeren Teiltaxa. Ein Außengruppen-Vergleich führt ebenfalls zu diesem Ergebnis: auch bei den Gnathostomulida wird das ausleitende System von einzelnen Zellen gebildet (LAMMERT 1985).

Bei *Invenusta paracnida* wird das Lumen im ausleitenden Kanalsystem durch zahlreiche mikrovilliartige Fortsätze der Kanalzellen und auch der Nephroporuszellen stark eingeengt. Diese Differenzierungen lassen auf eine starke Rückresorptionstätigkeit der genannten Zellen schließen. Aber auch die Terminalzellen von *I. paracnida* dürften zur Rückresorption befähigt sein. Für diese Auffassung sprechen die Existenz von inneren Leptotrichien sowie vor allem die zahlreichen Vesikel im Cytoplasma, die sich pinocytotisch vom Reusenlumen abschnüren.

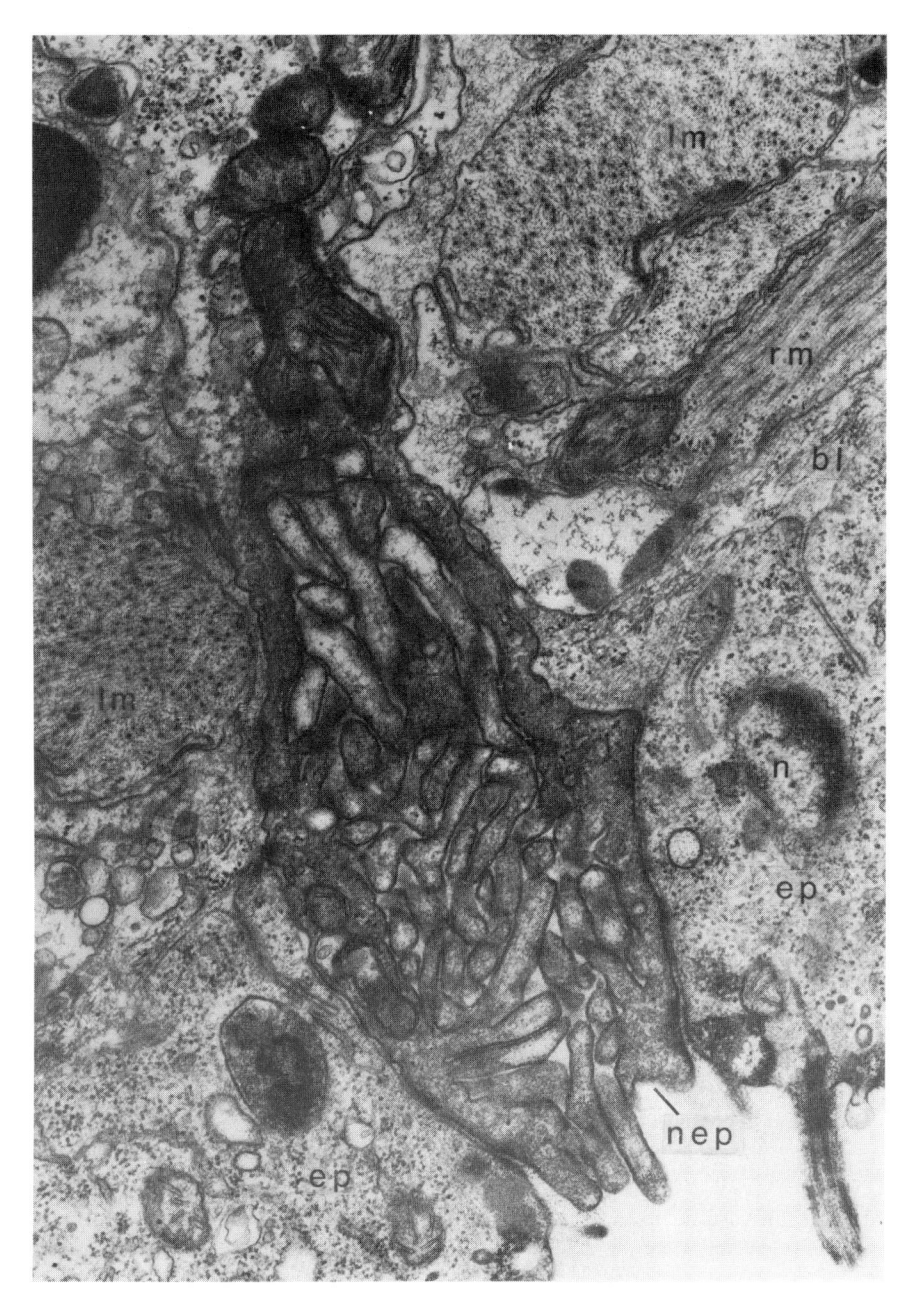

Abb. 5. *Invenusta paracnida.* Längsschnitt durch einen Nephridialporus. Zahlreiche kräftige Mikrovilli im Lumen des von der distalsten Kanalzelle gebildeten Porus. X 27.800.

Zusammenfassung

Die Protonephridien von *Invenusta paracnida* (Karling, 1966) bestehen aus blind geschlossenen Terminalzellen, mehreren Kanalzellen und einer Nephroporuszelle.

Der filtrierende Bereich stellt eine Reuse dar, aufgebaut aus einem Doppelkranz mikrovilliartiger Stäbe der Terminalzelle und der angrenzenden Kanalzelle. Die Kanalzellen, die das Kanallumen mit einem Cytoplasmasaum manschettenartig umgreifen, entsenden zahlreiche mikrovilliartige Cytoplasmavorsprünge und Cilien in das Kanallumen. Auch die Nephroporuszelle, die mit einem cytoplasmatischen Fortsatz die Epidermis durchstößt, füllt das Kanallumen vollständig mit Mikrovilli aus.

Die Reuse von *I. paracnida* entspricht den von anderen Proseriata Lithophora bekannten Gegebenheiten; im Aufbau des ausleitenden Kanalsystems bestehen Übereinstimmungen auch mit anderen Teiltaxa der Plathelminthen.

Abkürzungen in den Abbildungen

arst	äußerer Reusenstab	mit	Mitochondrium
bl	Basallamina	mv	Mikrovillus
ci	Cilium	n	Nucleus
ep	Epidermis	nep	Nephridialporus
ic	Interzellularraum	nk	Nucleus einer Kanalzelle
irst	innerer Reusenstab	rm	Ringmuskulatur
lm	Längsmuskulatur	tz	Terminalzelle
m	Muskulatur		

Literatur

Ax, P. (1984): Das phylogenetische System. Systematisierung der lebenden Natur aufgrund ihrer Phylogenese. G. Fischer, Stuttgart, New York. 349 pp.

Bartolomaeus, Th. (1985): Ultrastructure and development of the protonephridia of *Lineus viridis* (Nemertini). Microfauna Marina 2, 61 – 83.

Bennett, C. E. (1977): *Fasciola hepatica:* development of excretory and parenchymal systems during migration in the mouse. Exp. Parasitol. 41, 426 – 441.

Bennett, C. E. & L. T. Threadgold (1973): Electron microscope studies of *Fasciola hepatica*. XIII. Fine structure of newly excysted juvenile. Exp. Parasitol. 34, 85 – 99.

Bonsdorff, C.-H. v. & A. Telkkä (1966): The flagellar structure of the flame cells in fish tapeworm (*Diphyllobothrium latum*). Z. Zellforsch. 70, 169 – 179.

Brüggemann, J. (1986): Feinstruktur der Protonephridien von *Paromalostomum proceracauda* (Plathelminthes, Macrostomida). Zoomorphology 106, 147 – 154.

Cardenas-Ramirez, L., A. M. Zaragoza & M. Gonzalez-Del Pliego (1982): Neural and excretory structures of *Cysticercus cellulosae*. In: Cysticercosis: present state of knowledge and perspectives. Ed.: A. FLISSER, K. WILLMS, J. P. LACLETTE, C. LARRALDE, C. RIDAWA & F. BELTRAN. Acad. Press, New York, 281 – 305.

EBRAHIMZADEH, A. & M. KRAFT (1971): Ultrastrukturelle Untersuchungen zur Anatomie der Cercarien von *Schistosoma mansoni*. II. Das Exkretionssystem. Z. Parasitenkd. **36**, 265 – 290.

EHLERS, U. (1985): Das phylogenetische System der Plathelminthes. G. Fischer, Stuttgart, New York. 317 pp.

– (1986): Comments on a phylogenetic system of the Platyhelminthes. Hydrobiologia **132**, 1 – 12.

EHLERS, U. & B. EHLERS (1977): Monociliary receptors in interstitial Proseriata and Neorhabdocoela (Turbellaria, Neoophora). Zoomorphologie **86**, 197 – 222.

EHLERS, U. & B. SOPOTT-EHLERS (1986): Vergleichende Ultrastruktur von Protonephridien: ein Beitrag zur Stammesgeschichte der Plathelminthen. Verh. Dtsch. Zool. Ges. **79**, 168 – 169.

HOWELLS, R. E. (1969): Observations on the nephridial system of the cestode *Moniezia expansa* (Rud., 1805). Parasitology **59**, 449 – 459.

ISHII, S. (1980): The ultrastructure of the protonephridial tubules of the freshwater planarian *Bdellocephala brunnea*. Cell Tiss. Res. **206**, 451 – 458.

KÜMMEL, G. (1958): Das Terminalorgan der Protonephridien, Feinstruktur und Deutung der Funktion. Z. Naturforschg. **13 b**, 677 – 679.

– (1964): Die Feinstruktur der Terminalzellen (Cyrtocyten) an den Protonephridien der Priapuliden. Z. Zellforsch. **62**, 468 – 484.

LAMMERT, V. (1985): The fine structure of protonephridia in Gnathostomulida and their comparison within Bilateria. Zoomorphology **105**, 308 – 316.

LUMSDEN, R. D. & M. B. HILDRETH (1983): The fine structure of adult tapeworms. In: Biology of the Eucestoda, Vol. 1. Ed.: C. ARME & P. W. PAPPAS. Acad. Press, London, 177 – 233.

LUMSDEN, R. D. & R. SPECIAN (1980): The morphology, histology, and fine structure of the adult stage of the cyclophyllidean tapeworm *Hymenolepis diminuta*. In: Biology of the tapeworm *Hymenolepis diminuta*. Ed.: H. P. ARAI. Acad. Press, New York, 157 – 280.

McKANNA, J. A. (1968): Fine structure of the protonephridial system in *Planaria*. II. Ductules, collecting ducts, and osmoregulatory cells. Z. Zellforsch. **92**, 524 – 535.

MEHLHORN, H. & G. PIEKARSKI (1985): Grundriß der Parasitenkunde, 2. Auflage. G. Fischer, Stuttgart, New York. 359 pp.

MORACZEWSKI, J. (1981): Fine structure of some Catenulida (Turbellaria, Archoophora). Zool. Polon. **28**, 367 – 415.

MORSETH, D. J. (1967): Fine structure of the hydatid cyst and protoscolex of *Echinococcus granulosus*. J. Parasitol. **53**, 312 – 325.

NEUHAUS, B. (1987): Ultrastructure of the protonephridia of *Dactylopodola baltica* and *Mesodasys laticaudatus* (Gastrotricha). Microfauna Marina **3**, 419 – 438.

PAN, S. CH.-T. (1980): The fine structure of the miracidium of *Schistosoma mansoni*. J. Invertebrate Pathol. **36**, 307 – 372.

PEDERSEN, K. J. (1961): Some observations on the fine structure of planarian protonephridia and gastrodermal phagocytes. Z. Zellforsch. **53**, 609 – 628.

RAMIREZ-BON, E., M. T. MERCHANT, M. GONZALEZ-DEL PLIEGO & L. CANEDO (1982): Ultrastructure of the bladder wall of the metacestode of *Taenia solium*. In: Cysticercosis: present state of knowledge and perspectives. Ed.: A. FLISSER, K. WILLMS, J. P. LACLETTE, C. LARRALDE, C. RIDAWA & F. BELTRAN. Acad. Press, New York, 261 – 280.

REES, F. G. (1977): The development of the tail and the excretory system in the cercaria of *Cryptocotyle lingua* (Creplin) (Digenea: Heterophyidae) from *Littorina littorea* (L.). Proc. R. Soc. Lond. B. **195**, 425 – 452.

REISINGER, E. (1964): Zur Feinstruktur des paranephridialen Plexus und der Cyrtocyte von *Codonocephalus* (Trematoda Digenea: Strigeidae). Zool. Anz. **172**, 16 – 22.

RIEGER, R. M. (1981): Morphology of the Turbellaria at the ultrastructural level. Hydrobiologia **84**, 213 – 229.

ROHDE, K. (1971): Untersuchungen an *Multicotyle purvisi* Dawes, 1941 (Trematoda: Aspidogastrea). VIII. Elektronenmikroskopischer Bau des Exkretionssystems. Int. J. Parasitol. **1**, 275 – 286.

– (1972): The Aspidogastrea, especially *Multicotyle purvisi* Dawes, 1941. Adv. Parasitol. **10**, 77 – 151.
– (1973): Ultrastructure of the protonephridial system of *Polystomoides malayi* Rohde and *P. renschi* Rohde (Monogenea: Polystomatidae). Int. J. Parasitol. **3**, 329 – 333.
– (1975): Fine structure of the Monogenea, especially *Polystomoides*. Adv. Parasitol. **13**, 1 – 33.
– (1980): The ultrastructure of *Gotocotyla secunda* and *Hexostoma euthynni*. Angew. Parasitol. **21**, 32 – 48.
– (1986): Ultrastructure of the flame cells and protonephridial capillaries of *Temnocephala*; implications for the phylogeny of parasitic Platyhelminthes. Zool. Anz. **216**, 39 – 47.
ROHDE, K. & M. GEORGI (1983): Structure and development of *Austramphilina elongata* Johnston, 1931 (Cestodaria: Amphilinidae). Int. J. Parasitol. **13**, 273 – 287.
RUPPERT, E. E. (1978): A review of metamorphosis of turbellarian larvae. In: Settlement and metamorphosis of marine invertebrate larvae. Ed.: F. S. CHIA & M. RICE. Elsevier/North-Holland Biomedical Press, Amsterdam, 65 – 81.
SAKAMOTO, T. & M. SUGIMURA (1969): Studies on *Echinococcus* XXI. Electron microscopical observations on general structure of larval tissue of multilocular *Echinococcus*. Jap. J. Vet. Res. **17**, 67 – 80.
SILVEIRA, M. & A. CORINNA (1976): Fine structural observations on the protonephridium of the terrestrial triclad *Geoplana pasipha*. Cell Tiss. Res. **168**, 455 – 463.
SLAIS, J. (1973): Functional morphology of cestode larvae. Adv. Parasitol. **11**, 395 – 480.
SLAIS, J., C. SERBUS & J. SCHRAMLOVA (1971): The microscopical anatomy of the bladder wall of *Cysticercus bovis* at the electron microscope level. Z. Parasitenkd. **36**, 304 – 320.
SWIDERSKI, Z., L. EUZET & N. SCHÖNENBERGER (1975): Ultrastructures du système néphridien des cestodes cyclophyllides *Catenotaenia pusilla* (Goeze, 1782), *Hymenolepis diminuta* (Rudolphi, 1819) et *Inermicepsifer madagascariensis* (Davaine, 1870) Baer, 1956. La Cellule **71**, 7 – 18.
WESTHEIDE, W. (1985): Ultrastructure of the protonephridia in the dorvilleid polychaete *Apodotrocha progenerans* (Annelida). Zool. Scr. **14**, 273 – 278.
– (1986): The nephridia of the interstitial polychaete *Hesionides arenaria* and their phylogenetic significance (Polychaeta, Hesionidae). Zoomorphology **106**, 35 – 43.
WETZEL, B. K. (1962): Contributions to the cytology of *Dugesia tigrina* (Turbellaria) protonephridia. Proceed. 5th Intern. Congr. Electr. Microsc., Philad. **2**, Q – 10.
WILLIAMS, J. B. (1981): The protonephridial system of *Temnocephala novaezealandiae*: structure of the flame cells and main vessels. Aust. J. Zool. **29**, 131 – 146.
WILSON, R. A. (1969): The fine structure of the protonephridial system in the miracidium of *Fasciola hepatica*. Parasitology **59**, 461 – 467.

Dr. Ulrich Ehlers und *Dr. Beate Sopott-Ehlers*
II. Zoologisches Institut und Museum der Universität Göttingen
Berliner Straße 28, D-3400 Göttingen

Ultrastructure of the Photoreceptors of *Macrostomum spirale* (Macrostomida, Plathelminthes)

Tamara Kunert and Ulrich Ehlers

Contents

Abstract	391
A. Introduction	392
B. Material and Methods	393
C. Results	393
1. Pigment Cell	396
2. Photoreceptive Cells	397
D. Discussion	406
Acknowledgements	407
Zusammenfassung	407
Abbreviations in Figures	407
References	408

Abstract

The photoreceptors of *Macrostomum spirale* belong to the rhabdomeric pigment cup ocelli according to EAKIN (1972). They exist in one pair per animal and are situated behind the brain.

Each ocellus consists of one cup-shaped enveloping cell (= pigment cell) with pigment vesicles and four photoreceptive cells. In each case the pigment cup's aperture opens towards the lateral body periphery and the cell bodies of the receptor cells are located in front of the pigment cup's opening. The microvilli of the latter project into the pigment cup cavity and completely occupy the same.

The photoreceptors described in this article are homolgous to the well-known rhabdomeric ocelli of the Neoophora and the Polycladida. They correspond to the basic pattern of photoreceptoral organization postulated in the case of the

Neoophora and the Polycladida, i. e. rhabdomeric ocelli consisting of one enveloping cell in the shape of a pigment cup with or without pigment vesicles and 1 – 3 rhabdomeric receptor cells. Thus the postulated basic organization of photoreceptors can be applied to all Rhabditophora.

A. Introduction

Differentiations in cell structures that presumedly fulfill a photoreceptive function have already been investigated ultrastructurally in the case of numerous Plathelminthes.

Among the Neoophora exist "typical rhabdomeric pigment cup ocelli" according to EAKIN (1972) which, with all probability, are homologous in spite of some more or less marked morphological differences (cf. BEDINI et al. 1973 and 1974; BURT & BANCE 1981; DURAND & GOURBAULT 1977; EAKIN 1982; EAKIN & BRANDENBURGER 1981; KEARN 1978; LANFRANCHI et al. 1981; SOPOTT-EHLERS 1982, 1984 and 1986 and literature cited there; VAN DE ROEMER & HAAS 1984; VANFLETEREN 1982; and literature cited in FOURNIER 1984).

We can postulate the following basic pattern of photoreceptors for the Neoophora: One pair of ocelli consisting of one or only a few rhabdomeric photoreceptor cells (according to EAKIN 1972) and one single enveloping cell which encloses the photoreceptive apparatus in the shape of a cup and which may contain pigment granules (cf. EHLERS 1985; KEARN 1978; SOPOTT-EHLERS 1984).

In their early stages of development the Polycladida (larvae) have "pigment cup ocelli" which also show ciliary differentiations in addition to rhabdomeric photoreceptors; adult Polycladida, on the other hand, exhibit without exceptions pure rhabdomeric photoreceptors, which, considering their organization, are fully in keeping with the conditions postulated for the stem species of the Neoophora (cf. EAKIN 1982; EAKIN & BRANDENBURGER 1981; LACALLI 1983; LANFRANCHI et al. 1981; RUPPERT 1978); i. e., rhabdomeric photoreceptors could, hence, already be a basic characteristic of the Trepaxonemata.

The presumed photoreceptors of the Catenulida (cf. BORKOTT 1970; RUPPERT & SCHREINER 1980) and the Acoelomorpha (cf. YAMASU et al. 1979; and Fig. 28 in YOSHIDA 1979) do not correspond to the rhabdomeric photoreceptors of the Neoophora in any way, nor to those of adult Polycladida and likewise not to the ciliary/rhabdomeric photoreceptors of polyclad larvae. Thus the above-mentioned basic photoreceptoral pattern does not apply to the Catenulida nor to the Acoelomorpha.

Among the Macrostomida various species exhibit pigmented photoreceptors. Provided rhabdomeric photoreceptors can be proved in the case of this taxon, this characteristic is likely to be a synapomorphy of the Macrostomida and the Trepaxonemata and thus an autapomorphy of the Rhabditophora.

Until now the photoreceptors of only one single representative of the Macrostomida, i. e. of *Microstomum lineare*, have been ultrastructurally investigated (cf. PALMBERG et al. 1980). *Microstomum lineare* has one pair of ciliary photoreceptors located subepidermally with each of them containing several pigment cells. This type of photoreceptor differs widely from the basic pattern of rhabdomeric photoreceptors postulated in the case of the Neoophora and the Polycladida.

On the other hand, representatives of the taxon *Macrostomum* among others, exhibit pigmented photoreceptors which when using an optical microscope appear to be identical to the rhabdomeric ocelli of the Trepaxonemata. Of an ultrastructural analysis of these photosensitive organs one could expect an answer to the following question: are rhabdomeric photoreceptors a constitutive characteristic of the Rhabditophora?

In this paper the ultrastructure of the photoreceptors of *Macrostomum spirale* Ax, 1956 is investigated.

B. Material and Methods

Several species of *Macrostomum spirale* were caught in the estuary of the Jade river at the German North Sea coast (on May 2, 1978 Crildumer Siel in the drainage ditches between *Puccinelliatum maritimae*, on May 4, 1978 in the Hooksiel, Neuer Siel, NE-area). The animals were extracted out of the sediment by using UHLIG's method (1973), fixed in 2.5 % glutaraldehyde in 0.1 M sodium cacodylate-buffer (ph 7.3) for 2 h at 4 °C, rinsed for 24 h in 0.1 M sodium cacodylate-buffer, and postfixed with 1 % osmium tetroxide in 0.2 M sodium cacodylate-buffer for 1 h at 4 °C. The animals were dehydrated in a series using increasing concentrations of acetone and finally embedded in araldite.

One adult specimen was cross-sectioned in an ultracut Reichert OmU 3 with glass and diamond knives (cutting thickness 60–75 nm), double-contrasted with uranyl acetate and lead citrate; and examined with electron microscopes (Zeiss EM 9 and Zeiss EM 10 B).

C. Results

Living *M. spirale* are phototactic and react positively to light stimuli. Even when using an optical microscope one can distinguish a pair of eyespots located dorso-frontally but behind the brain.

The distance between the two photoreceptoral apparatuses amounts to about 37 μm.

Each of the two photoreceptors consists of one cup-shaped enveloping cell which contains very many coated pigment granules (they will, thus, also be called pigment vesicles; see Fig. 1 and 2). Because of the presence of pigment

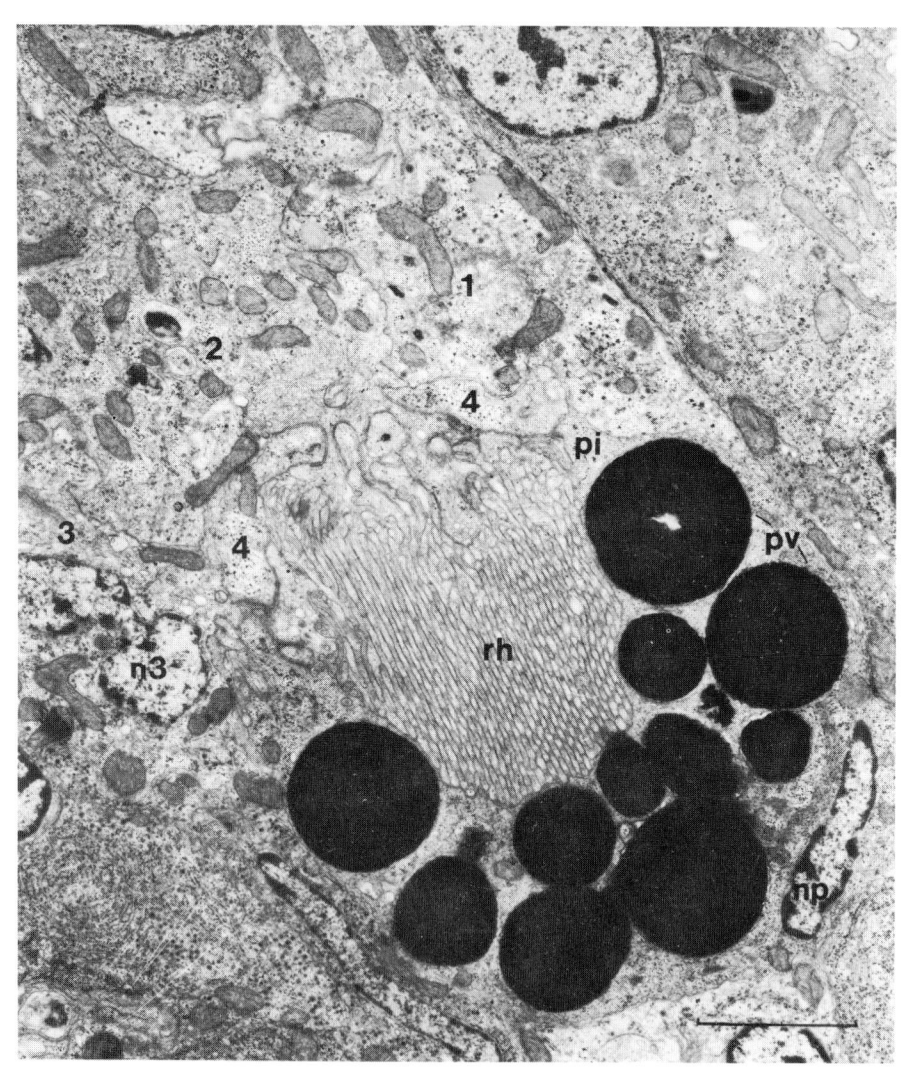

Fig. 1. Cross-section of a pigment cup ocellus of *Macrostomum spirale*. 1 – 4 illustrate the receptor cells: 1 = dorsal receptor cell, 2 = median receptor cell, 3 = ventral receptor cell, 4 = ring-shaped receptor cell. – Scale 2 μm.

vesicles the terms pigment cell and enveloping cell are used synonymously in the following.

In each photoreceptor the pigment cell's aperture faces towards the lateral periphery of the animal's body.

Altogether four receptor cells project their cytoplasmic, finger-like processes or microvilli (in the following also called rhabdomes or rhabdomeres) into the specific cavity formed by the pigment cell. Thus the photosensitive organs investigated are „inverse pigment cup ocelli" (cf. COOMANS 1981, p. 27).

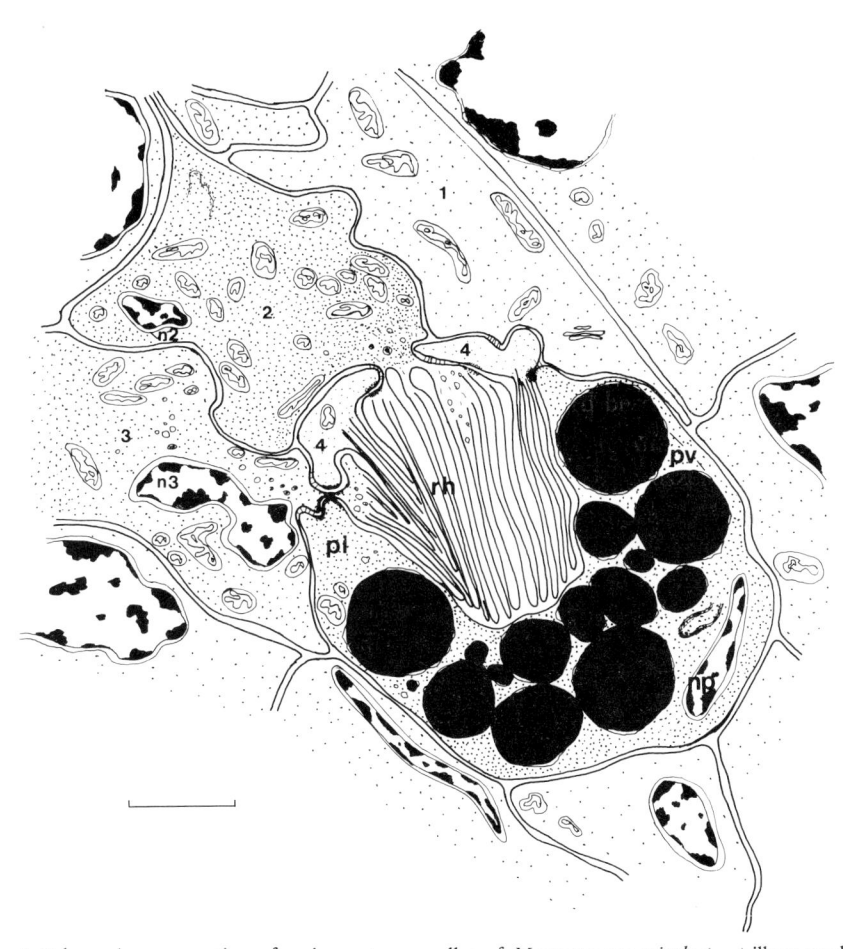

Fig. 2. Schematic cross-section of a pigment cup ocellus of *Macrostomum spirale*. 1 – 4 illustrate the receptor cells (see Fig. 1.); n 2 = nucleus of the median receptor cell, n 3 = nucleus of the ventral receptor cell. – Scale 2 µm.

1. Pigment Cell

When examing the enveloping cell caudally it has the shape of a cylinder filled with pigment vesicles (the diameter at its broadest point is 8 µm). Parallel to the gradual opening of the pigment cell towards the lateral periphery of the animal's body (the smallest diameter of the cavity formed by the pigment cell is approximately 1 µm, the greatest app. 3.5 µm) first of all a dorsal and afterwards three further retinula cells insert their rhabdomes in the pigment cup (see Fig. 5 – 11). The more receptor cells insert their microvilli in the lumen of the pigment cup,

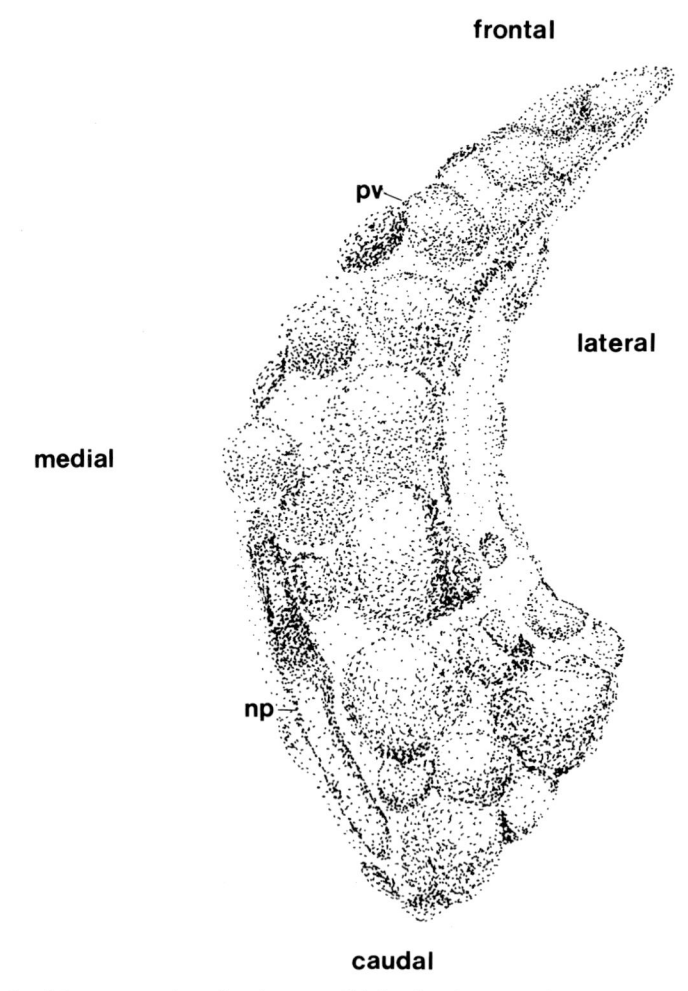

Fig. 3. Spatial reconstruction of a pigment cell. The directions noted illustrate the orientation of the ocellus in the flatworm. Laterally the rhabdomeres of the receptor cells insert.

the flatter its diameter becomes (see Fig. 5 – 10) so that one can also find microvilli outside the pigment cup.

Towards the animal's frontal end the pigment cell tapers off until after about 12 μm it only contains one single pigment vesicle (the diameter of the pigment cell here is app. 1 μm; see as well Fig. 3).

In cross-sections, the nucleus of the pigment cell appears long and relatively narrow; it is located at the pigment cell's basis opposite its aperture, but shifted slightly towards the dorsal side of the animal (see Fig. 1, 2, 5 – 8). Vertically, the nucleus stretches over about half of the pigment cell (viewed caudally).

The cytoplasm of the enveloping cell contains pigment vesicles of about 0.5 – 2 μm in diameter. They are not electron-dense uniformly, but their substance looks granular and fibrous (see esp. Fig. 5). The cytoplasm contains also rough endoplasmic reticulum (rER) and Golgi apparatuses, especially in the vicinity of the nucleus, but there are also free ribosomes, glycogen granules, only a few mitochondria and some neurosecretory vesicles (see esp. Fig. 5).

2. Photoreceptive Cells

In principle, both the sequence in which the microvilli are inserted in the cavity formed by the pigment cup and the approximate vertical and horizontal extension of the particular receptor cells are almost identical in both ocelli.

Altogether four cells having presumedly a photoreceptive function can be distinguished in each photoreceptor – one dorsal, one median, one ventral and one ring-shaped receptor cell.

The presumptively photo-active pigment is located in the microvilli of each retinula cell projecting into the pigment cup (see Fig. 4 B).

The microvilli or rhabdomeres are finger-shaped evaginations of the photoreceptoral cell membranes (cf. EAKIN 1972). The microvilli of all receptor cells described in this article protrude like a paint-brush into the pigment cup cavity (see Fig. 4 A).

The receptor cells are connected with each other and with the pigment cell by septate junctions and zonulae adhaerentes (Fig. 4 C).

The cytoplasm of each receptor cell abounds with mitochondria which appear long and globular in cross-sections. In addition, in some areas it contains many glycogen granules, several free ribosomes, rER and sER as well as filled and empty neurosecretory vesicles (see Fig. 5 – 11).

Directly in front of, in, and behind the receptor cell's opening into the pigment cup many neurosecretory vesicles and neurotubuli are accumulated (Fig. 4 B).

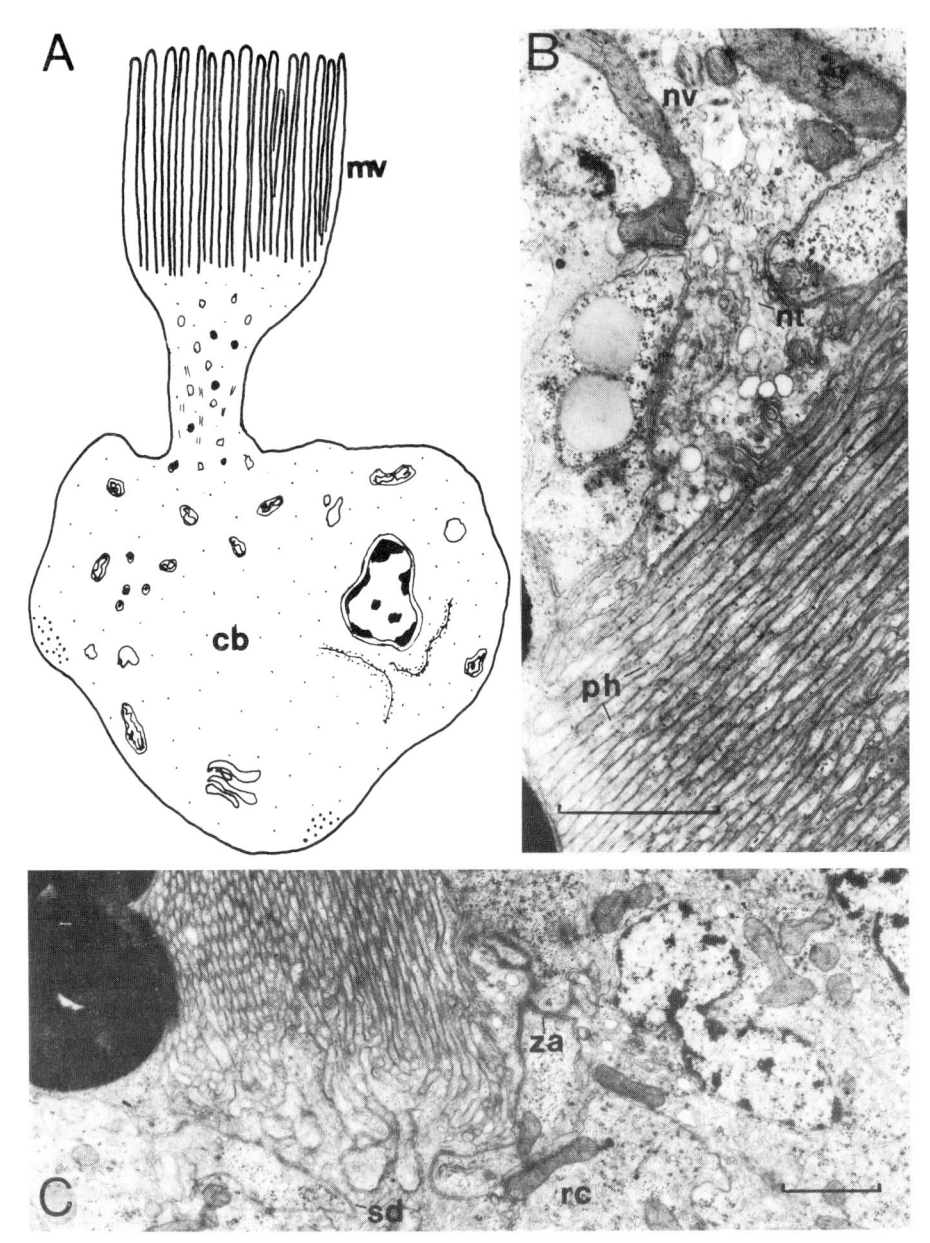

Fig. 4. A. Schematic reconstruction of a receptor cell with its cell body and paint-brush like protrusions (microvilli).
B. Section of the area where the receptor cell inserts in the lumen of the pigment cup. Note also the photo-active pigment in the microvilli. – Scale 1 μm.
C. Section of the area in front of the pigment cup lumen. Note the receptor cells being tightly connected with each other and the pigment cell. – Scale 1 μm.

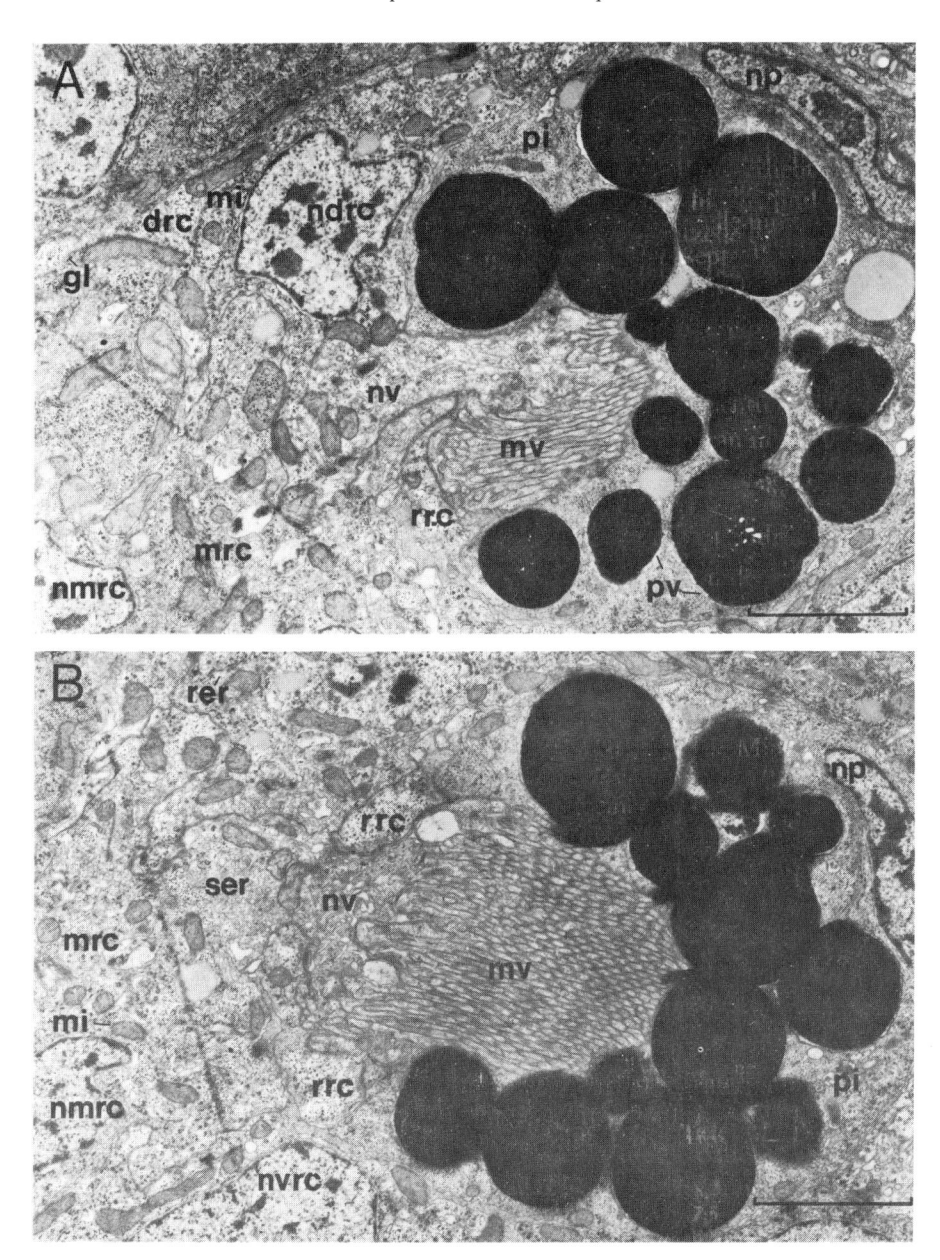

Fig. 5. A. Cross-section of the dorsal receptor cell and its microvilli projecting into the pigment cup. – Scale 2 μm.
B. Cross-section of the median receptor cell and its microvilli. – Scale 2 μm.

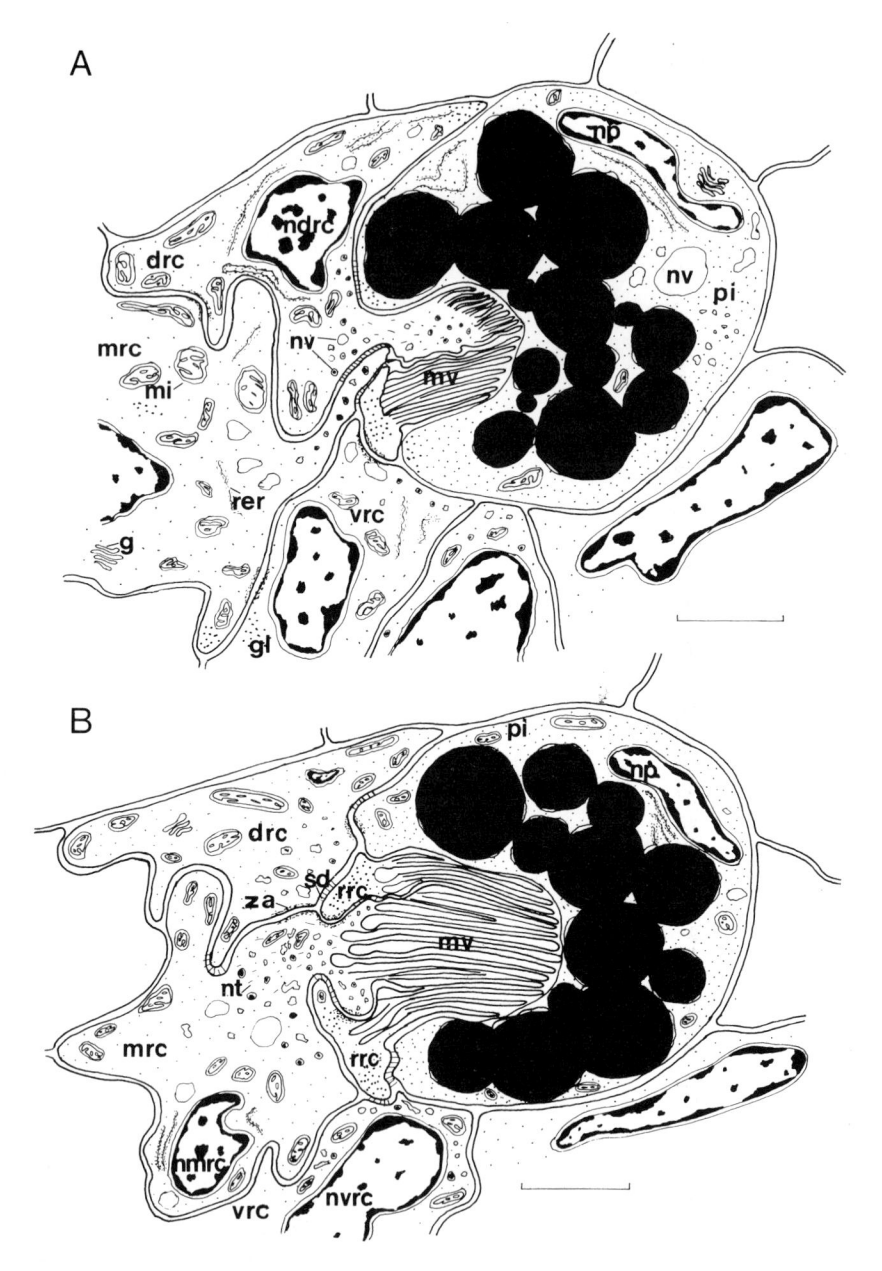

Fig. 6. A. Reconstruction of the dorsal receptor cell. – Scale 2 μm.
B. Reconstruction of the median receptor cell. – Scale 2 μm.

The plasm of all the photoreceptoral cells is lighter-coloured than that of the surrounding cells and the cytoplasm of the pigment cell.

Dorsal Receptor Cell

At the pigment cell's caudal end the cell body and the nucleus of the dorsal receptor cell can be distinguished. It directly borders on the dorsal edge of the pigment cell and has more or less the shape of a triangle (Fig. 5 A and 6 A).

Due to the at first small-sized opening of the pigment cup (diameter here app. 1 µm; pigment cup opening after about 6 µm in length) the receptor cell in the beginning projects only a few, and then correspondingly more, microvilli into

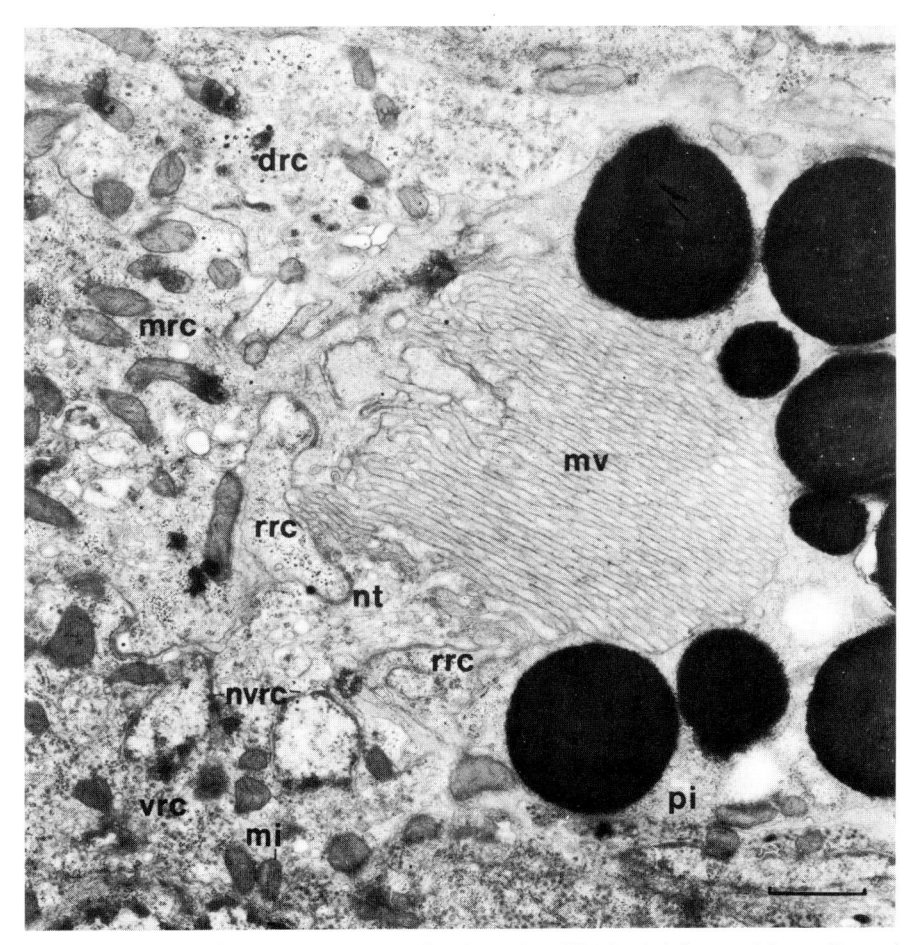

Fig. 7. Cross section of the ventral receptor cell and its microvilli. The rhabdomes of the median and the ring-shaped receptor cell also insert in the pigment cup lumen. – Scale 1 µm.

the pigment cup's cavity (diameter of the pigment cup cavity here app. 2 μm, see Fig. 5 A and 6 A).

The vertical dilatation of the cell body (in the following always to be understood as being parallel to the pigment cup) is when viewed from the caudal to the frontal end of the cell about 8.3 μm in length. Its nucleus extends about half of the cell's body and is, vertically seen, situated approximately in the centre of the dorsal receptor cell.

Median Receptor Cell

The cell body and the paint-brush like radiating microvilli of this receptor cell are located in the centre, i. e. between the dorsal and the ventral retinula cell (Fig. 5 B and 6 B). Vertically it extends far beyond the closure of the ring-shaped receptor cell. In cross-sections the median receptor cell is more or less star-shaped; shortly after the dorsal receptor cell (after about 6 μm) it projects its rhabdomeres into the pigment cup cavity (diameter of the pigment cup cavity here about 3 μm).

The microvilli of the median receptor cell constitute the main part of the rhabdomeres.

The nucleus of the median retinula cell stretches vertically over half of the cell body's dilatation (about 4.5 μm).

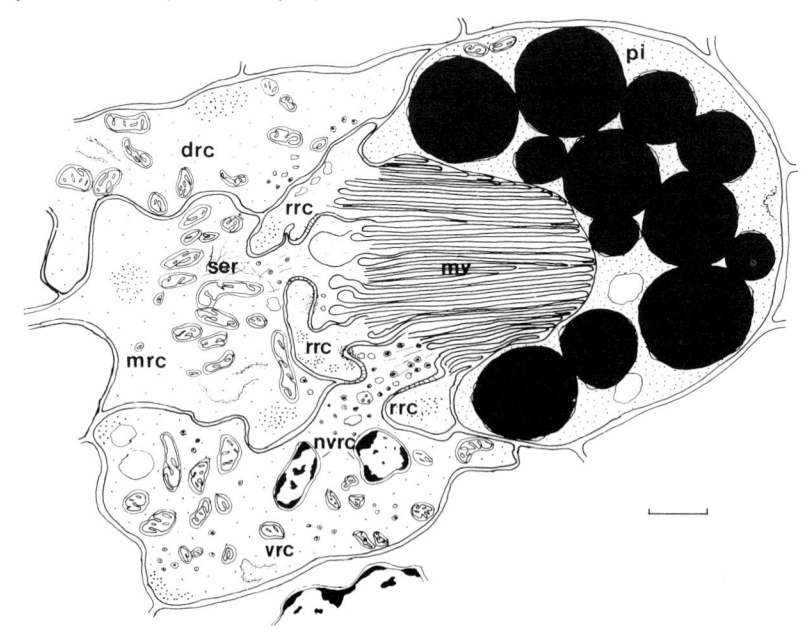

Fig. 8. Reconstruction of the ventral receptor cell. – Scale 1 μm.

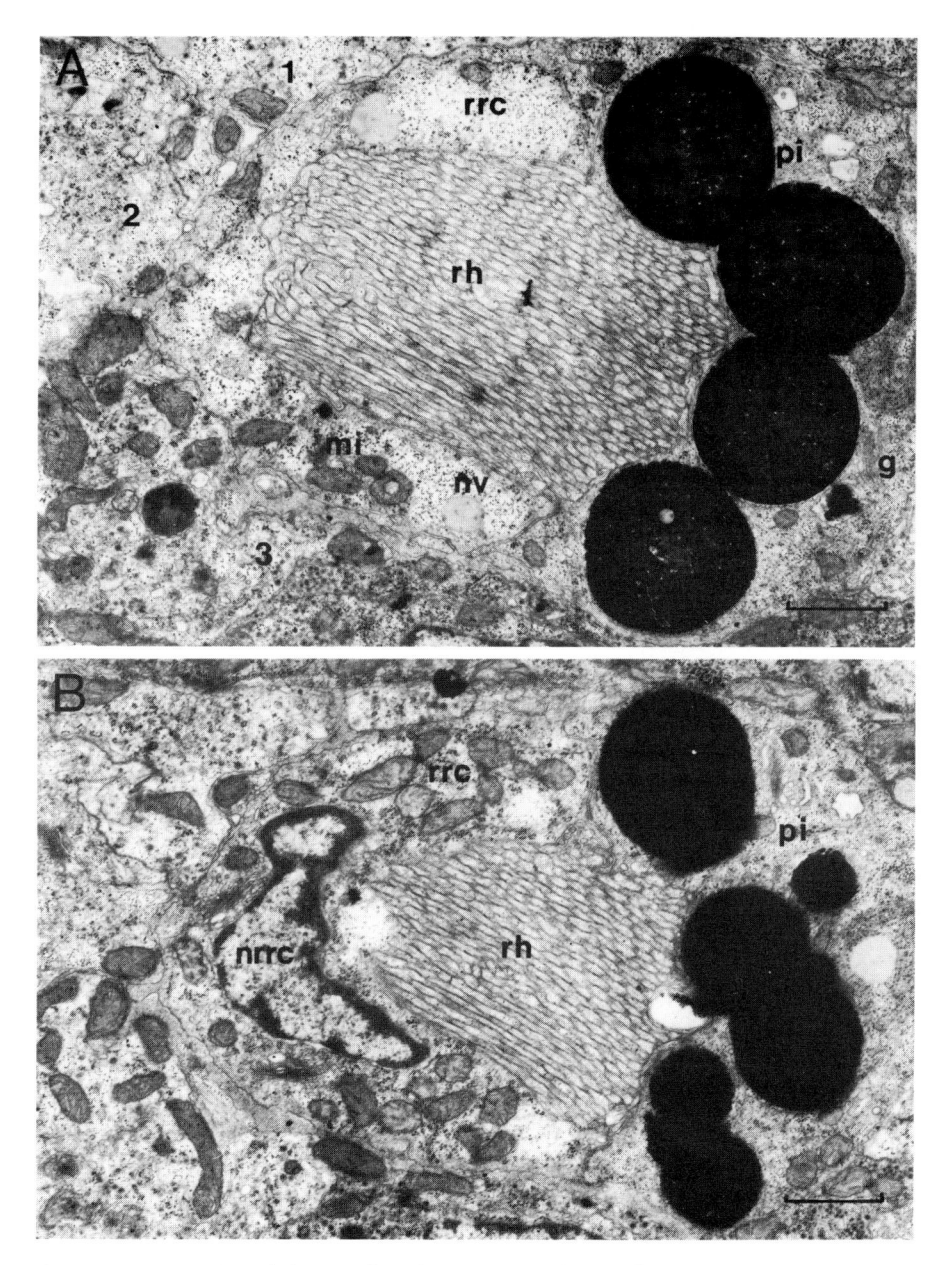

Fig. 9. A. Cross-section of the ring-shaped receptor cell shortly after the ultimate closure of the "ring". 1–3 illustrate the receptor cells: 1 = dorsal receptor cell, 2 = median receptor cell, 3 = ventral receptor cell. – Scale 1 μm.
B. Cross-section (more frontally) of the ring-shaped receptor cell with its nucleus and the rhabdomeres of mainly the median receptor cell. – Scale 1 μm.

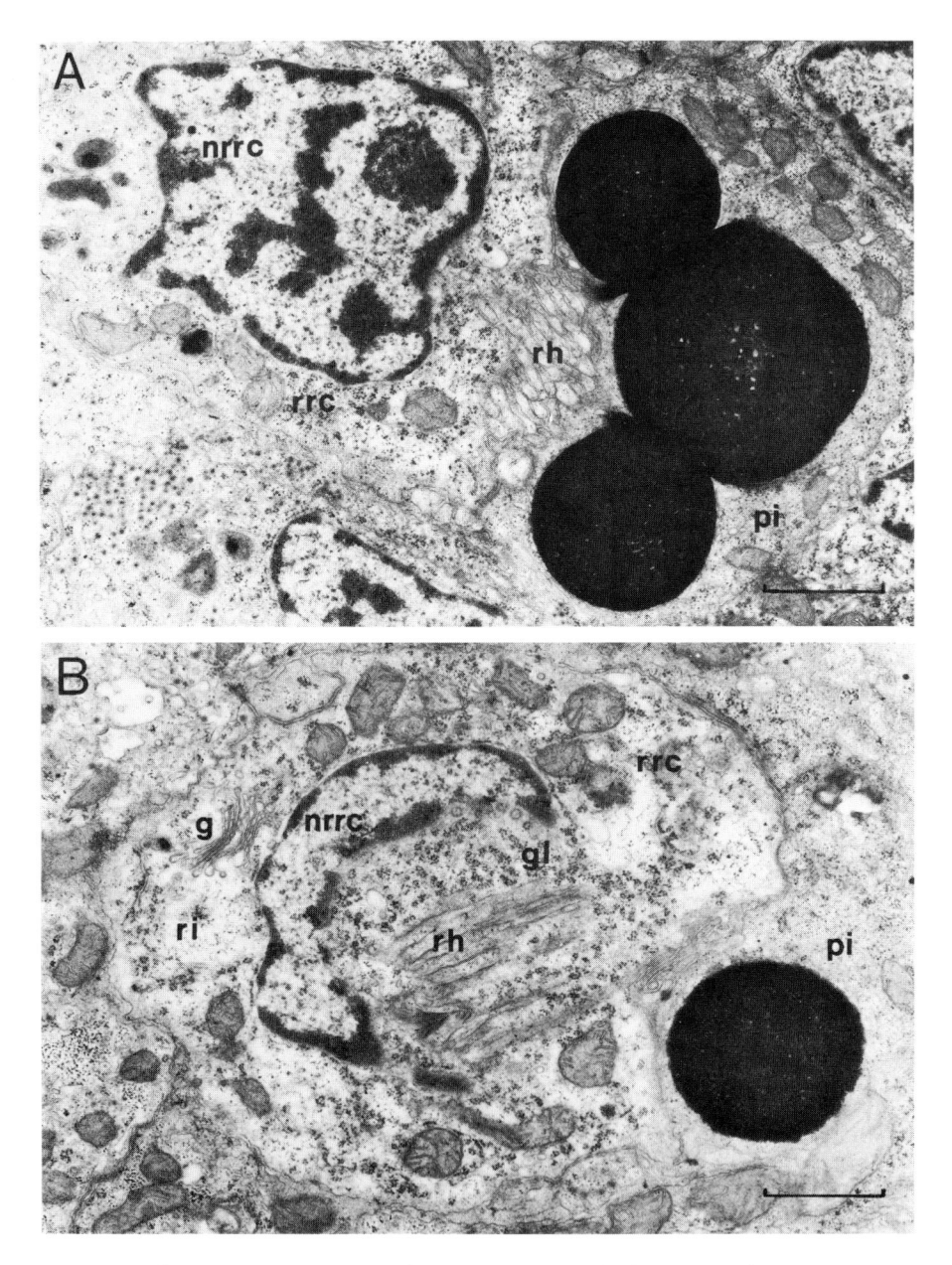

Fig. 10. A. and B. Cross-sections (approaching more and more the frontal end of the ocellus) of the ring-shaped receptor cell with its nucleus and the rhabdomeres of the median receptor cell. – Scale (A. and B.) 1 μm.

Ventral Receptor Cell

The cell body of this cell is ovoid, and in cross-sections it appears to be situated at the ventral side of the pigment cup (Fig. 7 and 8).

Only a few microvilli of this receptor cell can be found at the ventral side of the pigment cup cavity (here the cavity is in diameter 3.4 µm). The insertion of numerous microvilli is mainly prohibited by the succeeding "ring cell".

The dilatation of the ventral receptor cell is somewhat smaller than that of the two receptor cells mentioned above (length of the ventral receptor cell app. 8 µm).

Ring-shaped Receptor Cell

This cell initially projects microvilli from the dorsal side and then, increasingly, from the ventral side into the pigment cup while its cell body grows correspondingly larger (see Fig. 1, 2, 5 B, 6 B).

The ring closes ultimately after about 8.5 µm of the pigment cell's vertical dilatation towards the front (Fig. 9 A).

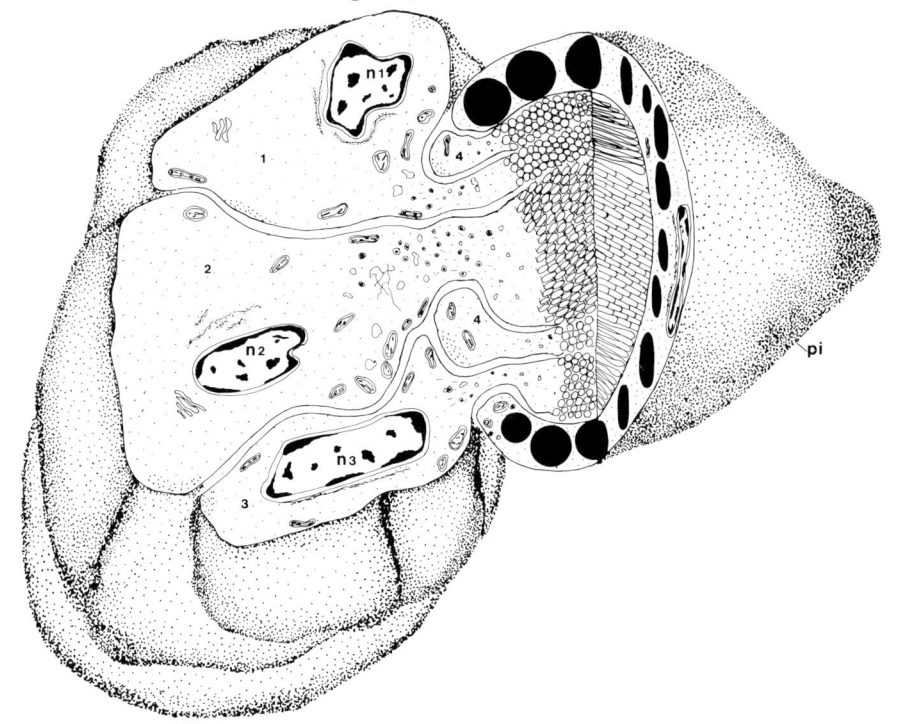

Fig. 11. Three-dimensional reconstruction of one ocellus of *Macrostomum spirale*. 1 – 4 illustrate the receptor cells (compare Abbrev. in Fig. 1, 2 and 9 A), n 1 – n 3 are the equivalent nuclei.

The ring-shaped receptor cell actually forms a half-ring or, simplified, "ring" around the pigment cup cavity.

The cell's nucleus can be distinguished towards the end of the photoreceptoral apparatus (the nucleus is app. 2.4 µm in diameter and 2.9 µm in length; see Fig. 9 B and 10 A, B).

D. Discussion

The photoreceptors of *Macrostomum spirale* with one enveloping cell, which contains pigment vesicles and which cup-like encloses the finger-shaped projections or microvilli of the photoreceptive cells, correspond to the basic morphological pattern of rhabdomeric ocelli as described in the case of the Neoophora and the Polycladida and are undoubtedly homologous to the latter. Whereas within the Polycladida and the Neoophora (with the exception of the Dugesiidae) there are only 1 – 3 receptor cells per ocellus, *M. spirale* has 4 receptor cells in each photoreceptor. The existence of four receptive cells within *M. spirale* is likely to indicate an apomorphic characteristic of this species, i. e. the stem species of the Rhabditophora possessed 1 – 3 receptor cells. Among *Macrostomum* or all the Macrostomida, i. e. the stem species of this taxon, the number of receptor cells increased to four.

On the other hand, the existence of a variable number of receptor cells from 1 – 4 also seems possible.

Electron microscopic investigations of further species of *Macrostomum* as well as of species of the Dolichomacrostomidae with pigmented photoreceptors seem to be necessary to further clarify these facts.

Microstomum, another subordinate taxon of the Macrostomida, exhibits exclusively ciliary cell differentiations as photoreceptors.

In case one postulates that rhabdomeric ocelli are one of the Rhabditophora's basic characteristics the ciliary subepidermal photoreceptors of *Microstomum lineare* constitute an autapomorphy of this species or of the Microstomidae.

Since among the Catenulida and the Acoela diverging "photoreceptors" have been found (cf. BORKOTT 1970; RUPPERT & SCHREINER 1980; YAMASU et al. 1979; Fig. 28 in YOSHIDA 1979) we favour the hypothesis that rhabdomeric photoreceptors did not evolve until the stem lineage of the Rhabditophora, and thus the stem species of the Plathelminthes did not possess rhabdomeric photoreceptors. Accordingly the rhabdomeric photoreceptors of the Rhabditophora evolved convergently to comparable differentiations within the Bilateria.

The hypothesis made by EAKIN (1982) and EAKIN & BRANDENBURGER (1981) who interpret the mixed photoreceptor type of the polyclad larvae as the transition from the ciliary to the rhabdomeric stem lineage, definitely has to be contradicted. Such an interpretation would result in the assumption that all "Protostomia"-taxa with rhabdomeric photoreceptors can be traced back to the level of the Polycladida and thus they would have to represent a subordinate taxon of the Plathelminthes.

Acknowledgements

This research was supported by the Akademie der Wissenschaften und Literatur, Mainz. We should like to thank Mrs. E. Hildenhagen-Brüggemann and Mrs. M. Olomski for technical assistance.

Zusammenfassung

Die Photorezeptoren von *Macrostomum spirale* gehören zum Typ der rhabdomerischen Pigmentbecherocellen sensu EAKIN (1972).

Sie sind paarig und liegen caudal des Gehirns.

Jeder Ocellus besteht aus einer becherförmigen Mantelzelle mit Pigmentvesikeln und vier photorezeptiven Zellen.

Die Öffnung der Pigmentbecher ist jeweils zur lateralen Körperperipherie ausgerichtet und die Zellkörper der Rezeptorzellen, deren Mikrovilli in das Pigmentbecherlumen ragen und dieses vollständig ausfüllen, liegen vor der Öffnung des Pigmentbechers.

Die beschriebenen Photorezeptoren sind den von den Neoophora und Polycladida bekannten rhabdomerischen Ocellen fraglos homolog. Sie entsprechen der für die Neoophora und Polycladida postulierten Grundorganisation der Photorezeptoren, d. h., rhabdomerische Ocellen bestehend aus einer becherförmigen Mantelzelle mit oder ohne Pigmentvesikel sowie 1–3 rhabdomerischen Rezeptorzellen.

Somit gilt die postulierte Grundorganisation der Photorezeptoren für alle Rhabditophora.

Abbreviations in Figures

cb	cell body	mrc	median receptor cell
drc	dorsal receptor cell	mv	microvilli
g	Golgi apparatus	ndrc	nucleus of the dorsal receptor cell
gl	glycogen granules	nmrc	nucleus of the median receptor cell
mi	mitochondria	np	nucleus of the pigment cell

nrrc	nucleus of the ring-shaped receptor cell	rer	rough endoplasmic reticulum
nt	neurotubules	rh	rhabdomere
nv	neurosecretory vesicles	ri	free ribosomes
nvrc	nucleus of the ventral receptor cell	rrc	ring-shaped receptor cell
ph	photo-active pigment	sd	septate junctions
pi	pigment cell	ser	smooth endoplasmic reticulum
pv	pigment vesicles	vrc	ventral receptor cell
rc	receptor cell	za	zonulae adhaerentes

References

Ax, P. (1956): Les turbellariés des étangs côtiers du littoral mediterranéen de la France méridionale. Vie et Milieu, Suppl. **5**, 1 – 215.

Bedini, C., E. Ferrero & A. Lanfranchi (1973): Fine structure of the eyes in two species of Dalyelliidae (Turbellaria, Rhabdocoela). Monitore Zool. Ital. (N. S.) **7**, 51 – 70.

Bedini, C. & A. Lanfranchi (1974): The fine structure of photoreceptors in two Otoplanid species (Turbellaria, Proseriata). Z. Morph. Tiere **77**, 175 – 186.

Borkott, H. (1970): Geschlechtliche Organisation, Fortpflanzungsverhalten und Ursachen der sexuellen Vermehrung von *Stenostomum nov. spec.* (Turbellaria, Catenulida). Z. Morph. Tiere **67**, 183 – 202.

Burt, M. & G. Bance (1981): Ultrastructure of the eye of *Urastoma cyprinae* (Turbellaria, Alloecoela). Developments in Hydrobiology (eds. Schockaert & J. R. Ball). The Hague. Boston, London, 276.

Coomans, A. (1981): Phylogenetic implications of the photoreceptor structure. Atti conv. Lincei **49**, 23 – 68.

Durand, J. & N. Gourbault (1977): Etude cytologique des organes photorécepteurs de la planaire australienne *Cura pinguis*. Can. J. Zool. **55**, 381 – 390.

Eakin, R. M. (1972): Structure of invertebrate photoreceptors. Handbook of sensory physiology **VII/1** (ed. H. J. A. Dartmoll). Springer, Berlin, 647 – 653.

– (1982): Continuity and diversity in photoreceptors. Visual cells in evolution (ed. J. E. Westfall). New York, 91 – 105.

Eakin, R. M. & J. L. Brandenburger (1981): The structure of the eyes of *Pseudoceros canadensis* (Turbellaria, Polycladida). Zoomorphology **98**, 1 – 16.

Ehlers, U. (1985): Das phylogenetische System der Plathelminthes. Fischer Verlag. Stuttgart, New York.

Fournier, A. (1984): Photoreceptors and photosensitivity in Platyhelminthes. Photoreception and vision in invertebrates (ed. M. A. Ali). Plenum Press. New York, 217 – 239.

Kearn, G. (1978): Eyes with, and without, pigment shields in the oncomiracidium of the monogenean parasite *Diplozoon paradoxum*. Z. Parasitenk. **157**, 35 – 47.

Lacalli, T. C. (1983): The brain and central nervous system of Müller's larva. Can. J. Zool. **61**, 39 – 51.

Lanfranchi, A., C. Bedini & E. Ferrero (1981): The ultrastructure of the eyes in larval and adult polyclads. Developments in Hydrobiology "The Biology of the Turbellaria" (eds. E. R. Schockaert & J. R. Ball). Boston, London, 267 – 275.

Palmberg, I., M. Reuter & M. Wikgren (1980): Ultrastructure of epidermal eyespots of *Microstomum lineare* (Turbellaria, Macrostomida). Cell Tiss. Res. **210**, 21 – 32.

Ruppert, E. (1978): A review of metamorphosis of turbellarian larvae. Settlement and metamorphosis of marine invertebrate larvae (eds. F. S. Chia & M. Rice). Elsevier, New York, 65 – 81.

Ruppert, E. & St. Schreiner (1980): Ultrastructure and potential significance of cerebral light-refracting bodies of *Stenostomum virginianum* (Turbellaria, Catenulida). Zoomorphology **96**, 21 – 31.

SOPOTT-EHLERS, B. (1982): Ultrastruktur potentiell photoreceptorischer Zellen unterschiedlicher Organisation bei einem Proseriat (Plathelminthes). Zoomorphology 101, 165 – 175.
– (1984): Feinstruktur pigmentierter und unpigmentierter Photoreceptoren bei Proseriata (Plathelminthes). Zool. Scr. 13, 9 – 17.
– (1986): Die Feinstruktur der Sehkolben und der Lamellarkörper von *Parotoplana capitata* (Plathelminthes, Proseriata). Zoomorphology 106, 44 – 48.
UHLIG, G. (1973): The quantitative separation of meiofauna. Helgoländer wiss. Meeresunters. 25, 173 – 195.
VANFLETEREN, J. R. (1982): A monophyletic line of evolution? Ciliary induced photoreceptor membranes. Visual cells in evolution (ed. J. A. Westfall). New York, 107 – 136.
VAN DE ROEMER, A. & W. HAAS (1984): Fine structure of a lens-covered photoreceptor in the cercaria of *Trichobilharzia ocellata.* Z. Parasitenk. 70, 391 – 394.
YAMASU, T., J. ICHIMIYA & T. KANDA (1979): The structure and function of the ocelli of an acoel flatworm. Photomedicine, Photobiology 1, 141 – 142.
YOSHIDA, M. (1979): "Extraocular Photoreception". Handbook of sensory physiology VII/6 a, Vision in invertebrates (ed. H. Autrum). Springer, Berlin, 581 – 640.

Tamara Kunert and *Dr. Ulrich Ehlers*
II. Zoologisches Institut und Museum der Universität Göttingen
Berliner Straße 28, 3400 Göttingen

Ultrastruktur des Photorezeptors der Trochophora von *Anaitides mucosa* Oersted (Phyllodocidae, Annelida)

Thomas Bartolomaeus

Inhaltsverzeichnis

Abstract	411
A. Einleitung	412
B. Material und Methoden	412
C. Ergebnis	412
D. Diskussion	416
Zusammenfassung	417
Abkürzungen	417
Literatur	417

Ultrastructure of the Photoreceptor of the Trochophore of *Anaitides mucosa* Oersted (Phyllodocidae, Annelida)

Abstract

The paired red pigmented eye-spots of the trochophore of *Anaitides mucosa* are investigated on the ultrastructural level. The ocelli are of the inverted type, each of them composed of one cup-shaped pigmented cell and one sensory cell, both connected by septate junctions. The sensory cell is rhabdomeric, but possesses a single short cilium with a $9 \times 2 + 0$ axoneme, an accessory centriole and a long striated rootlet. Some of the rhabdomeres form lamellate bodies. One pair of pigmented cup ocelli with one pigmented cell and one monociliated rhabdomeric sensory cell is considered to represent the ground pattern of eyes in the trochophore of the last common stem species of the annelids.

A. Einleitung

Die Photorezeptoren der Polychaeten sind mehrfach Gegenstand intensiver elektronenoptischer Untersuchungen gewesen (Lit. s. VANFLETEREN 1982). Vergleichsweise wenig Beachtung haben dabei die Pigmentbecherocellen der Trochophora-Larven gefunden (BRANDENBURGER & EAKIN 1981; EAKIN & WESTFALL 1964; HOLBOROW & LAVERACK 1972).

Die Ultrastrukturanalyse des Photorezeptorenpaares der Trochophora des Phyllodociden *Anaitides mucosa* erlaubt im Vergleich mit diesen Befunden Aussagen über das Grundmuster der Augen der Trochophora-Larven.

B. Material und Methoden

Im April 1985 wurden Laichbeeren von *Anaitides mucosa*, Oersted 1843 im Sandwatt nördlich des Lister Hakens gesammelt und im Labor bis zu Schlüpfen der Trochophora-Larven gehältert. Diese wurden in 2,5 % Glutaraldehyd in 0,1 M Natriumcacodylat-Puffer (pH 7,2) 2 h lang bei 4 °C fixiert. Mehrmaligem Waschen mit demselben Puffer folgte die Nachfixierung in 0,1 M Natriumcacodylat gepufferter 1 % OsO_4-Lösung 1 h bei 4 °C und die anschließende Entwässerung in der aufsteigenden Ethanol-Reihe mit einer am Block Kontrastierung in alkoholischer Uranylacetat-Lösung, sowie das Einbetten in Araldit. Die Untersuchung der im Ultramikrotom (Reichert Ultracut) angefertigten 75 nm dünnen Schnitte erfolgte nach einer Bleikontrastierung in den Elektronenmikroskopen ZEISS EM 9 und EM 10 B.

C. Ergebnis

Die Trochophora von *Anaitides mucosa* besitzt 1 Paar im Lichtmikroskop als rote Pigmentflecken erkennbare Photorezeptoren. Sie liegen unterhalb des apikalen Sinnespols zwischen den Zellen des Intestinums und der Epidermis. Jedes Lichtsinnesorgan besteht aus einer Rezeptorzelle und einer becherförmigen Pigmentzelle (Abb. 1 A).

Die Zellmembran der Rezeptorzelle ist apikal zu zahlreichen Mikrovilli, Rhabdomere sensu Eakin (1972), ausgezogen, die büschelartig in alle Richtungen streben. Dadurch entsteht ein die Zelle apikal bedeckendes Mikrovilli-Polster, über das sich die Pigmentzelle stülpt; das Auge ist invers (Abb. 1 B; 2 A, C).

Vereinzelte Mikrovilli zeigen lamellär aufgerollte Membranen (Abb. 2 A). Im

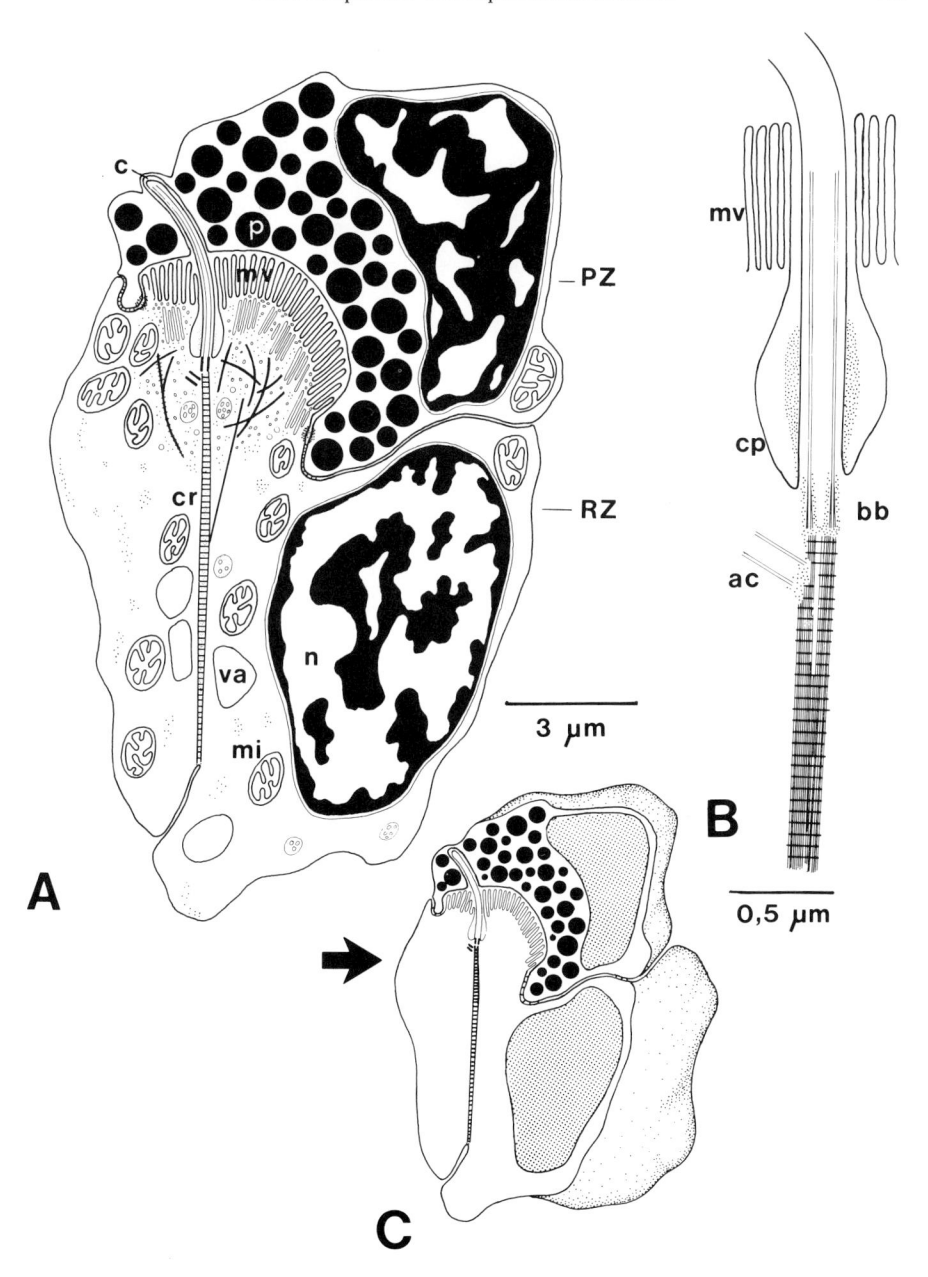

Abb. 1. A. Rekonstruierter Längsschnitt durch den Photorezeptor. B. Rekonstruktion des ciliären Basalapparates. C. Schema zur räumlichen Orientierung des Photorezeptors. Der Pfeil markiert die Richtung des Lichteinfalls.

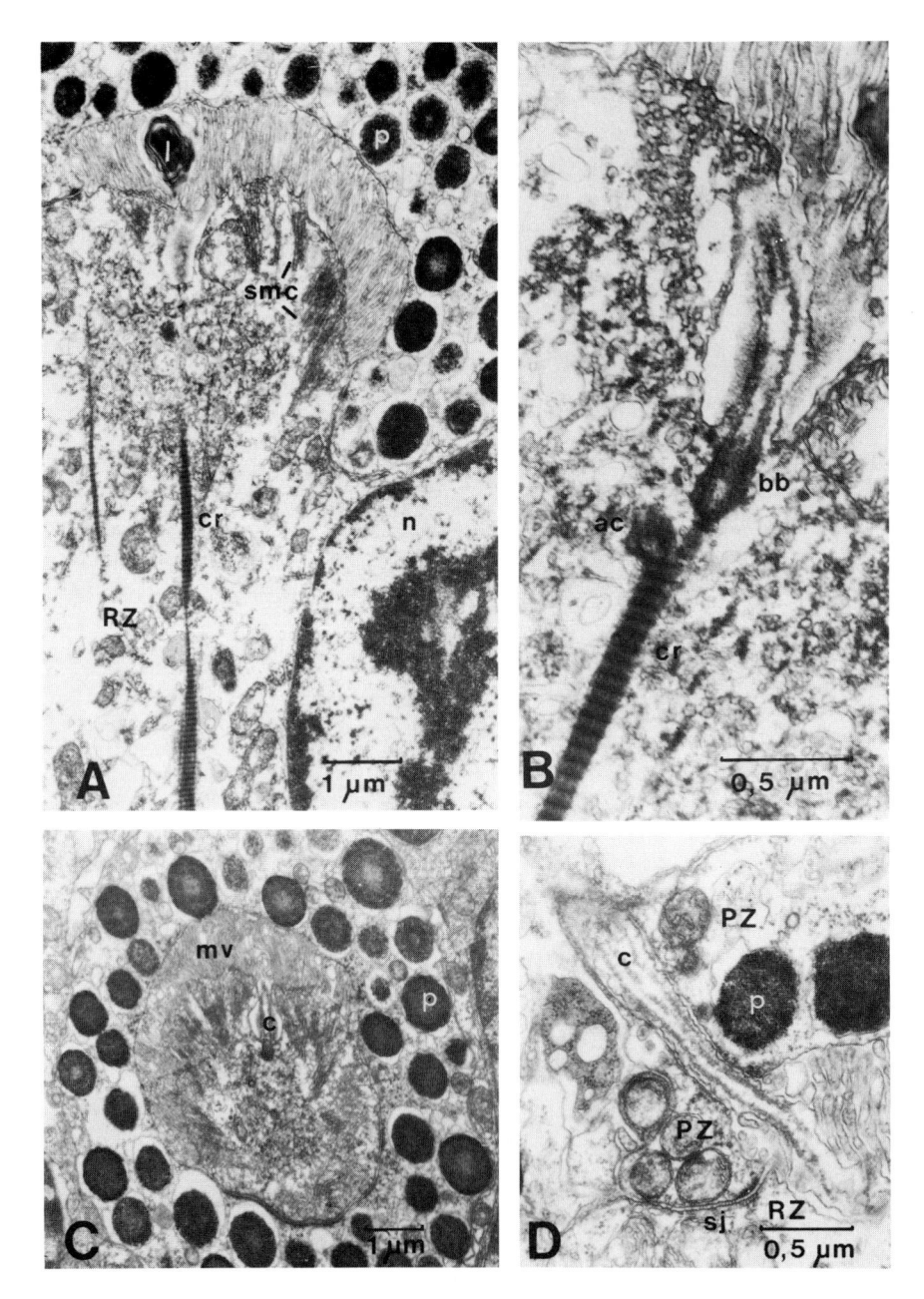

Abb. 2. A. Längsschnitt durch den Photorezeptor. B. Längsschnitt durch den ciliären Basalapparat. C. Tangentialschnitt durch den Apikalbereich der Rezeptorzelle. D. Längsschnitt durch das Cilium der Rezeptorzelle im Bereich der Pigmentzelle.

elektronenoptischen Bild sind daher im Bereich der Rhabdomeren stets mehr oder weniger umfangreiche lamelläre Strukturen zu finden.

Eine weitere Differenzierung der apikalen Zellmembran stellt ein einzelnes, kurzes Cilium mit einem 9 × 2 + 0 Axonem dar. Das Cilium erhebt sich aus einer flaschenförmigen Ciliengrube über die Rhabdomere hinaus und stößt in die Pigmentzelle, durchbricht sie jedoch nicht. Die Pigmentzelle ummantelt das Cilium und schließt es gegen den Extracellularraum durch Septat-Desmosomen ab (Abb. 1 B; 2 D).

Proximal setzt sich das Axonem im Basalkörper fort, eine Basalplatte fehlt. Ein akzessorisches Centriol liegt im 35° Winkel zum Basalkörper. Von letzterem zieht eine deutlich quergestreifte Cilienwurzel in Längsrichtung durch die Rezeptorzelle und steht mit einer Einsenkung der Zellmembran in Verbindung (Abb. 1 B, C; 2 A, B).

Im apikalen Drittel der Rezeptorzelle befindet sich elektronendicht kontrastierbares Cytoplasma mit zahlreichen Organellen, wie Mitochondrien des Cristae-Typs, multivesiculären Körpern und in Längsrichtung zu den Rhabdomeren orientierte submikrovilläre Cisternen. In diesem Teil der Zelle liegen zahlreiche, scheinbar regellos angeordnete fibrilläre Elemente, die teilweise eine der Cilienwurzel entsprechende Querstreifung zeigen und mit dieser in Verbindung stehen.

Im übrigen Cytoplasma der Zelle befinden sich vereinzelt Mitochondrien, kleine Vesikel und Vakuolen. Der große Kern liegt lateral der durch den Verlauf der Cilienwurzel gekennzeichneten Längsachse in einer Ausbuchtung der Zelle (Abb. 1 B; 2 A).

Die Pigmentzelle umgibt ausschließlich den lichtperzipierenden Bereich der Rezeptorzelle, ihre Gestalt ist daher becherförmig. Der Nucleus liegt lateral in gleicher Ebene mit dem der Rezeptorzelle. Das Cytoplasma der Pigmentzelle ist bis auf einen schmalen Bereich um den Kern, der vereinzelt Mitochondrien

Tabelle 1: Metrische Angaben zur Pigmentzelle und zur Rezeptorzelle in Mikrometern

	Länge	Breite	Tiefe	Durchmesser
Pigmentzelle	6,5	9,5	8,2	–
Kern	3,8	2–6	7,5	–
Rezeptorzelle	13,7	9,7	9,9	–
Kern	8	4,5	8,2	–
Rhabdomer	0,85	–	–	40–50 nm
Cilium	4	–	–	250 nm
Ciliengrube	1,1	–	–	300–600 nm
Cilienwurzel	8,7	–	–	–

enthält, mit elektronendicht kontrastierbaren Pigmentvesikeln durchsetzt. Rezeptorzelle und Pigmentzelle stehen durch Septatdesmosomen in Verbindung (Abb. 1 B; 2 A, D).
Alle metrischen Angaben sind in Tabelle 1 zusammengestellt.

D. Diskussion

Trochophoa-Larven von Anneliden sind bisher nur bei *Neanthes succinea* (EAKIN & WESTFALL, 1964), *Harmothoë imbricata* (HOLBOROW & LAVERACK, 1972) und *Polygordius appendiculatus* (BRANDENBURGER & EAKIN, 1981) mit folgendem Ergebnis untersucht worden:

N. succinea: invers, 1 Pigmentzelle, 1 Rezeptorzelle
                        (rhabdomerisch mit Centriol und
                        Cilienwurzel)
H. imbricata: invers, 1 Pigmentzelle, 1 – 2 Rezeptorzellen
                        (rhabdomerisch)
P. appendiculatus: invers, 2 Pigmentzellen, 1 Rezeptorzelle
                        (rhabdomerisch mit rud. Cilium und
                        Cilienwurzel)

Interessant erscheint in diesem Zusammenhang, daß die Augen der adulten *Saccocirrus* und *Protodrilus* ebenfalls inverse, zweizellige rhabdomerische Pigmentbecherocellen besitzen (EAKIN et al., 1977).

Die larvalen Lichtsinnesorgane können während der Entwicklung zum Adultus degenerieren (HOLBOROW & LAVERACK 1972; VANFLETEREN 1982). Völlig unabhängig davon und ohne in die laufende Diskussion um die Evolution der Photorezeptoren einzugreifen (EAKIN 1982 versus VANFLETEREN & COOMANS 1976 und VANFLETEREN 1982), läßt sich folgende Aussage treffen: Für das Grundmuster (sensu AX 1984, s. 156 f.) der Augen der Trochophora der letzten gemeinsamen Stammart der Anneliden sind 1 Paar zweizelliger, inverser Pigmentbecherocellen mit einer rhabdomerischen Rezeptorzelle mit einem rudimentären Cilium ($9 \times 2 + 0$ Axonem), einem akzessorischen Centriol und einer Cilienwurzel zu postulieren. Vermehrungen der Anzahl von Pigmentzellen oder Rezeptorzellen sind dabei abgeleitete Zustände innerhalb der Anneliden.

Für die Trochophora der Polyplacophore *Katharina tunicata* wurden Lichtsinnesorgane mit mehreren Pigmentzellen und einer rhabdomerischen Rezeptorzelle mit einem Cilium beschrieben (VANFLETEREN 1982).

Es ist nun zu prüfen, inwieweit Übereinstimmungen mit dem für das Grundmuster der Anneliden-Trochophora postulierte Photorezeptor auch bei den Trochophora-Larven anderer Taxa gegeben sind.

Zusammenfassung

Die paarigen rot pigmentierten Augenflecken der Trochophora von *Anaitides mucosa* werden ultrastrukturell untersucht. Die Augen sind invers, jedes besteht aus einer becherförmigen Pigmentzelle und einer Rezeptorzelle. Die rhabdomerische Rezeptorzelle besitzt ein kurzes Cilium mit einem $9 \times 2 + 0$ Axonem, einem akzessorischen Centriol und einer langen, gestreiften Cilienwurzel. Einige der Rhabdomeren bilden Lamellarkörper. Für das Grundmuster der Anneliden-Trochophora wird 1 Paar zweizelliger Pigmentbecherocellen mit einer monociliären, rhabdomerischen Rezeptorzelle postuliert.

Abkürzungen

ac	akzessorisches Centriol	n	Zellkern
bb	Basalkörper	p	Pigmentvesikel
c	Cilium	PZ	Pigmentzelle
cp	Ciliengrube	RZ	Rezeptorzelle
cr	Cilienwurzel	sj	Septat-Desmosomen
l	lamellärer Körper	smc	submikrovilläre Zisternen
mv	Mikrovilli	v	Vesikel
mi	Mitochondrien	va	Vakuolen

Literatur

Ax, P. (1984): Das phylogenetische System. Systematisierung der lebenden Natur aufgrund ihrer Phylogenese. Gustav Fischer Verlag. Stuttgart, New York. 349 Seiten.

Brandenburger, J. L. & R. M. Eakin (1981): Fine structure of ocelli in the larvae of an archiannelid, *Polygordius cf. appendiculatus*. Zoomorphology 99, 23 – 36.

Eakin, R. M. (1972): Structure of invertebrate photoreceptors. In: Dartnall, H. J. A. (ed.): Handbook of sensory physiology VII/2. Springer Verlag, Berlin, Heidelberg, New York. Seite 626 – 648.

– (1982): Continuity and diversity in photoreceptors. In: Westphal, J. A. (ed.): Visual cells in evolution. Raven Press, New York, Seite 91 – 105.

Eakin, R. M., G. G. Martin & C. T. Reed (1977): Evolutionary significance of fine structure of archiannelid eyes. Zoomorphology 88, 1 – 18.

Eakin, R. M. & J. A. Westfall (1964): Further observations on the fine structure of some invertebrate eyes. Z. Zellforsch. Mikrosk. Anat. 62, 310 – 332.

Holborow, P. L. & M. S. Laverack (1972): Presumptive photoreceptor structures of the trochophore of *Harmathoë imbricata* (Polychaeta). Mar. Behav. Physiol. 1, 139 – 156.

VANFLETEREN, J. R. (1982): A monophyletic line of evolution? Ciliary induced photoreceptor membranes. In: WESTFALL, J. A. (ed.): Visual cells in evolution. Raven Press, New York, Seite 107–136.

VANFLETEREN, J. R. & A. COOMANS (1976): Photoreceptor evolution and phylogeny. Z. zool. Syst. Evolut.-forsch. **14**, 157–169.

Dipl.-Biol. Thomas Bartolomaeus,
II. Zoologisches Institut und Museum der Universität Göttingen
Berliner Straße 28, D-3400 Göttingen

Ultrastructure of the Protonephridia in *Dactylopodola baltica* and *Mesodasys laticaudatus* (Macrodasyida): Implications for the Ground Pattern of the Gastrotricha

Birger Neuhaus

Contents

Abstract	419
A. Introduction	420
B. Material and Methods	420
C. Results	421
Dactylopodola baltica (Remane, 1926)	421
Mesodasys laticaudatus Remane, 1951	427
D. Discussion	431
Comparison within the Gastrotricha	431
Comparison with other taxa of the Bilateria	432
Protonephridial structure in the ground pattern of the Gastrotricha	434
Acknowledgements	435
Zusammenfassung	435
Abbreviations	436
References	436

Abstract

The ultrastructure of the excretory system of *Dactylopodola baltica* and *Mesodasys laticaudatus* (Gastrotricha, Macrodasyida) is described. *D. baltica* possesses 2 pairs of protonephridia, *M. laticaudatus* 11 pairs. Each protonephridium consists of a terminal cell, a canal cell and a nephroporus cell. Generally, these cells exhibit only one cilium, an accessory centriole and one ciliary rootlet. However, there is no rootlet in the terminal cell of *D. baltica* and no cilium in the nephroporus cell of *M. laticaudatus*. A slashed cytoplasmic wall of the terminal cell constitutes the filter. The 8 circumciliary microvilli of the terminal cell are connected by a fibrillous network.

A comparison of the excretorial and the epidermal cells indicates that the protonephridia evolved only once from ectodermal cells in the stem lineage of the Bilateria. The excretory system is discussed within the Gastrotricha and compared with other taxa of the Bilateria in order to characterize the protonephridia in the ground pattern of the Gastrotricha.

A. Introduction

Traditionally the Gastrotricha are divided into the Chaetonotida and the Macrodasyida. Protonephridia in the Chaetonotida were investigated in the last century (cf. REMANE 1936 for references), whereas excretory organs in the Macrodasyida were discovered only twenty years ago (WILKE 1954; SCHROM 1966; TEUCHERT 1967; RIEGER et al. 1974; SCHOEPFER-STERRER 1974).

First electronmicroscopical analyses yielded some important results of the ultrastructure of the protonephridia in one species of the Chaetonotida and the Macrodasyida, respectively (BRANDENBURG 1962; TEUCHERT 1973). Until today, there exists no complete reconstruction of the protonephridial system of any gastrotrich.

In order to obtain the protonephridial features in the ground pattern of the Gastrotricha two Macrodasyida with monociliated epidermal cells were investigated. A comparison of the excretory organs with epidermal cells may give hints as to the origin of the protonephridia.

B. Material and Methods

Dactylopodola baltica (Remane, 1926) and *Mesodasys laticaudatus* Remane, 1951 were collected at an intertidal beach near the littoral station of the Biologische Anstalt Helgoland at List/Sylt. The specimen were extracted with the modified seawater-ice method according to UHLIG (1964) and fixed in 2.5 % glutaraldehyde in 0.1 M sodium cacodylate buffer (pH 7.2) at 4 °C for 1.5 h. They were postfixed in 1 % OsO_4 in the same buffer at 4 °C for 1 h. The material was dehydrated in an acetone series, embedded in Araldite and sectioned with diamond knives. Sections were stained with uranyl acetate and Reynold's lead citrate and examined in a Zeiss EM 10 B.

Seven protonephridia of one adult *M. laticaudatus* and four organs of one juvenile *D. baltica* (body length about 250 µm) were studied.

C. Results

Dactylopodola baltica

Juvenile *D. baltica* possess two pairs of protonephridia each composed of a terminal cell, a canal cell and a nephroporus cell (Fig. 1 A, B). The excretory organs are situated outside the basallamina within the epidermis (Fig. 3 A). They terminate beneath the cuticle. Septate junctions connect the protonephridial cells and the nephroporus cell with the neighbouring epidermal cells (Fig. 2 A – E).

Terminal cell. The terminal cell is compressed laterally (2.2 µm × 7.3 µm in cross-section). The distal protrusion envelops a similar protrusion of the canal cell (Fig. 4 C).

The only cilium of the terminal cell arises from a ciliary pit in the cytoplasmic cap. An accessory centriole is situated perpendicularly to the basal body, to which microtubules are attached (Fig. 3 B, C). There are no ciliary rootlets. Eight microvilli (Ø: 45 – 60 nm) bearing filaments surround the cilium and protrude into the canal cell. The microvilli are connected by a weakly developed network of fine fibrils (Fig. 4 A, B) like in epidermal cells of *D. baltica* (Fig. 5 D).

The filter consists of a 25 – 45 nm thick cytoplasmic wall of the terminal cell with 15 – 23 nm wide slit-like openings. A filterdiaphragma and a basallamina are not present. Electron-dense material partially fills the extracellular cavity (Fig. 4 B).

The nucleus, the dictyosome and different types of vesicles (Ø: 0.3 – 2 µm; Ø: 70 – 140 nm) are located laterally to the filter. Between the filter and the cell surface series of coated vesicles (Ø: 60 – 230 nm) can be found, forming "vesicle tracks". These vesicles merge with the plasma membrane of the filter and the cell body, thus indicating transcytosis (Fig. 3 A, C; 4 A).

Canal cell. Distally the flattened monociliated canal cell (1.5 µm × 3.9 µm) contains the elongated part of the nephroporus cell (Fig. 5 A). In the anterior protonephridia the canal cell surrounds the nephridial cavity. The resulting cleft is sealed by septate junctions (Fig. 2 D; 4 D). A similar construction is reported for the protonephridia of other Gastrotricha, Plathelminthes and Polychaeta (BRANDENBURG 1970; EBRAHIMZADEH & KRAFT 1971; EHLERS 1985, 1986; GALLAGHER & THREADGOLD 1967; KRUPA et al. 1969; PAN 1980; PANTELOURIS & THREADGOLD 1963; RIEGER et al. 1974; RUPPERT & TRAVIS 1983; TEUCHERT 1973; WESTHEIDE 1986; WILSON 1969). The junctions presumably develop during the ontogenesis of the protonephridia. Sometimes the junctions are reduced and the plasma membranes merge with each other, which probably happened in the posterior protonephridia of *D. baltica*.

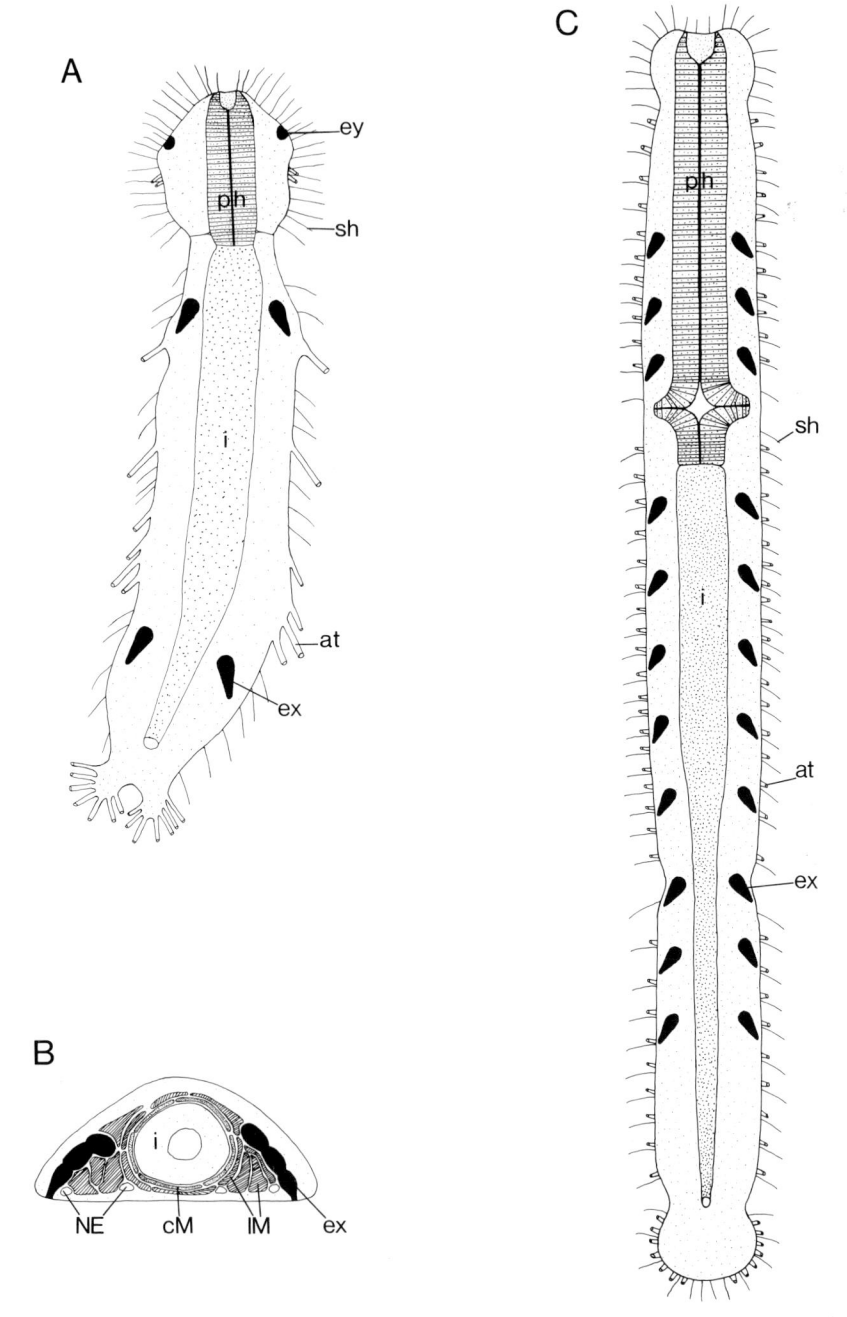

Fig. 1. Arrangement of the protonephridia. A. + B. *D. baltica* (body length ca. 250 μm), in B cross-section. C. *M. laticaudatus* (body length ca. 1 mm).

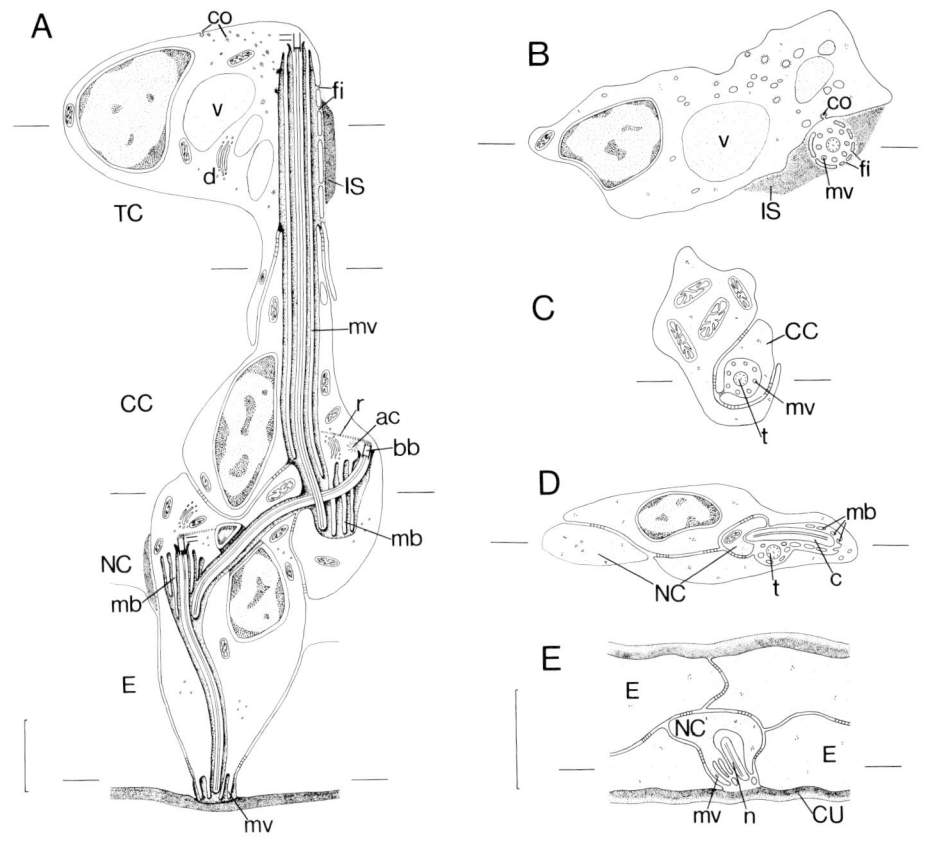

Fig. 2. *D. baltica*, reconstruction of a protonephridium. A. Longitudinal section. B. – E. Cross-sections. Bars indicate sectional planes. All scales 2 μm, scale bar in E counts for B – E.

Filaments lie close to the nephridial canal. Near the ciliary pit the cavity enlarges and a bundle of far more than eight microvilli projects into the lumen. In contrast to the cilium of the terminal cell the 8 microvilli of the terminal cell do not protrude into the bundle (Fig. 5 A).

The cilium of the canal cell passes diagonally through the cell. A ciliary pit and an accessory centriole are developed. A single transversely striated rootlet (periodicity 60 nm, length 1.4 μm) and microtubules originate at the basal body. The nucleus, the dictyosome and some small vesicles (∅: 30 – 70 nm) lie near the bundle of microvilli.

Nephroporus cell. The nephroporus cell (1.5 μm × 3.7 μm) tapers off towards the nephroporus (0.6 μm × 1.9 μm). The cilium of the canal cell projects into the bundle of microvilli of the nephroporus cell. The single cilium

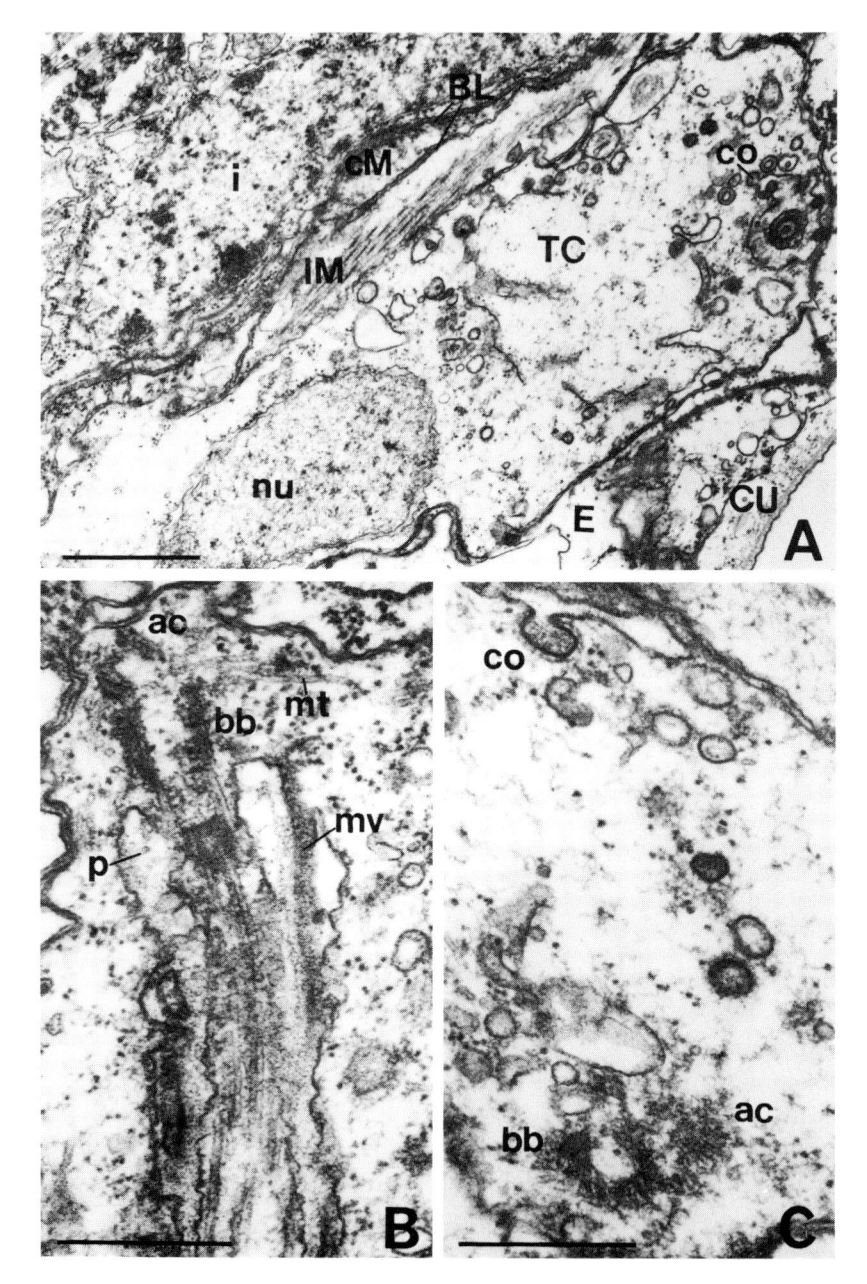

Fig. 3. *D. baltica*, terminal cell. A. Position of the terminal cell within the epidermis, longitudinal section. B. Basal body and accessory centriole. Notice microtubules. C. Basal body and accessory centriole. Notice coated vesicle merging with the plasma membrane. Scale in A 1 μm, in B + C 0.4 μm.

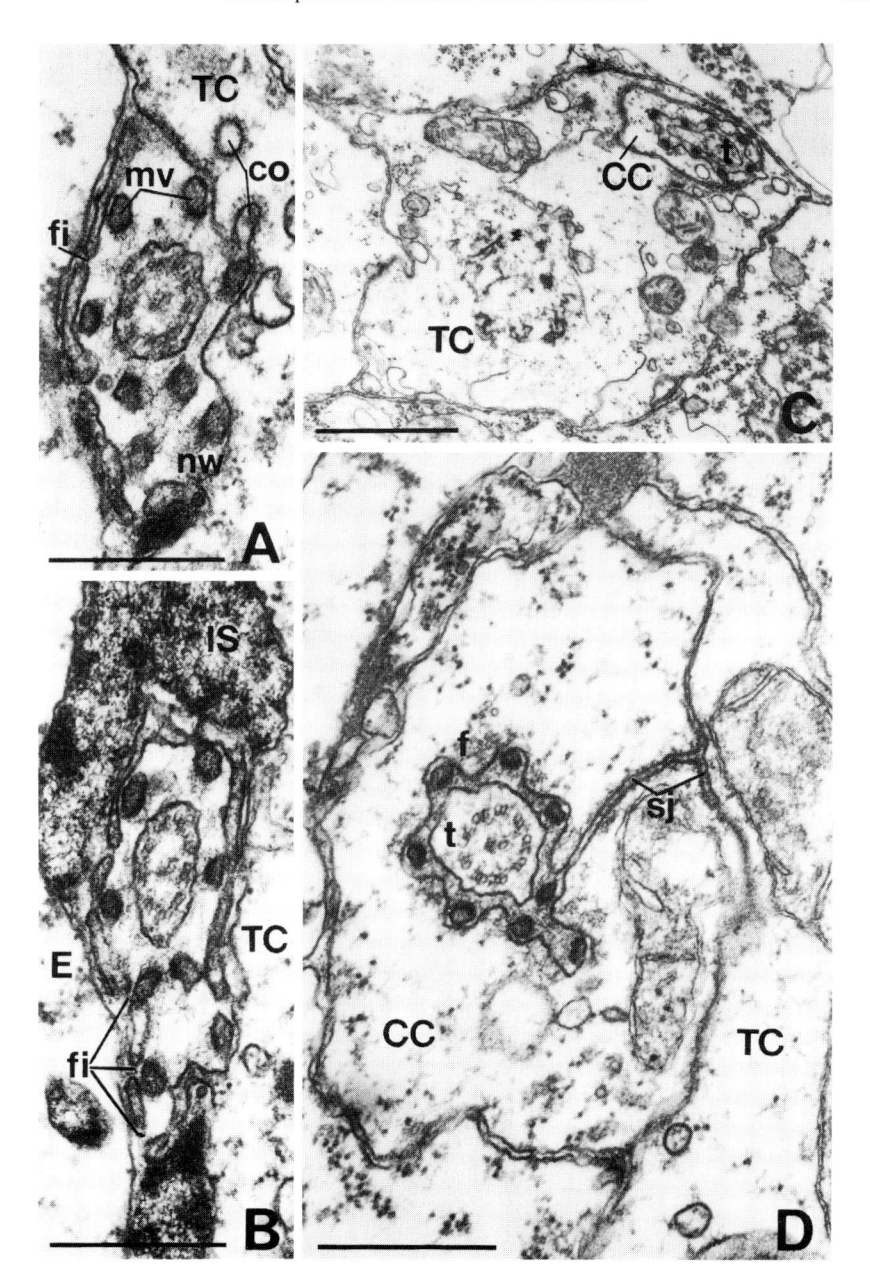

Fig. 4. *D. baltica.* A. + B. Cross-sectioned filter. C. + D. Distal part of the terminal cell envelops the protrusion of the canal cell. Septate junctions seal the cleft of the canal cell in D. Scale in A, B, D 0.4 µm, in C 1 µm.

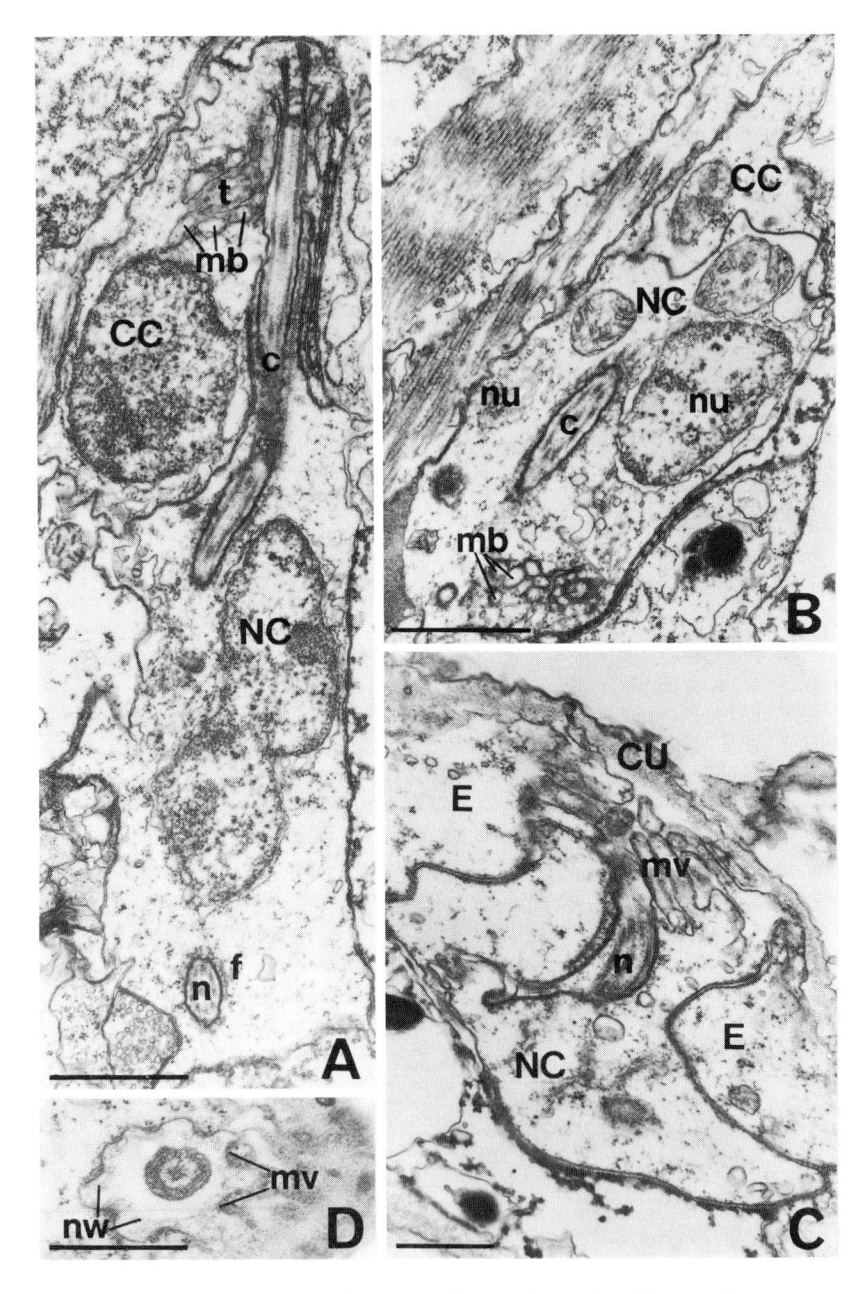

Fig. 5. *D. baltica.* A. Canal cell and nephroporus cell. B. Nephroporus cell. C. Nephroporus covered with cuticle. D. Cross-sectioned ciliary pit of an epidermal cell with locomotory cilium. Notice network between microvilli. Scale in A – C 1 μm, in D 0.5 μm.

of the latter arises from a ciliary pit in the periphery of the bundle of microvilli (Fig. 5 B). A transversely striated rootlet (periodicity 60 nm, length 0.9 μm) and microtubules are attached to the basal body. The cilium passes through a narrow canal towards the ventral body side without penetrating the cuticle. Microvilli that do not perforate the cuticle either constitute the very distal part of the nephroporus cell (Fig. 5 C).

The polymorphous nucleus is deeply indented (Fig. 5 B). A dictyosome and small vesicles (Ø: 50 – 100 nm) are placed nearby.

Mesodasys laticaudatus

In adult *M. laticaudatus* three pairs of protonephridia are found anterior to the pharyngeal pores. The remaining excretory organs lie in the trunk at a distance of 15 – 100 μm from one another (Fig. 1 C). Position, cytology and ultrastructure of the protonephridia agree to a large extent with the conditions described for *D. baltica* (Fig. 6 A – F). In the following only the differences are noted.

Terminal cell. The terminal cell is 3.4 μm × 5 μm in diameter. The cilium originates either in the centre or at the very distal end of the cell. There exists one transversely striated ciliary rootlet (periodicity 60 nm, length 0.9 – 1.2 μm) (Fig. 7 B). In cross-section the 8 microvilli are oval (50 nm × 170 nm). They bear electron-dense filaments at the narrow side facing the cilium. Distally the 8 microvilli are sometimes connected again with the cell by cytoplasmic bridges. A variety of additional (up to 12) microvilli without filaments can be developed (Fig. 7 A). In contrast to the 8 circumciliary microvilli these cell protrusions never project into the canal cell.

The filter is directed towards the gut. A 80 nm thick cytoplasmic wall with 25 – 75 nm wide slits builds up the filter. There are large cavities (0.5 – 3.3 μm wide) in the cytoplasmic cap linked by occasionally only 20 nm wide canals (Fig. 7 A).

The polymorphous nucleus, a secondary lysosome (Ø: 1.1 μm), smooth vesicles (Ø: 60 – 120 nm) and some coated vesicles (Ø: 60 – 110 nm) are located near the filter.

Canal cell. Elongated protrusions of the large (5 μm × 6 μm) canal cell extend into both the terminal cell and the nephroporus cell. Sheath-like extensions of an epidermal cell sometimes surround the projections of the canal cell (Fig. 7 C).

Microtubules are found along the entire length of the nephridial canal (Fig. 7 C; 8 A). Numerous coated vesicles (Ø: 60 – 250 nm) merge with the plasma

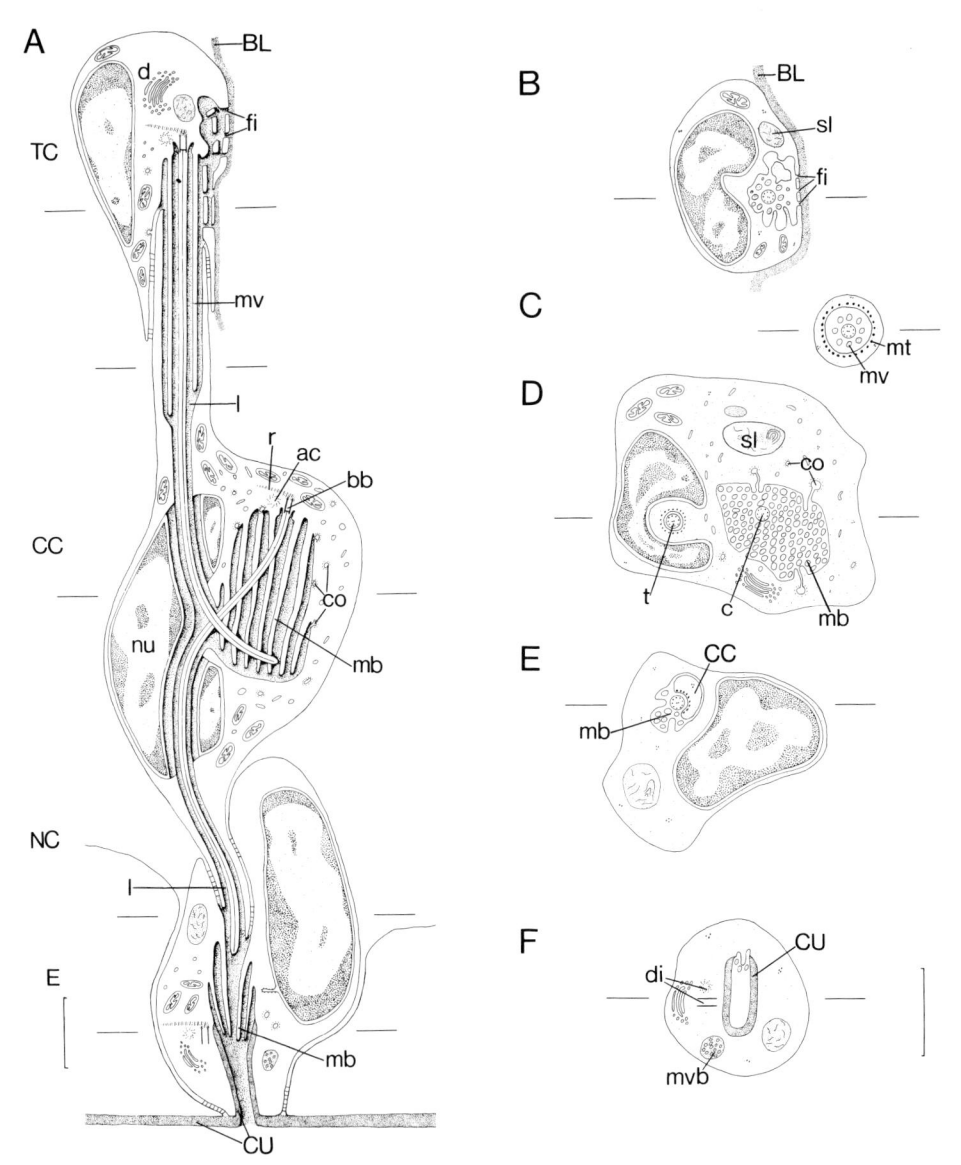

Fig. 6. *M. laticaudatus*, reconstruction of the protonephridium. A. Longitudinal section. B. – F. Cross-section. Bars indicate sectional plane. All scales 2 μm, scale bar in F counts for B – F.

membrane of the large bundle of microvilli (2 μm × 2.4 μm in cross-sections), thus indicating reabsorption (Fig. 8 A). Distally of the bundle there are smooth vesicles of the same size and an irregularly shaped secondary lysosome (1.6 – 3.1 μm).

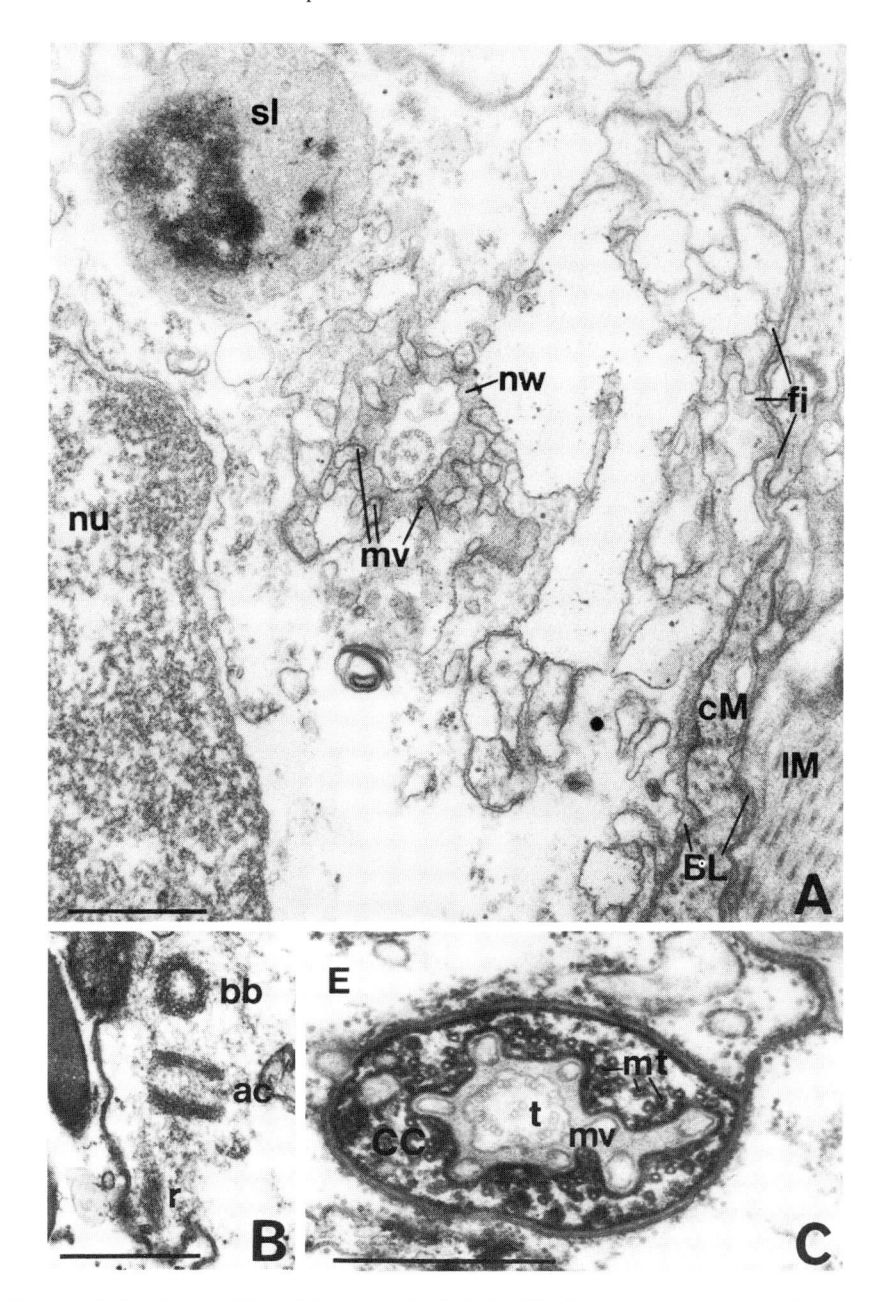

Fig. 7. *M. laticaudatus.* A. Filter of the terminal cell. B. Basal body, accessory centriole and rootlet of the terminal cell. C. Epidermal cell envelops the protrusion of the canal cell. All scales 0.5 μm.

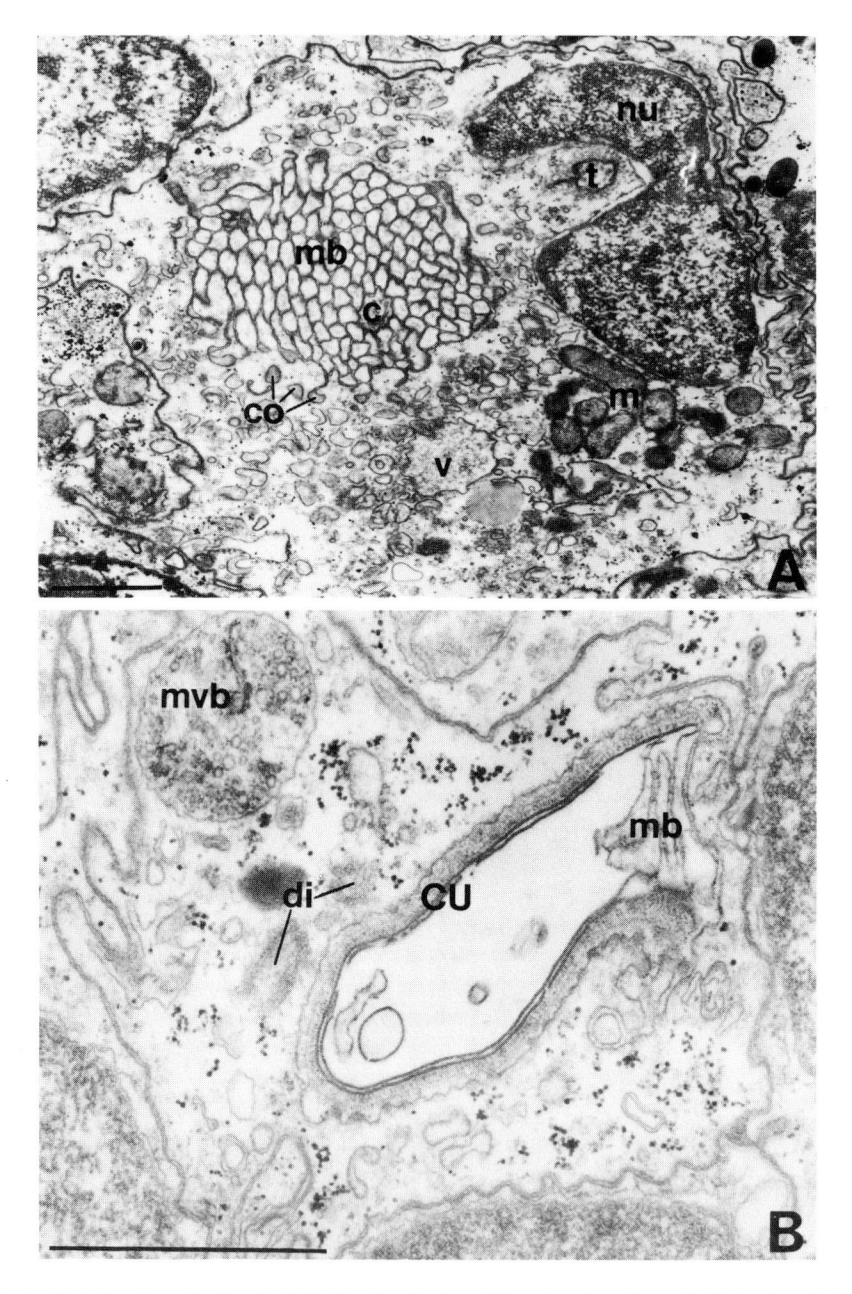

Fig. 8. *M. laticaudatus*. A. Canal cell. B. Bundle of microvilli projects into the cuticularized nephridial canal. All scales 1 μm.

The nucleus may proximally encircle the cilium of the terminal cell (Fig. 8 A), distally it surrounds the cilium of the canal cell (Fig. 6 A). Most of the mitochondria contain microtubule-like structures of 17 nm in diameter.

Nephroporus cell. The diameter of the nephroporus cell (4.4 µm × 5 µm) decreases towards the nephroporus (1.2 µm × 1.6 µm). The cell encloses the elongated process of the canal cell. Few microvilli form a bundle. The nephridial lumen is reduced to intracellular clefts that lead into a 2 µm long cuticularized canal (Fig. 8 B). This cuticle differs from the cuticle of the body with regard to the basal layer which is structured to a larger extent and with regard to the lamellar layer which consists of only two unit membrane-like structures (concerning the cuticle of the body cf. RIEGER & RIEGER 1977).

A cilium is missing. A transversely striated rootlet (length 1.3 µm) originates at the basal body to which an accessory centriole lies at right angle (Fig. 8 B). Secondary lysosomes (∅: 0.8 – 1.3 µm), a multivesicular body (∅: 0.8 µm) and some smooth and coated vesicles (∅: 60 – 90 nm) are distributed over the cell.

D. Discussion

The existence of several layers of unit membrane-like structures in the outer layer of the cuticle (LORENZEN 1985) and probably hermaphroditism may constitute autapomorphies of the Gastrotricha. Thus it is legitimate to make a comparison within the Gastrotricha and with other taxa of the Bilateria.

Comparison within the Gastrotricha

Some results suggest one pair of protonephridia with only one terminal cell in the Chaetonotida (MOCK 1979; REMANE 1936; RUPPERT 1979; RUPPERT & TRAVIS 1983; TEUCHERT 1967; WILKE 1954; ZELINKA 1889). BRANDENBURG (1962), however, described two terminal cells which build up the filter of each of the paired protonephridia; this doubling seems to continue in the nephridial canal. With regard to our actual knowledge it is impossible to decide which of the above-mentioned alternatives can be postulated for the ground pattern of the Chaetonotida.

TEUCHERT (1968) reported only one pair of protonephridia for the embryo of *Turbanella cornuta*, but 2 pairs for the first juvenile stage of this species. Whereas juvenile *D. baltica* exhibit 2 pairs of excretory organs, most adult Macrodasyida possess far more than 2 pairs (RIEGER et al. 1974; SCHOEPFER-STERRER 1974; SCHROM 1966; TEUCHERT 1967, 1968, 1973; WILKE 1954).

Terminal cell. All terminal cells of the Gastrotricha investigated up to now share some common features, i. e. monociliarity, 8 circumciliary microvilli, the network between these microvilli, a filter consisting of a slashed cytoplasmic wall and the lack of a filterdiaphragma (BRANDENBURG 1962; RIEGER et al. 1974; TEUCHERT 1973). Accessory centrioles and ciliary rootlets are not mentioned by any other authors. It is presumed that an accessory centriole also exists in the terminal cell of other Gastrotricha.

The existence of several terminal cells per protonephridium in adult *Turbanella cornuta* (TEUCHERT 1973) is considered to constitute an apomorphic condition within the Macrodasyida because various Macrodasyida and the embryo of *Turbanella cornuta* (TEUCHERT 1968) possess only one terminal cell per protonephridium.

Canal cell[1]. The canal cell bears one cilium. An accessory centriole and a ciliary rootlet are not noted for *Turbanella cornuta*. The bundle of microvilli and the open nephridial canal are plesiomorphic features, whereas the lack of microvilli and the lacunar system in *Turbanella cornuta* represent the apomorphic state because the Chaetonotida also exhibit an open canal (BRANDENBURG 1962). Supporting structures like filaments, microtubules and cytoplasmic pillars ("Cytoplasmalängspfeiler" in TEUCHERT 1973) are supposed to have evolved independently in *D. baltica, M. laticaudatus* and *Turbanella cornuta*.

Nephroporus cell[2]. One cilium, an accessory centriole, a ciliary rootlet, a bundle of microvilli and an open nephridial canal are obligatory elements of the nephroporus cell of *D. baltica* and *M. laticaudatus*. The cilium is assumed to be reduced in *M. laticaudatus*. At the moment it cannot be decided whether a cuticularized nephroporus belongs to the ground pattern of the Macrodasyida.

Comparison with other taxa of the Bilateria

Ectodermal origin of the protonephridia. The Gnathostomulida and many Gastrotricha exhibit monociliated epidermal cells with a specific arrangement of the ciliary basal apparatus and special differentiations of the plasma membrane near the cilium (RIEGER 1976; RIEGER & MAINITZ 1977). These epidermal cells are considered to be plesiomorphic within the Bilateria (Ax 1984).

The excretory organs of the Gastrotricha derived from ectodermal cells since all protonephridial cells retain the specific features of the epidermal cells except:

---

[1] = "Sammelzelle"
[2] = "Ausleitungszelle" in TEUCHERT (1973)

(1) the canal and the nephroporus cell lack the 8 circumciliary microvilli and (2) there is no rostral rootlet. The only rootlet in the protonephridial cells corresponds with the caudal rootlet of the epidermal cells since it is as well attached to the proximal end of the basal body and the accessory centriole is connected with the rootlet. The cuticle covering the nephroporus cell also indicates its ectodermal origin.

An epidermal origin is also postulated for at least the terminal cell in the Gnathostomulida (Ax 1984, 1985) and for the terminal cell and the canal cell in the Nemertini (BARTOLOMAEUS 1985). Therefore, one is obliged to conclude that protonephridia evolved only once from ectodermal cells in the stem lineage of the Bilateria.

Arrangement and position of the protonephridia. Far more than 3 cells primarily constitute the single pair of protonephridia in the Plathelminthes. The adelphotaxon of the Plathelminthes, the Gnathostomulida, exhibit serially arranged excretory organs, each of them consists of 3 cells (LAMMERT 1985). Making an out-group comparison, e. g. with the Gastrotricha, the embryo of *Turbanella cornuta* and probably the Chaetonotida possess one pair of protonephridia. These facts caused EHLERS (1985) to postulate one pair of short and unbranched protonephridia for the ground pattern of the Bilateria. Therefore the serial arrangement of the excretory organs is apomorphic and evolved independently in the stem lineage of the Gnathostomulida and within the Gastrotricha. However, the tripartite protonephridia of the Gastrotricha and the Gnathostomulida represent the plesiomorphic condition of the Bilateria.

From the epidermal origin of the protonephridia we can conclude that the position of the excretory organs outside the basallamina within the epidermis represents a plesiomorphic condition. Within the Plathelminthomorpha, the Nemertini and other Bilateria the protonephridia lie to a large extent below the basallamina (BARTOLOMAEUS 1985; EHLERS 1985; GRAEBNER 1968; LAMMERT 1985).

Terminal cell. Terminal cells with one cilium, an accessory centriole, one rootlet, a slashed cytoplasmic wall, a filterdiaphragma and 8 circumciliary microvilli represent a plesiomorphic state within the Bilateria (Ax 1984; EHLERS 1985). The Gnathostomulida inherited this mosaic of features unchanged, in the stem lineage of the Gastrotricha it was slightly modified, i. e. a network between the 8 microvilli evolved and the diaphragma was reduced.

Canal and nephroporus cell. Not only in *D. baltica* and *M. laticaudatus* but also among other taxa an open nephridial canal does exist: Plathelminthes (EHLERS 1985), Rotifera (BRAUN et al. 1966; CLÉMENT 1969; PONTIN

1964; SCHRAMM 1978; WARNER 1969), Kinorhyncha (NEUHAUS, unpubl.), Nemertini (BARTOLOMAEUS 1985), Priapulida (KÜMMEL 1964), Entoprocta (EMSCHERMANN 1963; KÜMMEL 1962) and some Coelomata (BRANDENBURG 1970; WESTHEIDE 1986). The bundle of microvilli in the Gnathostomulida is regarded to be homologous to the bundle in *D. baltica* and *M. laticaudatus* since the diplosome lies near the microvilli (LAMMERT 1985) comparable with the condition in the species mentioned above.

Thus an open nephridial canal and, with some reservation, a bundle of microvilli can be postulated to belong to the ground pattern of the Bilateria. A lacunar system evolved independently in the stem lineage of the Gnathostomulida and in *Turbanella cornuta*. Simultaneously the cilium and the rootlet disappeared in the Gnathostomulida. In *Turbanella cornuta* the cilium moved distally and the microvilli were completely reduced in the canal cell.

Gnathostomula paradoxa (Gnathostomulida), *M. laticaudatus* and most Bilateria exhibit an open nephroporus. The lack of an open porus in *Haplognathia rosea* (Gnathostomulida; LAMMERT 1985), the cuticle covering the opening in *D. baltica*, at least in one Kinorhyncha (NEUHAUS, unpubl.) and in *Hesionides* (Annelida; WESTHEIDE 1986) and the diaphragma in some Trematoda (PAN 1980; WILSON 1969) are considered to represent apomorphies. Pinocytotic vesicles at the ciliary pit of epidermal cells (RIEGER 1976, fig. 1 a), coated vesicles beneath the pharyngeal cuticle (RUPPERT 1982) and "gap junctions" in the lamellar layer of the cuticle (RIEGER & RIEGER 1977) indicate the permeability of the cuticle of the Gastrotricha.

The cilia of the protonephridia seem to be restricted in their motility because the rootlet is weakly developed or completely reduced, the narrow lumina and the microvilli obstruct the motility of the cilia and large extracellular cavities do not exist. Therefore I suppose that the cilia do not produce a hydrostatic pressure gradient for ultrafiltration but that they propel down the fluid to the outside as suggested by WILSON & WEBSTER (1974).

Protonephridial structures in the ground pattern of the Gastrotricha

The ground pattern of a closed descent community is identical with the feature pattern of the latest common stem species of the extant members of the descent community (AX 1984). The following features of the protonephridia are hypothesized to belong to the ground pattern of the Gastrotricha:

(a) There probably exists only one pair of protonephridia. It is situated outside the basallamina within the epidermis.

(b) Each protonephridium consists of a terminal, a canal and a nephroporus cell.

(c) All protonephridial cells exhibit only one cilium, an accessory centriole and one ciliary rootlet.

(d) 8 microvilli connected by a fibrillous network encircle the cilium of the terminal cell.

(e) A slashed cytoplasmic wall of the terminal cell alone builds up the filter, a filterdiaphragma is missing.

(f) An open nephridial canal passes through the canal and the nephroporus cell towards the open nephroporus; these cells bear a bundle of microvilli.

The Macrodasyida possess at least 2 pairs of protonephridia. With regard to our actual knowledge the condition in the Chaetonotida cannot be evaluated at the moment.

Acknowledgements

I would like to thank Prof. Dr. P. Ax and Dr. U. Ehlers for their consistent interest and kind support. Special thanks are also due to T. Bartolomaeus, T. Kunert, V. Lammert, U. Noldt and P. Potel for advices, valuable discussions and reading the manuscript.

Zusammenfassung

Die Ultrastruktur des Exkretionssystems von *Dactylopodola baltica* und *Mesodasys laticaudatus* (Gastrotricha, Macrodasyida) wird beschrieben. *D. baltica* besitzt 2 Paar Protonephridien, *M. laticaudatus* 11 Paar. Alle Protonephridien setzen sich aus je einer Terminal-, Kanal- und Nephroporuszelle zusammen. Jede Zelle weist ein Cilium, ein accessorisches Centriol und eine Cilienwurzel auf. Die Wurzel fehlt in der Terminalzelle von *D. baltica*, das Cilium hingegen in der Nephroporuszelle von *M. laticaudatus*. Ein geschlitzter Cytoplasmasaum der Terminalzelle bildet den Filter. Ein unstrukturiertes Maschenwerk verbindet die 8 circumciliären Mikrovilli der Terminalzelle.

Die einmalige Entstehung der Exkretionsorgane der Bilateria aus dem Ektoderm läßt sich aufgrund des Vergleichs der protonephridialen Zellen mit den Epidermiszellen wahrscheinlich machen. Aus dem Vergleich der Exkretionsorgane innerhalb der Gastrotricha und mit anderen Taxa der Bilateria wird die Organisation der Protonephridien im Grundmuster der Gastrotricha postuliert.

Abbreviations

ac	accessory centriole	m	mitochondrium
at	adhesive tubule	mb	bundle of microvilli
bb	basal body	mt	microtubule
BL	basallamina	mv	microvillus
c	cilium of the canal cell	mvb	multivesicular body
CC	canal cell	n	cilium of the nephroporus cell
cM	circular muscle cell	NC	nephroporus cell
co	coated vesicle	NE	subepithelial and peripheral nerve
CU	cuticle	nu	nucleus
d	dictyosome	nw	network
di	diplosome	p	ciliary pit
E	epidermal cell	ph	pharynx
ex	excretory organ	r	rootlet
ey	eye	sh	sensory hair
f	filaments	sj	septate junction
fi	filtercleft	sl	secondary lysosome
i	intestine	t	cilium of the terminal cell
IS	intercellular material	TC	terminal cell
l	nephridial lumen	v	vesicle
lM	longitudinal muscle cell		

References

Ax, P. (1984): Das phylogenetische System. Systematisierung der lebenden Natur aufgrund ihrer Phylogenese. G. Fischer, Stuttgart, New York, 349 pp.
– (1985): The position of the Gnathostomulida and Platyhelminthes in the phylogenetic system of the bilateria. In: S. Conway Morris, J. D. George, R. Gibson & H. M. Platt (eds.), The origins and relationships of lower invertebrates, University Press, Oxford, 168 – 180.
Bartolomaeus, T. (1985): Ultrastructure and development of the protonephridia of *Lineus viridis* (Nemertini). Microfauna Marina **2**, 61 – 83.
Brandenburg, J. (1962): Elektronenmikroskopische Untersuchung des Terminalapparates von *Chaetonotus sp.* (Gastrotrichen) als ersten Beispiels einer Cyrtocyte bei Askhelminthen. Z. Zellforsch. **57**, 136 – 144.
– (1970): Die Reusenzelle (Cyrtocyte) des *Dinophilus* (Archiannelida). Z. Morph. Ökol. Tiere **68**, 83 – 92.
Braun, G., G. Kümmel & J. A. Mangos (1966): Studies on the ultrastructure and function of a primitive excretory organ, the protonephridium of the Rotifer *Asplanchna priodonta*. Pflügers Archiv **289**, 141 – 154.
Clément, P. (1969): Ultrastructures d'un Rotifère: *Notommata copeus*. II. Le tube protonéphridien. Z. Zellforsch. **94**, 103 – 117.
Ebrahimzadeh, A. & M. Kraft (1971): Ultrastrukturelle Untersuchungen zur Anatomie der Cercarien von *Schistosoma mansoni*. II. Das Exkretionssystem. Z. Parasitenkd. **36**, 265 – 290.
Ehlers, U. (1985): Das Phylogenetische System der Plathelminthes. G. Fischer, Stuttgart, New York. 317 pp.
– (1986): Comments on a phylogenetic system of the Platyhelminthes. Hydrobiologia **132**, 1 – 12.
Emschermann, P. (1963): Bau und Funktion der Protonephridien von *Urnatella gracilis* (Kamptozoa). Verh. Dtsch. Zool. Ges. München 1963, 208 – 216.
Gallagher, S. S. E. & L. T. Threadgold (1967): Electron-microscope studies of *Fasciola hepatica*. II. The interrelationship of the parenchyma with other organ systems. Parasitology **57**, 627–632.

GRAEBNER, I. (1968): Erste Befunde über die Feinstruktur der Exkretionszellen der Gnathostomulidae (*Gnathostomula paradoxa*, AX 1956 und *Austrognathia riedli*, STERRER 1965). Mikroskopie 23, 277 – 292.
KRUPA, P. L., G. H. COUSINEAU & A. K. BAL (1969): Electron microscopy of the excretory vesicle of a trematode cercaria. J. Parasitol. 55, 985 – 992.
KÜMMEL, G. (1962): Zwei neue Formen von Cyrtocyten. Vergleich der bisher bekannten Cyrtocyten und Erörterung des Begriffs „Zelltyp". Z. Zellforsch. 57, 172 – 201.
– (1964): Die Feinstruktur der Terminalzellen (Cyrtocyten) an den Protonephridien der Priapuliden. Z. Zellforsch. 62, 468 – 484.
LAMMERT, V. (1985): The fine structure of protonephridia in Gnathostomulida and their comparison within Bilateria. Zoomorphology 105, 308 – 316.
LORENZEN, S. (1985): Phylogenetic aspects of pseudocoelomate evolution. In: S. CONWAY MORRIS, J. D. GEORGE, R. GIBSON & H. M. PLATT (eds.), The origins and relationships of lower invertebrates. University Press, Oxford, 210 – 223.
MOCK, H. (1979): Chaetonotoidea (Gastrotricha) der Nordseeinsel Sylt. Mikrofauna Meeresboden 78, 1 – 107.
PAN, S. CH.-T. (1980): The fine structure of the miracidium of *Schistosoma mansoni*. J. Invertebrate Pathol. 36, 307 – 372.
PANTELOURIS, E. M. & L. T. THREADGOLD (1963): The excretory system of the adult *Fasciola hepatica* L. Cellule 64, 61 – 67.
PONTIN, R. M. (1964): A comparative account of the protonephridia of *Asplanchna* (Rotifera) with special reference to the flame bulbs. Proc. Zool. Soc. Lond. 142, 511 – 525.
REMANE, A. (1936): Gastrotricha. Bronn's Kl. Ordn. Tierreichs 4, (Abt. 2, Buch 1, Teil 2), 1 – 242.
RIEGER, G. E. & R. M. RIEGER (1977): Comparative fine structure study of the gastrotrich cuticle and aspects of cuticle evolution within the Aschelminthes. Z. zool. Syst. Evolut.-forsch. 15, 81 – 124.
RIEGER, R. M. (1976): Monociliated epidermal cells in Gastrotricha: Significance for concepts of early metazoan evolution. Z. zool. Syst. Evolut.-forsch. 14, 198 – 226.
RIEGER, R. M. & M. MAINITZ (1977): Comparative fine structure study of the body wall in Gnathostomulida and their phylogenetic position between Platyhelminthes and Aschelminthes. Z. zool. Syst. Evolut.-forsch. 15, 9 – 35.
RIEGER, R. M., E. RUPPERT, G. E. RIEGER & C. SCHOEPFER-STERRER (1974): On the fine structure of gastrotrichs with description of *Chordodasys antennatus* sp. n. Zool. Scr. 3, 219 – 237.
RUPPERT, E. E. (1979): Morphology and systematics of the Xenotrichulidae (Gastrotricha, Chaetonotida). Mikrofauna Meeresboden 76, 1 – 56.
– (1982): Comparative ultrastructure of the gastrotrich pharynx and the evolution of myoepithelial foreguts in Aschelminthes. Zoomorphology 99, 181 – 220.
RUPPERT, E. E. & P. B. TRAVIS (1983): Hemoglobin-containing cells of *Neodasys* (Gastrotricha, Chaetonotida). I. Morphology and ultrastructure. J. Morph. 175, 57 – 64.
SCHOEPFER-STERRER, C. (1974): Five new species of *Urodasys* and remarks on the terminology of the genital organs in Macrodasyidae (Gastrotricha). Cah. Biol. Mar. 15, 229 – 254.
SCHRAMM, U. (1978): On the excretory system of the Rotifer *Habrotrocha rosa* Donner. Cell Tiss. Res. 189, 515 – 523.
SCHROM, H. (1966): Gastrotrichen aus Feinsanden der Umgebung von Venedig. Boll. Mus. Civ. Venezia 17, 31 – 45.
TEUCHERT, G. (1967): Zum Protonephridialsystem mariner Gastrotrichen der Ordnung Macrodasyoidea. Mar. Biol. 1 (2), 110 – 112.
– (1968): Zur Fortpflanzung und Entwicklung der Macrodasyoidea (Gastrotricha). Z. Morph. Tiere 63, 343 – 418.
– (1973): Die Feinstruktur des Protonephridialsystems von *Turbanella cornuta* Remane, einem marinen Gastrotrich der Ordnung Macrodasyoidea. Z. Zellforsch. 136, 277 – 289.
UHLIG, G. (1964): Eine einfache Methode zur Extraktion der vagilen mesopsammalen Mikrofauna. Helgol. wiss. Meeresunters. 11, 178 – 185.

WARNER, F. D. (1969): The fine structure of the protonephridia in the Rotifer *Asplanchna*. J. Ultrastr. Res. **29**, 499 – 524.
WESTHEIDE, W. (1986): The nephridia of the interstitial polychaete *Hesionides arenaria* and their phylogenetic significance (Polychaeta, Hesionidae). Zoomorphology **106**, 35 – 43.
WILKE, U. (1954): Mediterrrane Gastrotrichen. Zool. Jb. Abt. Syst. **82**, 497 – 550.
WILSON, R. A. (1969): The fine structure of the protonephridial system in the miracidium of *Fasciola hepatica*. Parasitology **59**, 461 – 467.
WILSON, R. A. & L. A. WEBSTER (1974): Protonephridia. Biol. Rev. **49**, 127 – 160.
ZELINKA, K. (1889): Die Gastrotrichen. Eine morphologische Darstellung ihrer Anatomie, Biologie und Systematik. Z. wiss. Zool. **49**, 209 – 384.

Dipl.-Biol. Birger Neuhaus
II. Zoologisches Institut und Museum der Universität Göttingen
Berliner Straße 28, 3400 Göttingen

Veröffentlichung der Akademie der Wissenschaften und der Literatur, Mainz

Microfauna Marina

Herausgegeben von Prof. Dr. P. Ax, Göttingen

Mit Beträgen zahlreicher Fachautoren in deutscher und englischer Sprache

Die »Microfauna Marina« veröffentlicht Beiträge in deutsch und englisch und wird in jedem Band neben einer Vielzahl von neuen Forschungsergebnissen, ein Arbeitsgebiet durch einen Wissenschaftler mit einem Übersichtsreferat darstellen lassen.

Die Serie »Microfauna Marina« bildet die Fortsetzung der Schriftenreihe »Mikrofauna des Meeresbodens« (1970–1983) der Akademie der Wissenschaften/Mainz.

»Microfauna Marina« will das Spektrum unterschiedlichster Aspekte der Ökologie, Systematik und Evolution, der Morphologie und Ultrastruktur ebenso wie der Lebensweise dieser Faunenkomponenten des Meeres erschließen.

Volume/Band 1 · 1984. X, 277 S., geb. DM 89,-

Die Beiträge des 1. Bandes umfassen u.a. folgende Themen: Besiedlungsstruktur freilebender Plathelminthen im Sandwatt, in einer instabilen Sandbank und in einem stabilen Strandhaken der Insel Sylt. Beschreibungen von Copepoden-, Nematoden-, Anneliden- und Plathelminthenarten aus dem Sand der Galápagos-Inseln.

Volume/Band 2 · 1985. 410 S., geb. DM 98,-

Die Beiträge des 2. Bandes umfassen u.a. folgende Themen: Ultrastruktur-Befunde erstecken sich auf Statocyste und Hautdrüsen freilebender Plathelminthes, auf den Pharynxapparat interstitieller Polychaeta und das Protonephridialsystem der Nemertini. Ökologische Aspekte behandeln Arbeiten über die Meiofauna der Sulfidschicht des Sandwatts, über die Plathelminthen-Assoziationen des Mudwatts und der sublitoralen Sande von Sylt. Systematische Studien liefern Beschreibungen zahlreicher neuer Arten aus den Taxa Copepoda, Nematoda, Oligochaeta und Plathelminthes.

Preisänderungen vorbehalten

GUSTAV FISCHER
STUTTGART · NEW YORK

Fachbuch-Empfehlungen

Ax
Das Phylogenetische System
Systematisierung der lebenden Natur aufgrund ihrer Phylogenese
1984. 349 S., 90 Abb., geb. DM 48,-

Ehlers
Das Phylogenetische System der Plathelminthes
1985. 317 S., 18 Abb., 95 Taf., geb. DM 98,-

Reitz
Die Alge im System der Pflanzen
Nanochlorum eukaryotum – eine Alge mit minimalen eukaryotischen Kriterien
1986. 273 S., 68 Abb., geb. DM 88,-

Bone/Marshall
Biologie der Fische
1985. X, 236 S., 138 Abb., 10 Tab., kt. DM 46,-

Nordsieck
Die europäischen Meeresschnecken
(Opisthobranchia mit Pyramidellidae, Rissoacea)
Vom Eismeer bis Kapverden, Mittelmeer und Schwarzes Meer
1972. XIV, 327 S., 1100 Federzeichnungen auf 37 Taf., 63 Farbfig. auf 4 Farbtaf., Ln. DM 98,-

Nordsieck
Die europäischen Meeresmuscheln
(Bivalvia)
Vom Eismeer bis Kapverden, Mittelmeer und Schwarzes Meer
1969. VIII, 256 S., 900 Federzeichnungen auf 26 Taf., 7 Farbabb. auf 2 Taf., Ln. DM 89,-

Nordsieck
Die europäischen Meeresgehäuseschnecken
(Prosobranchia)
Vom Eismeer bis Kapverden, Mittelmeer und Schwarzes Meer
2., völlig neubearb. u. erw. Aufl. 1982. XII, 539 S., 2035 Abb. auf 108 z.T. farb. Bildtaf., Ln. DM 224,-

Nordsieck
Die miozäne Molluskenfauna
Von Miste-Winterswijk/NL (Hochmoor)
1972. VI, 187 S., 3 Abb., 9 Tab. und über 350 Figuren auf 33 Taf., Ln. DM 138,-

Preisänderungen vorbehalten

GUSTAV FISCHER
SEMPER BONIS ARTIBUS
STUTTGART　NEW YORK